地下金属矿山灾害防治技术

匡忠祥　宋卫东　著

北　京
冶 金 工 业 出 版 社
2008

内容简介

本书系统地总结了近十年来，在复杂难采地下铁矿山开采过程中灾害防治技术研究方面取得的最新理论成果和工程实践，是一本关于如何预防和治理地下金属矿山常见特重大灾害技术方面的专著。主要内容包括：金属矿床采矿与安全概述，深埋破碎松软矿体采准巷道综合维护技术与实践，主溜井特大塌方综合治理及稳定性分析，崩落法开采围岩错动机理及工程对策，深凹露天转地下安全开采技术等五个部分。

本书可供大专院校相关专业的研究生和教师使用，也可供从事采矿工程技术的设计研究人员，以及矿山安全生产管理人员参考。

图书在版编目(CIP)数据

地下金属矿山灾害防治技术/匡忠祥，宋卫东著.—北京：冶金工业出版社，2008.11

ISBN 978-7-5024-4291-0

Ⅰ.地… Ⅱ.①匡… ②宋… Ⅲ.金属矿—矿山安全 Ⅳ.TD7

中国版本图书馆 CIP 数据核字(2008)第 109912 号

出版人 曹胜利
地　址 北京北河沿大街嵩祝院北巷 39 号，邮编 100009
电　话 (010)64027926 电子信箱 postmaster@cnmip.com.cn
责任编辑 戈 兰 美术编辑 王耀忠 版式设计 张 青
责任校对 石 静 责任印制 牛晓波
ISBN 978-7-5024-4291-0
北京兴华印刷厂印刷；冶金工业出版社发行；各地新华书店经销
2008 年 11 月第 1 版，2008 年 11 月第 1 次印刷
787mm×1092mm 1/16；27.25 印张；657 千字；422 页；1-2500 册
75.00 元

冶金工业出版社发行部 电话：(010)64044283 传真：(010)64027893
冶金书店 地址：北京东四西大街 46 号(100711) 电话：(010)65289081

《地下金属矿山灾害防治技术》

编委会

序

我国是世界上灾害最严重的国家之一，除了频繁的自然灾害外，大规模的工程活动也很容易诱发诸多形式的灾害事故。随着我国工业化高潮对矿产品需求的急剧增长，矿业工程的灾害事故也频频发生。金属矿业类工程的重大灾害防治内容涉及松软破碎岩体中的片帮冒顶、高应力区开采诱发的岩爆、开采引起的地面塌陷、井下施工开采过程中的突水、深凹露天矿高陡边坡的稳定性、隔离矿柱应力集中带来的安全问题、井下内外因火灾、深井开采的热害问题、矽尘及放射性危害等。

无底柱分段崩落法自20世纪60年代初从瑞典引入我国，因其具有结构简单、采切比小、机械化程度高、安全性好、采矿强度大等优点，在铁矿山得到广泛应用。但这种方法存在松软破碎岩体中采准巷道稳定性和安全性差，采区溜井及主溜井易遭受严重破坏，岩层错动及地表塌陷的影响范围和程度难以准确预测，深凹露天矿转地下开采高陡边坡极易失稳形成冲击地压等问题，这一系列灾害的预防和控制的关键性难题需要研究和解决。

该书全面系统地总结了崩落法开采复杂铁矿体的主要灾害类型、预防和治理的基础理论与工程实践，初步形成了用崩落法开采金属矿山的灾害防治系列技术，为该类矿山的安全生产提供了技术保证，也有利于拓宽崩落法的使用范围。书中涉及的工程依托矿山程潮铁矿、金山店铁矿、大冶铁矿和小官庄铁矿是具有代表性的复杂难采铁矿山。该书是在十几年来针对武汉钢铁集团所属地下铁矿山开展科研攻关所取得的成果基础上撰写而成的，理论与实际紧密结合，以理论指导生产实践并最终解决实际问题是该书的最大特色。因此，该书不仅具有较高的学术价值，对矿山防治灾害的实际工作也具有指导意义。

目前，国内还缺乏系统论述防治金属矿山崩落法开采引起重大灾害的专业书籍，该书论述的基础理论知识，先进的研究方法和手段，以及用崩落法开采时防治灾害的工程技术措施，无疑对黑色、有色、黄金矿山都具有很好的参考价值。

中国工程院院士

2008年3月

前　言

我国是一个采矿大国,20世纪80年代后期以来,由于国家经济的迅速发展对矿产品的需求量急剧增大,金属矿山重大工程地质灾害事故不断发生,特别是近几年,严重的矿山灾害性问题呈明显上升势头,而且各类安全隐患显著增多。金属和非金属矿山安全事故在各类事故中仅次于道路交通、铁路交通、煤矿、火灾,居第五位,在工矿事故中仅次于煤矿居第二位。

金属矿山灾害的主要形式有地表塌陷、冒顶片帮、深部岩爆和井下突水等,具体情况如下:

(1) 地表塌陷。地表塌陷在金属矿较为普遍,造成危害较大。当爆破诱发或岩层移动到一定程度时,将爆发采空区大范围塌落。由于采空区的突发性崩塌,还会产生巨大的地震波、空气冲击波等灾害。据初步统计,我国因采矿引起的塌陷超过180处,塌陷面积达1150 km^2,发生采矿塌陷灾害的城市近40个,造成严重破坏的25个,每年因此造成的损失达4亿元人民币以上。

(2) 冒顶片帮。冒顶片帮事故是地下矿山最为普遍,也是事故率最高的灾害之一,冒顶片帮包括岩层脱落、块体冒落不良地层塌落,以及由于采矿和地质结构引起的各种垮塌。特别是矿岩稳定性差的难采矿体及软弱夹层,易发生较大规模的垮落,引起采场冒顶和片帮故事。

(3) 深部岩爆。近年,部分金属矿山进入了1000 m以下深部开采,高应力条件下的硬岩层往往会发生岩爆。冬瓜山铜矿开拓达1100 m,深部有岩爆声和岩石弹射现象;红透山铜矿开拓达1337 m,在采深1100 m左右,大片采区花岗岩柱及上下盘发生多次大的岩爆,井巷工程严重破坏,给生产造成危害。

(4) 地下水穿透和突发涌水。突发性大量涌水虽然不是直接由地压引起,但与采矿作业密切关联,一旦接近积水的巷道和采空区,或遇到溶洞和地下暗河等,在隔离岩层突然失稳的情况,易造成灾害。

(5) 露天转地下矿山的过渡期,过渡带为应力集中区,存在复杂的岩石力学问题,易引发灾变。其主要安全问题包括:地下开采对岩体及边坡的破坏规律、地下开采的通风系统与防洪排水措施、露天挂帮矿的安全回采、露天与地下联合开采的地下空间问题等。

地下金属矿山工程灾害是导致矿山安全事故的主要内因,其灾害主要是指因开采引起矿山地应力重新分布,导致岩层移动和岩体破坏等灾变状况。这些灾害原本可以通过矿山岩石力学研究、工程设计和矿山安全监控等措施加以消除。但由于地下金属矿山地质条件恶劣,地应力环境复杂,岩层软弱带、岩体裂隙、地下水以及开挖等方面影响因素复杂,均相互制约着采矿工程和围岩的稳定性。

武汉钢铁集团矿业有限责任公司是国有大型矿山企业，现有铁精矿生产能力400万t、球团矿生产能力700万t、熔剂矿生产能力200万t，职工1.5万余人，专业技术人员300多人。近年来先后完成了程潮铁矿和金山店铁矿300万t原矿生产能力的扩建，以及大冶铁矿露天转地下开采等工程问题，同时与高等学校和研究院所开展技术合作，对采场结构参数、地压及塌陷区控制、地下水管理、边坡保护、挂帮矿安全回收、巷道维护和提升系统等进行科研攻关，确保了生产安全，提高了劳动生产力和降低了生产成本。

本书以大冶铁矿、程潮铁矿和金山店铁矿为主要工程研究对象，系统地总结了近十年来，在复杂难采地下铁矿山开采过程中灾害防治技术研究方面取得的最新理论成果和工程实践经验。该书由金属矿床采矿与安全概述，深埋破碎松软矿体采准巷道综合维护技术与实践，主溜井特大塌方综合治理及稳定性分析，崩落法开采围岩错动机理及工程对策，深凹露天转地下安全开采技术等五部分组成。

该书是在总结多个科研项目的基础上撰写完成的，这些项目均通过省部级科学技术鉴定，并获得相应的科学技术进步奖。其中："程潮铁矿溜破系统稳定性及主溜井特大塌方治理综合技术"获1999年度国家冶金局科技进步一等奖；"程潮铁矿淹井后井下巷道坍塌的综合治理与研究"获2000年度冶金科技进步二等奖；"小官庄铁矿高应力软破矿岩采场巷道变形控制技术的研究"获2001年度冶金科技进步三等奖；"岩土工程特大塌方预防与治理综合技术研究及工程应用"获2002年度国家安全生产监督管理局科技进步一等奖；"缓倾斜、深埋、破碎铁矿床高强度综合开采研究"获2004年度湖北省科技进步二等奖；"程潮铁矿西区地下开采围岩错动机理及工程对策研究"获2004年度冶金科技进步二等奖；"地下金属矿山灾害预防治理与安全开采技术"获2006年度冶金矿山科技进步一等奖。

该书较为全面系统地总结了崩落法开采复杂铁矿体的主要灾害类型、预防与治理的基础理论和工程实践，基本形成了崩落法开采金属矿山的灾害防治综合技术，可以说，该书是一部关于如何预防和治理地下金属矿山常见特重大灾害方面的技术专著。

在本书的撰写过程中得到了武汉科技大学许梦国教授、马建军教授、武汉理工大学张世雄教授、中南大学颜容贵教授、武汉化工大学陈清运教授和中国冶金建设集团鞍山冶金设计研究总院于耀国教授级高级工程师的关心和帮助，在提供宝贵的技术资料同时提出了许多建设性的修改意见，对提高本书的科学性和实用性起到了关键作用，在此表示衷心的感谢。

由于水平和掌握的资料有限，本书可能存在一些不足之处，恳请读者批评指正。

作 者
2008年3月

目　录

1 概 述

我国是世界上自然灾害最严重的国家之一。近10年来,每年平均灾害损失近1600亿元,相当于国民生产总值的3.8%,国民收入的30%。除了自然灾害之外,大规模的工程活动也在不同程度地改变和重塑地质环境,诱发诸如边坡失稳、地表塌陷和地基失效等灾变灾害。重大工程的灾变灾害极其复杂,我国防灾减灾技术落后,相关的科学研究还远不能适应现代化的经济建设,国务院通过的《21世纪议程》中,"防灾减灾"是其中的一项重要内容。

"重大工程灾害与防治"涉及的研究领域和内容十分广泛。其中,岩土工程灾害与环境损伤防治是重要的组成部分。具体到矿业类工程应包括:(1) 高应力深部地下工程的诱变灾害与防治;(2) 高应力、大采深条件下开挖的岩体动力学特征及其与围岩变形破坏、顶板灾害、瓦斯突出、岩爆的关系;(3) 大型地下开挖工程和城市地下空间利用所引起的地表沉陷和控制,地下含水层和地表水的破坏机理及保护措施;(4) 结合重大工程研究边坡稳定性、灾变机理、风险评估与防治决策支持系统等。

1.1 金属矿床的分类与特性

1.1.1 金属矿石的种类

根据所含金属种类的不同,金属矿石可分为贵金属矿石(金、银、铂等)、黑色金属矿石(铁、锰、铬)、有色金属矿石(铜、铅、锌、铝、镍等)、稀有金属矿石(钽、铌等)和放射性矿石(铀、钍等)。按所含金属成分数目,金属矿石又可分为单一金属矿石和多金属矿石。

金属矿石按其所含金属矿物性质、矿物组成和化学成分可分为:

(1) 自然金属矿石。金属以单一元素存在于矿床中的矿石,如金、银、铂等。

(2) 氧化矿石。矿石矿物的化学成分为氧化物、碳酸盐和硫酸盐,如赤铁矿(Fe_2O_3)、红锌矿(ZnO)、软锰矿(MnO_2)、赤铜矿(Cu_2O)等。

(3) 硫化矿石。矿石矿物的化学成分为硫化物,如黄铜矿($CuFeS_2$)、方铅矿(PbS)、辉钼矿(MoS_2)等。

(4) 混合矿石。矿石中含有前三种矿物中两种以上的混合物。

品位表示矿石中有用成分的含量,金属矿石按品位高低可分为富矿和贫矿。以磁铁矿矿石为例,品位超过55%为平炉富矿,品位在50%~55%之间为高炉富矿,品位在30%~50%之间为贫矿。

1.1.2 金属矿床的分类

金属矿床的矿体形状、厚度及倾角,对矿床开拓和采矿方法的选择有直接影响。因此,金属矿床的分类,一般按其矿体形状、倾角和厚度三个因素进行分类。

(1) 按矿体形状分类,可分为:

1) 层状矿床。多为沉积或变质沉积矿床。其特点是矿床规模大、赋存条件稳定,有用矿物成分组成稳定,含量较均匀。多见于黑色金属矿床。

2) 脉状矿床。主要是指由于热液和气体作用,矿物质充填于地壳的裂隙中生成的矿床。其特点是矿床与围岩接触处有蚀变现象,矿床赋存条件不稳定,有用成分含量不均匀。有色金属、稀有金属及贵金属矿床多属于此类。

3) 块状矿床。主要是充填、接触交代、分离和气化作用形成的矿床。其特点是矿床大小不一,形状呈不规则的透镜状,矿体与围岩的界限不明显。有些金属矿床(铜、铅、锌等)属于此类。

(2) 按矿体倾角分类,可分为:

1) 水平或微倾斜矿床,倾角小于5°。

2) 缓倾斜矿床,倾角为5°～30°。

3) 倾斜矿床,倾角为30°～55°。

4) 急倾斜矿床,倾角大于55°。

(3) 按矿体厚度分类。矿体的厚度是指矿体上盘与下盘间的垂直距离或水平距离。前者为垂直厚度或称为真厚度,后者为水平厚度。开采急倾斜矿床时,常用水平厚度,而开采倾斜矿床、缓倾斜矿床和水平矿床时,常用垂直厚度。

1) 极薄矿体,厚度在0.8 m以下。

2) 薄矿体,厚度在0.8～4.0 m之间。

3) 中厚矿体,厚度在4.0～10.0 m之间。

4) 厚矿体,厚度在10.0～40.0 m之间。

5) 极厚矿体,厚度大于40.0 m。

1.1.3 金属矿床的特性

金属矿床的地质条件较为复杂,对矿床开采有较大影响的因素包括以下五个方面:

(1) 矿体的厚度、倾角及形状均不稳定。在同一个矿体内,在走向方向上或倾斜方向上,其厚度、倾角经常有较大的变化,且常出现尖灭、分枝复合等现象。这就要求有多种采矿方法和采矿方法本身具有一定的灵活性,以适应复杂的地质条件。

(2) 矿石品位变化大。在金属矿床中,矿石品位在矿体的走向上及倾斜上,经常有较大的变化。这种变化有时有一定的规律,如随着矿体赋存深度的增加,矿石品位变贫或变富。在矿体中还经常存在夹石。有些硫化矿床的上部有氧化矿床,使同一矿体产生分带现象。这些均对采矿提出特殊的要求:如按不同品种、不同品级进行分采,品位中和,剔除夹石以及确定矿体边界等。

(3) 地质构造复杂。在矿床中经常有断层、褶皱、穿入矿体中的岩脉、断层破碎带等地质构造。这些都给采矿和探矿工作带来很大的困难。

(4) 矿石和围岩的坚固性大。多数金属矿山均有这个特点。因此,一般采用凿岩爆破方法来崩落矿石和围岩,这给实现综合机械化开采带来一定的困难。

(5) 矿床的含水性。某些金属矿床含水量大,对开采有很大的影响。矿床含水大,不仅增加排水设备及设施,而且对回采工作造成很大的困难。如含水的碎矿石容易结块和堵塞漏斗,大量的含水会降低矿岩的稳固性等。

1.2 金属矿床采矿与安全

1.2.1 采矿方法分类

采矿方法就是研究矿块的开采方法,它包括采准、切割和回采三项工作。考虑到矿石和围岩的物理力学性质与采矿方法的使用条件、结构和参数、回采工艺等有密切关系,并且最终影响到开采的安全、效率和经济效果,将采矿方法划分为空场采矿法、崩落采矿法和充填采矿法三大类,见表1-1。

表1-1 金属矿床地下采矿方法分类表

类 别	组 别	典型采矿方法
空场采矿法	全面采矿法	全面采矿法
	房柱采矿法	房柱采矿法
	留矿采矿法	留矿采矿法
	分段矿房法	分段矿房法
	阶段矿房法	水平深孔落矿阶段矿房法
		垂直深孔落矿阶段矿房法
		垂直深孔球状药包落矿阶段矿房法
崩落采矿法	单层崩落法	长壁式崩落法
		短壁式崩落法
		进路式崩落法
	分层崩落法	分层崩落法
	分段崩落法	无底柱分段崩落法
		有底柱分段崩落法
	阶段崩落法	阶段强制崩落法
		阶段自然崩落法
充填采矿法	单层充填采矿法	壁式充填采矿法
	分层充填采矿法	上向水平分层充填采矿法
		上向倾斜分层充填采矿法
		下向水平分层充填采矿法
	分采充填采矿法	分采充填采矿法
	支架充填采矿法	方框支架充填采矿法

空场采矿方法是将矿块划分为矿房和矿柱,分两步回采。回采矿房时所形成的采空区可利用矿柱和矿岩自身的强度进行维护。因此,矿石和围岩均稳固是使用该类采矿方法的基本条件。

崩落采矿方法为一个步骤回采,并且随工作面推进的同时,崩落围岩充填采空区,从而达到管理和控制地压的目的。因此,崩落围岩充填采空区是应用该类采矿方法的必要前提。

充填采矿方法的大部分采矿方法也是分为两步骤进行回采。回采矿房时,随着回采工作面的推进,逐步用充填料充填采空区,防止围岩垮落,即用充填采空区的方法管理地压。因此,矿石和围岩稳固或不稳固,均可应用该类采矿方法。

1.2.2 地下金属矿山灾害分类

1.2.2.1 影响矿山安全的主要因素

影响金属矿山安全的因素有很多,归结起来,主要是技术因素和自然因素。

自然因素包括:矿体的赋存和埋藏状况、围岩和矿体的性质、节理裂隙发育程度、地下水情况等。一般来讲,矿体埋藏越深,地压越大、巷道失稳及岩爆发生的可能性越大。围岩的岩性、稳定性直接决定着井巷的稳定性和生产安全性。地下水蕴含丰富与否则决定着生产中水害严重程度的大小。

总之,地下矿山的地质构造、地应力、地下水、地质裂隙、不良地层、地下溶洞及老采区等自然因素直接影响到矿山的生产安全。

技术因素则包括:采矿方法、井巷支护方式、开采顺序、采矿设计参数等。

金属矿山地下开采一般按矿体赋存条件采用崩落法、空场法或充填法开采,各种采矿法均需要兼顾效益和安全,地压处理便成为其技术关键难点。如崩落法,若完全崩通地表,空区得到填充,释放了压力,将有效缓解采区地压,避免突发性垮塌冲击和空气冲击灾害;空场法若适当分隔和及时封堵空区,并留保安矿柱,按顺序回采,可大大减少灾害事故的发生;采用充填法的矿山若顺序控制适当,可消除空区隐患,但也可能存在应力转移和采矿工作面地压问题,充填料浆未干时,密闭墙失稳易发生突出等事故。大范围开采情况下,特别在下向分层充填法中,充填体以及松散充填层的稳定性也存在一定隐患。此外,较浅部的开采可能部分影响到地表,控制不当则构成地质灾害。

井巷支护作为控制因采矿引起地压问题的有效措施,在保障井下安全生产方面起着非常重要的作用。而支护方式依据矿体及围岩稳定性不同,有较大差异。针对不同地质条件,选择相应的支护方式,对避免顶板冒落、采场坍塌等灾害具有十分重要的意义。

在矿山开采中,要求采掘平衡,保有的三级生产准备矿量匹配,及时进行空区处理和严格的地压管理,而近年来有些矿山,见矿就挖,留下巨大空区不及时处理,隐患极大。

1.2.2.2 地下金属矿山灾害分类

A 地表塌陷

由于浅部空区或较大范围的采动影响,在近地表的岩移活动中,有可能对地表建筑和道路等构成一定危害,有些甚至引起山体滑移。这在金属矿中较为普遍,危害较大。同时也有可能由爆破诱发或岩层移动到一定程度时爆发采空区大范围塌落,产生巨大的地震波和空气冲击波。

B 采场冒顶

矿山开采中冒顶事故最为普遍,也是事故率最高的灾害之一,包括岩层脱落、块体冒落、不良地层塌落以及由于采矿和地质结构引起的各种垮塌。特别是矿岩稳定性差的难采矿体及软弱夹层,易发生较大规模的垮落。如云锡老厂锡矿,氧化弱面曾引起较多的采场和巷道冒顶事故。

C 深部岩爆和矿震

近年来,部分金属矿山进入了1000 m以下深部开采,高应力条件下的岩层特别容易发生岩爆。在高地质应力区,地下采矿活动可能引起地质动力重新分布,导致局部应力场变化,诱发地震。因为该地震发生在生产矿区,与采矿活动密切相关,所以又被称为“矿震”。如冬瓜山铜矿开拓已达1100 m,深部有岩爆声和岩石弹射现象;红透山铜矿开拓达1337 m,在采深1100 m左右,大片采区花岗岩柱及上下盘发生多次大的岩爆,井巷工程破坏严重,给生产造成较大危害;大厂105矿体埋深1000 m,民采开挖形成高大的采空区,2001年3月～4月发生多次巨大的岩爆和微震,深部民采区段发生大面积垮塌,震动波及地表。

D 地下水灾害

地下水灾害主要表现为突水淹井、海水入侵、破坏水资源、产生井下泥石流、引起地面塌陷等,给采矿安全带来危害,甚至危及矿山生存。如莱芜铁矿的顾家台矿区,由于顶板突水,造成29人死亡,矿山至今不能恢复开采。又如南丹拉甲坡锡矿,由于老窿突水,造成80余人死亡。

E 尾矿坝废石场崩塌、滑坡、泥石流

我国矿山历年废石的堆存量已达127亿t,其中金属矿尾矿累计存量已达50余亿吨,许多废石、尾矿堆场因处置不当或受地形、气候条件及人为因素的影响,易于发生崩塌、滑坡、泥石流等事故,给人民生命财产和环境带来重大损失。据2004年国家经贸委对尾矿库的安全检测及评价,我国有1/3的尾矿库存在一定的问题,还有1/3的尾矿库属险库,大量的尾矿库带病运行,又得不到有效的治理,一旦发生事故,其后果不堪设想。如2000年10月18日,广西南丹县鸿图选矿厂尾砂库突然塌坝,共造成下游28人死亡,沿途民房、土地被冲毁或淹埋。

F 露天矿边坡滑坡

随着露天矿山开采深度的增加,其边坡高度也在加大,滑坡等失稳现象逐年增多。根据我国大中型露天矿山的不完全统计,不稳定边坡或具有潜在滑坡危险的边坡占矿山边坡总量的15%～20%左右,个别矿山高达30%。

G 露天转地下开采的灾害

根据我国金属矿床赋存的特征和规模,以及国内外露天转地下开采所取得的实践经验,对于露天转地下开采的矿山应主要考虑技术和安全两方面的问题。开采的技术问题包括:确定合理的露天开采极限深度、露天转地下开采过渡时期的采矿方法和产量衔接等。安全问题包括:地下开采对岩体及边坡的破坏规律、地下开采的通风系统与防洪排水措施、露天挂帮矿的安全回采、露天与地下联合开采的地下空间问题等。

本书是在总结武钢矿业公司下属程潮、大冶和金山店铁矿多年的科研成果基础上,着重进行四个方面的地下金属矿山灾害防治技术的论述,它们分别是:深埋破碎松软矿体采准巷道综合维护技术与实践、主溜井特大塌方综合治理及稳定性分析、崩落法开采围岩错动机理及工程对策、以及深凹露天转地下安全开采技术。

1.2.2.3 无底柱分段崩落法采场不安全因素分析

无底柱分段崩落法自20世纪60年代初从瑞典引入我国,因其具有结构简单、灵活、采切比小、机械化程度高、安全性能好、采矿强度大等特点,在我国地下金属矿山得到了广泛应用,特别是在黑色冶金地下矿山应用得更加普遍。据统计,截止到2004年底,采用该方法开采矿山的矿石产量占全国主要地下冶金矿山总产量的85%以上。典型的开采布置如图1-1所示。

尽管无底柱分段崩落法具有安全性较好的优点,但是,在实际生产过程中也暴露出如下的不安全因素。

A 巷道地压

无底柱分段崩落法采矿过程中,巷道地压可分为变形地压和松脱地压,具体显现为巷道发生变形、下沉、片帮、裂纹、冒落、冒顶等现象,造成矿石回采强度降低,回采率低,危及人员和设备安全。巷道地压主要为应力控制和构造控制作用的复合形式,一般由矿床地质条件、

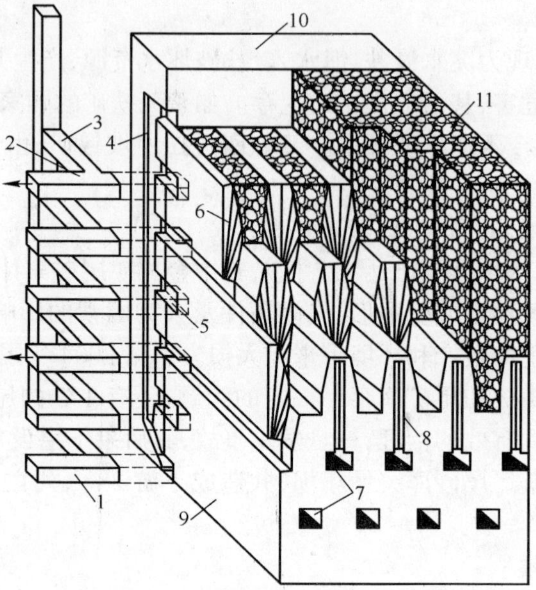

图1-1 无底柱分段崩落采矿法基本方案示意图

1—阶段运输巷道；2—分段巷道；3—联络巷道；4—放矿溜井；5—溜井联络巷道；6—回采扇形炮孔；7—回采进路；8—切割天井；9—矿体；10—下盘岩石；11—崩落的废石覆盖层

采矿技术水平和生产组织管理等方面原因综合作用形成的。引起该采矿法采场巷道地压的原因具体有：

(1) 矿体内软弱夹层揭露后风化、冒落，影响附近巷道稳定；

(2) 采准工程布置不合理，不稳定矿岩暴露过多；

(3) 三级矿量比例失调，保有采准或备采矿量过多，导致巷道暴露时间过长；

(4) 矿石回采时，常引起距工作面15 m前后巷道和下盘三角矿柱附近局部应力升高；

(5) 上一分段回采不完全，存在实体矿柱，造成本分段相应位置应力集中；

(6) 一条进路回采滞后，将承受较大压力；

(7) 巷道支护方法选择不当或支护不及时；

(8) 爆破造成巷道支护破坏，爆破振动使矿石节理面张开，甚至使巷道围岩破碎；

(9) 爆破后，巷道顶板检查不及时，浮石处理不当。

B 工作面悬顶、隔墙

工作面悬顶、隔墙是无底柱分段崩落法采矿过程中常出现的安全隐患。悬顶是由于深孔孔底距过大，孔口交错装药不够，孔口药量集中，深孔深度没达到设计要求或深孔堵塞炸药装不到位，造成爆破在孔口横向击穿，纵向击碎，而深孔底部爆能不足，形成悬顶。隔墙是由于深孔太密，药量集中，或由于前排深孔放矿贫化较大，废石中含有塑性的泥土，吸收了大量爆能，造成爆破从横向击穿，正面矿石没有充分破碎而无法放出，形成隔墙。处理悬顶、隔墙通常采用埋炮、补孔压顶或重开切割槽等方法。埋炮作业对爆破人员不安全，大量炸药裸露爆破，冲击波对设备设施安全也不利。补孔压顶或重开切割槽，都将打乱矿块回采秩序，造成进路滞后，引起局部应力集中，发生地压活动。

C 工作面涌水和溜井跑矿

随着采矿向深部延伸,塌陷面积日益扩大,采区上方造成大量人为裂隙,地层的渗透性能大大提高。由于汇水面积很大,在雨季常使采场工作面和溜井涌渗水量增多,以至发生冲溃事故或溜井跑矿事故。巷道涌水的强度与矿区降水大小、降水性质、强度和连续时间有紧密联系。因此,雨季防水显得尤为重要。

无底柱分段崩落法采矿溜井为高程溜井,上分段溜井口如封闭质量不高或井壁存有较大裂隙,地表降水和生产性用水就会大量渗入溜井,当矿石中粉矿较多、含泥量较大时,放矿工操作稍有不慎,溜井内矿石就会喷涌而出,酿成跑矿事故。

D 溜井坠落

无底柱分段崩落采矿法使用高溜井放矿,一旦发生坠井事故,后果不堪设想。对停止使用的溜井,可采用封闭手段或安置拦护措施,以防止坠井;而正常生产时,对正在使用的溜井则不便架设安全护栏,只能设置警示牌和警示照明。人员经过时如注意力不集中,警示照明损坏而没有自备照明,或作业人员操纵设备不当,都可能发生坠井事故。

E 烟尘危害

无底柱分段崩落法回采进路均为独头巷道,无法形成贯穿风流,爆破产生的有毒烟气和设备作业扬起的粉尘很难驱散;上下几个分段同时作业,作业地多且分散,巷道、溜井纵横交错,容易形成复杂的角联网络,造成风量调节困难较大;溜井多数布置在下盘联络巷附近,与各分段相通,设备卸矿时,扬起大量粉尘,对风源也造成污染。采场通风组织管理不力,井下风路混乱,使污风无法排出,粉尘浓度高,对工人身体健康有害,甚至引起尘肺病。

F 爆破危害

为保证正常回采,深孔爆破和二次爆破都是必需的。发生爆破危害主要有采矿方法自身因素和爆破工艺两方面原因。无底柱分段崩落采矿方法一次爆破药量较大,如爆破工艺参数选取不当,冲击波的破坏作用特别猛烈,对进路内支护特别是钢或木支护将产生摧毁作用;爆破地震波通过岩体时,将给潜在的破坏面施加额外的动力,打破巷道应力平衡,促使巷道破坏;上下分段相互贯通,爆破警戒非常麻烦,容易发生冲击波或飞石伤人事故。

1.3 武钢矿业公司主要矿山简介

1.3.1 程潮铁矿

程潮铁矿是国内特大型的地下金属矿山,地质储量超过2亿t。矿区位于下扬子凹陷的西端,南临以幕阜山为主体的东西向构造带,西依新华夏构造的梁子湖凹陷,北靠南淮阳大断裂,山字型构造是本地区的主干构造。

矿区东起细王冲,西至塔桥庙。东西长约3 km,南北宽1.5 km,面积4.5 km^2。属高温热液接触交代矽卡岩型磁铁矿床,各矿体绝大多数属盲矿体,规模较大的铁矿体有Ⅱ号、Ⅲ号、Ⅵ号、Ⅶ号。在平面上,矿体大致均沿北西西方向呈迭瓦状平行展布,矿体内夹石较多。矿石自然类型均较简单,主要为块状、浸染状、斑块状。组成矿石的金属矿物以磁铁矿为主,其次为黄铁矿,脉石矿物则以方解石、绿泥石、透辉石、石榴石、硬石膏为多。矿石的化学成分特点是高硫低磷。顶板围岩以闪长岩和矽卡岩为主,底板围岩以花岗岩和大理岩为主。

1958年建矿,1966年开始采用无底柱分段崩落法开采,是我国最早采用该方法的矿山之一。矿体以西15号勘探线为界分为东区和西区两个采区。采用竖井开拓,中央对角通风系统,阶段高度 70 m,目前采场结构参数为分段高度 17.5 m、进路间距 15 m。东区设计年产矿石 200 万 t,西区年产矿石 80 万 t,2005 年矿石产量超过 310 万 t。

1.3.2 大冶铁矿

大冶铁矿位于湖北省黄石市铁山区,自西向东有六大矿体,其中铁门坎、龙洞、尖林山为地下开采,而象鼻山、狮子山、尖山原为露天开采。

露天开采范围内的矿石主要为高铜原生矿、低铜矿原生矿、磁铁矿、氧化矿等,包括其他一些伴生矿石,属中硬以上矿石($f=12\sim18$),具有很高的经济价值。

矿床为急倾斜矿体,下盘围岩多为大理岩、石英岩等,上盘多为闪长岩,裂隙不很发育,属于中硬以上岩石($f=8\sim12$),为露天开采及高陡边坡开采创造了条件。

东露天采矿场于 1955 年开工基建,1958 年正式投产。1963 年达到设计生产能力,采剥总量为 1050 万 t/a,矿石量达 505 万 t/a。20 世纪 70 年代中期,采矿场进入深凹露天开采,并于 1979 年跨过盛年,年产原矿由 450 万 t 下降到 200 万 t 左右。

露天坑北帮标高一般 170～270 m,南帮 86～200 m。露天边坡角一般 38°～43°,局部到 53°,边坡高度 230～430 m。

二期开采设计规模为采矿 200 万 t/a,1986 年达到年设计能力。1999 年之后,矿石年产量急剧下降,2002 年东露天采矿场大规模生产结束,同时完成狮子山和尖山 -168 m 标高以上露天采场境界外的矿体转地下开采,使东露天矿石生产得以顺利接续。

1.3.3 金山店铁矿

金山店铁矿为矽卡岩型矿床,矿体赋存条件复杂,矿岩松软软破,是国内有名的难采矿山之一。

矿区位于保安倒转复式背斜与陈家湾箱形向斜间的金山店和保安侵入杂岩体及其周围,面积约为 88.5 km^2。区域构造主要属于山字型前弧西翼与纬向构造,主要有四个断层,近矿围岩节理裂隙发育。矿床赋存条件复杂多变,矿体分块状和粉状,其中粉矿分布较广,强度低且含有大量的粘性矿物,水理性极强,使其稳定性和放矿流动性都较差,为典型的软破矿体,开采难度极大。上盘围岩以泥质黑云母角岩、变余砂岩、英长角岩、变余粉砂岩、泥质角岩等沉积变质岩为主,下盘围岩比较单一,主要为石英闪长岩。

矿山由张福山和余华寺两个矿区组成,采矿方法为无底柱分段崩落法。张福山矿区始建于 1968 年,1988 年投产。目前,实际规模为 150 万 t/a。开采阶段高度 70 m,矿块长度沿走向 80 m;以 16-1 线为界,东边为Ⅰ采区,西边为Ⅱ采区;Ⅰ采区有四个矿块,Ⅱ采区六个矿块。分层高度 -176 m 以上 11.5 m,-200 m 以下 14 m,进路间距 10 m。余华寺矿区实际规模为 50 万 t/a,开采阶段高度 50 m,矿块长度沿走向 50 m,共布置五个矿块。分层高度 12.5 m,进路间距 10 m。

2006 年金山店铁矿扩建工程完成后,张福山和余华寺两个矿区形成统一开拓系统,采矿方法也由无底柱分段崩落法改为分段留矿崩落法和自然崩落法。

2　深埋破碎松软矿体采准巷道综合维护技术与实践

2.1　软岩的分类及其工程特点

2.1.1　软岩的分类及力学特性

2.1.1.1　软岩的分类[1]

工程软岩是指在工程力的作用下能产生显著塑性变形的工程岩体。此定义揭示了软岩的相对性实质，即取决于工程力与岩体强度的相互关系。当工程力一定时，不同岩体，强度高于工程力水平的大多表现为硬岩的力学特征，强度低于工程力水平的则可能表现为软岩的力学特征；而对于同种岩石，在较小工程力的作用下，则表现为硬岩的变形特征；在较大工程力的作用下，则可能表现为软岩的变形特征。

根据产生塑性变形的机理不同，将软岩分为四类，即膨胀性软岩（或称低强度软岩）、高应力软岩、节理化软岩和复合型软岩。

(1) 膨胀性软岩指含有黏土高膨胀性矿物的，在较低应力水平（小于 25 MPa）条件下即发生显著变形的低强度工程岩体，例如泥岩、页岩等。

该类软岩产生塑性变形的机理是片架状黏土矿物发生滑移或膨胀。根据低应力软岩的膨胀性大小可以分为：强膨胀性软岩（自由膨胀变形大于 15%）、膨胀性软岩（自由膨胀变形 10%～15%）和弱膨胀性软岩（自由膨胀变形小于 10%）。

(2) 高应力软岩指在较高应力水平（大于 25 MPa）条件下才发生显著变形的中高强度的工程岩体。其地质特征是泥质成分较少，但有一定含量，砂质成分较多，如泥质粉砂岩、泥质砂岩等。其工程特点是，在深度不大时，表现为硬岩的表现特征，当深度加大到一定程度以下，其塑性变形机理是，处于高应力水平时，岩石骨架中的基质（黏土矿物）发生滑移和扩容，此后再发生裂纹的扩容和滑移塑性变形。

(3) 节理化软岩指含泥质成分很少（或几乎不含）的岩体，发育了多组节理，其中岩块的强度颇高，呈硬岩力学特征，但整个工程岩体在工程力的作用下则发生显著的变形，呈现出软岩的特征，其塑性变形机理是结构面发生滑移和扩容变形。此类软岩可根据节理化程度不同，细分为镶嵌节理化软岩、碎裂节理化软岩和散体节理化软岩。

(4) 复合型软岩指上述三种软岩类型的组合。即高应力 - 强膨胀复合型软岩，高应力 - 节理化复合型软岩，高应力 - 节理化 - 强膨胀复合型软岩。

2.1.1.2　软岩的力学特性

软岩具有可塑性、膨胀性、崩解性和流变性，并具有扰动性和两个基本力学指标，即软化临界荷载和软化临界深度。

A　软化临界荷载

软岩的蠕变试验表明，当所施加的荷载小于某一荷载水平时，岩石处于稳定变形状态，蠕变曲线趋于某一变形值,随时间延伸而不再变化;当所施加的荷载大于某一荷载水平时,岩石出现明显的塑性变形加速现象,这一荷载称为软岩的软化临界荷载,即能使岩石产生明显变形的最小荷载。

B 软化临界深度

对特定矿区,软化临界深度也是一个客观量。当巷道的位置大于某一开采深度时,围岩产生明显的塑性大变形,造成巷道支护困难的现象。但当巷道位置较浅,小于某一深度时,大变形现象明显消失。这一临界深度称为岩石软化临界深度。

C 软岩两个基本属性之间的关系

在无构造残余应力和其他附加应力的区域,软化临界荷载和软化临界深度可以相互推导,其公式为

$$\sigma_{cs} = \frac{\sum_{i=1}^{N} \gamma_i h_i}{50H} H_{cs} \tag{2-1}$$

$$H_{cs} = \frac{50H}{\sum_{i=1}^{N} \gamma_i h_i} \sigma_{cs} \tag{2-2}$$

在残余构造应力或其他附加应力均存在的区域,其公式为

$$\sigma_{cs} = \frac{\sum_{i=1}^{N} \gamma_i h_i}{50H} H_{cs} + \Delta\sigma_{cs} \tag{2-3}$$

$$H_{cs} = \frac{50H}{\sum_{i=1}^{N} \gamma_i h_i} (\sigma_{cs} - \Delta\sigma_{cs}) \tag{2-4}$$

式中 H_{cs}——软化临界深度,m;

σ_{cs}——软化临界荷载,MPa;

$\Delta\sigma_{cs}$——残余应力(包括构造残余应力、膨胀应力、动荷载附加应力等),MPa;

γ_i——上覆岩层第 i 岩层容重,kN/m^3;

H——上覆岩层总厚度,m;

h_i——上覆岩层第 i 岩层厚度,m;

N——上覆岩层层数。

2.1.2 基于三轴实验的软岩破坏准则

岩石破坏准则是判断岩石工程的应力应变是否安全的准则、判据或条件。它是指在极限状态下的应力准则或应变准则。地下采矿开采引起的岩石破坏程度和范围是其他岩石工程不可比拟的,所以对岩石破坏特征规律的研究显得尤为重要。

强度理论一般包括三方面内容:破坏机理、破坏准则和相应的岩性参数。岩石破坏准则是指岩石破坏时所对应的应力关系式:$\sigma_1 = f(\sigma_2, \sigma_3)$。目前,比较适应岩土性质的强度理论主要有库仑准则、摩尔准则、Drucker-Prager 准则和格里菲斯等几种经典破坏准则。本节采用与实际情况相接近的三轴试验为手段,建立适应软岩特点的破坏准则。

2.1.2.1 软破岩石的三轴试验曲线

通常岩石的破坏是由试验室加载岩块试件获得。图 2-1 和图 2-2 分别为小官庄铁矿闪

长玢岩和矽卡岩在 MTS815.03 伺服机上加载所得到的不同围压下的轴向应力应变曲线。

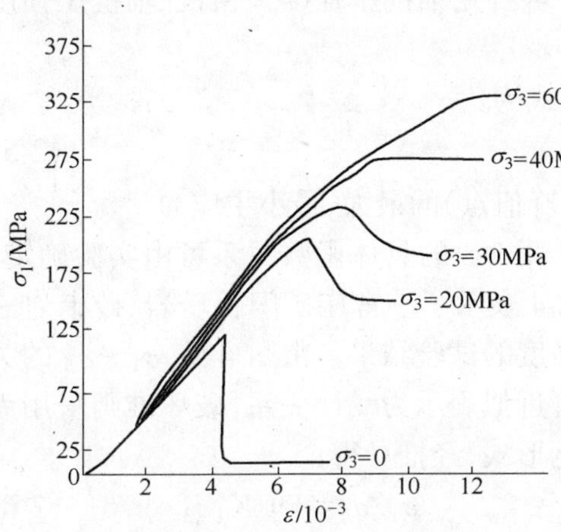

图 2-1　不同围压下闪长玢岩全应力应变实验曲线

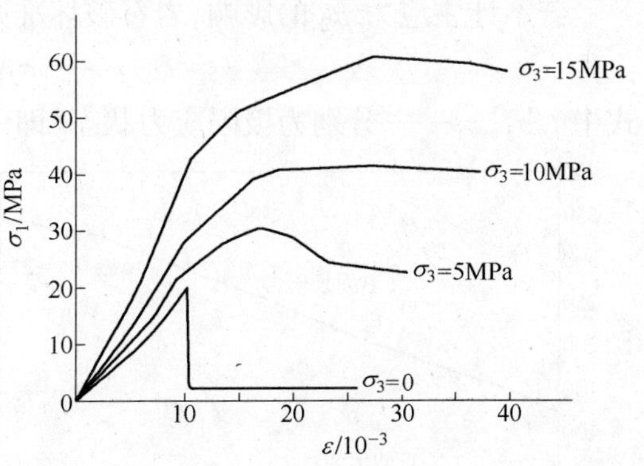

图 2-2　不同围压下矽卡岩全应力应变实验曲线

2.1.2.2　软岩的应力破坏准则

首先约定应力应变曲线上几个特征点的概念和符号，如图 2-3 所示，图中表示了峰值强度(σ_c)、极限应变(ε_c)、残余强度(σ_r)、极限滑移应变(ε_r)、屈服应力(σ_s)、屈服应变(ε_s)的定义。表 2-1 给出了这几个特征点在不同围压下的试验数据。

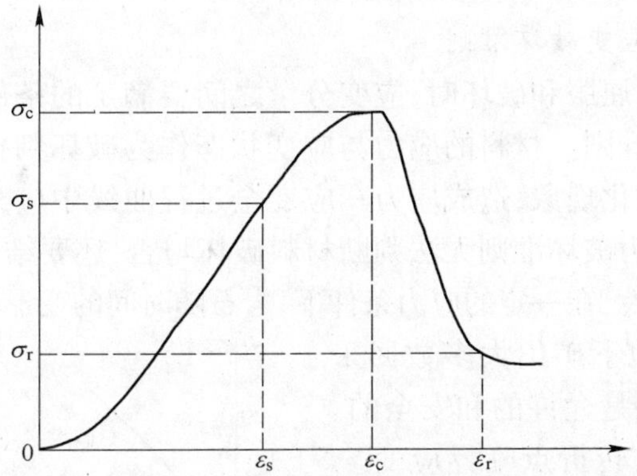

图 2-3　三轴压缩全应力应变曲线的特征点示意图

表 2-1　闪长玢岩、矽卡岩三轴试验数据

参　数	闪长玢岩					矽卡岩			
σ_3/MPa	0	20	30	40	60	0	5	10	15
σ_c/MPa	125.5	207.5	233	278	327.5	21.6	34.5	41.5	52.5
$\varepsilon_c/10^{-3}$	4.5	7.0	7.9	9.3	12.3	10.5	14.2	18.5	22.5
σ_r/MPa	19.5	152.5	187.5	270.0	310.0	3.27	25.0	37.5	51.5
$\varepsilon_r/10^{-3}$	4.3	8.25	10.5	12.3	12.5	11.2	24.5	28.5	23.5
σ_s/MPa	111.4	192.5	225.0	252.5	287.5	12.5	23.5	28.5	34.5
$\varepsilon_s/10^{-3}$	3.50	6.25	7.30	8.25	9.50	4.20	6.75	7.0	8.5

由表 2-1 中数据可见,随围压 σ_3 增加,闪长玢岩、矽卡岩峰值强度(σ_c)和极限应变(ε_c)都呈增加的趋势。不同围压下岩石的峰值强度就是岩石三轴抗压强度,岩石三轴抗压强度随围压的变化规律就是压岩石破裂时的破坏准则。

若不计主应力 σ_2 的影响,岩石破坏准则一般形式为:

$$\sigma_1 = f(\sigma_3) \tag{2-5}$$

式中　σ_1, σ_3——分别为极限应力状态(即三轴压缩峰值点)的最大、最小主应力。

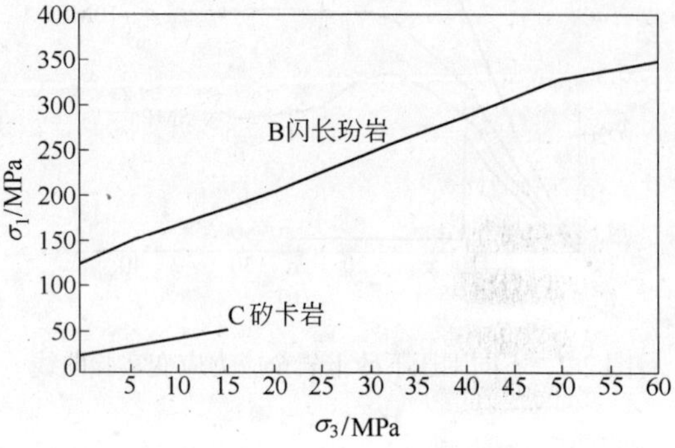

图 2-4　软岩石应力破坏准则

式 2-5 的具体函数关系可由实验确定。图 2-4 表示了小官庄矿闪长玢岩、矽卡岩三轴强度的试验结果。由图可见,$\sigma_1 \sim \sigma_3$ 的关系可近似表示为线性关系,破坏准则采用无量纲形式,经推导得:

$$\sigma_1 / \sigma_c = 1 + K_1\sigma_3 \tag{2-6}$$

式中　σ_c——岩石的单轴抗压强度,MPa;

K_1——应力强度参数,反映了岩石强度的大小。

闪长玢岩:
$$\frac{\sigma_1}{\sigma_c} = 1 + 0.384\sigma_3 \tag{2-7}$$

矽卡岩:
$$\frac{\sigma_1}{\sigma_c} = 1 + 0.194\sigma_3 \tag{2-8}$$

2.1.2.3　软岩的应变破坏准则

物体内某一点发生屈服和破坏时,应变分量之间要满足的条件叫作以应变表示的破坏准则,也称为应变破坏准则。材料的应力与应变状态作为破坏判据应是等价的,但是,软岩在屈服或破坏后存在软化现象,造成应力 - 应变全过程曲线中应力和应变之间存在多值对应关系。此时,采用应力破坏准则无法判断材料破坏与否,还要结合应变值才能判断。另一方面,软岩又具有蠕变性,在一定的应力条件下,岩石随时间的变形有三个阶段(初期蠕变、稳定蠕变、加速蠕变)。地下矿山大多数回采巷道缓慢的等速蠕变仍是允许的和安全的。如果规定 2~3 阶段的转折点临界应变 ε_c 作为破坏判据应当是可行的,而单纯用应力破坏判据则无法做出与时间因素相关的判断。为此,需建立应变破坏准则。

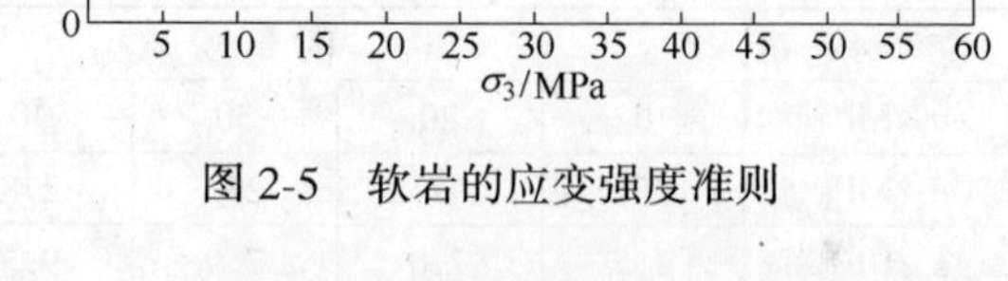

图 2-5　软岩的应变强度准则

建立应变破坏准则最好的办法是通过分析以应变表示的实验数据来提出。图 2-5 给出两种典型的软岩在不同的围压下极限应变的试验结果。

由图 2-5 可见,σ_1,σ_3 也表现为极好的线性关系。因此,岩石应变破坏准则可表示为:

$$\varepsilon_1 / \varepsilon_c = 1 + K_2\sigma_3 \tag{2-9}$$

式中　$\varepsilon_1, \varepsilon_c$——分别表示单轴和三轴压缩的极限应变;

σ_3——极限应力状态下的最小主应力;

K_2——应变强度系数，反映了岩石破裂时所能经受的变形程度高低，对于小官庄矿闪长玢岩 $K_2=0.026$，矽卡岩 $K_2=0.074$。

经推导和简化，应变破坏准则公式为：

$$\varepsilon_1=(\gamma\frac{\sigma_1}{\sigma_c}-\gamma+1)\varepsilon_c \tag{2-10}$$

式中 σ_c,ε_c——单轴抗压强度和极限应变；

σ_1,ε_1——三轴应力状态下的峰值强度和极限应变；

γ——强度比例因子，代表了应变强度曲线与应力强度曲线的关系。

如图 2-6 所示，若 $\gamma>1$，$K_2>K_1$，应变强度曲线位于应力强度曲线之上，表明随围压增加，极限应变比峰值应力增长更快；反之，$\gamma<1$，$K_2<K_1$，应变强度曲线位于应力强度曲线之下，则表明随围压增加，峰值应力比极限应变增加更快；$\gamma=1$，$K_2=K_1$，应力、应变强度曲线重合，说明随围压增加，峰值应力和极限应变同步增加。可见，γ 具有明显的物理和几何意义。只要根据试验或者某种强度理论确定出两种强度曲线的斜率，γ 值即可求得，对于小官庄矿的闪长玢岩 $\gamma=0.064$，矽卡岩 $\gamma=0.381$。

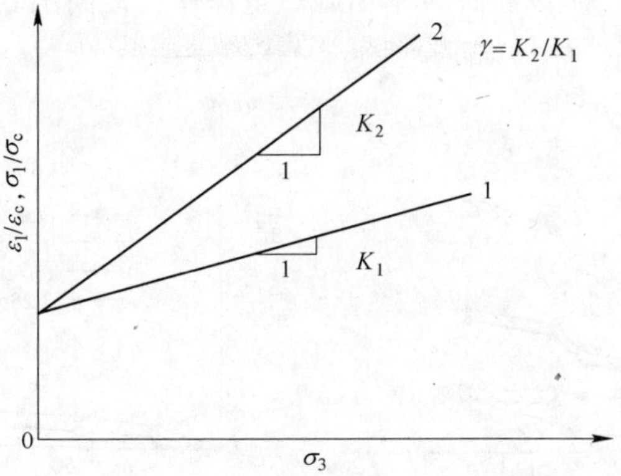

图 2-6 强度比例因子示意图

1—应力强度曲线；2—应变强度曲线

若 $\gamma=0$，$K_2=0$，应变强度曲线与 σ_3 轴平行，此时

$$\varepsilon_1=\varepsilon_c=\text{Const}\ (\sigma_3\geqslant 0) \tag{2-11}$$

上式说明，对于任意的 σ_3 值（即在一般三维应力状态下），当材料的最大主应变达到极限值 ε_c 时，材料即发生破坏，这是第二强度理论，即最大线应变理论，可见最大线应变理论是上述应变破坏准则的一种特例（$\gamma=0$）。

在式 2-10 中，$\gamma,\sigma_c,\varepsilon_c$ 为三个材料常数，由普通三轴压缩试验便可确定，σ_1 不是常数，它是岩石破坏的极限主应力，是随着应力（$\sigma_1,\sigma_2,\sigma_3$）的不同组合关系而发生变化，$\sigma_1$ 值可根据应力破坏准则确定。由此可见，建立的应变破坏准则（式 2-10），是将应力破坏准则与应变破坏准则通过部分试验结果有机地结合起来，为应力破坏准则转化为应变破坏准则建立了一种联系，是一种有机结合的途径。

2.1.3 软岩采准巷道的变形规律

小官庄铁矿埋藏较深、倾角缓、矿岩松软破碎，巷道变形破坏十分严重。支护率虽已达

100%,但每年巷道返修率仍达30%以上,其中高应力采场更是高达60%以上。影响巷道变形破坏的因素复杂多变,而采场巷道围岩的变形破坏特征和规律是影响变形诸多因素最直接的综合体现,是变形和控制技术研究的理论基础,对其研究的成果不失一般性。

测试集中在东区 −290 m 水平 10～12 线的承压区软岩采准巷道,采用表面收敛计进行巷道表面围岩位移监测,采用多孔单点式位移计和单孔多点式位移计进行深基点位移监测,共取得了4000多个巷道变形数据。

2.1.3.1 采准巷道表面围岩位移监测结果分析

图2-7～图2-12显示了具有代表性的表面收敛和深基点观测结果绘制的变形 − 时间、深度曲线。分析结果如下:

(1) 图2-7和图2-8是西区 −280 m 水平4号进路15号断面左右帮围岩时间 − 变形曲线,是反映承压区中岩性控制围岩变形的典型例证。其他条件完全相同,仅因岩种不同(左帮为矿岩接触带,右帮为矿石),其位移量和变形速度迥异。由大量统计资料所获变形速度 − 岩种 − 应力曲线表明:随应力的增加,不同岩性变形速度差别也随之增大;软破岩对应力增高的变形响应尤为敏感。由此表明:1) 对软破岩采场巷道变形分析要考虑应力的采场动态变化;2) 在承压区中,采取各种技术措施尽量保持或提高围岩强度,是控制软破岩巷道变形的首要原则。

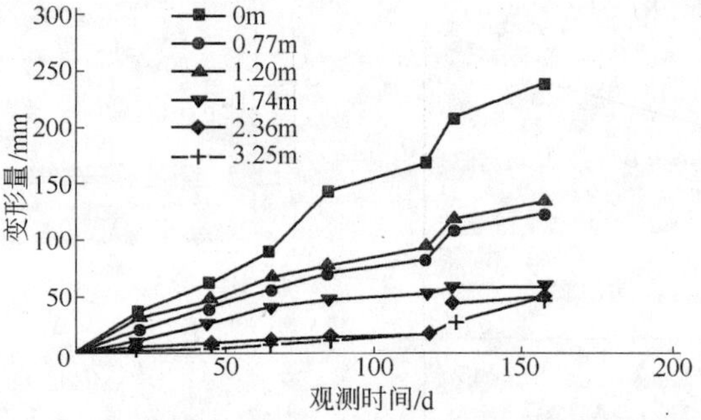

图2-7 西区 −280 m 水平4号进路左帮变形曲线

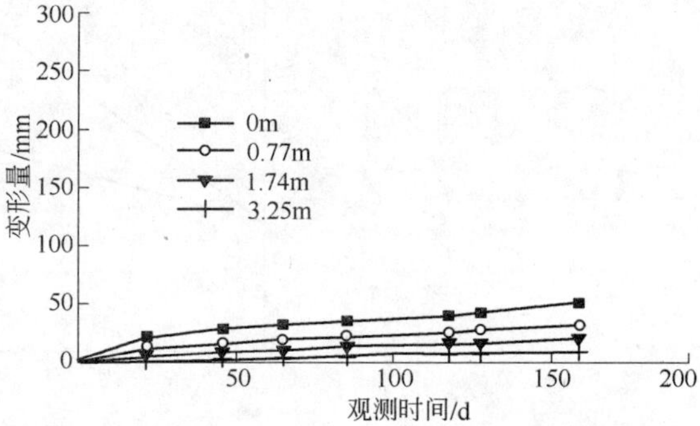

图2-8 西区 −280 m 水平4号进路右帮变形曲线

(2) 图2-9、图2-10为东区 −290 m 水平横3左右帮(左帮4号进路已采,3号进路正在回采,2号进路尚未切割)的位移 − 时间曲线,反映出在相同的岩性和支护条件下,承压区中离卸压区边界(或回采推进前沿)愈远,巷道围岩位移愈小;但图中进路测点较少,未明确反映出进路退采产生应力迭加的影响。上述位移曲线实际反映了围岩变形和支承压力大小以及巷道存在时间的关系。对一具体部位的巷道,随回采推进,不断改变相对位置和巷道存在时间,从而相应改变其变形量或变形速度。因此,要根据巷道与卸压区相对位置来研究变形和位移。

(3) 图2-11分别是东区 −290 m 水平11号进路1号、2号测点的位移 − 时间曲线,掘成第一个月表面位移即达80～100 mm,平均变形速度为2～4 mm/d(图2-12)。而东区 −290 m水平13号进路、17号进路在100～200天中平均表面位移速度不大于1 mm/d。其主要原因是11号进路测点处只采用摩擦锚杆和网喷支护,而其他进路则在此基础上用全长砂浆锚杆加密且顶部加深。对比显示支护对限制围岩变形的重要作用,它等效于围岩强度的提高。同时还表明,只要采用合理的工艺和参数,用锚喷网支护承压区软岩采准巷道可以满足强化开采所需寿命的要求。

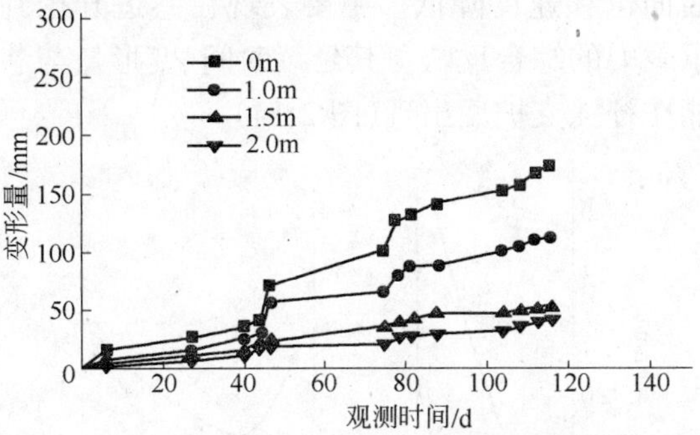

图 2-9　东区 - 290 m 水平横 3 左帮变形曲线

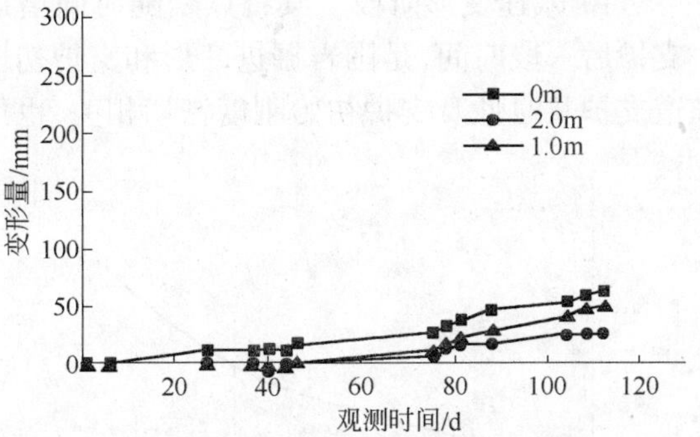

图 2-10　东区 - 290 m 水平横 3 右帮变形曲线

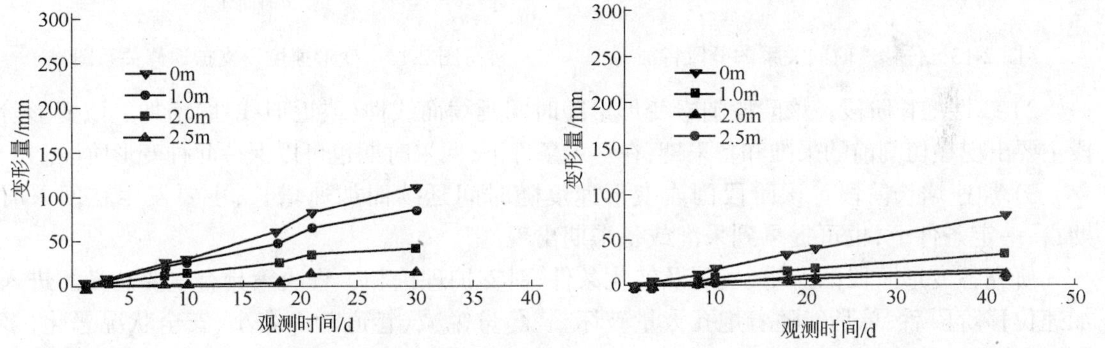

(*a*)　　　　(*b*)

图 2-11　东区 - 290 m 水平 11 号进路变形曲线

(*a*)—1 号测点左帮；(*b*)—2 号测点右帮

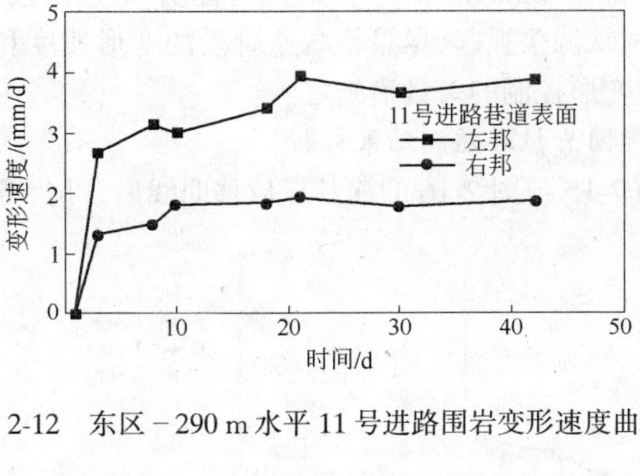

图 2-12　东区 - 290 m 水平 11 号进路围岩变形速度曲线

(4) 已采用各种支护(锚喷网、木支护、金属支架、钢筋混凝土支架)均只能在一定时间内改变承压区采场巷道围岩的变形速度,而不能终止其变形。支护后的围岩(实为围岩支护联合体,不支护软破岩可在很短时间内垮冒破坏)变形 - 时间曲线没有收敛趋势,因而不能期望用它来判断采用二次支护的合理性及决定最优二次支护时间。

(5) 上述变形 - 时间曲线也存在差异,既因影响围岩变形因素的不同,也与测点安装和存在时间有关。分析监测资料,并结合宏观规律,可以得出在巷道围岩变形过程中,变形 -

时间曲线的一般形式(图 2-13)。该形式由三个阶段的曲线组成:

1) 减速变形阶段。其特点是随时间增加表面位移速度降低。主要表现在巷道开挖到支护后一段时间,是围岩掘进变形和支护初期承载力的综合反映。其延续时间、变形量与巷道支护及时性及支护初始刚度密切相关,也可能在补强支护后出现(图 2-14)。

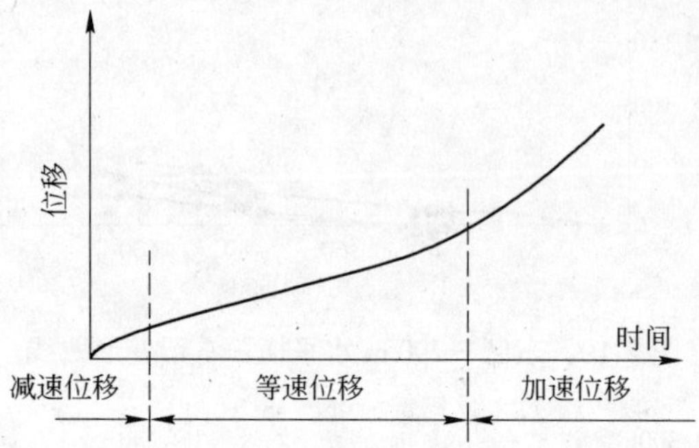

图 2-13　位移－时间关系的分段特征

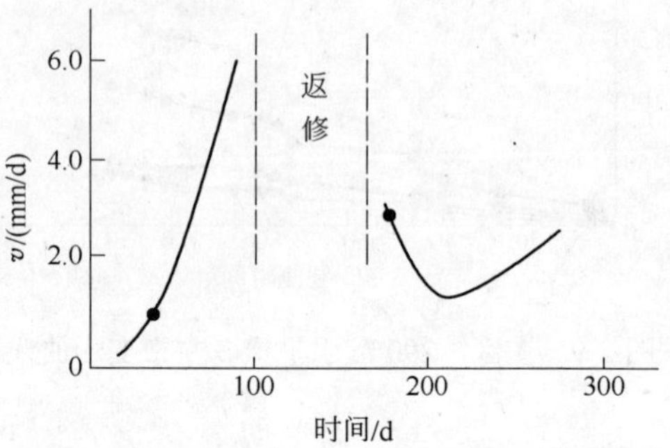

图 2-14　变形速度－支护返修关系图

2) 线性增长阶段。该阶段围岩变形量随时间延续而线性(或近似线性)增加。该变形阶段主要出现在切割前的采准和备采期;在一定条件下,回采时期也可以保持此种变形阶段。

3) 加速增长阶段。该阶段围岩变形速度随时间延续而加速增长,主要发生在回采时期;在一定条件下,也可提早到采准或备采期出现。

研究各变形阶段的产生、发展及转化条件,对支护理论和工程决策具有重要意义。进入加速位移阶段后,总是伴随着炮孔大量破坏、装药量锐减、巷道断面缩小、安全状况恶化,多为巷道垮冒的前兆,应尽量避免或推迟其发生。实践证明:加速变形阶段一般在总变形量达一定值后出现,这意味着围岩强度降低、支护作用失效和承载结构破坏。因而,应从存在时间和线性变化速度两方面入手,实现其变形量的控制,将巷道存在时间尽可能地缩短,使平均变形速度控制在 0.5~1.0 mm/d 以下。实践同时证明:等速阶段位移速度的大小与减速变形阶段的位移量相关,从源头抓起,尽量将减速阶段的变形速度和变形量减至最小,即尽量保持围岩强度是实现变形控制的关键措施之一。

2.1.3.2　巷道深部围岩位移监测结果分析

综合分析和研究图 2-15 与图 2-16 的深基点位移曲线后,可获得如下结果。

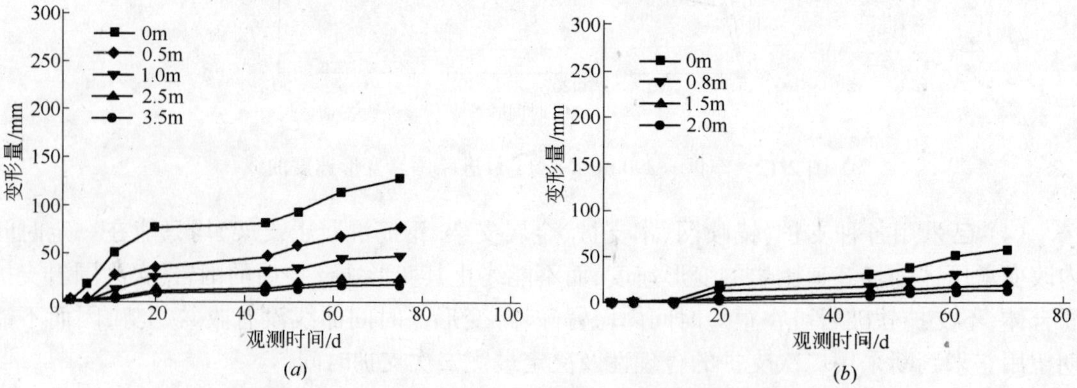

图 2-15　东区－290 m 水平 9 号进路不同测点变形曲线

(a)—5 号测点变形曲线;(b)—2 号测点顶部变形曲线

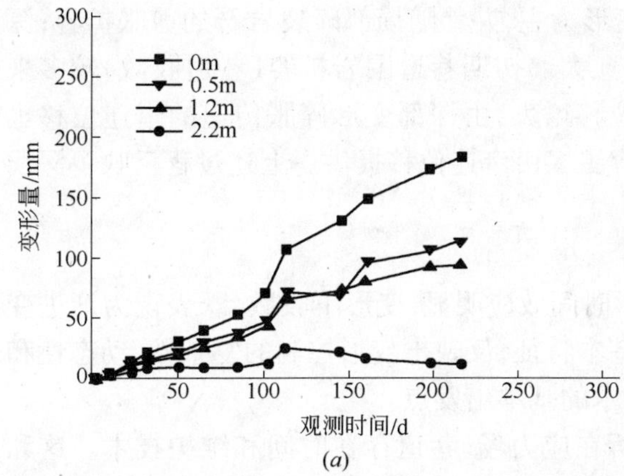

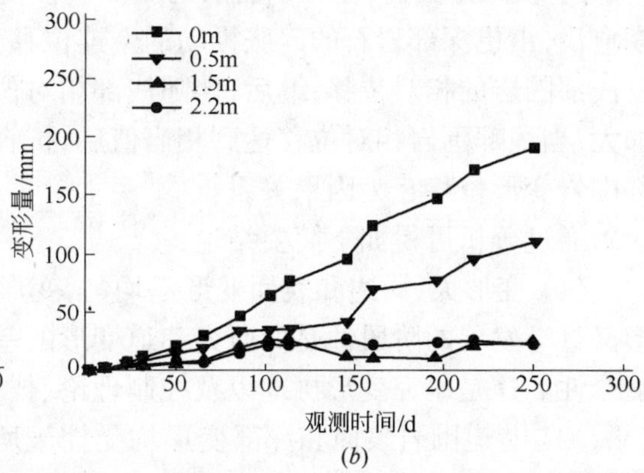

图 2-16 东区 -290 m 水平 13 号进路变形曲线

(*a*)—左帮 4 号测点；(*b*)—右帮 4 号测点

(1) 巷道深部围岩位移与表面位移密切相关。表面位移大,内部位移也相应增大,表面位移是深部位移的外观表现和积累。有关表面位移规律及影响因素的分析对深部位移也基本适用。

(2) 测点控制范围(一般在 2.0~2.5 m,个别在 3.0~4.0 m)都可量测到围岩变形和位移,且指向巷道空间(仅极少数例外)。但按位移的大小及时效,深、浅部围岩变形存在着区别,浅部围岩(一般在 1.6~2.0 m,尤其最浅层 0.5~1.0 m)位移最为明显,变形速度大,变形曲线上出现突变点。由此可见,巷道变形主要由该范围内围岩破裂扩容所形成,为主位移区。与主位移区相对应,深部围岩变形为次位移区,其特点是位移相对较小,随时间延长而缓慢增长。监测结果还表明,主、次位移区的范围受众多因素影响,并非恒定。当主位移区变形达一定量值后,将向围岩深部扩展。

(3) 巷道围岩内的每一点位移可分为绝对位移 S_1(即诸图中的位移值,为测点相对深部设定静止点的位移距)、相对位移 ΔS(为分段岩体浅端和深端的位移差,在此取 0.5 m 间隔为分段)和牵连位移 S_2(分段里端的绝对位移,等于该端深部各分段的相对位移之和)。第 i 分段的绝对位移 $S_{1i} = \Delta S_i + \sum_{1}^{i-1} S_{2i}$。相对位移 ΔS 是各分段岩层张拉或剪胀扩容所引起的位移,反映分段岩石在巷道变形过程中的破损程度(或应变大小)。牵连位移 S_2 则是由更深部围岩破裂扩容向外推动,使该分段产生的位移,它反映深部岩层在巷道变形过程中的破损程度及对围岩位移和张拉的负面影响。根据上述定义:

1) 绝大多数测点表明:深度愈小,绝对位移愈大;大多数情况下,浅部的相对位移较大,两者反映了由巷道开挖导致应力分布、应力状态以及变形逐渐由外而里转移和传递的基本规律。

2) 也有相当数量的测孔分段(尤其在主位移区中)相对位移并不符合由深而浅、依次逐渐变大的规律。它不是对上述基本规律的否定,而是反映围岩不均质性及不连续性对变形的影响。除应力环境和工程结构外,变形、位移大小和优先部位很大程度上受控于岩体的非均质性和弱面分布与产状。主位移区中存在相对位移较小,表明其完整性较好的岩层对巷道维护具有重要的意义。

3）较深部围岩，位移以岩层的黏弹塑性变形为主，并伴随局部碎裂岩石的剪胀扩容；深度愈浅，由更深部岩石的碎胀推动的牵连位移愈大。初期巷道围岩扩容（巷道收敛）较多来自浅部围岩的相对位移；继后，伴随浅部相对位移增大，由深部变形碎胀传递的牵连位移也加大；当浅部围岩相对位移达到相当值后，扩容更多由牵连位移提供。上述过程反映了深浅部围岩变形位移互为因果关系。

通过分析可得如下简要结论：

（1）变形大，周边和表面变形不均匀，变形时间效应明显，变形不收敛，既表现为渐进变形又具有发展的阶段性是所研究巷道变形的基本特征，反映出变形控制的复杂性、动态性和复合性。这是研究变形机理以及控制理论、技术的基本出发点。

（2）巷道围岩表面和深部变形均受控于所在应力场、巷道存在时间和维护技术。这和一般软岩巷道受控因素相似。然而，上述变形特征（尤其是变形不收敛、渐进而又分阶段持续发展）表明，上述控制因素及其组合具有自己的特点。正确认识其特点是认识变形控制和制定控制变形决策的必要前提。

2.1.4 软岩巷道的工程特征

基于大量现场宏观调查和变形观测研究表明，承压区软岩采场巷道变形破坏的工程特征表现为：

（1）巷道变形量大。采用锚喷网支护的巷道，围岩变形持续不停地发展，巷道变形量一般为 300～900 mm 仍不出现垮冒，刷帮重新支护后仍可使用。

（2）巷道变形时间效应十分明显，围岩变形随时间延长而无收敛性增长。处于软破岩地段的巷道，两帮喷层变形速度一般大于 1.0 mm/d，最大变形速度可达 23.3 mm/d，最大变形量可达 900 mm。

（3）在锚喷网支护的巷道中，围岩径向随时间交替出现拉、压应变区域，通常称为拉压域。

（4）采场巷道周边变形分布极不均匀，巷道主要破坏形式有以下三类：

1）两帮鼓胀挤出。喷层开裂首先出现在巷道两帮，随着两帮变形的加大，喷网层后面的围岩被挤压成碎块，并沿喷网层裂缝流出，使支护层后形成空腔；或者锚喷层与两帮围岩一块发生整体位移。支护失效时，两帮的收敛位移量可达 900 mm 以上，严重时两帮围岩闭合。随着两帮位移渐进发生，导致顶板发生垮冒。

2）顶沉底鼓。此类巷道顶、底板变形大，两帮相对稳定。顶板下沉发展过程是：首先在拱脊处出现错动裂缝，钢筋弯曲变形。随下沉量的增加，顶板喷网层呈网兜状下垂，一旦锚杆与网筋脱离或受到震动冲击，顶板则发生垮冒。在顶板发生下沉的同时，底板也出现明显鼓胀，隆起量一般为 300～500 mm。支护失效前，巷道顶、底板间距离仅为原高度的 1/2。

3）全断面收缩。巷道四周围岩均产生较大变形，整个断面均匀收缩，收敛率最大可达 60％以上。巷道变窄、变矮，直至完全闭合。

2.1.5 软岩巷道的支护原则

软岩巷道的支护原则是：

（1）根据变形机制的复合性，坚持支护与治理相结合，让压与卸压相结合，刚性支护与柔性支护相结合的综合治理方针。

（2）根据巷道变形的非收敛性和采准巷道临时性的特点，发展联合支护技术，包括不同内强支护结合或内部外部支护结合。

(3) 长期监控,根据信息反馈,不断调整、完善工艺结构和参数。

(4) 依应力水平、岩性、巷道功能、控制矿量决策目标以及支护可靠性及经济性,因地制宜发展相应技术。

2.2 矿岩水理特性研究

1998年7月23日和29日,程潮铁矿遭受了百年不遇的特大洪水的袭击,造成矿井被淹。由于井巷工程遭受了两个月的浸泡,恢复生产后即发生了大面积的垮冒,无法正常使用。通过对-274 m、-290 m、-302 m和-316 m四个水平的不完全统计,有2000 m左右的巷道发生了不同程度的变形破坏,比例高达10%以上。淹井事故是造成井巷大面积垮冒的直接原因,水对矿岩稳定性有着很大的影响。

矿岩受到水的作用后,其物理力学性质发生变化的特性称之为水理性。如崩解、膨胀、软化、吸水性、渗透性等,大多数矿岩都具有这种水理性,软岩则更为显著。因此,一些具有水理性的工程岩体,一旦受到水的侵蚀或发生失水—吸水循环,其承载强度、完整性及稳固性都会大幅度降低,从而影响工程整体稳定性,甚至引发灾难性事故。水理性研究的主要内容包括崩解、膨胀、软化等几项对工程危害较大的水理现象。

2.2.1 矿岩所含矿物成分类型及含量

程潮铁矿矿区的矿岩除块状铁外,其余矿岩多经蚀变变质作用,矿物类型十分复杂。软岩的固体相部分实质上都是矿物颗粒,并且是一种多矿物体系。

2.2.1.1 *原生矿物*

组成软岩固体相部分的物质,主要来自岩石风化、热变质和热液侵蚀的产物,软岩中原生矿物主要有:硅酸盐类矿物、氧化类矿物和硫化物类矿物。硅酸盐类矿物中常见的有长石类、云母类、辉石类及角闪石类等矿物。氧化物类矿物中常见的有石英、磁铁矿,它们相对稳定,不易风化,其中石英是软岩中分布较广的一种矿物。软岩硫化物矿物通常只有铁的硫化物,它们极易风化。

2.2.1.2 *次生矿物*

原生矿物在一定的气候条件下,经化学分化作用进一步分解,形成一种新的矿物,颗粒变得更细,甚至变成胶体颗粒,称为次生矿物。黏土矿物是原生矿物长石及云母等硅酸盐类矿物经化学风化及蚀变而成,主要有高岭石、蒙脱石、绿泥石等,其对岩性有较大影响。

经X光射线的衍射分析测定的岩石试样主要取自-290 m和-302 m水平的垮冒破坏点,岩样以矽卡岩类及夹层为主,各类矿岩试样的所含矿物类型及平均含量测定结果从高到低排序为:斜长石20.2%,蒙托石16.9%,高岭石16.5%,方解石13.2%,伊利石10.4%,绿泥石9.8%,钾长石7.6%,石英3.9%,白云石0.5%,三水铝石0.5%,滑石0.4%,石膏0.1%。

由全岩矿物测定结果看出,岩样所含的黏土矿物主要是斜长石、蒙托石、伊利石、高岭石、绿泥石,其含量超过80%以上。由于巷道各坍塌点的矿岩主要由黏土矿物组成,而这些夹层遇水膨胀、崩解、软化异常强烈,是造成巷道大面积垮冒的主要原因。

2.2.2 亲水性

亲水性反映了矿岩对水的敏感程度和吸附程度,是研究其他水理性质的基础。亲水性一般由自然含水率、吸水率和饱和吸水率来表述。

2.2.2.1 自然含水率测定

处于原始环境中的岩石所含水的重量与在温度为105℃时烘干至恒重的岩石重量的比值，称为岩石的自然含水率，表达式为：

$$W=\frac{G_w}{G_{rd}}\times 100\% \quad (2\text{-}12)$$

式中 G_w——岩样中水的质量，kg；

G_{rd}——干燥岩石质量，kg。

自然含水率值一般是相对的，因在取样过程中，不可避免的要受到开挖的影响，天然状态岩样很难取到。为了较真实地反映矿岩的自然含水状态及受井下环境影响的变化过程，在岩石含水率的测定过程中，可按两种环境条件采取岩样：(1)在新掘掌子面取样；(2)在夏季湿度超过100%条件下，巷道帮壁取样。另外还在帮壁下部和上部进行取样。岩石自然含水率测定结果见表2-2和表2-3。

表2-2 自然含水率测定汇总表

岩石类型	取样方式(1)		取样方式(2)	
	取样件数	含水率/%	取样件数	含水率/%
块状磁铁矿	12	2.15	9	2.34
斑状磁铁矿	12	6.24	6	9.03
块贫磁铁矿	9	6.24	12	9.04
闪长岩	9	3.13	7	3.66
矽卡岩	12	5.67	9	6.65
闪长玢岩	12	5.90	10	7.06
花岗岩	6	3.37	5	4.24
夹层	6	3.52	6	5.25

表2-3 巷道不同部位矿岩自然含水率

岩石类型	巷道顶板		巷道底帮	
	件数	含水率/%	件数	含水率/%
透辉石矽卡岩	6	4.98	4	7.46
闪长玢岩	5	3.13	5	3.99
斑状磁铁矿	6	5.27	6	8.54
绿泥矽卡岩	4	4.56	5	9.76
夹层	5	3.45	7	7.68

由表2-2可知，井下湿度不同，矿岩的含水率会有明显的差别，充分说明矿岩含水率随井下湿度的变化，其失水—吸水循环也在不断地发生，对岩石的水理性起到较大影响。表2-3表明，处于巷道底帮的岩石的自然含水率已接近饱和含水率。

2.2.2.2 吸水率

岩石的吸水率为干燥岩石在大气压力下吸入水的重量(G_{w1})与岩石干重量(G_{rd})的比值，以下式表示：

$$W_1=\frac{G_{w1}}{G_{rd}}\times 100\% \quad (2\text{-}13)$$

吸水率的大小反映了岩石亲水能力及孔裂隙发育程度，其测定是将烘干后的试件直接放入水中浸泡72 h，取出后测取试件所吸水量。但对一些失水后再吸水而极易崩解的矿岩，烘干后的试件往往一放入水中，就迅速崩解为糊状，而无法测取其吸水率，为此实验中对该类矿岩采取了反向测定法，即将保持自然含水率的矿岩试样先不烘干，而是直接放入水中吸水，然后取出称重，再进行烘干求出吸水率，其测试结果参见表2-4。此外，还进行了吸水率随浸水时间增长的变化关系试验，测定试验结果见图2-17。

表2-4 矿岩吸水率测定结果表

岩石类型	原试件含水状况	48 h的吸水率/%	72 h的吸水率/%
块状磁铁矿	烘 干	1.48	—
斑状磁铁矿	烘 干	5.76	—
块贫磁铁矿	烘 干	6.95	6.98
绿泥石矽卡岩	自然含水	20.81	21.54
透辉石矽卡岩	自然含水	14.98	15.80
闪长岩	烘 干	4.73	4.96
花岗岩	烘 干	2.24	2.53
闪长玢岩	烘 干	6.67	7.04
夹 层	自然含水	8.52	8.78

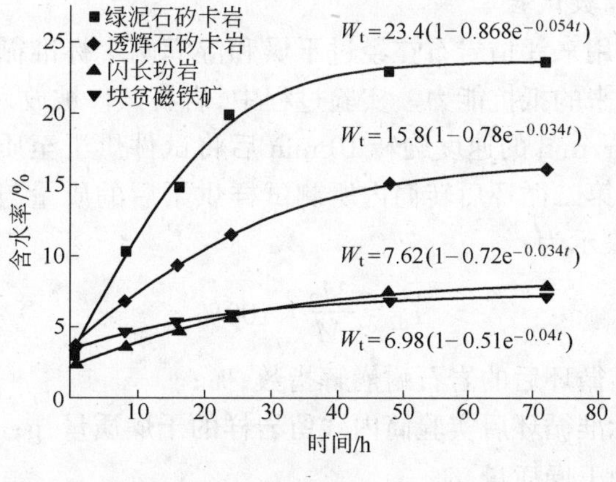

图2-17 含水率浸水时间关系曲线

由图2-17可以看出，大多数矿岩浸水后，其含水率在0～48 h内变化速度较快，此后逐步趋于稳定，在72 h基本达到饱和状态。

2.2.3 崩解特性

崩解是矿岩因浸水而发生的解体现象。崩解形式是多种多样的，有的呈均匀的碎屑状，有的呈泥粉状、碎块状或颗粒状。崩解性主要取决于矿物的组分、粒度及胶结形式，也与风化程度、裂隙结构相关。对崩解特性的评价一般采取四个指标，崩解时间、崩解特征、崩解速度和耐崩解指数。由于水对矿岩的影响途径及作用程度复杂多变，再加上矿岩成分的多样性，往往崩解、膨胀、软化集为一体，分析起来极为困难。目前对崩解的研究一般采用两种方法，即岩石直接入水崩解观察法和崩解仪定量评估法。

2.2.3.1 直接入水崩解实验

现场取样后，按烘干、保持自然含水率、日晒或风干8 h三种方式对岩样进行处理，然后放入水中跟踪观察崩解过程，实验结果如表 2-5 所示。

表 2-5　岩样崩解实验结果表

岩　种	采样地点	岩样处理方式		
		烘　干	自然含水率	自然风干 8 h
绿泥石矽卡岩	−290 m 中沿	入水后 2 min 崩解完，呈粉泥状	有轻微崩解	入水后有气泡和响声，4 h 后崩解完
透辉石矽卡岩	−290 m 中沿	入水后 5 min 崩解完，呈粉泥状或碎屑状	有轻微崩解	入水后迅速崩解，呈碎屑状
闪长玢岩	−302 m 中沿	入水后 15 min 崩解完，呈碎屑状	浸泡 24 d 基本不崩解	入水后 4 h 崩解，呈碎块状
闪长玢岩	−290 m 40 号进路	入水后 5 min 崩解完	崩解	入水后 1 h 崩解完
夹　层	−290 m	入水 2 min 崩解完呈泥状	不崩解	崩解为碎块
花岗岩	−316 m	沿裂缝崩解为小块	不崩解	不崩解
闪长岩	−316 m	不崩解	不崩解	不崩解
块状磁铁矿	−274 m	不崩解	不崩解	不崩解
斑状磁铁矿	−274 m	入水后有气泡生成，不崩解	不崩解	崩解为大块
块贫磁铁矿	−274 m	入水后有气泡生成，48 min 后崩解为小块	不崩解	崩解为大块

2.2.3.2　*耐崩解指数试验*

耐崩解指数试验是用来评估岩石在经过干燥和湿润两个标准循环之后，岩石样品对软化和崩解作用所表现出来的抵抗能力。实验过程中，岩石试件被放入带有筛孔的转筒内，转筒进入水槽中，并以 20 r/min 的速度旋转 10 min 后将试件烘干至质量稳定并测取其重量，然后再进行第二循环。第二循环后转筒内所剩试样烘干后的质量与原试件总质量之比，即为崩解指数，用公式可表示为：

$$I_{d2}=\frac{M_2}{M}\times 100\% \tag{2-14}$$

式中　I_{d2}——两个标准循环后的岩石耐崩解指数，%；

M_2——第二个标准循环后实验筒内残留岩样的干燥质量，g；

M——试件总的干燥质量，g。

本次试验所取试样是程潮铁矿矿区内较软弱的岩种：绿泥石矽卡岩、透辉石矽卡岩、闪长玢岩、块贫磁铁矿。为测定试件含水率对崩解性的影响，试件按烘干和自然含水率两种情况进行试验，结果见表 2-6 和表 2-7。

表 2-6　烘干情况下矿岩崩解指数表

岩石类别	试验次数	崩解指数		崩解状况
		I_{d1}	I_{d2}	
绿泥石矽卡岩	3	56.05	20.17	崩解强烈
透辉石矽卡岩	3	48.10	18.14	崩解强烈
闪长玢岩	3	81.93	51.41	崩解一般
块贫磁铁矿	3	91.08	88.26	崩解不强烈

表 2-7 不同含水率条件下的崩解试验结果

岩 种	浸泡时间/h	含水率/%	耐崩解指数 I_{d1}/%
绿泥矽卡岩	0	3.08	91.5
	8	10.1	88.4
	16	13.2	85.7
	24	15.10	85.2
	48	19.89	83.1
透辉石矽卡岩	0	3.68	96.9
	8	4.06	86.2
	16	9.75	85.4
	24	11.3	84.9
	48	13.75	83.7
闪长玢岩	0	2.71	88.79
	8	3.80	88.63
	16	6.01	88.55
	24	7.83	87.94
	48	8.21	87.63
块贫磁铁矿	0	3.53	97.73
	8	4.51	97.71
	16	5.41	97.65
	24	6.89	96.93
	48	7.02	96.79

对比表 2-6 与表 2-7 中的 I_{d1}值可以看出，烘干与自然含水率条件下试件的崩解指数值存在较大的差别，这说明保持自然含水率状态，试件浸水后尽管含水率的值在增加，崩解并不强烈，但如果试件失水后再吸水则崩解剧烈。

崩解试验结果表明，矽卡岩、闪长玢岩、块贫磁铁矿都具有崩解特性，其中矽卡岩表现最为强烈。同时表明，矿岩崩解主要是由于失水—再吸水引起的，在保持自然含水率的条件下即使含水量增加，崩解变化也不明显。

2.2.4 膨胀特性

矿岩浸水后，体积明显增大的现象叫作膨胀性。膨胀主要是由于黏土矿物含量较高引起的，主要对矽卡岩、闪长玢岩、夹层三种黏土矿物含量较高的矿岩进行膨胀性测定。膨胀性主要由膨胀量和膨胀力等指标描述。

膨胀量是指岩石在膨胀稳定后的体积增量与初始体积之比，表达式为：

$$V_v = \frac{V - V_0}{V_0} \tag{2-15}$$

式中 V_0——岩石初始体积，cm^3；

V——岩石膨胀稳定后的体积，cm^3。

根据所测岩石性质的不同，可以将膨胀量按照自由膨胀量或线性膨胀量的方法进行测定。自由膨胀量的测定采用量筒测取法和水银计法两种方法,所得结果闪长玢岩的平均膨胀率为53.3%,绿泥石矽卡岩为5%,透辉石矽卡岩为11.4%,软弱夹层为70%。因此,闪长玢岩及夹层具有强烈的膨胀性,而矽卡岩则略有膨胀性。

由于某些膨胀矿岩吸水后容易发生碎裂、崩解,故需采用金属环使岩样在有侧限的条件下,测定其吸水后沿垂直方向的变化,称为线性膨胀量 V_H,用公式表示为:

$$V_H = \frac{H - H_0}{H_0} \tag{2-16}$$

式中　H_0——岩样的初始高度,cm;

H——岩样膨胀后的高度,cm。

经测定,夹层的线形膨胀量为13.04%,闪长玢岩为8.27%,绿泥石矽卡岩为2.3%,透辉石矽卡岩为3.32%。

由此可见,矿岩中凡含黏土矿物的矿岩诸如蚀变闪长玢岩、黏质夹层都具有一定的膨胀性,矽卡岩型岩石具有轻微的膨胀性,膨胀率较小。矿岩的膨胀性与矿岩的含水量及外界压力有很大关系,当矿岩保持在稳定的含水量和一定的围压条件时,膨胀变形一般不明显。

2.2.5　矿岩的软化性

岩石浸水后强度降低的现象称为软化性。试验表明,几乎所有的岩石都具有软化的性质,但软岩的软化性质表现尤为明显。在岩土工程中用"软化系数"来表征这一性质,其定义为岩石浸水后的抗压强度与干燥岩石的抗压强度之比,其公式为:

$$\eta = \frac{R'}{R} \tag{2-17}$$

式中　η——软化系数,%;

R'——岩石浸水后的抗压强度,MPa;

R——岩石干燥时的抗压强度,MPa。

η 值愈小则岩石的软化性愈大,浸水后岩石强度的变化也愈显著。当 η 值大于0.75时,一般认为软化性很小,当 η 值接近1时,认为岩石不软化。

软化系数的测定有许多方法,但由于软岩标准试件在制取上存在一定的困难性,同时为了防止试件在加工时受水的影响,试验中采用了点荷试验法,通过测取试件的浸水抗压强度和干燥抗压强度来求得软化系数。不同岩种的在干燥—浸水状态和自然含水状态下的软化试验结果见表2-8。

表2-8　矿岩软化系数汇总表

岩　种	干燥后浸水	自然状态浸水
绿泥石矽卡岩	0.13	0.24
蚀变闪长玢岩	0.20	0.30
透辉石矽卡岩	0.13	0.30
斑状磁铁矿	0.79	—
块贫磁铁矿	0.64	—

由矿岩软化系数试验结果看出,区内矿岩的软化特性比较强烈,矿岩在自然含水状态下

浸水后的软化系数比干燥状态下浸水后的软化系数较大，说明保持围岩的自然含水状态对巷道的稳定性有积极的意义。

2.2.6 水理性机理分析

岩石的水理性主要与所含黏土矿物有关。黏土矿物是微结晶水化铝(有时为镁或铁)的层状硅酸盐，最常见的黏土有高岭石、蒙脱石、伊利石(水云母)、绿泥石和斜长石等。这类矿物晶体颗粒极其细小，高岭石晶体仅 1～0.1 μm，厚度为 0.01～0.02 μm。蒙脱石的厚度仅为 0.001 μm，而且含有 SiO_2 和 Al_2O_3 等化学成分，因而有较大的比表面积及较高的离子交换能力，极易与水发生物理化学作用，从而导致含有黏土矿物的矿岩发生水理反应。研究进一步表明，矿岩水理性的差异和表现形式的不同，又取决于下列因素：(1) 黏土矿物的类型和性质；(2) 黏土矿物的含量；(3) 基质胶结物的有无和类型；(4) 黏土矿物的离子交换容量；(5) 液相的电解质含量；(6) 内部结构排列；(7) 颗粒大小和空隙大小的分布及吸附面；(8) 含水率程度及变化途径；(9) 所施加的压力。

2.2.6.1 黏土矿物结构特征及水理性质

黏土矿物是一种由硅氧四面体和铝硅氧八面体构成的层状铁铝硅酸盐，按四面体和八面体结合比例又可分为二层格架和三层格架(见图 2-18)，因晶格结构不同，造成了黏土矿物性质的差异。

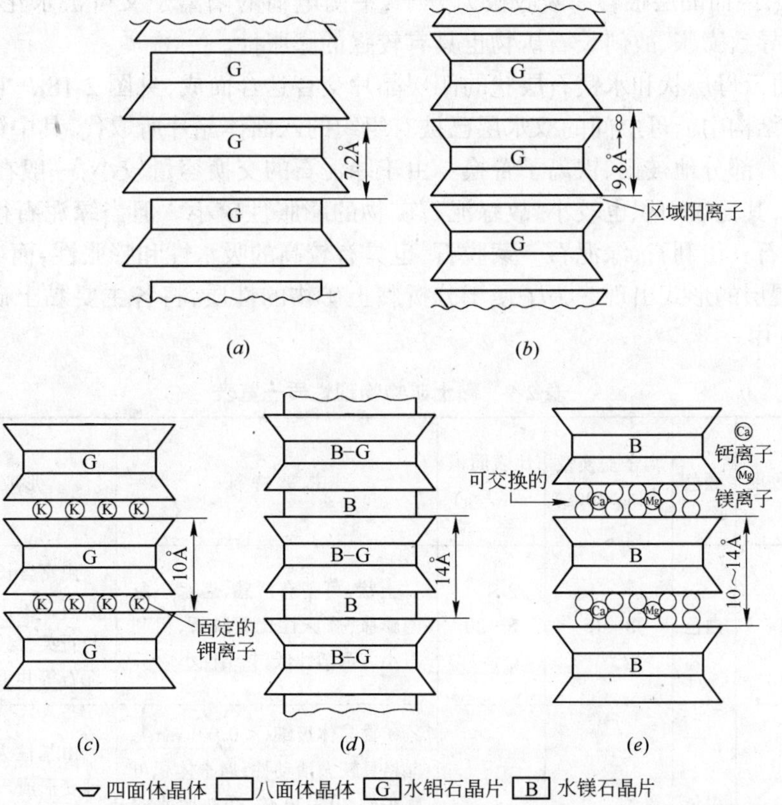

图 2-18 黏土矿物晶格结构示意图

(a)—高岭石；(b)—蒙脱石；(c)—伊利石；(d)—绿泥石；(e)—斜长石

高岭石由硅酸氧晶片及八面体晶片交替组成，见图 2-18*a*，每个晶包仅 0.72 nm，晶包间是通过 O^{2-} 和 OH^- 胶结连接，连接力较强，不允许水分子进入晶包之间，而且阳离子交换能力小，仅为 3～15 mg/100 g，不容易发生离子交换，稳定性强，故亲水性小，浸水后一般不发生体积膨胀，只在断口表面能吸引水分子形成水膜。

蒙脱石的晶体由很多相互平行的晶包组成，每个晶包厚约 1.4 nm，由三层组成，上层与下层都是硅氧四面体，中间夹一层铝氧八面体，见图 2-18*b*。最大特点是晶包与晶包之间以 O^{2-} 接触，故不够紧密，而且还有较大的比表面积，一般达 800 m^2/g。因此，可以吸附无定量的水分子。另外蒙脱石的离子交换能力也较大，交换容量每 100 g 的毫克当量达 80～150，可将可容的阳离子吸附在结构单元的层面上，使晶层间膨胀，体积膨胀可达 10～30 倍，因此，蒙脱石具有极强的亲水性和强烈的膨胀性。

伊利石(水云母)的晶格结架与蒙脱石相似，也是由三层结构的晶包组成，见图 2-18*c*，只是所含 SiO_2 比蒙脱石少一些。晶包上、下层硅氧四面体中的硅可以被铝离子和铁离子所取代，在相邻晶包间还可以出现较多的一价正离子，有时为二价正离子，以补偿晶包中正电荷的不足，致使伊利石结晶格架的活动性比蒙脱石小，亲水性和膨胀性都低一些。

斜长石是与伊利石一样同属云母状黏土矿物，也是三八面体结构，见图 2-18*e*，它具有较大的比表面积，有的可达 870 m^2/g，同时有较高的离子交换能力，交换容量达 100～150 mg/100 g，因而晶层很容易吸收极力分子，平衡电荷的阳离子又可被水化，这就引起晶层间的分离，导致膨胀，故斜长石矿物也具有较强的膨胀性。

绿泥石由云母层状和水镁石层状的四层晶片交替迭合而成，见图 2-18*d*，它的结构与蛭石相似，但该结构中云母层间的双水层已被有组织的八面体晶片所取代，其中镁离子是主要的阳离子，经常部分地被铝、铁离子置换。由于绿泥石的交换容量较小，一般在 10～40 mg/100 g 范围内，其比表面积也较小，故绿泥石矿物的膨胀性较小。但当绿泥石衍变成混层矿物时，如绿泥石－伊利石、绿泥石－蒙脱石，也具有较高的吸水性和膨胀性，而矿岩体内绿泥石又多是以混层的形式出现。为了便于分析黏土矿物的性质，将各主要黏土矿物的结构特征列入表 2-9 中。

表 2-9 黏土矿物物理性质一览表

矿物名称	密度	硬度	颜色	离子交换量 /(mg/100g)	比表面积 /(m^2/g)	主要特征	形成演化条件
高岭石	2.61～2.68	1～3	白色	3～15	8～20	土状，可塑有滑感，遇水不急剧膨胀，膨胀性比蒙脱石、伊利石小。可塑性低，黏结性小	由富含长石、云母等矿物岩石在风化条件下形成，常与石英、褐铁矿、水云母、绿泥石等共生
蒙脱石	2.35～2.70	1～2	白色 灰白	80～150	600～800	矿物晶体极细(＜0.001 mm)，晶格具较大活动性，遇水体积可膨胀到 10～30 倍，受热脱水收缩，阳离子交换能力强，有强烈吸附性，具有高可塑性和压缩性及良好的黏结性和亲水性	由基性火成岩风化热液蚀变形成。富含 Fe、Mg，火山岩地区最为常见，与火山碎屑矿物水云母、高岭石、沸石及黄铁矿一同产出

续表 2-9

矿物名称	密度	硬度	颜色	离子交换量 /(mg/100g)	比表面积 /(m^2/g)	主要特征	形成演化条件
伊利石	2.60～2.90	1～2	白色	10～40	30～180	粒径极细,内部结构与化学组分与白云母相仿,但含K较低,含水多,颗粒比白云母细小得多,吸水后弱膨胀,可塑性比高岭石差,比蒙脱石好,亲水性、置换与吸附性等介于蒙脱石与高岭石之间	云母、长石矿物经不同程度水解后的产物。稳定性较差,是风化作用的中间产物。随晶格层间 K^+ 减少向蒙脱石转变,易与蒙脱石形成混层
绿泥石	2.60～3.30	1～3	绿色	10～40	80	薄片状如云母柔软,但无弹性,集合体为土状、鳞片状、球粒状,其物理化学活性与伊利石相近似	为角闪石、辉石、黑云母的次生矿物
斜长石	2.40～2.7	1～1.5	褐黄色	100～150	70～500	类似蒙脱石等特征,加热后膨胀,焙烧时能爆裂	主要为黑云母热液蚀变或风化产物,与绿泥石、绢云母和碳酸盐矿物共生
混合矿物	伊利石-蒙脱石,伊利石-绿泥石					其物理化学特性及其他性质均介于各组矿物的中间,是黏土矿物中很普遍的组分	

2.2.6.2 黏土矿物与矿岩水理性的关系

黏土矿物是矿岩存在水理性的主要内在因素,黏土矿物的类型、性质及含量决定矿岩水理性的强弱及显现形式的差异。含有蒙脱石、伊利石、蒙脱石-绿泥石、蒙脱石-高岭石等混层黏土矿物的矿岩,一般都具有较强的膨胀性和崩解性。而且,随着蒙脱石含量的增高,其膨胀性也增加。当矿岩中的蒙脱石含量超过10%时,就会出现膨胀反应。而含有大量绿泥石矿物的矿岩,尽管亲水性较强,但膨胀性较小。矿岩的崩解性除了与矿物的膨胀性有关外,主要是由于黏土矿物的吸湿压力造成的,但含水的矿岩失水干燥后,会在矿物内产生大量的收缩裂隙,使吸湿压力增高,裂隙及孔隙中充满大量的空气,当失水矿岩再遇到水后,由于吸湿压力的作用,水很快沿裂隙渗入,岩块内空气被压缩。随着渗入水量的增加,孔隙内气压增大,矿物在压力的作用下,沿弱面破裂,发生崩解。同时由于在矿岩体内存在原生微孔隙和微裂隙,有利于水的渗入和渗出,为矿岩的崩解创造了水分迁移条件。此外,矿岩体内胶结物的胶结作用强度是一种不可逆的连结强度,其数值的大小直接控制着矿岩崩解的难易。一般胶结性差、膨胀性黏土含量较高的矿岩,崩解性较大。崩解与膨胀既相互联系又具有不同的特征和表现,崩解是一个不可逆的过程,而膨胀是亲水性矿物在吸水后体积增大的现象,其过程是可逆的。所以,二者是矿岩的两种不同的水理特征。

矿岩的软化也与黏土矿物紧密相关,黏土矿物含量较高的矿岩,都具有较高的液限和塑限指标,而且强度也较低。当有水作用时,湿陷性增强,C,φ 值大幅度降低,会使胶结强度受到削弱,从而影响矿岩的整体强度。

2.2.6.3　含水率的交替变化对水理性的影响

湿度环境的变化对矿岩的水理性有较大的影响,其中对膨胀性和崩解性影响最为显著。当失水或干燥的岩样在浸水后,表现出的水理性特征十分明显,而保持天然含水率的同类岩样,浸水后可保持其天然性状,水理性特征不明显。如膨胀性极强的矽卡岩在干燥后浸水,仅几分钟就崩解为泥糊状或碎屑状。而保持天然含水率的试样放入水中,几十天仍不崩解,当其烘干再放入水中,则仅需几分钟就崩解为碎屑状或泥糊状。软化试验表明,干燥后浸水的试件比保持天然含水率浸水的试件的强度低几十倍。由此说明,位于具有水理性矿岩中的工程稳定性恶化大多是由于失水后的浸水而引起的。因此,矿岩的失－吸水循环愈多,矿岩的水理破坏愈严重,即使是一些胶结强度较高的矿岩也会发生崩解软化。矿岩含水率的交替变化一般是由于矿井内空气的湿度的交变及施工用水的反复作用引起的,因此,应采取有效的措施,防止矿岩含水率发生交替变化。

2.3　采动应力分布规律与围岩变形机理

采动应力是由于开采活动影响,在巷硐周围岩体中或支护结构上形成的动态应力,也是影响地下井巷工程稳定的重要因素之一。采动应力的分布与影响程度与原岩应力、矿岩性质、采场结构、回采顺序及落矿方式密切相关。围岩变形破坏与支护的受力变形是采动应力显现的主要标志之一。无底柱分段崩落法采用分层逐段回采下降的采矿方式,巷道是该采矿方法主要的采矿工程,在每一个回采分段水平,按相同的间距布置有数十条甚至上百条巷道,而且几个分段的巷道同时存在,整个采场巷道在平面看纵横交错,从立体空间看错落重叠,形成蜂窝状巷道群。在巷道逐渐形成又逐渐崩落消失的过程中,随回采空间的变动和爆破动压的作用,采动应力时升时降,并导致井巷围岩的受力状态频繁变化,对工程的稳定有极大的影响。特别对于地层压力大、矿岩软破的矿山,采动应力的显现程度就更加突出。

2.3.1　采动地压显现的宏观特征

地压显现是岩性与地层压力不相协调的具体反应,它的具体表现形式是采矿工程与支护结构的变形破坏,但对于不同的采矿方法其地压显现的形式与程度差异较大。如空场法地压显现的主要形式是矿房的垮冒与矿柱的失稳;充填法的地压显现则表现在回采进路垮落与充填体的破坏;崩落法的地压显现多为井巷工程与炮孔的破坏。

无底柱分段崩落采矿法采用的是逐段分层、群巷立体式退采模式,一般将矿体划分为中段和分段,回采分段一般 10～20 m,中段高度一般 50～120 m,然后自上而下逐段回采,在每个回采分段水平布置有数十条相互平行的巷道,两巷间隔 10～15 m,上下分段巷道相互交错成菱形布置,从平面和立体上看如同蜂窝状的巷道群,每条进路又按一定的间距钻凿一排排的深孔,然后以数条进路为一开采单元、逐排装药爆破,故每个分段水平都需进行上千次爆破。由于无底柱分段崩落采矿法这种独特的采场结构和回采方式,采场地压十分活跃,显现形式也比较多样。其主要表现为:

(1) 巷道的变形破坏。进路与联络巷是无底柱分段崩落法最主要的采矿工程,它担负着凿岩、爆破、出矿、通风等多种功能。虽然这些巷道具有临时性,服务年限较短,但是为保证整个回采工艺的安全,该类巷道仍需有一定的安全稳定期。

1）未支护巷道的早期片帮冒顶。未支护巷道的早期片帮冒顶发生在掘进过程中，源于岩石过分破碎、松散或存在与临空面成不良组合的控制性弱面，而又未正确实施支护或支护不及时。

2）锚喷网巷道的变形渐进破坏。采用锚喷或锚喷网支护巷道以喷层鼓裂，顶板下沉四周收缩变形为主。一般开始于拱肩和两帮，初始表现为喷层开裂、凿岩卡钎、缩孔或塌孔、钢筋网鼓断等，继而因岩性不同，有的成细块自喷网断裂处或墙足流出，使喷层失效，有的剪切破裂成较大块与喷网一起外移。顶板伴随两帮收敛而下沉，继而随两帮片落破坏而冒落。有时因两帮岩石相对稳定，顶板先期破坏、冒落，并自拱底处产生错动裂缝。破坏情况如图2-19所示。

图 2-19 锚喷或锚喷网支护巷道破坏形式

3）工字钢棚支架巷道变形破坏。采用钢棚支护后的巷道一般出现三种破坏形式。其一是顶梁弯曲出现大的下沉，随着中间挠度的增加，梁与支柱脱离而发生顶板垮冒。其二是先由两帮棚脚受力外推，中间弯折，造成支柱失稳而发生垮冒破坏。其三是背板断裂后，其后的粉矿流出，形成大的空腔，并不断引起顶板矿岩垮冒，直至棚架完全失去支撑而完全失效。破坏情况如图2-20所示。

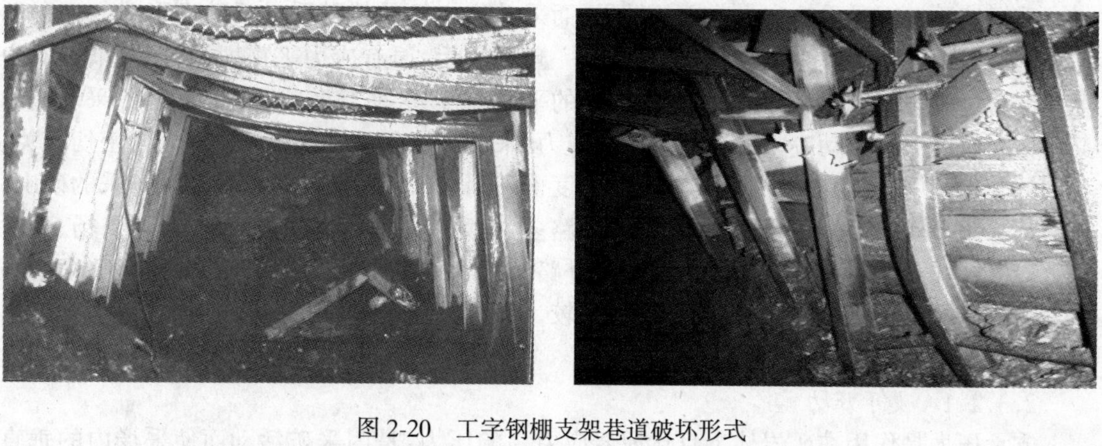

图 2-20 工字钢棚支架巷道破坏形式

4）浇灌钢筋混凝土支护变形破坏。由于该种支护成巷速度慢，速效性差，一般只是用在永久性大巷及穿脉运输巷的支护中。主要的变形破坏有：两帮外挤，在底帮处错切后挤出，钢筋弯曲出露，巷道断面缩小。顶板挤压剪切，首先在两拱基处开裂剥层破坏，此现象主要发生在粉矿与块矿或围岩接触带处。破坏情况如图 2-21 所示。

图 2-21　浇灌钢筋混凝土支护破坏形式

(2) 采场溜井片帮破坏。采场溜井大都布置在矿体下盘岩体中和矿体中间，岩种比较单一，受力状态相对较好，但溜井在使用过程中，片帮破坏却相当严重，原设计直径为 1.8～2.0 m 的井筒，发生片垮破坏后直径扩展为十几米，回采至最下几个分段，大部分溜井已不能正常使用。根据对程潮铁矿 −290 m 水平中段溜井使用情况的调查统计，破坏率高达 40%，严重影响了采矿的正常进行。

(3) 炮孔破坏以侧孔最为严重，锚杆孔也以拱肩及两帮处破坏最多。错孔多发生在 1～3 m 深处，采用扩帮、挑顶、卧底重新支护时需剥离的破裂层厚一般不小于 0.3～0.5 m，这基本上反映了围岩变形破坏大致范围和程度。

(4) 钻凿炮孔时凿岩水浸润，自由面不够或过挤压爆破、一次爆破量过大往往是巷道变形加速的转折点，有时甚至是垮冒破坏的直接诱因，显示出凿岩水、爆破振动对巷道围岩变形的重大影响。

2.3.2　采动应力分布规律

采场地压显现是采动应力作用的结果，而采动应力又是伴随采矿活动而形成的一种动态应力。当地下处于应力平衡状态的矿体，一旦开采后，原有应力平衡即被打破，采场应力场就会通过应力转移、集中和释放来寻求新的平衡，所以这种与采矿活动相伴随的采动应力又称为采矿应力。采动应力的形成与原始应力、采矿方法和矿体赋存条件等因素密切相关。不同的开挖环境，采动应力的分布与显现程度也不同。采用无底柱分段崩落法开采的矿山，一般都采用平面与立体结合式开采，采矿进路多，开采范围大，爆破频繁，采场与采场、分段与分段、进路与进路相互影响大，以致每条进路甚至每一个步距的退采，都会引起整个采场应力场的调整和变化，与其他采矿方法相比较，无底柱分段崩落法的采动应力场最为复杂也最为活跃。

2.3.2.1　支承压力

支承压力是作用在矿岩体上且比原岩应力高的压力，是因采矿活动而使采场内的垂直应力发生转移产生的应力集中现象。位于支承压力区中的巷道和炮孔变形破坏严重，回采十分困难，尤其是当各种支承压力相互迭加时，对采矿工程危害最大。

A 采空区周围固定支承压力

矿石回采后,形成一定的开采空间,采场上方覆岩压力被空区隔绝后,便向四周转移,从而在回采空区周围形成应力高度集中的固定支承压力带,见图 2-22。对于采用崩落法的采场,不同的崩落阶段有着不同程度的支承压力分布,崩落未通达地表之前,采场上方的覆岩是以自然冒落拱的形式逐渐向上发展的,一个分段回采结束后,形成大的拱形冒落空间,拱内充填有崩落矿岩,但这些松散而又经常处于松动状态的矿岩,不能有效地支承顶板和传递顶板压力,使得上覆实体岩层的压力由自然拱桥传向四周。回采空间四周即形成应力高度集中的支承压力带。当上覆岩层崩落至地表或出现大规模的地表沉陷后,采场上方的拱桥效应消失,应力集中现象应会大大下降。但根据最新研究成果,地表崩落沉降后,采场周围的支承压力依然很大,其应力集中值并未有大的变化。程潮铁矿地压显现也表明,地表虽在十几年前早已崩陷,但至今采场周围支承压力带(主要是上、下盘)中的井巷工程,地压活动仍十分剧烈,与以前相比没有多大改善。

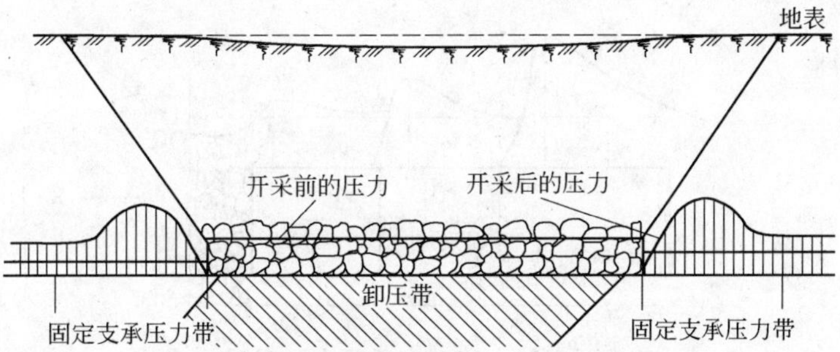

图 2-22 采空区周围固定支承压力示意图

采空区周围固定支承压力影响范围随回采空间形状和面积而改变,并与距离空区边缘的远近有关,国内外现场实测表明,固定支承压力的影响宽度从几十米到上百米,围岩应力一般比自重应力高数倍,表 2-10 为通过数值计算获得的应力集中程度与距空区距离的关系值。

表 2-10 固定支承压力应力集中系数

影响区范围/m	应力集中系数
0～15	$2<K\leqslant4.56$
15～30	$1.5\leqslant K<3$
30～45	$1.3\leqslant K<2$
45～60	$1.2<K<1.3$

采空区周围固定支承压力在程潮铁矿采场内的具体表现为:

(1) 各分段位于矿体上盘超出上分段回采范围外的切巷和进路变形破坏一直较为严重,经常出现巷道垮冒事故,如 −260 m、−274 m、−290 m 分段,切巷的开掘过程就十分困难,有的一掘即冒,为此有很多切割工程达不到设计要求,给回采带来极大的困难。

(2) 位于矿体两翼边缘的进路破坏率一直很高,如 −274 m、−260 m、−290 m 水平。

(3) 6 川是矿体厚度较小的部位,也是固定支承压力较为集中的区段,东西两大采空区形成支承压力往往在此交汇，形成高值应力集中区，地压显现表明这一区段压力一直较大，溜井和巷道破坏都很严重，如 -274 m 水平处于该川脉的矿块均未采出。

B　移动支承压力

移动支承压力是伴随回采范围扩展，不断移动并逐步增高的动态压力，如图 2-23 所示。当回采移动支承压力移动到采场周围，即转变为固定支承压力。回采移动支承压力的影响程度，受控于回采面积的大小，根据程潮铁矿的量测结果，崩落范围由 10 m 增加到 50 m 时，回采移动支承压力的应力集中系数从 1.1 增大到 2.3，影响范围从 15 m 增至 28 m。支承压力峰值一般位于距掌子面 10～15 m 处，并随回采工作面的推进而移动。当回采移动支承压力与采空区周围支承压力相互迭加时，应力集中最严重。移动支承压力除对本分段巷道造成危害外，还严重影响下分段巷道的稳定。

程潮铁矿在由上盘向下盘退采过程中都受到移动支承压力的影响，尤其当退至中沿时，下盘矿块的巷道和中深孔变形破坏加速，时常被迫停止回采来进行巷修和补孔。

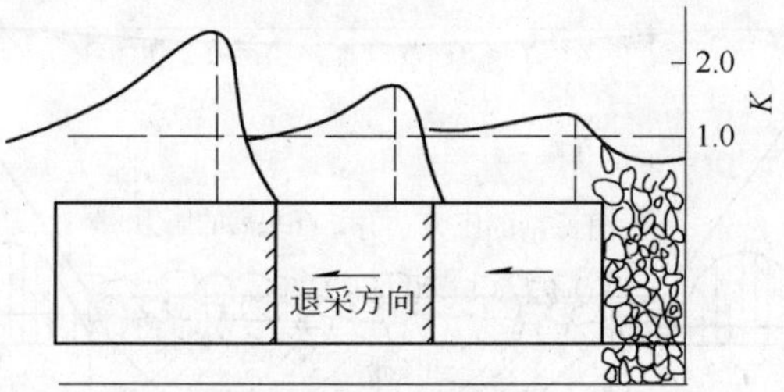

图 2-23　移动支承压力示意图

C　局部支承压力

回采过程中，因巷道坍塌和炮孔破坏遗留在采场中的残柱、压实带或未实施回采的夹石带都是形成应力高度集中的局部支承压力。此处巷道围岩应力值异常的大，变形破坏难以控制，采场中一些大的垮冒大都发生于此区段。局部支承压力一般产生在首采分段和第二分段，随着矿体的连续下降开采，局部支承压力将逐渐消除。但这种局部支承压力在较软破矿体中会产生恶性连锁反应。程潮铁矿局部支承压力的影响是严重的，发生的多处垮冒点都处于上几个分段未实现正常回采的部位，另外一些半岛式或孤岛式采场也是产生局部支承压力的位置。

2.3.2.2　水平应力集中区

原岩应力场的测定表明，金属矿山矿区内最大主应力和中间主应力一般均为水平构造应力。矿床开采后，水平应力被采空区隔绝，便向采空区的底板或上、下盘之间留有连通矿柱的部位转移，形成高度的水平应力集中。另外矿体上盘和下盘滑落棱柱体的下滑也会增加水平应力的集中程度，如图 2-24 所示。无底柱分段崩落法采准完毕，尚未正式开采的分段和滞后回采的上下盘连续采场，一般是水平应力高度集中的区段，受水平应力集中影响也最大。当上盘采场开槽回采后，采场中的水平应力集中就会解除，但又会转移到相邻的采场，只有整个分段水平的采场都拉槽或回采后，其水平应力对整个回采分段巷道的影响才会消除。

程潮铁矿矿体沿走向较长，垂直于矿体走向方向的水平应力遭到崩落凹槽的隔绝后，尚未开采的分段则成为水平应力绕射和转移的主要通道，以致在进路顶底板和间柱中出现高

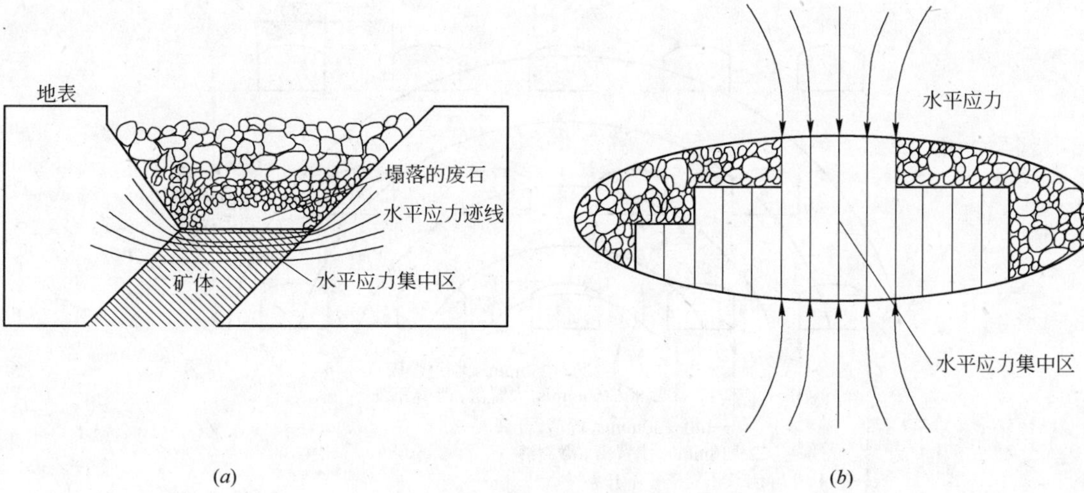

图 2-24 水平应力集中示意图

度的水平应力集中。而沿走向方向的水平应力,则因多重进路的阻隔对巷道影响有所降低,水平应力集中影响以垂直走向方向最为明显。根据地压显现调查,几个开采滞后的川脉采场,如－260 m、－274 m 水平的 7～9 川,水平应力集中都有剧烈的显现。回采前,联巷以挤压变形为主,顶板被挤压成桃形状,两帮鼓裂推出。回采开始后,则表现为顶板垮冒,而进路的变形破坏又以剪切为主。进路和联巷破坏类型的差异以及回采前后的变化都证明了水平应力集中的存在,每个分段最后切槽回采的巷道出现大面积垮冒,也明显受到水平应力的影响。

2.3.2.3 爆破动压

无底柱分段崩落法的采场落矿是逐排分次进行的,每次装药量为 300～400 kg 的爆破要进行上千次,频繁的爆破使采场巷道长期处于高值交变的应力场中。爆破产生的瞬时高值应力和剧烈的地震冲击波,可使围岩节理裂隙扩张和错位,并频繁改变围岩的受力状态,导致围岩强度大幅度降低,诱发大的地压活动。由此可见,爆破动压是无底柱采场最主要的采动应力之一。

根据瑞典基律纳铁矿爆破影响试验结果表明,装药量 20 kg 的爆破所产生明显破坏迹象的距离可达 20 m,如图 2-25 和图 2-26 所示。按此结果来估算,每次爆破炸药量都在 250 kg 以上,所产生的破坏范围可达 100 m。东北大学早期在程潮铁矿－184 m、－195 m、－206 m 三个水平进行的爆破测振试验也证实,当分次爆破药量为 150 kg,爆心距为 9.86 m 时,进路迎爆壁最大质点加速度达到 14.5 g,对一般岩石地下巷道,岩石质点加速度为 10.2 g 时,围岩体就会发生严重破坏,可见回采爆破振动的影响之大。实际生产中采场爆破所引发的巷道垮冒时有发生,据统计有 50%以上的巷道垮冒事故是在爆破后发生的。每次大爆破对临爆炮排造成的破坏少则 1～2 排,多则 3～4 排。实测和宏观调查结果表明,爆破动应力影响最严重的范围为离爆源 5～10 m 的区段。

2.3.3 无底柱采场巷道围岩变形机理

无底柱采场巷道不仅矿岩条件复杂,而且长期处于多变的采动应力环境中,围岩的变形破坏具有明显的动态特征,也与采动应力的分布规律有着直接的关系。

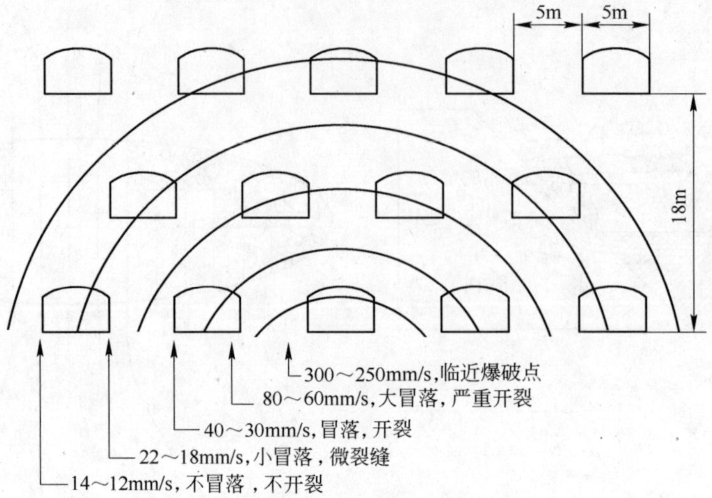

图 2-25　无底柱采场爆破动压影响示意图

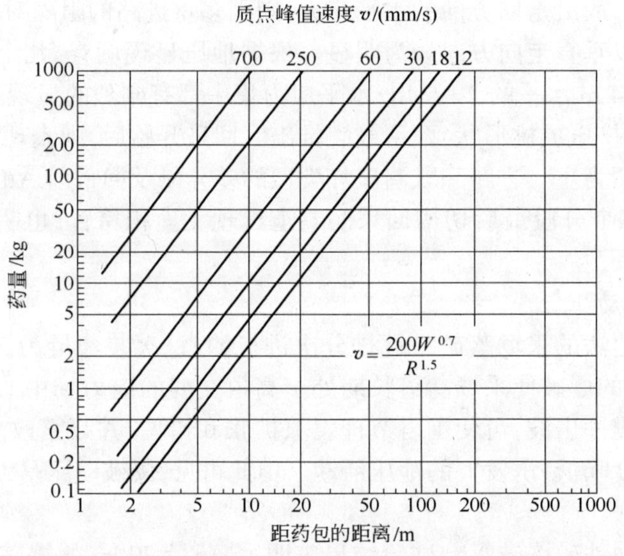

图 2-26　炸药量与爆破动压影响距离关系曲线图

2.3.3.1　围岩受力状态

由巷道破坏类型与巷压显现分布特点看出,围岩的受力状态是随回采过程而变动的,不同的采矿阶段其受力状态有所不同。尽管如此,由物理模拟、数值计算和现场实测的结果表明,无底柱采场巷道围岩应力分布仍具有一定的规律性,如表 2-11 所示,其主要特征表现在以下几方面。

A　采准期间

巷道围岩应力分布仍受水平应力和垂直应力的支配,沿走向布置的巷道顶板受切向和轴向二向压缩应力,两帮受切向拉伸应力,如图 2-27a 所示。垂直走向巷道顶板和两帮受压缩应力。

程潮铁矿的矿岩大多数都具有一定的自稳性,在巷道掘进期间较少发生垮冒破坏,只是在极其破碎的矿岩接触带，由于支护不及时才发生垮冒。据统计，一条巷道从下盘至上盘的掘进期一般为1年，掘进过程的垮冒仅占巷道垮冒总量的10%左右，由此说明掘进期的巷压活动比较平缓。

表2-11 无底柱采场巷道围岩应力特征表

时期	部位	应力性质	支承压力带		卸压带	
			沿脉巷道	穿脉巷道	沿脉巷道	穿脉巷道
采准期	顶板	切向	压	压	压①	拉②
		轴向	压	压	压	压
	两帮	切向	压①	压①	拉②	压
回采期	顶板	切向	拉②	压	拉②	拉②
		轴向	拉②	拉②	拉②	拉②
	两帮	切向	压①	压①	压	压

① 表示达到破坏强度的压缩应力，② 表示达到导致破坏的拉应力。

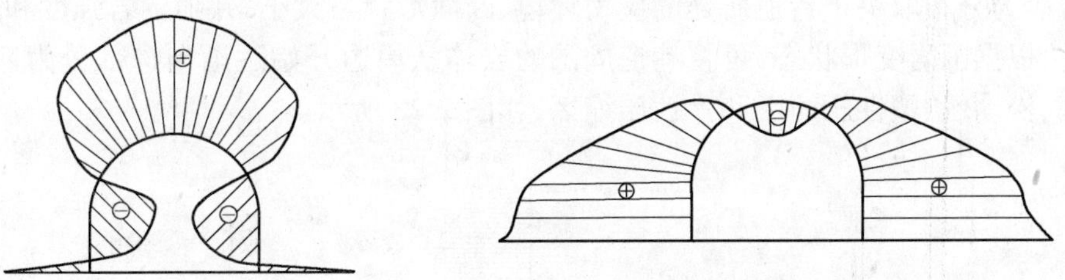

(a) (b)

图2-27 采场巷道围岩应力分布图(图中+表示压应力，−表示拉应力)

(a)—采准期；(b)—回采期

B 备采期间

由于受到切割回采活动的影响，水平应力被解除，沿走向布置的巷道顶板由两向压缩应力转变为两向拉伸应力，两帮从切向拉伸转变为切向压缩，如图2-27b所示。而垂直走向布置的巷道，顶板由压缩应力转变为一拉一压状态。

程潮铁矿的备采期为1～3年，在此期间，由于上分段和邻近矿块回采的影响，地压活动较为剧烈，许多巷道逐渐发生变形破坏。据调查，备采期间的破坏占巷道破坏总量的46%以上。

C 回采期间

位于不同压力区中的沿脉巷道，围岩应力具有相同性质，但应力值有很大差别，支承压力区巷道两帮的压缩应力比卸压区巷道围岩应力值高8.5～15.7倍，顶板最大拉伸应力值高10.0～18.5倍。而位于不同压力区中的垂直走向巷道，围岩应力性质却有较大变化，在支承压力区，顶板为轴向拉伸与切向压缩，呈现一拉一压状态。在卸压区，则为切向和轴向双向拉伸。

程潮铁矿的回采期一般为1～1.5年，此间巷道破坏率最高，主要集中在断层带和交叉口，尤其回采至下盘时，联巷和进路破坏加重，并时常发生大面积地压活动。

2.3.3.2 巷压类型

从巷道变形破坏的形式看，巷道破坏是由两种类型的地压所致，一种是变形地压，一种是散体地压。两种地压类型的形成与支护密切相关，一般采用密贴支护的巷道，围岩变形、位移过程中受到支护的抑制而产生的压力为变形地压，特点为围岩与支架的变形，其大小既取决于围岩的应力状态又决定于支架类型和支护时间。而无支护巷道或低强度支护巷道，巷道围岩中发生滑移和塌落岩体以重力载荷的形式直接作用于支架上的压力为散体地压。对于各种不同的岩石，只要围岩变形能自由发展，一般都会出现这两个阶段。支护刚度较小时，围岩变形较大，发展到一定程度，岩体就会出现离层，原来承载围岩体转变为荷载作用于支护结构上，变形地压转变为散体地压。

程潮和金山店铁矿巷道大多是由变形地压转变为散体地压后破坏的，这主要与低强度的支护有关。如素喷、单锚、工字钢支架或不接顶的浇灌混凝土，由于不能有效地抑制围岩的变形，使松动范围不断扩大，以致形成大的散体载荷而引起巷道垮冒。

2.3.3.3 围岩应力分区与变化特征

A 围岩应力分区

围岩应力分布取决于巷道所处的应力环境、断面形状与大小，并随围岩强度和应力的变化而变化，根据围岩变形状态，可将巷道周围的岩体从周边开始逐渐向深部分为四个区域，即破裂区、松动区、塑性压缩区和弹性压缩区，如图 2-28 所示。

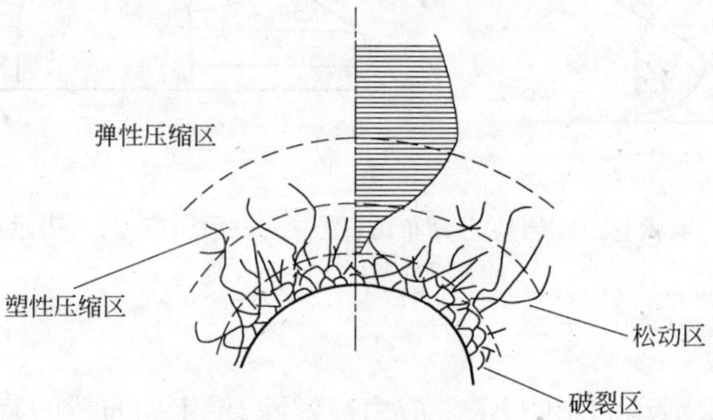

图 2-28 巷道围岩应力分区

(1) 破裂区。破裂区位于巷道周边附近，是在开挖爆破动压、集中应力、卸荷应力等多重作用力的影响下形成的，为应力降低区。在破裂区内，破碎岩石完全失去强度，成为抗剪强度几乎为零的松散介质。一般情况下，如果不及时支护，破裂区内岩石将在自重的作用下发生片冒。同时，破裂区内松散岩石与空气接触的表面积大大增加，吸收空气中水分子将活化膨胀矿物，产生膨胀地压。如支护强度不够，破裂区范围将逐渐扩展，导致围岩发生大范围垮落。由此可见，破裂区的大小和范围决定巷道掘进能否成巷，是选择巷道临时支护时机的重要依据。对于程潮铁矿而言，该区的及时支护是保证巷道稳定的关键。由于金山店铁矿以粉矿为主，该区一般不存在。

(2) 松动区。松动区介于破裂区与塑性区之间，特点是应力低于巷道所处应力场应力，而应变则小于开挖前。岩体在应力作用下使节理发生追踪破坏，形成翼状破裂面，致使岩体产生离层、沿破裂面剪胀滑动以及膨胀矿物吸水产生膨胀作用。

与破裂区比较,松动区具有两个特点:1) 松动区内破碎体尽管发生碎裂,但仍能够紧密接触,存在一定程度的强度,强度值主要是由于碎裂岩石之间的相互摩擦产生,大小可以近似用岩体的残余强度加以估计。2) 松动区承担一定的应力,其应力从外向内逐步提高,但最大值不超过岩体强度。松动区岩体具有很大的可变性,在不同条件下,松动区岩体极易向破裂区或塑性区转化,通过适当的支护,能够提高松动区岩体强度,使其承载能力提高,转变为塑性区;如果不及时或支护不当,松动岩体的残余强度也将完全失去,变成破碎岩体。由此可见,松动区岩体承载能力的利用程度是决定承压区软岩巷道支护优劣的重要标准。

松动区岩体是介于不连续体与黏弹塑性体之间的介质,其变形特征主要为高应力下破碎岩的碎胀,黏土矿物的活化膨胀。因此,可以近似将松动区岩体视为宏观上的连续介质。基于弹塑性理论,称之为塑性区,可借助于大变形介质理论对其变形量进行预测,但其变形量远远大于黏弹塑性体。

(3) 塑性压缩区。塑性压缩区的岩体介质虽已经进入塑性状态,但仍具有较高的承载能力,承担着由于巷道开挖、围岩破裂、松弛而导致的承载力降低转移过来的荷载。与弹性压缩区比较,塑性区岩体具有两个重要特征:1) 塑性区岩体不仅具有弹塑性变形,还存在应变扩容;2) 塑性区岩体对荷载变化较为敏感,具有明显的时间效应。塑性区围岩的应力、变形以及位移是连续的。实际上,岩体中布满各种原始隔离面,将岩体分割成岩块,岩体的所谓塑性变形,主要是岩块运动、节理裂隙扩张以及新的断裂面产生的结果,随着塑性变形的自由发展,围岩应力逐渐降低,塑性压缩区就会转变为松动区。由此可见,限制塑性区围岩的变形,对保持巷道塑性压缩区围岩的承载能力具有重要作用。

(4) 弹性压缩区。弹性压缩区内岩体在集中应力作用下仍处于弹性变形状态,具有较高的承载能力。但在高应力软岩的无底柱采场内,巷道围岩的松动区和塑性区较大,巷道间矿柱尺寸又小,一般仅有 6~7 m 宽,两条巷道的围岩塑性区已基本相接,故大部分巷道不存在弹性压缩区,仅出现在矿岩硬脆且完整的巷道中。

B 围岩区的动态变化

巷道围岩的破裂区、松动区和压缩区的存在、发展与岩性、应力、时间、空间、支护方法及采动过程密切相关。随着工程环境的变化,围岩变形区域也在不停地变动。

当巷道压力不高,围岩处于弹性状态时,巷道表面即为压缩区的边界,最大切向应力作用于巷道周边,随着应力的升高和时间效应影响,表面围岩逐渐破裂,其承载强度降低,巷道周边便出现了围岩松动区,照此发展还会产生破裂区。但对于矿山采准巷道而言,往往巷道一掘出,就有松动破碎区存在,不同围岩环境条件下只是松动圈的厚度不同,在采动应力场的作用下,松动范围会迅速扩展,如不加限制,就会引起垮冒。防止围岩应力区转化的有效方法,就是立即进行支护,尽快提高巷道表面侧向支护力,有效限制松弛区的扩展。无底柱采场巷道在掘进期,虽有松动区存在,但松动范围一般比较小,此时进行及时有效的支护,就能降低松动扩展速度,甚至完全能抑制其发展,从而改善松动区围岩的受力状态,使之变为支护的组成部分。如若不然,当切槽回采后,随着采动应力增大,松动范围将不断扩大,并与相邻巷道的松动及塑性区对接,达到一定的变形量后,松弛区外侧出现破裂区,就会形成散体地压,此时再采取支护,已难以控制巷道垮冒的发生。

金山店铁矿巷道围岩松动圈测试结果表明,巷道围岩松动圈厚度因岩种、存在时间、应力状态和支护形式的不同而变化,围岩抗压强度超过 80 MPa 的巷道,掘进期的破裂与松动圈为 0.2～0.4 m,采用锚喷网支护且存在 2 年的矿体巷道为 0.6～1.0 m,而采用单锚支护、存在期 1 年的巷道松动范围达到 2 m 以上。矿岩破碎带、矽卡岩等围岩强度较低的巷道,掘进期的破裂与松动圈则达 1.0～1.5 m,采用锚喷网支护切存在期 1 年左右的巷道松动范围可达到 2.5 m 以上。由此可以看出岩性和支护强度是影响围岩松动范围大小的主要因素,在粉矿体中这种动态效应表现的更加突出。

2.3.4 围岩变形破坏机制

围岩的岩性和所受应力状态决定了巷道破坏的力学机制。无底柱采场进路众多,穿过的岩层各种各样,围岩应力状态更是复杂多变,拉、压、剪应力交替,即使同一个巷道断面上的围岩也会受到几种不同性质载荷的作用,因此,围岩的破坏机制具有多样性。通过对金山店铁矿巷道变形破坏特征的分析,进路的破坏主要有两种破坏机制。

2.3.4.1 碎胀变形机理

一些节理裂隙发育且岩块强度较高的巷道,在拉、压、剪复合应力作用下,岩体的节理裂隙逐渐扩张、错动和位移,引起围岩体的碎裂膨胀而导致巷道发生过量变形而破坏。由于岩块转动和节理裂隙扩张引起岩体体积增大的现象称为碎胀变形。矿区内以下盘石英闪长岩、块矿和上盘角页岩为代表的节理裂隙发育的围岩,其巷道的破坏主要是由此类变形引起。

碎裂变形的发生与地应力环境密切相关,岩石抗压强度的试验表明,当岩石受载超过峰值后,会产生显著的体积膨胀,并对周围介质产生较大的碎胀压力。许多节理岩体巷道,尤其是支护后巷道破坏后,其周边围岩大部分由碎裂岩块组成,大多数是原始裂隙面,新鲜的破裂面很少,这说明围岩的变形主要是由节理裂隙的扩张与错动引起。碎胀区的大小主要与岩体的结构和应力环境有关,如果节理面较粗糙,且节理间胶结程度较高,块体之间相互紧密咬合镶嵌,越不容易发生破坏,岩体发生碎胀的区域也很小,相反则大。此外,岩体受到剪切、拉伸应力或卸载都会加大碎胀变形的发生,施工方法也严重地影响着碎胀的形成和发展,尤其是采用爆破掘进巷道时,爆破产生的动压冲击和震动,都会给围岩造成严重的损伤,不但产生新的裂隙面,还扩展了原有的节理间距,并引起块体间的错动与位移,在多次循环拉压作用下,节理面扩展或贯穿,导致围岩中发生碎胀的区域扩大。该种破坏大致有如下几个特点:

(1) 巷道周边关键块体破坏。破坏主要发生在具有较高的强度和抗变形能力的硬块状节理岩体中,如下盘石英闪长岩体。岩体的特点是节理比较发育,且节理面一般贯通,在巷道开挖卸载及爆破动载影响下,岩体被进一步切割为岩块,在巷道周边形成一定厚度的松动圈。该松动圈内岩块相互间咬合和镶嵌,并能形成具有一定自稳能力的碎裂岩石砌体拱。对其及时采取锚喷网全封闭支护,岩石松动圈则能转变成较强的岩石承载圈,可保持长期稳定。否则,松动的岩块受到水、振动和其他应力作用,会进一步扩张和碎胀,逐步脱离母体形成不稳定的块体。当不稳定的关键岩块受到振动或变形压力时,就会沿节理面的拉断或滑移而塌落,周边的块体产生连锁作用,使岩块间的咬合成拱作用失效,引起整圈围岩的垮冒。

(2) 边帮剪切破坏。剪切破坏主要是由于剪应力超过了节理面的抗剪强度而造成的,此时剪应力尚未超过岩石的抗剪强度,所以破坏只沿节理面发生。这种破坏主要发生在巷道帮壁,其顶板一般比较完好。由于顶板的成拱作用,压力全部转移至两帮,形成较高的切向应力,帮壁岩体在压剪与劈裂双重作用下,引起节理碎胀变形,造成巷道两帮鼓裂挤出,如

图 2-29 所示。如金山店铁矿Ⅰ采区位于上盘角岩体中联巷，采用锚喷支护后两帮收敛变形达 400～500 mm，支护层后围岩全变成 5～10 cm 的块体，并沿裂口流出。当节理间存在软弱充填物时，由于吸水膨胀的原因，更容易产生剪切碎胀变形。

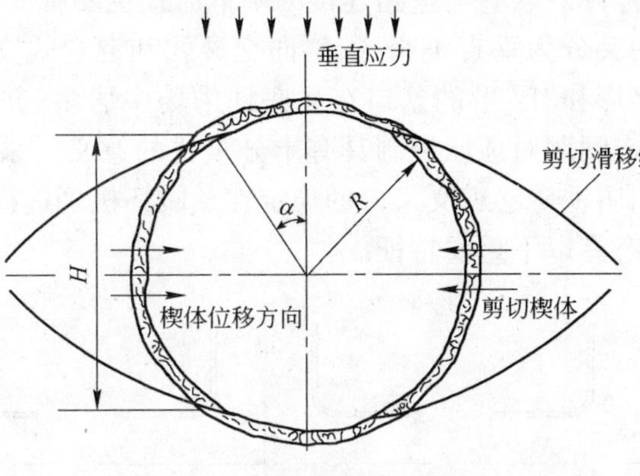

图 2-29 巷道帮壁剪切破坏示意图

(3) 复合型破坏。围岩中分布应力较高时，巷道多为复合型破坏，即顶板受拉而两帮受切向压缩，首先在两帮出现剪切破坏，此时不采取支护或支护强度不足，破坏将从两帮发展到顶部，出现拉断或新的剪切破坏，待顶部围岩碎胀下沉到一定程度，顶板就会整体垮冒。现场观测和试验表明，对强度较高，岩性较脆的岩体，多数表现为严重的片帮和冒顶。对容易发生碎胀垮冒的巷道，应采用内加固的支护方法，以充分利用围岩体的块体强度，减少支护成本。

2.3.4.2 塑性蠕变变形破坏

围岩强度低塑性大的软岩巷道，在一定的应力作用下，围岩发生连续塑性压缩变形，导致巷道高度缩小，两帮挤出，断面缩小，支架因变形过大而破坏，这种大变形破坏称为塑性蠕变变形破坏。金山店铁矿的粉矿虽以固结体状存在，但强度低、空隙率高，其性质与砂状土体相似，在较小的压力下就会因塑性流动变形而垮冒。当采用较低强度的支护时，围岩与支护同步变形，巷道的破坏变形往往得不到有效控制，而引起围岩松动范围的扩大，出现大的散体地压而使巷道破坏。如支护强度大，随着变形加大，作用在支护上的变形地压就会越来越大，当压力超过支护强度时，也会发生变形破坏。根据大量的破坏分析，粉矿支护巷道的破坏机制，其顶板多为散体地压所致，而两帮则为剪切引起的变形地压破坏。根据该类矿体的力学特性，其巷道地压的分析与计算应采用土力学原理的压力拱理论和太沙基理论。

对于粉状矿体支护应考虑给予较强的围压，尽量恢复其三向受力状态，以提高岩体承载强度，尤其是承载拱集中受力的边墙部位，以防止发生剪切破坏。采用钢支架的巷道应采用拱形支架，提高支架的承载力，将顶压转移到两帮支护与围岩体上。因为在较小的压力下，粉矿就会出现塑性变形，应力都以变形的形式释放，故粉矿的变形较大，一般不会出现应力集中现象，其作用在支护上的压力是随支护结构的强度和刚度而变化，刚性大的压力也大，柔性支架虽压力较小但变形大，围岩随着变形的加大，容易形成散体地压施加在支架上，直至出现冒落。因粉矿进路存在时间短，不宜过量放压，应采用刚性较强的支护，并要对其表面进行较强的约束，以抑制过量变形，防止散体地压的形成。

2.3.5 联巷岔口稳定性分析

无底柱分段崩落法采矿巷道纵横交错，形成众多的巷道交叉点，交叉点受力状态最差，是采场中最容易变形破坏的区段，交叉点又都集中于联巷中，一个点的破坏垮冒就会引起数条进路甚至整个采场的停产。联巷与进路连接的基本形式主要有平面交叉式和立体交叉式两大类，平面交叉形式中又分为垂直正交式、斜向交叉式和混合式交叉口，如图 2-30 所示。其中以“十”字形、“丁”字形和“L”形的岔口在无底柱采场中居多，并以岔口群的形式出现。研究和解决联巷岔口稳定问题对地压控制具有十分重要的意义。采用数值计算、三维光弹模拟实验等手段，对金山店铁矿巷道交叉口的稳定性及破坏机理进行分析研究。研究表明，联巷岔口周围的应力状态有以下重要特征。

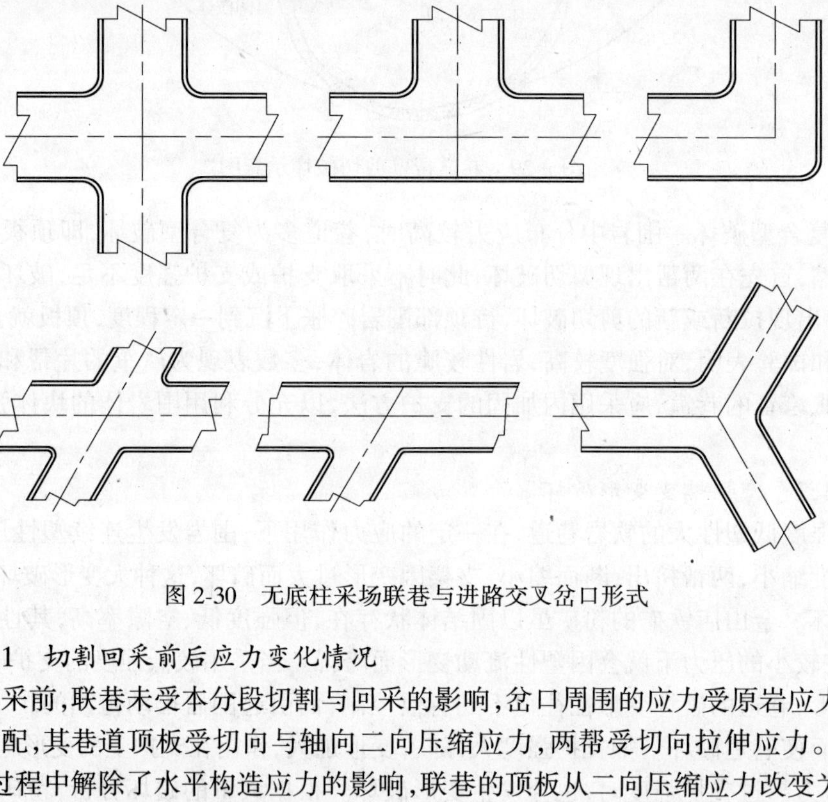

图 2-30　无底柱采场联巷与进路交叉岔口形式

2.3.5.1 切割回采前后应力变化情况

切割回采前，联巷未受本分段切割与回采的影响，岔口周围的应力受原岩应力场中水平构造应力支配，其巷道顶板受切向与轴向二向压缩应力，两帮受切向拉伸应力。回采开始后，在采矿过程中解除了水平构造应力的影响，联巷的顶板从二向压缩应力改变为二向拉伸应力，两帮从切向拉伸改变为切向压缩，见表 2-12。

表 2-12　回采前后联巷周边应力变化情况

位置	方向	应力特征			
		回采前		回采期间	
		性质	应力值/MPa	性质	应力值/MPa
顶板	切向	压缩	12.8	拉伸	0.7
	轴向	压缩	9.1	拉伸	0.6

2.3.5.2 卸压区与应力集中区的应力变化

位于支承压力带中联巷与卸压带中的巷道周边的应力分布具有相同的性质，都是顶板受二向拉伸，两帮受切向压缩，但应力大小有很大差别。支承压力带中的应力值随着与采区边界的距离不同而异。在支承压力区，60 m 范围内巷道围岩应力与卸压区下应力之比：两帮的压缩应力之比高达 8.5～15.7；顶板的最大拉伸力应力之比 10～18.5，见表 2-13。

表 2-13　支承压力带中联巷周边应力状态

位置	方向	应力特征	距采区不同距离的应力变化值/MPa					
			5 m	10 m	20 m	30 m	45 m	60 m
顶板	切向	拉伸	12.7	9.3	7.9	6.9	6.1	5.5
	轴向	拉伸	16.0	11.7	9.9	8.7	7.7	6.9
两帮	切向	压缩	55.4	40.6	34.5	30.0	26.6	24.0

2.3.5.3　“十”字形与“丁”字形交叉口的应力变化

同一应力环境中，两种交叉口处的应力性质相同，即顶板受拉伸，两帮受压缩应力，见表 2-14。两者明显的区别是：“丁”字形岔口顶板中的拉应力比“十”字形联巷岔口低 13%～18%；两帮中的压缩应力也较低，“丁”字形岔口一帮低了 34%，另一帮低 6.4%。

表 2-14　“十”与“丁”字形联巷边界应力状态的比较

位置	方向	“十”字形联巷		“丁”字形联巷	
		应力性质	应力/MPa	应力性质	应力值/MPa
顶板	切向	拉伸	12.7	拉伸	11.1
顶板	轴向	拉伸	15.8	拉伸	13.2
两帮	切向	压缩	55.4	压缩	36.3

交叉口处的应力集中比正常的回采进路高的多，而且顶板受两向拉伸应力，被多组节理裂隙分割的岩体不能承受拉伸应力，尤其是二向拉伸应力。另外，在采场众多的交叉口中，“十”字形岔口稳定性最差，它不但暴露面积大，围岩损伤严重，应力集中也比其他类型的岔口严重。应尽量减少“十”字形联巷交叉口的出现，如需设置该类岔口时，应采取先形成“丁”字形岔口，需要时再扩为“十”字形岔口。

针对巷道岔口拉伸破坏机理，岔口的支护设计应考虑如何能减少围岩的拉伸与剪切破坏，采用具有一定抗拉伸破坏的能力的锚杆与锚索，以减小岔口的悬顶跨度和及时有效阻止围岩的剪切错动与沿弱面的滑移。

2.4　井巷综合维护技术与工程实践

2.4.1　概述

1998 年淹井受灾后，程潮铁矿井下巷道变形破坏明显加剧，垮冒巷道日趋增多，到年底各回采水平已相继出现数十处垮冒点，而且巷道的垮冒破坏仍在继续发展。由于破坏巷道大都是对生产影响较大的中联巷及下盘联巷，打乱了正常的采掘和回采顺序，采场安全生产条件恶化，采掘衔接也变得异常紧张，淹井前后采准矿量和备采矿量的变化见表 2-15，共造成采准矿量损失 186.3 万 t，备采矿量损失 154.6 万 t，直接影响了当前与今后矿山生产任务的完成。为此，武钢矿业公司与程潮铁矿集中了人力、物力及时间，对破坏巷道进行全面返修和治理,并对新掘巷道进行了系统的支护。在对程潮铁矿的各个生产水平进行了详细的巷道破坏调查,全面掌握了巷道的破坏的原因、程度和分布范围,正确认识采场地压规律的基础上,逐一提出了巷道返修补强方案和新掘巷道的支护方案。

表 2-15 各分段水平矿量统计表

开采水平	地质矿量 /万 t	巷道长度 /m	返修巷道 /m	采准矿量/万 t		备采矿量/万 t	
				淹井前	淹井后	淹井前	淹井后
-274 m	252.05	5624	287.9	89.9	51.5	89.9	51.5
-290 m	255.25	8752	1156.9	180.2	87.3	102.8	31.1
-302 m	227.80	7264	510.0	136.7	67.4	54.7	10.2
-316 m	223.86	2416	136.0	67.2	58.8	0	0
合 计	958.96	24056	2090.8	451.3	265.0	247.4	92.8
淹井造成的矿量损失				186.3		154.6	

2.4.2 垮冒巷道直接维护技术

根据目前采场巷道稳定状况和生产中的轻重缓急,破坏巷道的治理和维护分两步进行。首先,对影响当前生产较大的主要垮冒点,如-274 m水平和-290 m水平的主要通道和生产采场,集中人力和时间进行修复,然后再进行其他部位的补强或返修,从1998年9月底到1999年2月底,-290 m和-274 m水平的重点垮冒点基本修复完成,3～5月集中进行了-302 m、-316 m水平垮冒点的返修,同时对-290 m、-302 m水平尚未垮冒,但已出现破坏迹象的高应力区巷道进行了补强加固。

2.4.2.1 主要返修方案

根据巷道垮冒的程度、巷道的功能和所处的应力环境,考虑到锚喷网支护具有(1) 能够从围岩表面到内部形成一个由人工结构联接的岩石加固圈,能够发挥岩石自身承载能力;(2) 喷射混凝土对岩石表面起到胶结封闭作用,使软弱围岩避免风化削弱,也使被节理裂隙切割的岩块不易松动脱落,发挥岩块间镶嵌咬合作用;(3) 锚杆不仅能够提供围岩的支护力,而且还能够在围岩内形成压缩带,提高围岩的整体性,同时还能起到销钉作用,提高围岩的抗剪破坏能力;(4) 钢筋网增大了喷锚支护层的柔性、抗拉、抗剪能力和整体性,使之适应围岩的复杂应力变化,而且能够阻止锚杆间岩体的松动,避免锚空现象;(5) 锚喷网的支护强度和刚柔特性可以在相当大的范围内调节,以适应不同围岩支护要求,既可以进行分级支护,也便于补强,是一种具有很大灵活性的联合支护形式等优点,返修过程中主要采取了以锚喷网为主要支护类型的三种支护形式,分述如下。

A 刚性锚喷网支护结构

支护结构特点 该结构是巷道返修的主要支护类型,其特点是沿巷道全断面安装全胶式砂浆锚杆,此种锚杆刚性大,抗剪强度高,同时具有较强的表面约束能力。通过锚杆性能对比试验表明,全胶结式锚杆支护的巷道相对缝管锚杆,其变形速度降低1倍左右,如图2-31所示。因此,该支护结构整体性好,支护强度高,适应于松动范围大、矿岩呈破碎状的围岩巷道中。具体支护参数为:锚杆规格18 mm×1800 mm,布置网度800 mm×800 mm,钢筋网规格200 mm×200 mm,钢筋直径6 mm,喷层厚度70 mm,整体结构设计见图2-32。

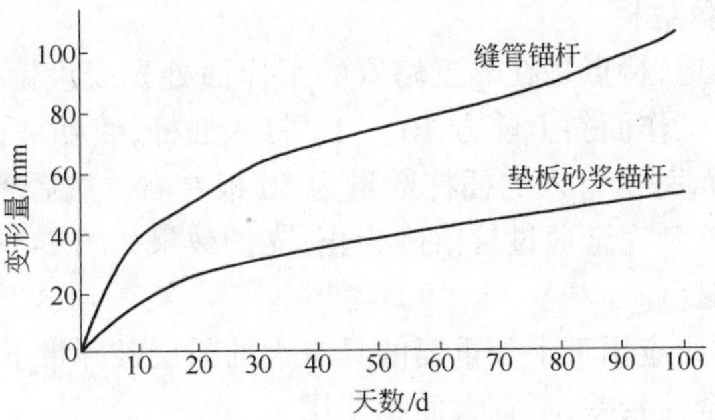

图 2-31　两种锚杆锚固效果图

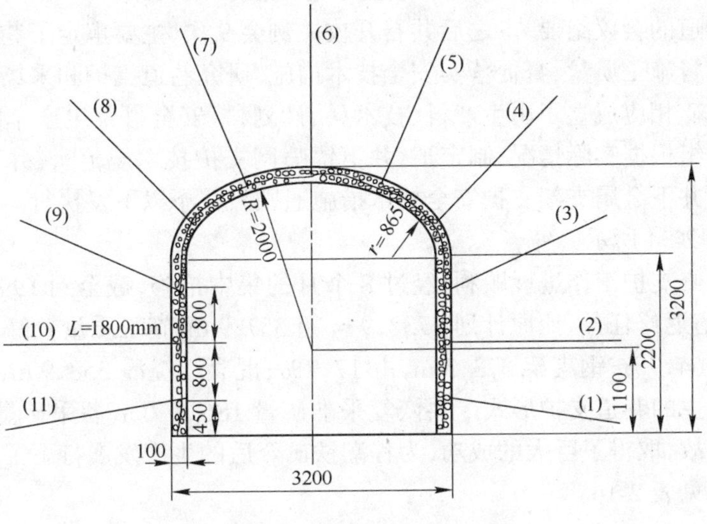

图 2-32　刚性锚网喷支护结构图

施工工艺技术　该种支护结构是在返修过程中一次实施，喷层较完整、自稳性较好的巷道可分段实施，关键工艺是保证顶板锚杆注浆饱满和锚网连接强度，支护效果如图 2-33 所示。

图 2-33　锚杆和钢拱架支护效果图

B　插杆钢拱架支护结构

支护对象是冒死巷道，特点是在靠近垮冒的工作面处先安设钢拱架，选用11号矿用工字钢。从钢拱架顶部向工作面斜上前方10°～15°打入插杆，插杆是长度3 m，直径40 mm的钢管，插杆之间紧密布置，每次打入的插杆数量为50根左右。然后采用铲运机出渣到0.5 m时再架设一架钢拱架，直到完全通过冒落区为止，支护效果如图2-33所示。

C　钢筋混凝土浇灌

钢筋混凝土浇灌主要应用于十分重要的具有大的断层破碎带下沿和中沿巷道。该结构支护成本较高，施工安全性较差，不宜大面积使用。

2.4.2.2　现场施工组织

1998年9月，由武钢矿业公司牵头，成立了巷道支护攻关组，并下发了《关于抢支程潮铁矿井下坍塌巷道的会议纪要》。之后共召开攻关例会9次，主要审定了巷道支护方案和进度计划，检查、监督施工质量，督促落实安全技术措施，研究巷道支护和采场调整中出现的重大问题。程潮铁矿相应成立了由生产科、技术科、计划科、安全科及生产车间参加的巷道支护现场组。现场组根据实际情况，制定了《井下锚喷网支护技术规范》，《井下混凝土支护安全措施通则》和《井下金属支架支护安全技术措施通则》，并予以下发执行。巷道返修补强支护计划实施如图2-34所示。

垮冒巷道返修支护工作进展顺利，经过8个月的集中抢修，截至到1999年5月底共完成2090.8 m巷道返修任务，比原计划1732.9 m超357.9 m，施工质量较好。其中锚喷网支护1358.6 m，占64.9%；钢支架373.3 m，占17.9%；混凝土浇灌358.9 m，占17.2%，形成以锚喷网支护为主的巷道支护形式。共恢复采准矿量186.3万t，备采矿量154.6万t。未发生一起安全事故，取得了巨大的成功，为程潮铁矿今后的生产发展打下了良好的基础。具体支护完成情况见表2-16。

表2-16　汇总表

支护类型	−274 m	−290 m	−302 m	−316 m	合　计	所占比例/%
混凝土浇灌/m	84	116.9	156	2.0	358.9	17.2
钢支架/m	45.7	172.7	104.2	50.7	373.3	17.9
锚喷网/m	158.2	867.3	249.8	83.3	1358.6	64.9
合计/m	287.9	1156.9	510.0	136.0	2090.8	100

2.4.3　采场巷道间接综合维护措施

程潮铁矿工程地质条件复杂，大多数矿岩属稳定性较差的不良岩层。而且矿体内还存在10余条较大断层的大量的夹层、夹石，形成大范围的矿岩接触带和断层影响带，断层带和矿岩接触带软弱破碎，自稳性极差，几乎每条进路都要遇到破碎带，造成巷道的垮冒，采用一般的支护难以控制其变形破坏。

采准巷道的稳定性受多种因素的影响和控制，涉及矿岩（尤其是不良矿岩）分布、应力分布、爆破动载、巷道分布、作业时空分布、支护类型级别分布，以及开采涉及的各种因素等，需要针对具体情况采取综合维护措施，支护仅是其中重要手段之一。因此，采场地压巷道的维

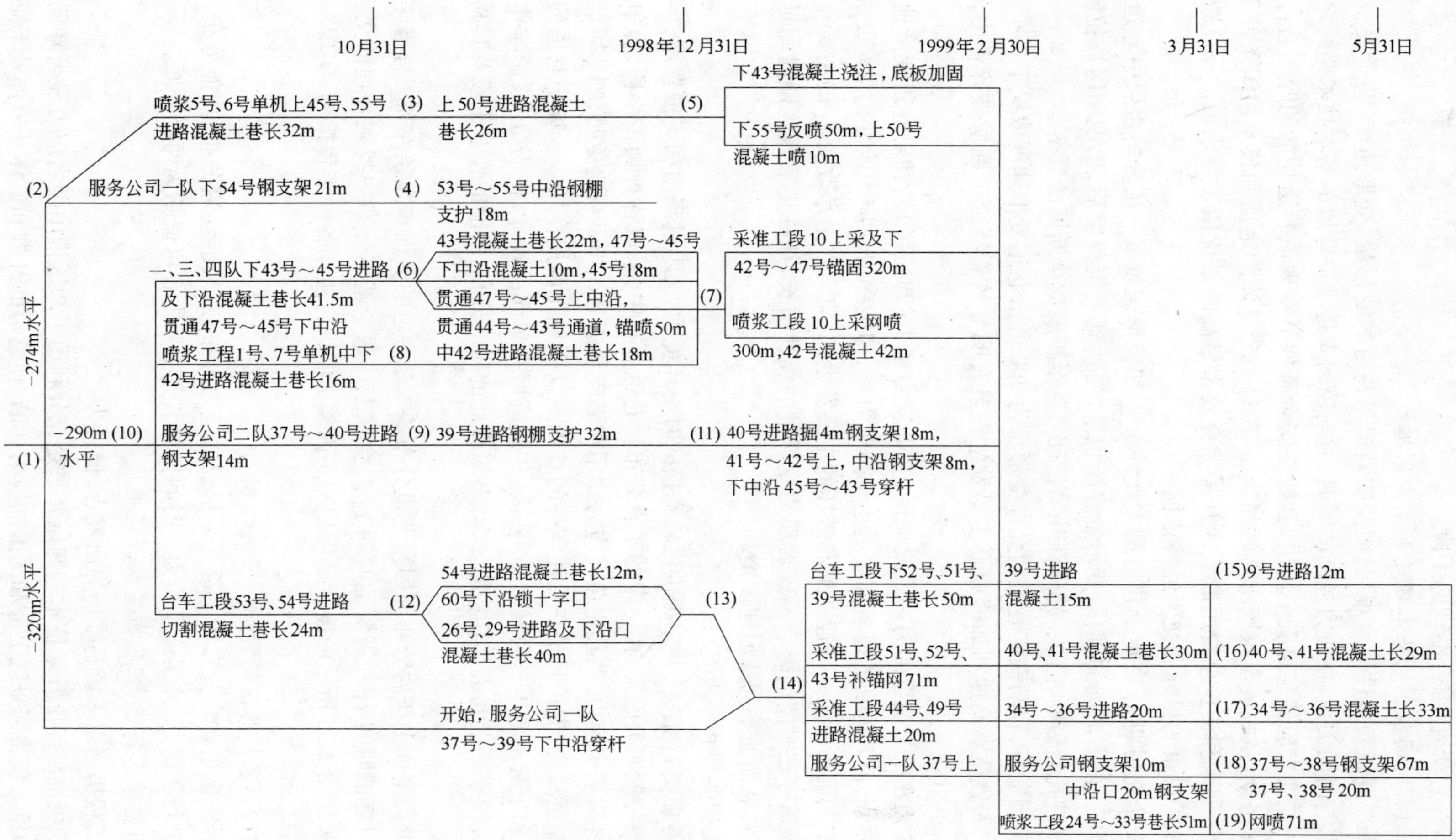

图 2-34 巷道返修补强支护计划实施图

护必须采取综合研究、综合治理的手段。

2.4.3.1　时间控制的基本理论和实测依据

衡量采准巷道稳定性最直观、最简便的判据是巷道的变形量、变形速度、巷道安全使用期以及变形与时间关系，在应力控制的同时，时间控制应是维护巷道的基本技术路线之一。

最起码的要求应使巷道安全使用期（能在安全条件下实现该巷道功能的时间）t_1，大于巷道生产服务期（从掘成至报废所需时间）t_2。在每一个具体的地质和技术组织条件下，必定有使采准、回采和支护总费用最低而开采综合效率最高的最优值。寻求（$t_1 > t_2$）最优是采场巷道维护决策的目标和技术经济依据。

巷道安全使用期 t_1 决定于巷道最大允许量 q 和变形速度 v。在软弱岩层中巷道采用喷锚网支护后，随着时间的推移，变形量逐渐积累，当达到一定程度后，出现钢网被拉断，锚杆杆体或锚杆托盘破断，造成局部破碎围岩流出，甚至扩展成全断面的冒落。

根据实测资料，程潮铁矿巷道的允许变形量为 200 mm，巷道变形速度取决于：

(1) 岩石性质。高速和加速变形主要发生在具有明显软岩特征的断层破碎带中，岩性是改变 t_1 的内因。

(2) 应力水平是变形的另一主要原因，在低应力场中（卸压区）岩性对巷道变形速度的影响虽有差别，但其差别的显著程度远小于高应力场，即破碎岩对应力改变的效应更强烈，高应力场中的破碎巷道是高速变形和破坏的主要发生处，应力水平是改变 t_1 的主要外因。

(3) 巷道存在时间的影响不仅表现为变形量的线性增长，往往更表现为随时间延长转为加速变形，从而使平均变形速度增高。

(4) 支护类型和等级。

为获得必要 t_1 值，给开采提供比较宽松的时空环境，而又不过高增加支护费用，生产中按下列思想控制四类因素：在一定的矿岩分布和巷道分布中，采取各种调控手段，力争不在采场形成过高集中应力，尤其避免高应力作用在破碎巷道上。当不可避免时，则尽可能将该巷道时间缩至最短，支护只是在上述调控的基础上发挥补充调控作用。采场中巷道的生产服务期 t_2 和下列主要生产因素有关：采区、矿块或回采单元的尺寸、矿岩分布（影响作业难易程度）、分段平面上巷道及其功能分布、开采作业的时空分布、可能的作业手段及其利用效率等。

一个分段平面上矿岩分布和回采巷道分布基本是一定的。因客观条件和工程措施不同而变化的可能的时间 t_1 和需要的时间 t_2 总会在上述两个基本分布中找到合理的交会点。研究中采取如图 2-35 所示的按巷道维护相关因素框图综合协调各种工程措施，实现对采场巷道的维护。

2.4.3.2　采场巷道的时间 - 应力控制

针对开采区的矿岩分布和上部开采形成的应力分布，对采准巷道分布、功能分布、作业时空分布进行了研究，并实施了应力 - 时间控制。其主要内容可概括为两个方面。

A　调整采区参数、工程布置和开采顺序

该项工程措施以采场巷维护为出发点，概括为：

(1) 积极推广卸压开采技术。卸压开采是充分利用了卸压带中围岩应力显著降低的规律，采用卸压工程将回采区上部和周围的应力切断，使巷道的开掘和矿体开采都处于应力降低区中，以减轻地压危害。采用的卸压措施是：

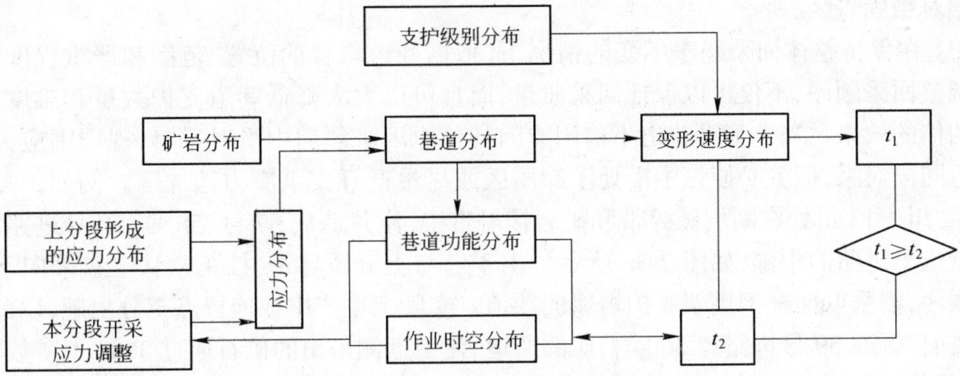

图 2-35 采场巷道维护相关因素框图

1）首采分层快爆快出以放顶、卸压为主，尽快形成应力隔绝层，以解除下分段巷道上的压力；

2）巷道的开掘尽量在上分段已回采过的条件下进行，避免在同一部位多段重合作业；

3）回采过程中应杜绝隔墙、悬顶、孤岛的产生，避免应力过分集中而影响下分层的掘进；

4）当矿体内有较大夹石存在时，也正常爆破回采，只放出部分矿岩量，以消除局部支承压力的影响；

5）在水平应力集中严重的矿块，首先沿矿块的边缘开掘出切割巷，并提前爆破形成立槽，隔绝水平应力后，再掘进其他回采进路；

6）由于采取东、西两个采区同时开采，两区之间相距只有 50～100 m，而且随着开采水平的下降，两区之间的距离将越来越近。因此，应合理划分西采区，确定其投产顺序，协调下降速度以避免在区间接合部出现迭加支承压力（尤其固定支承压力）；

7）确因矿体赋存条件或开采格局造成的不能避免迭加压力，而接合部巷道又需要保护时，应控制其与开采边界的距离，减弱高应力的影响。不需保护时，应协调两侧采区的下降速度，以同水平或小高差将接合部首分层快速采通，实现对下部卸压。

（2）严格控制采准施工顺序，使巷道存在的时间尽量减少。东区矿体走向方向长一般达到 500～600 m，电梯井位于矿体的中部偏西侧。根据分段总出入口、卸压区、承压区三者相对位置以及承压区范围联巷的岩石性质等条件，确定总的回采顺序是在垂直走向上由上盘向下盘后退回采，走向上由西翼和东翼向中部回采，其首采矿块位于矿体的东西两侧的上盘。因此，为了减少下盘和中盘巷道的存在时间，掘进过程中严格遵守技术计划部门制定的顺序，即：首先施工下沿的系统工程（下沿巷道、与溜井连通的通道），然后选择 1～2 条可通达上盘的关键进路掘进（一般选择距离溜井较近）以解决通风和出渣问题，到达首采矿块后再全面拉开。以东区 − 344 m 水平为例，其首采矿块的采准顺序是：东侧从下沿→3 号进路→中沿→1 号～5 号进路→切巷，西侧从下沿→46 号进路→中沿→43 号～47 号进路→切巷。西区 − 325 m 水平的采准顺序是：下盘系统工程→3 号进路→上沿→2 号～7 号进路→切巷。

此外，适当缩小破碎矿体的采场尺寸，必要时在采区内实行小分区开采，以减少系统工程存在时间，适应矿岩分布和应力分布的变化，实施由高应力区采向低应力区，从破碎岩区采向相对稳固岩区。

(3) 在保持整体回采顺序不变的情况下，依据巷道垮冒的位置、范围和严重程度，适时局部调整回采顺序，不仅可以保证回采质量，而且可以大大降低巷道支护数量和难度，取得事半功倍的效果。当上下沿巷道不稳固或因其他原因必须向中沿对采时，视周围应力状况可实行同段对采，但务必使该中沿处于卸压区或尽量避开支承应力迭加区。例如，－290 m水平12川～13川处在断层破碎带和矿岩接触带中，淹井造成57号、58号、59号进路垮冒，垮冒点位于进路的中部，如图2-36所示。由于已与上分段冒透，按正常从上盘采向下盘回采的顺序，需采取插杆钢拱架支护坍塌的巷道。实际上生产中在垮冒点充分出碴，以此为爆破自由面，掘通59号进路与3604上矿的通道，使上盘侧采出的矿石通过3604上矿放出，而下盘侧则通过3603矿放出，形成从中央向上、下盘分别退采的格局，即避免了对垮冒的支护，同时又取得了回收率85.4％的良好效果。

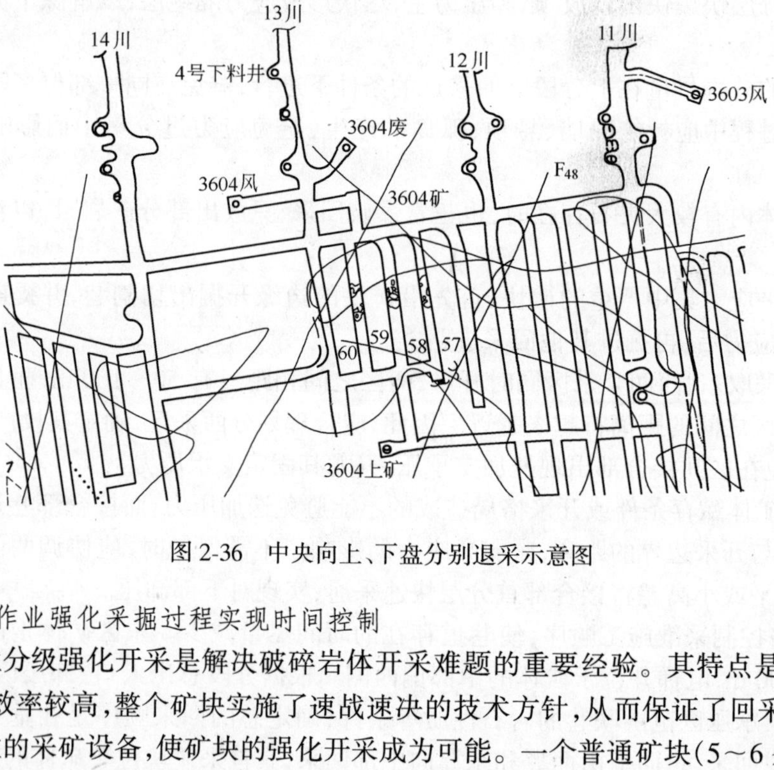

图2-36 中央向上、下盘分别退采示意图

B 集中作业强化采掘过程实现时间控制

集中作业分级强化开采是解决破碎岩体开采难题的重要经验。其特点是工序安排紧凑，每道工序效率较高，整个矿块实施了速战速决的技术方针，从而保证了回采的成功。由于采用了高效的采矿设备，使矿块的强化开采成为可能。一个普通矿块(5～6条50 m长进路组成)平均的采准到回采完毕从以前的20个月降低到12个月左右。在地压环境和围岩十分恶劣的情况下，采用缩小回采单元的措施，以2～3条进路为单元回采，采掘衔接和作业密集程度进一步提高，使一个单元内全部巷道存在的时间从掘进到回采完毕由以前的9～12个月缩短到6～7个月左右。

东区－316 m水平3603上矿块的25号～30号进路，位于采区中部的高压区，地压大，围岩稳定性差，特别是有F_{45}和F_{38}两条大的断层通过，巷道的稳定性进一步降低。实际生产中，由于充分认识到这一点，采用了集中作业强化，将一个矿块划分为两个回采单元，即25号～27号为一个单元，28号～30号为另一个单元。每个单元包括进路、联巷和切巷共计213 m巷道，采准和中深孔凿岩仅用4个月，回采工作仅用了3.5个月。在整个掘采过程中,巷道没有进行返修,回采过程十分顺利。

针对断层破碎带影响的特殊地段和矿块,为解决炮孔变形过快,补孔量大的问题,将备采矿量储备由过去的7~8个月降为3~4个月。在同条进路中采用分段凿岩,分段回采。一般情况下,一条进路中的凿岩工作应一次完成,以减少设备移动次数,提高凿岩效率。但在矿体破碎、地压大的区段如按此进行,炮孔闲置时间长,变形破坏严重,以致不能装药爆破,并因之产生悬顶、隔墙及大块,降低出矿效率和回收率。为了缩短炮孔存在时间,采用分期凿岩,即一条进路凿岩工作分为2~3次进行,每凿完10排左右炮孔即进行爆破回采。

2.4.3.3 治水防水

淹井引发的巷道垮冒事实说明，水对巷道稳定影响是巨大的，应重视对水的防治。一是防止地表水的侵入，二是加强裂隙水和施工用水治理。对于巷道水要及时修建水沟或用水管导引到永久性水沟，巷道底板易积水处挖小水井集中后用水泵排入永久水沟；对于工程水应加强施工管理，尽量减少工程水的用量，在膨胀岩石中禁止用水冲洗岩面和钻孔，在巷道开挖后及时喷射速凝防水混凝土封闭岩面，以隔离空气造成巷道围岩干湿交替的条件。

2.4.4 采场巷道支护技术改进

2.4.4.1 支护结构参数的优化调整

A 提高锚喷网支护的比例

锚喷网是锚杆、网筋、喷层、围岩四位一体的整体承载结构,是内加固最强的支护形式之一。由于网筋的作用,使锚杆与锚杆、喷层与锚杆形成相互制约的整体,使支护层的抗拉、抗剪和抗变形能力大大增加,提高了支护的整体强度和刚度,完全适应采场巷道的围岩环境。以往对断层破碎区的巷道,程潮铁矿大多采用浇灌混凝土支护,尽管一般认为该支护强度大,但由于施工速度慢、费工、费时,很难适应矿岩自稳时间短的特性,巷道经常在未实施支护前就发生垮冒,而支护后的巷道大多不能接顶,壁后常常存有空腔,边墙也薄厚不均,承载能力有限,实际支承强度并不高,采用该类支护的许多地段仍发生严重的变形破坏。断层及矿岩接触带中的巷道应改为锚喷网支护。另外联巷、下盘进路、联巷与各进路交叉点及存在时间较长的巷道也强调采用锚喷网支护。

B 改变支护参数

锚喷支护可以通过改变锚杆、网筋规格和布网参数,来调整支护强度。对节理发育的破碎岩体,如下盘花岗岩体和断层破碎带,应适当缩小锚杆间距,改为0.6 m×0.6 m。破碎带除缩小锚杆间距外,增加3 m的中长锚杆,相应钢筋网度也要缩小。喷层厚度进路一般不低于70 mm,破碎带及应力集中区不低于100 mm。个别破碎地段的巷道应在喷锚网的基础上,增加一些像U形钢拱架的外部支护,以提高支护效果。

C 强化锚网连接

锚喷网支护作用的效果如何,锚杆与网筋之间的连接极为关键。根据现场调查,大多采用锚喷网支护破坏的巷道,并不是因锚杆与网筋材料的断裂破坏引起的,而是连接强度低造成的。现程潮铁矿采用的锚杆多为直杆钢筋砂浆锚杆,网筋与锚杆间仅用几根细铁丝相连,当围岩稍有变形时,锚网的连接首先发生破坏,使锚网脱落,从而导致锚喷网支护的整体失效,支护材料的强度利用率一般不到40%。采用缝管摩擦锚杆的锚喷网支护,其锚网连接也存在较大问题,由于缝管摩擦锚杆的安装都是紧跟掌子面及时实施的,锚杆一旦安装到位,垫板就紧贴岩面,使后来施工的网筋无法生根,其锚网连接效果有时还不如直杆钢筋锚杆。由于锚杆与网筋连接差,使喷锚网整体支护强度降低,支护效果变差。

为了提高锚喷网支护强度,直杆式砂浆锚杆一律改为弯钩式砂浆锚杆,锚杆外露的弯钩角为30°~45°。在钢筋网的施工中,网筋必须用锚杆的弯钩吊挂。也可在编网后,每排锚杆再增加一根主筋,主筋穿过各锚杆弯钩,使锚杆与网筋连接为整体。采用缝管摩擦锚杆的锚喷网支护,锚杆应与预制钢筋条带或预制的钢筋片网相配合。支护施工时,用锚杆垫板首先将钢筋条带压贴在岩面上,形成一排排与锚杆紧密相连的筋带,然后再以筋带为主筋,编铺副筋。为适应松动范围大、变形压力显现剧烈巷道支护的需要,还应加工部分高强度的垫板式锚杆,以提高锚网连接强度。

D 改进施工工艺

设计的支护强度能否达到施工质量是关键,而施工质量又是由施工工艺来保证的。在锚喷网支护施工中,喷射混凝土分两次进行。巷道掘出后首先喷射一层厚30 mm的混凝土,然后再安装锚杆和编铺金属网,最后再一次喷射混凝土成巷。这样既有利于施工安全,又能提高锚杆安装的合格率,支护层的强度比一次喷射也有较大增长。

锚杆安装过程中,砂浆锚杆注浆质量的优劣很难在事后检测,这就需要在施工过程中,除严格控制砂浆水灰比、采用大风压注浆设备和增加孔口止浆装置外,还应加强现场质量监督和技术指导,施工地点、施工人员及施工质量情况应登记建档。

对于极其破碎地段锚喷网施工,应采用临时支护和永久支护两次施工法。临时支护一般采用喷射混凝土或缝管锚杆压钢筋片网,然后再系统安装砂浆锚杆、编网、复喷混凝土达到设计支护要求。

2.4.4.2 适时补强

由于采场巷道环境工程的复杂,原设计实施的支护很可能因地质条件和服务时间的改变,其稳定性不能满足采矿工艺的需要而出现变形或破坏时,应及时采取补强支护。补强支护是采场巷道维护的重要组成部分,是对原有支护的保护和补充。因此补强支护必须适时、适度,不能在巷道的原有支护发生较大变形或完全失效时再进行,这样就完全失去了补强支护的作用。补强支护的时间一般根据现场监测数据确定,在实际生产中也可根据喷层的变形来确定,一般喷层出现裂纹时进行补强支护较为适宜。

补强支护采用的形式仍以锚喷结构为佳。矿山以前多采用木支护,但木支护补强效果差,控制巷道变形的能力低,常引起大的垮冒事故发生,而且木支护使巷道可利用断面减小,影响铲运机的安全行驶和出矿效率。锚喷补强结构施工方便、快速,能与原有支护形成整体,不易出现大的垮冒。补强支护采用的锚喷形式有:

(1) 中长锚杆与金属条带配合。中长锚杆采用砂浆垫板锚杆,锚杆长度为3 m,金属条带用ϕ10~12 mm双筋条带或钢丝绳条带。

(2) 缝管锚杆与金属条带配合。缝管锚杆长2 m,金属条带为ϕ6~8 mm的双筋条带或钢丝绳条带。

对变形较小的巷道,可采用素喷或补加锚杆。变形较大或存在时间稍长的巷道,除采用锚杆加条带补强外,还应补喷混凝土。

U形钢拱架也是一种较好的补强支护形式,由于价格高不宜大面积采用,只可在关键部位使用。

2.4.4.3 保证巷道支护的及时性

巷道开掘后及时实施支护,不仅能保证施工的安全,而且还能大幅度地提高支护的作用效果。尤其对锚喷支护巷道更为重要。不及时的支护将引起围岩的变形松动,降低围岩自承强度,甚至发生垮冒破坏。围岩发展到垮冒状态再采用支护,一是支护难度增大,二是支护效果显著降低,以致出现垮了支,支了垮的恶性循环。为提高采准巷道支护的及时性,采取如下一些技术及管理措施:

(1) 巷道围岩稳定性预测。通过对各类岩种的自稳时间调查,按其自稳程度确定出围岩允许暴露时间和及时支护措施(见表2-17)。在每一巷道掘进之前,先查清巷道的围岩环境,特别是岩体种类、分布面积及矿岩界线,再按此表预测出巷道围岩的自稳程度,及应采用的及时支护工艺,在此基础上,制定出掘支施工方案,并提前做好开掘前的各项准备工作,一旦开工,即可实现掘支同步,还可应付岩体条件的突然变化,从而减少了因无准备带来的巷道垮冒。

表2-17 围岩允许暴露时间及及时支护程度

岩 种	断层破碎带、矿岩接触带和粉矿	矽卡岩、花岗斑岩	斑状磁铁矿、石膏、花岗岩、大理石	块状磁铁矿、闪长岩
允许暴露时间/h	0～10	24～48	48～120	＜240
支护工艺	超前支护、一掘一支	二掘一支	短段掘支	30 m内支护

(2) 采用速效及时支护手段。在巷道的掘进与支护中广泛采用缝管摩擦锚杆压双筋条带的支护形式,该支护灵活快速,能及时对围岩提供锚固约束力,防止围岩的变形松动和危石的垮冒,而且能紧跟掌子面实施,对掘进速度影响较小。以往需一掘一喷才能通过的岩体,用该种支护就可顺利通过,由此提高了巷道及时支护程度和围岩的稳定性。

喷射混凝土也是支护施工常用的速效支护形式,其快速密贴封闭围岩的支护特性为其他支护形式所没有,一些破碎岩体中巷道只有采用该种支护才能较快地控制围岩的变形破坏,尤其是发生垮冒后的巷道,大都采用喷射混凝土支护处理通过。

(3) 及时成巷。由于采用一掘一支的施工工艺,漏锚缺网现象比较严重,支护整体性差,有些还是临时性支护,因而需及时补强,或重新支护才能成巷。按要求当月掘进巷道,应该当月完成补强成巷。

(4) 改变巷道验收结算办法。由巷道掘进和支护单独验收结算,改为成巷统一验收结算,不支护成巷不予验收,当月掘进的巷道如当月未进行支护,算遗留支护降价结算。

2.4.4.4 支护规范化和标准化管理

支护设计和管理的规范化及支护施工的标准化是保证支护应用效果的重要措施之一,采用该措施使支护管理更加科学化,更具有可操作性,可显著提高支护的技术水平和施工质量。支护的规范化、标准化管理规程的制定,是在岩石力学和支护理论研究的基础上,总结多年的支护生产的实践经验,结合科研成果,经过充分论证后形成的,对程潮铁矿的支护工作有较强的指导性。其工作主要从三个方面实施:一是设计规范化,进行支护设计前,要求认真详实地研究和掌握巷道的围岩环境资料,按其稳定要求,合理确定巷道的支护形式和支护强度等级,正确绘制巷道支护设计断面图和支护等级划分图,并编写支护设计说明。二是施工单位严格按照支护设计,进行施工组织设计,并按设计要求组织施工,施工单位不准自行修改设计,如有问题会同设计部门协商解决。三是质量检验部门对施工的各个环节进行监控,并做好详细的施工记录,特别是隐蔽工程,如锚杆注浆及网筋施工,必须经验收合格后才允许喷射混凝土进行封闭。支护成巷由技术、质检、施工等单位共同组织验收,对其支护质量进行评分定级,并将参与巷道施工、检验的人员登记入档。

为使规范化、标准化工作尽快落实,专门编制文件和施工规范,下发各有关单位进行系统学习。树立掘进支护施工标准化施工地段,组织各工段参观学习,带动了采矿车间支护施工的标准化作业的全面实施。另外在支护材料选用及加工等方面实行了系列化、规格化管理。根据车间每年支护材料用量,按支护分级确定每种材料用量,然后做出月计划,进行有计划加工和备料。锚杆是用量最多、规格品种最复杂的支护材料,根据多年的使用效果,对锚杆形式和规格进行了优化,形成主要锚杆系列和次要锚杆系列,按一定用量,提前进行备料,从而保证了支护材料的及时到位,满足了支护施工的需要。支护标准化、规范化实施取得明显效果,支护质量和支护应用效果有了较大提高。

2.4.4.5　关键巷道的监控

尽管采取了前述一系列工程技术措施,但由于采场巷道工程地质条件的复杂多变,施工质量有好有差,由组织管理及多工序交叉引起的时间超限等,因而,按原设计支护的巷道的安全使用期不能满足使用要求的情况很难避免。为此对一些关键巷道均安设了收敛变形监控点,采用收敛计由专人定期进行测量,所测数据处理后,及时反馈给生产单位,根据巷道的变形发展状态,及时采取支护补强或其他控制措施,以杜绝安全事故的发生。

2.4.5　采场巷道垮冒综合治理效果

2.4.5.1　巷道围岩松动区的声波测试

A　测试仪器选择及测点布置

测试采用岩体干式法,单孔一发双收声波测试技术,选用 SYC-2 型声波参数仪和 KGH-1 型宽频带干孔换能器。其工作方式是胶囊内水耦合,单孔折射初至波点测试法,主要测量纵波走时 t_p。图 2-37 为测试系统示意图干式单孔一发双收换能器声波测试系统。测试地点分别选在 −290 m 水平的 24 号、28 号、35 号、40 号、42 号、44 号、48 号、52 号进路,设计布置测点 8 个,测孔深度 2.6 m。测点的布置原则是在避免通过大的节理、裂隙发育带的前提下,尽可能均匀布置。

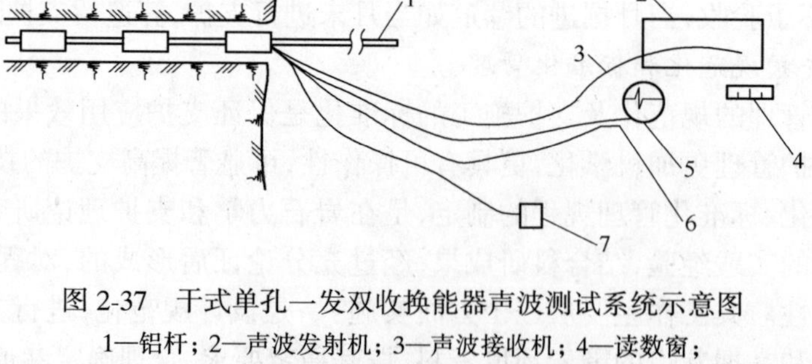

图 2-37　干式单孔一发双收换能器声波测试系统示意图

1—铝杆;2—声波发射机;3—声波接收机;4—读数窗;
5,6—接收换能器馈线;7—压水器

B 测试结果与分析

测试结果见表2-18。通过实测波速－孔深曲线图发现大部分曲线属于抛物线形，这类被测岩石比较完整，结构面发育较均匀，松动区的划分取在曲线上升段的拐点处，所以确定溜井井壁围岩的松动区范围是0.6～1.2 m。根据松动区的范围最终确定抗剪砂浆锚杆的长度为2.0 m左右。

表 2-18 声波测试结果

孔号	参 量	孔 深/cm												
		20	40	60	80	100	120	140	160	180	200	220	240	260
1	Δt/s	90	92	84	58	54	57	50	52	55	48	49	45	45
	v_p/(m/s)	2222	2174	2381	3448	3704	3509	4000	3846	3636	4167	4082	4444	4444
2	Δt/s	147	130	94	75	57	52	63	60	56	51	45	47	44
	v_p/(m/s)	1361	1538	2128	2667	3509	3846	3175	3333	3571	3922	4444	4255	4546
3	Δt/s	56	54	55	52	47	51	62	58	58	50	49	46	42
	v_p/(m/s)	3571	3704	3637	3846	4255	3922	3223	3448	3448	4000	4082	4348	4762
4	Δt/s	144	128	88	97	61	81	53	50	51	49	46	47	—
	v_p/(m/s)	1389	1563	2273	2062	3279	2469	3774	4000	3922	4082	4348	4255	—
5	Δt/s	137	69	65	59	66	48	55	52	49	51	46	51	48
	v_p/(m/s)	1460	2890	3077	3390	3030	4167	3637	3846	4082	3922	4348	3922	4167
6	Δt/s	49	63	45	46	40	46	72	56	49	65	50	47	38
	v_p/(m/s)	4082	3175	4444	4348	5000	4348	2778	3571	4082	3077	4000	4255	5263
7	Δt/s	178	113	141	117	90	96	87	70	55	43	52	—	—
	v_p/(m/s)	1124	1770	1418	1709	2222	2083	2300	2857	3636	4651	3846	—	—
8	Δt/s	98	139	122	88	49	58	53	43	77	62	47	39	44
	v_p/(m/s)	2041	1439	1639	2273	4082	3449	3776	4651	2597	3226	4255	5128	4545

注：表中没有测试到数据的原因或是测孔深度不足，或是测孔被堵。

2.4.5.2 巷道围岩表面收敛计测试结果

收敛计测试结果表明，返修巷道变形具有以下特征：

(1) 返修巷道变形普遍存在，但四、五个月后变形量明显减少，巷道趋于稳定状态。在收敛测量的24个测点中，有4个测点近似不动，每日变形速度小于0.01 mm/d，而其余的测点都处在不停地变化之中，平均日变形速度为0.22 mm/d。

(2) 巷道变形速度在不同地点大小不同、差别较大。一般情况下进路的变形速度大于联巷的变形速度。变形速度最快的是－290 m水平42号进路，其日变形速度达到0.41 mm/d。

2.4.5.3 巷道治理效果

按照前述巷道垮冒治理的思路和技术，对两千多米生产巷道从掘、支、采各个环节进行全方位调控和治理，巷道垮冒得到有效恢复和控制，各采矿进路和主要联巷均保持了良好稳定性，实现了正常回采，其治理效果具体体现在以下三方面：

(1) 由于技术方案正确，进度计划落实、检查监督有力，完全杜绝了生产巷道和新掘巷道的垮冒现象。

(2) 通过表面收敛计对支护巷道跟踪测量结果显示，返修巷道的变形速度较淹井前有大幅度的降低，这表明巷道地压显现得到有效的控制，巷道趋于稳定状态，安全服务期加长。

(3) 根据全矿生产统计，1999 年 1～10 月的平均回收率为 84.14%，贫化率为 29.44%，分别比 1998 年高 1.38%和低 0.98%，为程潮铁矿创造了显著的经济效益和社会效益。

2.5 采准巷道支护专家系统的研究与实践

地下开采巷道稳定性问题一直是地下采矿工程的一个重要研究课题，而采取的支护类型正确与否将直接关系到巷道在其服务期内的稳定程度。目前关于巷道支护类型研究的方法虽然多种多样，但由于影响支护类型的因素较多，且错综复杂、相互影响，而各因素又具有不确定性，传统的确定性分析方法对支护经验要求很高，一般技术人员应用结果不甚理想。但不论是确定性分析方法如 FEM 方法、DDA 方法、FLAC 方法，还是不确定性分析方法如模糊数学、灰色理论、数量化理论、信息模型法等，各种方法都有其适用性与不足，其用于巷道稳定性支护评价的准确性与实际情况仍有差距。

简单的数学和力学分析方法很难建立完整系统模型和用单一的判别函数将各种因素截然分开，为了进行有效的分析判断，不得不借助于领域专家经验，但专家经验知识的表达往往具有模糊性，为了有效地运用这类模糊知识，可采用模糊知识处理方法。

程潮铁矿每年的采准巷道掘进量至少 12000 m，随着地下工程和采矿活动的进行围岩不断受到扰动而常常失稳，为了确保地下工程的安全和采矿活动的正常进行，必须对围岩采取支护进行加固处理，这就十分有必要建立一个关于采准巷道支护的合理完善的智能系统应用程序，使采矿工程技术人员从繁琐的巷道支护设计中解脱出来，提高采矿设计效率。为此，在巷道支护评价方法的一系列成就基础上采用改进的 BP 神经网络的判断方法来研究地下巷道的支护类型，该系统可使采场巷道支护达到适度、合理、可靠的稳定需要。

2.5.1 采准巷道分级支护设计

2.5.1.1 锚喷网支护材料的选取和特点

A 锚杆

不同类型的锚杆技术性能与适用条件有很大差别，因此，锚喷网支护的应用效果主要取决于锚杆的选型和参数设计。根据支护要求，选用了以下几种类型锚杆：

(1) 缝管式摩擦锚杆。缝管式摩擦锚杆是通过管壁和围岩之间的摩擦力提供围岩的支护抗力。当围岩变形压力大于锚杆与围岩的摩擦阻力时，既可以在力的方向上产生滑移，达到让压力卸载作用，又能保持原有的锚固作用。该锚杆具有速效、及时、安装方便、易于机械化操作等特点。

(2) 带垫板全长胶结砂浆锚杆。带垫板全长胶结砂浆锚杆端部增设锚固垫板，实现了锚、网之间的牢固连接，提高了锚杆的锚固性能，在一定程度上解决了砂浆锚杆同围岩变形不相适应、胶结失效、锚杆锚空的问题，可以提供部分预应力，主要应用于比较重要、服务年限较长的巷道支护。

B 钢筋条带

钢筋条带是与缝管摩擦锚杆配套使用的加固构件，其作用是强化锚杆与喷网层之间的连接，提高锚喷网支护效果，更好地发挥缝管锚杆及时速效的支护作用。它是由两根钢筋焊接而成。采用的规格有 $\phi(6\sim8)$ mm×3000 mm 和 $\phi(10\sim12)$ mm×3000 mm。

2.5.1.2 锚喷网支护参数设计

A 锚杆结构参数设计分析

图 2-38 给出了支护力 P_i 与塑性区半径 R_0 的关系曲线。从图中可见，扩大塑性区半径 R_0，可以降低为维护极限平衡状态所需的支护抗力 P_i，可是当 P_i 降低到一定程度后，塑性区再扩大围岩就要出现松动坍塌，此后围岩压力将大大增加。因此，选择锚杆长度应能够适应围岩的变形特征，适当增加塑性区的半径，充分发挥围岩的自支撑能力，这是设计该锚杆长度的主要依据。锚杆间距的设计以能否形成均匀的压缩拱及压缩拱的厚度作为设计准则。

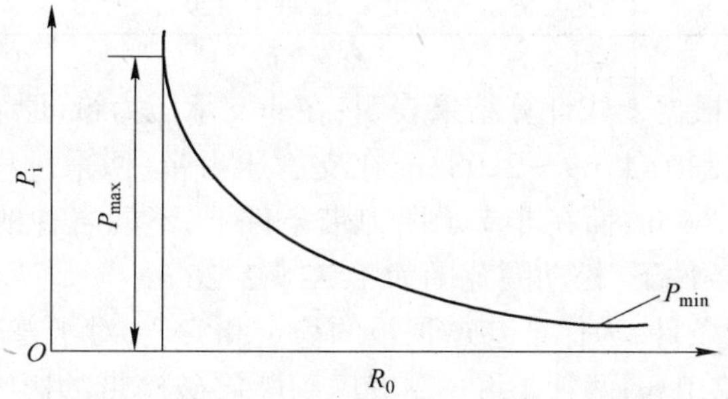

图 2-38 支护力 P_i 与塑性区半径 R_0 的关系曲线

(1) 未支护条件下巷道塑性区半径 R_0。现场围岩变形测量表明，采准巷道松动圈范围随岩性、位置和时间的不同有所不同，一般的范围在 1.0～1.5 m 之间。另外，通过对近万米炮孔的调查分析发现，发生严重变形破坏的炮孔一般在 1.5 m 以下，这也在一定程度上反映了巷道松动圈的范围。将巷道近似看成圆形断面，采用修正的芬纳(Fenner. R)公式计算巷道塑性区半径 R_0 和松动圈范围 T。

$$R_{0\max} = r_0 \times \left(\frac{P + C\times\cot\varphi}{C\times\cot\varphi}\times(1-\sin\varphi)\right)^{\frac{1-\sin\varphi}{2\sin\varphi}} \tag{2-18}$$

$$T = r_0 \times \left(\frac{P + C\times\cot\varphi}{C\times\cot\varphi}\times\left(\frac{1-\sin\varphi}{1+\sin\varphi}\right)\right)^{\frac{1-\sin\varphi}{2\sin\varphi}} \tag{2-19}$$

式中 P——巷道所处的原始应力场，MPa，$P=\gamma\times h=400\times2.70=10.8$ MPa；

C——岩体粘结力，MPa；

φ——岩体内摩擦角，(°)；

r_0——巷道半径，m，按圆形巷道计算，巷道半径近似为 1.9 m。

不同围岩的巷道，其塑性区半径的计算结果列于表 2-19 中。

表 2-19 巷道围岩塑性区半径 R_0 及松动圈范围 T

计算参数 / 岩体类型	非支承压力带						支承压力带					
	r_0 /m	P /MPa	C /MPa	φ /(°)	R_0 /m	T /m	r_0 /m	$2.5P$ /MPa	C /MPa	φ /(°)	R_0 /m	T /m
斑状磁铁矿	1.9	10.8	8.32	33.6	1.76	1.48	1.9	27.0	8.32	33.6	2.19	1.82
大理石	1.9	10.8	6.48	31.3	1.87	1.54	1.9	27.0	6.48	31.3	2.42	2.00

续表 2-19

计算参数 / 岩体类型	非支承压力带						支承压力带					
	r_0 /m	P /MPa	C /MPa	φ /(°)	R_0 /m	T /m	r_0 /m	$2.5P$ /MPa	C /MPa	φ /(°)	R_0 /m	T /m
矽卡岩	1.9	10.8	4.07	38.4	2.00	1.72	1.9	27.0	4.07	38.4	2.48	2.14
花岗岩	1.9	10.8	6.15	36.2	1.86	1.58	1.9	27.0	6.15	36.2	2.30	1.96
闪长岩	1.9	10.8	10.51	34.3	1.69	1.43	1.9	27.0	10.51	34.3	2.04	1.72
硬石膏	1.9	10.8	3.68	36.4	2.08	1.77	1.9	27.0	3.68	36.4	2.66	2.26
花岗斑岩	1.9	10.8	4.33	35.4	2.01	1.70	1.9	27.0	4.33	35.4	2.56	2.17

(2) 锚杆长度 L。根据上式计算结果表明：在非支承压力带（原岩应力）条件下，不同岩种的塑性区半径变化范围为 1.69～2.08 m，在支承压力带（回采过程中）条件下，塑性区半径变化范围为 2.04～2.66 m；而在非支承压力带条件下，不同岩种的松动圈范围为 1.43～1.77 m，在支承压力带条件下，松动圈范围为 1.72～2.26 m。

结合程潮铁矿实际条件，为保证巷道顶板的稳定和安全，对于普通非支承压力采准巷道支护，锚杆的长度顶板 2.0 m，两帮 1.8 m。考虑到断层破碎带的影响，该部位的支护，顶板采用 2.3 m 的锚杆，两帮为 1.8 m。

(3) 锚杆间距 L_j。锚杆间距应根据锚杆承载力和最长锚杆的锚固点所吊挂的岩体重量来确定：

$$L_j=\sqrt{\frac{S\sigma_t}{T\times\gamma}}=\sqrt{\frac{2.55\times10^{-4}\times375\times10^6}{4.2\times10^4\times2.0}}=1.07\approx1.0\ \text{m} \tag{2-20}$$

式中　S——锚杆截面面积，$S=3.14\times0.009\times0.009=2.55\times10^{-4}\text{m}^2$；

σ_t——锚杆材料允许拉压力，375 MPa；

γ——矿石容重，42000 N/m^3；

T——松动圈半径，2.0 m。

通过以上计算可以确定锚杆的间距在 0.8～1.0 m 较为合适。

B　巷道支护方案设计

根据计算结果，设计出采准巷道标准支护断面图，采用两种主要支护方案。

垫板砂浆锚杆与管缝摩擦锚杆混合支护（普通锚喷网）方案

(1) 支护特点：顶板采用管缝摩擦锚杆 5 根（图 2-39 中 5～9），发挥其速效护顶的支护特性，及时对巷道围岩进行支护，以杜绝巷道垮冒和掘进施工中的安全隐患。巷道两帮采用垫板砂浆全胶结式锚杆 8 根（图 2-39 中 1～4、10～13），以提高矿柱的抗剪和抗拉强度，减少巷道帮壁围岩径向和切向变形。为防治底板产生底鼓现象，锚杆 1 和 13 安装距底板 450 mm 斜向下 30°。该支护结构既具有速效特性，又具有较强的抗变形能力。

(2) 支护参数：垫板砂浆锚杆长度为 1800 mm，杆体直径 18 mm，锚固形式为全长胶结式。缝管锚杆规格为 40 mm × 2000 mm。锚杆排间距 900 mm × 900 mm，钢筋网度 250 mm×250 mm，钢筋直径 6 mm，喷层厚度 50 mm，支护整体结构见图 2-39。

(3) 支护施工工艺：巷道掘出后，紧跟掌子面首先在顶板安装缝管锚杆，并压双筋条带。进路掘进完毕后系统安装两帮垫板砂浆锚杆，最后全断面编铺金属网喷射混凝土成巷。

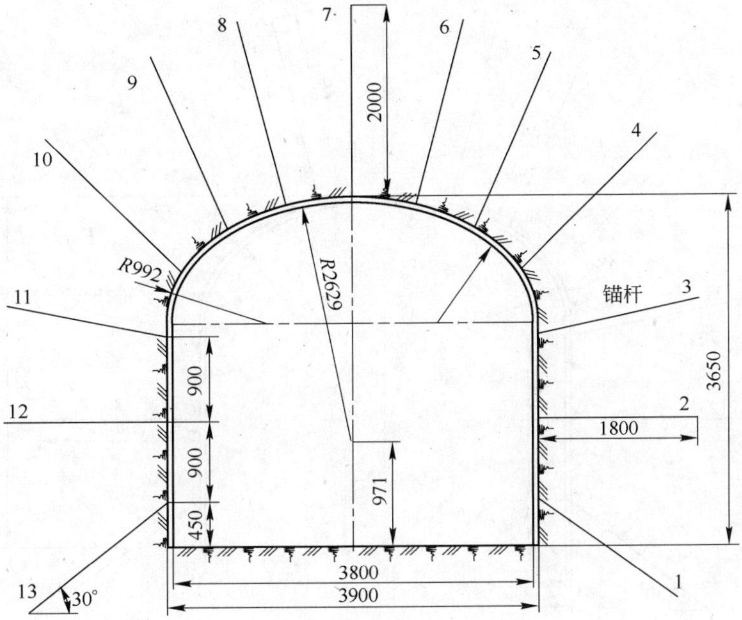

图 2-39 普通采准巷道支护断面图

(4) 适用条件:普通联巷、较为破碎稳定性差的进路、稳定性一般的进路与联巷交叉口等部位。

中长锚杆支护方案

(1) 支护特点:全断面均采用砂浆锚杆 13 根,施工中长锚杆之前先在顶板安装管缝摩擦锚杆 5 根,以达到护顶的目的。该支护既具有速效特性,同时又具有较强的刚度。

(2) 支护参数:顶板砂浆锚杆长度 2300 mm,杆体直径 18 mm,锚固形式为全长胶结式。两帮砂浆锚杆长度 1800 mm,杆体直径 18 mm,锚固形式为全长胶结式。锚杆排间距 900 mm×900 mm,钢筋网度 200 mm×200 mm,钢筋直径 6 mm,喷层厚度 70 mm,双筋条带规格为 8 mm×3000 mm。支护整体结构见图 2-40。

(3) 施工工艺及要求:管缝摩擦锚杆施工要紧跟工作面,并及时施工砂浆锚杆。锚杆垫板要将双筋条带紧压在巷道壁上;条带相互间搭接 100 mm,并用铁丝牢固连接在一起;如遇到自稳性极差的岩体和破碎带,应先喷 20～30 mm 薄层混凝土再进行锚杆作业。

(4) 适用条件:断层破碎带经过的自稳性极差的进路或联巷、稳定性较差的进路与联巷交叉口等部位。

2.5.1.3 分级支护

地下巷道围岩是地下巷道周围受开挖影响范围内的岩体,是稳定性分析的对象,进行其稳定性分析首先要确定影响围岩工程性质的因素。程潮铁矿每年需掘上万米的巷道,这些巷道位于不同的矿岩体内,其应力环境各不相同,而且巷道的服务年限也不同。因而,各巷道所需的稳定程度差异较大。如果采用类同的支护形式和支护参数,则有的支护强度过盈,有的则不够。对待工程量大,围岩条件如此复杂的采场巷道,采用分级支护能取得合理和可靠的维护效果。分级支护是根据每一巷道所需的稳定程度,选用与其相适应的支护形式和支护强度等级进行支护的设计方法。这样,可大大缩小采场巷道支护的盲目性,提高支护主

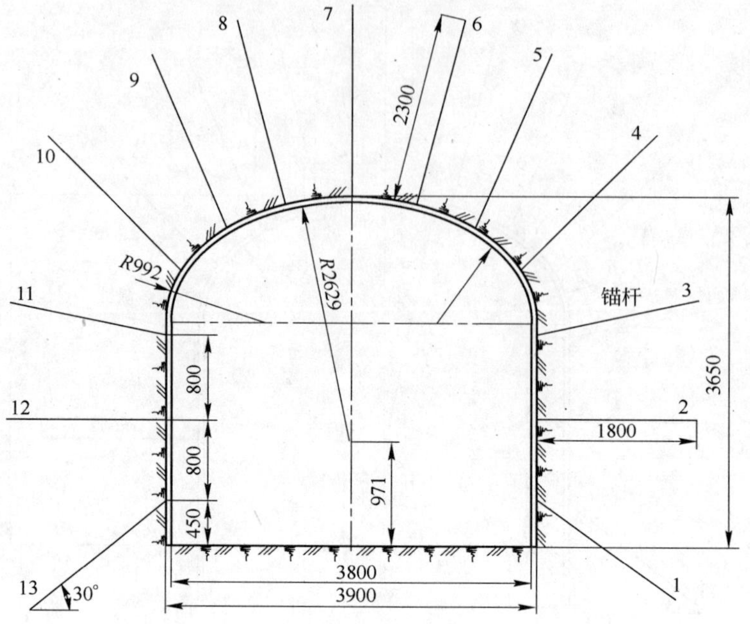

图 2-40　断层破碎带采准巷道支护断面图

动性，并便于支护施工的标准化和规范化管理。从程潮铁矿的实际来分析，影响其围岩巷道稳定性的主要因素有以下几个方面。

A　矿岩条件

围岩材料质量是反映围岩物理力学性质的依据，也是围岩稳定性分析的基础，主要表现在围岩的强度和变形性质。调查表明岩性是造成采场巷道变形破坏的主要因素之一。对采场稳定性影响较大的岩性有矽卡岩、粉状磁铁矿和矿岩接触带，其突出表现为岩体较破碎、承压低、易发生塌落。程潮铁矿矿体内的矿岩，其稳定程度属于中等稳固和不稳固，大都需要借助于支护才能保持巷道围岩稳定，矿岩的稳定性分类见表 2-20。

表 2-20　程潮铁矿深部主要矿岩稳定性分类表

岩　种	RMR 值	岩 体 级 别	岩体质量描述
块状磁铁矿	68	Ⅱ	好岩体
斑状磁铁矿	50	Ⅲ	一般岩体
粉　矿	0	Ⅴ	非常不好岩体
硬石膏	41	Ⅲ	一般岩体
大理石	45	Ⅲ	一般岩体
矽卡岩	39	Ⅳ	不好岩体
花岗岩	44	Ⅲ	一般岩体
斑状花岗岩	39	Ⅳ	不好岩体
石英长石斑岩	44	Ⅲ	一般岩体
闪长岩	53	Ⅱ	好岩体
闪长玢岩	39	Ⅳ	不好岩体

B　应力环境

由于矿体倾角缓,支承压力显现仍很明显,主要表现在上盘及两翼采场,上部采场遗留的残柱形成的局部支承压力也有剧烈显现。据上几个回采分段调查,应力集中区的巷道破坏率达58%以上,中深孔破坏率也高达48%,比卸压区中的巷道和炮孔破坏要严重得多。由于无底柱采场巷道纵横交错,又有切割槽的隔离,其水平应力影响较小,故主要考虑支承压力。支承压力分布范围的简易确定方法是将几个开采中段和分段的平面图重合,圈定出已采空区范围和残留矿柱的位置。空区以下则为应力降低区,而处于残留矿柱之下为应力集中区,无重合分段空区之外的采场为原岩应力区。应力集中区和应力降低区这两种应力状态在分级中应充分考虑。根据调查采场地压分布总趋势为沿走向两端地压相对较小,而中部相对较大,其突出表现是沿中脉和穿脉巷道的垮冒。

C　巷道服务年限

根据开采调查,巷道从掘进到回采结束,即使同一分段内其服务年限相差最大也可达4～5年,其影响巷道稳定性的时间效应也是很明显的,很多早掘而后采的下盘巷道比上盘巷道的变形破坏程度要严重得多,因此,服务年限长的巷道所需的支护等级应高些。巷道服务时间一般根据采掘计划及回采顺序来确定。巷道存在时间是预测支护参数结果的主要依据之一。

D　巷道服务功能

采准巷道种类主要包括进路、联巷和切巷,其服务功能和重要程度彼此间有较大差异。比如,联巷要比进路的重要程度高,进路的破坏只是影响局部,而联巷的垮冒将导致整个矿块的报废,－290 m水平24号～38号下沿的破坏就引起了数万吨矿量的损失。下盘的通风、行人及天溜井联络巷是整个采场及整个分段水平的咽喉要道,自始至终需保持较高的安全稳定度,而处于上盘的切巷和进路稳定程度则相对低一些。因此,巷道的功能及重要程度是巷道稳定程度分类的主要考虑因素之一。

E　地下水的影响

程潮铁矿位于长江中下游,雨量充沛,地下水活动对采场的稳定性影响十分显著,由于矿体赋存条件复杂,其间纵横交错地分布着各种软弱夹层和断层,局部地区矿岩非常软弱破碎,而崩落采矿法产生地表塌陷区中的降雨直通采场,增大了大气降水的渗透,在岩体水饱和情况下,水能渗入软岩的内部,对矿体颗粒及微裂隙之间形成劈裂作用,这样软弱夹层和断层泥会发生水解现象,强度大大降低,当断层泥被冲刷后断层间的抗剪强度降低而破坏,由此会引发采场巷道较大规模的失稳破坏。因此,地下水情况是巷道稳定程度分类的考虑因素之一。

F　软弱结构面产状的影响

造成大面积巷道垮冒的地区,一般为断层及节理裂隙发育地段。主要软弱结构面(断层或破碎带)的产状与巷道轴向呈不同的组合关系,对巷道稳定性的影响程度不同。软弱结构面的走向与巷道轴向的关系如图2-41所示,其中 α 为结构面的倾向,β 为结构面走向与巷道轴向的夹角,根据调查结果将结构面对巷道的稳定性影响分为三等,即:(1) 结构面走向与巷道轴向夹角小于30°,且结构面倾角在30°～75°之间;(2) 结构面走向与巷道轴向夹角大于60°,且结构面倾角大于75°;(3) 其他组合。

目前,程潮铁矿采准巷道设计中,设计人员根据以往的设计经验,综合考虑以上因素,并参照表 2-21 的分级支护表进行采准巷道的支护设计。

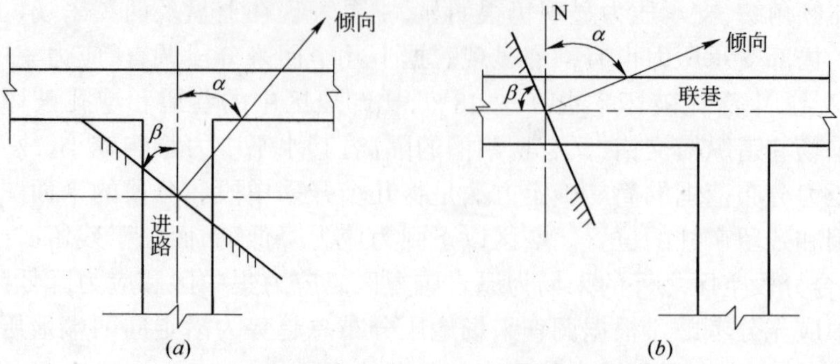

图 2-41 软弱结构面的走向与巷道轴向的关系

(a)—进路方向与结构面夹角示意图；(b)—联巷方向与结构面夹角示意图

表 2-21 采准巷道分级支护参数对照表

支护等级	支护形式	支护参数
Ⅰ	中长锚杆喷锚网支护	(1) 锚杆:缝管摩擦锚杆:ϕ40 mm×2000 mm,网度:0.8 m×0.8 m, 钢筋砂浆锚杆:ϕ18 mm×1800 mm ,网度:0.9 m×0.9 m 中长锚杆:ϕ18 mm×2300 mm,网度:0.9 m×0.9 m (2) 筋网网度:ϕ6 mm×200 mm×200 mm (3) 双筋条带:ϕ8 mm×3000 mm (4) 喷层厚:70 mm (5) 钢拱架:间距 1 m
Ⅱ	普通锚喷网	(1) 锚杆:弯钩钢筋锚杆:ϕ18 mm×1800 mm ,网度:0.9 m×0.9 m 缝管摩擦锚杆:ϕ40 mm×2000 mm,网度:0.9 m×0.9 m (2) 筋网网度:ϕ6 mm×250 mm×250 mm (3) 双筋条带:ϕ8 mm×3000 mm (4) 喷层厚:50～60 mm (5) 钢拱架:间距 1 m
Ⅲ	锚喷或锚网	(1) 锚喷:钢筋砂浆锚杆:ϕ18 mm×1800 mm;网度:0.8 m×0.8 m 喷厚:50 mm (2) 锚网:缝管摩擦锚杆:ϕ40 mm×2000 mm;网度:0.8 m×0.8 m 预制网片:ϕ4 mm×1.5 m×2.2 m,网度:100 mm×100 mm
Ⅳ	单 锚	缝管摩擦锚杆:网度:0.8 m×0.8 m 砂浆钢筋锚杆:网度:0.8 m×0.8 m
Ⅴ	素 喷	素喷厚度:50 mm
Ⅵ	不支护	

2.5.2 BP 神经网络算法的基本原理

由于采矿工程领域所固有的不确定性、模糊性和非线性,因此,采矿工程的不确定性分析、系统分析和综合智能分析方法成为人们研究的重点。

它们具有非确定性,没有明确的内涵和外延,无法用普通集合论和经典理论进行描述,而采用模糊数学中模糊集合及有关理论则可以很好的解决这类问题。

2.5.2.1 人工神经网络的特点

神经科学研究表明,中枢神经的主要部分——大脑皮层由大约 $10^{11} \sim 10^{12}$ 个神经元组成。神经元的结合部——突触(synapse)决定神经元之间的连接强度与性质,生物神经元也是各种人工神经网络最根本的出发点和生理基础。

从人脑的生理结构出发研究人的智能行为,模拟人脑信息处理功能,即为人工神经网络的研究。1943 年,生理学家 McCulluch 和数学家 Pitts 在数学生物物理学会会刊"Bulletin of Mathematical Biophysics"上发表文章,总结了生物神经元的一些基本生理特性,提出了形式神经元的数学描述与结构方法,即 $M-P$ 模型,如图 2-42 所示。在经典模型的基础上,他们进一步提出了神经元的数理模型,如图 2-43 所示。

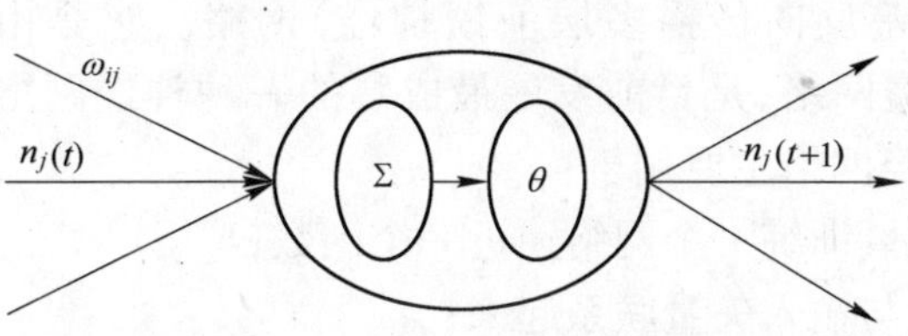

图 2-42 *M-P* 单一神经元结构模型

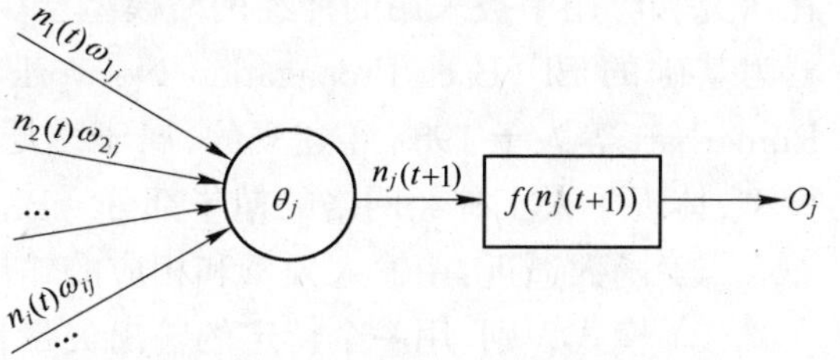

图 2-43 *M-P* 神经元数理模型

对于一组输入 $N=[n_1, n_2, \cdots, n_i, \cdots]$,它们相应的连接权值为:$W_j=[\omega_{1j}, \omega_{2j}, \cdots, \omega_{ij}, \cdots]$,神经元 j 本身有阈值 θ_j,其输出 O_j 为:

$$O_j = f(n_j(t+1)) = f\Big(\sum_i \omega_{ij} n_i(t) + \theta_j\Big) \tag{2-21}$$

式中,f 为激活作用函数,其形式是多种多样的,比较典型的有线性激活函数、S(Sigmoid)函数、阶跃函数和阈值函数等。通常 S 形函数又称为软限函数,阶跃函数和阈值函数称为硬限函数。

人工神经网络具有的特点是:

(1) 高度的自适应、自学习功能;

(2) 良好的容错性、联想记忆功能以及推广性能;

(3) 高度的非线性全局作用;

(4) 高度的并行性;

(5) 可应用性。

正是由于神经网络的上述特性,使其成为数字计算机的一个强有力的补充,用来处理涉及模拟量、不精确的计算以及只需要好的近似解这类问题。表 2-22 是传统的计算机与神经网络的比较。

表 2-22 传统的计算机与神经网络的比较

数字计算机	神经网络
为了数学的精确性,处理被写成 1 和 0 的数字数据	处理连续波动的模拟信号,提供从黑到白经历各种灰度的变化范围

续表 2-22

数字计算机	神经网络
以严格的结构化的顺序来处理数据，运算结果总是可以预测的	以独立形成的方法来处理数据，可以预测常规方法不可预测的结果
给足够的时间，总可以找出任何问题的精确解	对于高度复杂的问题，可能快速地找出好的但只是近似的答案
通过大型数据库查找出精确的匹配	通过大型数据库查找出最接近的匹配
存储信息使得特定的数据可以容易的查找	存储信息使得查找任意块的信息都能自动地调出所有相关的事实

2.5.2.2　BP 神经网络的基本思想

神经网络以它特有的自学习、自组织、联想记忆和并行处理等功能，被应用到众多领域，能够避免复杂的数学推导，在样本缺损和参数漂移的情况下，仍能保证正确的输出。目前，在研究和应用中被采用的神经网络模型至少有 30 种，应用最广泛和最成功的是以多层感知器为基础的 BP(Back-Propagation Network，误差反向传播多层前馈神经)网络。它是由 Rumerhart 等人于 1985 年建立的，属于多层前馈网络，是目前发展最成熟的一种神经网络模型，体现了人工神经网络的精华部分。BP 神经网络主要用于：

(1) 函数逼近：用输入矢量和相应的输出矢量训练一个网络逼近一个函数；

(2) 模式识别：用一个特定的输出矢量将它与输入矢量联系起来；

(3) 分类：把输入矢量以所定义的合适方式进行分类；

(4) 数据压缩：减少输出矢量维数以便于传输或存储。

定理(Funahashi)F：设 $h(x)$ 为有界单调递减连续函数，k 为 R^n 空间子集，$f(x)=f(x_1,x_2,\cdots,x_n)$ 为 k 上实值连续函数，则对任意的 $\varepsilon>0$，存在整数 N 和常数 $\alpha_{ij},\theta_j,\beta_j,(i=1,2,\cdots,n;j=1,2,\cdots,N)$ 使

$$\hat{f}(x_1,x_2,\cdots,x_n)=\sum_{j=1}^{N}\beta_j h\left(\sum_{i=1}^{n}\alpha_{ij}x_i-\theta_j\right) \tag{2-22}$$

满足

$$\max\left|\hat{f}(x_1,x_2,\cdots,x_n)-f(x_1,x_2,\cdots,x_n)\right|<\varepsilon \quad (X\in k) \tag{2-23}$$

Funahashi 定理从数学上证明了一个单隐层网络可以实现任何从 n 维到一维空间的非线性映射。其中 $n,N,h(\cdot)$ 分别对应人工神经网络输入层单元数、输出层单元数和激活函数，ε 为很小的随机数，该定理可以直接推广到多输出的多层前馈网络。

图 2-44 所示为 BP 神经网络结构模型。从结构上讲，BP 网络是典型的多层网络，是按照层次结构构造的，包括一个输入层、一个输出层和一个或多个隐含层(图中只画了一个隐含层)，层与层之间多采用全互连方式，同一层之间不存在相互连接，一层内的节点只和与该层紧邻的下一层各节点连接，每一层连接权值都可以通过学习来调节。

BP 网络模型处理信息的基本原理是：输入值 X_i 通过激发一个 Sigmoid 函数作用于输出节点，经过非线形变换，产生输出值 Y_i。

$$Y_i=f(Net_i+b_i)=1/[1+\exp(-Net_i-b_i)] \tag{2-24}$$

式中，$Net_i=\sum_j \omega_{ij}^{(n)}X_i$

网络的学习过程由正向传播与反向传播两个过程组成。在正向传播过程中，输入信息

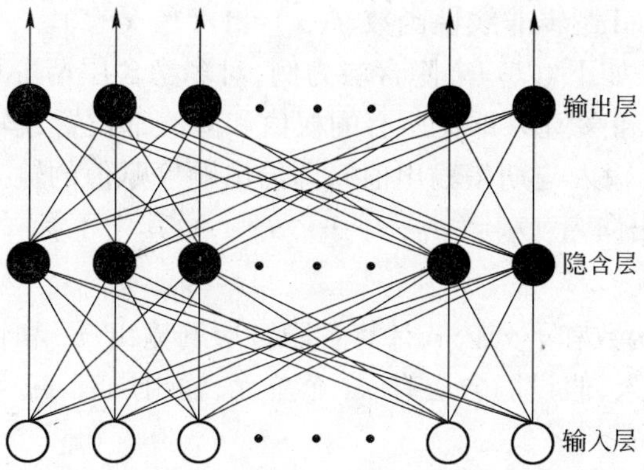

图 2-44 BP 网络模型结构图

从输入层经隐含层逐层处理,然后传向输出层,每一层神经元的状态只影响下一层神经元的状态。如果在输出层不能得到期望的输出,则转向反向传播过程,将误差信号沿原来的连接通路返回,通过修改各层神经元的权值,使得误差信号最小。

网络的学习过程首先从给出一组随机的权值开始,然后选取学习样本集中的一个模式(输入和输出对)作为输入,按照前馈的方式计算输出值。这时计算的输出值和期望输出值之间的误差一般是相当大的,这样就迫使权值必须改变。利用反向传播过程(如图 2-45 所示),对所有的模式和所给的权值 ω_{ij} 重复计算 $\Delta\omega_{ij}$,修正权值后又以前馈方式重新计算输出值。实际输出和目标输出之间的偏差和权值改变量又一次在计算中产生。对学习样本中的所有模式计算后得到一组新的权值,在接下来的前馈过程中便得到一组新的输出值,如此循环下去。在一次成功的学习过程中,系统误差或单个输入模式的误差将随着迭代次数的增加而减小,而学习过程将收敛到一组稳定的权值。

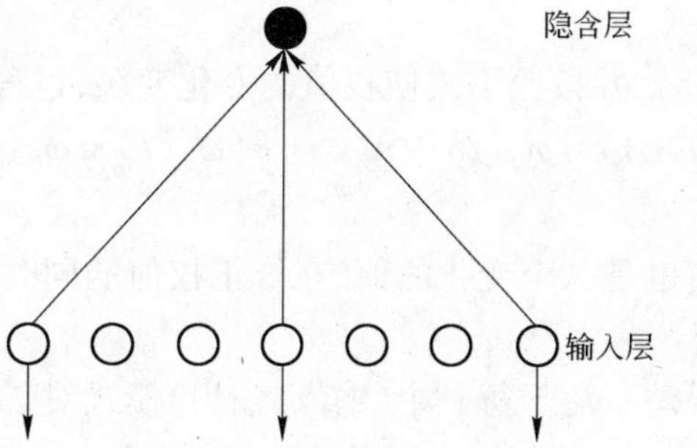

图 2-45 BP 网络模型结构图

实际上,BP 模型把一组样本的输入输出问题变为一个非线性优化问题。可以把这种模型看成一个从输入到输出的映射,这个映射是高度非线性的。如果输入节点数为 n,输出节点为 m,则神经网络表示的是从 n 维欧式空间到 m 维欧式空间的映射。

2.5.2.3 BP 算法

BP 算法是一个快速下降的方法,使用了最优化方法中最普通的一种沿梯度下降的算法。通过对网络权值(ω_{ij}, T_{ij})的修正与阈值 θ_{ij} 的修正,使误差函数沿负梯度方向下降,目的是使实际输出与预期样本输出之间的均方差最小。它要求转换函数有连续可微分的非线性特性,一般使用 Sigmoid 逻辑非线性函数 $f(x)=1/(1+e^{-x})$。

BP 网络的具体算法如下(以一个隐含层为例,对多隐含层情形可类似进行):

(1) 初始化权值 ω 和阈值 θ,即把所有的权值和阈值都设置成较小的随机数;

(2) 提供学习样本(输入与期望输出值),即给出顺序赋值的输入向量 $X_i=(x_0,x_1,\cdots,x_{n-1})$和对应的期望输出向量 $D_i=(d_0,d_1,\cdots,d_{m-1})$,其中下标 i 为第 i 个样本的输入或输出模式。

(3) 使用 Sigmoid 函数和下列公式计算各隐含层的输出 x'_j 和输出层的输出值 y_k,输入层节点的输出等于其输入,假设隐含层有 n_1 个单元,输出层有 m 个单元,输入层有 n 个单元,则

$$x'_j=f(\sum_{i=0}^{n-1}\omega_{ij}x_i-\theta_j) \quad 0\leqslant j\leqslant n_1-1 \tag{2-25}$$

$$y_k=f(\sum_{j=0}^{n_1-1}\omega_{jk}x'_k-\theta_k) \quad 0\leqslant k\leqslant m-1 \tag{2-26}$$

(4) 调整权值。使用递归算法从输出层开始逆向传播误差,直到第一隐含层为止,并用下面的公式调整权值:

$$\omega_{ij}(t+1)=\omega_{ij}(t)+\eta\delta_j x_i \tag{2-27}$$

式中,$\omega_{ij}(t)$是在时间 t 时由隐含层(或输入层)节点到输出层(或隐含层)节点 j 的权值;x_i 是节点 i 的输出,$\eta\delta_j x_i$ 是增益项;δ_j 是节点 j 的误差项。若节点 j 是一个输出节点,则:

$$\delta_i=y_j(1-y_j)(d_j-y_j) \tag{2-28}$$

式中,d_j 是节点 j 的期望(目标)输出;y_j 是实际计算所得到的输出值。

若节点 j 是一个内部的隐节点,则:

$$\delta_j=x'_j(1-x'_f)\sum_k\delta_k\omega_{jk} \tag{2-29}$$

式中,k 为输出层节点。

若加上一个学习冲量 α 并按照下式使权值的变化变缓,过程收敛的会更快一些,即:

$$\omega_{ij}(t+1)=\omega_{ij}(t)+\eta\delta_j x_i+\alpha(\omega_{ij}(t)-\omega_{ij}(t-1)) \tag{2-30}$$

式中,$0<\alpha<1$。

(5) 调整阈值。阈值也是一个变化的值,在修正权值的同时也修正它,原理同修正权值一样。

(6) 求系统的平均误差。对于每一个(输入,输出)模式对 i,其误差计算公式为

$$E_i=\frac{\sum_{k=0}^{m-1}(d_k-y_k)^2}{2} \tag{2-31}$$

系统的平均误差为(假设有 p 个样本):

$$E=\sum_{i=0}^{p}E_i=\frac{\sum_{i=0}^{p-1}\sum_{k=0}^{m-1}(d_{ik}-y_{ik})^2}{2p} \tag{2-32}$$

式中,d_{ik}对应于第 i 个输入模式第 k 个输出层节点的期望输出;y_{ik} 为相应的计算输出。若误差不能满足要求则转入第(2)步。多次重复以上各步,直到系统平均误差小于规定的要求为止。

2.5.2.4 BP系统评价优势及其缺点、优化策略

众多的BP神经网络技术应用结果表明，神经网络模型具有广泛的应用前景。总体来说，神经网络具有一些其他方法无法比拟的优点，体现在：

(1) 它主要根据所提供的数据，通过学习和训练，找出输入与输出之间的内在联系，从而求取问题的解，而不是完全依据对问题的经验知识和规则，因而具有自适应功能，这对于弱化权重确定中的人为因素是十分有益的。

(2) 能够处理那些有噪声或不完全的数据，具有泛化功能和很强的容错能力。

(3) 由于实际应用评价往往是非常复杂的，各个因素之间相互影响，呈现出复杂的非线性关系，人工神经网络为处理这类非线性问题提供了强有力的工具。因此与其他评定方法相比，基于神经网络的应用评价方法越来越显示出它的优越性。

BP算法采用的是梯度下降法，易陷于局部最小并且训练时间较长。针对这些缺点，又提出了BP算法的一些改进算法，如加入动量项、学习率自适应、L－M等算法。

2.5.2.5 BP神经网络的应用实现

在应用过程中，BP神经网络主要遵循以下步骤：

(1) 确定网络的拓扑结构，包括中间隐层的层数，输入层、输出层和隐层的节点数。

(2) 确定被评价系统的指标体系，包括特征参数和状态参数。应用神经网络进行评价时，首先必须确定评价系统的内部和外部构成环境，确定能够正确反映被评价对象状态的主要特征参数(输入节点数，各节点实际含义及其表达形式等)，以及这些参数下系统的状态(输出节点数，各节点实际含义及其表达方式等)。

(3) 选择学习样本，供神经网络学习。选取多组对应系统不同状态参数值时的特征参数值作为学习样本，供网络系统学习。这些样本应尽可能地反映各种安全状态。其中对系统特征参数进行$(-\infty,\infty)$区间的预处理，对系统参数应进行$(0,1)$区间的预处理。神经网络的学习过程即是根据样本确定网络的连接权值和误差反复修正的过程。

(4) 确定作用函数，通常选择Sigmoid逻辑非线性函数$f(x)=1/(1+e^{-x})$。

(5) 建立评价知识库。通过网络学习确认的网络结构包括：输入、输出和隐节点数以及反映其间关联度的网络权值的组合，即为具有推理机制的被评价的知识库。

(6) 进行实际应用评价。经过训练的神经网络将实际评价的特征值转换后输入到已具有推理功能的神经网络中，运用网络评价知识库处理后得到评价实际系统的状态评价结果。实际系统的评价结果又作为新的学习样本输入神经网络，使系统评价知识库进一步充实。

2.5.3 支护专家系统开发可行性研究

为了验证改进的BP神经网络预测地下采准巷道支护类型的可行性和正确性，为程潮铁矿地下采准巷道支护专家系统的开发提供理论依据，用Matlab 6.1进行训练、预测分析。从45个样本中挑选39个作为训练样本，其余6个作为预测样本进行预测。

2.5.3.1 学习样本的确定及分析

A 输入因子的确定

在设计与施工中采用何种支护手段和措施，是从事生产的技术人员迫切需要解决的问题。从众多的巷道支护实践中，根据已有的研究成果和国家规范标准，遵循重要性、独立性和易测性的原则，同时考虑实际工程经验，并综合已调查引起程潮铁矿地下巷道失稳的原因和实际工程情况，最后选取6个主要因素作为因素论域集：单轴抗压强度、应力环境、服务年

限、服务功能、地下水影响和结构面产状。

B　输出因子的确定

在研究过程中，主要关心的是在一定的围岩环境、工程服务年限等情况下，对地下工程应采取何种有效的支护措施。因此，BP 神经网络的输出因素为支护类型。根据工程实践经验，程潮铁矿地下工程支护类型分为Ⅰ～Ⅵ类，具体见表 2-21。因此在神经网络学习训练和预测过程中，输出因子为支护类型。

C　学习样本的确定

学习样本来自程潮铁矿 -316 m 水平和 -330 m 水平已经回采完毕的采准巷道，根据地质编录确定巷道的岩性，进而确定单轴抗压强度；根据对应上分层的回采情况确定本分层巷道所处的应力环境，上部回采较好时为应力降低区，回采较差时为应力集中区，上部无采准工程时为原岩应力区；根据实际的巷道成巷验收图，结合分层回采爆破图，可以确定巷道存在的时间，并将服务年限规定在小于 1a、1～3a 和大于 3a 范围之内；根据采准平面图确定巷道的服务功能，分别为切巷、进路和联巷；地下水的影响表现为当巷道淋雨状出水时为严重、滴雨状出水时为一般、巷道表面潮湿为不严重；主要软弱结构面的产状与巷道轴向呈不同的组合关系，对巷道稳定性的影响程度不同，当结构面走向与巷道轴向夹角小于 30°，且结构面倾角在 30°～75°之间为严重，当结构面走向与巷道轴向夹角大于 60°，且结构面倾角大于 75°为一般，其他组合为不严重。根据以上条件，共选取了 45 个样本，具体见表 2-23。

表 2-23　采准巷道支护实例样本表

序号	岩　性	单轴抗压强度/MPa	应力环境	服务年限/a	服务功能	地下水影响	结构面产状	支护类型
1	闪长岩	75.72	集中区	1～3	切巷	一　般	严　重	Ⅳ
2	闪长岩	75.72	原岩区	>3	进路	一　般	一　般	Ⅲ
3	闪长岩	75.72	降低区	<1	切巷	一　般	一　般	Ⅵ
4	闪长岩	75.72	原岩区	<1	切巷	不严重	不严重	Ⅵ
5	花岗岩	84.6	集中区	>3	联巷	严　重	严　重	Ⅰ
6	花岗岩	84.6	原岩区	>3	联巷	一　般	不严重	Ⅲ
7	花岗岩	84.6	降低区	1～3	进路	一　般	一　般	Ⅴ
8	花岗岩	84.6	降低区	>3	进路	一　般	一　般	Ⅲ
9	块状富磁铁矿	75.67	集中区	>3	联巷	严　重	严　重	Ⅰ
10	块状富磁铁矿	75.67	降低区	1～3	进路	不严重	不严重	Ⅳ
11	块状富磁铁矿	75.67	降低区	1～3	切巷	一　般	一　般	Ⅵ
12	块状富磁铁矿	75.67	原岩区	<1	进路	一　般	不严重	Ⅳ
13	块状富磁铁矿	75.67	降低区	>3	联巷	严　重	严　重	Ⅰ
14	块状富磁铁矿	75.67	原岩区	>3	联巷	一　般	一　般	Ⅱ
15	块状富磁铁矿	75.67	集中区	1～3	进路	不严重	严　重	Ⅱ
16	矽卡岩	64.56	原岩区	<1	进路	一　般	不严重	Ⅳ
17	矽卡岩	64.56	降低区	1～3	进路	一　般	一　般	Ⅳ
18	矽卡岩	64.56	集中区	<1	切巷	不严重	严　重	Ⅴ

续表 2-23

序号	岩　性	单轴抗压强度/MPa	应力环境	服务年限/a	服务功能	地下水影响	结构面产状	支护类型
19	矽卡岩	64.56	原岩区	>3	进　路	严　重	一　般	Ⅱ
20	石英花岗岩	69.3	原岩区	1~3	进　路	一　般	一　般	Ⅲ
21	石英闪长玢岩	53.32	原岩区	>3	进　路	严　重	严　重	Ⅰ
22	硬石膏	34.98	原岩区	<1	切　巷	一　般	一　般	Ⅴ
23	硬石膏	34.98	集中区	1~3	进　路	严　重	不严重	Ⅲ
24	块状贫磁铁矿	46.74	集中区	>3	联　巷	一　般	一　般	Ⅰ
25	块状贫磁铁矿	46.74	集中区	1~3	进　路	严　重	严　重	Ⅱ
26	块状贫磁铁矿	46.74	原岩区	<1	进　路	一　般	一　般	Ⅳ
27	块状贫磁铁矿	46.74	原岩区	1~3	进　路	一　般	严　重	Ⅲ
28	块状贫磁铁矿	46.74	原岩区	1~3	联　巷	不严重	不严重	Ⅲ
29	块状贫磁铁矿	46.74	原岩区	1~3	切　巷	严　重	不严重	Ⅳ
30	断层破碎带	9.31	原岩区	>3	联　巷	严　重	严　重	Ⅰ
31	断层破碎带	9.31	集中区	1~3	进　路	一　般	一　般	Ⅰ
32	断层破碎带	9.31	原岩区	1~3	进　路	一　般	不严重	Ⅱ
33	断层破碎带	9.31	降低区	>3	联　巷	不严重	不严重	Ⅱ
34	断层破碎带	9.31	原岩区	<1	切　巷	不严重	不严重	Ⅴ
35	断层破碎带	9.31	降低区	1~3	进　路	一　般	不严重	Ⅴ
36	粉　矿	0.05	降低区	<1	进　路	不严重	不严重	Ⅲ
37	闪长玢岩	64.32	原岩区	1~3	切　巷	一　般	一　般	Ⅲ
38	闪长玢岩	64.32	原岩区	1~3	切　巷	不严重	不严重	Ⅴ
39	闪长玢岩	64.32	降低区	<1	切　巷	一　般	不严重	Ⅴ
40	闪长玢岩	64.32	降低区	>3	联　巷	严　重	严　重	Ⅱ
41	闪长玢岩	64.32	原岩区	1~3	进　路	一　般	一　般	Ⅲ
42	闪长玢岩	64.32	集中区	>3	联　巷	严　重	不严重	Ⅰ
43	大理岩	58.5	降低区	1~3	联　巷	一　般	一　般	Ⅲ
44	大理岩	58.5	原岩区	>3	联　巷	一　般	不严重	Ⅲ
45	大理岩	58.5	原岩区	1~3	进　路	不严重	严　重	Ⅲ

D　样本统计分析

对于输入与输出因素，它们都属于定性因素，在此按其亚类进行了相应的个数统计。其各亚类数目统计见表 2-24 和表 2-25。

表 2-24　样本中其他因素统计表

名　称	因素亚类及统计个数		
应力环境	集中区	原岩区	降低区
	10	22	13

续表 2-24

名　称	因素亚类及统计个数					
服务年限/a	<1		1~3		>3	
	10		20		15	
服务功能	切巷		进路		联巷	
	11		21		13	
地下水影响	一般		不严重		严重	
	24		10		11	
结构面产状	一般		不严重		严重	
	16		17		12	
支护类型	Ⅰ	Ⅱ	Ⅲ	Ⅳ	Ⅴ	Ⅵ
	8	7	13	7	7	3

表 2-25　样本中岩性统计表

岩　性	数　目	岩　性	数　目
闪长岩	4	硬石膏	2
花岗岩	4	块状贫磁铁矿	6
块状富磁铁矿	7	断层破碎带	6
矽卡岩	4	粉　矿	1
石英花岗岩	1	闪长玢岩	6
石英闪长玢岩	1	大理岩	3

根据表中的统计分析可知，样本中的因素分布并不均匀，有的甚至相差十分悬殊，尤其是岩性，如对于石英闪长玢岩、石英花岗岩和粉矿只有 1 个样本，而块状富磁铁矿有 7 个样本，因此，在对网络行为进行预测时，就要考虑到预测样本的选择问题，而不能随机的抽取一些样本进行预测。

2.5.3.2　模型训练及回判研究

在常规的 BP 神经网络的基础上，采用优化后的神经网络进行训练，即在网络训练过程中加入学习冲量，以降低网络对于误差曲面局部细节的敏感性，有效地抑制网络陷于局部极小。

A　输入与输出因素的量化

在 BP 网络中，传递函数一般为(0,1)的 S 型函数，即 $f(x)=1/(1+e^{-x})$，输出层的函数为线性激活函数。由于输入层的输入值在(0,1)之间，其输出范围也在(0,1)之间。但是，在利用神经网络模型对岩土工程问题进行分析时，发现实际收集到的各种数据无法完全落在这一范围内。同时，由于边坡稳定性分析是一个多种因素、多种机理相互影响和相互作用的复杂而又庞大的非线性系统，且它受工程地质条件、岩体结构特征、岩体力学性质以及采矿方法等环境因素的影响，有许多信息是无法用定量的形式来表述的，只能用定性的形式来说明。这就使得收集到的数据与网络模型算法要求的数据不一致，致使学习样本无法输入到网络模型中去，达不到学习与预测的目的。

为了合理确定学习样本中的某一确定值,将其确定在(0,1)范围内,在常规的 BP 神经网络学习预测对收集到的样本进行如下处理。

对于单轴抗压强度这一定量因素,采用式 2-23 对数据进行了归一化处理:

$$x' = \frac{0.6}{x_{max} - x_{min}}(x - x_{min}) + 0.3 \tag{2-33}$$

式中 x'——归一化后的值;

x_{max}——相应因素的最大值;

x_{min}——相应因素的最小值;

x——因素对应的实际值。

为了保证量化有一定的扩展性,对于单轴抗压强度的最大值和最小值进行了一些扩展,在样本表中,单轴抗压强度其最大值为 84.6 MPa,最小值仅为 0.05 MPa。在归一化过程中,取 $x_{max} = 85$ MPa, $x_{min} = 0.01$ MPa。

故式 2-33 变为

$$x' = \frac{0.6}{85 - 0.01}(x - 0.01) + 0.3 \tag{2-34}$$

对于定性因素,其处理和量化如表 2-26 所示。量化后得到的学习样本见表 2-27。

表 2-26 定性因素归一化处理取值表

<table>
<tr><td>名 称</td><td colspan="6">因素亚类及统计个数</td></tr>
<tr><td rowspan="2">应力环境</td><td colspan="2">降低区</td><td colspan="2">原岩区</td><td colspan="2">集中区</td></tr>
<tr><td colspan="2">0.3</td><td colspan="2">0.6</td><td colspan="2">0.9</td></tr>
<tr><td rowspan="2">服务年限/a</td><td colspan="2"><1</td><td colspan="2">1~3</td><td colspan="2">>3</td></tr>
<tr><td colspan="2">0.3</td><td colspan="2">0.6</td><td colspan="2">0.9</td></tr>
<tr><td rowspan="2">服务功能</td><td colspan="2">切巷</td><td colspan="2">进路</td><td colspan="2">联巷</td></tr>
<tr><td colspan="2">0.3</td><td colspan="2">0.6</td><td colspan="2">0.9</td></tr>
<tr><td rowspan="2">地下水影响</td><td colspan="2">不严重</td><td colspan="2">一般</td><td colspan="2">严重</td></tr>
<tr><td colspan="2">0.3</td><td colspan="2">0.6</td><td colspan="2">0.9</td></tr>
<tr><td rowspan="2">结构面产状</td><td colspan="2">不严重</td><td colspan="2">一般</td><td colspan="2">严重</td></tr>
<tr><td colspan="2">0.3</td><td colspan="2">0.6</td><td colspan="2">0.9</td></tr>
<tr><td rowspan="2">支护类型</td><td>Ⅰ</td><td>Ⅱ</td><td>Ⅲ</td><td>Ⅳ</td><td>Ⅴ</td><td>Ⅵ</td></tr>
<tr><td>0.95</td><td>0.75</td><td>0.55</td><td>0.35</td><td>0.25</td><td>0.1</td></tr>
</table>

表 2-27 量化后的学习样本

序号	单轴抗压强度/MPa	应力环境	服务年限/a	服务功能	地下水影响	结构面产状	支护类型
1	0.834486	0.9	0.6	0.3	0.6	0.9	0.35
2	0.834486	0.6	0.9	0.6	0.6	0.6	0.55
3	0.834486	0.3	0.3	0.3	0.6	0.6	0.1
4	0.834486	0.6	0.3	0.3	0.3	0.3	0.1

续表 2-27

序号	单轴抗压强度/MPa	应力环境	服务年限/a	服务功能	地下水影响	结构面产状	支护类型
5	0.897176	0.9	0.9	0.9	0.9	0.9	0.95
6	0.897176	0.6	0.9	0.9	0.6	0.3	0.55
7	0.897176	0.3	0.6	0.6	0.6	0.6	0.25
8	0.897176	0.3	0.9	0.6	0.6	0.6	0.55
9	0.834133	0.9	0.9	0.9	0.9	0.9	0.95
10	0.834133	0.3	0.6	0.6	0.3	0.3	0.35
11	0.834133	0.3	0.6	0.3	0.6	0.6	0.1
12	0.834133	0.6	0.3	0.6	0.6	0.3	0.35
13	0.834133	0.3	0.9	0.9	0.9	0.9	0.95
14	0.834133	0.6	0.9	0.9	0.6	0.6	0.75
15	0.834133	0.9	0.6	0.6	0.3	0.9	0.75
16	0.755701	0.6	0.3	0.6	0.6	0.3	0.35
17	0.755701	0.3	0.6	0.6	0.6	0.6	0.35
18	0.755701	0.9	0.3	0.3	0.3	0.9	0.25
19	0.755701	0.6	0.9	0.6	0.9	0.6	0.75
20	0.789163	0.6	0.6	0.6	0.6	0.6	0.55
21	0.67635	0.6	0.9	0.6	0.9	0.9	0.95
22	0.546876	0.6	0.3	0.3	0.6	0.6	0.25
23	0.546876	0.9	0.6	0.6	0.9	0.3	0.55
24	0.629898	0.9	0.9	0.9	0.6	0.6	0.95
25	0.629898	0.9	0.6	0.6	0.9	0.9	0.75
25	0.629898	0.6	0.3	0.6	0.6	0.6	0.35
27	0.629898	0.6	0.6	0.6	0.6	0.9	0.55
28	0.629898	0.6	0.6	0.9	0.3	0.3	0.55
29	0.629898	0.6	0.6	0.3	0.9	0.3	0.35
30	0.365655	0.6	0.9	0.9	0.9	0.9	0.95
31	0.365655	0.9	0.6	0.6	0.6	0.6	0.95
32	0.365655	0.6	0.6	0.6	0.6	0.3	0.75
33	0.365655	0.3	0.9	0.9	0.3	0.3	0.75
34	0.365655	0.6	0.3	0.3	0.3	0.3	0.25
35	0.365655	0.3	0.6	0.6	0.6	0.3	0.25

续表 2-27

序号	单轴抗压强度/MPa	应力环境	服务年限/a	服务功能	地下水影响	结构面产状	支护类型
36	0.300282	0.3	0.3	0.6	0.3	0.3	0.55
37	0.754006	0.6	0.6	0.3	0.6	0.6	0.55
38	0.754006	0.6	0.6	0.3	0.3	0.3	0.25
39	0.754006	0.3	0.3	0.3	0.6	0.3	0.25
40	0.754006	0.3	0.9	0.9	0.9	0.9	0.75
41	0.754006	0.6	0.6	0.6	0.6	0.6	0.55
42	0.754006	0.9	0.9	0.9	0.9	0.3	0.95
43	0.712919	0.3	0.6	0.9	0.6	0.6	0.55
44	0.712919	0.6	0.9	0.9	0.6	0.3	0.55
45	0.712919	0.6	0.6	0.6	0.3	0.9	0.55

在学习预测过程中，产生误差是必然的，为了对预测结果有一明显的归类方法，在此做如下规定，见表 2-28。

表 2-28 预测值对应的支护类型对照表

预测值 a	对应支护类型
$0<a\leqslant0.15$	Ⅵ类
$0.15<a\leqslant3$	Ⅴ类
$0.3<a\leqslant0.45$	Ⅳ类
$0.45<a\leqslant0.65$	Ⅲ类
$0.65<a\leqslant0.85$	Ⅱ类
$0.85<a\leqslant1$	Ⅰ类

B 网络学习参数

1989 年 Robert Hecht-Nielson 证明了对于任何在闭区间内的一个连续函数都可以用一个隐含层的 BP 网络来逼近，因而用一个三层的 BP 网络可以完成任意的 n 维到 m 维的映照。因此，采用三层或更多层的网络结构在理论上均可实现。但是，用三层具有 Sigmoid 非线性神经元的 BP 神经网络学习算法收敛速度很慢，通常需要上万次或更多次的迭代次数。误差精度的提高有两种途径：一是增加隐含层的层数；二是增加隐含层节点个数。综合以上因素，采用具有两个隐含层的 BP 神经网络。

(1) 输入层与输出层节点的确定。输入层节点与输出层节点的个数往往是由具体问题而决定。影响支护类型的因素共有 6 个，从而确定输入层的节点数为 6 个；又由于这些分级指标决定输出结果——支护类型，所以输出层节点数为 1 个。

(2) 隐含层节点的确定。对于隐含层单元数的选择是一个十分复杂的问题，它与问题的要求、输入和输出单元的多少都有直接关系。隐单元数太少，网络不能训练出来，或网络不“强壮”,不能识别以前没有看到的样本,容错性差;隐单元数太多又使学习时间过长,误差也不一定最佳,因此存在一个最佳的隐单元数。对于如何确定最佳隐单元数的个数,目前尚无确定的办法,实际应用中要通过试算靠经验选取。式 2-35～式 2-38 是几种常用的确定隐单元数的经验公式。

$$k < \sum_{i=0}^{n} C\binom{n_1}{i} \tag{2-35}$$

$$n_1 = \sqrt{m+n} + c_i \tag{2-36}$$

$$n_1 = \lg 2^n \tag{2-37}$$

$$n_1 = 2n + 1 \tag{2-38}$$

式中,k 为样本数;n_1 为隐单元数;n 为输入单元数;m 为输出节点数;c_i 为介于 1～10 的常数。

(3) 初始权值的确定。取初始权值为(－1,1)之间的随机数。

(4) 学习速率的确定。学习速率决定每一次循环训练中所产生的权值变化量。大的学习速率可能导致系统的不稳定;小的学习速率会导致训练时间较长,收敛速度较慢,不能保证网络的误差值跳出误差表面的低谷而最终趋于最小误差值。所以一般选取适中的学习速率,选取范围在 0.01～0.8 之间,本研究取学习速率为 0.1。

(5) 学习动量的确定。动量法降低了网络对于误差曲面局部细节的敏感性,有效地抑制网络陷于局部极小。本研究的学习动量为 0.2。

(6) 期望误差的确定。期望误差值是通过对不同期望误差网络的对比训练来选取的。经过多次对比训练,期望系统平均误差为 0.008。

C 网络学习训练结果

当网络训练学习到 4211 步时,满足系统所设的误差要求,图 2-46 为网络学习训练从 500 步到 4211 步时的学习样本平均误差变化曲线图。图 2-47 为学习样本的实际输出和期望输出对比图。表 2-29 为期望输出和实际输出列对比表。图 2-48 为学习样本误差曲线图。

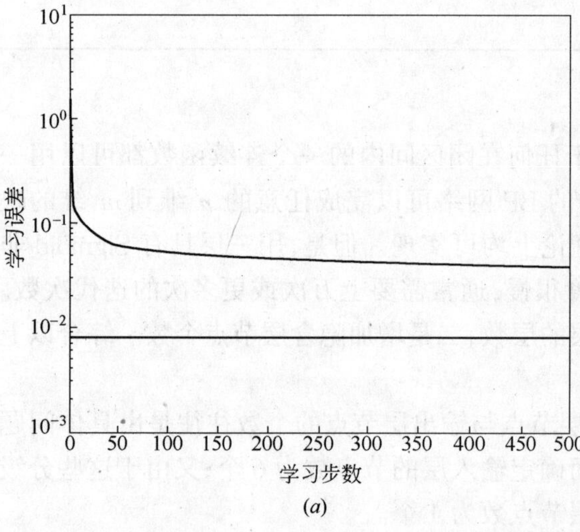

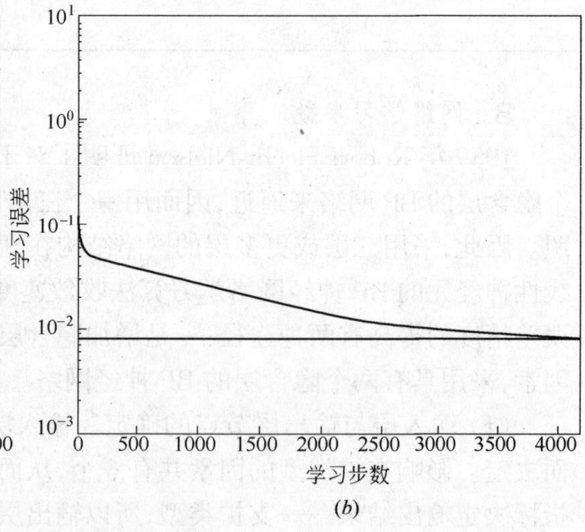

图 2-46 平均误差变化曲线

(a)—500 步时;(b)—4211 步时

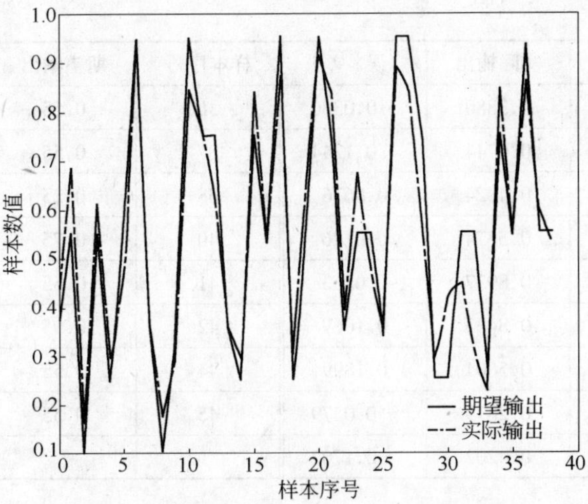

图 2-47 实际输出和期望输出对比图

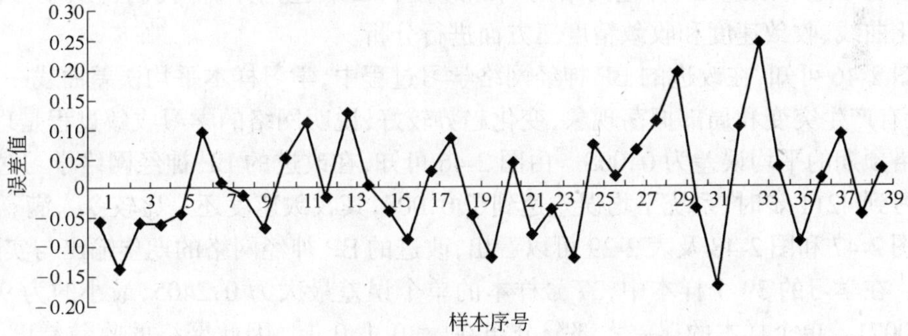

图 2-48 学习样本误差曲线图

表 2-29 期望输出和实际输出对比表

样本序号	期望输出	实际输出	误 差	样本序号	期望输出	实际输出	误 差
1	0.35	0.4064	−0.0564	14	0.75	0.7668	−0.0168
2	0.55	0.6889	−0.1389	15	0.75	0.6253	0.1247
4	0.1	0.1589	−0.0589	17	0.35	0.3494	0.0006
6	0.55	0.6135	−0.0635	18	0.25	0.2885	−0.0385
7	0.25	0.2955	−0.0455	19	0.75	0.8402	−0.0902
8	0.55	0.4541	0.0959	20	0.55	0.5257	0.0243
9	0.95	0.9429	0.0071	21	0.95	0.8698	0.0802
10	0.35	0.3643	−0.0143	22	0.25	0.3011	−0.0511
11	0.1	0.1714	−0.0714	23	0.55	0.6722	−0.1222
12	0.35	0.2998	0.0502	24	0.95	0.9119	0.0381
13	0.95	0.8416	0.1084	25	0.75	0.8369	−0.0869

续表 2-29

样本序号	期望输出	实际输出	误　差	样本序号	期望输出	实际输出	误　差
26	0.35	0.3880	-0.0380	36	0.55	0.4491	0.1009
27	0.55	0.6744	-0.1244	37	0.55	0.3095	0.2405
28	0.55	0.4824	0.0676	38	0.25	0.2200	0.0300
29	0.35	0.3374	0.0126	40	0.75	0.8459	-0.0959
30	0.95	0.8937	0.0563	41	0.55	0.5417	0.0083
31	0.95	0.8433	0.1067	42	0.95	0.8606	0.0894
32	0.75	0.5601	0.1899	44	0.55	0.5989	-0.0489
34	0.25	0.2879	-0.0379	45	0.55	0.5218	0.0282
35	0.25	0.4202	-0.1702				

D　学习结果分析

为了有效地对改进 BP 神经网络的训练过程和结果进行分析，我们将从学习样本平均误差变化曲线、收敛速度和收敛精度三方面进行分析。

由图 2-46 可知，在改进的 BP 神经网络学习过程中，学习样本平均误差曲线一直呈下降趋势，没有产生突变和局部振荡现象，变化趋势较好，说明网络的学习收敛过程是理想的。

网络预期的平均误差为 0.008。由图 2-46 可知，在改进的 BP 神经网络学习过程中，当网络学习到 4211 步时，系统平均误差达到了 0.008，其收敛速度还是比较令人满意的。

从图 2-47 和图 2-48 及表 2-29 可以看出，改进的 BP 神经网络的期望输出与实际输出比较接近。在学习的 39 个样本中，37 号样本的单个误差最大为 0.2405，最小的为 9 号样本，仅为 0.0071。单个样本的误差大部分分布在[-0.1,0.1]，因此网络的收敛精度是满足要求的。

从上述三方面分析可知，无论是学习样本误差收敛过程，还是收敛速度、收敛精度，改进的 BP 神经网络的学习结果都是令人满意的。因此，用改进的 BP 神经网络预测支护类型方案是可行的。但学习的目的是为了预测，防患于未然，故将对预测结果的正确性与容错性做进一步分析。

2.5.3.3　预测结果及分析

采用上述 39 个样本的学习结果，对选择的预测样本进行预测分析，其结果见表 2-30 和图 2-49。

表 2-30　预测样本的最终预测结果比较表

样本号	3	5	16	33	39	43
期望输出	0.1000	0.9500	0.3500	0.7500	0.2500	0.5500
实际输出	0.1150	0.9412	0.3290	0.4714	0.2076	0.5217
误　差	-0.0150	0.0088	0.0210	0.2786	0.0424	0.0283
平均误差	0.0135					

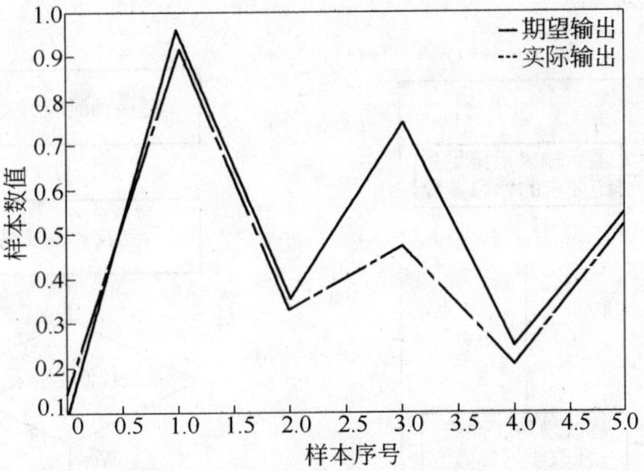

图 2-49 预测样本的实际输出与期望输出对比图

将表 2-30 中实际输出值一栏与表 2-28 中规定相对照,可以得到表 2-31。由表可以看出,在 6 个预测的样本中,除 33 号样本预测结果不准确外,其余 5 个样本预测结果准确,其准确率达到 83.33%,这充分说明采用改进的 BP 神经网络预测地下采准巷道的支护类型是可行的,为专家系统的开发提供了理论依据。

表 2-31 预测结果与实际情况对比表

样本号	3	5	16	33	39	43
期望输出	0.1000	0.9500	0.3500	0.7500	0.2500	0.5500
支护类型	Ⅵ	Ⅰ	Ⅳ	Ⅱ	Ⅴ	Ⅲ
实际输出	0.1150	0.9412	0.3290	0.4714	0.2076	0.5217
误 差	-0.0150	0.0088	0.0210	0.2786	0.0424	0.0283
预测类型	Ⅵ类	Ⅰ类	Ⅳ类	Ⅲ类	Ⅴ类	Ⅲ类
准确与否	√	√	√	×	√	√

注:√—准确;×—不准确。

2.5.4 程潮铁矿支护专家系统的开发与应用

2.5.4.1 系统简介

利用面向对象的 Visual Basic 6.0 编程语言,开发了可视化的程潮采准巷道支护专家系统。该系统以改进的 BP 神经网络算法为基础,以可视化语言为桥梁,把系统生动形象地展现在使用者面前。

同时,针对改进 BP 神经网络计算复杂和系统实现难度较大等特点,开发采用了系统化、模块化的思想,涉及了权值初始化、样本调用学习过程、权值文件保存、权值数据修改等数个函数组成的系统模块,通过函数调用来完成复杂的 BP 计算过程;同时,针对 Visual Basic 6.0 语言特点,本系统在开发过程中也调用、开发了部分控件。

系统配置要求:Win2000 操作系统,CPU PⅢ500 以上,内存 128M,分辨率 1024×768,Excel 软件。

2.5.4.2 系统开发结构流程图

系统在开发过程中主要涉及到样本学习、样本预测流程结构图,如图 2-50~图 2-53 所示。

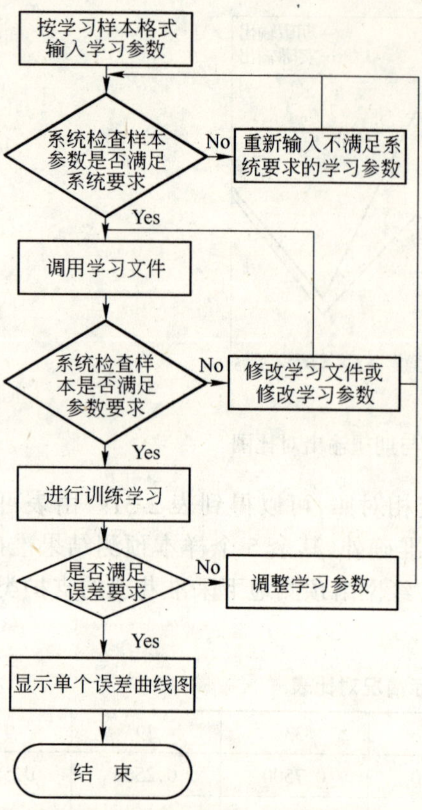

图 2-50　样本学习流程结构图

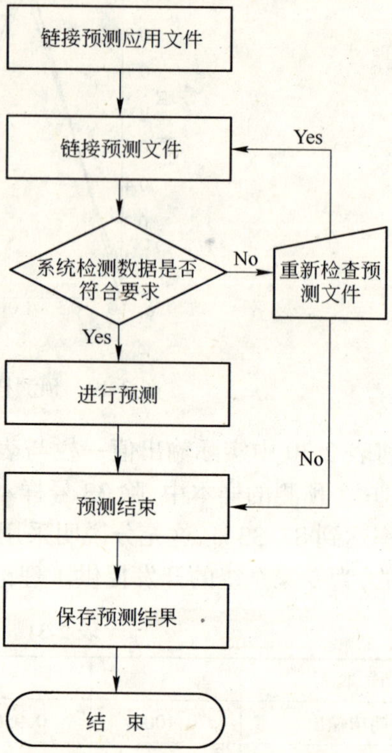

图 2-51　文件输入预测流程图

2.5.4.3　系统功能介绍

启动软件，将会出现如图 2-54 所示的界面，点击系统信息，可出现有关的计算机系统信息；点击确定，进入图 2-55 所示下一界面。该界面是软件的主界面，包括样本学习、样本预测、样本再学习和帮助四大部分，下面将分别介绍。

A　样本学习

样本学习界面如图 2-55 所示。

样本学习界面包含了样本训练学习的主要参数，其中样本学习数目为 2～2000 的整数；隐含层数为 1～3 的整数；输入层节点数目为 2～200 的整数；输出层节点数目为 1～100 的整数；最大学习步数为 1～100000 的正整数，学习冲量和学习速率均为 0～1 之间的小数；期望单个样本误差和期望系统平均误差为正数；隐含层的节点数为 1～100 的整数。如果输入参数不满足上述条件，则系统本身会提示用户。

学习参数设置好后点击学习按钮，就可以连接所要学习的文件，如图 2-56 所示。学习文件必须是 *.xls 格式。对于同一学习样本的输入和输出在同一行，因此，在设置输入和输出节点参数时，要特别注意，Excel 文件的输入与输出节点必须相吻合，具体见学习样本格式，否则将出现图 2-57 所示的错误提示信息。另外，本软件的输入、输出数据范围为(0,1)之间任意精度的数据，因此，它遵守神经网络提供的导入、导出规则。

当参数正确时，可能会由于学习步数，学习速率以及学习冲量、误差等设置的原因，使学习的误差不能达到要求，这时就会出现图 2-58 的信息，这就需要修改参数后再学习。具体可参见“学习参数的设定”。

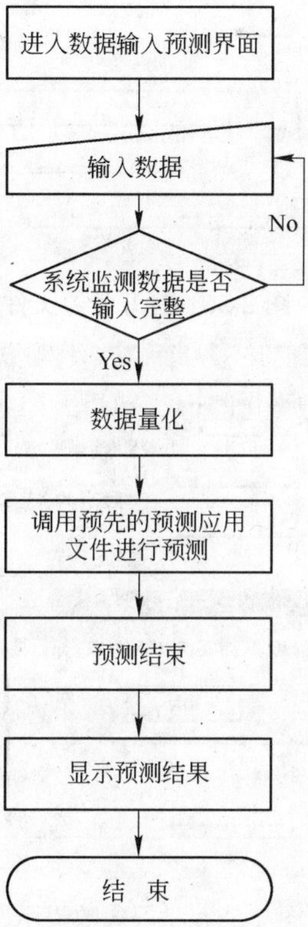

图 2-52 单个数据输入预测流程图

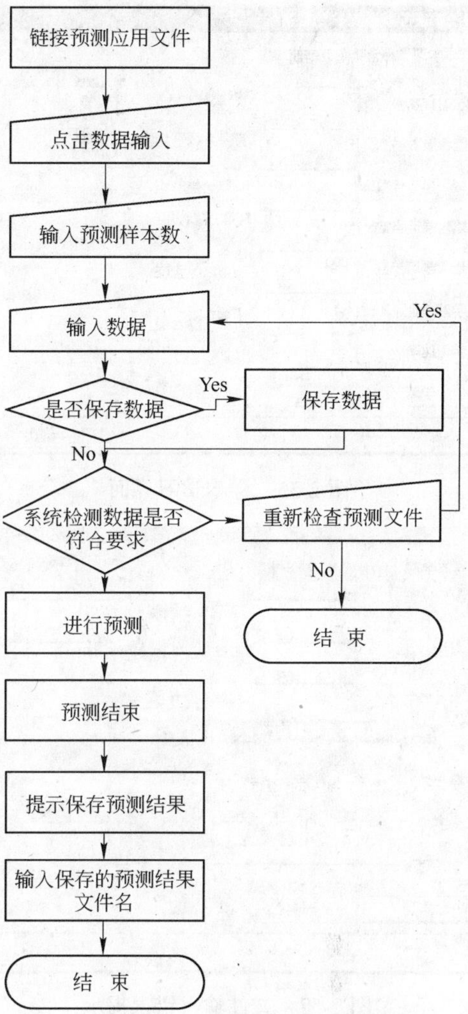

图 2-53 批量数据输入预测流程图

图 2-54 支护专家系统界面

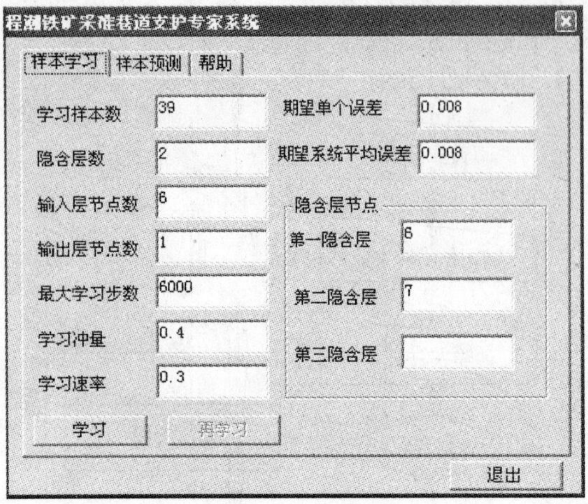

图 2-55　样本学习界面

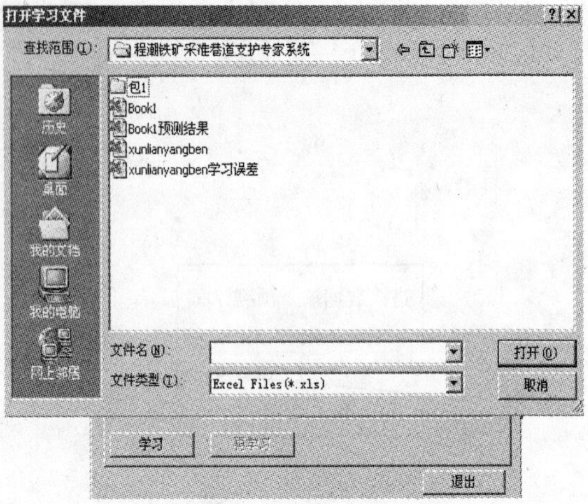

图 2-56　打开学习文件

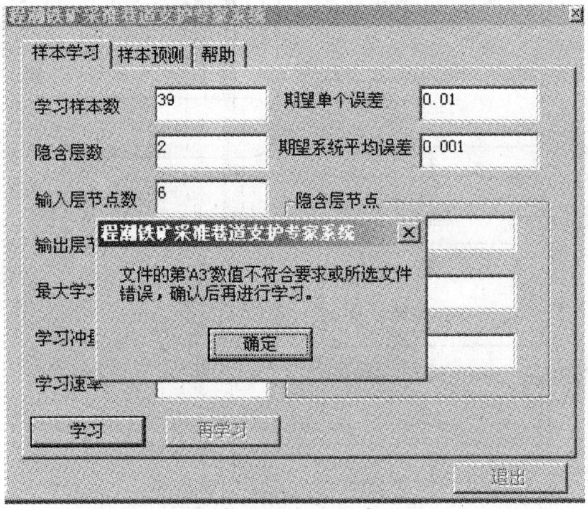

图 2-57　文件输入错误提示

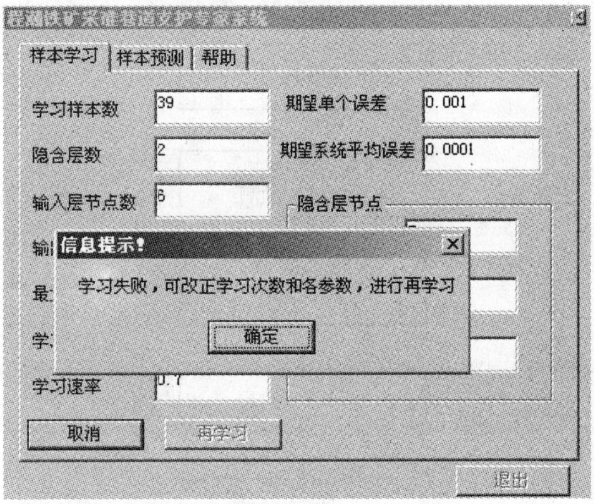

图 2-58　学习失败提示图

样本学习成功，将出现图 2-59 提示信息，同时，网络在学习的过程中，将会以文件的方式保存有关的学习结果。点击“确定”按钮，出现样本误差曲线图，如图 2-60 所示。

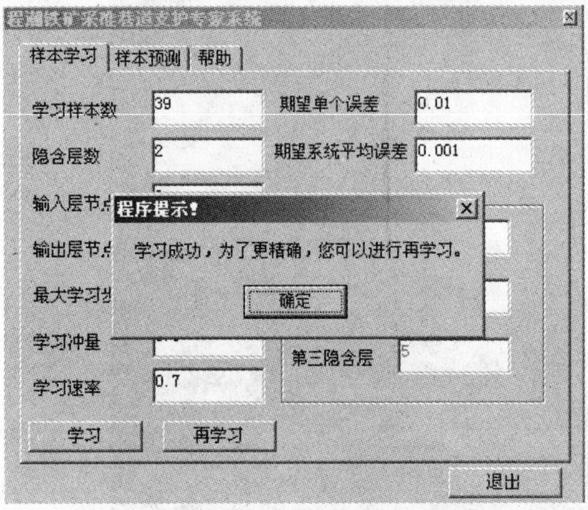

图 2-59　学习成功提示图

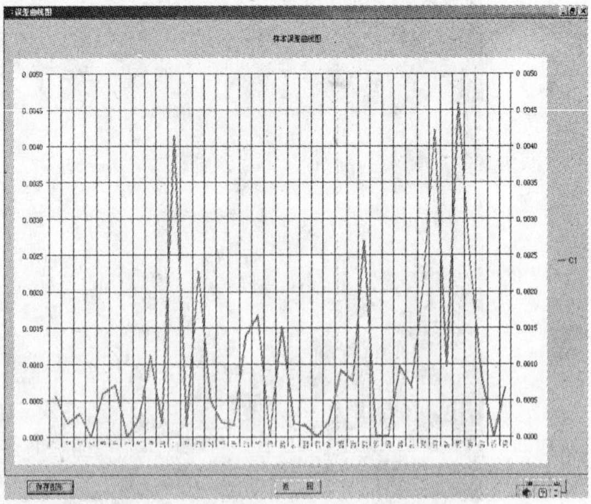

图 2-60　学习样本单个误差曲线图

点击保存图形,可以把样本学习误差曲线图进行保存;点击退出,学习到此结束,退出系统。

样本学习结束后,将同时生成“学习文件名 + 学习结果.dat”和“学习文件名 + 学习误差.xls”两个文件。其中“学习文件名 + 学习结果.dat”保存了学习参数以及学习过程中的权值、阈值等信息,为预测的应用文件;“学习文件名 + 学习误差.xls”为学习过程中的系统误差,用户可以通过 Excel 处理观察学习过程中的误差变化情况。

B 样本再学习

若样本学习精度不能满足所设定的学习精度或学习失败,可修改参数后进行再学习。点击图 2-60 中的“返回”按钮,将返回到学习主界面,也可以进行再学习或者学习其他样本。“再学习”过程与学习过程相同,在此不再赘述。

C 样本预测

点击图 2-55 的样本预测,出现图 2-61 界面。在本系统中,提供了三种预测方式。

(1) 直接链接预测样本(对应“文件输入”),界面如图 2-61 所示。这种方式是事先已经在 Excel 中建立了相应的文件,其数据必须符合前面学习中的学习文件格式。

(2) 直接输入数据进行预测(对应“数据输入”),界面如图 2-62 和图 2-63 所示。这种方式首先必须输入要预测的样本数,输入样本数后,数据输入中将会显示相应的行数。用户也可直接选择文件输入,同时所输入的数据也必须要满足相应的数据要求。

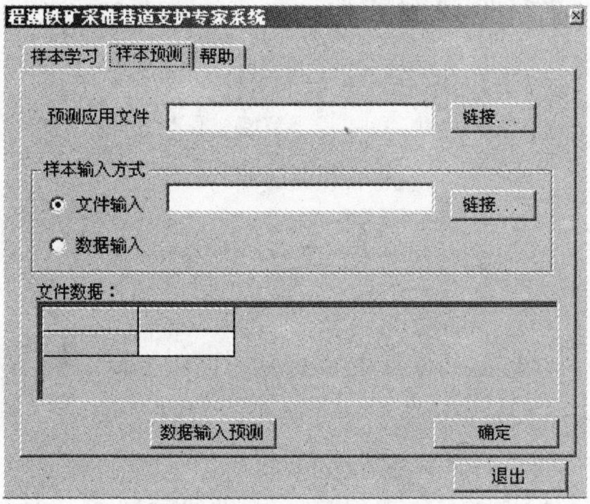

图 2-61 样本预测界面

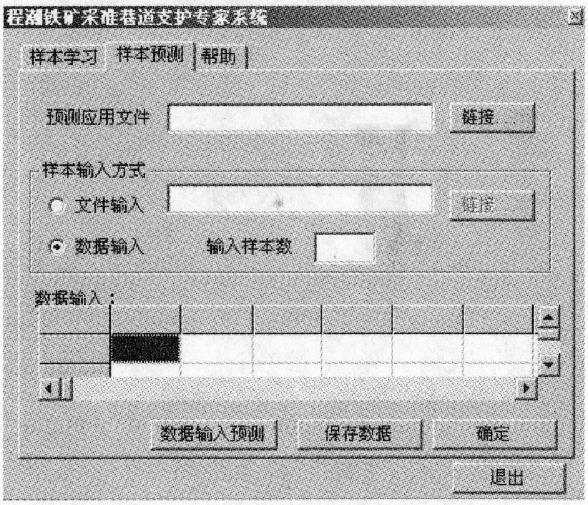

图 2-62 预测样本数据的输入界面(1)

以上两种方式适合于批量预测形式,要求首先必须进行链接预测应用文件,然后才能进行相应的预测操作。预测结果保存在“预测文件名 + 预测结果.xls”的文件中,相应的转换可参见表 2-28。

(3) 直接输入数据预测(对应“数据输入预测”按钮),这种方式适合于单个的样本快速预测,其界面如图 2-64 所示。用户只需点击相应的数据类型即可。这种预测应用的预测应用文件为系统下默认的“学习结果.dat”文件,若样本更新、扩充后有新的学习结果,用户可以将新的学习结果重新命名为“学习结果.dat”,然后将系统下的“学习结果.dat”覆盖即可。

在该界面中,“取消”为退回系统主界面,“退出”即退出系统,“清空数据”即将所有数据清除。将数据选择后,点击预测,则结果将直接出现在“预测结果为”的后面。

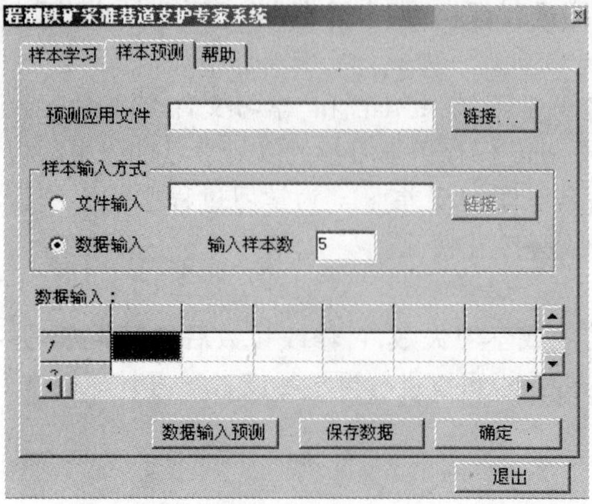

图 2-63　预测样本数据的输入界面(2)

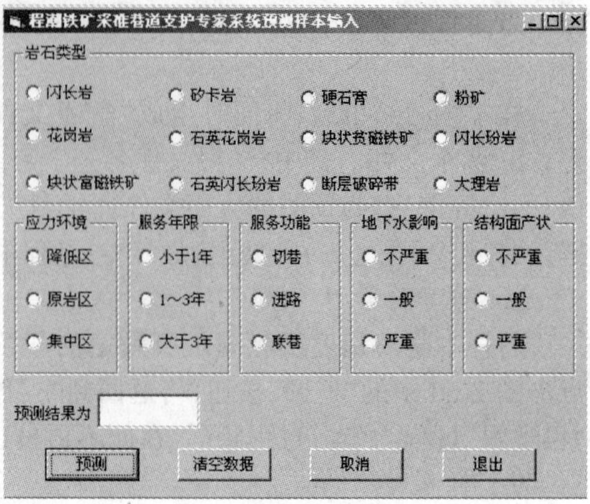

图 2-64　数据输入预测界面

D　系统帮助

点击图 2-55 中的“帮助”按钮，将出现帮助文件，如图 2-65 所示。

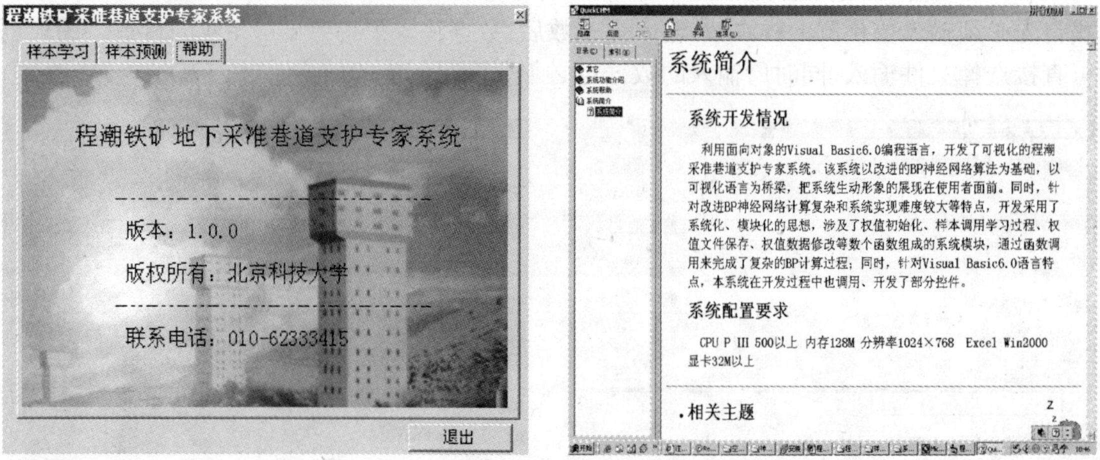

图 2-65　帮助界面

2.5.4.4　系统的具体应用

为了验证系统计算结果的正确性和可行性，特将系统与 Matlab 的学习结果进行比较。由于在系统中增加了单个样本的误差要求，因此其学习结果与 Matlab 有一定差距。系统的学习和预测样本仍旧分别为前述的 39 个和 6 个样本。采用的学习参数基本与 Matlab 相同，具体见图 2-66。

当网络学习到 4320 步时，同时满足了期望单个误差和期望系统平均误差的要求，图 2-67 是学习过程中 1000 步和最终的学习误差曲线。图 2-68 是系统提供的单个样本误差曲线图。

由图 2-68 可以看出，在学习过程中，系统的平均误差变化较为平缓，没有产生大的波动，样本单个误差满足设定参数的要求，因此其学习效果是不错的，可以接受。表 2-32 为预测结果与实际情况对比表。由表中可以看出，Matlab 和系统的预测结果也是十分接近的，二者的预测准确率均为 83.33%，因此，系统的预测结果也是可信的。

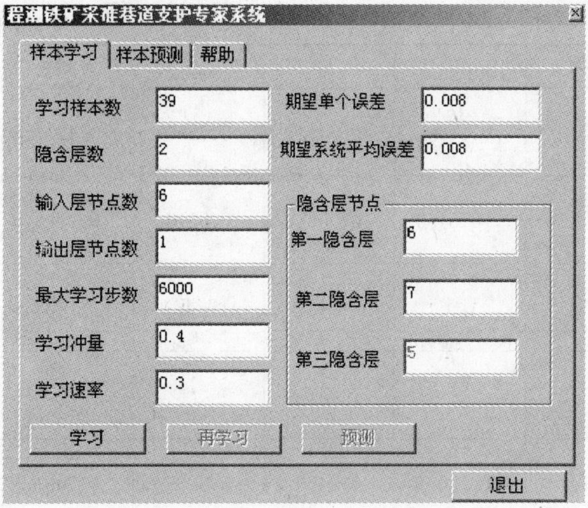

图 2-66 系统训练学习参数

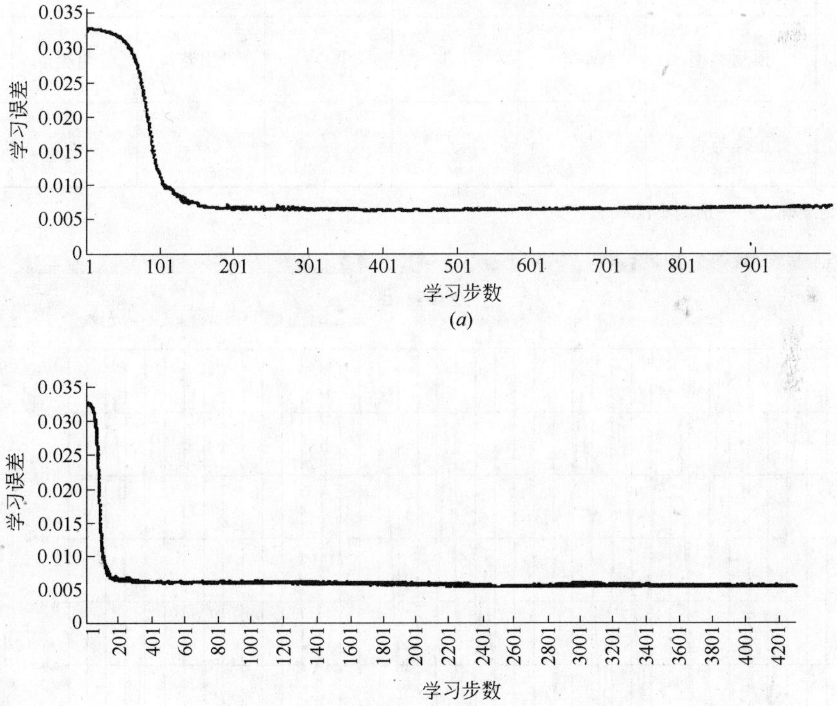

图 2-67 系统学习样本平均误差变化曲线

(*a*)—1000 步时；(*b*)—最终(4320 步)时

表 2-32 预测样本的最终预测结果比较表

名 称	分类名称	3	5	16	33	39	43
实际情况	期望输出	0.1000	0.9500	0.3500	0.7500	0.2500	0.5500
	支护类型	Ⅵ	Ⅰ	Ⅳ	Ⅱ	Ⅴ	Ⅲ

续表 2-32

名　称	分类名称	3	5	16	33	39	43
Matlab	实际输出	0.1150	0.9412	0.3290	0.4714	0.2076	0.5217
	误　差	−0.0150	0.0088	0.0210	0.2786	0.0424	0.0283
	预测类型	Ⅵ类	Ⅰ类	Ⅳ类	Ⅲ类	Ⅴ类	Ⅲ类
	正确与否	√	√	√	×	√	√
系　统	实际输出	0.1207	0.9400	0.3209	0.7061	0.0598	0.6285
	误　差	0.0207	0.01	0.0291	0.0439	0.1902	0.0785
	预测类型	Ⅵ类	Ⅰ类	Ⅳ类	Ⅱ类	Ⅵ类	Ⅲ类
	正确与否	√	√	√	√	×	√

注：√—预测准确；×—预测不准确。

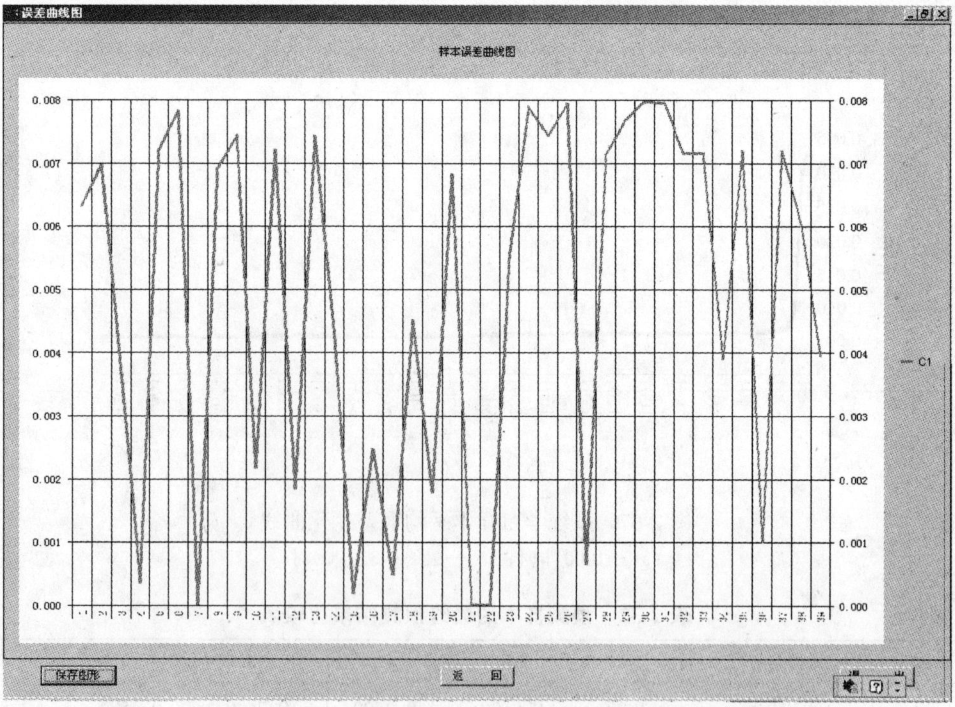

图 2-68　系统最终学习样本单个误差曲线图

利用该系统分别对程潮铁矿西区 - 325 m 水平和东区 - 344 m 水平采准巷道进行分级支护设计，其结果见图 2-69 和图 2-70。

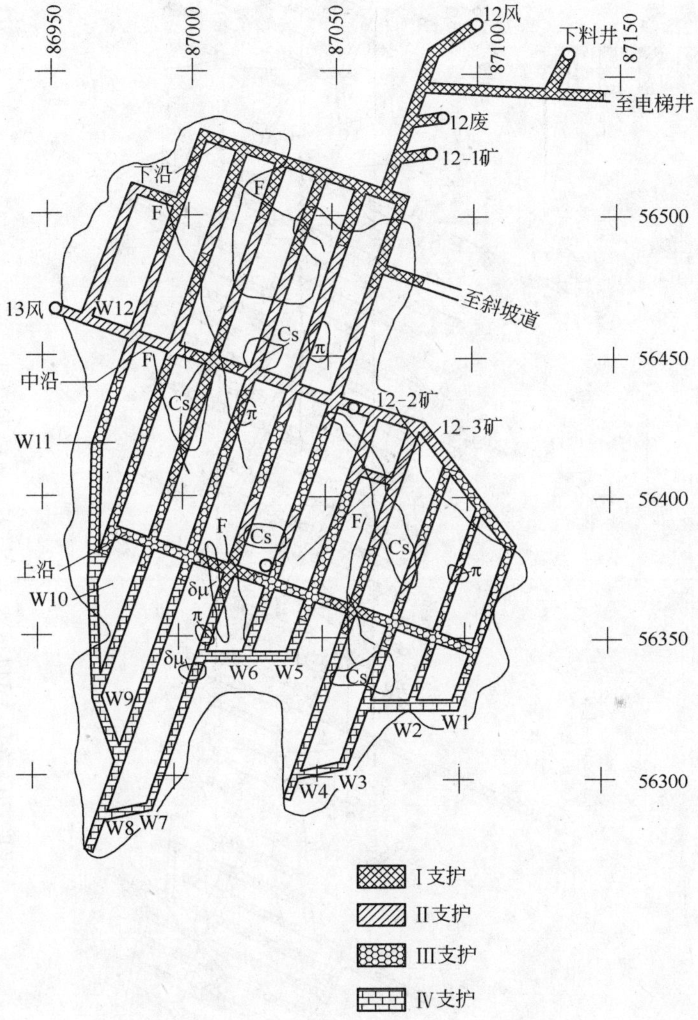

图 2-69 西区 - 325 m 水平采准巷道支护等级图

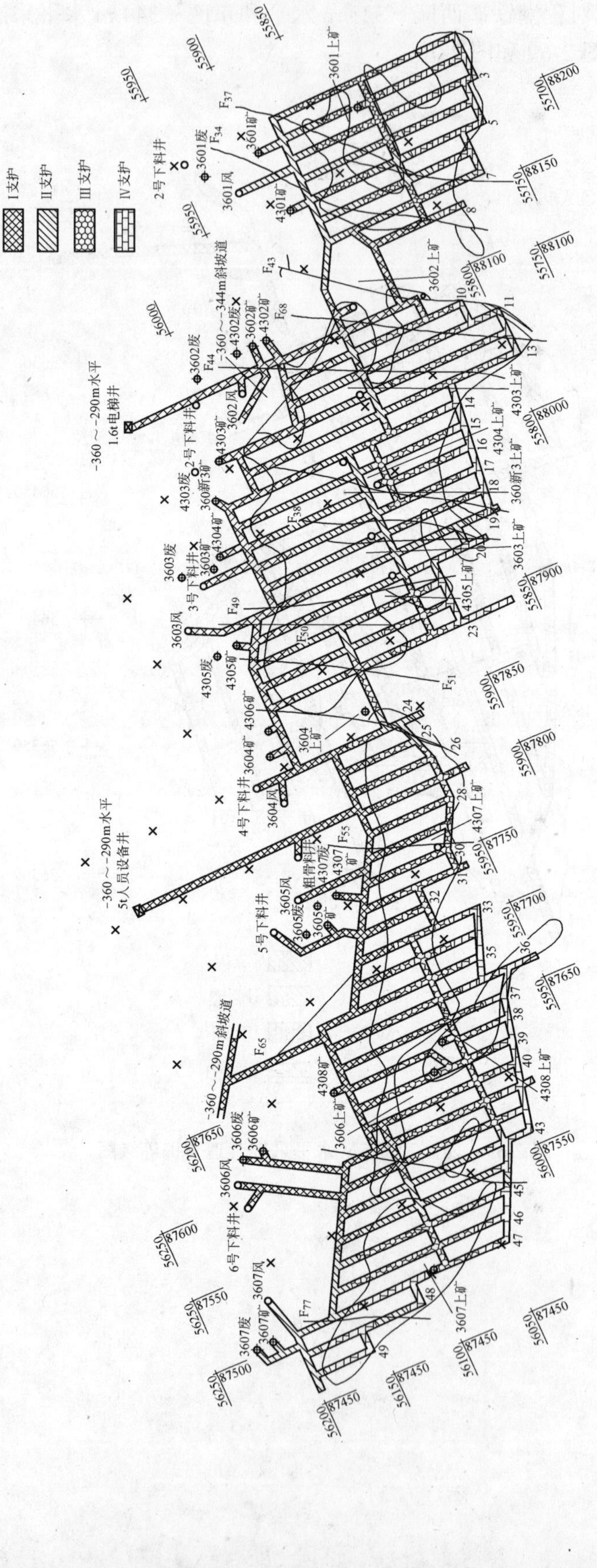

图 2-70　东区 −344 m 水平采准巷道分级支护图

3 主溜井特大塌方综合治理及稳定性分析

3.1 绪论

3.1.1 问题的提出

地下矿山井下运输和提升系统涉及主溜井及地下破碎工程,简称为溜破系统。溜破系统属于开拓工程,是所有矿山将采出的矿石运搬至地表的关键咽喉要道。溜破系统一旦瘫痪,整个矿山将被迫完全停产,故能否保持其使用的安全直接关系到矿山的生产与发展。

由于溜井工程地质环境复杂,长期受冲击载荷作用,稳定条件较差。生产能力大且矿岩软破的矿山都存在主溜井严重变形破坏的问题。如武钢程潮铁矿、鲁中小官庄铁矿、张家洼铁矿、山东新城金矿等。破坏轻者需长时间停产进行返修,严重者井筒报废,给矿山造成巨大的经济损失。具体的工程实例有:

(1) 程潮铁矿东主溜井。程潮铁矿东主溜井主要负担 −220 m 中段以上矿石贮运,设计直径 2.5 m、高度 135 m,位于下盘破碎的花岗岩体中。F_{96}主断层在 −140～−180 m 之间与井筒斜交,断层破碎带宽 3～5 m,岩体裂隙间充填有亲水性强的物质,遇水易冒落。该溜井开挖过程中,遇到此断层就曾发生片垮,局部区段溜井直径已达 9 m 左右,后井筒采用厚 400 mm的浇灌混凝土支护。该溜井 1969 年 11 月投产,运行不久井壁就开始发生破坏,到 1980 年 7 月发展为大范围片垮,垮冒后的溜井直径达到 16.4 m,使 −150 m 水平候罐硐室开裂悬空,片垮空间边缘距主井井壁仅剩 4.5 m,严重威胁到主井安全。后东主溜井被迫停产维修,维修时间达 2 年,消耗水泥 2770 t,其他充填物料达 12000 m^3。

(2) 程潮铁矿 1 号、2 号主溜井。溜破系统包括措施井的 1 号和 2 号主溜井、卸矿硐室以及破碎硐室,两条主溜井各自长 160 m,水平距离 24 m,如图 3-1 所示。自 1990 年以来,随着矿石产量不断提高,对主溜井卸矿过程又疏于管理,造成卸矿过程中矿石对溜破系统的破坏程度日趋严重。其中 2 号主溜井只通过了 100 多万吨的矿(岩)量,于 1996 年初就发生特别严重的垮塌(图 3-2),溜井断面由原设计的 4.9 m^2,垮冒至平均面积达到 100 m^2,垮冒总量达到 5500 m^3,溜井的斜溜槽、卸矿硐室的顶板和底板完全垮塌,与 1 号主溜井之间的水平距离只有 16 m 左右,其垮冒的规模和严重程度是国内外罕见的,修复难度是巨大的,严重影响和制约着程潮铁矿生产任务的完成。为此,对溜破系统,尤其是对 2 号主溜井的加固措施和稳定程度的研究成为该矿极为迫切的课题。

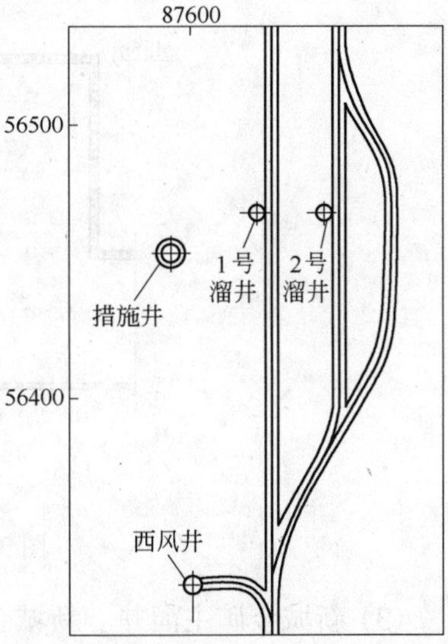

图 3-1 程潮铁矿溜破系统平面图

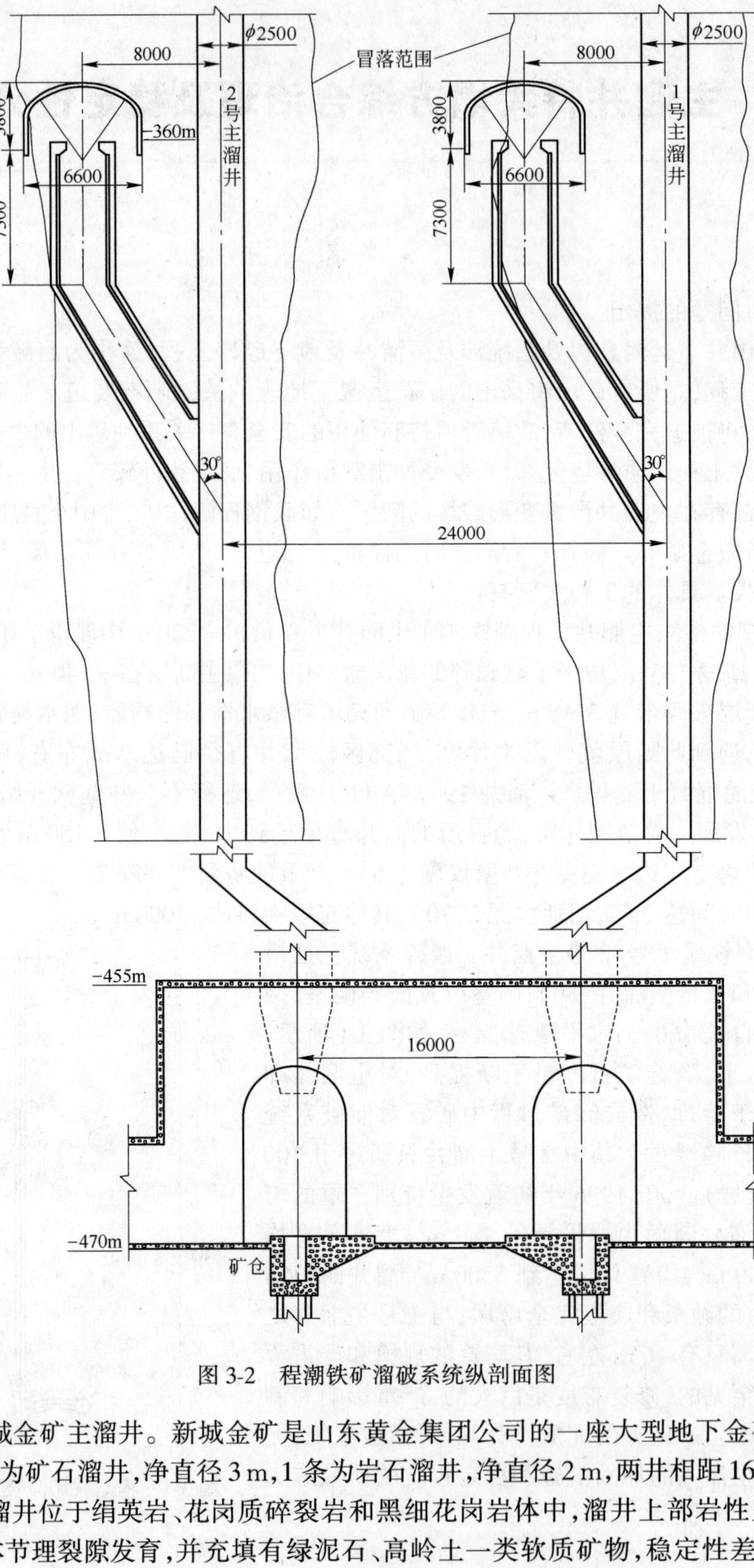

图 3-2　程潮铁矿溜破系统纵剖面图

(3) 新城金矿主溜井。新城金矿是山东黄金集团公司的一座大型地下金矿，设有 2 条主溜井，1 条为矿石溜井，净直径 3 m，1 条为岩石溜井，净直径 2 m，两井相距 16.7 m，溜井高度 100 m。溜井位于绢英岩、花岗质碎裂岩和黑细花岗岩体中，溜井上部岩性坚硬较完整，中、下部岩体节理裂隙发育，并充填有绿泥石、高岭土一类软质矿物，稳定性差，其间还有 1

条较大的断层破碎带斜截 2 条主溜井。溜井采用 300 mm 厚浇灌混凝土支护。矿石主溜井于 1997 年元月投产，运行不到 1.5 a，仅出矿 43 万 t，就发生了大的垮冒，片垮高度 70 m，井筒直径从 3 m 片垮为 15 m，最大直径达 19 m（−359 m 水平），平均冒落断面积为 70 m^2，最大达 220m^2。两井间柱宽度由 16.7 m 减小到不足 8 m，迫使溜井停止生产进行维修。

(4) 鲁中小官庄铁矿主溜井。小官庄铁矿是具有 200 万 t 生产能力的大型地下矿山，设有东、西两条主溜井，溜井净直径 4 m，井深 135 m，两井中心距 43.5 m，距主井 31.8 m。溜井位于矿体下盘的闪长岩、蚀变闪长岩中，岩体破碎并充填有泥质物质，在整个溜井通过的岩层中有 3 条大的断层破碎带穿插。溜井采用钢筋混凝土支护，支护厚度 540 mm，局部采用钢轨加固。两条主溜井于 1983 年掘成，1985 年 9 月正式投产使用，东主溜井已通过矿岩量为 1000 万 t，西主溜井通过矿岩量 800 万 t。两井自 1983 年以来变形破坏一直较为严重，先后停产维修过 9 次，其中大修 3 次。东主溜井破坏最为严重，−300～350 m 之间片垮直径达 25 m，片垮高度 90 m。当 −300 m 中段回采结束时，因溜井片垮规模大，垮冒废石无法出空，−350 m 中段截井十分困难，后采用插筋注浆法才将上部废石截住。

(5) 鲁中小张家洼铁矿主溜井。该矿设有 1 号与 2 号两条主溜井，溜井净直径 3 m，高度 150 m。位于矿体下盘闪长岩和蚀变闪长岩体中，其中 −200～−250 m 之间存有第三系砾岩层与闪长岩接触破碎带，岩体蚀变强烈并含有绿泥石、高岭土、蒙脱石类黏土矿物。溜井采用整体浇灌混凝土支护，局部为钢筋混凝土，支护厚度 400 mm。1 号主溜井于 1989 年投产，投产 3 年后溜井发生片垮，片垮直径平均为 10 m 左右，最大直径达到 18 m。该溜井几乎年年维修，1997 年后因破坏加重，维修量太大，矿山只好采用满井放矿的方式带病运行，严重影响了生产能力。2 号主溜井因岩性较差，在开挖过程中就与 −250 m 水平中段运输巷垮通。后虽经浇灌混凝土支护，但一直未能控制住井筒变形，溜井也因此未能投产。2002 年 5 月突然发生大的垮冒，井筒井壁全部脱落，溜井直径超过 20 m，垮冒高度近 50 m。该井因无法返修而报废，矿山被迫另掘 3 号主溜井。

(6) 江西铜业集团武山铜矿主溜井。该铜矿是一座中型地下矿山，设两条主溜井，净直径 3 m，两井中心距 20 m，1 号主溜井高度为 157 m，服务 4 个中段。2 号主溜井高度 117 m，服务 3 个中段。两条主溜井均设分支溜井系统。溜井位于志留系上统砂帽组下段，岩石以石英砂岩为主，岩性硬而脆，节理发育，裂隙中充填有矿化物质。其间有 2 条断层构造与主溜井斜交。溜井于 1997 年初投入使用，投产 2 年后，发现 2 条溜井从上到下均发生不同程度的垮塌，此时，两井共出矿 103 万 t。其中 1 号溜井片垮高度达 150 m，垮冒空间长轴为 32 m，短轴为 20 m，井筒最大片垮断面 420 m^2，已与相距 11 m 的回风天井冒通，该溜井垮冒总方量达 15000 m^3。2 号主溜井垮冒高度 110 m，垮冒空间长轴为 17 m，短轴为 13 m，最大断面积为 130 m^2，总垮方量为 4500 m^3，两条主溜井的严重垮冒给生产造成巨大损失。

(7) 中条山胡家峪铜矿主溜井。该矿为山西中条山有色金属公司主力矿山之一，主矿体南河沟坑口分一、二、三期开采。在后两期开采过程中，主溜井都发生过严重的片垮破坏。二期主溜井采用接力布置方式，从 540 m 水平至 610 m 水平，高度 130 m，中间设两个卸矿水平，溜井净直径 3 m。溜井位于厚层大理岩中，中间夹有黑色片岩和钙质云母岩片岩，在 561 m至 601 m 遇到黑色片岩破碎带，岩体稳定性差。溜井下部采用 C_{15}浇灌混凝土支护，厚度 300 mm，在混凝土内井壁上，每圈又用 62 根 50 kg/m 的重轨进行加固，其溜井上部未进行支护。1977 年 6 月份投产，1981 年溜井上部就发生了大范围冒落，形成高 31 m，宽 13～

15 m,长20 m 的冒落空间,此段溜井因无法维修而报废。为保护主井和下部分溜井的使用,垮冒空间先用 1200 m^3 混凝土浇灌,再用 6500 m^3 碎石充填。该溜井下部使用 6 年后也发生严重破坏,混凝土井壁及重轨衬砌全部脱落,冒落体积多达 10000 m^3,590 m 水平卸载硐室出现悬空破坏。

三期开采中,主溜井改为单段垂直布置方式,服务标高 360～490 m 水平,高度 130 m,其间每隔 50 m 设一中段卸矿硐室。溜井直径 2.4 m,于 1988 年投产,1991 年末发生大范围破坏,垮冒高度 40 m,平均片垮断面 90 m^2,最大直径达 12 m,垮冒空区与 − 440 m 卸矿硐室连通,与主井间距不足 10 m。为此矿山被迫于 1997 年初停产数月进行返修。

由此可见,国内地下金属矿山的主溜井破坏是比较普遍的现象,而主溜井修复常规采用的片石混凝土整体浇灌、钢板 − 钢筋混凝土联合加固、锚喷网支护等方法,实际加固效果并不理想。如果在加固技术上不求创新,遵循常规修复方法,不但工程量大、工期长、投资高,而且加固后仍不可避免地受到溜放矿石的冲击而过早破坏,无法从根本上解决溜破系统的长期稳定问题。

基于以上的分析和研究,我们认为主溜井的返修加固方案应该具有合理的溜破系统结构,改善溜井的受力状态,减小矿石对溜井结构的冲击,不仅要求缩短施工工期,降低返修工程费用,更重要的是能够确保溜破系统的长期稳定,确保矿山的正常生产。

溜破系统返修加固的成功与否不仅取决于返修的结构形式,更重要的还在于加固结构设计参数的选取、工程质量和使用过程的维护与管理,而溜破系统的返修支护结构参数设计及可靠的稳定性评价是确保溜破系统稳定的重中之重。基于上述考虑,本章从分析造成主溜井垮冒的主要原因入手,确定合理的整体返修工程结构和工程实施的技术及工艺,并对整体工程结构进行稳定性综合评价。

3.1.2 国内溜井使用及研究的现状

国内外对溜井加固方面实际经验是丰富的,但文献反映较少,根据查阅的文献可总结为以下几个方面:

(1) 溜放矿石性质和水等因素对溜井结构的影响。对溜井结构尺寸与所溜放的矿石性质之间的关系认识进一步提高,考虑溜井直径或溜井下部放矿口的尺寸时,不仅考虑到所溜放的矿石最大合格块度,而且对其块度组成特别是粉矿含量、粉矿的抗剪强度等重要指标进行了研究。通过对矿石在溜井中移动规律的模拟试验、现场实测和录像,对矿石性质和水等对溜井放矿、溜井结构设计的影响进行了分析和研究,对矿石在溜井中移动规律的认识进一步提高。

(2) 溜井下部结构型式趋于多样化。20 世纪 70 年代以前,溜井下部结构一般都是直筒式,没有扩大矿仓,而溜井放矿口均是靠矿石自重溜放的单向侧卸式放矿溜口,以各种形式的截矿闸门向矿车装载。80 年以后,由于矿石块度的增大,某些黏结性矿岩和含有大量粉矿的矿石也需要通过溜井运出,导致了溜井下部结构型式向多样化发展。在溜井的下部增加扩大矿仓,以利矿量调节和矿石产生“二次松散”,防止压实结拱,普遍采用振动放矿技术。

(3) 溜井片帮测试技术。溜井井壁片帮是溜井生产管理中的重要问题之一。由于地质原因或使用不当,有时溜井片帮可发展到溜井上口或者形成巨大空膛,危及其他地下工程或卸矿点的安全。超声波测距仪和录像技术已用于垂直溜井断面测试中。

(4) 溜井井壁加固工艺。溜井井壁加固与补修,比较费工费时,作业条件很差。近年来国内用钢纤维喷射混凝土进行溜井井壁加固及放矿口等部位破损后的补修，这种方法施工速度快，井内人员少，工序简单且工艺连续，但支护强度低。另外，在放矿口部位固定锰钢板的工艺方面，一种环氧树脂水泥固结剂已获得应用，其优点是抗冲击强度极高，固化时间快，可用于钢板固定的快速施工，但施工成本高。

3.1.3 岩石预应力锚固技术的研究概况

岩土工程锚固技术是当前岩土工程领域中的一个重要分支。近20年来，随着我国国民经济建设的不断发展，岩土工程锚固技术得到迅猛的发展。诸如矿山、交通隧道与城市地下铁道、水利水电、边坡与坝基，以及国防与民用防空工程等，几乎涉及土木建筑、矿业工程与水利水电建设领域的各个方面。其中岩石预应力锚固技术已经成为我国岩土工程锚固技术的重要组成部分，在实际岩土工程中发挥着越来越重要的作用。

预应力锚固是预应力岩锚与混凝土预应力拉锚的总称，是在预应力混凝土基础上发展起来的一项锚固技术，它可以按照设计要求的方向、大小和锚固深度，预先对基岩或建筑物施加主动的预应力，从而达到加固或改善其受力条件的目的。

3.1.3.1 预应力锚固技术的发展与应用

美国于1911年首先采用岩石锚杆支护矿山巷道，1918年西利西安矿山开采使用了锚索支护，1934年阿尔及利亚的舍尔法大坝加高工程使用预应力锚杆，1957年德国Bauer公司在深基坑中使用土层锚杆。目前，国外各类锚杆已达600多种，每年使用的锚杆总量达2.5亿根。

我国使用锚杆始于20世纪50年代后期，当时在河北龙烟铁矿等单位使用楔缝式锚杆支护巷道，60年代，开始在矿山巷道、铁路隧道和边坡治理工程大量应用普通砂浆锚杆进行支护，1964年，梅山水库的坝基加固中首次采用了预应力锚索。70年代开发的树脂砂浆黏结式预应力锚杆和80年代采用的YJ型快硬水泥卷式锚杆，具有及时提供高强度支护抗力的优点；缝管锚杆能在被强制推压入孔时立即对围岩施加径向的预应力，随着时间的推移岩石发生位移后，锚固力将大幅度增长，特别适用于软弱围岩或受矿山动压作用的巷道工程；预应力锚杆（锚索）锚固技术在岩层和土层中得到广泛的应用和发展，其工程运用具体表现在：

（1）80年代以来，在极端复杂、困难的水文地质条件下建成的一大批隧道与地下工程，其软弱、松散、破碎的硐室围岩均采用了各种型式的锚杆或锚索技术进行了有效的加固。例如：小官庄铁矿和金川镍矿的巷道支护工程，大秦线军都山双线铁路隧道工程等。

（2）在岩土高陡边坡的整治和加固处理中，采用锚固技术十分有利。例如：三峡水利枢纽库区链子崖危体防治工程，对5万m^3危岩体采用1000 kN、2000 kN、3000 kN三种预应力锚索进行加固，共计175根，加固效果良好。

（3）在发电站坝基加固方面，采用高强度的预应力长锚索进行坝基锚固处理。葛洲坝工程闸墩加固、丰满电站坝体加固、隔河岩电站引水隧道预应力衬砌等都采用了预应力锚固技术。近几年通过研究，预应力锚固吨位已由4500 kN提高到6167 kN，锚索长度由46 m增加到61 m。

（4）在城市建筑的深基坑支挡工程中，土层锚杆技术得到广泛应用，它与地下连续墙或各种护壁桩、围护加固（如与钢板桩、钢筋混凝土板桩、密排灌注桩、旋喷桩和水泥深层搅拌桩等）相结合使用，已成为土质深基坑开挖施工的有效手段。

3.1.3.2 预应力锚索加固作用机理的研究现状

传统的锚杆锚固设计理论主要包括悬吊理论、组合梁理论、锚杆紧固理论和均匀压缩拱理论。

悬吊理论认为锚杆支护的作用机理主要是把比较平而薄的直接顶板用锚杆拴定在上边比较厚的硬岩层上,起到悬吊作用。

组合梁理论把层状顶板看作由巷道两帮壁作为支点的一种梁,这种梁支持巷道上部的岩石压力。用锚杆使各岩层"缝合"形成一个合成梁,各岩层之间的摩擦阻力越大,整体化的程度越大,支护的效果也就越显著。

锚杆紧固理论认为在块状结构围岩中,锚杆可使得巷道周围的危石彼此挤紧。紧固作用主要决定于锚杆的预拉应力。

均匀压缩拱理论认为只要锚杆间距足够的小,位于软破岩层中的锚杆能够在岩体中产生一个均匀压缩带,形成一个承载结构,承受破坏区岩层的自重荷载。它充分考虑了锚杆支护的整体作用,在软岩巷道中得到较为广泛的应用。

上述经典理论以其计算方法的简单和实用被广泛应用于岩土工程中,但随着应用范围的不断扩展,日益暴露出自身存在的缺点和不足,原因是这些理论的力学模型建立在材料力学的基础上,建模时进行了不同程度的简化和假设,因此往往不能满意的解释实际现象,难以反映锚杆加固作用的真正机理。

针对传统理论存在的缺陷和不足,国内外学者通过不同的研究方法和途径对岩锚加固作用机理进行了深入研究。对岩体预应力锚固机理的试验研究可追溯到20世纪50年代,澳大利亚为确保水电站的安全进行了预应力锚索的光弹研究,结果表明当锚索长度与锚索间距的比值大于2.0时,岩体内部存在明显的压缩区。

H.D.Mcniven和H.M.Ewoldsen(1969年)根据弹性力学中Boussinesq解和Mindlin解对预应力锚索的锚固作用进行了理论解析研究,将预应力锚索加固简化为半无限空间体受一集中力作用的轴对称问题,推导出解析解,并与自重应力场叠加提出隧道预应力锚索加固设计理论。A.P.S.Selvadurai(1979年)对预应力锚索的黏弹性松弛问题进行了理论研究,将半无限空间体看作一种具有弹性扩容性质的线性黏弹物质,推导出了预应力锚索的黏弹松弛解析表达式,指出锚索预应力的损失与内锚固段长度和埋深、锚固段载荷的分布形式以及岩体的蠕变特性有关。

20世纪80年代中期,瑞典学者B.Stillborg在博士论文中对预应力锚索的加固作用机理进行了系统的试验研究,首次考虑了内锚段长度、锚索表面粗糙度、水灰比、水泥砂浆养护时间以及添加剂等诸多因素对锚索力学性能和加固效果的影响,通过六种不同类型钢绞线锚索的拉拔试验,得到重要结论:(1)锚索表面的粗糙度、水泥砂浆的养护时间和水灰比对锚索的拉拔性能有重要的影响;(2)灌浆体的抗压强度和抗拉强度与黏结强度之间不存在定量关系;(3)黏结强度和锚索承载力的增加与内锚固段的增加不成比例;(4)孔径的大小对锚索力学性能的发挥基本无影响。

1997年,D.J.Jarred和C.M.Haberfield通过锚固段长度和围岩刚度等因素对锚索和浆体剪切性能的影响研究表明:界面上剪切力随钻孔刚度的增大而增加;随锚固段的长度的增加而减小,但当锚固段长度增加至350 mm后,剪切力基本上不再变化;加入膨胀剂可使剪切力增大一倍。

同年 R.I.Woods 和 K.Barkhordari 通过一系列室内试验研究了锚固段黏结应力的分布特征，指出：(1)当锚固力较小时，锚固段黏结应力的分布是高度非线性的，端部的应力值最大，沿锚固段向下逐渐减小，至底部应力值几乎为零；(2)当锚固力加大时，最大应力值有从端部向底部移动的趋势；(3)黏结应力随锚固段长度的增加而减小。

国内，许多学者和工程技术人员对预应力锚固机理进行了研究。文献结合李家峡水电站层岩高边坡群锚施工的现场测试指出，轴向拉力沿内锚固段长度递减分布的统计规律为：内锚固段顶部 1.0 m 处、3.0 m 处和距底根 1.0 m 处的轴向拉力依锚索吨级不同而异，其 1000 kN 级各点拉力占预拉吨位的 50%～60%，20%～30% 和 10%；3000 kN 级各点拉力占 70%、40% 和 10% 左右。文献对弯曲锚索张拉锚固进行了损失分析得出锚块内弯曲锚索弯曲段长度对锚固损失影响很小，其长度可取 2～3 m，但这个长度对弯曲段摩擦损失有影响；复杂锚块预应力闸墩总预应力损失大致为 16%～23%；在曲率半径为 5～50 m 范围内，弯曲段的摩擦损失在 1%～11% 范围内，弯曲半径越大，摩擦损失就越小，综合考虑各种影响因素，弯曲半径以 15～20 m 为宜。另外，还规定锚固长度不应小于 3.048 m，自由段长度不应小于 4.572 m。

我国工程界目前采用的胶结式锚根长度设计方法是假定锚根与水泥浆体的黏结面上剪应力为均匀分布的。而实际上，黏结面上剪应力不是均匀分布的，这样的设计在偏于安全和偏于危险两方面是不确定的。以中国科学院武汉岩土力学研究所朱维申研究员为代表，着重研究节理对岩体稳定性的影响，主要采用有限元数值模拟和理论分析手段，对三峡船闸高边坡节理岩体稳定性和加固方案进行了分析研究。

纵观国内外对预应力锚固机理的试验研究现状，可以看出：不同时代、不同学者研究岩锚加固作用效果的试验手段和侧重点各不相同，所进行的试验研究仅能从某个侧面反映预应力锚索的锚固机理。锚索的加固作用实际上是一个动态的调整过程，要想全面衡量这一过程，则必须将锚索、灌浆体和被加固体视为一个完整的岩体系统，其研究和设计要通过不断改变各类影响因素(预应力的大小、锚固段的长度、自由段的长度、浆液的配比、锚索的间距和锚索安装角度等)来模拟锚索的实际加固效果。

对比分析岩锚加固作用机理的理论和试验研究的进展发现，理论研究明显滞后于试验研究，完整统一的锚固理论体系尚未建立，这导致当前的试验研究大部分停滞在定性分析与经验阶段，缺乏必要的理论指导。从理论上解决岩石预应力锚索锚固机理的关键，就是要应用适当的理论研究手段探讨锚索加固作用对岩体内部应力状态的影响，同时分析该应力状态的改变与锚固影响因素之间的定量关系。只有这样，才能从根本上认清岩锚加固作用的机理。

3.1.4　锚固工程设计方法及存在的主要问题

总结目前岩土锚固设计理论与设计方法，可归纳为工程类比法、理论计算法和现场监控法三类。

由于岩体锚固工程设计与稳定性分析涉及众多的不确定性因素，大大限制了分析结果的可靠性。因此，岩土工程的锚固设计实践经验起着重要的作用是不足为奇的。但是，人们也逐渐认识到，工程类比也存在局限性，因为对于以天然介质为材料的岩土工程，其地质条件没有任何两个工程是完全一致的，有时根本无类似工程可比。另一方面，不同的专家或设计者，由于工程实践知识的不同，对问题的认识也不同，同一个问题，不同的设计者可能给出差异较大的设计方案。所以,锚固设计存在很大的主观性和不确定性。锚固设计或者存在较大失败的风险,或者过于保守,造成不必要的经济损失。锚固设计和施工失败的工程实例证实了这一点。

理论设计方法的进展依赖于分析方法的准确与可靠。理论分析取决于人们对锚固作用机理的正确认识,在此基础上,建立分析模型,并且能够获得正确、可以信赖的计算参数。然而,无论是对锚固机理的认识,还是分析模型的建立都还存在困难,目前很多锚固设计理论在实质上仍是经验性的。随着锚固工程向高、深、大方向发展,尤其是随着人们在工程实践中经验的不断积累以及计算技术的发展,锚固作用机理和理论研究已经引起人们极大关注。

现场监控设计是近十年来发展的一种设计方法,尤其是新奥法的成功,使得人们更加注重现场信息反馈在设计中的作用。锚固工程显现的应力或位移特征是加固工程总效应的综合表现,在人们还不能充分认识加固机理和准确进行力学分析的今天,对加固体进行应力或变形特征的监测,并应用于设计和措施的调整是必然的。对于一些重要的岩土锚固工程,变形监测是必不可少的。一方面,它是评价加固工程稳定性的可靠信息,可采取有效措施来弥补设计中可能潜在的事故隐患;另一方面,可以评价设计参数是否合理,为以后工程设计积累经验或教训。

综上所述,对于复杂多变的岩石介质,它所固有的不连续性、力学性质的各向异性和高度非线性,对其进行准确定量分析是困难的,有时是不可能的。尤其目前人们对锚索作用机理的认识还很肤浅时,一味强调理论设计是不合理的。但是,由于锚固工程应用范围和工程规模不断扩大,仅仅依赖于工程类比和专家经验的锚固设计也是不现实的。随着锚固工程设计经验的不断积累,现场监测技术和监测手段的提高,尤其是计算技术与计算机水平的提高,进行锚固理论,尤其对高预应力锚索加固机理的探讨以及加固工程的稳定性评价研究不仅是必要的,也是可行的。

3.1.5　灌浆技术的发展现状及理论研究

3.1.5.1　灌浆技术的发展现状

锚固与灌浆是两种既独立而又关系密切、相辅相成的施工工艺与岩土加固技术。它们能在原位对岩土进行加固或改性,充分挖掘岩土体的潜力,使一定范围内的岩土体成为工程结构不可分割的组成部分,因此,多年来一直受到岩土工程界的高度重视。灌浆技术的主要发展过程见表 3-1。

表 3-1　灌浆技术发展大事记

时　间	灌浆设备	灌浆材料	发生地点	备　注
1802 年	木制冲击泵	石灰黏土	法国	灌浆技术的开始
1826 年	—	水　泥	英、法	水泥灌浆开始
1884 年	—	化学浆液	印度	药液固沙—化学灌浆开始
1886 年	压缩空气灌浆机	水　泥	英国	促进水泥灌浆的发展
1887 年	—	水玻璃	德国	创造硅化灌浆法
1920 年	双液压注系统	水玻璃－氯化钙	荷兰	首次论证化学灌浆的可靠性

续表 3-1

时 间	灌浆设备	灌浆材料	发生地点	备 注
1940 年	灌浆设备得到发展	各种水泥和化学浆液问世	—	灌浆技术研究和应用全面发展时期
1951 年			奥地利	L. Muller 博士等提出新奥法[36]
1988 年			奥地利	建立灌浆工程组织，创立国际灌浆专业委员会
1980 年至今	灌浆设备发展迅速	化学改性浆材及细磨水泥浆材	—	灌浆技术的应用与研究得到空前的发展

灌浆技术具有广泛的应用天地，主要包括：水力大坝、高层建筑、矿井与隧道的软弱地基加固、防渗、结构裂缝补强，深基坑开挖支护，地下工程、石油油井、仓库的防渗堵漏与加固修复等工程。近 30 年来，我国在灌浆技术工程应用方面取得重大成功。在水电建设方面，5000 m 施工缝的化学灌浆止水，丹江口 3000 m 灌浆帷幕，凤滩大坝 20000 m 化学灌浆段等；在 100 余项水利工程中采用高压喷射灌浆技术筑成了 120 万 m^2 的防渗板墙，其中广东省北江大堤的 16000 m 长、深 63 m、总工程量 50 万 m^2 的防渗板墙堪称世界之最；在铁路隧道建设中，京广复线大瑶山隧道大涌水的灌浆处理、南岭隧道流塑黏土大突泥的灌浆固结等；北京地铁潜埋暗挖的地层灌浆加固等均取得良好的效果。水泥系化学浆材在我国应用最广泛，对聚合物水泥浆材也进行了大量的研究，主要包括聚合物与水泥作用机理、聚合物对水泥浆液流动性质的影响、水泥硬化与聚合物固化的最适宜条件等。

在国内外的灌浆工程实践中，控制的因素主要是水灰比、浆液凝结时间、浆液组成成分、灌浆压力和吸浆量，以及施灌程序等。

3.1.5.2 高压灌浆理论及工程应用

灌浆理论是借助于流体力学和固体力学的理论发展起来的。与灌浆技术相比，国内外灌浆理论研究相当薄弱。这是由于复杂的地质条件、浆液的流变性、裂隙岩体的力学特性等条件难以模拟。可以说灌浆理论涉及到流体力学和固体力学的许多疑难问题。

A 岩土灌浆理论基础

浆液在地层中的运动规律和地下水的运动规律非常相似。不同之处是浆液具有黏度。浆液的流变性反映了浆液在流动过程中的流动变形特性。浆液的流变性按时间效应和其力学特性曲线分为黏性流体、塑性流体、黏塑性流体以及黏时变流体。

岩土介质的可注性不仅取决于岩土介质的渗透性，而且取决于浆液的黏度和流变性，还与渗径结构有关。劈裂灌浆可注性取决于岩土体的可劈裂性和浆液的流动性，对于裂隙岩体，可注性主要是研究裂隙岩体的渗透性与裂隙介质的主要几何参数的关系，目前主要是研究裂隙岩体的渗透性与裂隙宽度的关系。对于实际岩体的复杂情况只能作近似处理。

B 高压灌浆理论

裂隙岩体内存在大量的节理、裂隙，尤其是构造作用和开挖引起的节理分布相当复杂，研究浆液在岩体裂隙内流动规律就更复杂。目前，只能利用裂隙岩体的一些渗流模型，研究浆液在简单的裂隙模型内流动规律，现有的灌浆公式只限于水平单一裂隙或一组裂隙内浆液的流动。近 20 年来，开始大量用数值方法分析浆液在裂隙网络中的渗流问题，许多学者基于含泥破碎岩体地质构造特征，建立非均质体的双重介质力学模型，并提出浆液扩散的吸渗机制。在岩溶地区，乌龙江水电站采用 6～8 MPa 的高压劈裂水泥灌浆方法建造防渗帷幕取得成功。高压固结灌浆处理断层破碎带技术成功地应用于龙羊峡水电站。清华大学周维垣教授结合湖北省清江隔河岩大坝防渗帷幕工程,利用电镜扫描进行细观试验,并根据灌浆压力及岩溶结构运用有限元计算得到重要结论。总结起来,高压灌浆理论主要包括:

(1) 劈裂灌浆加固理论。劈裂灌浆是目前应用最广泛的一种灌浆方法。它是一种较为复杂的化学变化和物理变化的综合反映,其在流塑泥中的运动可分为三个阶段,鼓泡压密阶段、劈裂阶段和被动土压力阶段。

(2) 低渗透介质灌浆理论。低渗透介质是指渗透系数 $K \leqslant 10^{-6} \sim 10^{-8}$ cm/s 的土层或宽度≤0.1~0.5 mm 的微细裂隙的风化岩层,我国灌浆理论工作者提出了“吸渗理论”,即化学浆液对低渗透介质的渗透,主要不是靠浆液压力注入的,而是靠浆液对岩土的润湿能力和亲和力。渗透灌浆理论是直接引用现有的描述地下水在多孔介质中渗流运动的基本规律,例如,达西线性层流渗流定律,哲才非线性紊流渗流定律替换渗透系数,推导出一些灌浆参数的计算公式。

(3) 化学浆液的亲水效应理论。在灌浆压力的作用下,裂隙中的重力水和毛细水容易被挤掉,所剩下的是对浆液效果有明显影响的吸附水。在憎水性浆液中,若加入亲水的、表面张力比水低的、具有强极性,并能够和主剂结合的材料,必将提高浆液的黏结强度。

3.1.6　技术路线

研究技术路线如图 3-3 所示。

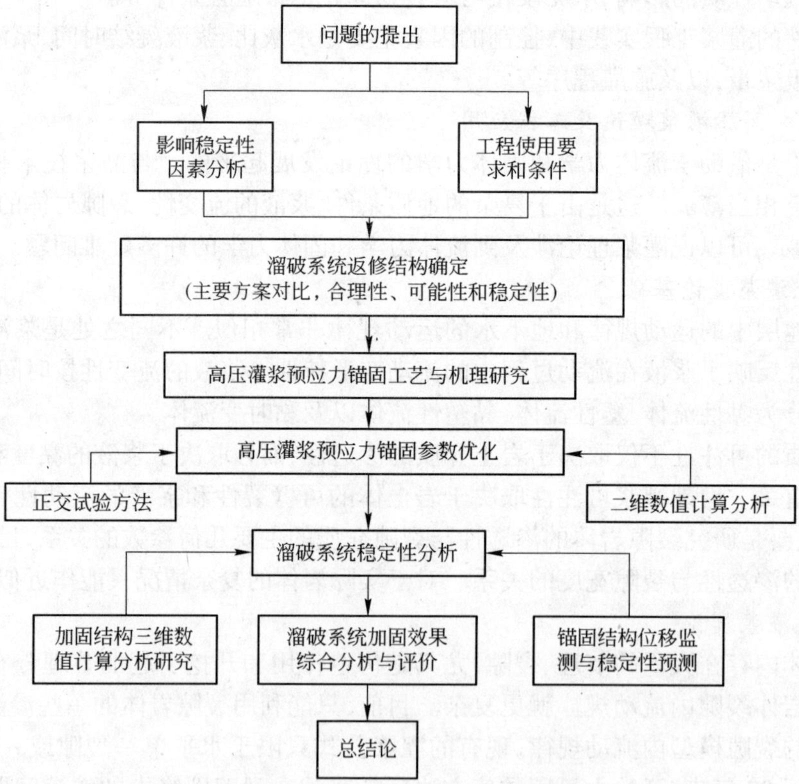

图 3-3　研究内容与技术路线

3.2　主溜井破坏因素分析

从主溜井破坏的发展过程及片垮状态来看，井壁的变形垮冒是主溜井破坏的主要形式之一。而溜井的破坏都有一个逐步发展的过程，起初都是由一个或数个破坏突发点开始，逐渐由局部破损扩大为大范围片垮。因溜井长期有矿岩充填，井壁初期的变形与破坏更不易被人们注意，当发现破坏时，溜井片垮已达到非常严重的阶段。许多主溜井破坏实例表明，破坏突发点大都发生在卸矿冲击点和断层破碎带中，其片垮断面形状并不围绕原溜井中心线均匀向四周发展，而多是偏离溜井中心向一侧扩展，破坏平面一般都有长轴和短轴。在立体空间上，破坏范围较大，沿溜井整个高度都有片垮，只是不同高度的片垮程度有所不同，一般在卸矿冲击点处破坏最为严重。

为了使主溜井加固方案设计做到有的放矢，本节首先以程潮铁矿 2 号主溜井为例，对溜破系统岩体工程稳定性进行评价，然后再详细分析造成主溜井发生大面积坍塌的主要原因。

3.2.1　溜破系统岩体工程稳定性评价

程潮铁矿位于长江中下游铁铜成矿带西端，属接触交代矽卡岩型矿床。矿区内地质结构较为复杂，淮阳山字型构造成分与新华夏构造形迹在空间上相互重叠，时间上相互交替，构成一幅既复杂又有序的构造特征（图 3-4）。由淮阳山字型西翼与东西向构造派生的北西

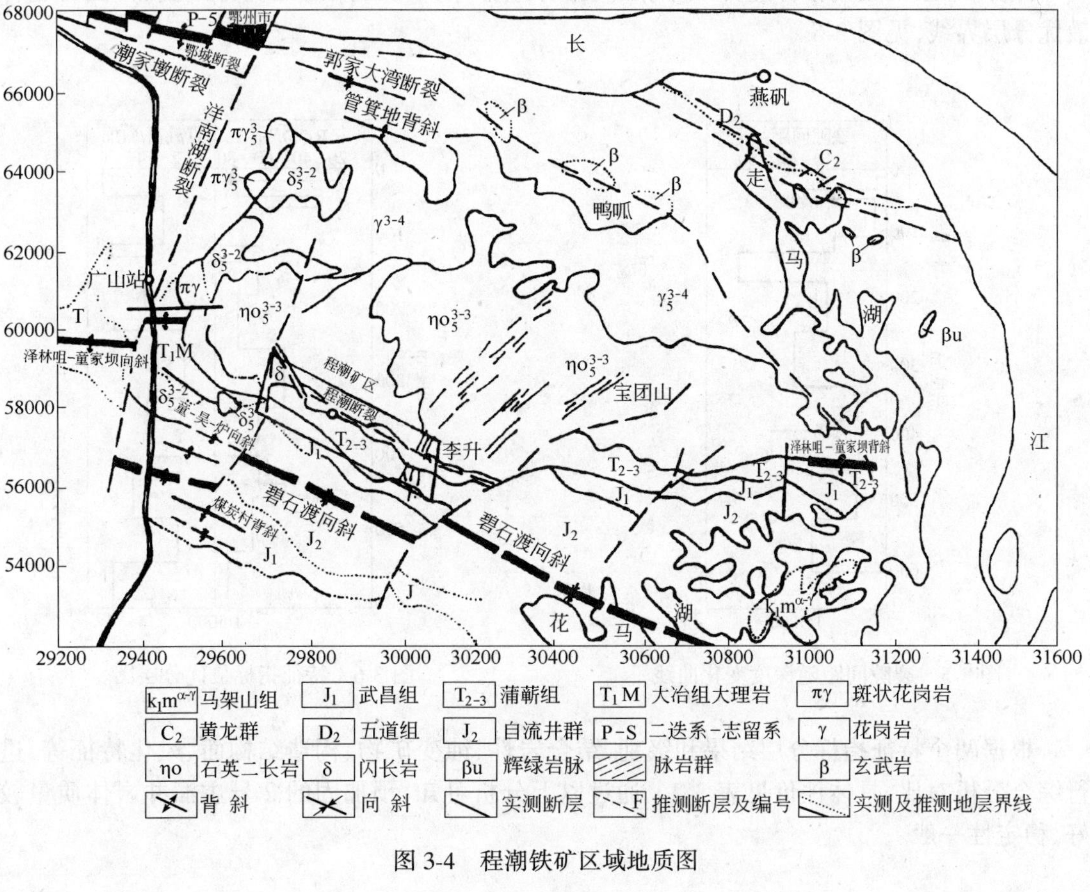

图 3-4　程潮铁矿区域地质图

西向联合构造是矿区的主干构造,它控制着地层的展布、岩体的产状、矽卡岩带和铁矿体的分布。

溜破系统位于燕山中期鄂城侵入杂岩体南缘外带,主要包括1号、2号主溜井、卸矿硐室和破碎硐室。主要岩石为花岗岩、压碎中粒花岗岩、中粒花岗岩、绿泥石化闪长玢岩和闪长岩等。

构造裂隙主要有两种形式:其一扭裂结构面,呈舒缓波状和平面状,面平滑。面上主要为蒙脱石,其次为绿泥石、少量高岭土裂隙呈闭合状,倾角40°～60°。节理延长及延深均较大,平均密度5～6条/m,最小间距5 cm,最大可达150 cm,相互平行或呈50°～80°交角。其二是张裂结构面,多呈阶梯状,少数平面状,面较粗糙,有少数绿泥石和方解石充填。结构面裂隙以扭裂结构面为主,张裂结构面次之。裂隙间距见图3-5。可见,主溜井的构造结构面较发育,两组扭裂结构面上充填有蒙脱石、绿泥石、高岭土等,构成软弱结构密集带,从而改变岩石物理力学性质,使工程稳定性降低。

根据影响岩体稳定性的决定因素是软弱结构面的发育程度和蚀变矿物的含量,采用工程地质分析对比法,对岩体稳定性进行评价。考虑岩体完整性和岩体强度是工程地质的两个主要特征,首先对岩石进行特征描述、统计和试验,得到表征岩体完整性的岩石质量指标(RQD)和表征岩体强度的点载荷强度指标(I_s)。然后对两个主要特征指标分别进行数理统计计算,采用以层内指标差异最小,层间指标差异最大为原则的最优分割法,得出各指标最优分层界线,见图3-6。

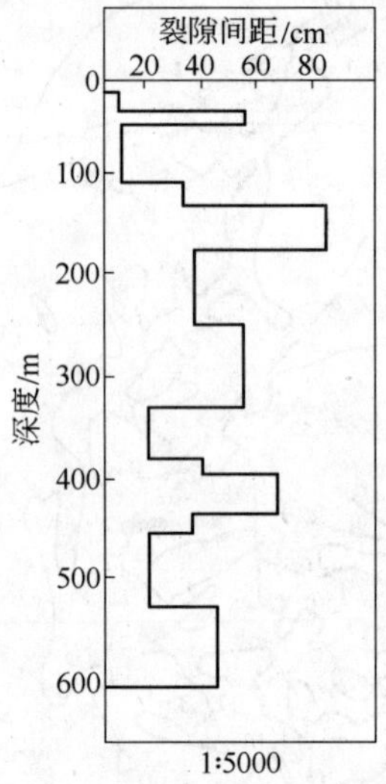

图3-5　裂隙间距随深度变化曲线

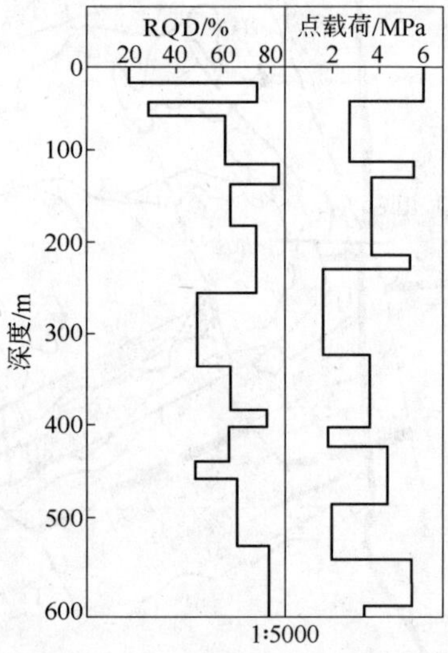

图3-6　特征指标最优分层图

根据两个特征指标分层结果和级别,结合岩性、蚀变矿物、构造结构面、风化特征等,进行综合分析对比,具体评价见表3-2。通过以上分析可知,预加固的2号主溜井岩体质量较好、稳定性一般。

表 3-2 岩体工程地质分类表

深度/m		332～443	443～487.66	487.66～547.88	547.88～610.08	平均值
标高/m		－240～－351.9	－351.9～－396.56	－396.56～－456.78	－456.78～－518.98	
岩 性		花岗斑岩	压碎中粒花岗岩	压碎中粒花岗岩	中粒花岗岩	
岩体完整性	*RQD*	68	60	72	85	65
	I_s	0.59	0.56	0.64	0.74	0.58
	d/cm	41	35	52	81	37
	J_v/(块/m^3)	14	17	13	9	15
岩体坚固系数 f_k		10.71	9.13	5.22	13.48	8.78
风化程度		微风化	微风化	中等风化	微风化	
裂隙发育程度		发育	较发育	较发育	不发育	
柱状岩心/%		77	71	91	92	79
岩体结构类型		碎裂	块状	碎裂	块状	
结构面摩擦系数		0.30	0.60	0.30	0.60	
裂隙充填物		碳酸盐较多	绿泥石少量	绿泥石碳酸盐少量	绿泥石少量	
岩体质量		一般	较好	较好	好	
工程地质分类		稳定性较差	稳定性一般	稳定性较差	稳定性较好	

3.2.2 岩体力学计算参数的确定

数值计算分析能否获得符合实际的结果，首先取决于力学计算参数的合理性，而计算参数的选择问题一直是岩土工程界关注的研究重点。我们在充分利用程潮铁矿现有的力学试验数据的基础上，补充进行了主要岩石的现场点载荷试验和岩体弱面抗剪强度试验，最终确定的工程岩体计算参数见表 3-3。

表 3-3 建议采用的岩体物理力学性能参数表

名 称	容重/(kN/m^3)	抗压强度 σ/MPa	抗剪强度		弹性模量 E/10^4 MPa	泊松比 μ
			C/MPa	φ		
花岗岩	27800	84.6	3.45	27°16′	6.06	0.22
闪长岩	26300	75.72	3.90	26°53′	5.61	0.21
矽卡岩	30200	54.56	2.50	26°29′	5.04	0.22

根据地应力测量结果，矿岩中三个方向的平均地应力为：垂直方向 9.07 MPa，垂直矿体走向方向 13.86 MPa，沿矿体走向方向 17.0 MPa。其中铅垂方向的地应力与采样点的重力场 $\sigma_v = \gamma \times H = 9.88$ MPa 较为一致，矿体中的水平地应力大于垂直方向的地应力。

3.2.3 数值计算方法的选择

数值模拟方法被认为是求解各种结构工程问题的最有效的方法之一，且具有成本低、参数变化灵活、运算速度快，试验周期短等特点。包括有限差分法、有限元法、离散元法和边界元法等。在岩土工程稳定性分析中，有限元是较成熟和应用较广泛的数值分析工具。目前，国内外已经研究开发许多大、中型数值分析软件，具有代表性的有：(1)西安矿业学院刘怀恒教授研究开发的 NCAP 系列有限元软件;(2)北京大学殷有泉教授研究开发的 NOLM 岩土系统非线性应力变形稳定性分析软件;(3)美国明尼苏达 ITASCA 软件公司编制开发的有限差分软件 FLAC^{2D,3D};(4)奥地利 INNOBRUCK 大学和中国科学院地质所共同开发的大型岩土工程稳定性研究的 FINAL 软件;(5)美国通用的有限元 ALGOR FEAS,以及美国麻省理工学院开发的 ADINA 有限元程序。上述数值分析软件的特点见表 3-4。

表 3-4 各种有限元软件功能对比表

种　类	前处理	后处理	能否处理大变形	是否可以非线性	计算维数	考虑时间因素	是否适应岩土工程
NACP	不好	一般	不能	可以	2D,3D	可以	适应
NOLM	一般	一般	不能	可以	2D	不能	适应
FLAC	好	好	可以	可以	2D,3D	可以	适应
ALGOR	好	好	可以	可以	2D,3D	可以	不适应
ADINA	好	好	可以	可以	2D,3D	可以	不适应
FINAL	好	好	可以	可以	2D,3D	可以	适应

结合本研究目的,选择 FLAC^{2D,3D}软件进行数值计算。因为它是针对岩土工程开发的,且具有非线性大变形分析功能。FLAC 是连续介质快速拉格朗日法分析的英文缩写(Fast Lagrangian Analysis of Continua)。采用显式的有限差分法代替了原先广泛使用的隐式有限元法,主要适用模拟计算岩土类材料和构筑于岩土中的工程结构在应力－应变下的行为。其程序设有多种本构模型,其中包括:

(1) 各向同性弹性材料模型;

(2) 横观各向同性弹性材料模型;

(3) 莫尔－库仑弹塑性材料模型;

(4) 应变软化－硬化塑性材料模型;

(5) 遍布节理材料模型等。

FLAC 计算程序中包括了反映地质材料力学效应的特殊计算功能,十分适合解算岩土力学和工程问题,其中主要包括:岩体和土体锚固、边坡稳定、采矿和巷道设计、地基基础设计、爆破动力响应和震动、地下水渗流等。另外,程序设有界面单元,可以模拟断层、节理和摩擦边界的滑动、张开和闭合行为。支护结构,如锚索、砌衬、钢架和板壳等与围岩的相互作用可在 FLAC 中进行模拟。同时,用户可根据需要在 FLAC 中创建自己的本构模型,进行各种特殊的修正和补充。FLAC 程序具有良好的前后处理功能,PLOT 命令提供许多随时控制图形输出的线条、大小、颜色、显示模式等多项功能,使图形的输出形象生动。

研究涉及的岩体以花岗岩为主,属弹塑性材料,计算采用莫尔－库仑(Mohr-Coulomb)屈服准则:

$$f_s=\sigma_1-\sigma_3\frac{1+\sin\varphi}{1-\sin\varphi}-2c\sqrt{\frac{1+\sin\varphi}{1-\sin\varphi}} \tag{3-1}$$

式中,σ_1,σ_3 分别是最大和最小主应力;c,φ 分别是材料黏结力和摩擦角。当 $f_s\geqslant 0$ 时,材料将发生剪切破坏。材料在达到屈服极限后,在恒定的应力水平下产生塑性变形。在拉应力状态下,如果拉应力超过材料的抗拉强度,材料发生拉破坏。

3.2.4 主溜井稳定性主要影响因素分析

经过详细的现场调查和分析,认为各条主溜井的变形破坏除有自身的特点外,也具有一定的共性特征。具体到影响程潮铁矿2号主溜井稳定性的主要因素包括:(1)工程地质条件(围岩岩性及断层破碎带);(2)群井效应(主溜井之间的相互作用);(3)冲击载荷(提高溜井放矿管理水平,改善溜井断面的尺寸和形状);(4)支护强度(溜井支护强度等级的强弱)。

3.2.4.1　围岩岩性及断层破碎带对溜井稳定性的影响

A　围岩岩性对溜井稳定性的影响

主溜井井筒上部以花岗斑岩为主,岩体坚硬致密、块状结构、稳定较好。下部以中粒花岗岩为主,块状结构,坚硬密实。以上两种围岩对于地下开挖工程属较为理想的。但由于溜井井筒部位节理裂隙较发育,软弱结构面内不均匀夹杂着大量蒙脱石、绿泥石、叶蜡石、高岭土等蚀变类岩石,呈0.1～5 mm厚的薄膜状、细脉状分布,将完好的岩体分割得支离破碎。当有冲击载荷时,易由局部塌落发展成大规模塌方,造成"多米诺骨牌"式的连锁反应。通过对软弱夹层X光衍射定量实验证明,蒙脱石、绿泥石、高岭石等黏土矿物的含量超过85%。井壁围岩的夹层表现出可塑、膨胀和流变等软岩的变形特征,对溜井的稳定性产生不利的影响。

B　断层破碎带对溜井稳定性的影响

岩体是由结构面和岩块组成的,其强度取决于其包含的结构面的强度。结构弱面的存在,破坏了岩体的完整性,降低了岩体的整体强度。现场调查发现溜井的破坏往往沿着剪切应力只有较小阻力的弱面发生。软弱结构面的特征决定了抗滑阻力的大小,并在一定意义上决定着主溜井整体的稳定程度,因此,就结构弱面对主溜井稳定性影响进行模拟计算分析是必要的。

模型设计　根据对称性原则,计算模型取自溜井的二分之一。如图3-7所示,模型高120 m、长50 m、宽25 m。加固前,溜井直径 $\phi = 4.0$ m,溜井围岩岩性是花岗岩。在模型中部有断层通过溜井,在模拟计算条件下,断层厚度6 m,断层倾角60°,断层充填物为矽卡岩。断层走向与矿房进路在水平面上的交角50°。模拟段在400 m深度左右。计算网格划分遵循从溜井中心到模型边界由密渐疏的原则,三维模型共划分为37440个六面体单元(图3-8)。

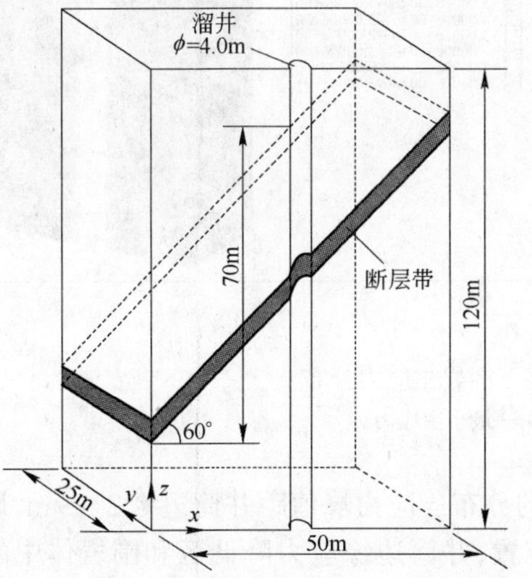

图3-7　主溜井围岩稳定性数值计算总体模型

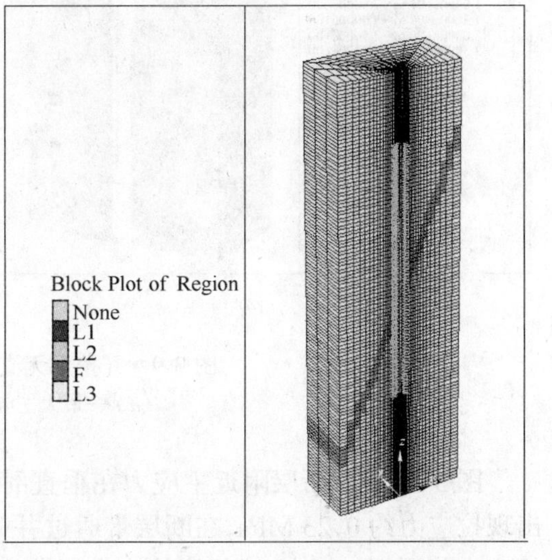

图3-8　溜井围岩稳定性数值计算模型网格

计算模型的边界条件是:在模型上部施加 -9.07 MPa 的垂直载荷,模拟上部岩体的自重作用。模型四周限制水平移动,底部限制垂直移动。根据现场原始地应力测量结果,经换算,垂直于断层走向方向(x - 方向)的水平应力为 -16 MPa,平行断层走向的水平应力为 -15.15 MPa,剪切力 1.55 MPa。

模拟计算参数　采用的岩体力学参数由表 3-3 给出。考虑到岩体进入塑性破坏状态后,峰后强度随变形发展而逐步降低的力学特性,模拟计算采用应变软化本构模型,即:岩体达到极限强度后,破坏岩体的强度随变形的增加而逐步降低,最后达到较低的残余强度值。三维应力状态下,岩体的残余强度是峰值强度的 1/3~1/10 左右。在不支护的情况下使用一段时间,岩体的强度将降低约 30%。

模拟计算结果及分析

(1) 主溜井开挖后的围岩力学状态。图 3-9 给出主溜井开挖后在无支护状态下的围岩总体主应力分布。从图中可见,近水平方向作用的最大主应力在远离井筒 10 m 以外岩体中,基本处于均匀分布状态,从井筒边缘到半径 10 m 范围内的岩体,最大主应力分布出现由低到高,再由高到低的过渡。其中应力集中区内的最大主应力 27 MPa,是原始地应力的 1.6 倍。垂直方向作用的主应力为最小主应力,在井筒围岩体中的宏观分布规律是随岩体深度的增加而增大,在井筒边缘则出现应力下降现象,并伴随有少量的拉应力产生。

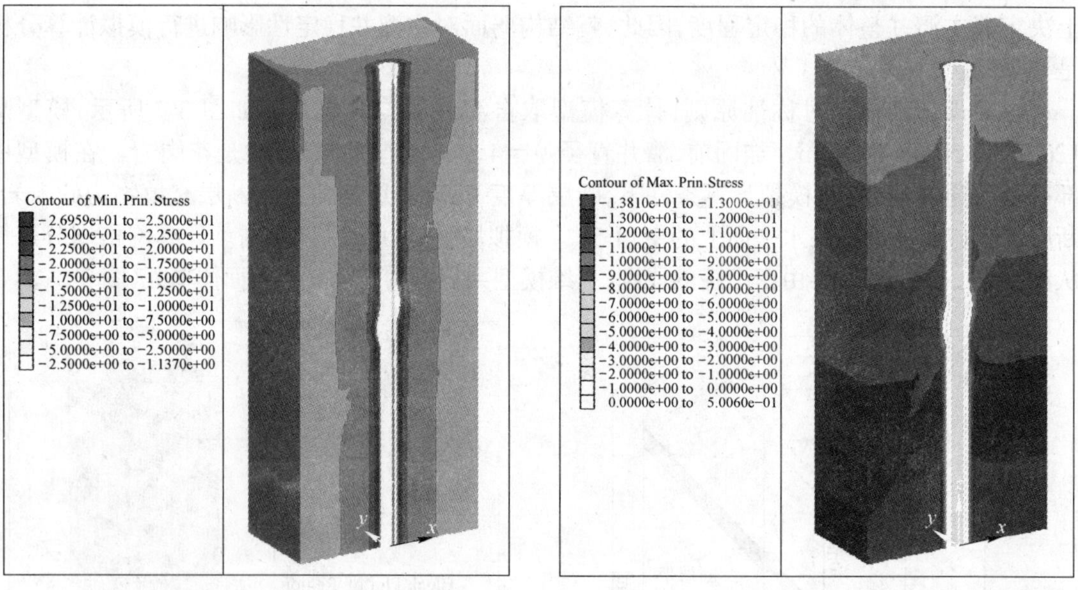

(*a*)　　(*b*)

图 3-9　开挖后无支护状态下围岩主应力分布

(*a*)—最大主应力;(*b*)—最小主应力

图 3-10 显示断层附近主应力在垂直剖面上的分布。应力峰值距井筒边缘 2~3 m,局部出现拉应力约 0.23 MPa,在断层带通过井筒的位置,井筒边缘应力降低区和围岩体中的峰值应力范围相对扩大,这与岩体产生塑性变形后应变软化阶段的岩体强度降低有关。

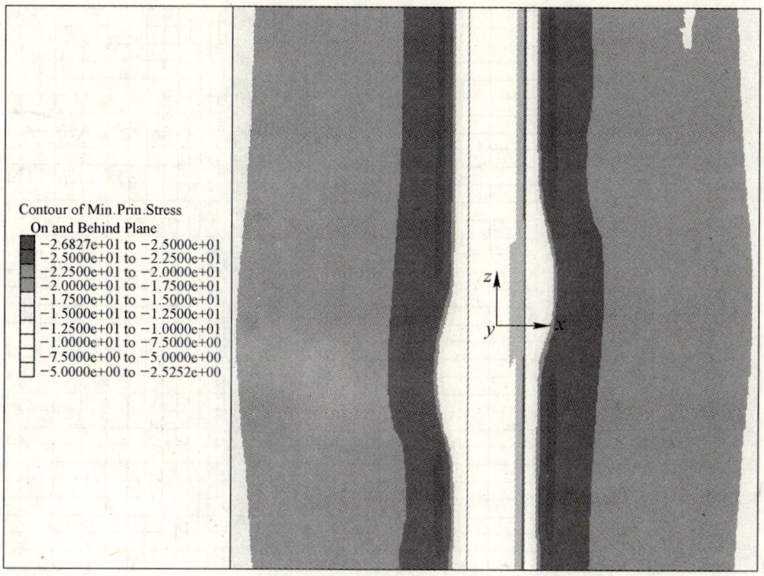

(*a*)

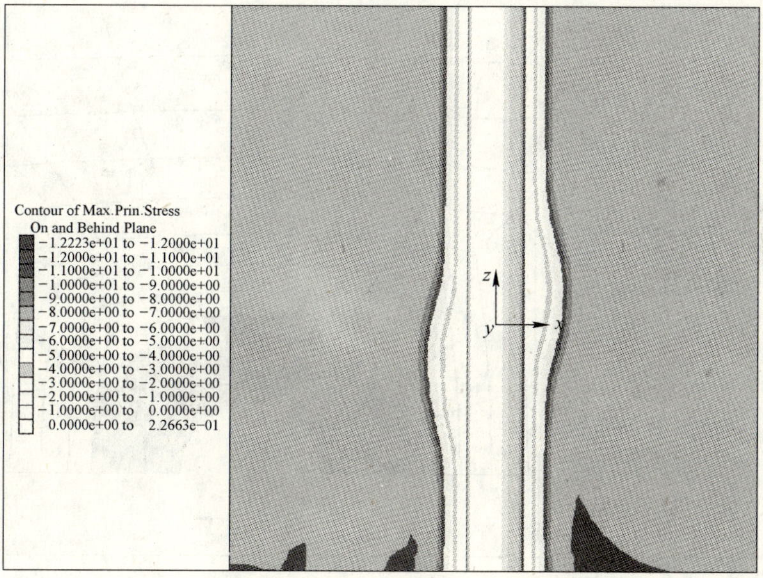

(*b*)

图 3-10 开挖后断层附近围岩主应力在垂直剖面上的分布

(*a*)—最大主应力;(*b*)—最小主应力

图 3-11 是断层附近的塑性破坏区分布。在井筒垂直剖面上,围岩塑性区宽度为 1.5 m 左右,在与断层交叉位置,塑性区宽度有所增加,最大达到 2 m;从水平剖面图可见,井筒围岩的塑性区基本上是对称均匀分布的。

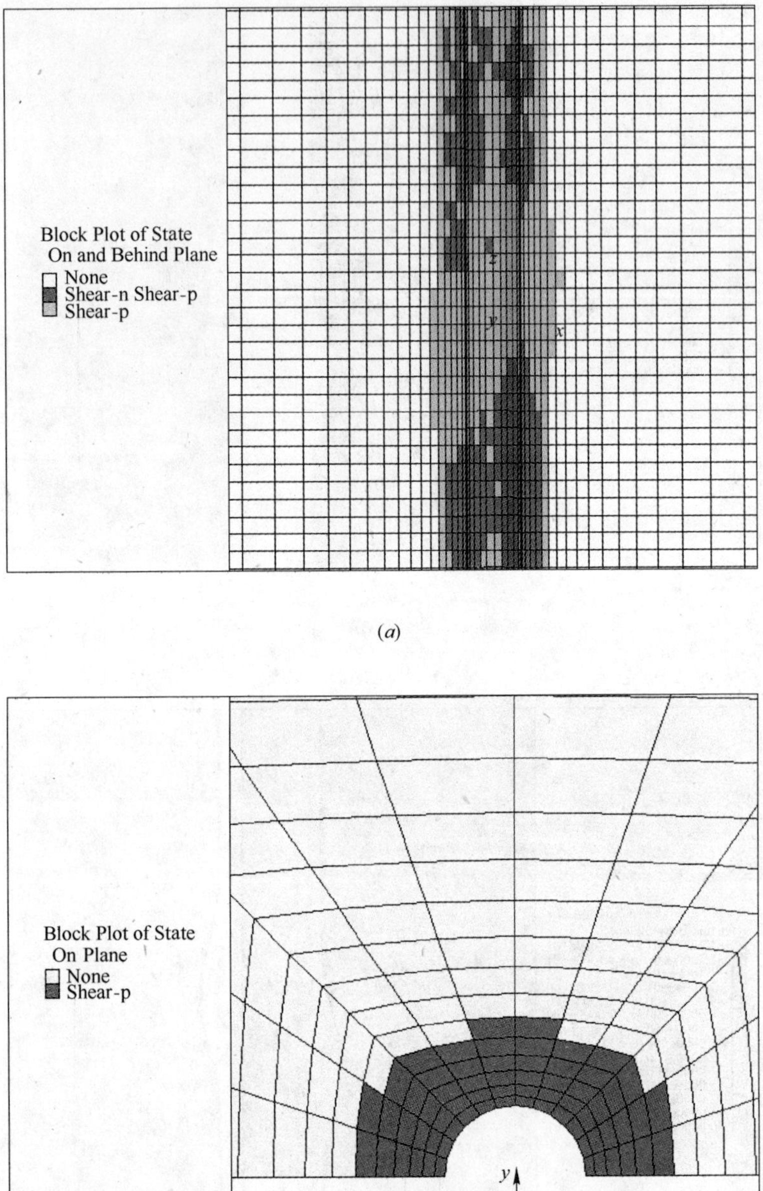

(*a*)

(*b*)

图 3-11　开挖后断层附近围岩的塑性破坏区分布

(*a*)—垂直剖面；(*b*)—水平剖面

由图 3-12 断层附近的位移矢量场可见，围岩的主要运动为径向水平方向的移动，在井筒与断层交界位置围岩位移量最大，达 71 mm。计算结果表明，主溜井开挖后在井筒围岩局部产生应力集中，造成边缘围岩体的塑性破坏，局部产生拉应力。在井筒溜矿过程中，如果受到矿岩冲击，无支护状态下的溜井会出现局部围岩体的脱落。

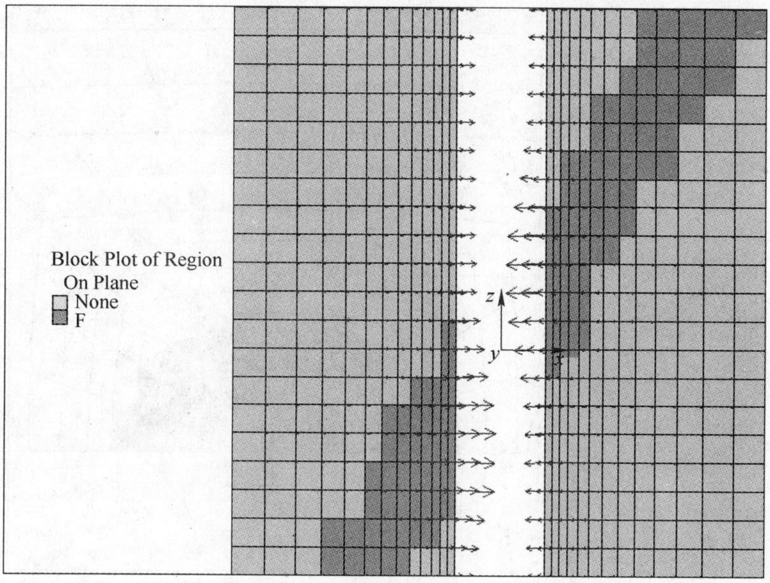

图 3-12 开挖后断层附近垂直剖面围岩的位移矢量场

(2) 使用一段时间,岩体的强度降低 30%条件下的围岩力学状态。图 3-13 给出围岩的塑性破坏区分布。整个溜井围岩塑性区宽度均有所增加,特别是在断层附近,溜井围岩塑性区宽度增加到 3 m 左右,破坏状态也极其复杂,对井筒稳定性有直接影响的是处于断层带上下盘卸载后的拉破裂岩体,该部位岩体在无支护状态下发生垮落是难免的。

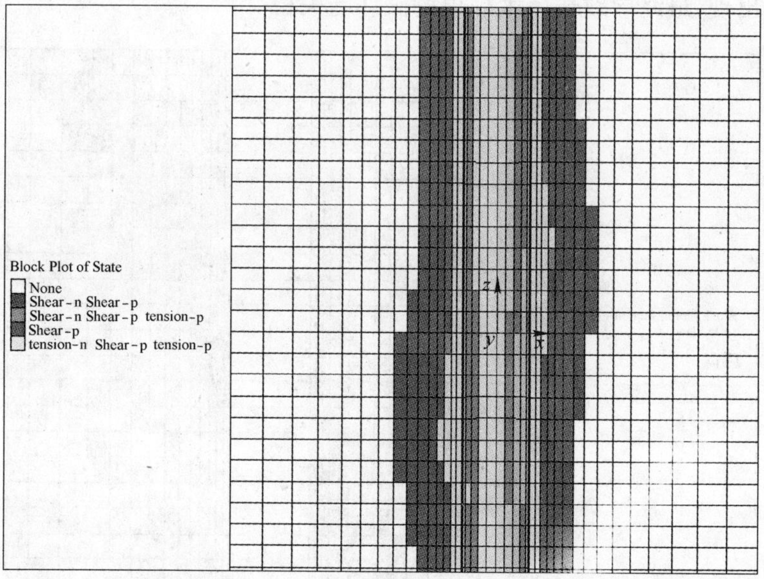

(a)

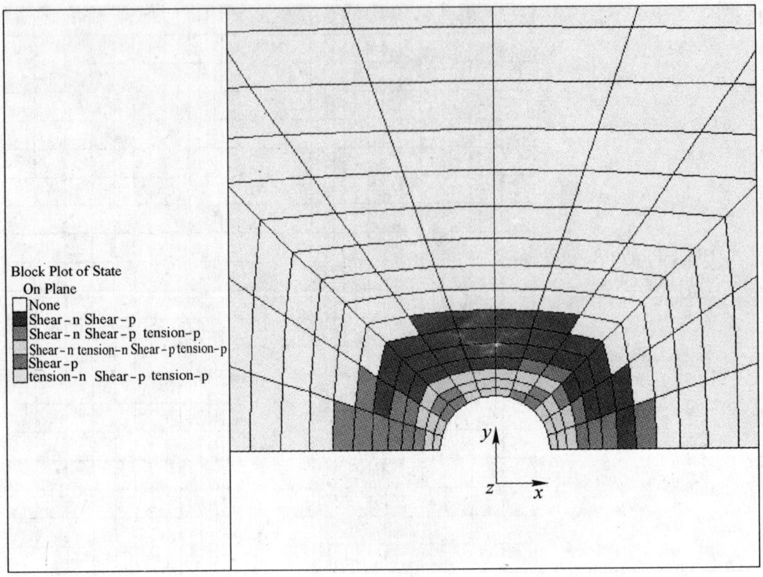

(*b*)

图 3-13 岩体强度降低 30％断层附近围岩的塑性破坏区分布

(*a*)—垂直剖面;(*b*)—水平剖面

图 3-14 是断层附近围岩在垂直剖面的位移矢量场。岩体位移主要发生在井壁边缘,特别是断层带附近岩体移动加剧,主要运动方向近水平,最大移动量达 0.9 m。可见,溜井边缘岩体在无支护状态下发生垮落也是显然的。从岩体力学角度分析,岩体强度下降和围岩中高拉应力的出现,最终导致岩体大规模的破坏与失稳。

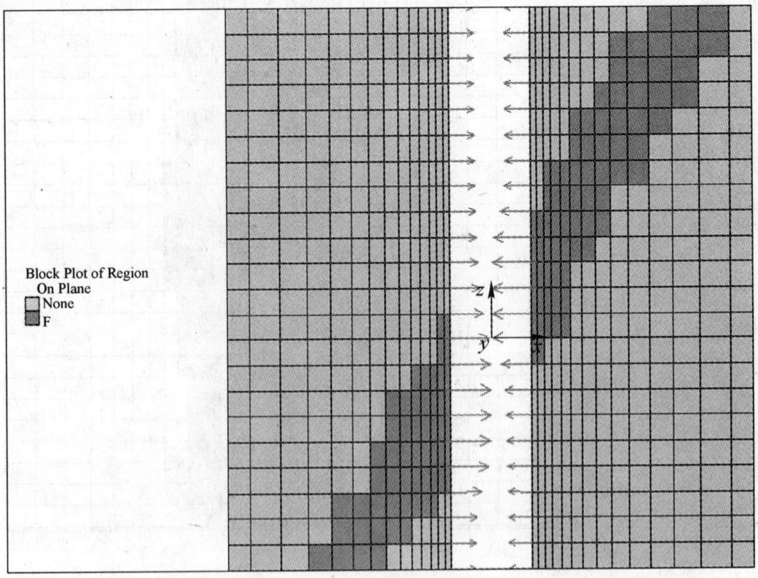

(*a*)

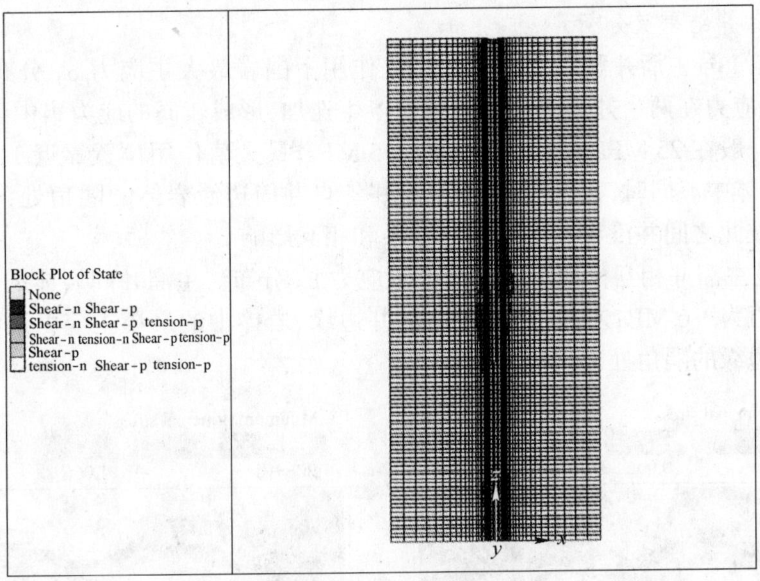

(*b*)

图 3-14 岩体强度降低 30%断层附近垂直剖面围岩的位移矢量场

(*a*)—断层附近；(*b*)—整体

3.2.4.2 群井效应的力学作用机理

为保证矿山生产的可靠性，金属矿山的主溜井一般都成对布置，并紧邻主井，相互间距离仅有 20 m 左右。在间柱中，同时还布置有分支溜井、卸矿溜槽、卸矿硐室、观测天井等工程，构成复杂的力学系统。井巷工程的密集布置，一方面造成水平应力在间柱内过度集中，另一方面由于围岩受到多次开挖扰动，松动碎胀范围扩大，相互影响增强。处于较破岩体中的主溜井，围岩松动圈很容易相互交叉，当某一井筒发生破坏变形时，必然影响到另一井筒的稳定。对于经常采用爆破法处理堵井的矿山，爆破产生的动应力会在相邻井壁产生反射拉应力和破坏震动，加速了邻近井筒破坏。这种群井联动破坏效应，在程潮铁矿、武山铜矿和胡家峪矿等矿山都有明显的反映。因此，研究溜井间的力学关系、相互间的影响程度和范围是至关重要的。

A 模型设计

如图 3-15 所示，原 1 号主溜井和 2 号主溜井的中心线距离 24 m，由于两个主溜井井壁先后发生坍塌，1 号主溜井和 2 号主溜井之间岩体的实际厚度已经减小到 10 m。由这两个主溜井构成的力学系统中，彼此之间存在着怎样的相互作用关系以及影响程度如何，对于正确认识和评价溜井围岩的稳定性是非常重要的。所以，本节通过二维岩石力学数值模拟计算，对 1 号主溜井和 2 号主溜井的相互力学作用进行研究。

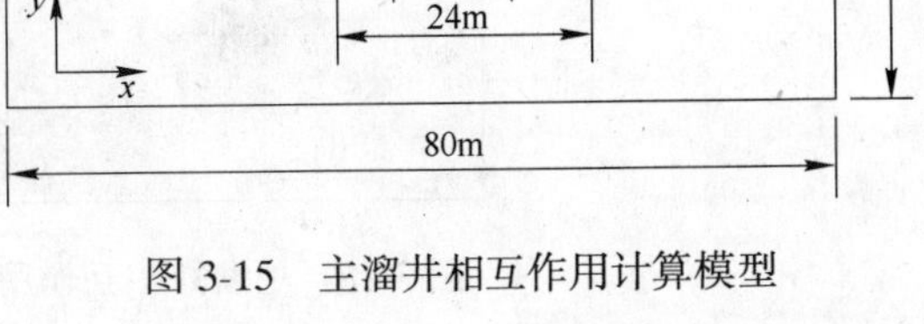

图 3-15 主溜井相互作用计算模型

B 模拟计算结果及分析

图 3-16 是 1 号主溜井和 2 号主溜井相互作用下围岩最大主应力 σ_1 分布。由图可见，溜井周边的主应力在两个井筒之间的岩体中产生迭加，形成较高的应力集中区，其间岩体中的主应力 σ_1 一般在 25 MPa 左右，最大为 32.5 MPa，最大值作用位置靠近 1 号主溜井侧的卸矿口边缘岩体中。同时，在 1 号、2 号主溜井各自井筒边缘岩体的隅角处，也有局部高应力的存在，但彼此之间并没有产生直接的联系和相互影响。

图 3-17 是主溜井相互作用下围岩最小主应力 σ_3 分布。主溜井间岩体的最小主应力仍为压应力，其值为 −6 MPa 左右，随着接近溜井边缘，岩体中的最小主应力逐渐向拉应力转化，在各溜井边缘的隅角处出现拉应力状态。

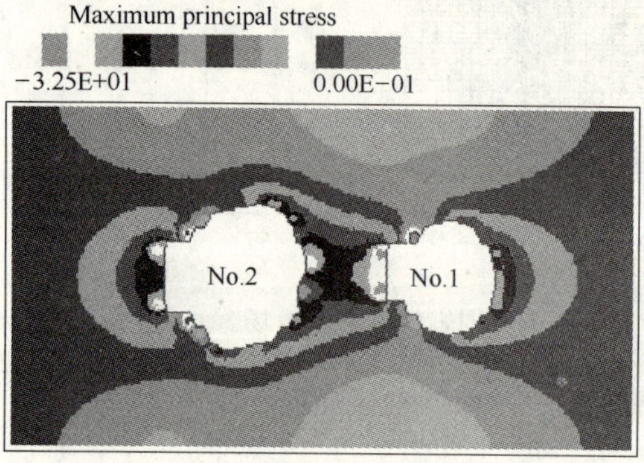

图 3-16 主溜井相互作用下围岩 σ_1 分布

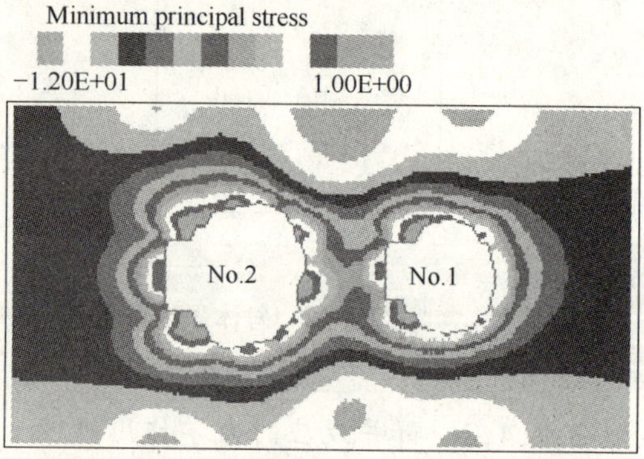

图 3-17 主溜井相互作用下围岩 σ_3 分布

计算结果表明，两个溜井相互作用及影响程度主要取决于两个溜井间的隔离岩体尺寸，岩柱尺寸越大，最大主应力的集中程度越低；井筒间的岩柱尺寸越小，最大主应力的集中程度越高，同时越容易使最小主应力向拉应力转化。在模拟计算条件下，井筒间岩体最大主应力集中系数为 1.5，井筒间岩体基本处于压应力状态，各溜井边缘隅角处的拉应力为 1 MPa 左右。

图 3-18 是主溜井相互作用下围岩剪应力 τ_{xy} 分布。最大剪应力为 12 MPa，作用在各自井筒的四个边角位置，没有相互产生迭加。

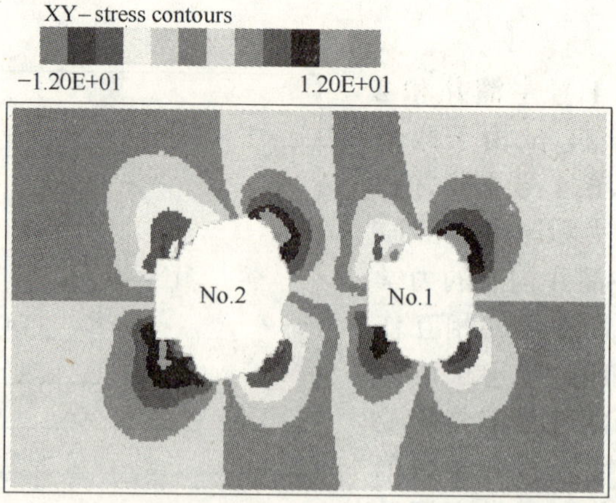

图 3-18 主溜井相互作用下围岩剪应力 τ_{xy} 分布

图 3-19 是 1 号主溜井和 2 号主溜井相互作用下围岩主应力矢量场。可以看出，各井筒围岩主应力场的方向只按照各自的围岩体轮廓而改变，并没有明显扰动对方围岩主应力的发展方向。

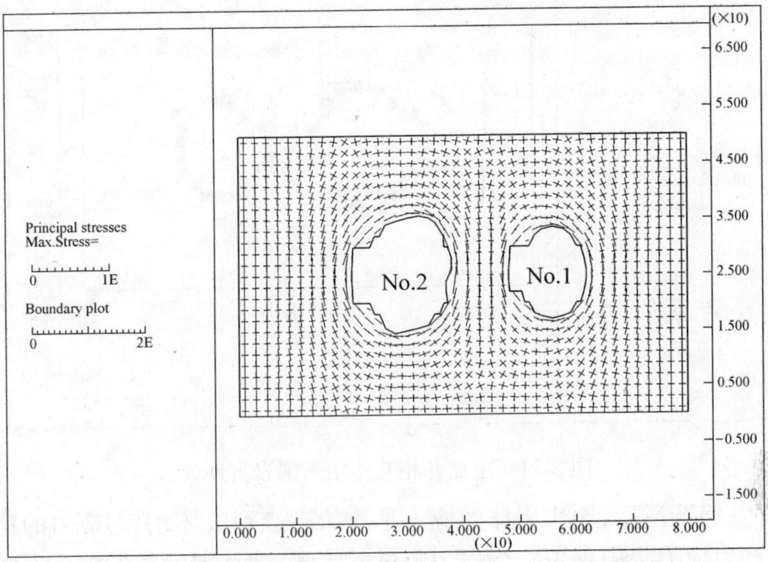

图 3-19 主溜井相互作用下围岩主应力矢量场

图 3-20 是 1 号主溜井和 2 号主溜井相互作用下围岩位移矢量场。图中两个溜井围岩体总体上朝向各自的井筒空间运动，最大围岩移动量为 7.7 mm。仔细观察可以发现，溜井间的岩体有偏向 2 号主溜井运动的趋势。而且，2 号主溜井围岩移动量大于 1 号主溜井围岩移动量，这与溜井间岩柱在两侧井筒边缘处的几何形状和应力分布状态有关。

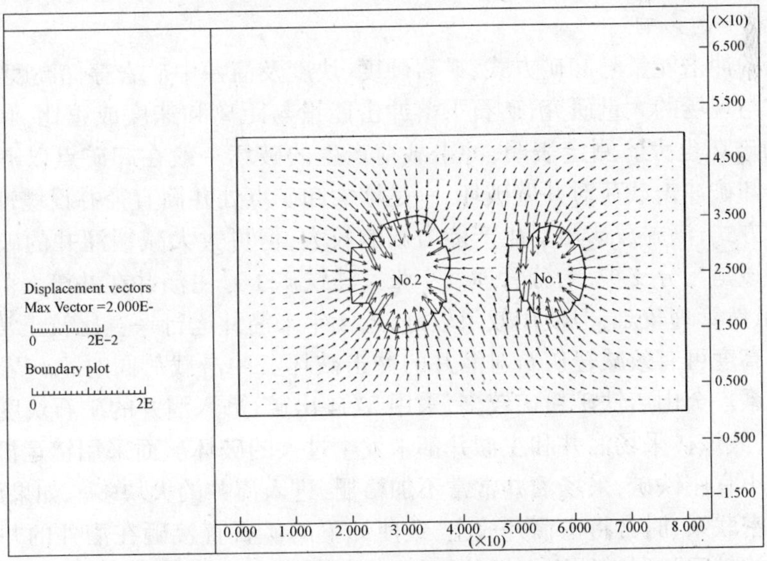

图 3-20 主溜井相互作用下围岩位移矢量场

图 3-21 是 1 号主溜井和 2 号主溜井相互作用下围岩塑性区。两个井筒边缘 1 m 深左右的岩体均有塑性破坏状态的发生，但塑性区没有贯通溜井间的岩柱，在两个溜井之间仍有部分岩体仍然处于弹性承载状态。

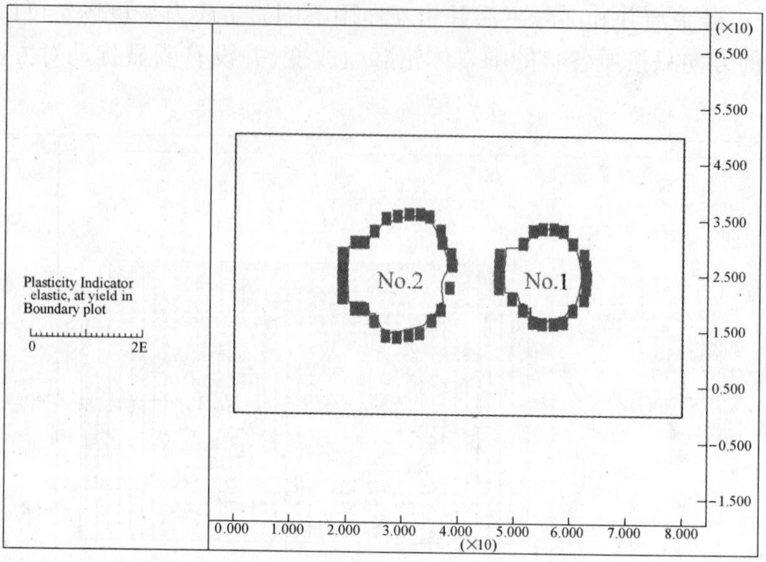

图 3-21　主溜井相互作用下围岩塑性区

总之，主井井筒开凿后，原生岩体的应力平衡状态遭到破坏，引起应力的重新分布，在井壁的周边附近产生应力集中现象。当应力超过岩体强度时，围岩即发生变形和破坏，出现裂纹，且应力不断向岩体深部转移，直至应力小于或等于岩体强度时应力转移才停止，达到新的稳定状态。两条溜井围岩均处于较大的构造应力环境中，因卸矿反复冲击载荷作用使岩体强度降低，而在卸矿硐室与溜井交叉处的岩体及卸矿硐室底板隅角处存在着由构造应力引起的高应力集中区，这是最终导致溜井围岩移动变形和塑性破坏的内在原因。

3.2.4.3　影响主溜井稳定的其他因素分析

A　冲击载荷的影响

冲击载荷的冲击能量与卸矿方式、矿岩硬度、块度及溜井中矿岩存储高度等因素密切相关。根据室内与现场的大量研究，矿石下落冲击能量与距离和速度成正比，卸矿速度快、块度大对井壁的破坏也大。测定表明，冲击载荷产生的破坏一般在卸矿点以下 40 m 的范围内。为了减小卸矿冲击载荷对井壁破坏，一是增大卸矿点处井筒直径并设缓冲硐室；二是采用“存矿保井”方式，满井放矿虽对生产能力影响较大，但可大大减缓溜井的破坏，溜井的正确使用方法应该是三分支护，七分管理。小张家洼铁矿 1 号主溜井在井筒大范围垮冒后，采用满井放矿，虽然管理较难，但使用效果较好，近 4 年来溜井运行一直比较正常。此例说明，适当提高存矿高度可有效减轻矿石对溜井的冲击破坏。冲击载荷同时也与岩石硬度、块度存在明显的关系。金山店铁矿粉矿较多，采用 TG4 出矿，进入溜井的矿石块度较小，对溜井的破坏也较轻，故该矿采场溜井和主溜井都未发生过大的破坏。而采用铲运机出矿的矿山，如程潮铁矿和小官庄铁矿，采场溜井常常不加格栅，进入溜井的大块多。如果放矿与卸矿之间没有保持紧密联系，时常将主溜井放空，致使卸下的矿石直接砸在溜井的井壁和底部，导致溜井井壁和放矿闸门硐室的锰钢板被砸坏。因此，减少大块和改变卸矿方式是减少冲击破坏的重要途径。

主溜井断面尺寸的大小决定着溜井放矿过程的畅通与否，而其形状直接关系到溜井的稳定程度和服务年限。根据冶金矿山设计规范，溜井直径 $D \geqslant k d_{max}$，其中 k 为溜井通过系数,$k=5\sim6$;d_{max}为进入溜井的最大矿石块度。根据程潮铁矿放矿块度的规定 $d_{max}=0.6$ m,所以主溜井的直径应大于 3.6 m。而原设计的溜井直径只有 3.0 m,不符合设计规范。加之实际生产中矿石的块度往往超过 0.6 m,这样势必加重了矿石对溜井壁的冲击破坏程度。另外,由于主溜井卸矿斜溜道中心线与主溜井垂直中心线成 30°夹角,当溜井断面较小时,矿石极易冲击斜溜道下口对面的溜井壁,造成井壁的垮冒。

B 支护强度

井筒的破坏与不良的支护相关,不良支护主要表现为:

(1) 支护强度低。大多数矿山主溜井采用素浇灌混凝土支护,设计支护厚度一般 300~500 mm,却很少采用钢筋混凝土支护。根据溜井井壁的受力分析及多条溜井的破坏形态的分析结果表明,溜井的破坏多是剪切破坏。而素浇混凝土抗剪能力低,在围岩碎胀及膨胀压力的作用下素浇井壁很容易发生剪切破坏。另由于溜井在掘进过程中,遇到断层破碎带,井壁片垮常引起井筒毛断面的扩大,但支护时为减少混凝土浇注量,井壁扩大部分往往采用不良碎石渣充填,壁后空隙较大,混凝土井壁与围岩体不能形成统一的承载体,承载能力变差。如井壁片垮不均匀,浇灌井壁四周软硬不一,当井壁受到不均衡地压时,更容易发生剪切破坏。

(2) 对冲击点处理不合理。许多矿山都采用钢轨和锰钢板来增加冲击点井壁强度,钢轨和钢板的固定常采用点焊方式,其固定强度低,在受到强烈冲击和振动后,很容易开裂与脱落。因此,许多矿山用于冲击点加固的钢轨或钢板都过早脱落,未能发挥其加固效果,有的还产生副作用,加速了井筒的变形破坏。

(3) 当井壁出现破坏时,不能及时进行补强,任其发展,最后导致大范围片垮这也是造成溜井垮冒的最直接的原因之一。如能较早发现并及时补强,主溜井的破坏是完全可以控制的。

生产任务的紧张造成程潮铁矿 1 号、2 号主溜井分别于 1990 年和 1993 年,只在 −290 ~ −296 m 水平之间的斜分支井和 −422~ −430 m 水平的 8 m 斜坡过渡段中做了永久性的支护,而井筒的其他部位均未进行任何形式的支护的情况下先后投入使用。显然,两条主溜井的支护强度等级低,均未达到设计要求。

整个主溜井的垂直中心线不在同一条直线上,在 −430 m 至 −422 m 水平设计的 8 m 斜坡过渡段中,三面井壁和一面斜坡底板采用了 25 t 锰钢板、1 t 圆钢和 75 m^3 混凝土加固。放矿管理稍有失控,从 −360 m 或 −290 m 水平卸下的矿石直接砸在斜坡过渡段底面的锰钢板上,在锰钢板的强力反弹作用力下,矿石反射到四周,致使矿石与井壁发生硬碰撞,时间一长,溜井井壁、放矿闸门硐室的锰钢板和混凝土被砸坏,所以,锰钢板加固利少弊多。

3.3 主溜井加固工程实例

以下简要介绍三个主溜井加固的工程实例,分别为新城金矿主溜井加固工程、小官庄铁矿主溜井截堵工程和焦家金矿 1 号主溜井加固工程。

3.3.1 新城金矿主溜井加固工程

新城金矿主矿石溜井 −283~ −383 m 是该矿二期扩建工程后矿石的主要运输通道。原设计溜井直径为 3 m,上部与 −283 m 下盘装矿运输平巷相通,下部与 −409 m 破碎硐室相通。此外,在 −383 m 水平还设有运输大巷与之相通,并承担扩建后大部分矿石的运输与溜矿任务。由于种种不利因素的共同作用,主溜井自 −383 m 水平向上至 −313 m 水平的范围内,井壁发生了严重的破坏。破坏段长度超出 70 m,溜井直径最大至 12~13 m,超过原设计断面 6～10 倍，矿石提升系统被迫停产。

主溜井自 -283～-313 m 溜井井壁围岩破碎，节理、裂隙发育，完整性极差，裂隙含水，井壁淋水严重。围岩中含有绿泥石、高岭土、黑云母等，遇水极易软化和潮解。在 -363 m 处有 1 条倾角 70°的断层破碎带斜截主溜井。溜井破坏情况及岩性分布见图 3-22。矿区地层处在以水平主应力作用为主的地应力场中，两个水平应力之差较大。

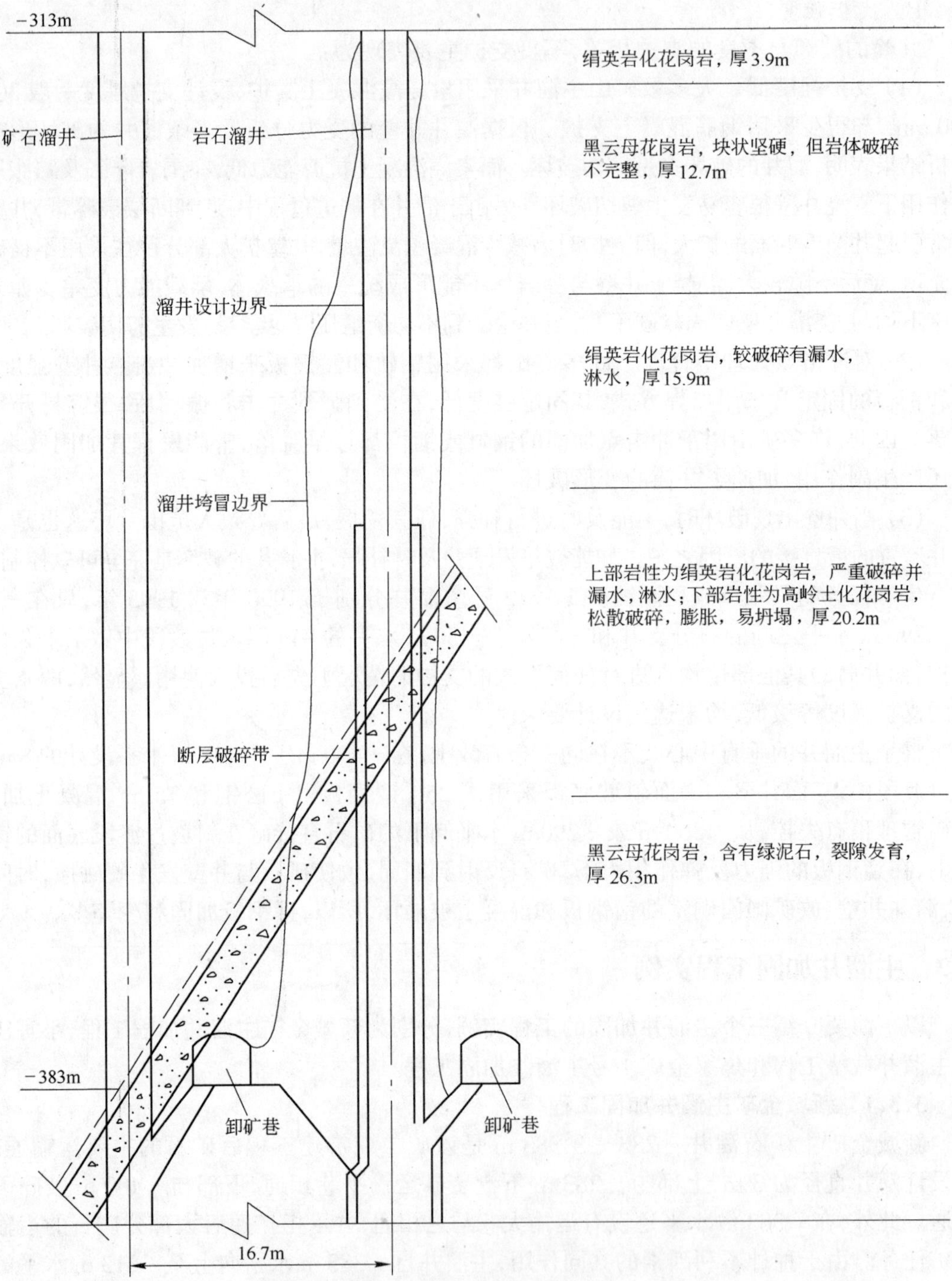

图 3-22　溜井塌落状况及岩性分布图

3.3.1.1 方案设计

采用“自然椭圆平衡边界高压锚注与抗冲衬碹法”加固溜井。由于井筒围岩松散破碎，利用注浆可以提高围岩的自承能力和稳定性，同时提高了围岩的整体性和结构刚度，改善了围岩的受力状态，降低了应力集中，把破碎围岩的荷载作用转变为承载的主体，最大限度利用和发挥围岩的自承能力。由于高压注浆，在巷道周围形成了一道隔水帷幕，起到防水渗漏的作用；浆液把裂隙水挤走，又能提高围岩的有效应力，从而达到加固围岩的目的。采用自然椭圆平衡边界，既克服了地应力的不利因素，又降低了工程量，减少了支护成本。在注浆支护时不要一味地回填大量毛石和混凝土，只需利用新的自然平衡边界，对母岩体进行加固即可。

首先，在 -383 m 卸矿口上部做一个 3～5 m 厚的注浆加固隔断。既阻挡了溜井上部井壁坍塌物溜入矿仓，又为上部溜井治理创造了良好条件，同时也为 -383 m 水平卸矿硐室创造了卸矿溜矿条件。方案设计要点如下：

(1) 在 -383 m 水平卸矿硐室及联络巷内各设置一个凿岩回转中心，在每个凿岩回转中心分设两个垂距 1 m 的凿岩水平，分别向溜井周围破碎岩体中打扇形注浆孔并插入锚杆。

(2) 通过每个锚注孔向松散岩石中注入水泥 - 水玻璃浆液，并通过浆液配比来调节浆液凝结速度，使得浆液既不扩散过远，又能固结松散岩体。

(3) 注浆孔和锚杆孔合二为一，联合施工。

(4) 全部工艺完成后，可形成一个 3～5 m 厚的有效加固隔段。加固区示意见图 3-23。

3.3.1.2 关键技术与工艺

采取的关键技术有：

(1) 由于钻孔区域为井壁塌落松散岩体，采用短段钻进，并注快凝双液浆固结围岩护孔，交替进行直至终孔，防止塌孔、卡钻。

(2) 注浆必须严格控制浆液凝结时间，防止浆液沿溜井下流把下部溜井和矿仓堵死。在注浆前，按浆液凝胶时间要求调节好配比，在 *B-B* 剖面凝结时间控制在 30 s 以内，在 *A-A* 剖面凝结时间控制在 120 s 以内。注浆压力控制：*B-B* 剖面为 0.8～1 MPa，*A-A* 剖面为 1.5～2 MPa。

施工工艺为：

(1) 按照图 3-23*a* 所示的锚注孔位和方向施工。钻至 1 m 停钻，安设 108 mm 焊有法兰盘的孔口管，注浓水泥浆固管，然后用 91 mm 钻头短段钻进。同时定量注水泥 - 水玻璃双液浆固结围岩护孔，待浆液凝固后扫孔钻进。如此交替进行，直至设计孔深。施工工艺见图 3-24。

(2) 每孔成孔后，插入螺纹钢筋锚杆，然后按要求注浆加固。

(3) 锚注孔在进行(1)，(2)步施工时，间隔 1 孔施工，逐步加密施工钻孔，以利于提高注浆固结质量。

3.3.1.3 注浆材料选择及配比试验

注浆选用水泥 - 水玻璃双液浆，采用 425 号普通硅酸盐水泥和浓度 30～45 玻美度、模数 2.3～3.4 的水玻璃。根据注浆要求和现场具体情况，水泥与水玻璃配比为 1∶(0.4～0.8)。

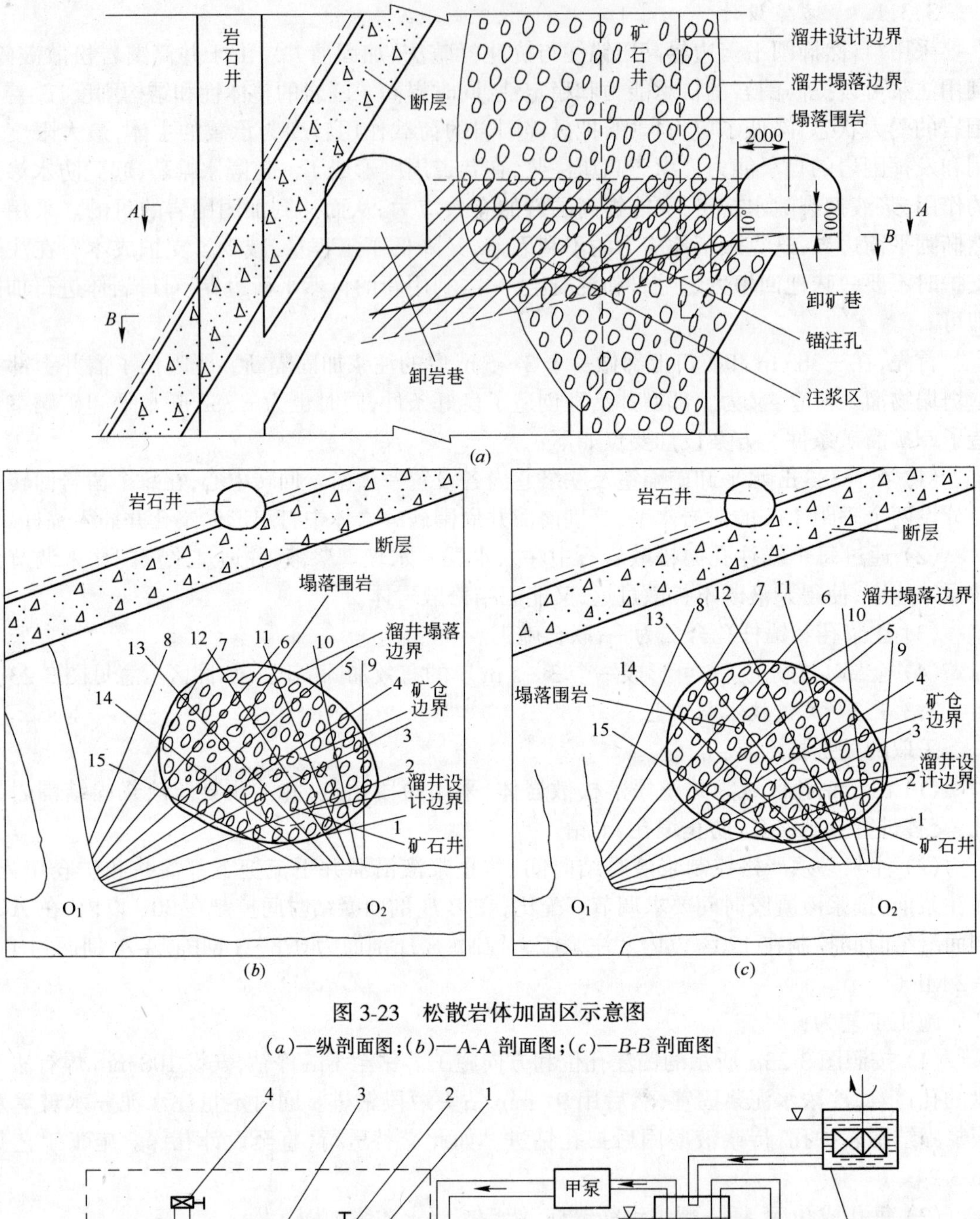

图 3-23　松散岩体加固区示意图

(a)—纵剖面图；(b)—A-A 剖面图；(c)—B-B 剖面图

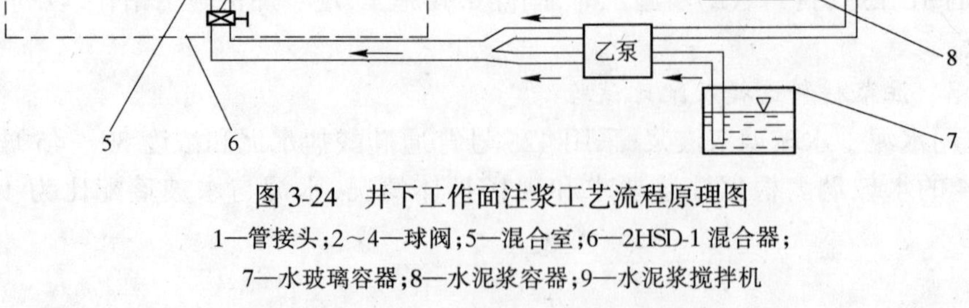

图 3-24　井下工作面注浆工艺流程原理图

1—管接头；2～4—球阀；5—混合室；6—2HSD-1 混合器；

7—水玻璃容器；8—水泥浆容器；9—水泥浆搅拌机

配比试验是在施工现场的井下工作面进行的，试验的环境温度、湿度与实际情况相符（采用425号普通硅酸盐水泥，温度17℃）。图3-25～图3-27分别为水玻璃的浓度、水灰比和 $c:s$（水泥:水玻璃）值对浆液胶凝时间的影响曲线。在具体施工过程中，根据此试验结果和注浆过程的表压力确定浆液的水灰比和 $c:s$ 的值，处理浆液渗漏跑浆，控制浆液的流动和胶凝时间，达到设计要求。

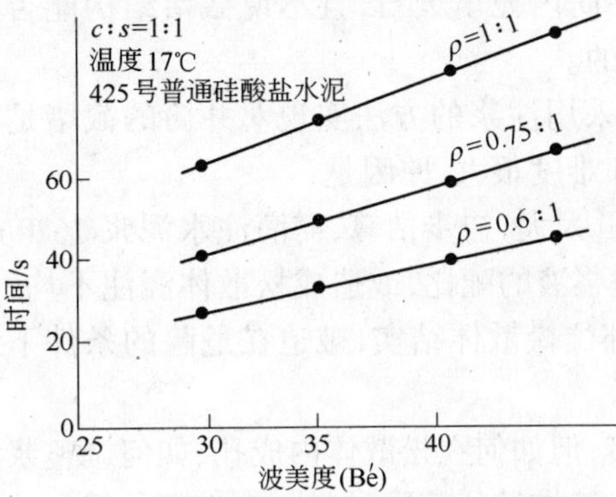

图3-25 水玻璃浓度对凝胶时间的影响

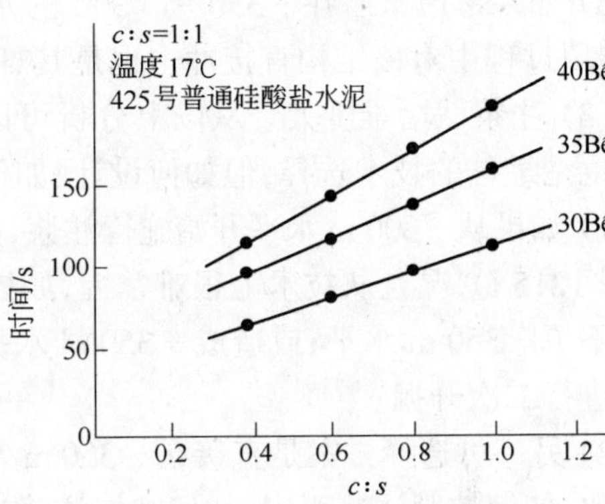

图3-26 $c:s$ 对凝胶时间的影响

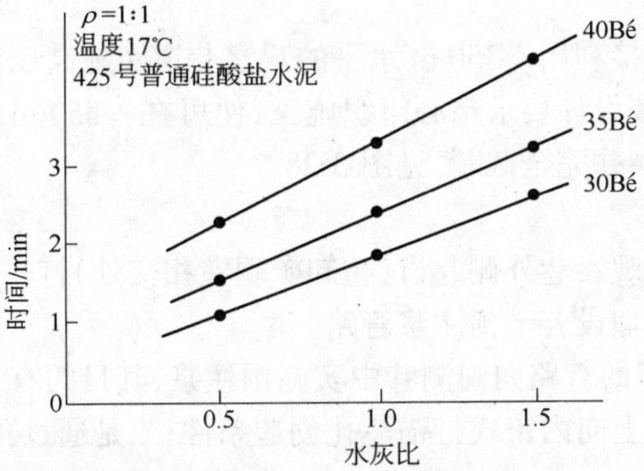

图3-27 水灰比对凝胶时间的影响

3.3.2 小官庄铁矿主溜井截堵工程

2000年，小官庄铁矿东主溜井要逐渐过渡到-350 m水平卸矿。此时发现：-300～-350 m水平溜井垮冒严重，在顶部悬空的情况下，-350 m水平卸矿系统无法保证在安全的状态下正常使用，必须进行恢复。

3.3.2.1 工程主要难点

该工程的主要难点是：

(1) -300～-350 m水平溜井垮冒严重。经过10多年高强度的使用，该井-300～-350 m水平垮冒已相当严重，虽在1994年进行过局部修复加固，后又采取了控制出矿、保持安全矿位等严格措施，但由于溜井存矿经常处于下向运动状态，溜井井壁的磨损坍塌仍十分严重，最大垮冒井径达14～16 m。

(2) 无法采用常规的截堵方案。矿山曾计划放空井内存矿，然后在-350 m水平形成一钢筋混凝土截堵结构，经分析，认为该方案很难实施，其原因是：

1) 由于井壁垮冒范围太大,井壁围岩处于不稳定的松动状态,一旦放空,势必局部片帮,甚至可能形成大规模塌方,无法在 -350 m 水平形成正常的安全施工环境,极端情况下还可能殃及 -350 m 水平卸矿系统以及相邻主井的安全。

2) 即使存在一个安全施工的环境,截堵结构也很难在破碎的井壁上找到一个安全可靠的支撑点,施工完后,一旦上部垮冒,很难保证其稳定。

3) 如果考虑事后在 -350～-300 m 水平的井筒内充填废石,且不说截堵结构能否撑住,装填过程中对该结构直接冲击也是其难以承受的。

(3) 注浆截堵难度大。从以上分析可以看出,采用注浆的方法实现对井筒的截堵是唯一的也是最佳的技术选择,但如何设计、如何实施却难度很大,原因是:

1) 如果从 -300 m 水平开始施行注浆,则需浆量太大,初步估算,需灌注水泥浆 1620 m^3(水泥 1215 t),况且从技术上很难掌握,如控制不好浆液的配比,或造成松散体浇注不均,浆液到不了 -350 m 水平;或造成 -350 m 水平以下部位松散体结实,被迫在危险的条件下对井筒进行二次开掘。

2) 另一可选择方案是直接在 -350 m 水平封堵,但如何在松散体内成孔、如何调整浆液的配比、如何控制注浆程序、如何掌握注浆过程中浆液扩散的范围和实际效果都是很大的技术难题。

3.3.2.2　技术方案

总体加固方案是:直接利用 -350 m 水平的观察巷道实施高压注浆,将溜井截断是唯一的工程选择。只要严格按设计要求精心组织施工,便可在 -350 m 水平上 7 m、下 3.5 m 的范围内形成一截堵塞将溜井完全截断,见图 3-28。

本方案要点是:

(1) 在 -350 m 水平观察巷外侧巷口(与卸矿硐室相交处)打一止浆墙,以形成一个封闭的注浆加压系统,墙面上埋设若干预注浆管路。

(2) 通过止浆墙预埋的管路向观测巷中实施预注浆,其目的有二:一是将墙内侧充填的松散矿岩固结,为从墙面上向内正式打锚注孔创造条件;二是通过预注浆将墙四周的残留漏浆点封闭。

(3) 在止浆墙上按设计孔位钻孔,每孔成孔后,随即插入一根 ϕ28 mm 螺纹钢,然后封孔注浆。

(4) 全部注浆工艺完成后,经打检查孔检查确认达到设计效果后,即可放空底部存留矿岩,其顶部形成一个永久性截堵塞。

3.3.2.3　施工工艺

施工工艺为:

(1) 首先在设计位置打止浆墙,墙厚 0.8 m,C25 混凝土,骨料选用硬度较小的石子或粗砂,绝对不允许用河卵石或石英石子,墙内侧空间尽可能用碎石填实,施工过程中由技术人员指导在墙体上预埋 4～5 条预注浆管。

(2) 止浆墙养护 5 天后,即开始从预埋管进行壁后预注浆,注浆量可根据施工过程所出现的具体情况予以控制,尽最大可能通过这一过程将观察巷内存留矿岩注实。

(3) 钻机定位后,即在墙面的设计孔位上打孔预埋孔口管,开孔孔径 ϕ115 mm,孔口管选用 ϕ108 mm 焊接(或无缝)薄壁(壁厚小于 5 mm)钢管,具体加工尺寸由现场技术人员指导

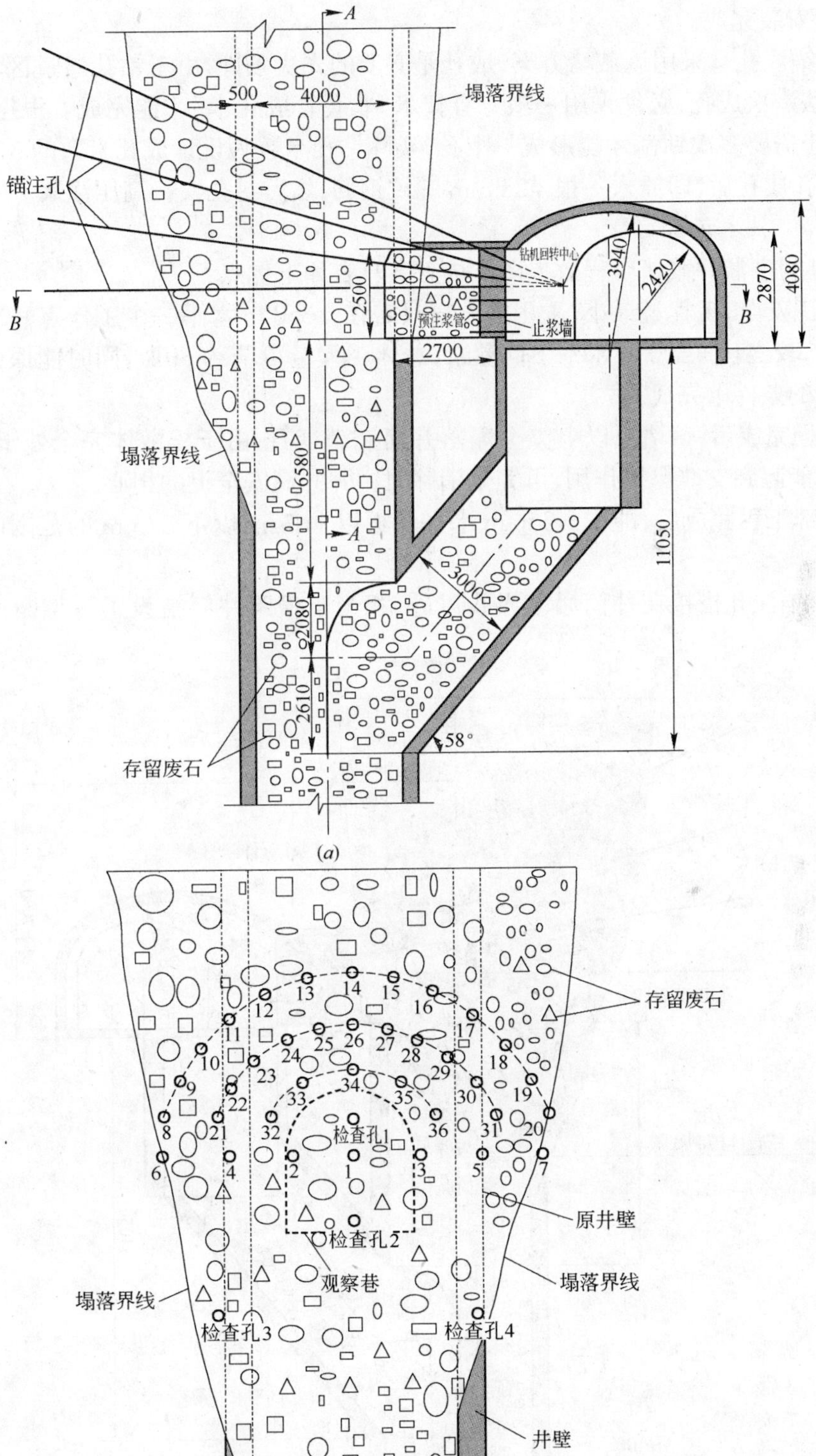

图 3-28 主溜井截堵工程示意图

(*a*)—主视图;(*b*)—*A*-*A* 剖面图

确定并负责安装完成。

(4) 打锚注孔。采用该截堵方案,成孔是必要的先决条件,由于钻孔通过区域内存留松散矿岩,无法一次成孔,必须采用一项专有技术“非套管成孔术”才能完成。根据经验,实施该技术,由于需要多次钻凿才能形成一个孔,实际钻孔米数为设计成孔米数的 3.2~4.5 倍。

(5) 每孔成孔后,即插入一根 ϕ28 mm 螺纹钢筋,然后封孔实行高压注浆。

3.3.2.4 技术评价

图 3-29 为主溜井截堵工程效果图。该方案具有如下优点:

(1) 施工安全,工程量最小,采用本方案只需在 −350 m 水平一个工作点一次性完成全部截堵工程,较之从 −300 m 水平下向灌浆,总体工程量可节约 80%,同时能保证全部施工作业在安全的条件下完成。

(2) 工程完成后,截堵塞以上整个塌落井筒充满废石,由于松散体完全处于静止状态,对塌落井壁能起到支撑保护作用,可完全消除对主井井筒安全上的担心。

(3) 全部工程完成后,即在 −350 m 水平底板以上 7 m、以下 3.5 m 的范围内形成一个完整截堵塞。

1) 由于锚注孔搭接在井筒塌落界线以外,相当于横跨井筒搭设了一架断面为拱形的桥梁。

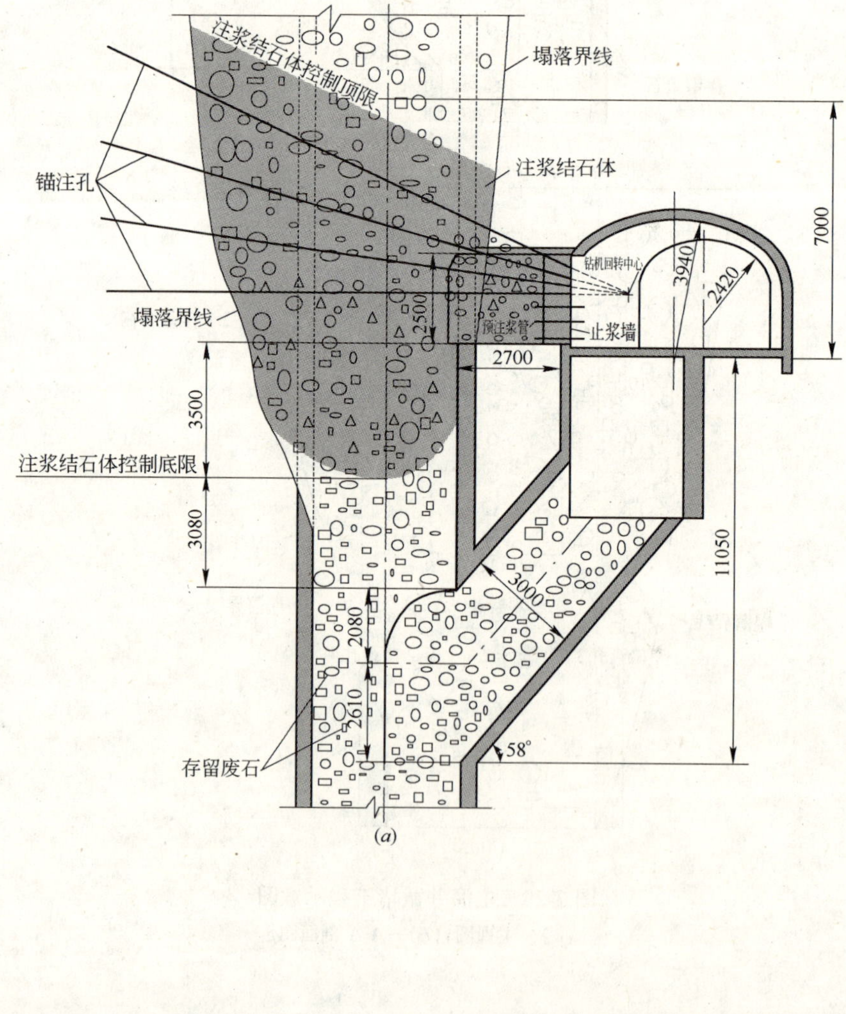

(a)

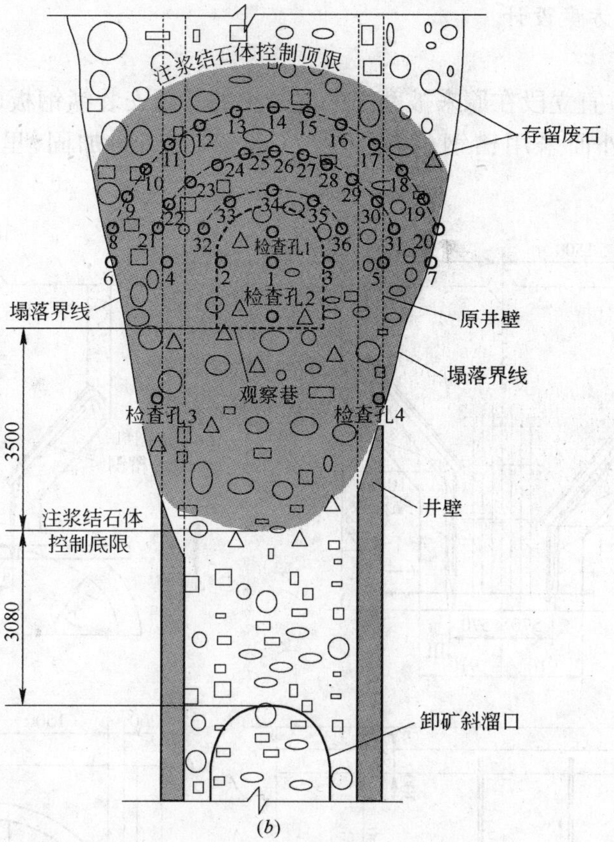

图 3-29 主溜井截堵工程效果图
(*a*)—主视图;(*b*)—*A-A* 剖面图

2) 浆液的下向渗透,可在井筒塌落的缩颈部位形成一个瓶塞形状的截堵结实体,从而可更加确保整个截堵结实体的稳定和承载能力。

3.3.3 焦家金矿 1 号主溜井加固

3.3.3.1 工程概况

1 号主溜井井筒设计净直径为 3 m,井筒净深 53 m,原支护方式为 300 mm 厚素混凝土支护。该溜井一直担负着 −150 m 中段以上全部矿石的运出任务,累积出矿量 300 多万吨。1 号主溜井与 3 号主溜井井筒间设计岩柱厚度 3.6 m,与主竖井井筒间设计岩柱厚度 10.19 m。

2001 年 8 月 20 日,利用检修该井漏斗的机会对井筒下部约 1/3 段进行检查,发现井壁混凝土已经全部脱落且岩壁磨损严重,同时对上口段进行检查发现也是如此,井筒中部的情况暂不明。通过此次检查情况来看,下部(局部断面直径达 4.5 m 以上)比上部破坏更为严重,上部斜溜槽对面的井壁,由于受矿石的冲击破损也较为严重。另外,溜井下口衬轨及上部卸载线溜槽衬轨都磨损严重。况且 1 号主溜井与 3 号主溜井间岩柱厚度不足 3.6 m,若继续使用下去势必会影响到两个主溜井的安全,如出现构造带将会造成更为严重的后果,对 1 号主溜井加固、支护已经势在必行。因此,决定对 1 号溜井上口、溜井下口和井壁进行加固支护。

3.3.3.2　加固方案设计

加固方案为：

(1) 溜井下口。直立段在原来被磨损的混凝土的外面安装锰钢板($\delta = 10$ mm)，然后浇注混凝土；斜脖段外面采用槽钢(14 号)及钢轨(24 kg/m)加固，里面浇注钢筋混凝土(图 3-30)。

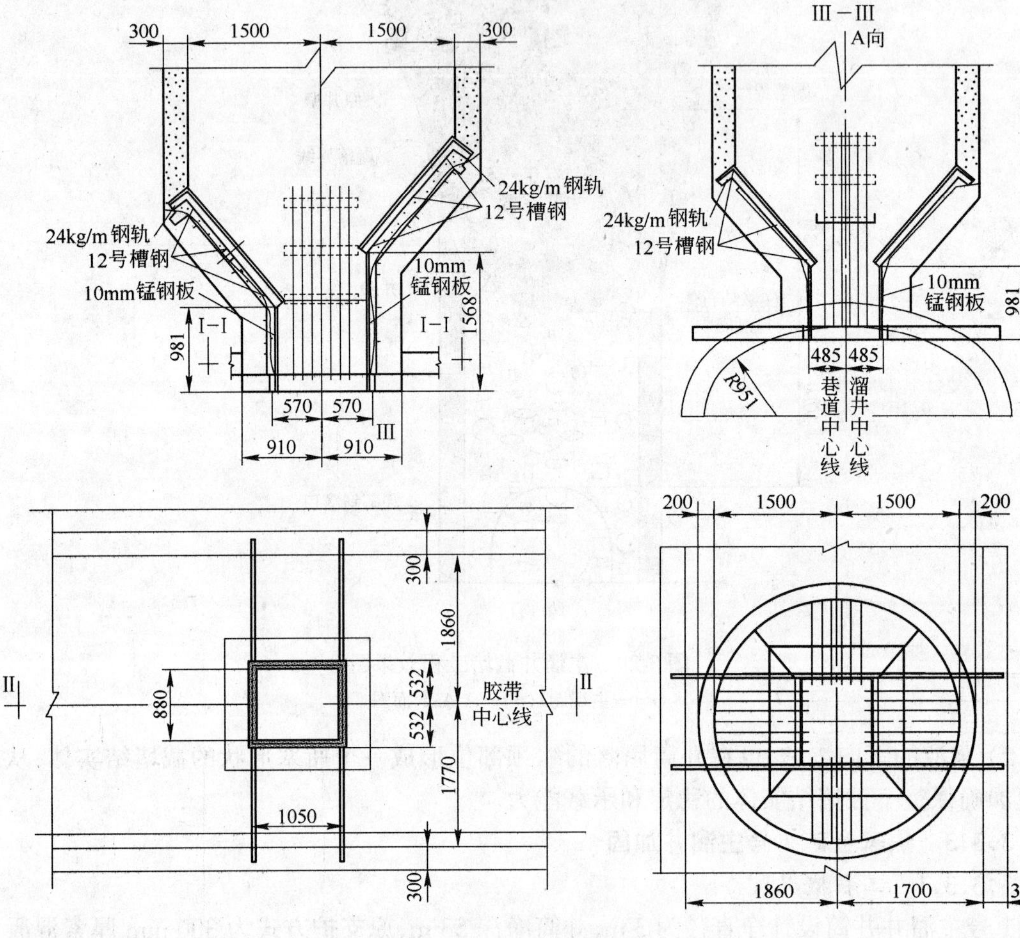

图 3-30　溜井下口加固图

(2) 井筒。根据实际情况全部采用混凝土支护。

(3) 井筒上部。由于井筒上部直接受矿石冲击，磨损比较严重。因此，本次对其进行了重点加固。首先对其上口溜矿斜槽对面的 1/3 进行加固。在井筒岩壁上凿 ϕ40 mm、深 600 mm的孔，然后安装 ϕ38 圆钢固定，上、下部圆钢间距为 800 mm，圆钢长为 800 mm；槽钢(14 号)焊接在圆钢上，钢轨(24 kg/m)焊接在槽钢上，槽钢每根 2.35 m，钢轨中心间距为 200 mm，钢轨后面浇注混凝土。其次在剩余的部位以 500 mm×500 mm 的网度布设 ϕ38 圆钢，圆钢外端与混凝土面齐平，以增加混凝土的耐磨性，达到延长溜井使用寿命的目的(图 3-31)。

下面以程潮铁矿 2 号主溜井加固工程为例，从加固工程结构设计、高压灌浆预应力锚索参数优化设计和稳定性数值分析等方面进行论述。

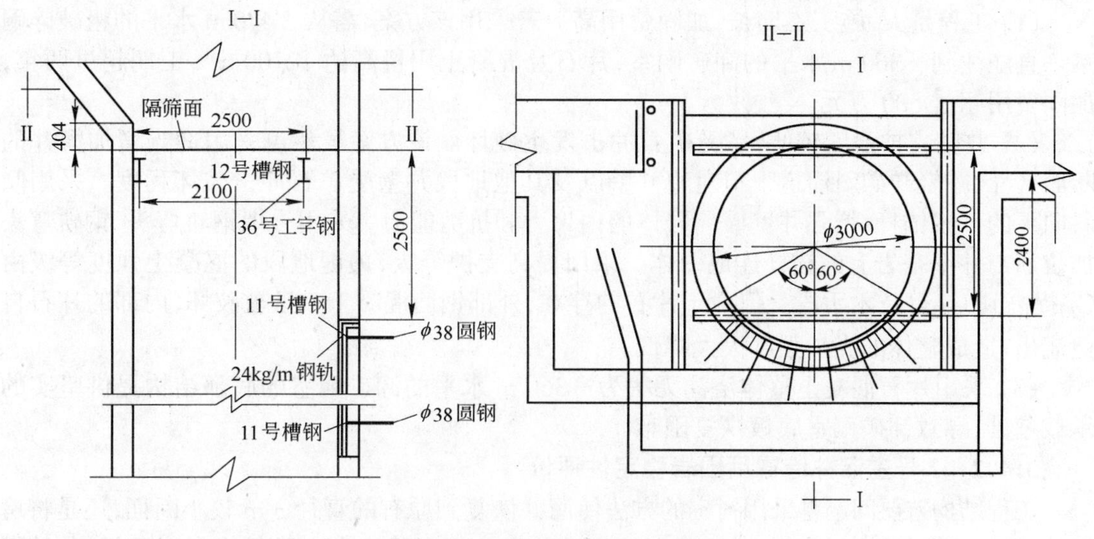

图 3-31 溜井井筒及上口加固图

3.4 程潮铁矿 2 号主溜井返修加固的工程结构

本节就程潮铁矿 2 号主溜井返修加固工程的结构进行研究。为了确保实现主溜井的储矿与溜矿的功能，其工程结构应满足以下五点基本要求：

(1) 为满足主溜井的储矿及运搬的功能，要求其整个溜破系统保持长期稳定。

(2) 在保证溜破系统整体稳定的条件下，主溜井断面的形状和大小应根据现场垮冒的具体情况，并结合矿石在溜井运动过程中与井壁之间的相互作用来确定。

(3) 修复方案的选择和结构参数，不仅要考虑工程量和投资费用，更重要的是要尽量缩短施工工期，因为 2 号主溜井的非正常运行，直接影响着矿山的生产。

(4) 溜井破坏原因分析表明，溜井的垮冒破坏，与放矿矿石的动载冲击密切有关。因此，返修加固结构应尽可能减小矿石对溜井井壁的冲击，提高溜井围岩的稳定性。

(5) 溜井围岩的垮冒破坏同时还与围岩节理发育以及开挖对围岩的破坏有关。因此，溜井的加固应考虑加固溜井围岩的松动区域，从而提高围岩的稳定性。

3.4.1 传统加固方法存在的问题

2 号主溜井属特大规模坍塌，垮冒面积达到 120 mm^2，国内一般采用的传统加固方案为片石混凝土整体浇筑的方法，如图 3-32 所示。该方案存在的主要缺点是：

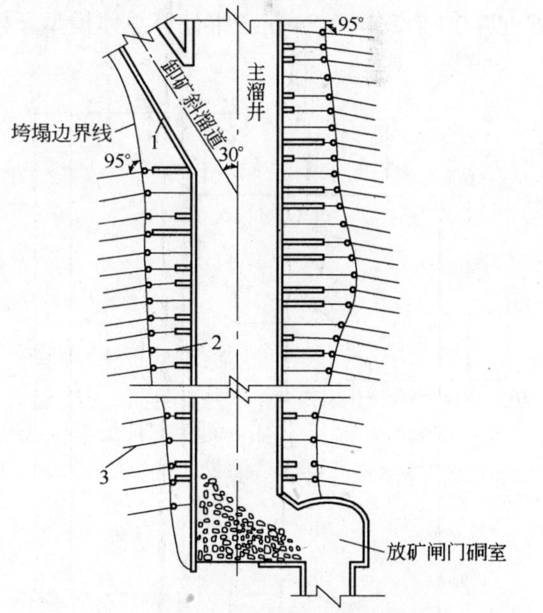

图 3-32 片石混凝土整体浇筑加固方案示意图

1—耐磨钢轨；2—连接钢轨与锚杆的拉筋；

3—井壁抗剪锚杆

(1) 工程量大，施工工期长，加固费用高。若采用该方案，需从 − 470 m 水平的粗破碎硐室一直浇注到 − 360 m 水平的卸矿硐室，片石及混凝土用量高达 12100 m^3，工期超过两年，加固费用超过 500 万元。

(2) 井壁支护强度较低，易受矿石冲击发生破坏。该方案虽然可采用适当增加溜井的断面尺寸，减轻卸矿斜溜道下口对边井壁以及其他地段井壁受矿石冲击破坏程度。采用倾斜向下的砂浆锚杆，增强井壁破碎岩体的内聚力和抗剪能力。采用火煨钢轨弯头、钢轨弯头加拉筋与井壁基岩上的锚杆连成一体。采用提高支护等级，关键地段的混凝土强度等级由 C_{20} 提高到 C_{30} 等技术手段。但由于片石的存在，外部钢筋混凝土一旦被破坏，内部的片石自然流出，造成整体的支护强度大大降低。

(3) 采用片石混凝土整体浇注无法为 − 360 m 水平的卸矿硐室的底部结构提供坚实的承载基础，导致卸矿硐室底板恢复困难。

3.4.2　2 号主溜井垮冒后围岩稳定性评价

工程结构首要问题是采用衬砌的方法使溜井恢复到原有的直径 3 m 较小断面，还是将垮冒的井壁加固形成直径达 10 m 左右的大断面溜井。后者具有大大降低修复工程量、节约资金、缩短修复工期等十分明显的优点，但是从岩体力学的观点看稳固性总是断面小的为优。因此，后一方案工程实现的可能性、安全可靠性等诸方面能否满足要求需进行认真的分析评价。

评价的目的是验证直接利用坍塌后形成的大断面主溜井的技术可能性和探索必要的工程措施。

3.4.2.1　数值计算模型设计

建立以 2 号主溜井为主体的三维岩石力学数值计算模型。计算模型的长 × 宽 × 高 = 30 m × 30 m × 80 m，模型深度范围 − 330 ～ − 410 m，如图 3-33 所示，模型自 − 360 m 水平的卸矿硐室（± 0 m）以上高度为 30 m，以下深度为 50 m。计算模型共划分有 62252 个六面立方体单元，69690 个结点，图 3-34 是三维计算总体模型。模型侧面限制水平移动，底面限制垂直移动。

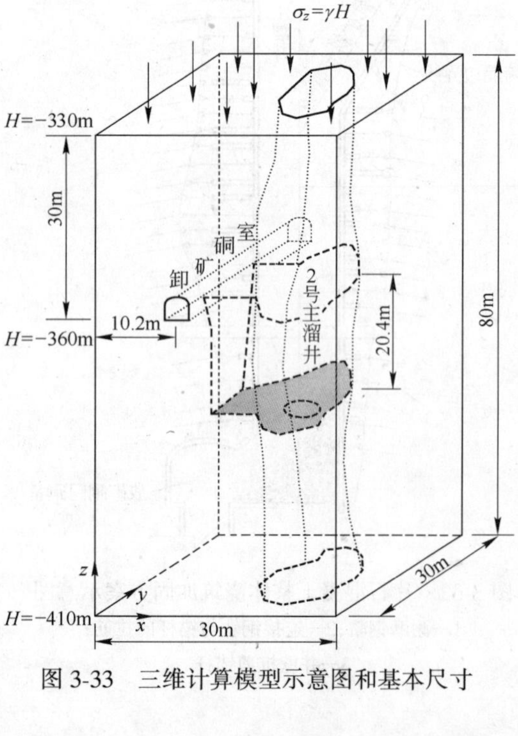

图 3-33　三维计算模型示意图和基本尺寸

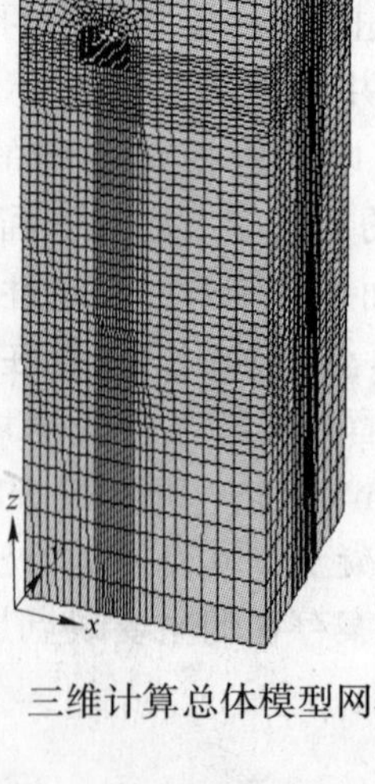

图 3-34　三维计算总体模型网格划分

3.4.2.2 计算结果及分析

计算结果的展示和解析以可视化图形为主，配合适当的文字说明。为方便读图，首先将主要分析剖面的位置说明如下：

x-y 剖面($z=0$ m)：沿卸矿硐室底板的水平剖面(图3-35，Ⅰ-Ⅰ)(若 $z=-10$ m则表示在卸矿硐室底板以下 -10 m处的水平剖面)；

x-z 剖面($y=0$ m)：垂直于卸矿巷硐轴线、过加固完成后的溜井中心的横向垂直剖面(图3-35，Ⅱ-Ⅱ)；

y-z 剖面($x=1.4$ m)：平行于卸矿巷硐轴线、过卸矿硐室箱形混凝土承载梁内侧箱壁的纵向垂直剖面(图3-35，Ⅲ-Ⅲ)。

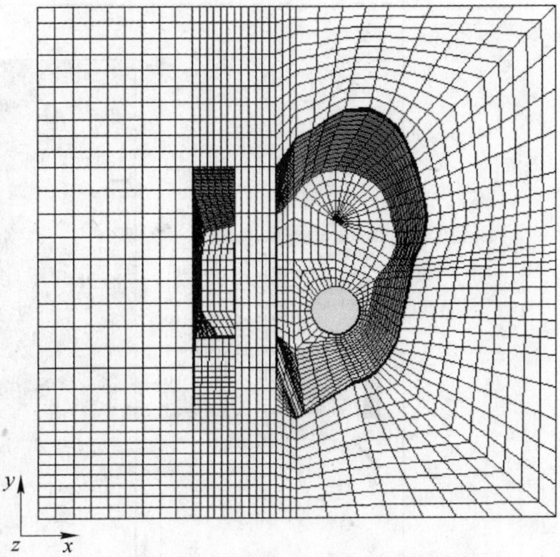

图3-35 主要分析剖面位置图

Ⅰ-Ⅰ—x-y 剖面($z=0$ m)；Ⅱ-Ⅱ—x-z 剖面($y=0$ m)；Ⅲ-Ⅲ—y-z 剖面($x=1.4$ m)

通过模拟计算得出2号主溜井垮落后围岩体的力学状态如下：

(1) 图3-36所示在卸矿硐室底板($z=0$ m) x-y 平面上，2号主溜井围岩体最大主应力 σ_1 主要集中在卸矿硐室与溜井交叉点附近，该处岩体应力是由开掘卸矿硐室时形成的巷道围岩切向集中应力和溜井周边的应力集中迭加而成。计算结果显示，在卸矿硐室底板平面内岩体的最大主应力 σ_1 为 -39.2 MPa(压应力为负，拉应力为正)，是该深度岩体自重应力 σ_z 的3.4倍。在卸矿硐室的巷道底板和卸矿硐室及溜井边缘岩体中，有较大范围的拉应力存在(图3-37)，其中最大拉应力 σ_3 为4.9 MPa。

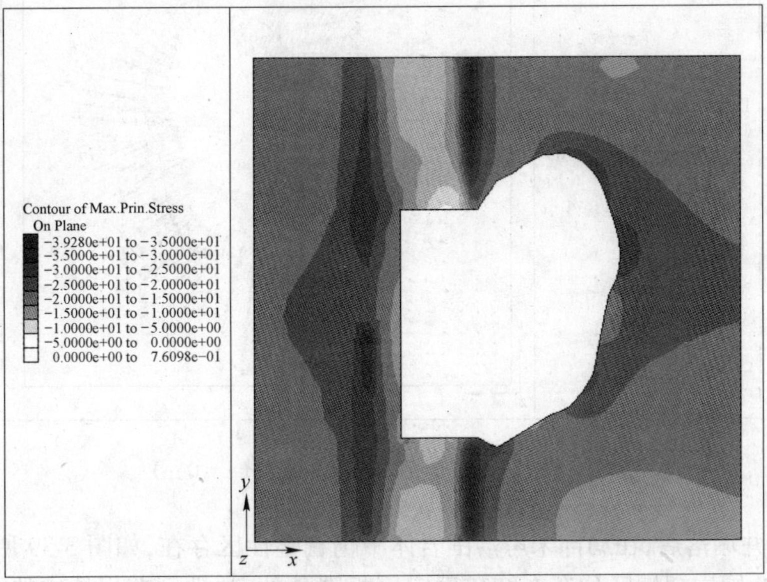

图3-36 最大主应力在 x-y 剖面分布($z=0$ m)

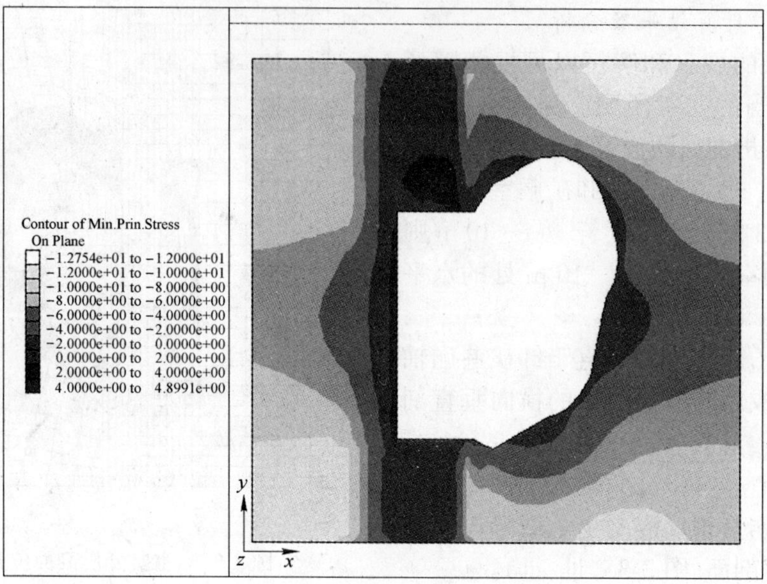

图 3-37　最小主应力在 x-y 平面分布（$z=0$ m）

图 3-38 是 2 号主溜井在坍塌后卸矿硐室底板平面上围岩位移矢量场，围岩体的主要移动方向朝向垮落空间，最大位移量为 6.4 mm。

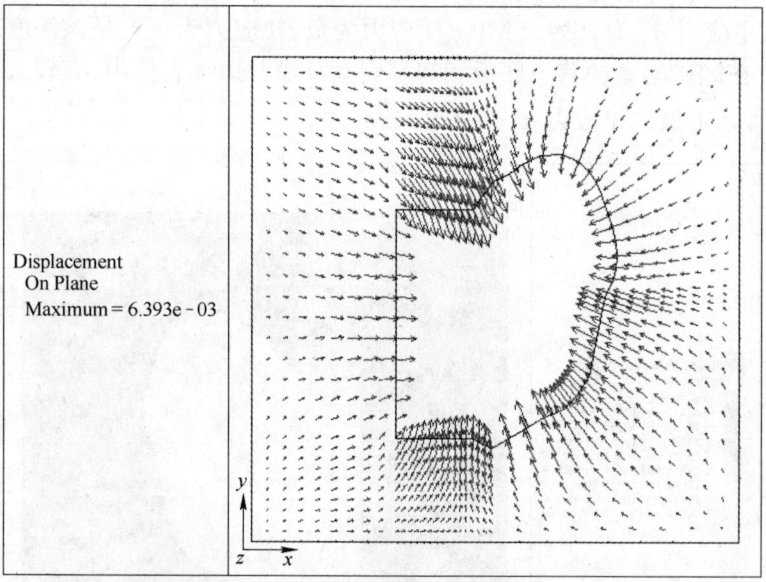

图 3-38　x-y 剖面围岩位移矢量场（$z=0$ m）

2 号主溜井塌落后，在局部未垮落围岩体中仍有塑性区存在，如图 3-39 所示，在卸矿硐室底板平面内，围岩塑性区分布在卸矿硐室底板隅角处，塑性区在岩体中的深度约 1 m 左右，这与声波测试结果相吻合。

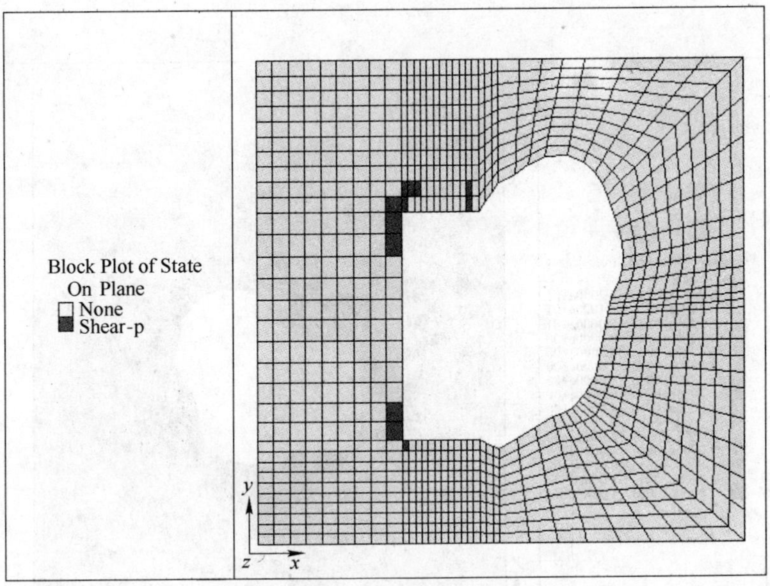

图 3-39 x-y 平面围岩塑性区($z=0$ m)

(2) 图 3-40～图 3-43 是在卸矿硐室底板 -20m 水平面上的主应力、位移矢量场和围岩塑性区的分布情况。该深度范围的岩体受力状态已经基本不受卸矿硐室的影响,周边岩体应力分布主要由井筒垮落后的形状所决定,在垮落井壁隅角处最大主应力 σ_1 为 -48.7 MPa;在井壁边缘岩体内的拉应力值降低,最大拉应力 σ_3 为 1.04 MPa,但在岩体内的分布深度和范围相对有所扩大;井筒围岩仍然向垮落的井筒空间方向移动,最大位移量为 6.8 mm,塑性区明显减少。

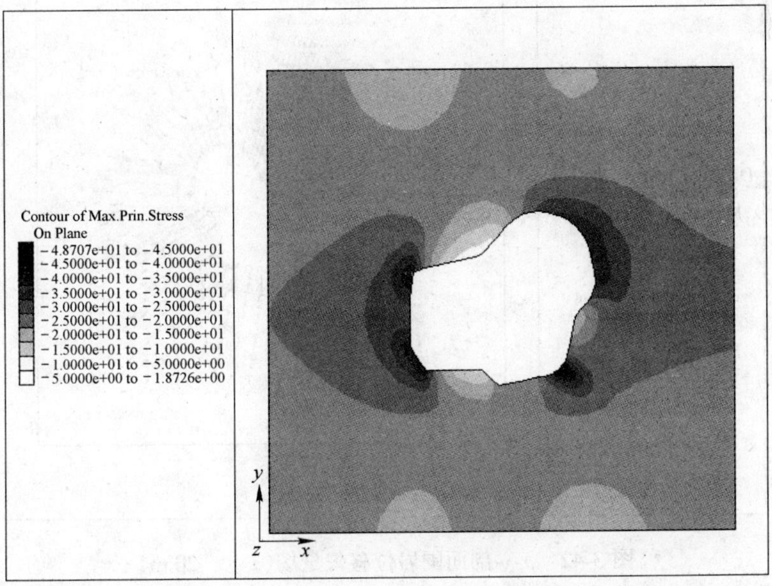

图 3-40 最大主应力在 x-y 剖面分布($z=-20$ m)

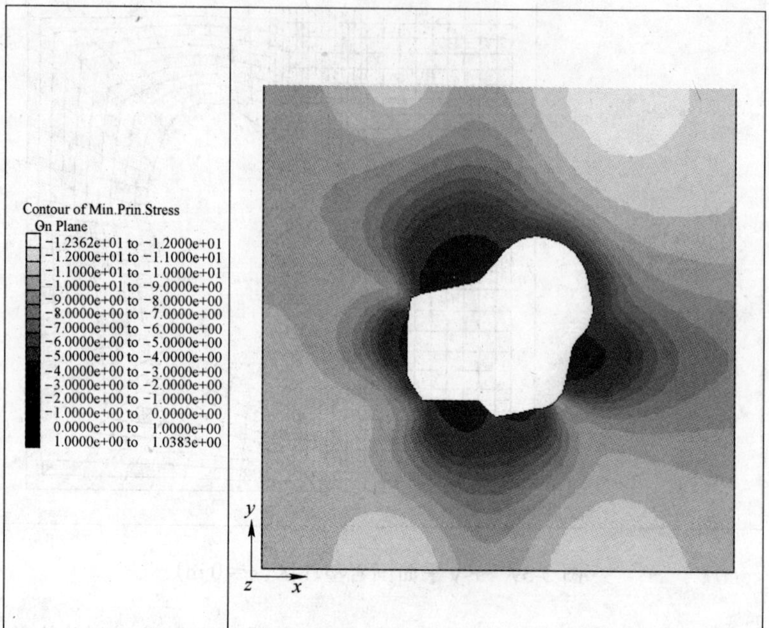

图 3-41 最小主应力在 x-y 剖面分布($z=-20$ m)

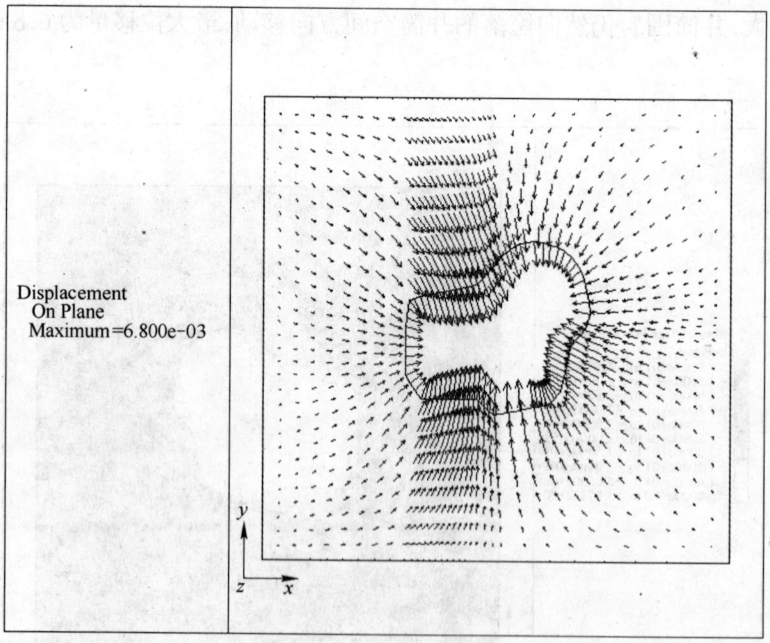

图 3-42 x-y 剖面围岩位移矢量场($z=-20$ m)

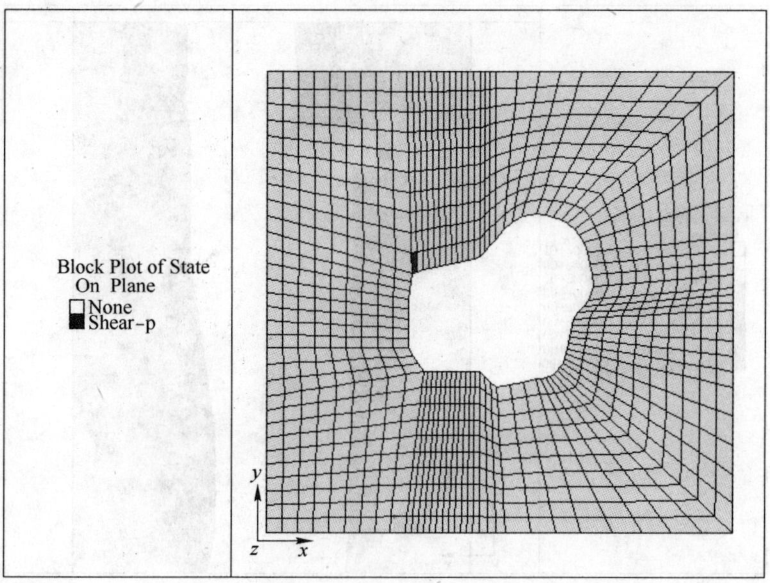

图 3-43 x-y 剖面围岩塑性区($z=-20$ m)

(3) 在卸矿硐室的横剖面(x-z 平面)上,岩体中的最大主应力 σ_1 主要集中在卸矿硐室的侧墙,在垮落的溜井围岩中,最大主应力 σ_1 随深度逐渐增加,如图 3-44 所示,2 号主溜井坍塌后,在溜井中心线所在的剖面($y=0$ m)上,围岩内最大主应力 σ_1 为 -48.4 MPa;此外,在卸矿硐室外侧拱肩处、卸矿硐室底板侧墙和溜井下部外侧围岩体中,有不同程度的拉应力存在(图 3-45),在 $y=0$ m 垂直剖面上,最大拉应力 σ_3 为 3.66 MPa。

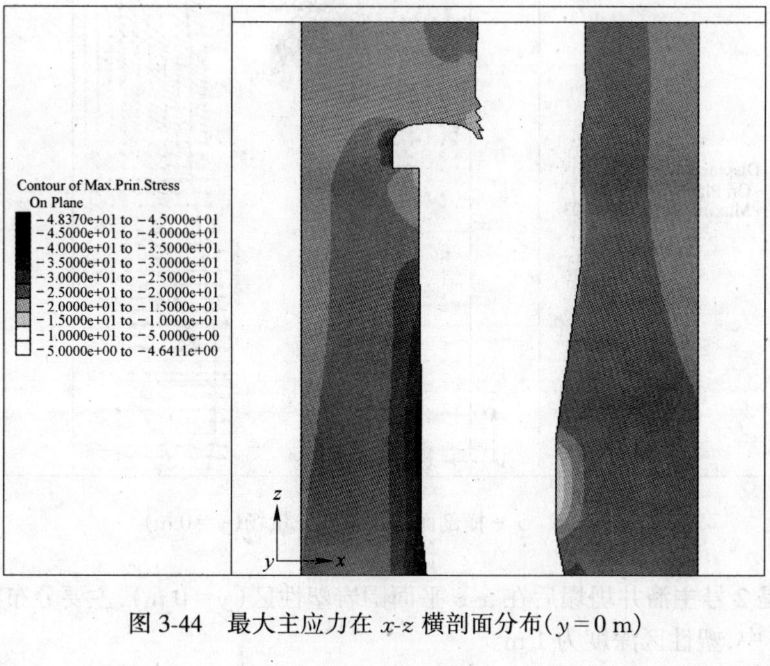

图 3-44 最大主应力在 x-z 横剖面分布($y=0$ m)

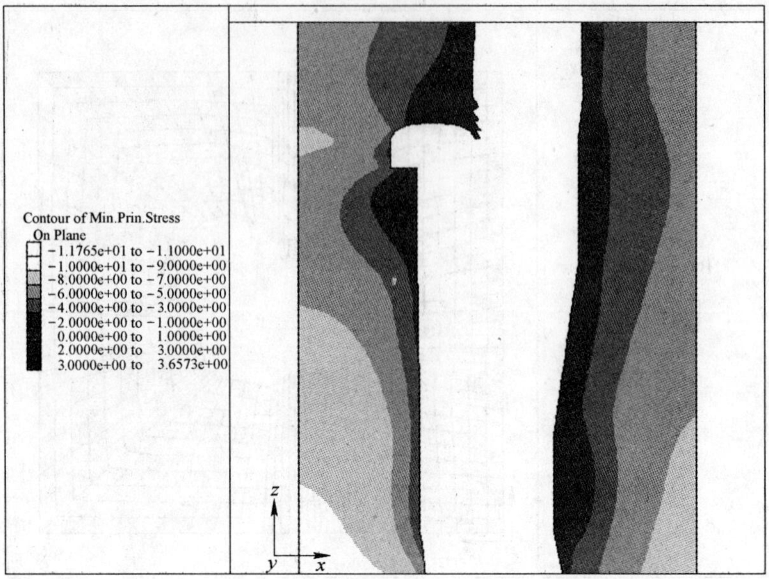

图 3-45　最小主应力在 x-z 横剖面分布（$y=0$ m）

图 3-46 中给出 2 号主溜井坍塌后在 x-z 平面围岩位移矢量场（$y=0$ m），其中卸矿硐室外侧拱肩处的位移量最大，达到 8.78 mm，卸矿硐室水平以上的岩体兼有垂直和水平方向的移动，溜井周围岩体则主要以水平方向运动为主。

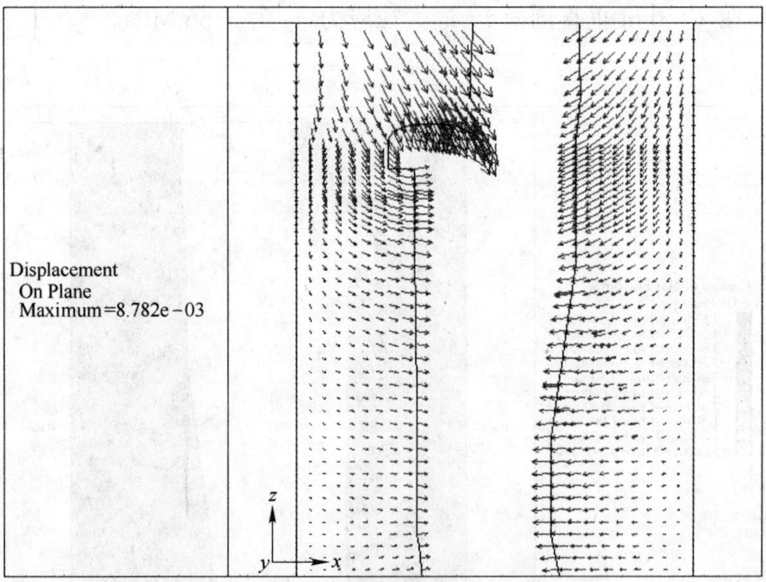

图 3-46　x-z 横剖面围岩位移矢量场（$y=0$ m）

图 3-47 是 2 号主溜井坍塌后在 x-z 平面围岩塑性区（$y=0$ m），主要分布在卸矿硐室的内侧边墙岩体中，塑性区深度为 1 m。

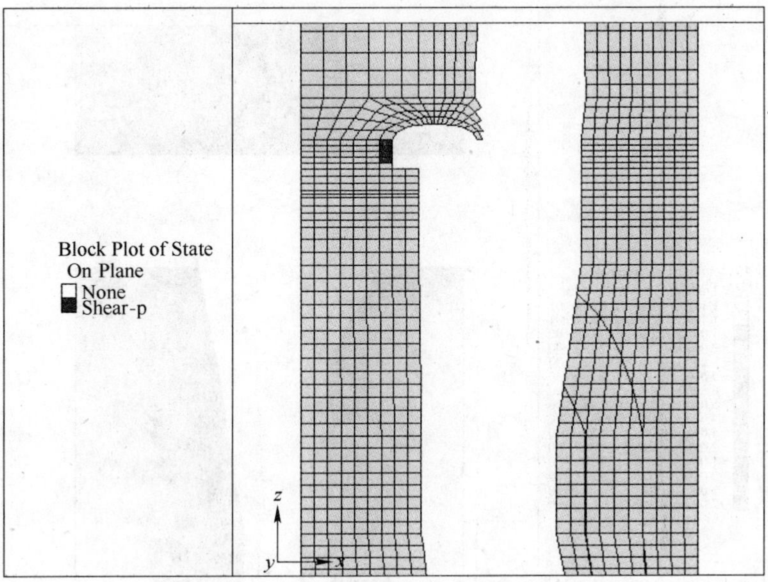

图 3-47 x-z 横剖面围岩塑性区($y=0$ m)

(4) 图 3-48 和图 3-49 是 2 号主溜井坍塌后在卸矿硐室纵向剖面(y-z 剖面,$x=0$)上围岩内最大主应力 σ_1 和最小主应力 σ_3 的分布情况。最大主应力 σ_1 主要在卸矿硐室水平 -15 m 以下的溜井围岩中,最大值为 -40.3 MPa;拉应力在卸矿硐室顶部和底板溜井边缘岩体中都有较大范围的发展,其中最大拉应力为 2.45 MPa。

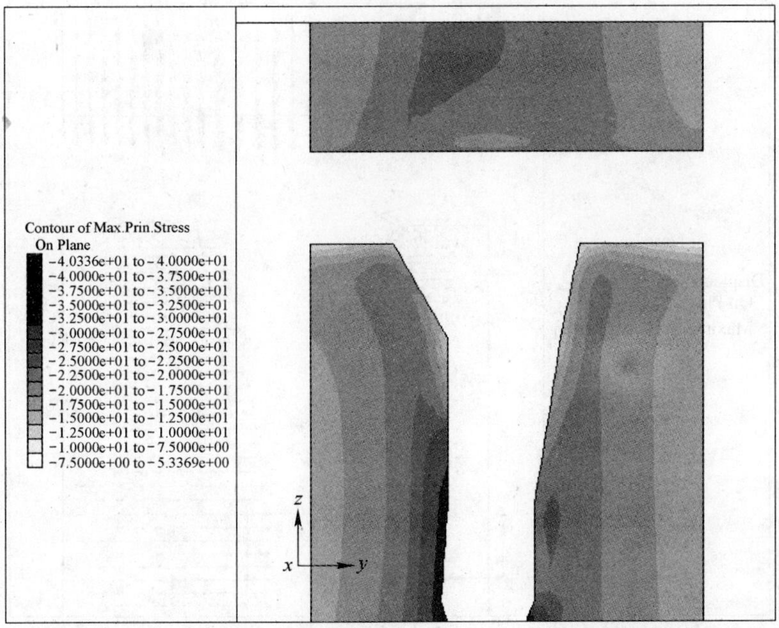

图 3-48 最大主应力在 y-z 纵剖面分布($x=0$ m)

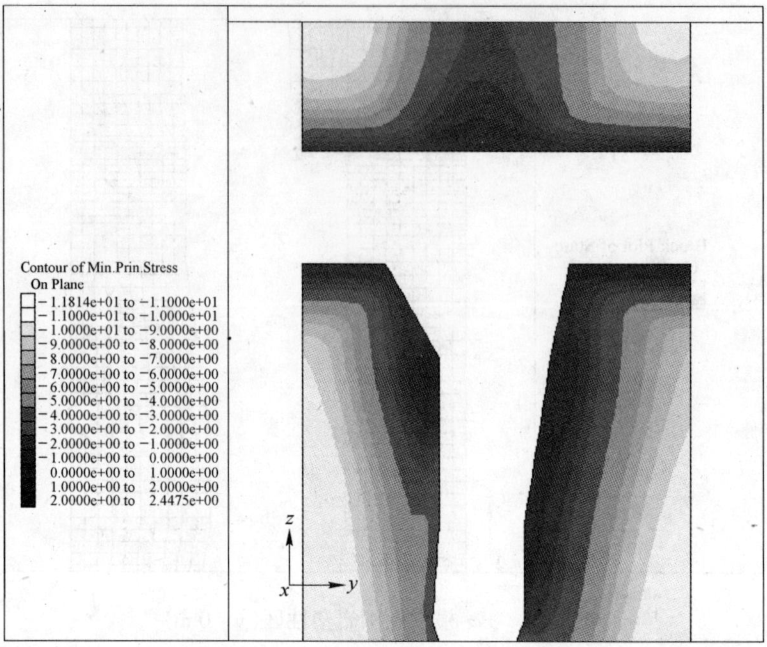

图 3-49　最小主应力在 y-z 纵剖面分布($x=0$ m)

图 3-50 是 2 号主溜井坍塌后在 y-z 纵剖面($x=0$ m)围岩位移矢量场,卸矿硐室顶部以垂直下沉为主,卸矿硐室底板溜井围岩则以水平移动为主;在卸矿硐室底板有少量的底臌产生。塑性区的范围并不明显,见图 3-51。

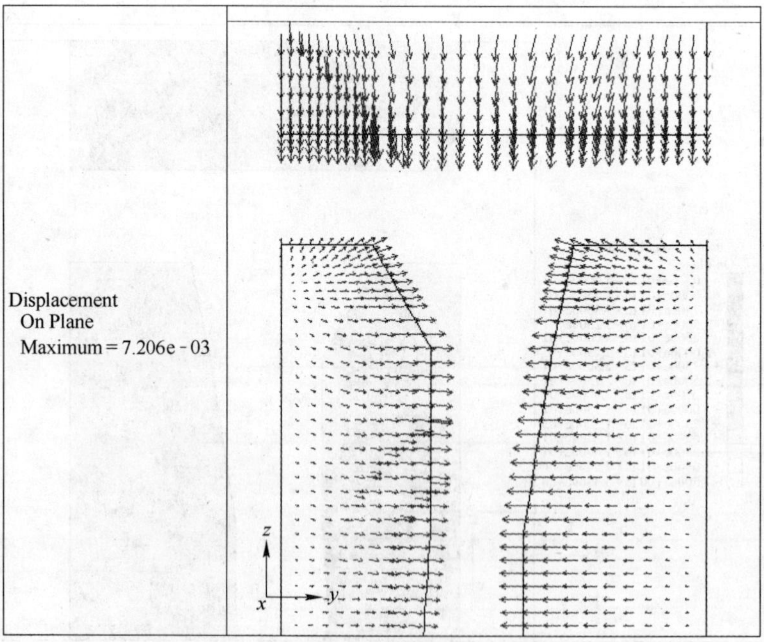

图 3-50　y-z 纵剖面围岩位移矢量场($y=0$ m)

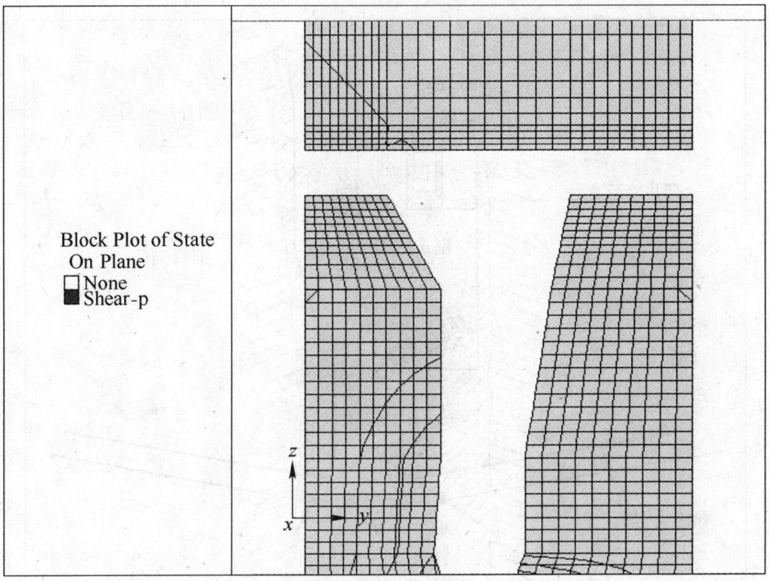

图 3-51 y-z 纵剖面围岩塑性区($x=0$ m)

通过对2号主溜井垮落后围岩的力学状态模拟,得到以下几点基本认识:

(1) 溜井围岩体在较大的水平构造应力环境中,因卸矿反复受冲击荷载作用使岩体强度降低。同时,卸矿硐室和溜井交叉处的岩体以及卸矿硐室底板隅角岩体中有较高的应力集中区,是最终导致溜井围岩体移动变形、塑性破坏和垮冒的内在根源。

(2) 在未受卸矿冲击载荷作用的情况下,2号主溜井处于相对稳定状态,但在溜井边缘的岩体中,仍有较大的拉应力存在,围岩体的主要运动趋势在水平方向,采取合理的锚固措施,可控制井壁向溜井空间运动的进一步发展。

(3) 卸矿硐室与溜井构成了一个相互影响、相互作用的力学体系,在修复和加固2号主溜井时,除了满足卸矿硐室和溜井各自的基本功能外,对于亚临界破坏的溜井围岩体,在考虑不同支护对象应力和变形特点的基础上,增设合理的加固结构,可在很大程度上减小动载荷的作用,避免因冲击荷载造成岩体的破坏。

3.4.3 主溜井整体加固结构设计

3.4.3.1 "托斗法"加固整体结构

基于以上的分析,认为2号主溜井的返修加固必须采取井、硐联合互强,顾此及彼,综合治理的方法,改善溜井的受力状态,减小矿石对溜井结构的冲击,不仅可以缩短施工工期,降低返修工程费用,更重要的是能够确保溜破系统的长期稳定。

根据溜井卸矿部位采用托斗形成卸矿结构的设计指导思想,首先在 -388 m 水平开始上向构筑一个中心漏斗口直径3 m、高8.4 m的井筒作为平台,以此平台为基础,上向外倾60°沿塌落井壁浇筑钢筋混凝土,最终形成以井筒为漏口的漏斗状结构。但由于从塌落井壁的纵剖面看,漏斗结构悬在半空,呈不稳定状态。为此,专门在 -388 m 水平以下设计支托结构,将漏斗结构托住,故称之为"托斗法",如图3-52所示。此外,配套采取箱型钢筋混凝土结构完成卸矿硐室底部的卸矿部分,二次高压灌浆预应力锚固技术完成"托斗法"底部的支托结构,全长黏结式抗剪锚杆完成对溜井围岩体加固的总体返修设计方案。

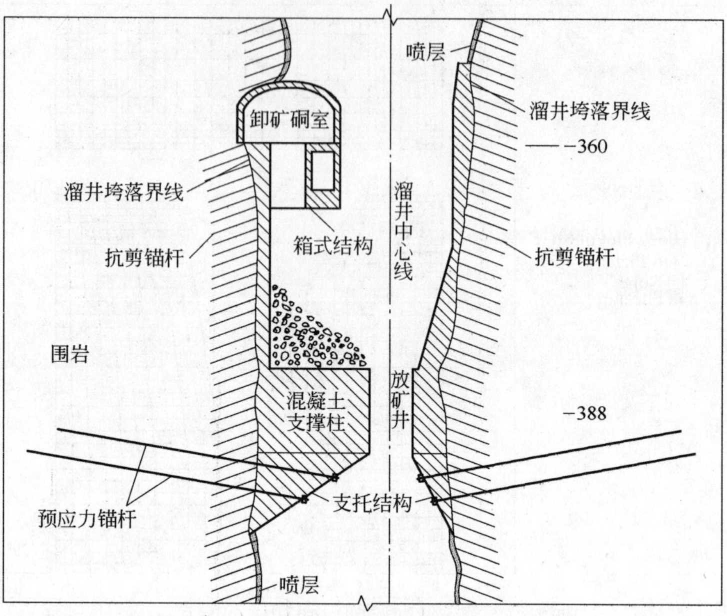

图 3-52　“托斗法”大断面加固结构示意图

构成托斗结构主要包括:钢筋混凝土支撑柱、放矿井和倾斜支托结构,其中水平钢筋混凝土支撑柱主要起支撑井壁的作用,并将溜井分为上下两部分,在其上部由崩落矿石垫层形成缓冲层和漏斗。放矿井位于原溜井部位,并贯穿水平支撑柱以流放矿石至下部,其上部由松散矿石和井壁形成受矿漏斗。倾斜支托结构主要的目的是支撑水平撑柱,而为了形成该支托结构所采用的二次高压灌浆预应力锚固技术又进一步加固了井壁围岩内部,使之在溜井中部与水平支撑柱一起形成外强撑内加固的强力支撑结构。

对比分析传统加固方案和在原主溜井垮冒规模的基础上增设托斗结构方案可知,后者具有如下明显优点:

(1) 有效降低矿石冲击载荷破坏程度。按原设计,卸矿过程中矿石冲击最频繁的部位是分支斜溜道下口对面的井壁,采用“托斗法”方案,取消了 −360 m 水平下部分支斜溜道的恢复,使斜坡过渡段变为垂直平底过渡段,这样从 −360 m 水平卸下的矿石只能砸在托斗底部的平底过渡段近 6 m 粉矿垫层上,并沿矿石堆流动,又可通过调整储矿高度来适当调节坡面角,从而降低矿石的流动速度,加之卸矿中心距离对面井壁较远,大大降低了矿石对井壁的冲击破坏程度。

(2) 可以有效控制井壁的变形破坏。主溜井将形成从 −360 ~ −430 m 水平,高达 70 m、直径达 10 m 以上的空场,为防止溜井的进一步垮冒,除沿整个井壁加强支护外,在其中间部位设置水平钢筋混凝土柱强力支撑控制井壁,并缩小井壁的垂直暴露面积,以有效控制井壁的位移和变形破坏。

(3) 有效减少加固工程量,降低返修费用,缩短施工工期。实施“托斗法”结构可以避免 −388 m 水平以下 40 多米井筒围岩的加固,节省混凝土浇筑工程量 1600 m^3,节约直接工程投资 200 多万元,缩短施工工期 1 年以上。

(4) 提高溜井容量及运搬能力,充分发挥主溜井的作用。“托斗法”结构不仅减少了修复工作量,而且修复后的溜井容量增大,有利于实现和扩展其储矿及运搬的功能,修复以后溜井的储矿量将比原设计增加10倍以上。

3.4.3.2 溜井流动动载效应评价

已知由于侧壁式静止(或相对静止)的物料存在将改变流动物料的速度分布,同一水平,愈靠近流动带中心的摩擦力愈小,其流动速度则愈大。显然,流动物料也反作用于井壁或静止物料,表现为侧压力和摩擦磨损,其作用可因流动带或工程结构的不同而发生变化。为分析本问题,进行了溜井中矿石移动及其流速分布规律的试验。

A 实验模型设计

模拟实验的相似理论中包括几何相似、物理相似、初始条件相似和边界条件相似,根据文献,重力放矿模型的试验研究,只要同时满足材料的内摩擦角相等、几何相似两个条件,就完全可以达到试验精度的要求。所以,本次试验要求试验材料与原型材料的物理性质相似和模型尺寸与现场原型的尺寸须满足:

$$\frac{l_{\mathrm{p}}}{l_{\mathrm{m}}}=a_{\mathrm{l}} \quad \frac{l_{\mathrm{p}}^{2}}{l_{\mathrm{m}}^{2}}=a_{\mathrm{A}} \quad \frac{l_{\mathrm{p}}^{3}}{l_{\mathrm{m}}^{3}}=a_{\mathrm{v}} \tag{3-2}$$

采用1:40的立体模型以保证模拟的范围和较高的精度要求。根据主溜井实测垮冒断面尺寸、深度和选定的模拟比确定模型的外观尺寸为直径320 mm、高750 mm的焊接铁筒,下部的放矿口为圆形直径60 mm,实验模型如图3-53*a*所示。

模拟的松散材料选用高品位磁铁矿石,根据表3-5中的各级粒度所占的体积率配制500 kg物料备用。经过测定配比后的实验模拟材料中的矿石容重为3.53 t/m³。

测点位置的设计既要考虑尽可能地减少测点的数目,又要使之具有一定的代表性并能较准确地确定矿石移动的规律。试验中从放矿口水平5 cm处开始作第一测量层,由此往上分别在10,15,20,25,30,35,40,45,50,55 cm处布置测量层。选用三维极坐标系,在每个测量层上采用垂直进路方向的x和θ角表示,z向垂直于测量层。各水平测量层上标记颗粒摆布方式见图3-53*b*。

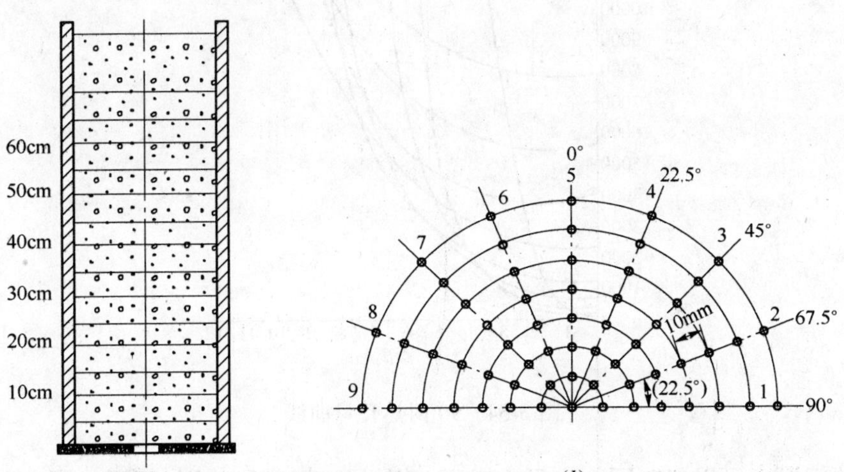

图3-53 主溜井放矿模拟设计图

(*a*)—模型箱;(*b*)—标记颗粒摆布方式图

表 3-5　各级粒度所占的体积率及重量

粒度/mm	1～6	7～10	11～15	16～20	>20	合计
体积率/%	69.98	18.55	8.3	2.44	0.73	100
重量/kg	349.9	92.75	41.5	12.2	3.65	500

本次实验共用标记颗粒布置了 11 个测层，最高测层从放矿底板算起高 55 cm。出矿时，每铲一铲，如铲里有标记颗粒就称记重量一次。每铲大约 40～50 g，基本每铲都有标记颗粒，而且不止一粒，把每铲的各标记颗粒号码记录下来，并同时记录该铲的松散介质重量（包括标记颗粒的重量），以备最后累加得出该标记颗粒的放出量。

B　实验结果

根据实验结果计算各个水平上距离放矿口中心线等距的各颗粒点的平均达孔量，由达孔量表绘出达孔量曲线，如图 3-54 所示，由于篇幅的关系，本书只给出了 90°的情况。图中横坐标为标志颗粒点距放矿口中心线的距离，纵坐标为标志颗粒的达孔量，对应每个高度的标志颗粒分别绘制一条达孔量曲线，它定性地反映了同一水平上与下部放出轴线不同距离的矿石放出时间的早晚。

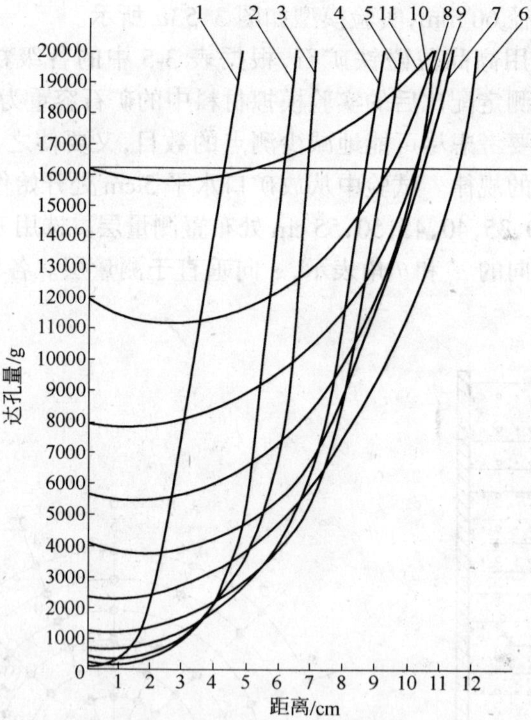

图 3-54　90°时达孔量曲线

讨论的问题中可以忽略同一水平上矿石至放出口距离的差别，用同一平面上各矿石的达孔量之比 K 来反映速度的相对大小，其中流动轴处的 $K=1$，其余各点 $K<1$，距离轴线愈远则 K 值愈小，据此可做出各水平放出速度分布图（图 3-55）。

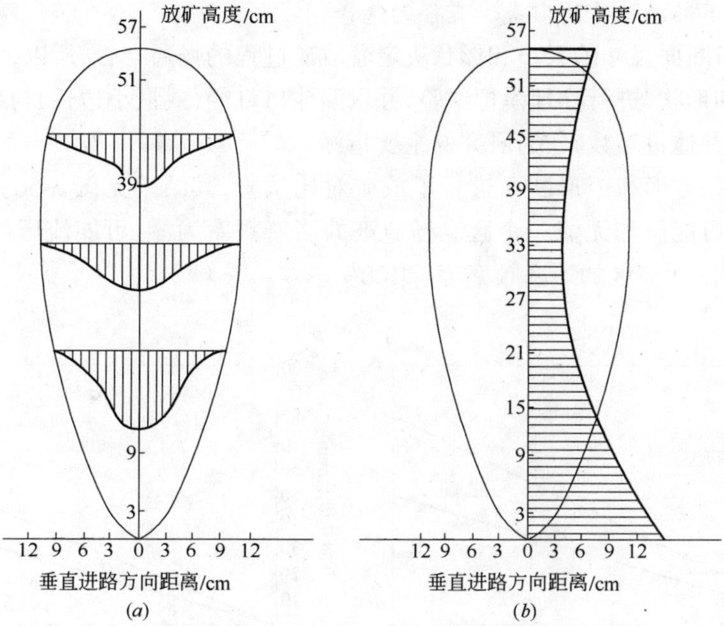

图 3-55 矿石相对运动速度分布图

(*a*)—各水平层上的速度分布；(*b*)—流动轴上的速度分布

由图可见：(1)各水平的流速分布相似，均为中心大向四周变小，直至为零。但随水平不同流动带大小、平均流速和中心部位最大流速各不相同。水平低处流动带小，平均流速和中心最大流速均较大。(2)直接位于放出口上方直径 3～4 m 的柱状范围内，同一平面各点流速分布梯度变化不大，平均流速和最大流速十分接近。在此范围之外，流速有所减缓，并逐渐向静止过渡。

由上可见，若采用传统加固方案，位于放出口上方的矿石直接受井壁的约束，将以流动轴为中心形成全断面管筒状高速流动，剧烈地冲击摩擦井壁。反之，采用“托斗法”方案，矿石高速的流动带将向井壁另侧矿石堆偏移，在此处存在慢速直至静止矿石堆，这将有助减轻传统方案的不良影响。而且当慢速运动，特别是静止并通过压实的矿石将提供侧压力支撑井壁围岩。因此说，若采取合理的工程锚固结构，提高“托斗法”的整体稳定性，采用该方案不仅可行，而且有利于减小矿石对井壁的冲击与摩擦破坏。

3.4.3.3 托斗结构部位的选择与水平支撑柱厚度的确定

无论从有利于地压控制，还是从与卸矿硐室底板的距离方面考虑，托斗结构部位应选择在溜井高度的中间部位(距离卸矿硐室底板 20 m)。若距离卸矿硐室底板过高，则卸矿过程中矿石产生的冲击破坏作用过大。若过低则矿石的流动空间过小，不利于放矿过程中的生产管理。

水平支撑柱厚度的确定主要考虑该结构过厚不仅工程量大，而且易造成矿石的堵塞，过薄强度又不够，所以应在充分保证水平支撑柱稳定的条件下取较小值。考虑类似跨度下大量崩落采矿法顶柱的取值，一般约为跨度的一半，并考虑到该工程的特殊性和重要性，取其厚度为 8 m 左右。

3.4.3.4　下部漏斗井的形式和直径的选择

下部漏斗口断面尺寸的大小和形状决定着放矿过程的畅通与否，所以，为了确定合理的断面尺寸大小和形状，进行物理模拟试验，并以漏斗口直径（或最小边长）与矿石最大块度尺寸之比（简称溜井通过系数）作为研究的主要指标。

主要对圆形、方形和矩形断面进行了放矿对比试验，其结果见图 3-56。图中以堵塞频率划分为畅通、可能流和无流三个区。畅通区的堵塞频率为零，可能流区的堵塞频率大于零，且小于 100%，无流区的堵塞频率等于 100%。

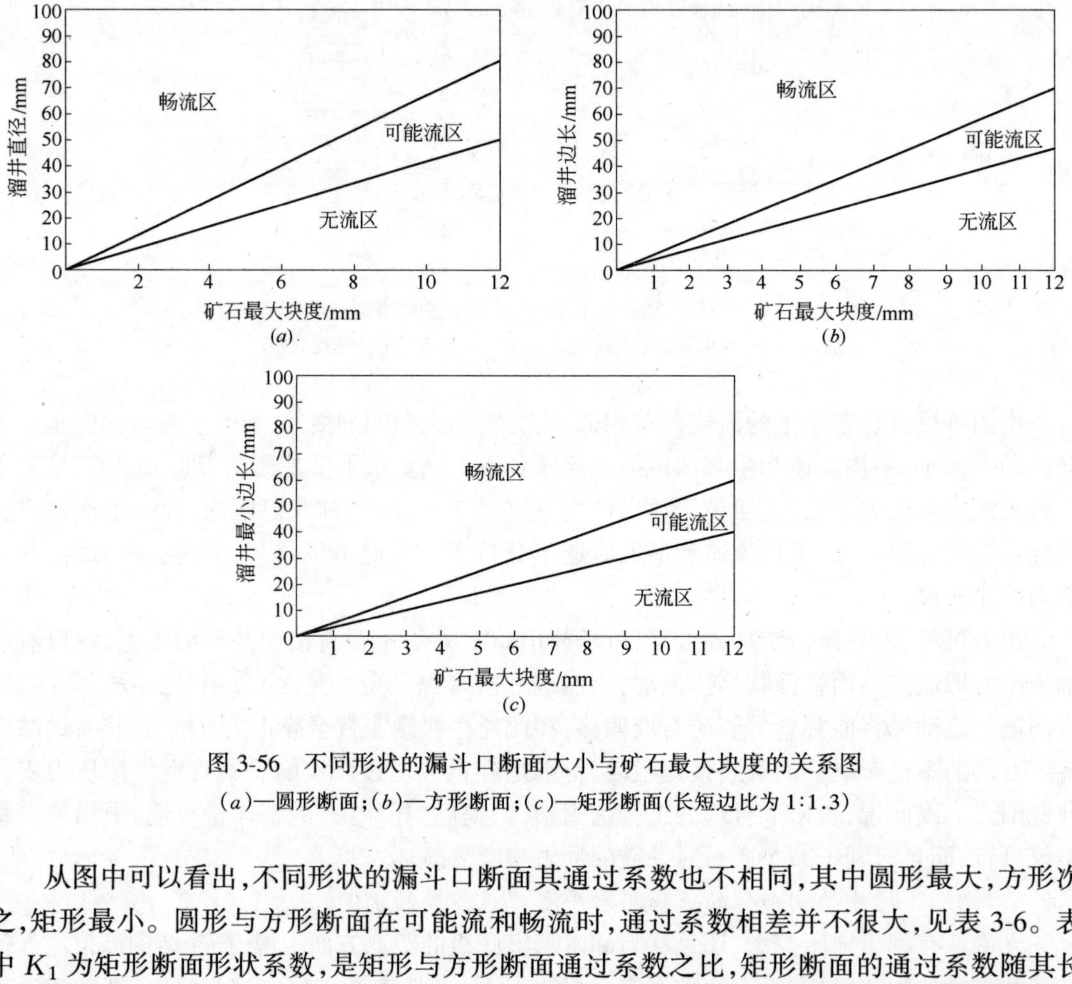

图 3-56　不同形状的漏斗口断面大小与矿石最大块度的关系图

(a)—圆形断面；(b)—方形断面；(c)—矩形断面（长短边比为 1:1.3）

从图中可以看出，不同形状的漏斗口断面其通过系数也不相同，其中圆形最大，方形次之，矩形最小。圆形与方形断面在可能流和畅流时，通过系数相差并不很大，见表 3-6。表中 K_1 为矩形断面形状系数，是矩形与方形断面通过系数之比，矩形断面的通过系数随其长短边之比的变化而变化，长短边之比大，则通过系数小，反之则大。程潮铁矿规定放矿块度的最大尺寸为 500 mm，为保证其放矿时的畅通，根据表得出圆形漏斗口尺寸最小为 2100 mm，方形溜井的最小边长为 1900 mm。

考虑到圆形与方形断面在可能流和畅流时，断面最小尺寸相差并不很大，加之圆形断面可有效降低应力集中程度，有利于底部漏斗的长期稳定，故漏斗形状选择圆形，其大小为 3000 mm。

表 3-6 不同形状断面溜井的通过系数

流动类别	溜井断面形状		
	圆 形	方 形	矩 形
可能流时	4.16	3.83	$3.83K_1$
畅流时	6.67	6.08	$6.08K_1$

3.4.3.5 *溜破系统加固结构整体设计*

“托斗法”结构设计图包括卸矿硐室及主溜井支护主视图(图 3-57)、*A-A* 剖面图(图 3-58)、*B-B* 剖面图(图 3-59)、*C-C* 剖面图(图 3-60)、*D-D* 剖面图(图 3-61)、1-1 剖面抗剪锚杆钢筋混凝土加固图(图 3-62)、2-2 剖面抗剪锚杆钢筋混凝土加固图(图 3-63)、部件图(图 3-64)和混凝土梁配筋及说明(图 3-65)和支托结构设计图(图 3-66)。

“托斗法”结构设计形式具有以下技术特点:

(1) 卸矿硐室底板的恢复和承载梁结构设计特点。由于 − 360 m 水平卸矿结构全部垮落,卸矿硐室的底板已不复存在,修复结构没有承力的基础。经详细的研究,决定采用多根 I_{60}工字钢支撑搭桥跨过塌落区,两端座固定在坍塌的基岩上,形成一个结构完整的箱式底卸式卸矿结构,再经过墙和柱与下部卸矿漏斗结构连成整体,如图 3-57 和图 3-60 所示。箱式承载梁的结构和混凝土配筋方式如图 3-65 所示,其最主要的特点是可以大大减轻自身的重量,有利于自身的稳定。

(2) 岩层二次高压灌浆预应力锚固技术的应用。岩层二次高压灌浆预应力锚固技术是将高压灌浆与预应力锚固技术有机结合,在锚杆安装过程中实施二次高压灌浆,不仅克服了常规一次灌浆预应力锚杆的预应力容易损失、单根锚杆的极限承载力低等缺点,而且对于节理裂隙发育、软弱夹层、粉碎状岩层实现了整体加固,可谓一举两得。这一技术的优点是预应力可以长久保持,锚杆的整体承载力增加,大大提高锚杆的锚固效果,降低工程造价。

该技术是“托斗法”整体加固溜井施工方案成立的核心和关键,这是因为 − 388 m 水平以上浇灌的混凝土主要靠其下的支托结构提供支承,而该支托结构又靠二次高压灌浆预应力锚杆锚定,所以该技术直接关系到溜井修复结构的整体稳定。为此,将在 3.5 节对岩层二次高压灌浆作用机理、二次高压灌浆提高锚杆承载力的作用形式以及锚索与灌浆体相互作用机制进行研究。

(3) 支托结构设计的特点。支托结构的设计见图 3-66,由于该结构的存在,形成一个由储矿漏斗、支托结构和岩体相互作用、共同承载的完整力学体系,不仅在支托储矿漏斗方面能发挥重要作用,同时将承载力传递到周围岩体,减轻了岩体的拉剪破坏,在保证整个修复的溜破系统的稳定性方面亦起着重要的保证作用,其主要参数的优化和稳定性分析将在 3.6 节进行研究。

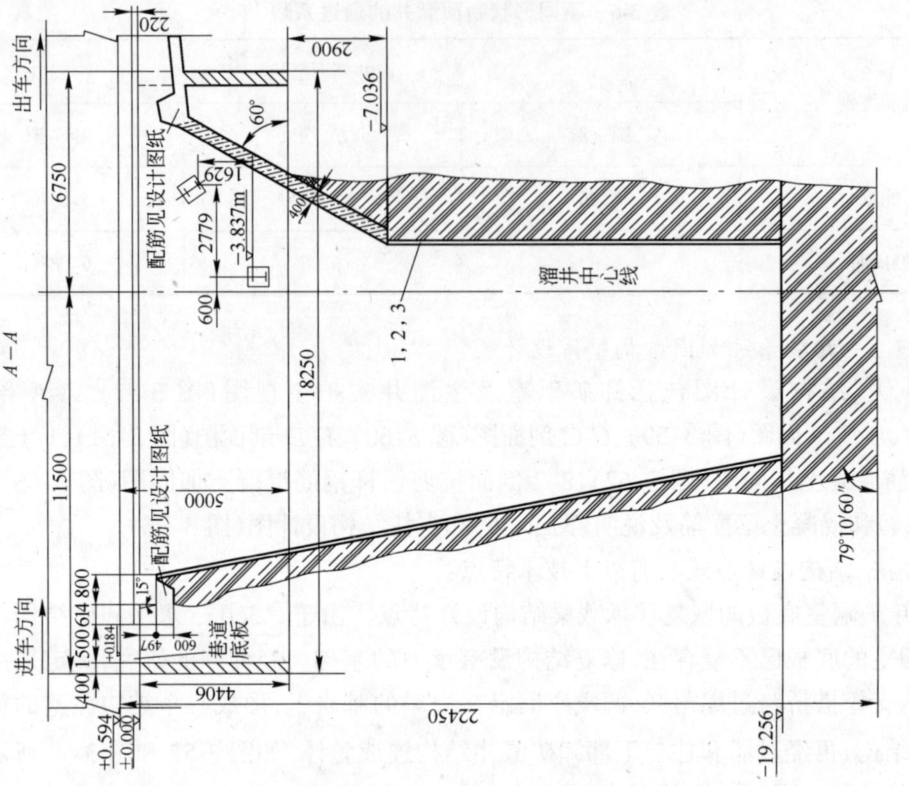

图 3-58　图 3-57的A-A剖面图

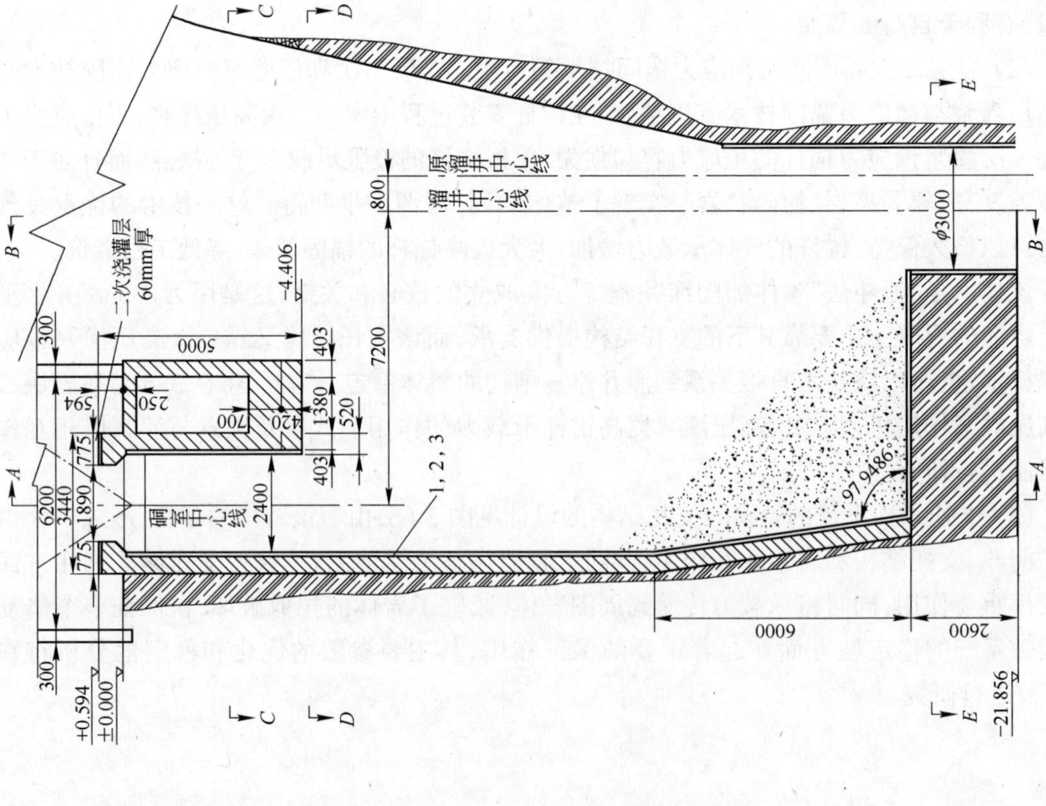

图 3-57　卸矿硐室及主溜井支护主视图

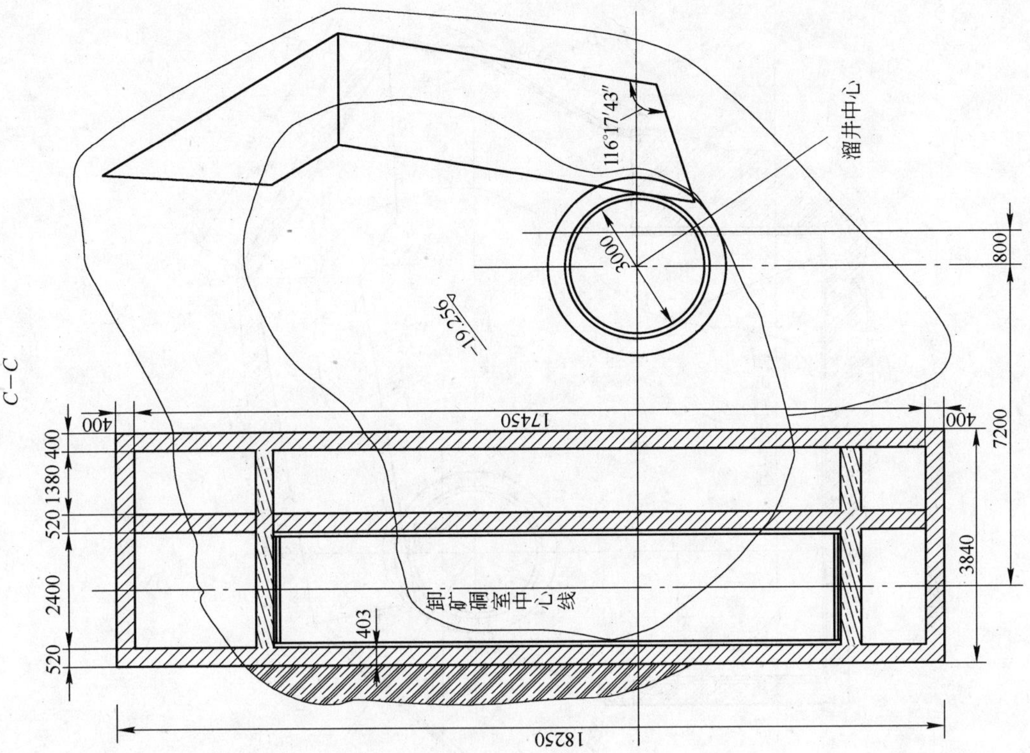

图 3-60　图 3-57 的 C-C 剖面图

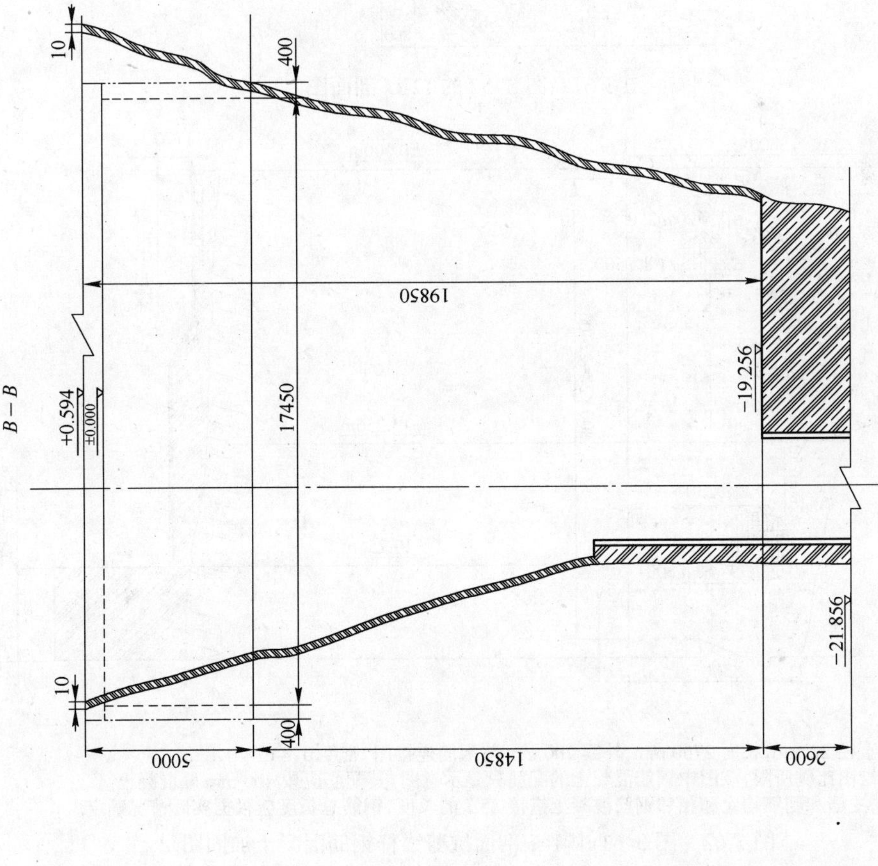

图 3-59　图 3-57 的 B-B 剖面图

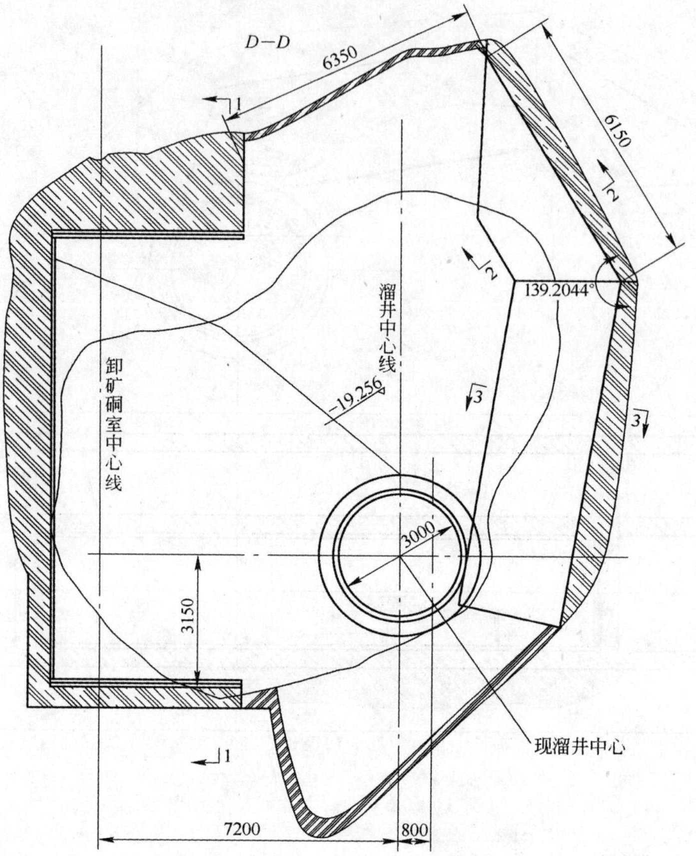

图 3-61　图 3-57 的 D-D 剖面图

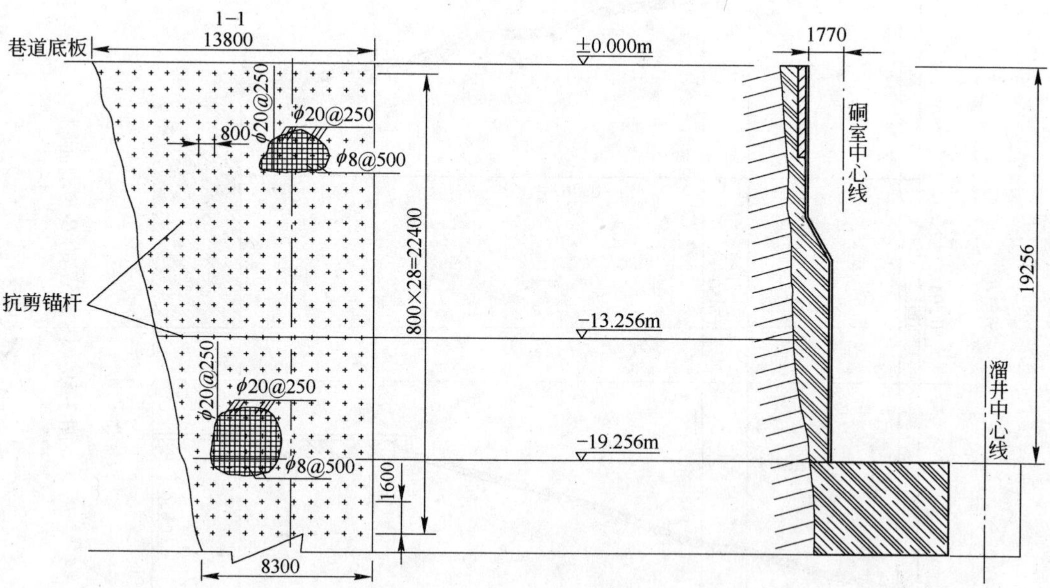

说明：
1. 锚杆直径 22 mm，长度 2700 mm，外露 700 mm 与配筋连接用，密度 0.8 m×0.8 m。
2. 由于绘图比例所限，该图中钢筋混凝土的配筋只是示意图，其配筋应按 400 mm 厚混凝土配筋，主筋和副筋均应和相邻钢筋混凝土搭接 $25d$ 的长度，钢筋总长度应根据实际情况确定。

图 3-62　图 3-61 中 1-1 剖面抗剪锚杆钢筋混凝土加固图

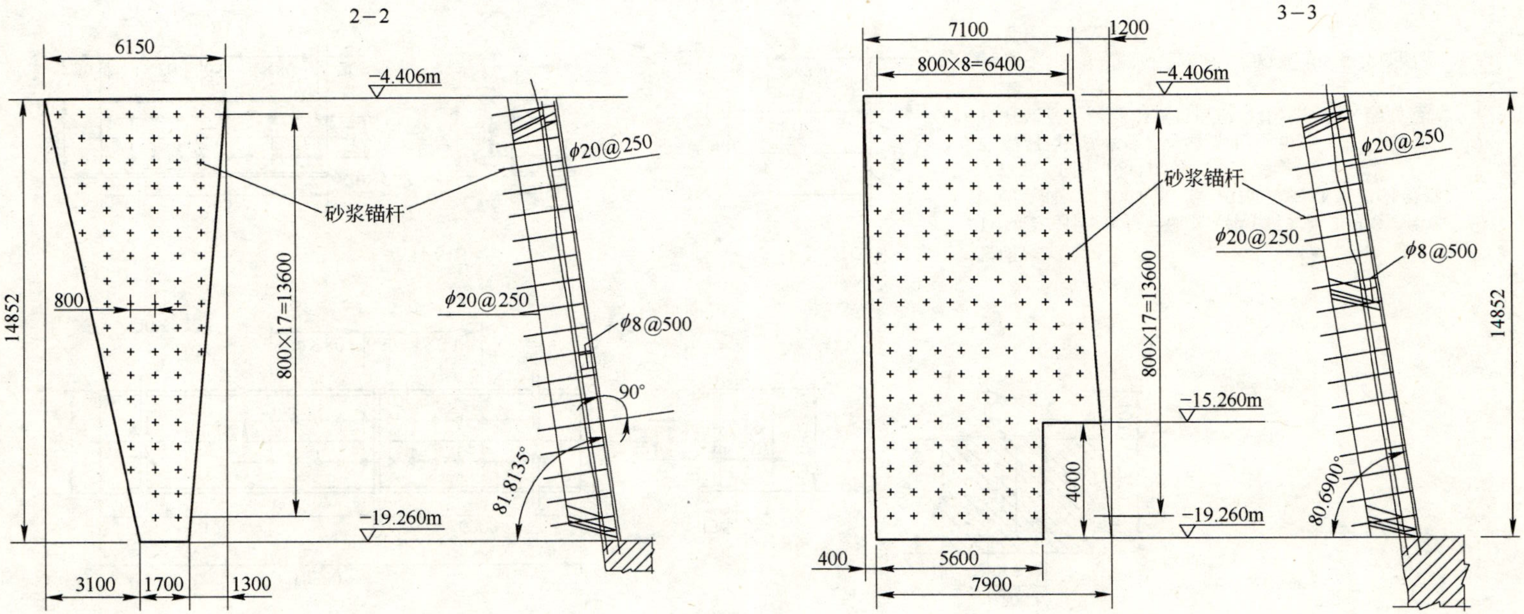

砂浆锚杆施工示意图

(1:10)

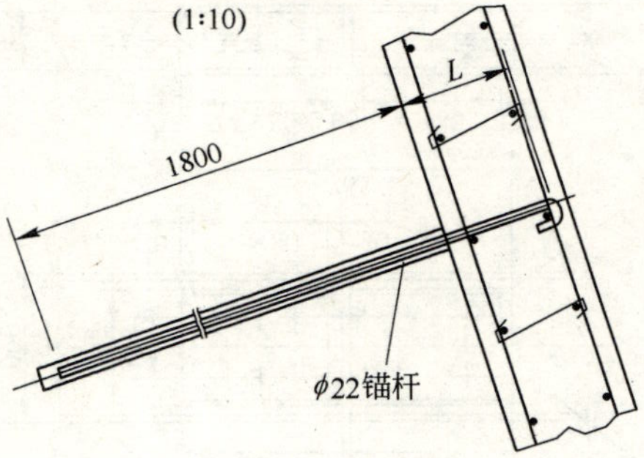

说明：

1. 砂浆锚杆在岩石中的锚固长度不得小于 1800 mm，在混凝土中的浇注长度为 *L*+ 锚杆弯钩长度，和钢筋混凝土的厚度有关（*L*= 混凝土厚度 −50 mm），届时根据垮冒断面的实际情况确定。
2. 由于绘图比例所限，该图中钢筋混凝土的配筋只是示意图，其配筋应按 300 mm 厚混凝土配筋，主筋和副筋的长度根据实际情况确定。
3. 配筋时要求相邻钢筋混凝土结构中的钢筋要搭接 30*d* 的长度（*d* 为钢筋直径）。

图 3-63　图 3-61 中 2-2，3-3 剖面抗剪锚杆钢筋混凝土加固图

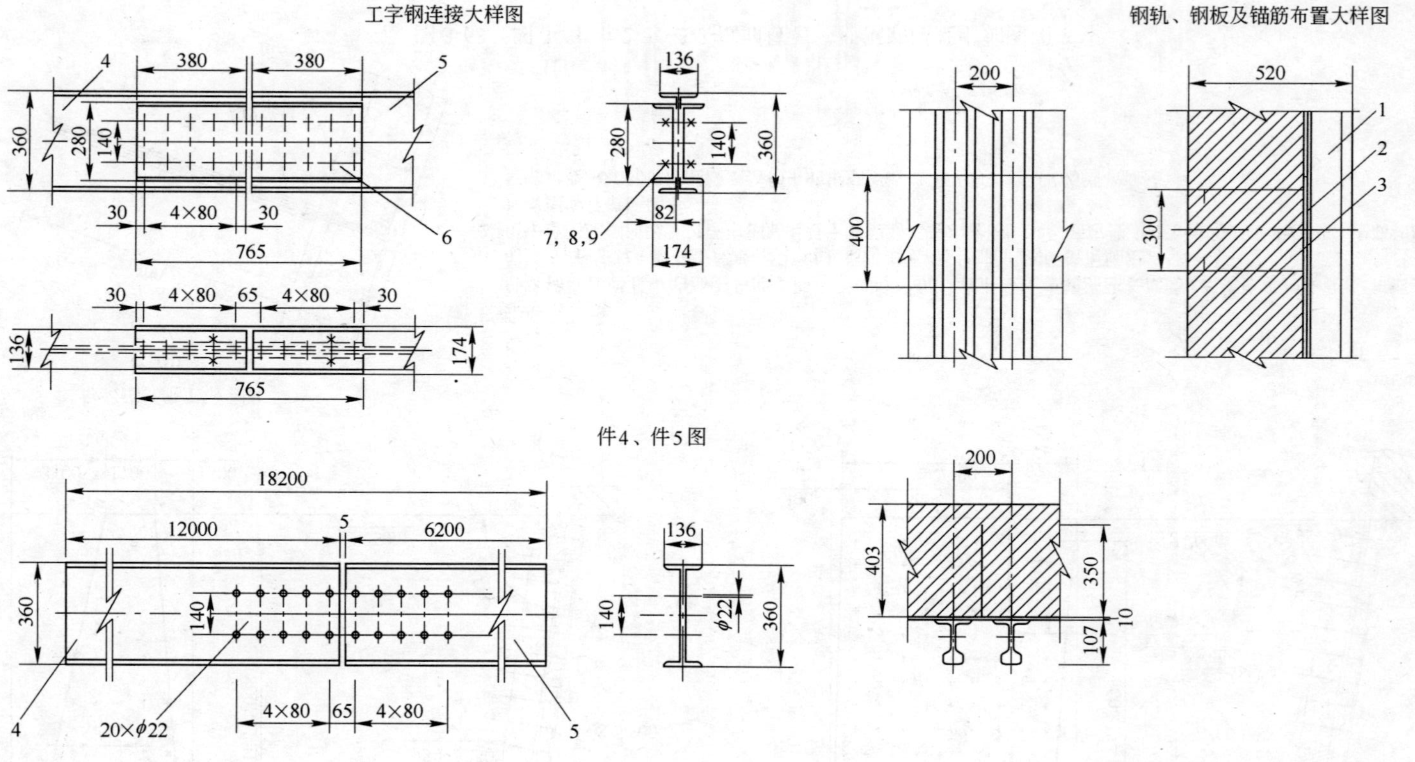

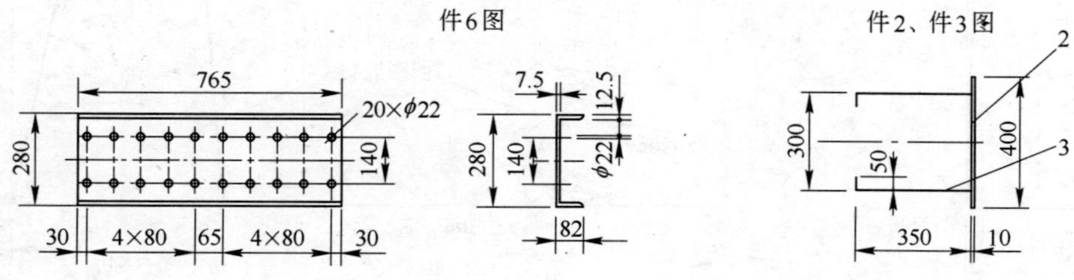

说明：

1. 件 2 与件 3 焊接后预埋，件 1 再与件 2 焊接。件 2 为条钢，宽 400 mm，厚 10 mm；件 3 为 ϕ16 I 级钢钢筋，间距 1000 mm。
2. 焊缝为连续焊缝，焊缝高度 6 mm。
3. 在斜面上时，钢轨可做成弯钩状，埋入钢筋混凝土。
4. 件 4、件 5 用螺栓连接后，与混凝土梁整体浇灌。连接位置应错开。

图 3-64　部件图

混凝土梁配筋图

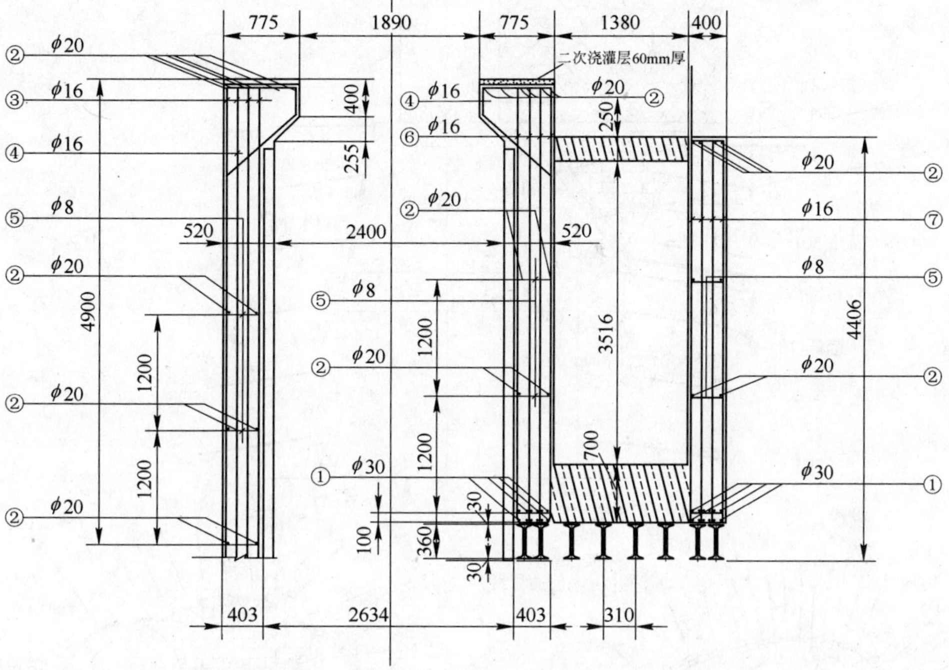

说 明

1. 本次设计对象为卸矿硐室下部结构和与溜井相交部位的加固，卸矿硐室墙与拱的加固可与本工程同时施工。
2. 混凝土强度等级为 C25。
3. 钢筋保护层厚度为 50 mm, Ⅰ级钢筋搭接长度为 30*d*, 弯钩长度为 25*d*, Ⅱ级螺纹钢筋搭接长度为 25*d*, *d* 为钢筋直径。
4. 配筋类型一：用于混凝土梁的配筋。
   配筋类型二：双层配筋，主筋、辅筋均为 φ20 螺纹钢，间距为 250 mm, 拉筋为 φ8 普通钢筋，间距为 500 mm。
   配筋类型三：多层配筋。其他配筋参数与配筋类型二相同。
   配筋类型四：喷锚网联合支护，锚杆长 2.7 m, 外露 700 mm, 网度 0.8 m×0.8 m; 喷层厚 10 mm; 钢筋网网度250 mm×250 mm，*d*=6 mm。
   配筋类型五：锚杆与钢筋混凝土联合支护，锚杆布置祥见图 9。当支护厚度小于 1000 mm 时，参照类型二配筋；当支护厚度大于 1000 mm 时，参照类型三配筋。锚杆外露部分与外层钢筋连成整体。
   配筋类型六：锚杆，锚索与钢筋混凝土联合支护。
5. 与本次设计相关工程的配筋，请参照原设计图纸，但在施工中应增加连接钢筋，使新工程与原有工程连为一体。
6. 曲轨承载梁梁窝请参照原设计图纸的规格尺寸施工，梁中的钢筋应绕开梁窝，不允许切断。
7. 本次设计的依据为业主提供的实测图，有些部位形状为推测的结果，支护厚度及配筋参数可根据现场实际情况修改调整。
8. 钢轨、钢板及锚筋的布置，混凝土梁中工字钢梁的连接，请见部件大样图。
9. 该设计中和原卸矿设备有冲突的地方请参照原设计施工图施工。

图 例

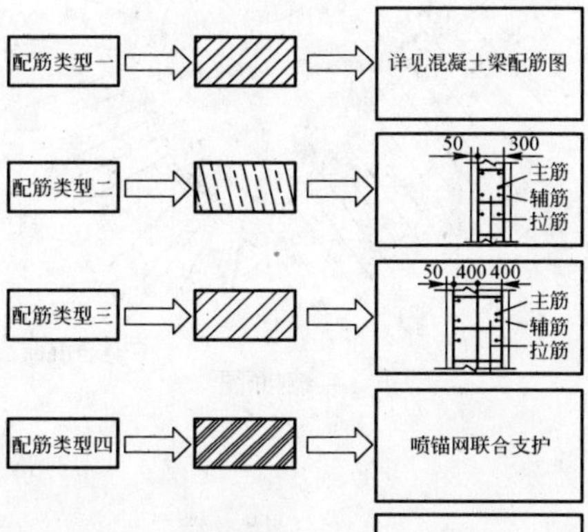

图 3-65 混凝土梁配筋及说明

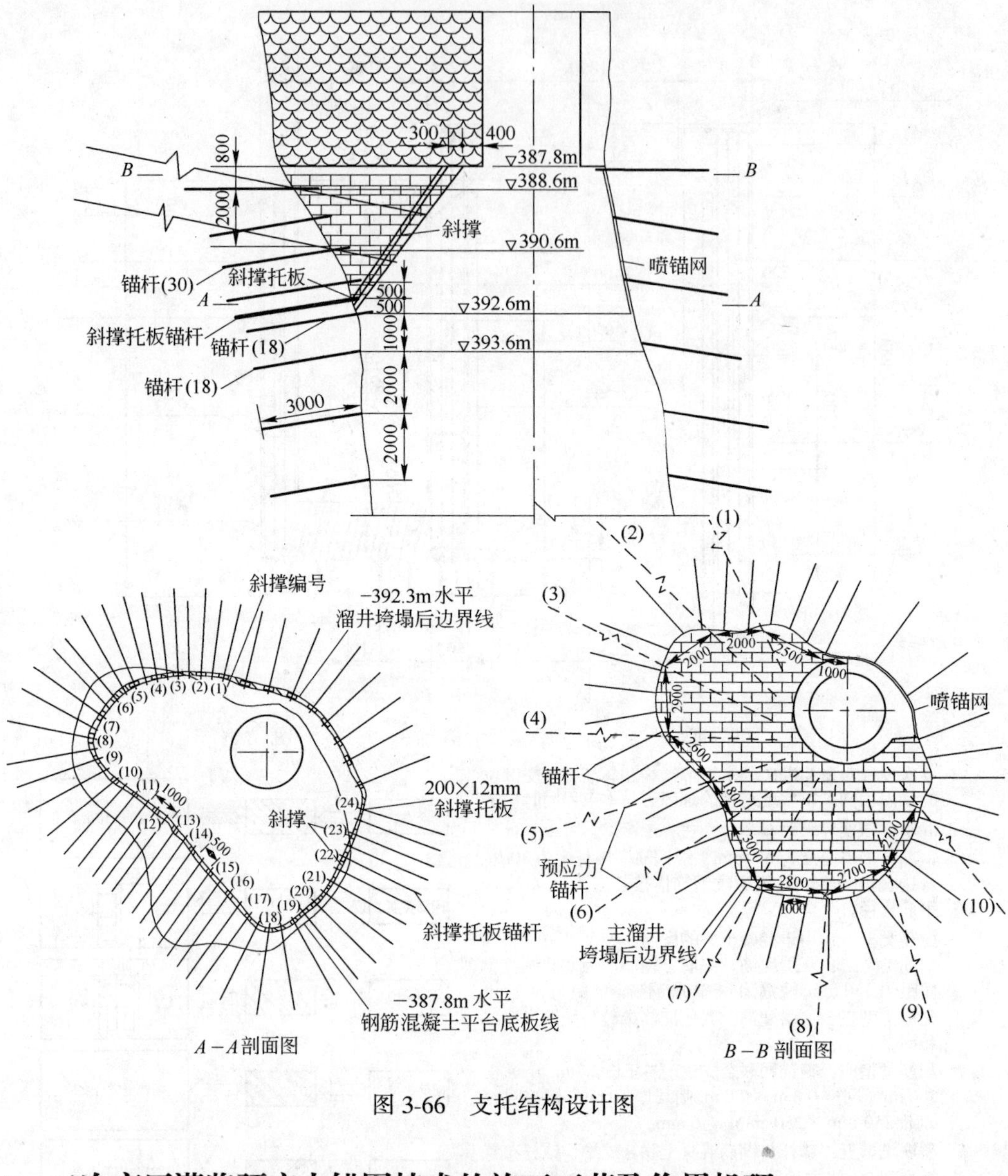

图 3-66 支托结构设计图

3.5 二次高压灌浆预应力锚固技术的施工工艺及作用机理

3.5.1 岩层二次高压灌浆预应力锚固技术的特点及实施过程

3.5.1.1 岩层二次高压灌浆预应力锚固技术的主要特点

高压灌浆预应力锚固技术应用于主溜井的加固，使“托斗法”支护方案得到实现，从而保证了程潮铁矿生产的正常进行。高压灌浆预应力锚固技术采取特殊的施工工艺，将高压灌浆与预应力锚固技术巧妙地合二为一，在锚杆安装过程中实施二次高压灌浆，不但克服了常规一次灌浆预应力锚杆的预应力容易损失、单根锚杆的极限承载力低等缺点，而且还实现了对岩层(特别对于节理裂隙发育、软弱夹层、粉碎状岩层)的整体加固，可谓一举两得。其主要优点表现为：预应力可以长久保持，锚杆的整体承载力增加，可以大大提高锚杆的锚固效果，降低工程造价。高压灌浆预应力锚杆工作原理图见图 3-67。高压灌浆预应力锚固技术除具有预应力锚固的特点外，还具有高压灌浆的劈裂灌浆加固、渗透灌浆和化学浆液的亲水效应等作用。

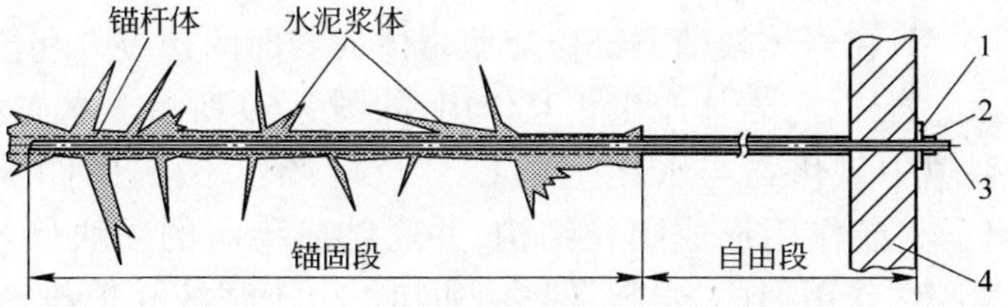

图 3-67 高压灌浆预应力锚杆工作原理图

1—钢垫板；2—锚具；3—锚杆；4—锚固墩

3.5.1.2 *岩层二次高压灌浆预应力锚固技术的实施工艺*

二次高压灌浆锚固不同于一次常压灌浆锚固的主要特征是在锚杆锚固段实施一次低压灌浆后，待其浆体达到一定强度再实施二次高压劈裂灌浆，以显著提高锚固体周围岩层的抗剪强度和锚索与岩体之间的黏结摩擦强度。

灌浆管一般采用直径 5 cm 左右的弹性很强的厚壁塑料管，在其侧壁上每隔 1 m 左右开 4 个小孔，并用胶带纸缠裹，使得浆液在二次灌浆过程中借助高压将其鼓开，但底端完全不密封。高压灌浆的工艺为：首先，采用通常的灌浆方法通过灌浆管底端完成锚固段的一次灌浆，形成圆柱形锚固体；然后，将密封袋灌注密实，在自由段与锚固段交界处形成可靠的堵塞装置，使得二次高压劈裂灌浆成为可能；最后，利用灌浆管上的若干小孔依次自下而上进行二次劈裂灌浆，使浆体向机理岩体中扩散和渗透，形成一连串大小不等、形状各异的扩体，其流程如图 3-68 所示。

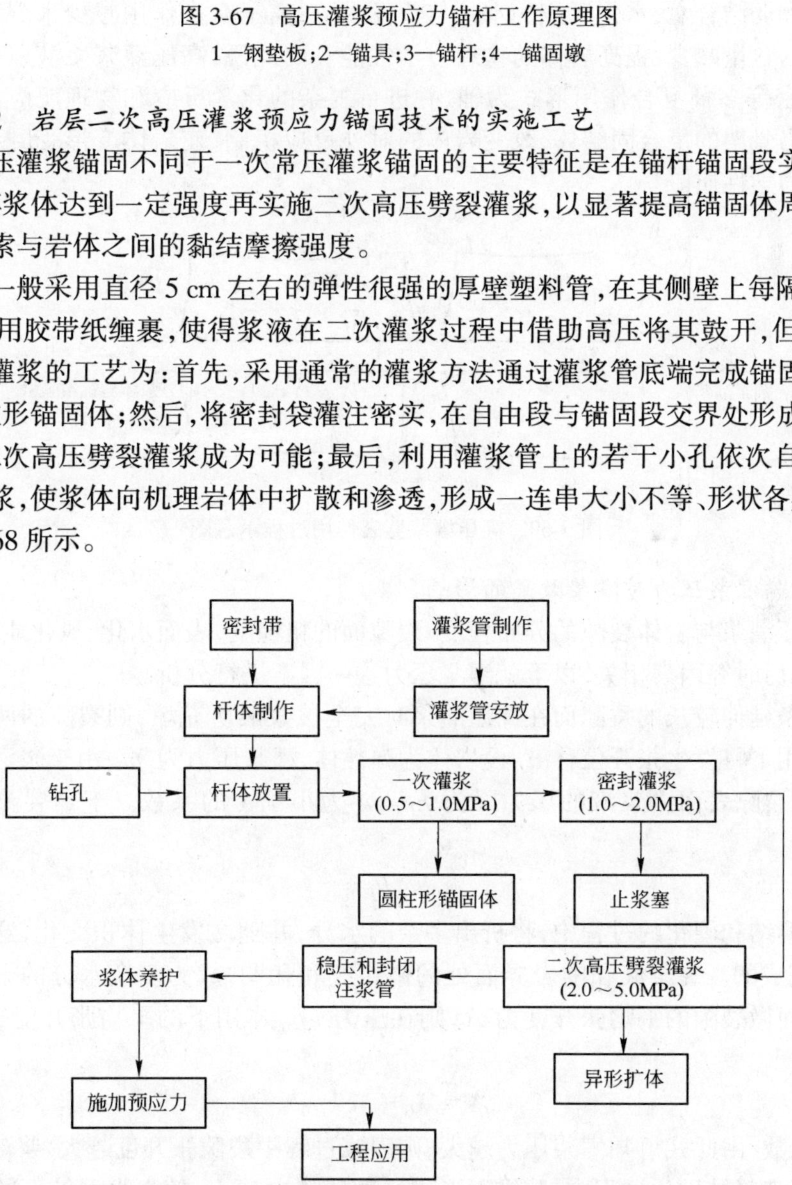

图 3-68 高压灌浆预应力锚固实施流程简图

3.5.2　岩层高压灌浆作用机理研究

3.5.2.1　高压灌浆劈裂作用过程

高压输送浆液进入岩体形成浆泡，浆泡首先鼓开第一次灌入的浆体，向外扩张对岩体施加复杂的三向应力作用，在岩体较薄弱部位克服岩体或弱面的初应力和抗压强度产生劈裂，浆液挤开、切入并渗进岩体，与岩体产生相互作用，如图 3-69 所示。水泥水化反应生成托勃莫夫凝胶；岩体微裂隙中氧化物与水化生成 Ca^{2+} 反应产生不溶于水的微量结晶凝胶体；Ca^{2+} 与 Na^{+} 发生离子交换作用形成团粒结构，并联结成稳定的凝块体。通过以上水化作用、离子交换和化学胶结作用形成"岩脉"网络。同时，由于浆液充填挤密作用，排出岩体中部分自由水和弱结合水，水化反应的水参与蒸发水分，离子交换作用减少水分，使岩体内部的弱结合水的含量减少，提高岩体的物理力学性能。因此说，高压灌浆浆液以劈裂为主，渗透、充填、挤密等多种复合作用形式为辅，并进行复杂的化学反应和物理反应，最终形成以"岩脉"网络为骨架的复合固结体，改变岩体的对外反应机制，使岩体变形受到约束，从而提高岩体物理力学性质。

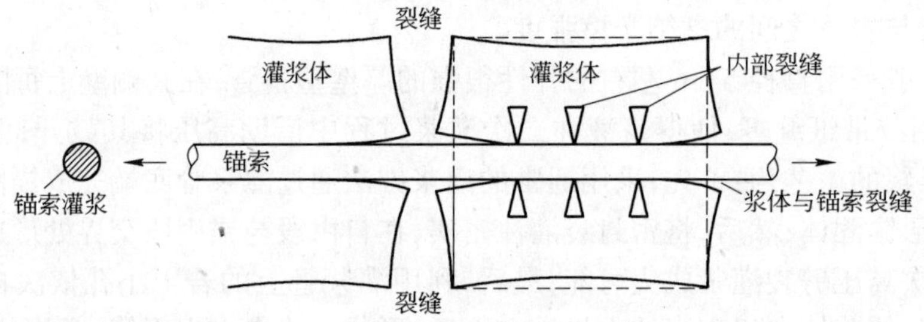

图 3-69　高压灌浆劈裂作用过程示意图

3.5.2.2　灌浆压力对灌浆效果的影响

岩层高压灌浆与岩体裂隙的分布程度、裂隙面的粗糙度、表面水化、风化质、浆液的性质及灌浆压力、历时等因素相关，以下就灌浆压力这一因素进行分析。

假设一条延伸较长的裂隙面在高压灌浆时完全被浆液所充填，则裂隙的两个表面在浆液压力的作用下将发生张开位移 d，设岩体为弹性体，灌浆压力为 p_0，由于浆液流动路径上的压力损失，裂隙表面上浆液的压力降为 kp_0，k 为小于 1 的系数。于是裂隙张开位移 d 为：

$$d \propto kp_0$$

浆液在凝结和硬化的过程中，将析出多余的水分，并随之发生体积变化，这一过程是在压力 p_0 下完成的。在浆液和围岩界面处的微裂纹和孔洞，成为多余水分的聚集地。设无压力时胶结面微裂隙的平均张开度为 A，则在压力 kp_0 作用下的平均张开度 A_0 可近似表示为：

$$A = A_0 - m\,kp_0$$

式中 m 为系数，由此式可知灌浆压力越大，则灌浆过程中裂隙张开度越大，浆液填充量也越多，而且在浆液凝结硬化过程中，胶结面形成的微裂隙也越小，随之水泥结石的强度及其与围岩胶结的程度越好，这就是高压灌浆能显著改善岩体中结构面变形和强度性质的主要原因。

3.5.2.3 二次高压灌浆提高锚杆承载力的作用形式

通过二次高压灌浆，浆液对一次常规灌浆形成的圆柱形锚固体内岩体产生劈裂充填作用，在圆柱形锚固体外形成新的锚固体——异形扩体。此时，锚固体剪切滑面不是原来的圆柱体，而是不规则的曲面，滑面内外均受灌浆影响，特别是劈裂灌浆改变了滑动面处岩体的物理力学性质，从而提高锚杆的承载力。其主要表现为：

(1) 提高锚固段岩体的凝聚力值。凝聚力取决于岩体颗粒之间各种物理化学作用力，包括库仑力、范德华力、胶结作用力等。由于劈裂灌浆挤压岩体，颗粒间距离变近，单位面积上颗粒的接触点增多，提高了原始黏聚力。另一方面，由于水泥水化反应而生成 Ca^{2+} 与岩体内氧化物反应提高了岩体、裂隙及弱面等颗粒的固化黏聚力，反应方程如下：

$$Ca(OH)_2 + SiO_2 + (n-1)H_2O \longrightarrow CaO\cdot SiO_2 + H_2O$$

(2) 提高锚固段岩体的内摩擦角值。内摩擦角涉及颗粒之间的相对运动，包括滑动摩擦和咬合摩擦。对岩体进行劈裂注浆，可增大密度和增强咬合作用；浆脉的形成能约束颗粒间运动；弱结合水减少可减小吸附水膜厚度；同时因化学反应和离子交换作用也限制了颗粒间的相互作用。

(3) 提高锚固段岩体所受的剪切面上的法向应力值。高压灌浆的劈裂、挤密作用形成“浆脉”，同时在高压灌浆完毕后，在保持一段时间的高压作用后封闭灌浆管，这都会使锚固段岩体受较大的应力作用。德国 Ostermayer 研究认为，高压劈裂灌浆使锚固体表面受到的法向应力比覆盖层产生的应力增大 2～10 倍。

(4) 提高锚固段岩体外表面的剪切滑动面面积。由于高压灌浆劈裂、挤密、加固原锚固段岩体，形成异形扩体，锚杆承载破坏时，剪切滑动面也相应外移，新的滑动面的面积与一次常规注浆形成的圆柱形锚固体相比明显增大，是一次注浆形成的锚固体外表面的 2～6 倍。

(5) 异形扩体受压部位的端承效应。高压灌浆形成不连续异形扩大锚固体，锚杆承受张拉荷载时，不仅要克服锚固体外岩体摩擦力，而且要克服扩体受压部位岩体的抗拉强度，这种端承效应能大大提高锚杆的承载力。

3.5.3 锚索与灌浆体相互作用机制的分析研究

工程界目前采用的胶结式锚根长度设计方法是假定锚索与水泥浆体的黏结面上剪应力为均匀分布，根据静力平衡条件，由单孔设计吨位和抗拔试验确定的平均剪应力得到锚根的设计长度 L 为：

$$L = kP/2\pi A\tau \tag{3-3}$$

式中 L——锚索的设计长度，m；

k——安全系数；

P——设计张力，Pa；

A——锚索孔的半径，m；

τ——平均剪应力，Pa。

但根据现场测试结果，锚固段与岩体之间黏结面上的剪应力并不是均匀分布的，从工程实际中可以观察和总结出预应力锚索有以下几种破坏情况：

(1) 锚固段锚固体内浆体与钢筋(或钢绞线)的结合处破坏；

(2) 锚固段浆体与周围岩体界面之间的破坏，即锚索与浆体一起被拉出；

(3) 锚索孔周围岩体强度不足，围岩发生破坏；

(4) 锚索周围的浆体被压碎或破裂;

(5) 锚索被拉断。

其中对于岩层锚索,室内试验和现场观测都表明,第(1)种的破坏形式占绝大多数,锚索与其周围灌浆体的界面常发生剪切破坏,破坏扩展至灌浆体,灌浆体发生开裂,导致预应力锚索的锚固力下降,甚至锚索伸长拔出和整个锚固体破坏。因此,有必要就锚索与灌浆体的相互作用机制进行分析和研究。

3.5.3.1　单根锚索与灌浆体界面的几何形状分析

工程中通常采用的锚索是由6~8根钢丝通过冷拔加工,拧成螺旋状的钢丝束,然后将这种形状的多根锚索根据工程设计布置成各种形式进行岩土加固。因此,分析研究单根锚索与灌浆体之间的相互作用是十分必要的。

假设锚索、灌浆体和岩体的相互作用具有轴对称性,如图3-70所示,其横截面的模型如图3-71所示。分析研究采用图3-72所示的三维直角坐标系和柱坐标系。实际上锚索的横截面每根钢丝的截面为一椭圆形,如图3-73所示。根据几何关系可知:

$$\frac{2a}{2b}=\frac{\dfrac{h}{2}}{\sqrt{\left(\dfrac{h}{2}\right)^2+(2R_1)^2}} \tag{3-4}$$

得

$$b=a\sqrt{16\left(\frac{R_1}{h}\right)^2+1} \tag{3-5}$$

一般情况下,$h \gg R_1$,故可以近似取 $b=a$。

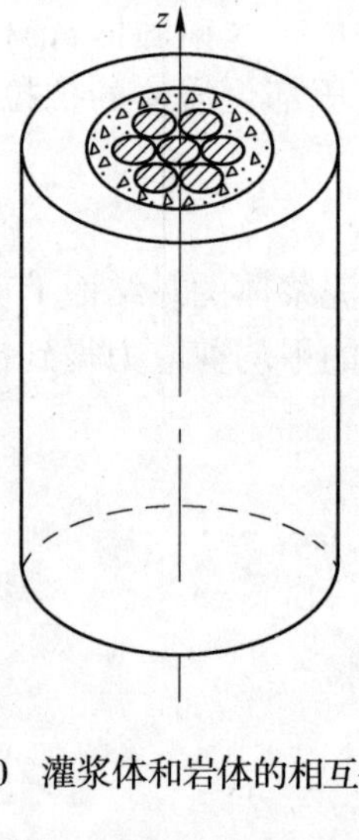

图3-70　灌浆体和岩体的相互作用图

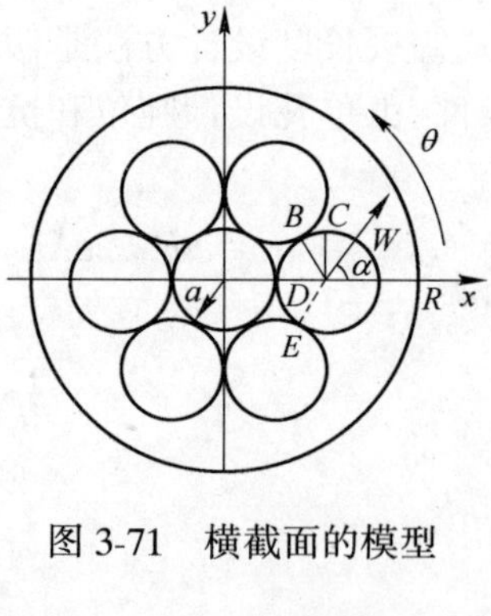

图3-71　横截面的模型

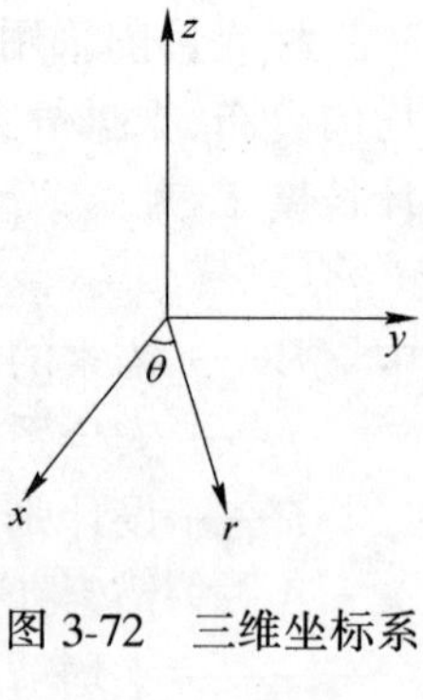

图3-72　三维坐标系

弧线 BDE 的方程为:

$$\begin{cases} x=2a+a\cos\alpha \\ y=a\sin\alpha \\ z=0 \end{cases} \qquad \left(-\frac{2\pi}{3}\leqslant\alpha\leqslant\frac{2\pi}{3}\right) \tag{3-6}$$

弧线 BDE 绕 z 轴旋转一周形成一个螺旋带,由图3-74可知其曲面方程为:

$$\begin{cases} x = a[2\cos\alpha + \cos(\alpha + \theta)] \\ y = a[2\sin\alpha + \sin(\alpha + \theta)] \\ z = \dfrac{h}{2\pi}\theta \end{cases} \quad \left(-\frac{2\pi}{3} \leqslant \alpha \leqslant \frac{2\pi}{3} \quad 0 \leqslant \theta \leqslant 2\pi\right) \tag{3-7}$$

显然,整个锚索的外表面由 6 个与方程式 3-7 类似的螺旋面组成,当锚索受到轴向力作用时,每个螺旋带的一半,如 BDE 中的 BD 段形成的螺旋带会对灌浆体产生挤压作用,而另一半,如 DE 段则产生黏结作用,因此可以将研究的特征单元范围取在:

$$0 \leqslant \alpha \leqslant \frac{2}{3}\pi \qquad 0 \leqslant \theta \leqslant 2\pi \tag{3-8}$$

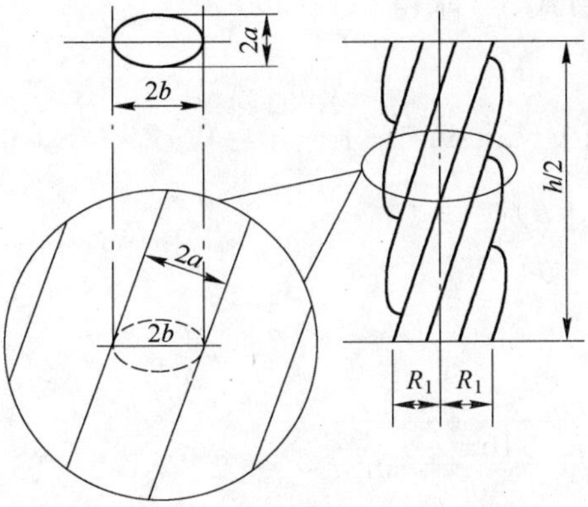

图 3-73 实际锚索的横截面图

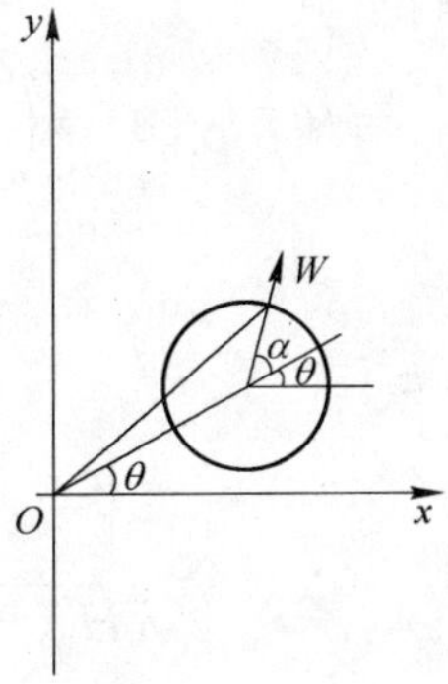

图 3-74 坐标系

3.5.3.2 轴向力作用下单根锚索与灌浆体界面的相互作用研究

锚索与灌浆体接触面之间存在十分复杂的作用,既有黏结作用和摩擦作用,又有由于几何形状因素引起的挤压作用等。根据以往研究可知,黏结力相对于两者界面的滑动破坏而言是很小的,可以忽略不计,在此只研究其几何作用。

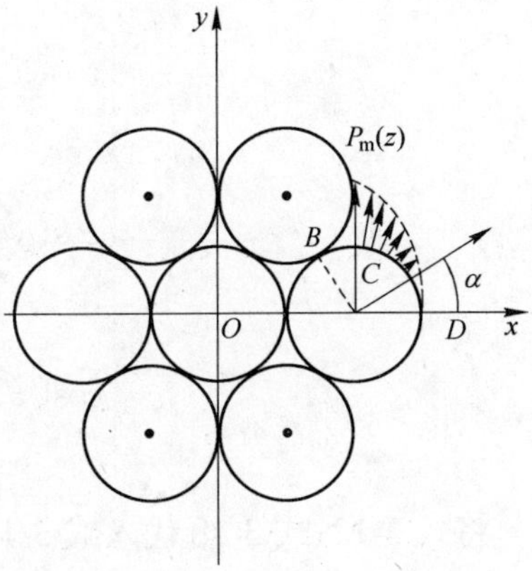

图 3-75 锚索与砂浆的交界面图

首先,可以认为挤压作用是垂直于锚索与灌浆体的交界面的,如图 3-75 所示,在轴向力作用下,D 点的挤压力最小,而 C 点的挤压力则最大。在普通压力灌浆的条件下,BC 段由于可能存在砂浆未充填的情况,从而严重影响其挤压作用。但在高压灌浆的条件下,BC 段完全被砂浆充填,大大提高了其挤压作用。我们假设 BD 段的锚索与砂浆界面挤压力的分布形式为:

$$P(z,\alpha) = P_{\mathrm{m}}(z)\sin\alpha \qquad \left(0 \leqslant \alpha \leqslant \frac{2}{3}\pi\right) \tag{3-9}$$

式中,$P_{\mathrm{m}}(z)$是最大接触挤压力,是轴向拉力(预应力)$P_{\mathrm{y}}(z)$的函数,可用下式表示,$\lambda(z)$根据试验确定。

$$P_{\mathrm{m}}(z) = \lambda(z)P_{\mathrm{y}}(z) \tag{3-10}$$

在锚索与砂浆的螺旋带接触面上取一微小的积分面积:

$$dA = \alpha d\alpha dz \tag{3-11}$$

在 dA 上的挤压力为：

$$dF = P(z,\alpha)dA = P_m(z)\sin\alpha d\alpha dz \tag{3-12}$$

注意，这里的 dF 仅仅是指由于轴向力的作用，在微分面积 dA 上引起的挤压力。dF 在 x,y,z 三个方向的分力为：

$$\begin{aligned} dF_x &= \cos(x,n)dF \\ dF_y &= \cos(y,n)dF \\ dF_z &= \cos(z,n)dF \end{aligned} \tag{3-13}$$

式中，方向余弦 $\cos(x,n)$，$\cos(y,n)$，$\cos(z,n)$ 可由式 3-7 求得。

由式 3-7 得：

$$H(x,y,z) = \left(x - 2a\cos\frac{2\pi}{h}z\right)^2 + \left(y - 2a\sin\frac{2\pi}{h}z\right)^2 - a^2 = 0 \tag{3-14}$$

$$\begin{aligned} H'_x &= 2a\cos(\alpha+\theta) \\ H'_y &= 2a\sin(\alpha+\theta) \\ H'_z &= \frac{8\pi a^2}{h}\sin\alpha \end{aligned} \tag{3-15}$$

$$\sqrt{H'^2_x + H'^2_y + H'^2_z} = 2a\sqrt{1 + \frac{16\pi^2 a^2}{h^2}\sin^2\alpha} \tag{3-16}$$

$$\cos(i,n) = \frac{H'_i}{\sqrt{H'^2_x + H'^2_y + H'^2_z}} \quad (i = x,y,z) \tag{3-17}$$

由式 3-17 得：

$$\begin{cases} \cos(x,n) = \dfrac{\cos(\alpha+\theta)}{\sqrt{1+\left(\dfrac{4\pi a}{h}\right)^2\sin^2\alpha}} \\ \cos(y,n) = \dfrac{\sin(\alpha+\theta)}{\sqrt{1+\left(\dfrac{4\pi a}{h}\right)^2\sin^2\alpha}} \\ \cos(z,n) = \dfrac{\sin\alpha}{\sqrt{1+\left(\dfrac{4\pi a}{h}\right)^2\sin^2\alpha}} \times \dfrac{4\pi a}{h} \end{cases} \tag{3-18}$$

将式 3-12、式 3-18 代入式 3-13 得到：

$$\begin{cases} dF_r = \dfrac{(1+2\cos\alpha)\sin\alpha}{\sqrt{5+4\cos\alpha}\times\sqrt{1+\left(\dfrac{4\pi a}{h}\right)^2\sin^2\alpha}} \times P_m(z)a\,d\alpha dz \\ dF_\theta = \dfrac{2\sin^2\alpha}{\sqrt{5+4\cos\alpha}\times\sqrt{1+\left(\dfrac{4\pi a}{h}\right)^2\sin^2\alpha}} \times P_m(z)a\,d\alpha dz \\ dF_z = \dfrac{4a\pi\times\sin^2\alpha}{h\sqrt{1+\left(\dfrac{4\pi a}{h}\right)^2\sin^2\alpha}} \times P_m(z)a\,d\alpha dz \end{cases} \tag{3-19}$$

根据图 3-76 可以得到柱坐标系下 dF 的分量,首先由余弦定理得:

$$OW=\sqrt{OO_1^2+O_1W^2+2OO_1\times O_1W\cos\alpha}=a\sqrt{5+4\cos\alpha}$$

$$\cos\beta=\frac{OO_1+O_1D}{OW}=\frac{2+\cos\alpha}{\sqrt{5+4\cos\alpha}} \tag{3-20}$$

$$\sin\beta=\frac{D_1W}{OW}=\frac{\sin\alpha}{\sqrt{5+4\cos\alpha}}$$

$$\begin{cases}\mathrm{d}F_r=\mathrm{d}F_x\cos(\theta+\beta)+\mathrm{d}F_y\sin(\theta+\beta)\\ \mathrm{d}F_\theta=-\mathrm{d}F_x\sin(\theta+\beta)+\mathrm{d}F_y\cos(\theta+\beta)\\ \mathrm{d}F_z=\mathrm{d}F_z\end{cases} \tag{3-21}$$

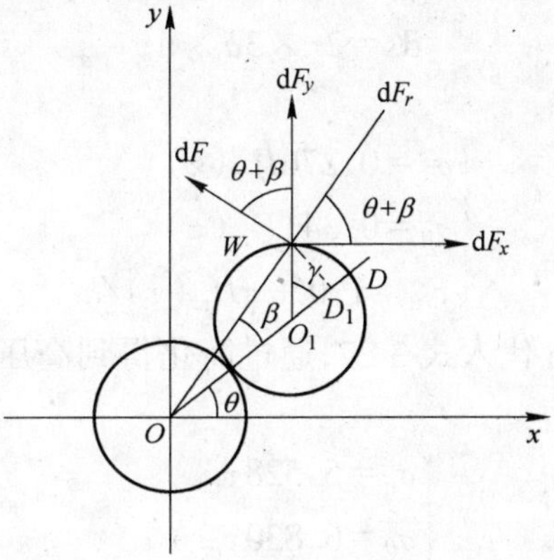

图 3-76　柱坐标

将式 3-21 展开得:

$$\begin{cases}\mathrm{d}F_r=\dfrac{(1+2\cos\alpha)\sin\alpha}{\sqrt{5+4\cos\alpha}\times\sqrt{1+\left(\dfrac{4a\pi}{h}\right)^2\sin^2\alpha}}P_\mathrm{m}(z)a\,\mathrm{d}\alpha\mathrm{d}z\\ \mathrm{d}F_\theta=\dfrac{2\sin^2\alpha}{\sqrt{5+4\cos\alpha}\times\sqrt{1+\left(\dfrac{4a\pi}{h}\right)^2\sin^2\alpha}}P_\mathrm{m}(z)a\,\mathrm{d}\alpha\mathrm{d}z\\ \mathrm{d}F_z=\dfrac{4a\pi\sin^2\alpha}{h\sqrt{1+\left(\dfrac{4a\pi}{h}\right)^2\sin^2\alpha}}P_\mathrm{m}(z)a\,\mathrm{d}\alpha\mathrm{d}z\end{cases} \tag{3-22}$$

将式 3-22 对 α 从 0 到 $2\pi/3$ 积分,并乘以 6 得到 6 根锚固段上总的对砂浆的作用力:

$$\begin{cases}\mathrm{d}F_r=6\displaystyle\int_0^{\frac{2\pi}{3}}\dfrac{(1+2\cos\alpha)\sin\alpha}{\sqrt{5+4\cos\alpha}\times\sqrt{1+\left(\dfrac{4a\pi}{h}\right)^2\sin^2\alpha}}P_\mathrm{m}(z)a\,\mathrm{d}\alpha\mathrm{d}z\\ \mathrm{d}F_\theta=6\displaystyle\int_0^{\frac{2\pi}{3}}\dfrac{2\sin^2\alpha}{\sqrt{5+4\cos\alpha}\times\sqrt{1+\left(\dfrac{4a\pi}{h}\right)^2\sin^2\alpha}}P_\mathrm{m}(z)a\,\mathrm{d}\alpha\mathrm{d}z\\ \mathrm{d}F_z=6\displaystyle\int_0^{\frac{2\pi}{3}}\dfrac{4a\pi\sin^2\alpha}{h\sqrt{1+\left(\dfrac{4a\pi}{h}\right)^2\sin^2\alpha}}P_\mathrm{m}(z)a\,\mathrm{d}\alpha\mathrm{d}z\end{cases} \tag{3-23}$$

对于本次施工的锚索而言，a 在 3 mm 左右，而 h 在 200 mm 左右，所以可以取如下近似式：

$$\sqrt{1+\left(\frac{4\pi a}{h}\right)^2\sin^2\alpha}=\sqrt{1+0.035\sin^2\alpha}\approx 1 \tag{3-24}$$

将式 3-24 代入式 3-23，并进行三角函数积分得到：

$$\begin{cases}\mathrm{d}F_r=3a\sqrt{3}P_{\mathrm{m}}(z)\mathrm{d}z=5.196P_{\mathrm{m}}(z)\mathrm{d}z\\ \mathrm{d}F_\theta=6\times 1.072aP_{\mathrm{m}}(z)\mathrm{d}z\\ \mathrm{d}F_z=6\times 1.06a^2\pi^2P_{\mathrm{m}}(z)\mathrm{d}z/h\end{cases} \tag{3-25}$$

对式 3-25 所表示的 dz 段上的力除以锚索与灌浆体的平均有效接触面积：

$$\mathrm{d}s=2\pi\times 3a\times \mathrm{d}z \tag{3-26}$$

得到：

$$\begin{cases}\sigma_r=0.276P_{\mathrm{m}}(z)\\ \sigma_\theta=0.341P_{\mathrm{m}}(z)\\ \tau_{rz}=1.06a\pi P_{\mathrm{m}}(z)/h\end{cases} \tag{3-27}$$

将 $a=3$ mm，$h=200$ mm 代入式 3-27，通过简化得到高压灌浆条件下锚索周围应力的分布为：

$$\begin{cases}\sigma_r=5.528\tau_{rz}\\ \sigma_\theta=6.830\tau_{rz}\\ \tau_{rz}=0.050P_{\mathrm{m}}(z)\end{cases} \tag{3-28}$$

对于前面所提到的普通预应力锚索，其 α 的有效积分范围为 $0\sim\pi/2$，同样采用式 3-23 进行积分，并经过简化得到的应力分布为：

$$\begin{cases}\sigma_r=5.034\tau_{rz}\\ \sigma_\theta=4.137\tau_{rz}\\ \tau_{rz}=0.047P_{\mathrm{m}}(z)\end{cases} \tag{3-29}$$

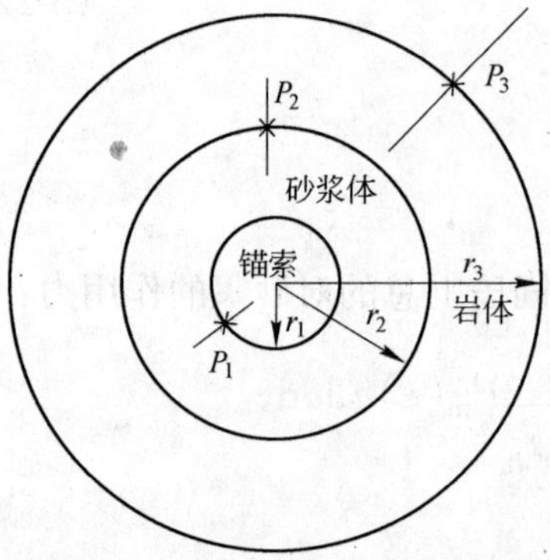

图 3-77 砂浆和围岩界面以及砂浆和锚索界面之间的相互作用

比较式 3-28 和式 3-29 可以看出，由于高压灌浆作用，增加了锚索与砂浆体的有效接触面积，与普通灌浆锚索相比，其径向应力可增加 9.8%，切向应力增加 65.1%，沿锚索的剪应力增加 6.0%。

3.5.3.3 侧压力作用下锚索与灌浆体相互作用分析

实际锚固工程中，在钻孔形成后未灌浆之前，孔壁径向应力释放为零，而环向应力为钻孔附近围岩压应力的两倍。当锚索就位后，即开始高压灌浆，灌浆完成后，则由于砂浆周围的岩石和锚索的力学性质不同，在砂浆和围岩界面以及砂浆和锚索界面之间产生了不同的压力 P_2，P_1，如图 3-77 所示。P_2 可以认为是围岩对砂浆的作用力，因此砂浆的力学模型简化为在 P_2，P_1 的共同作用下的厚壁圆筒的轴对称问题，按平面应变问题考虑，其位移可表示为：

$$u=\frac{(1+\mu)(1-2\mu)}{E}\times\frac{P_1r_1^2-P_2r_2^2}{r_2^2-r_1^2}r+\frac{1+\mu}{E}\times\frac{(P_1-P_2)r_1^2r_2^2}{r_2^2-r_1^2}\times\frac{1}{r} \tag{3-30}$$

在内径 r_1 处的位移为：

$$u_{g1}=\frac{(1+\mu_g)(1-2\mu_g)}{E_g}\times\frac{P_1r_1^2-P_2r_2^2}{r_2^2-r_1^2}r_1+\frac{1+\mu_g}{E_g}\times\frac{(P_1-P_2)r_1r_2^2}{r_2^2-r_1^2} \tag{3-31}$$

砂浆在外径 r_2 处的位移可表示为：

$$u_{g2}=\frac{(1+\mu_g)(1-2\mu_g)}{E_g}\times\frac{P_1r_1^2-P_2r_2^2}{r_2^2-r_1^2}r_2+\frac{1+\mu_g}{E_g}\times\frac{(P_1-P_2)r_1^2r_2}{r_2^2-r_1^2} \tag{3-32}$$

式中 P_1——砂浆和锚索界面之间的压力；

P_2——砂浆和围岩界面之间的压力；

r_1——锚索的半径；

r_2——注浆孔的半径；

μ——泊松比；

E——弹性模量；

μ_g——砂浆体的泊松比；

E_g——砂浆体的弹性模量。

假设锚索为一半径为 r_1 的均质柱体，则在侧面作用 P_1 时，其径向表面位移为：

$$u_{b1}=\frac{(1+\mu_b)(1-2\mu_b)}{E_b}P_1r_1 \tag{3-33}$$

在外径 r_2 处的岩体位移可以这样认为，即锚孔看成是无限空间中的半径为 r_2 的小孔，其周边位移 u_{r2} 等于在内载 P_2 和远场载荷 P_3 作用下的位移。即：

$$u_{r2}=\frac{(1+\mu_r)(1-2\mu_r)}{E_r}\times\frac{P_2r_2^2-P_3r_3^2}{r_3^2-r_2^2}+\frac{1+\mu_r}{E_r}\times\frac{(P_2-P_3)r_2r_3^2}{r_3^2-r_2^2}$$

令 $r_3\to\infty$，则可得：

$$u_{r2}=\frac{1+\mu_r}{E_r}P_2r_2-\frac{2(1-\mu_r^2)}{E_rP_3r_2} \tag{3-34}$$

根据位移相容条件，在锚索与灌浆体的界面上有：

$$u_{b1}=u_{g1} \tag{3-35}$$

在锚索孔壁上，即灌浆体与岩体界面上有：

$$u_{g2}=u_{r2} \tag{3-36}$$

将式 3-31、式 3-33 代入式 3-35，可以得到：

$$P_1=m_1P_2 \tag{3-37}$$

式中

$$m_1=\frac{1}{\frac{1}{2(1-\mu_g)}\left[1+(1-2\mu_g)\frac{r_1^2}{r_2^2}\right]-\frac{E_g}{E_b}\times\frac{(1+\mu_b)(1-2\mu_b)}{2(1-\mu_g^2)}\left(1-\frac{r_1^2}{r_2^2}\right)} \tag{3-38}$$

将式 3-32、式 3-34 代入式 3-36，可以得到：

$$P_1=m_2P_2-m_3P_3 \tag{3-39}$$

式中

$$m_2=\frac{1}{2}\left(r_2^2+\frac{1}{1-\mu_g}r_1^2\right)+\frac{E_g}{E_r}\times\frac{1+\mu_r}{2(1-\mu_g^2)}(r_2^2-r_1^2)$$

$$m_3=\frac{E_{\mathrm{g}}}{E_{\mathrm{r}}}\times\frac{1-\mu_{\mathrm{r}}^2}{1+\mu_{\mathrm{g}}^2}\left(\frac{r_2^2}{r_1^2}-1\right) \tag{3-40}$$

将式 3-38 代入式 3-39 得:

$$P_1=mP_3 \tag{3-41}$$

式中

$$m=\frac{m_1\times m_2}{m_2-m_1} \tag{3-42}$$

把式 3-37、式 3-39 代入式 3-41,可得:

$$P_2=\frac{m}{m_1}P_3 \tag{3-43}$$

在 P_1,P_2 的共同作用下,砂浆中的应力可以写成:

$$\sigma_{\mathrm{r}}=\frac{P_1r_1^2-P_2r_2^2}{r_2^2-r_1^2}-\frac{(P_1-P_2)r_1^2r_2^2}{r_2^2-r_1^2}\times\frac{1}{r^2} \tag{3-44}$$

$$\sigma_{\theta}=\frac{P_1r_1^2-P_2r_2^2}{r_2^2-r_1^2}+\frac{(P_1-P_2)r_1^2r_2^2}{r_2^2-r_1^2}\times\frac{1}{r^2} \tag{3-45}$$

在砂浆与锚索界面处砂浆中的环向应力可以表示为:

$$\sigma_{\mathrm{g}\theta1}=\frac{(r_1^2+r_2^2)P_1-2r_2^2P_2}{r_2^2-r_1^2}\qquad(r=r_1) \tag{3-46}$$

把式 3-35 代入上式得:

$$\sigma_{\mathrm{g}\theta1}=\frac{(r_1^2+r_2^2)m_1-2r_2^2}{r_2^2-r_1^2}\times\frac{m}{m_1}P_3 \tag{3-47}$$

显然

$$\sigma_{\mathrm{gr1}}=mP_3 \tag{3-48}$$

3.5.3.4 轴向力和侧向力共同作用下锚索与灌浆体界面的应力状态

在锚索轴向力的作用下,考虑锚索的几何形状因素,在砂浆和锚索界面处应力分布如式 3-28 所示。

在锚索孔周围岩体对灌浆体的侧向压力 P_2 的作用下,砂浆和锚索界面处的应力分布状态如式 3-47 和式 3-48 所示。

考虑到这两种力的共同作用,在砂浆和锚索界面处砂浆中的应力分布状态为上述两种情况的应力迭加:

$$\begin{cases}\sigma_r=0.276P_{\mathrm{m}}(z)+mP_3\\ \sigma_\theta=0.341P_{\mathrm{m}}(z)+\dfrac{(r_1^2+r_2^2)m_1-2r_2^2}{r_2^2-r_1^2}\times\dfrac{m}{m_1}P_3\\ \tau_{rz}=1.06a\pi P_{\mathrm{m}}(z)/h\end{cases} \tag{3-49}$$

3.6 高压灌浆预应力锚索参数的设计与优化

本节采用正交有限差分分析的方法,进行多方案的比较,对“托斗法”结构中起着重要作用的预应力锚索的参数进行设计与优化。正交试验是处理多因素试验的一种科学的试验方法,它使用规格化的表格——正交表合理安排试验。具有能减少试验次数,消除各种效应间的相关性,使因素效应、交互作用效应以及回归系数的计算分析大大简化等一系列优点。正交有限差分分析是按照正交试验法,合理地构造参数的不同组合进行有限差分计算,通过分析模型内预应力锚索锚固段周围的应力、位移矢量及塑性区的变化情况来确定最优的加固参数。考虑到计算模型具有轴对称的特点,计算选用 $FLAC^{2D}$有限差分计算软件,该程序可方便改变计算参数(浆液配比、预应力的大小、锚索长度、锚索间距等)。

正交有限差分分析的实施步骤包括预应力锚索参数理论设计、正交试验表设计、有限差分计算和计算结果分析四步。

3.6.1 预应力锚索参数的理论设计

二次高压灌浆预应力锚索的理论计算参数主要包括:单根预应力锚索的锚固力、锚索安装角度、锚索间距、锚索自由段长度、锚索锚固段长度、浆液配比、灌浆量和二次灌浆压力等。

3.6.1.1 单根预应力锚索锚固力与安装角度的设计

预应力锚索支护安全系数为其极限锚固力与设计锚固力的比值,其大小根据锚索可能失效后的危害程度确定,一般岩体加固工程预应力锚索的安全系数为 2~2.5,本次研究安全系数取 2.5,按下式采用试算法确定单根预应力锚索的锚固力。

$$K=\frac{W\times\cos\beta\times\tan\varphi+P\times[\sin(\beta+\delta)+\cos(\beta+\delta)]+C\times S}{W\times\sin\beta} \tag{3-50}$$

式中 K——安全系数,$K\geqslant 2.5$;

W——锚索所承担的工程重量,$W\approx 23520$ kN;

β——混凝土与岩体接触面倾角,85°;

δ——锚索安装角,$-15°\leqslant\delta\leqslant 0°$;

φ——混凝土与岩体接触面内摩擦角,40°;

C——混凝土与岩体单位黏结力(包括抗剪锚杆的抗剪力),0.13 MPa;

S——混凝土与岩体的接触面积,$S\approx 320\ \mathrm{m}^2$;

P——锚索的锚固力,$P=350\ \mathrm{kN}\times n$($n$ 为预应力锚索数)。

经反复试算后得出,在预应力锚索安装角度 $\delta=-15°$时,$n=19$ 根;在预应力锚索安装角度 $\delta=0°$时,$n=22$ 根可以满足安全系数 $K\geqslant 2.5$ 的条件。所以,在本设计中初步确定预应力锚索设计预应力值为 350 kN,安装角度 15°,锚索数量不少于 19 根。

3.6.1.2 预应力锚索间距的设计

锚索的间距是根据被支护体形状、地质条件以及加固区所提供锚固力的锚索根数来确定的,初步设计间距为 2 m×2 m。

3.6.1.3 锚索锚固段长度的设计

设计锚固段全部位于稳固岩层中,因此锚索体与砂浆之间的握裹力及浆体与钻孔孔壁岩体之间的黏结力是预应力锚索的薄弱环节,锚固段按以下两种破坏方式考虑:

(1) 锚索与砂浆结合不牢而拔出,按 $P=350$ kN、$\tau_a=0.75$ MPa(浆体与锚索之间的握裹力)计算得:

$$L=K_aP/\pi N\alpha d\tau_a=9.8\ \mathrm{m} \tag{3-51}$$

(2) 由于浆体收缩等原因造成整个锚固段沿孔壁拔出,按 $P=350$ kN、$\tau_b=0.6$ MPa(浆体与孔壁之间的黏结力)计算得:

$$L=K_bP/\pi N\alpha D\tau_b=4.3\ \mathrm{m} \tag{3-52}$$

式中 K_a,K_b——安全系数,取 1.8;

P——设计预应力值 350 kN；

D,d——分别为钻孔和锚索直径，$D=90$ mm，$d=32$ mm；

N——每个钻孔锚索根数，$N=1$；

α——折减系数，取 0.85；

τ_a,τ_b——锚索与砂浆、砂浆与孔壁的黏结强度。

综上计算，取锚固段长度为 10 m。

3.6.1.4 锚索自由段长度确定

锚索自由段长度主要由穿过加固段浇灌混凝土厚度、岩体松动圈的厚度决定，其长度是 5 m 加锚索外露穿过混凝土支护结构的长度。

3.6.1.5 浆液的水灰比

由于灌浆材料选用 425 号普通硅酸盐水泥，参考国内外的工程实例和根据多年的现场实际经验，浆液的水灰比一般采用 1:1，0.75:1 或 0.5:1 三种配方。

3.6.1.6 灌浆量的设计

高压劈裂灌浆量按平均扩散半径 1.2 m，总钻孔锚固段长度 200 m 计算，浆液灌入量由下式确定：

$$Q=\pi R^2 HAn\beta=42.3\ \mathrm{m}^3 \tag{3-53}$$

式中 Q——浆液灌入量，m^3；

R——浆液有效扩散半径，m；

H——灌浆孔总长度，m；

A——浆液消耗系数，取 1.3；

n——岩石裂隙率，取 4%；

β——浆液在裂隙中有效充填系数，取 0.9。

3.6.1.7 二次高压灌浆的压力设计

为达到高压劈裂灌浆的效果，二次灌浆的压力值设计不低于 4 MPa。

3.6.2 预应力锚索参数的优化

3.6.2.1 正交试验表的设计

影响高压灌浆预应力锚索锚固效果的参数主要包括锚索长度、施加预应力的大小、浆液水灰配比和锚索间距，正交试验各因素水平是根据理论计算值的大小作适当调整来确定的。据此，本次试验的正交试验设计为 $L_9(3^4)$，其中 L—正交表，9—试验次数，3—正交水平，4—影响参数，正交试验表如表 3-7 所示。

表 3-7 正交试验表

试验号	锚固段长度/m	锚索预应力/MPa	水灰配比	锚索间距/m
试验 1	5	200	1:1	2
试验 2	5	350	0.75:1	3
试验 3	5	500	0.5:1	4
试验 4	10	350	0.5:1	2
试验 5	10	500	1:1	3

续表 3-7

试验号	锚固段长度/m	锚索预应力/MPa	水灰配比	锚索间距/m
试验 6	10	200	0.75:1	4
试验 7	15	500	0.75:1	2
试验 8	15	200	0.5:1	3
试验 9	15	350	1:1	4

3.6.2.2 计算模型设计

选取图 3-66 预应力锚索加固的底部托斗部分作为研究对象,进行模型设计。其中取井壁的厚度为 30 m,是托斗厚度的 3 倍,高度为 30 m,也是托斗高度的 3 倍。计算网格划分如图 3-78 所示。其边界条件为,当 $y=1$ 时,限制 y 和 x 方向的位移,当 $x=40$ 时,限制 x 方向的位移。

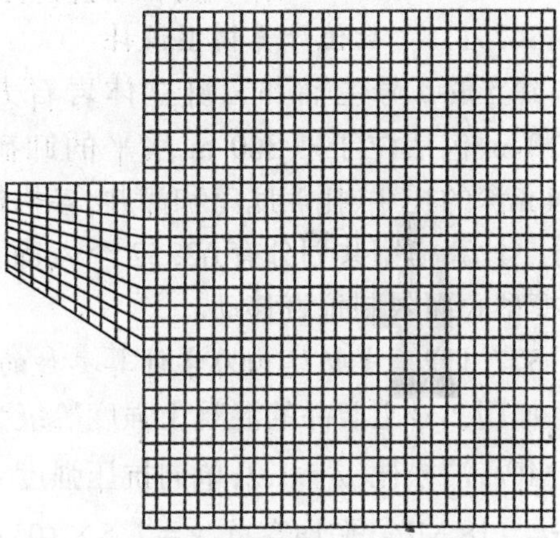

图 3-78 计算网格划分图

3.6.2.3 计算结果分析

通过计算分析可以得出,不同的预应力锚索参数,其影响的程度是不同的。但预应力锚索的施加均不同程度地改善了井壁围岩的应力分布,减小了塑性区的范围,降低了托斗结构向下的位移量。

由拉应力产生的塑性区位于岩体的内部,距离托斗结构表面大约 8~9 m,在预应力锚索锚固段长度为 5 m 的情况下,锚索的根部基本上位于塑性区的边缘,通过改变锚索的间距和预应力值的大小来调节围岩体内的应力状况,其效果是不理想的。比较锚固段 10 m 和 15 m 的计算结果不难看出,当锚索根部完全处于稳固的岩体时,锚索锚固段的长度影响程度要小于锚索间距和预应力大小的影响程度。由于主溜井内进行深孔凿岩的难度较大,施工成本较高,在充分考虑托斗结构整体稳定的情况下,应选取既合理又经济的参数,所以,锚索锚固段的长度取为 10 m。

受深孔设备凿岩高度的限制,锚索孔上排的位置是固定的。由于塑性区绝大部分位于托斗结构与井壁岩体接触的上部,通过比较不同锚索间距的计算结果容易发现,总体上锚索间距 2 m 时要好于其他两种情况,所以,锚索的间距选为 2 m。

锚索施加预应力值的大小主要取决于两方面,其一是浆体与孔壁和浆体与锚索之间能否提供足够的黏结力,即水灰比问题。其二取决于托斗结构的力学强度能否提供足够的预应力的反作用力。通过以上的模拟计算看出,在施加预应力的托斗结构的表面并未有塑性区产生,说明预应力的大小主要取决于水灰比。考虑到实施二次高压灌浆工艺的要求,水灰比选为 0.75:1,相应的预应力值要大于 350 kN。

3.7　主溜井加固效果稳定性数值分析及工程验证

3.7.1　2号主溜井加固效果稳定性数值分析

为了正确评价主溜井加固工程及整个溜破系统稳定性和工程结构的可靠性,本节采用$FLAC^{3D}$数值模拟计算程序,以2号主溜井为重点,将卸矿硐室、箱型承载梁、溜矿斗和底托等作为一个完整的力学系统,建立三维岩石力学计算模型,在多种工况下对溜井结构和围岩体进行稳定性数值计算。从局部结构到整个溜破系统,从围岩体的力学状态到整个系统结构的稳定性,在力学机理上进行深入、系统地研究,并对整个修复后的溜破系统在使用过程中的稳定状态进行诊断、预测和分析,得到重要结论并提出建议。

3.7.1.1　数值计算模型设计

建立的2号主溜井三维立体岩石力学计算模型如图3-33所示。深度范围−330～−410 m,包括位于−360 m水平的卸矿硐室(±0 m)、支撑矿车卸矿的箱型承载结构、20.4 m深的托斗、托斗底座和溜井,各构筑物的尺寸严格按照设计图纸进行模型的单元网格划分。计算模型共划分有62252个六面立方体单元,69690个结点。模型侧面限制水平移动,模型底面限制垂直移动。

3.7.1.2　支护结构力学计算参数的确定

加固2号主溜井的混凝土强度等级为C_{25},计算采用设计参数如下:弹性模量$E=2.8\times10^4$ MPa;泊松比$\mu=0.2$;单向抗压强度$\sigma_C=17$ MPa;单向抗拉强度$\sigma_T=1.7$ MPa;抗弯强度$\sigma_M=18$ MPa;平均容重$\gamma=2.5\times10^3$ kg/m³。

2号主溜井加固工程中采用了多种形式的配筋和锚固类型,见图3-65。

(1) 卸矿硐室混凝土梁:主筋、辅筋均采用ϕ20 mm螺纹钢,间距为250 mm,拉筋为ϕ8普通钢筋,间距为500 mm;在箱型混凝土梁底部铺设钢轨,同时在两侧箱体下部配筋为ϕ30 mm螺纹钢。

(2) 卸矿硐室混凝土与锚杆联合支护:边墙支护厚度小于1000 mm时,采用双层配筋,主筋、辅筋均采用ϕ20螺纹钢,间距为250 mm;当支护厚度大于1000 mm时,除采用多层配筋外,在岩体中安装抗剪锚杆,锚杆直径ϕ22 mm,长度2.7 m,外露0.7 m,密度0.8 m×0.8 m,锚杆外露部分与外层钢筋连接。

(3) 溜井井壁喷锚网联合支护:砂浆锚杆直径ϕ22 mm,长度2.7 m,密度0.8 m×0.8 m,在岩体中的锚固长度不小于1.8 m;钢筋网网度250 mm×250 mm,直径ϕ6 mm,喷层厚度10 mm。

(4) 溜井托斗结构锚杆、锚索、斜撑和钢筋混凝土联合支护:三角形托斗结构部分锚杆采用直径ϕ30 mm的螺纹钢,密度1 m×1 m,外露0.6 m,与三道混凝土主筋焊接,其他部位锚杆为ϕ18 mm的螺纹钢,密度2 m×2 m;每根锚索使用1根ϕ32高强度精轧螺纹钢筋,双排布置,每排预应力锚杆水平间距1.5～3 m,位于岩石中的长度15 m,其中自由段7 m,锚固段8 m,角度为上倾10°。锚索设计承载力450 kN,预应力值394 kN,张拉荷载425 kN;斜撑采用11号I_{60}工字钢,斜撑托板采用200 mm×12 mm钢板,斜撑托板锚杆采用直径ϕ30 mm的螺纹钢,长3 m,间距0.5 m。

图3-79～图3-81显示三维模型中卸矿硐室混凝土梁配筋及周围岩体锚杆布置,图3-82

和图 3-83 显示三维模型中溜井托斗结构及周围岩体锚杆(索)布置。

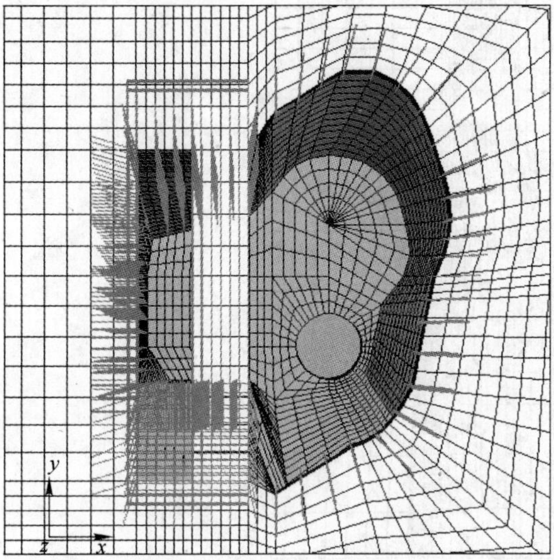

图 3-79 混凝土梁配筋及井壁锚杆 x-y 布置图

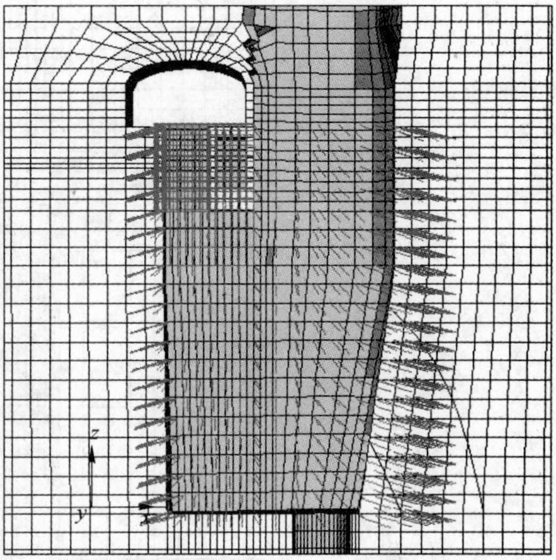

图 3-80 混凝土梁配筋及井壁锚杆 x-z 布置图

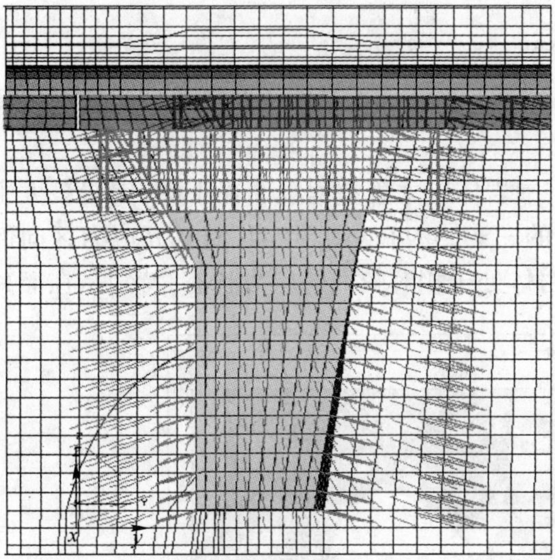

图 3-81 混凝土梁配筋及井壁锚杆 y-z 布置图

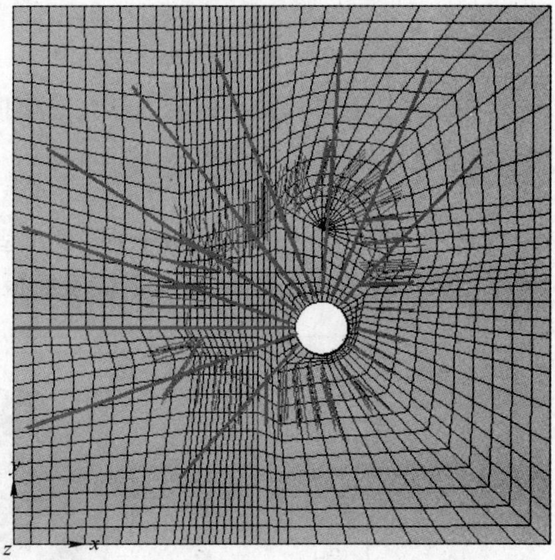

图 3-82 溜井托斗锚杆与锚索 x-y 布置图

3.7.1.3 模拟计算过程

岩体和支护结构的力学行为与所经历应力历史密切相关，为了客观、真实地反映在不同受力阶段岩体及工程结构的力学状态，分析岩体与结构应力、变形和破坏机理，评价工程结构的稳定性、可靠性，对加固工程分两种典型工况进行计算模拟（均以 1 号主溜井加固完成并趋向稳定为前提）。

工况 1:2 号主溜井加固完成后，卸矿硐室承载结构、托斗及溜井空载时的围岩体力学状态。

工况 2:2 号主溜井加固后，卸矿硐室承载梁及溜井托斗满载时结构与围岩力学状态。

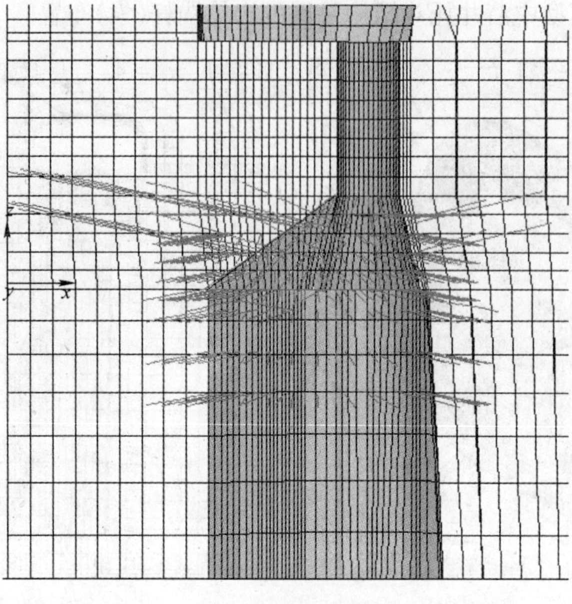

图 3-83　溜井托斗锚杆与锚索 x-z 布置图

3.7.1.4　计算结果及分析

A　卸矿硐室承载结构、托斗及溜井空载时的围岩体力学状态

在 2 号主溜井垮落后围岩力学状态模拟计算的基础上，进行 2 号主溜井加固后围岩体与承载梁的力学状态的数值模拟计算。

(1) 在卸矿硐室底板($z=0$ m) x-y 平面上，围岩体应力集中程度明显下降，围岩最大主应力 σ_1 由加固前的 −39.2 MPa 下降到加固后的 −30.5 MPa(图 3-84)，而且高应力区向卸矿硐室及溜井围岩深部转移，卸矿硐室底板侧岩体处于相对较低的应力状态，特别是在溜井

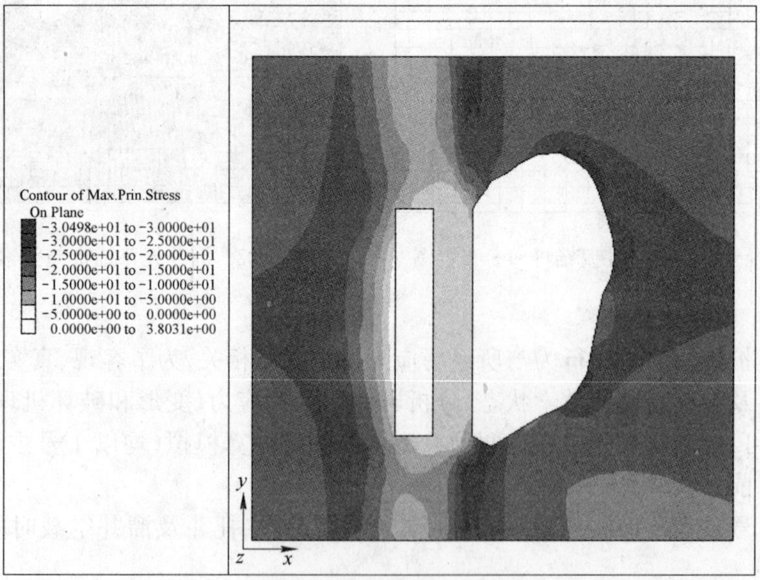

图 3-84　承载梁与围岩最大主应力 x-y 分布($z=0$ m)

与卸矿硐室交接处的围岩应力集中得到明显改善。在同一平面上，围岩最小主应力 σ_3 也有所下降，其中拉应力由加固前的 4.9 MPa 下降到加固后的 2.58 MPa。混凝土梁在空载荷时应力分布均匀，最大压应力为 − 5 MPa。但在混凝土梁与围岩相接处，应力变化梯度较大，是容易产生破坏的薄弱部位。

加固后，由于卸矿硐室混凝土承载梁对卸矿口两侧的水平支撑作用，围岩的位移主矢量方向产生明显变化，卸矿硐室与溜井交接部位的岩体移动受到承载梁的有效控制，最大移动量为 0.8 mm（图 3-85）；同时，由于对卸矿口处底板岩体的锚固和钢筋混凝土整体浇灌，使得卸矿硐室围岩塑性区由边缘向岩体内部转移（图 3-86）。

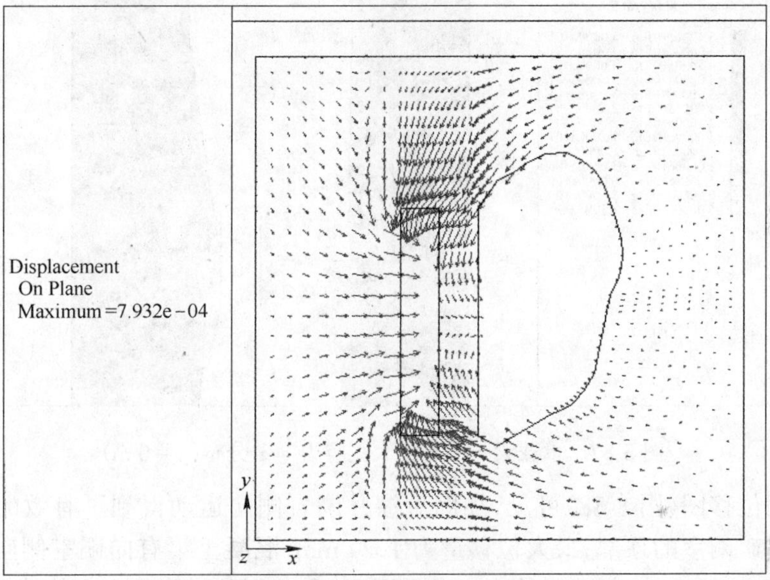

图 3-85　承载梁与围岩 x-y 位移矢量场（z = 0 m）

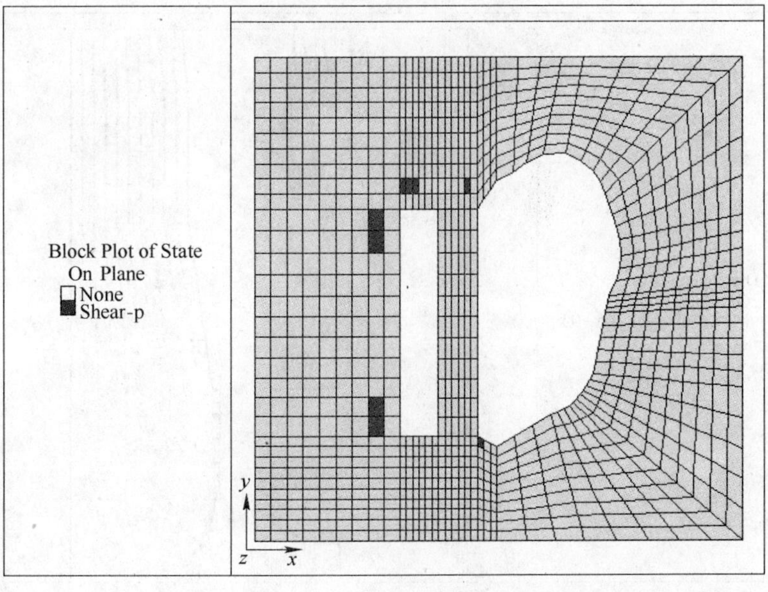

图 3-86　围岩在 x-y 剖面塑性区分布（z = 0 m）

(2) 在卸矿硐室的 x-z 横剖面上(图 3-87),托斗以上部分井壁围岩最大主应力普遍下降,应力升高区向围岩内部转移;而托斗下方井壁出现局部应力升高现象,最大主应力 σ_1 为 -52 MPa。井壁边缘与托斗中的最大拉应力 σ_3 为 2.02 MPa,在托斗结构与井壁相接部位的剪应力较高。

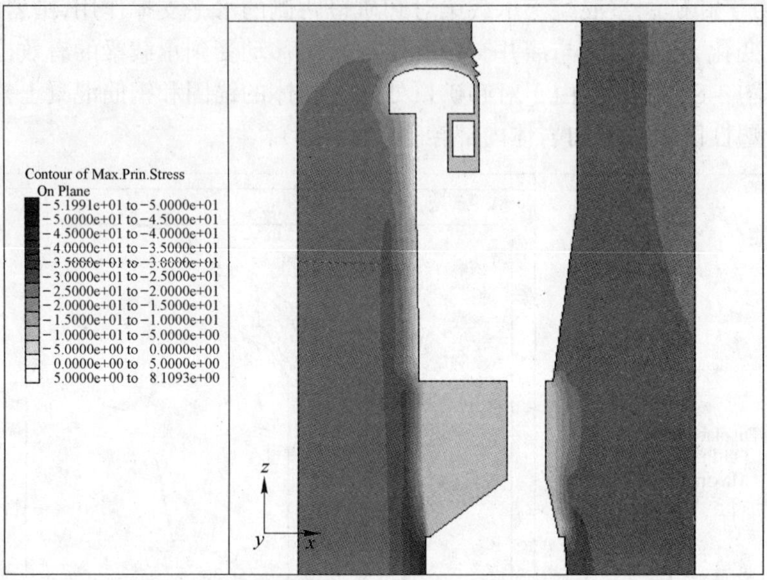

图 3-87　承载梁与围岩最大主应力 x-z 分布(y=0 m)

从横剖面位移图(图 3-88)可见,加固后溜井围岩侧向运动得到了有效的控制,岩体移动主要来自卸矿硐室的顶部,最大位移量为 1.24 mm,混凝土梁有向硐室侧向下沉的趋势,最大位移量约 0.35 mm。托斗结构在空载情况下,受四周围岩收敛产生的挤压作用,与围岩接触处的托斗结构顶部略有少量向上的位移,托斗结构在空载情况下,位移量很小。

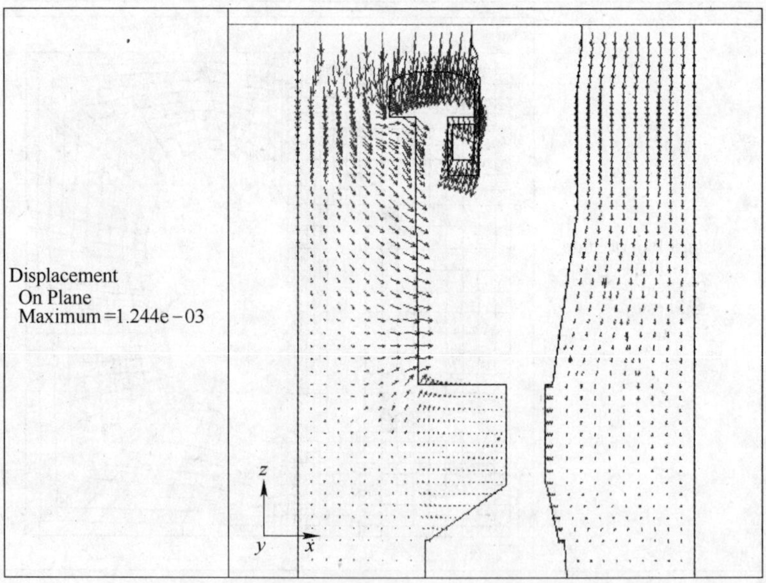

图 3-88　承载梁与围岩 x-z 位移矢量场(y=0 m)

从塑性区图(图 3-89)上看,在卸矿硐室拱肩与溜井交接部位围岩体,仍有少量的塑性区存在,施工过程中应对其进行适当的锚固处理。

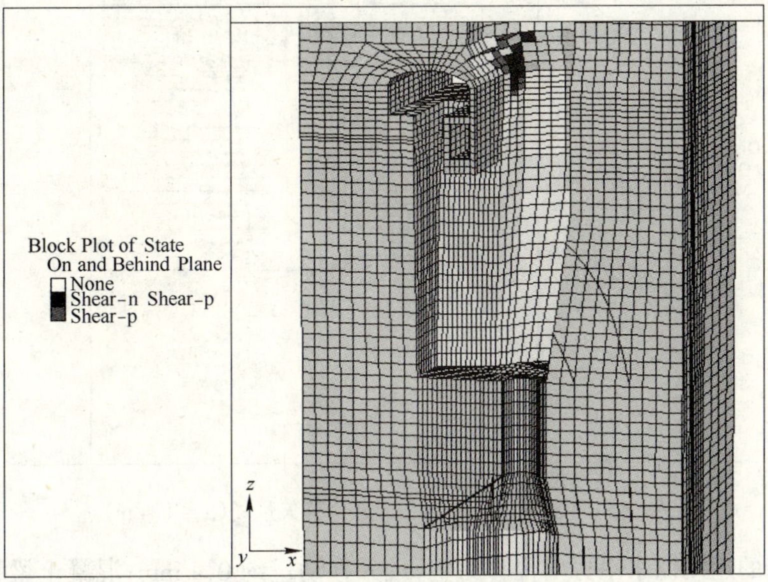

图 3-89 围岩 x-z 横剖透视面塑性区分布($y=0$ m)

(3) 在沿卸矿硐室的 y-z 纵剖面图上(图 3-90 和图 3-91),同样可以看出,加固后卸矿硐室下方溜井周边围岩体最大主应力 σ_1 和最小主应力 σ_3 均有所下降,压应力的升高区向岩体内部转移,溜井斜坡处围岩的最大拉应力为 2.83 MPa。

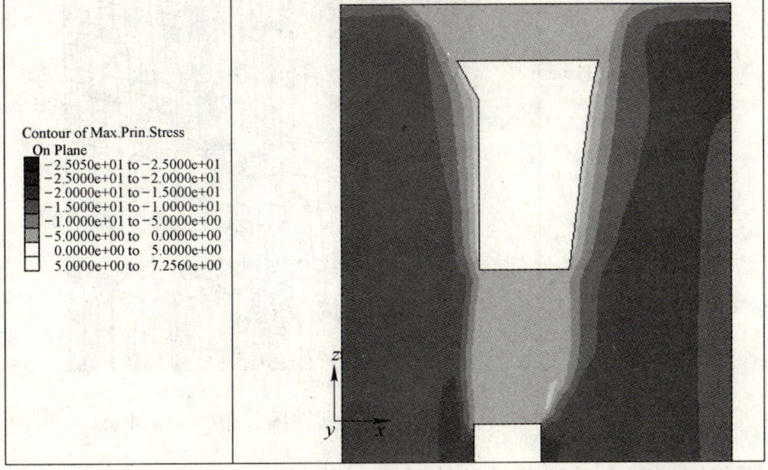

图 3-90 承载梁与围岩最大主应力 y-z 分布($x=1.4$ m)

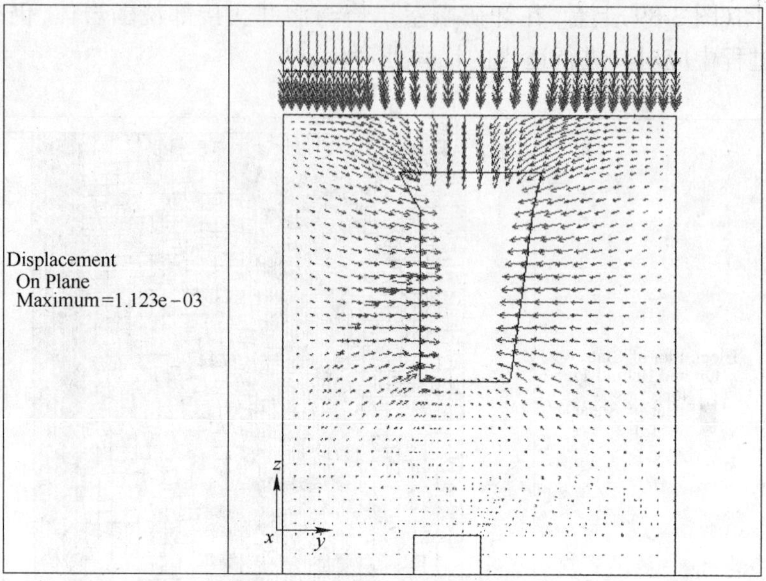

图 3-91　承载梁与围岩在 y-z 位移矢量场($x=1.4$ m)

溜井侧墙的运动以水平方向位移为主,最大移动量约 0.4 mm;混凝土梁结构在纵向剖面的变形特点是:两侧与岩体搭接部位以水平位移为主,逐步过渡到梁中部垂直下沉,混凝土梁空载时的最大挠度 0.3 mm。此外,在纵剖面图的塑性区中(图 3-92),没有新的塑性区产生。

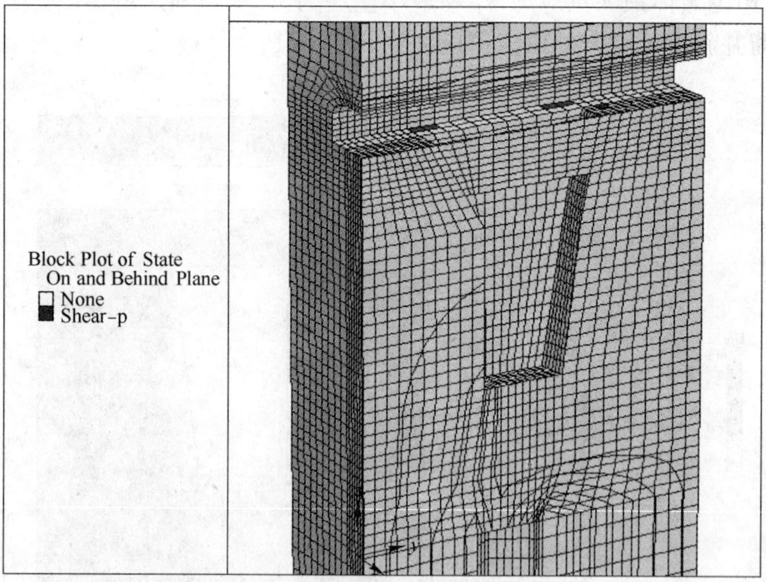

图 3-92　围岩在 y-z 纵剖透视面塑性区分布($x=1.4$ m)

通过与加固前卸矿硐室及溜井的计算结果对比,得出以下基本结论:

(1) 溜井围岩经过锚固灌浆加固处理后,在很大程度上改善了围岩的受力状况,主要表现在最大主应力和拉应力明显降低,应力集中程度下降,应力高峰区向岩体内部转移;

(2) 加固后的溜井与卸矿硐室,岩体边缘不再产生塑性区,岩体的塑性区也向围岩深部转移;溜井加固后,围岩移动量明显减小;

(3) 卸矿硐室的混凝土梁有效地控制了卸矿口底板岩体的运动,并使得该处岩体位移场主矢量更加流畅,更加符合溜井岩体垮落后形成的自组织轮廓对岩体稳定性的要求。卸矿硐室及溜井围岩经过锚固灌浆加固处理后,围岩塑性区后移,从而保证了岩体的稳定性。

计算结果表明,程潮铁矿措施井 2 号主溜井修复和加固设计方案总体上是合理的,完全可以满足工程结构和岩体稳定性的要求。

B 箱形混凝土承载梁及托斗满载时的力学状态

卸矿硐室的承载梁满负荷工况按三辆自重各 3 t、载重各 15 t 的矿车组同时作用在混凝土承载梁上考虑。托斗结构满载指重新施工完成的溜矿斗装满矿石,溜井的横截面积约 100 m^2,从托斗至卸矿硐室底板净高 20.4 m,矿石重约计 4200 t,另外,考虑 1.5 的动载系数,共计 6300 t 作用在托斗结构上。矿石对井壁的水平压力计算根据下列公式,并将计算结果应用于模拟计算。

$$P_z=\frac{\gamma_k S}{K_w l K_c}\left[1-\exp\left(-\frac{K_w l K_c}{S}Z\right)\right] \tag{3-54}$$

式中 P_z——深度为 Z 容器底板上的单位面积上的垂直压力,Pa;

Z——溜井内矿石的高度,m;

K_c——侧压系数;

γ_k——矿石容重,N/m^3;

K_w——矿岩与井壁间摩擦系数;

S——溜井的水平面积,m^2;

l——溜井水平断面周长,m。

根据经验公式溜井井壁所受到的水平压力 P_s 为:

$$P_s=2K_cP_z \tag{3-55}$$

式中,侧压系数 $K_c=\tan^2\left(45°-\frac{\varphi}{2}\right)$。

(1) 在卸矿硐室底板 x-y 剖面($z=0$ m),与溜井加固后空载时相比,围岩最大主应力值 σ_1 和最小主应力 σ_3 值略有增加,但高应力区的分布范围在卸矿硐室周围没有明显变化;在位移矢量场中,围岩最大移动量为 0.86 mm,比空载状态增加 0.06 mm;在 x-y 平面上,承载梁的两端位移矢量方向朝卸矿口内侧,在梁的中部,位移矢量方向略朝溜井侧,其绝对错动位移小于 1 mm;塑性区没有新的变化。以上说明在最大载荷作用下,卸矿硐室承载梁和周围加固后的岩体受力状态基本保持稳定。

(2) 在卸矿硐室下方($z=-10$ m)x-y 剖面上,围岩最大主应力 σ_1 中,最大压应力为 −31.3 MPa,最大拉应力为 10.1 MPa,这部分拉应力主要集中在卸矿口下方钢筋混凝土边墙中(图 3-93),围岩中最小主应力 σ_3 中的拉应力为 3.14 MPa,分布在卸矿口边墙中部、隅角处和溜井边缘(图 3-94)。从位移矢量图中(图 3-95)可见,在 −10 m 处围岩移动主要发生在卸矿口下方围岩体中,使下方坑口收敛,最大绝对移动量为 1 mm,溜井侧的围岩移动量很小,在整个平面上也没有塑性区产生(图 3-96)。因此,采取灵活的支护手段,将岩体移动控制在有限范围,以满足工程需要是必要的。另一方面,卸矿坑口在水平方向的收敛,给箱形承载梁两端带来了额外的水平推力，可以使梁断面中性面下移，从而减小承载梁下部拉应力，这在一般建筑工程中是难得的有益外力补偿。

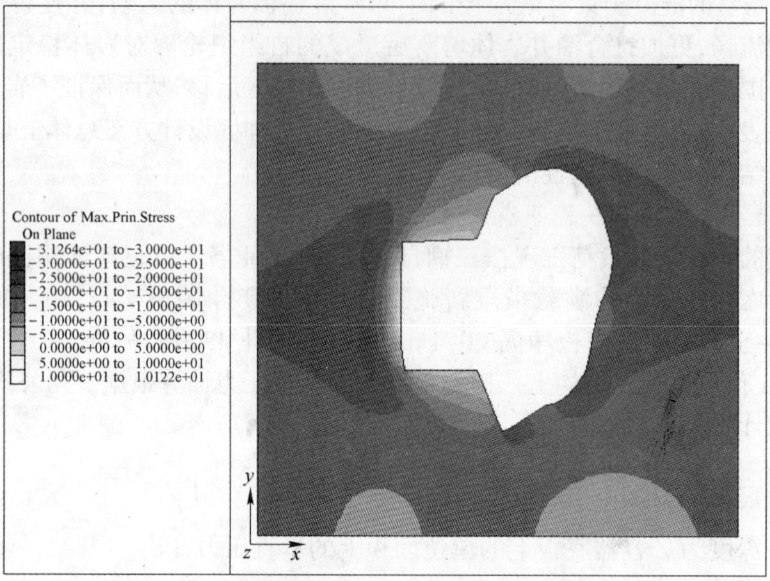

图 3-93　满载后围岩最大主应力 x-y 分布（$z=-10$ m）

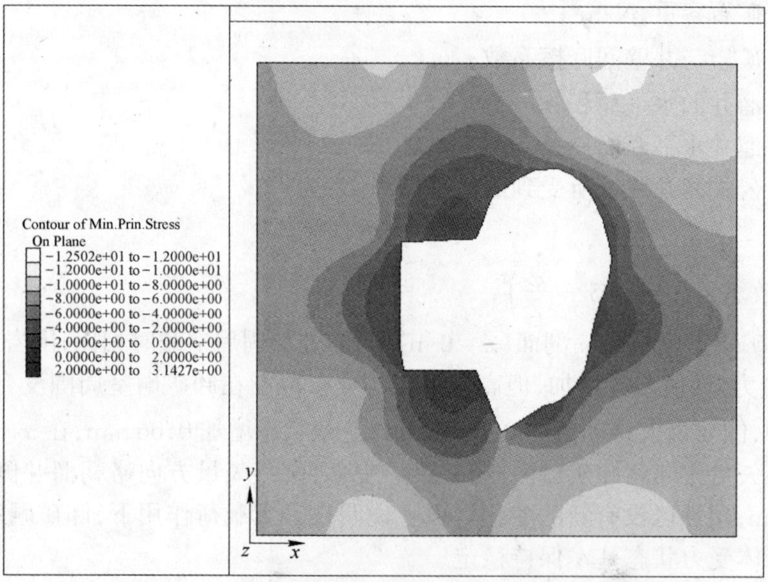

图 3-94　满载后围岩最小主应力 x-y 分布（$z=-10$ m）

（3）图 3-97 和图 3-98 是在 x-z 平面（$y=0$ m）围岩最大主应力 σ_1 和最小主应力 σ_3 分布。围岩与托斗结构交界处的岩体中的最大主应力 σ_1 因托斗承载后少量下沉而略有下降（由空载时的 −52 MPa 下降到 −51.7 MPa），围岩最小主应力 σ_3 中的拉应力也由空载时的 2.02 MPa 下降到托斗结构满载时的 1.98 MPa。这主要是卸下的散矿石对溜井井壁有一定的围压作用。由此可见，溜井内留有足够量的矿石，不但不会造成托斗结构的超载，在很大程度上还可以缓解冲击载荷,并形成少量的侧限围压,对保证溜井整体的稳定性方面是有利的。

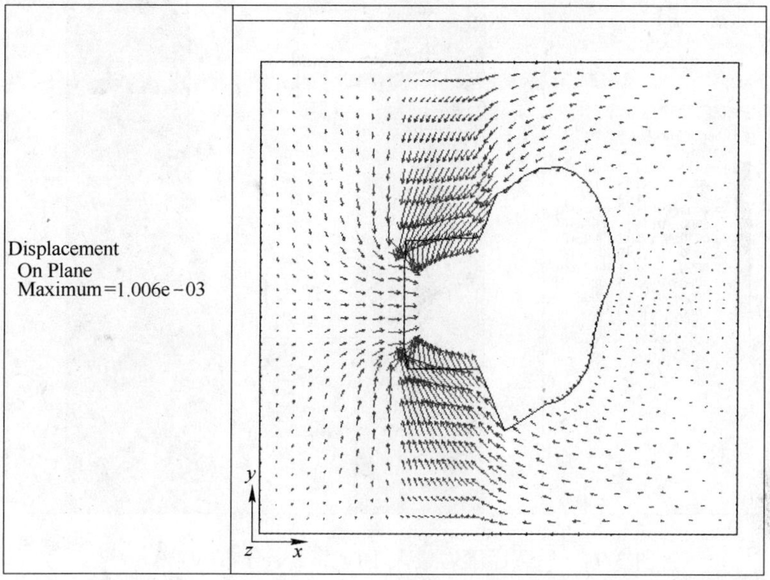

图 3-95 满载后围岩 x-y 位移矢量场($z=-10$ m)

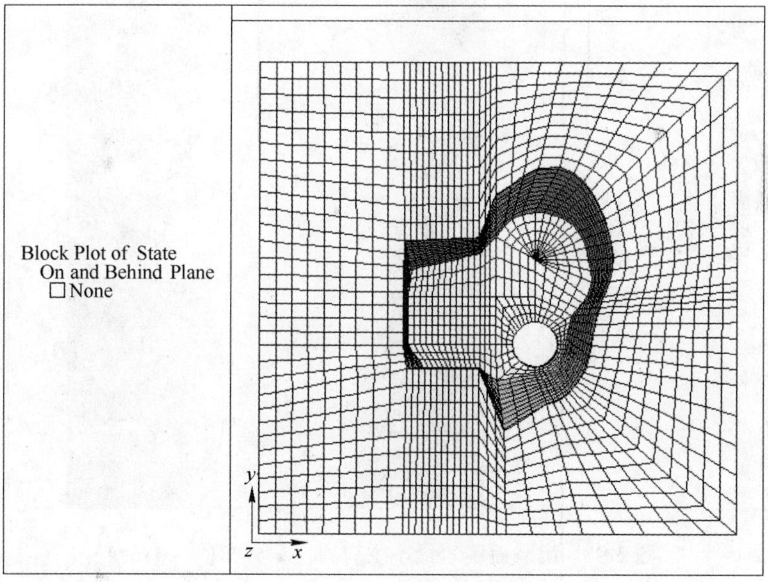

图 3-96 满载后围岩 x-y 平面塑性区($z=-10$ m)

岩体主要移动仍然集中在卸矿硐室的顶部,其最大值为 1.34 mm,该剖面上箱形承载梁上部主要为垂直下沉,梁的下部在下沉的同时,伴有向卸矿口一侧的移动,是承载梁在横端面上产生少量的扭矩。承载梁的最大位移量 0.85 mm。塑性区依然在卸矿硐室外侧拱肩与溜井交叉部位。

(4) 在 y-z 剖面($x=1.4$ m),围岩最大主应力 σ_1 和最小主应力 σ_3 与空载工况 1 相比,没有发生明显的变化,位移值增加很小,也没有新的塑性区产生。

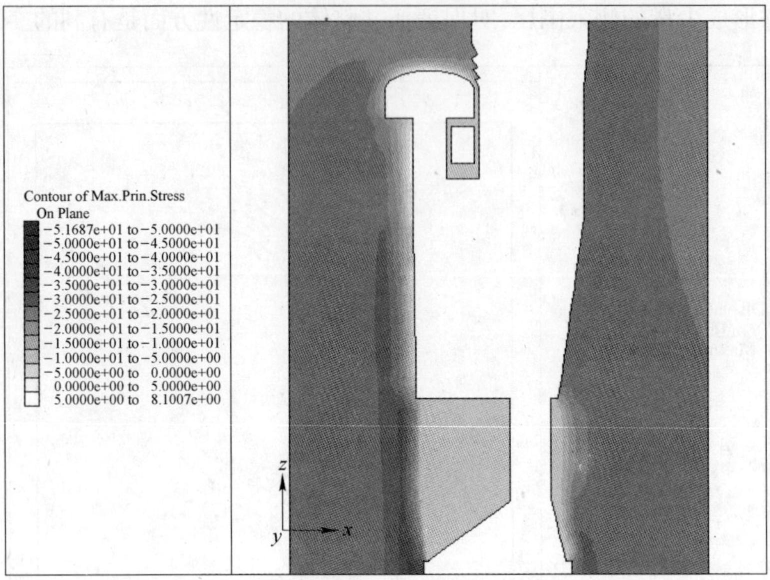

图 3-97　满载后围岩最大主应力 x-z 分布（$y=0$ m）

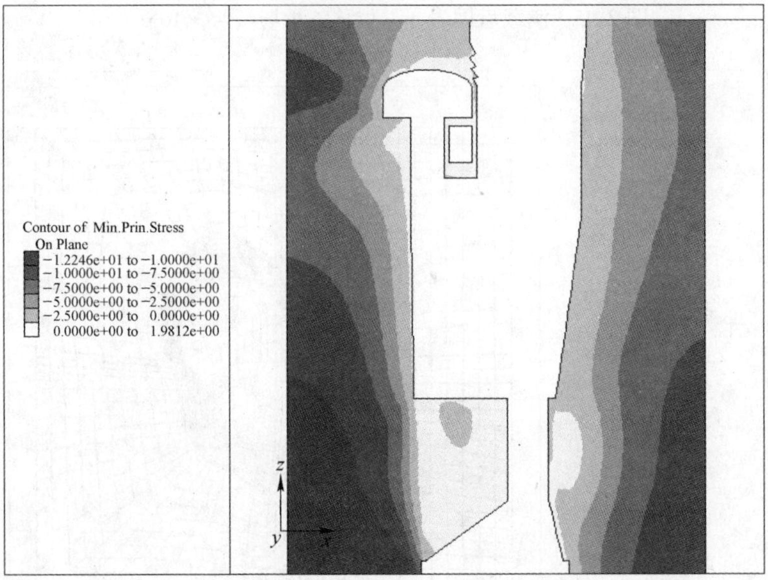

图 3-98　满载后围岩最小主应力 x-z 分布（$y=0$ m）

C　满载情况下箱形承载梁及支托结构的力学状态

在 2 号主溜井进行修复和加固工程中，卸矿硐室采用了箱形混凝土承载梁和在溜井中采用托斗两个具有创新性、关键性和技术难度很大的工程结构。下面给出在满载荷时托斗和承载梁的应力、变形详细的计算结果，以便进行这两个关键性工程结构稳定的理论分析。

（1）图 3-99～图 3-102 是在满载工况下，托斗结构和周围岩体最大主应力 σ_1 和最小主应力 σ_3 分布、位移矢量场和塑性区。其中 σ_1 的最大值为 −31 MPa，作用在卸矿硐室下方与托斗结构相接部位的岩体中，该处的岩体位移矢量变化较大，最大位移 0.5 mm，并在该处有

1 m 左右的塑性区产生。在托斗结构及周围岩体中的最大拉应力为 1.93 MPa。

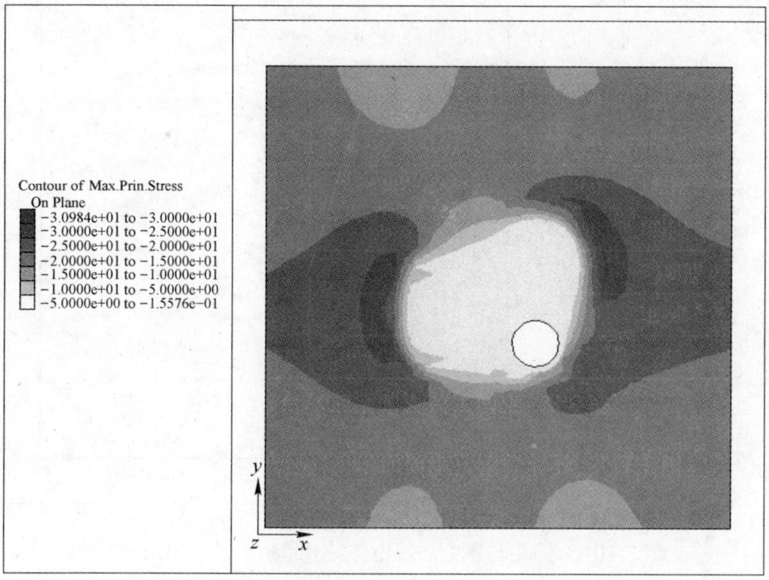

图 3-99　托斗与围岩主应力 σ_1 x-y 分布($z = -20.4$ m)

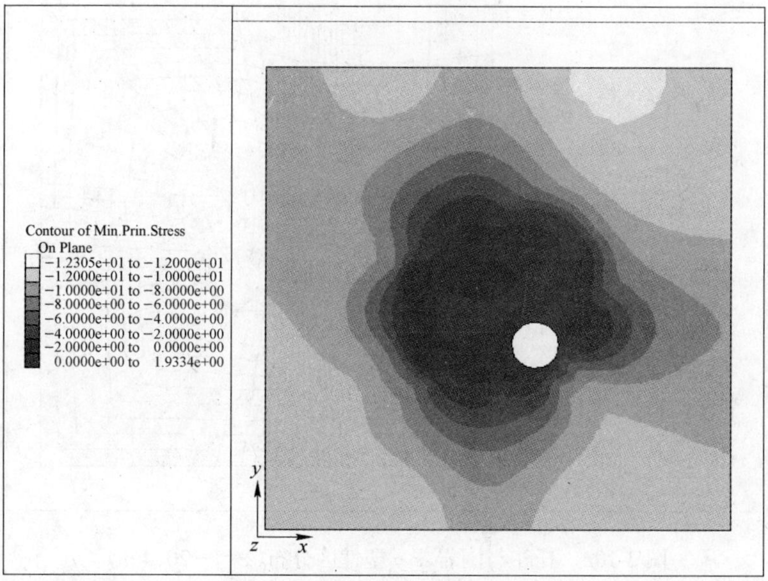

图 3-100　托斗与围岩主应力 σ_3 x-y 分布($z = -20.4$ m)

(2) 图 3-103～图 3-105 是在满载状态下,托斗结构与围岩在不同方向的位移分量等值线图;图 3-106～图 3-108 是托斗结构与围岩在不同方向的正应力分量等值线图;图 3-109～图 3-111 托斗结构与围岩在不同方向的剪应力分量等值线图。以上各种位移和应力分量的最大值汇总在表 3-8 中。

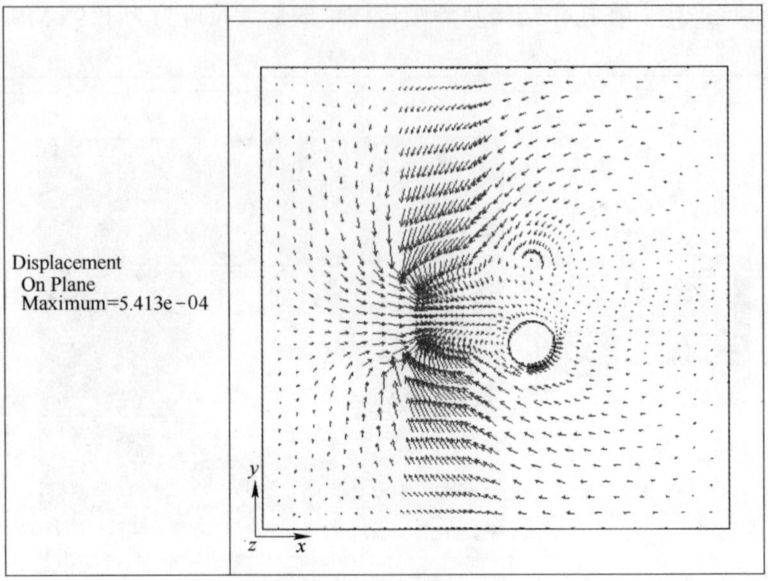

图 3-101　托斗与围岩 x-y 位移矢量场（$z=-20.4$ m）

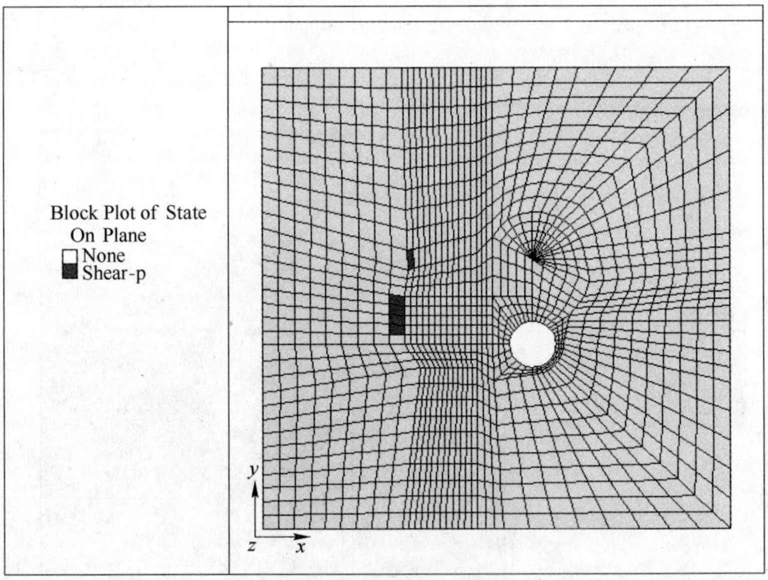

图 3-102　托斗与围岩 x-y 塑性区分布（$z=-20.4$ m）

由于在托斗结构的设计中，专门设计了托斗支座，安装了连接支座与岩体的预应力锚索，进行二次高压灌浆，同时在支座与岩体之间的周围岩体中布置了抗剪锚杆。从计算结果分析，如此支护设计是非常合理和重要的。这种复合形支护视托斗与岩体为一个相互作用、共同承载的完整力学体系，它们不仅在悬吊和支撑托斗方面起着至关重要的作用，同时在加固周围已经进入破坏的岩体，减轻围岩体拉、剪等形式的破坏，在保证包括托斗结构在内的整个力学系统的稳定性方面起着非常重要的作用。

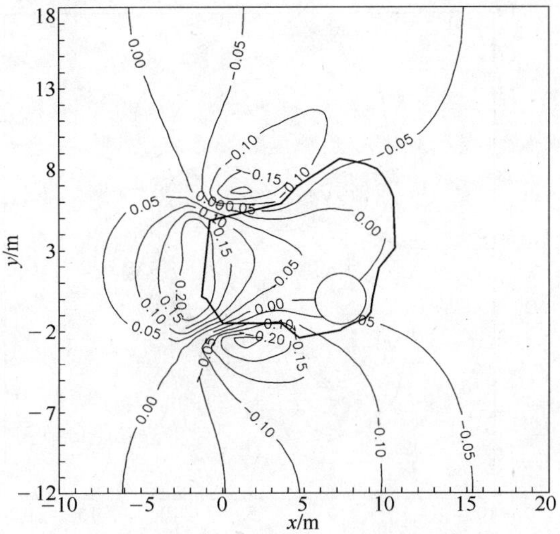

图 3-103 托斗与围岩在 x 方向位移等值线

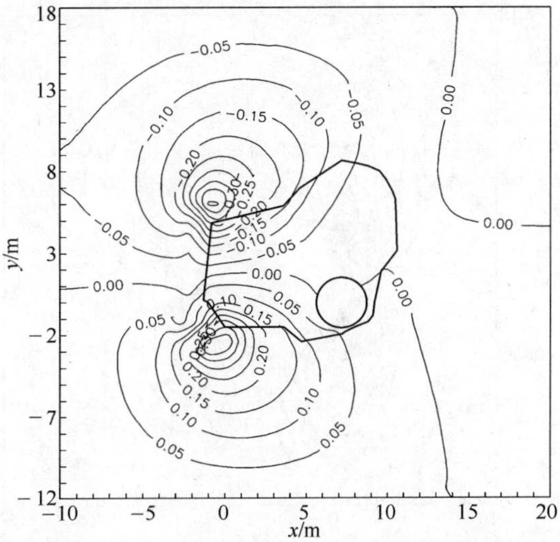

图 3-104 托斗与围岩在 y 方向位移等值线

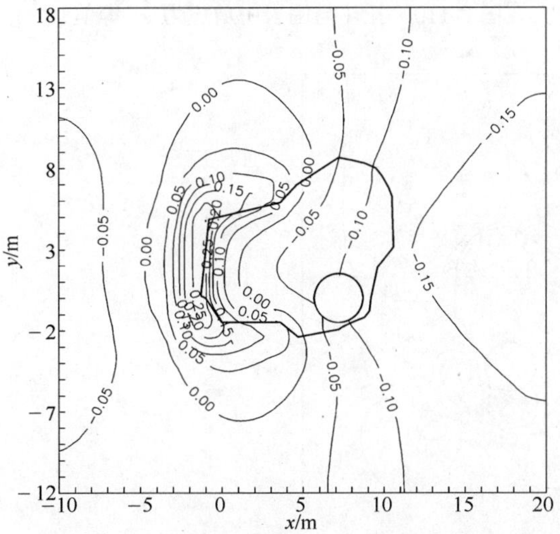

图 3-105 托斗与围岩在 z 方向位移等值线

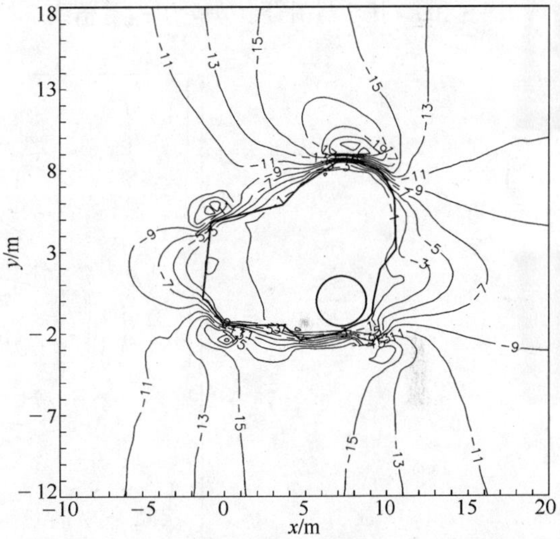

图 3-106 托斗与围岩在 x 方向正应力 σ_x 等值线

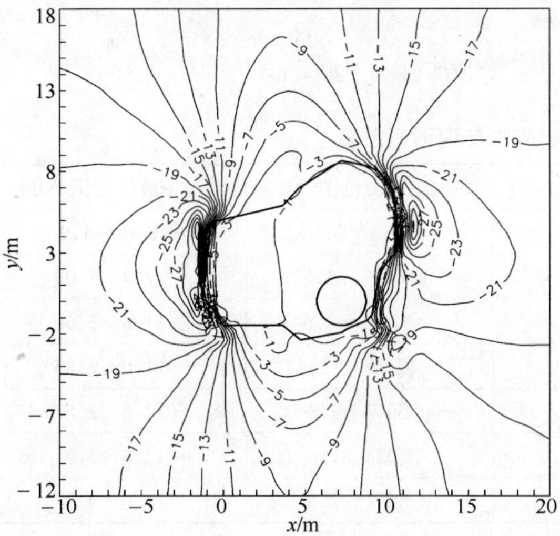

图 3-107 托斗与围岩在 y 方向正应力 σ_y 等值线

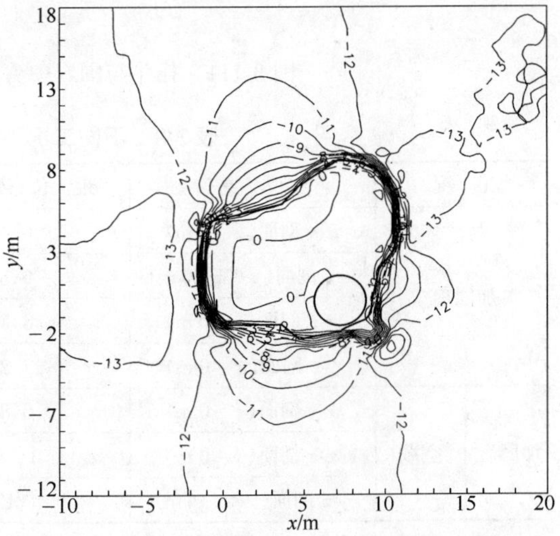

图 3-108 托斗与围岩在 z 方向正应力 σ_z 等值线

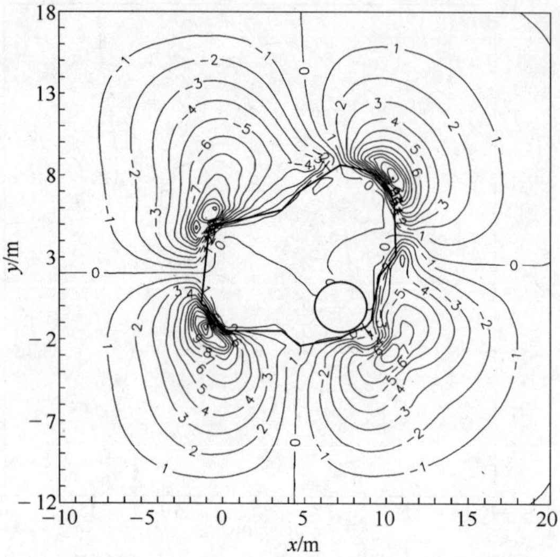

图 3-109　托斗与围岩中剪应力 τ_{xy} 等值线

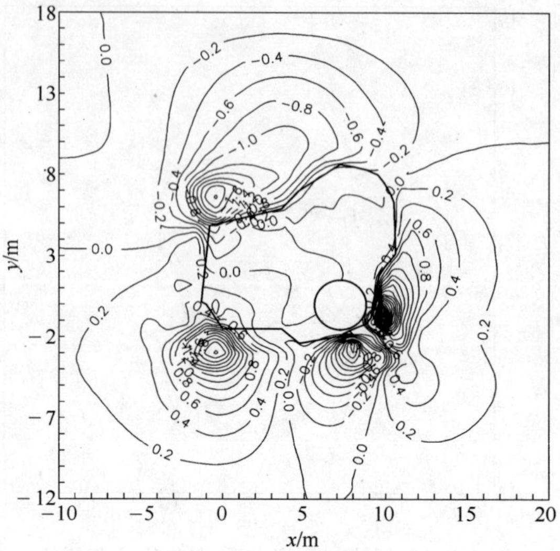

图 3-110　托斗与围岩中剪应力 τ_{yz} 等值线

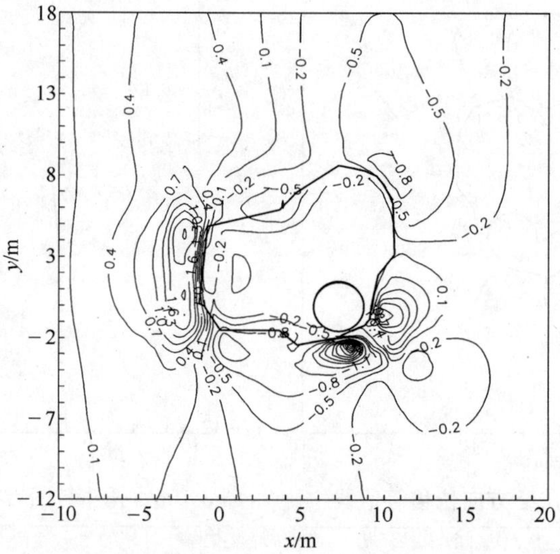

图 3-111　托斗与围岩中剪应力 τ_{xz} 等值线（$z=-20.4$ m）

表 3-8　不同工况下围岩应力与变形汇总表

工　况		位　置	最大位移量/mm	最大主应力范围/MPa	最小主应力范围/MPa
加固前		x-y 剖面（$z=0$ m）	6.4	−39.3～0.76	−12.8～4.9
		x-y 剖面（$z=-20$ m）	6.8	−48.7～−1.87	−12.4～1.04
		x-z 剖面（$y=0$ m）	8.8	−48.4～−4.64	−11.8～3.66
		y-z 剖面（$x=0$ m）	7.2	−40.3～−5.3	−11.8～2.45
加固后	空载	x-y 剖面（$z=0$ m）	0.8	−30.5～3.8	−12.6～2.58
		x-z 剖面（$y=0$ m）	1.24	−52～8.1	−12.6～2.01
		y-z 剖面（$x=1.4$ m）	1.12	−25.1～7.3	−11.6～2.84

续表 3-8

工　况		位　置	最大位移量/mm	最大主应力范围/MPa	最小主应力范围/MPa
		x-y 剖面($z=0$ m)	0.86	−30.6～3.8	−12.6～2.6
		x-y 剖面($z=-10$ m)	1.0	−31.3～10.1	−12.5～3.14
加固后	满载	x-y 剖面($z=-20.4$ m)	0.54	−31.0～−0.16	−12.3～1.93
		x-z 剖面($y=0$ m)	1.34	−51.7～8.1	−12.2～1.98
		y-z 剖面($x=1.4$ m)	1.22	−25.1～7.26	−11.6～2.86

(3) 卸矿硐室的箱形混凝土梁与围岩组成一个相互作用、共同承载的力学体系,围岩的水平移动和围压作用一方面增加梁的水平推力,使承载梁的中性面下移,提高了梁的承载能力;另一方面,围岩的水平运动也使梁产生附加扭矩,对梁本身不利。通过三维数值计算,可以得到卸矿硐室的箱形混凝土梁与围岩相互作用的情况,图 3-112～图 3-114 承载梁与托斗结构满载后箱形混凝土梁顶面位移、正应力及剪应力等值线图。最大载荷下箱形混凝土梁的顶面、底面、内侧帮的应力与变形最大值见表 3-9。计算结果表明,卸矿硐室的箱形混凝土梁在满载工况下,梁的位移量最大不超过 1 mm,正应力及剪应力完全满足设计许用强度的要求。

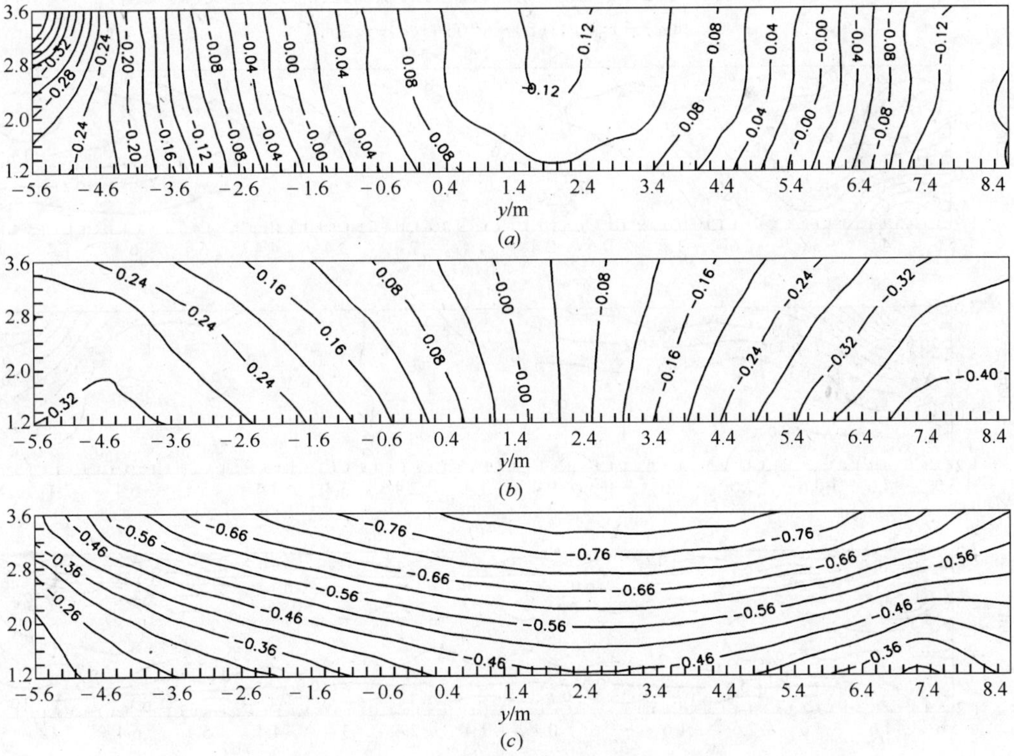

图 3-112　承载梁与托斗满载后箱形混凝土梁顶面位移等值线(俯视图)

(a)—x 方向;(b)—y 方向;(c)—z 方向

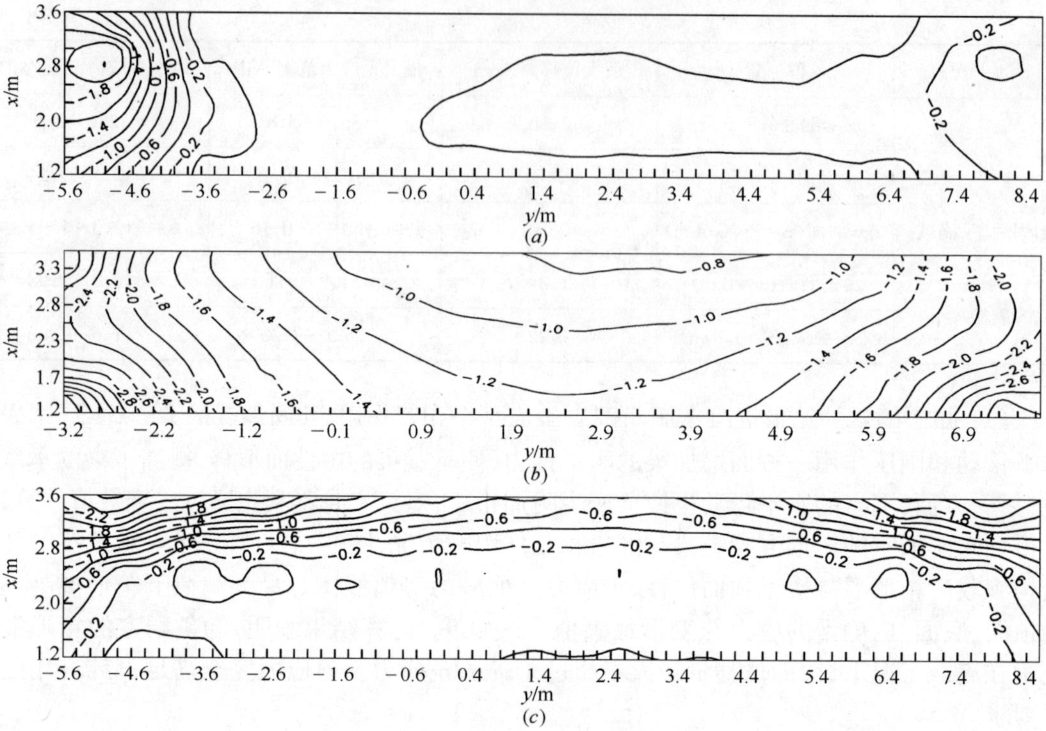

图 3-113　承载梁与托斗满载后箱形混凝土梁顶面正应力等值线(俯视图)

(*a*)—*x* 方向;(*b*)—*y* 方向;(*c*)—*z* 方向

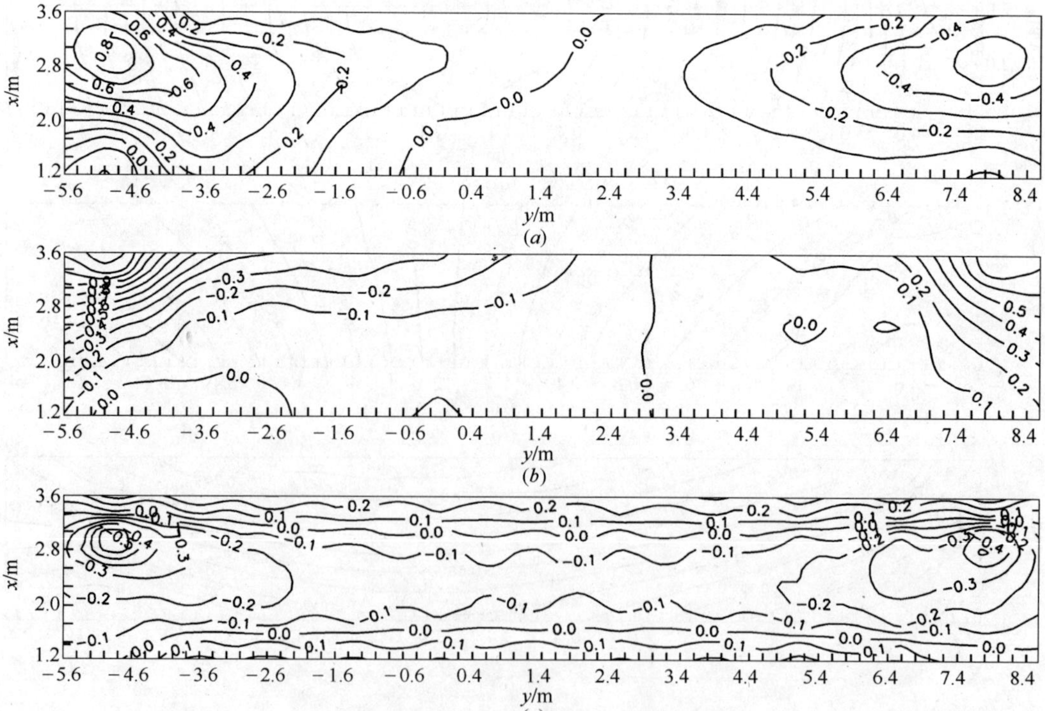

图 3-114　承载梁与托斗满载后箱形混凝土梁顶面剪应力等值线(俯视图)

(*a*)—*x*-*y* 方向;(*b*)—*y*-*z* 方向;(*c*)—*x*-*z* 方向

表 3-9　最大载荷下箱形混凝土梁应力与变形汇总表

项　目	顶　面	底　面	内 侧 帮
x-位移/mm	−0.41～0.13	−0.3～0.25	−0.25～0.1
y-位移/mm	−0.43～0.33	−0.27～0.26	−0.46～0.37
z-位移/mm	−0.85	−0.83	−0.51
正应力 σ_x/MPa	−2.2～0.18	−1.33～0.11	−0.5
正应力 σ_y/MPa	−2.3～−0.08	−3.97～−0.76	−3.0
正应力 σ_z/MPa	−2.65～0.1	−2.67～0.08	−0.8～0.1
剪应力 τ_{xy}/MPa	−0.6～0.88	−0.83～0.74	−0.2～0.1
剪应力 τ_{xz}/MPa	−0.64～0.36	−0.38～0.08	−0.1～0.1
剪应力 τ_{yz}/MPa	−1.27～0.79	−1.6～1.17	−0.85～1.49

(4) 图 3-115 和图 3-116 是承载梁与托斗结构满载后箱形混凝土梁配筋与围岩锚杆(索)受力情况，主要受力在承载梁底面配筋中，最大拉力为 2.16 kN。同时，托斗预应力锚索在悬吊托斗和组合岩体方面发挥重要作用。

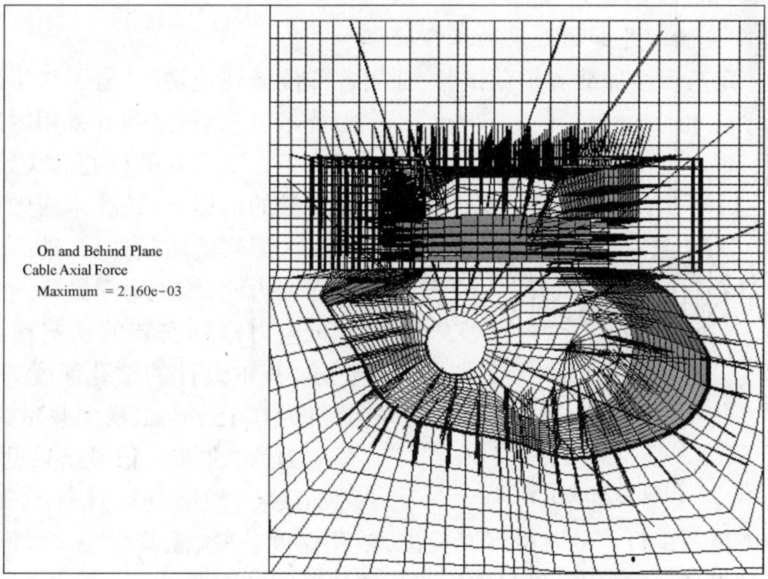

图 3-115　箱形梁配筋与锚杆(索)受力图(俯视)

通过分析在各个不同典型剖面上三维计算结果，描述了承载梁和托斗结构在满载荷条件下卸矿硐室、箱形混凝土梁、卸矿口和溜井围岩的受力状态、位移和塑性区，充分说明卸矿硐室的承载结构和溜井围岩体处于稳定的状态。

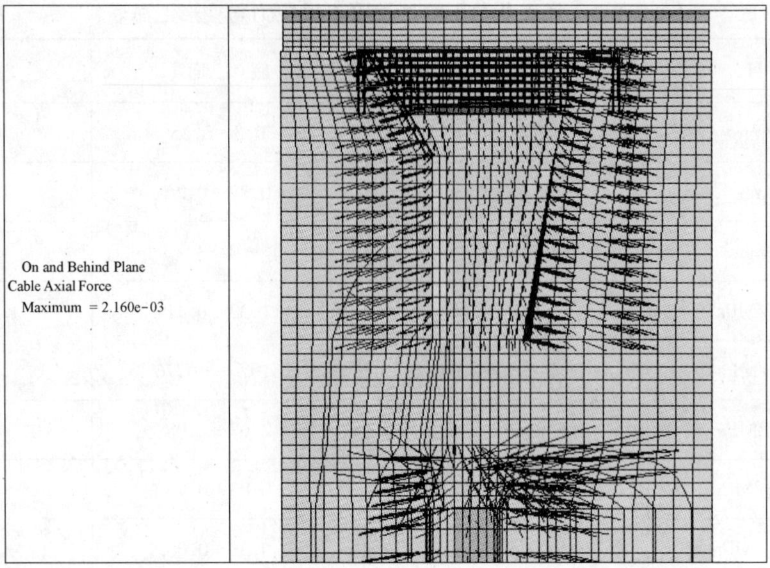

图 3-116　箱形梁配筋与锚杆(索)受力图(侧视)

3.7.2　2号主溜井加固效果稳定性的工程验证

2号主溜井对于保证程潮铁矿全矿生产任务顺利完成的重要性,决定了加固工程不能出现不稳定的因素,为了客观和准确地评价主溜井加固工程及整个溜破系统稳定性和工程结构的可靠性,本节采取工程验证和现场监测的方法来进一步评价包括卸矿硐室、箱形承载梁、井壁、溜矿斗和底托的稳定性。

3.7.2.1　2号主溜井加固效果的工程验证

2号主溜井完工后经加载和负荷试验,证明各部位运转正常。“岩层高压灌浆预应力锚固技术”是2号主溜井采用“托斗法”整体加固施工方案成立的核心和关键,而在保证钻孔质量的前提下,该技术成败的关键是一次和二次灌浆的质量如何,能否提供足够的预应力。为此,施工中对钻孔、一、二次灌浆量和预应力锚杆安装的锁定程序进行了详细记录,其中设计的钻孔深度为15 m,一次灌浆量为0.15 m^3、二次灌浆量为2.1 m^3,施加预应力为350 kN,记录结果见表3-10。预应力加载装置及预应力锚杆安装的锁定程序分别见图3-117和表3-11。从表中可以得出,钻孔深度、一次灌浆量、二次灌浆量和预应力施加达到或超过设计要求,完全满足加固工程整体稳定的需要。

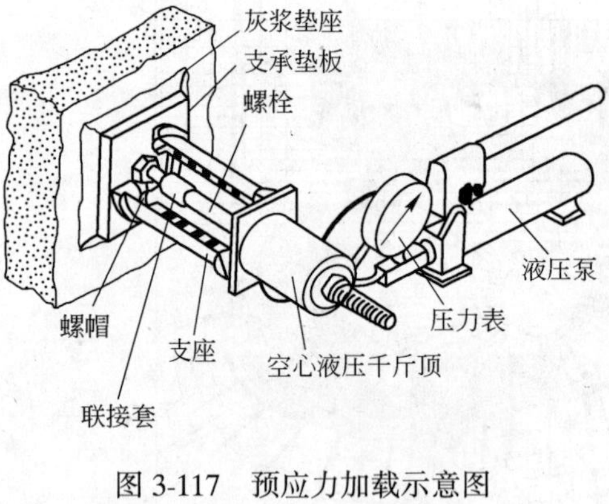

图 3-117　预应力加载示意图

表 3-10　预应力锚杆安装的锁定程序

加载次数	1	2	3	4	5	6	7	8	9
张拉载荷分级/kN	22	55	110	166	225	298	326	370	锁定荷载
压力表读数/MPa	1.4	3.4	6.7	10.1	13.5	17.6	18.5	20.8	19.4
观测时间/min	5	5	5	10	10	15	15	20	20

表 3-11　预应力锚杆施工记录表

孔号	钻孔/m	一次灌浆/m^3	二次灌浆/m^3	施加预应力/kN	锚固段位移/mm	孔号	钻孔/m	一次灌浆/m^3	二次灌浆/m^3	施加预应力/kN	锚固段位移/mm
1	14.9	0.16	1.7	354	1.2	12	15.1	0.12	1.8	352	0.1
2	15.1	0.12	2.5	360	0.3	13	15.0	0.22	2.3	365	0.9
3	14.9	0.14	2.4	355	0.1	14	14.9	0.21	4.0	361	1.0
4	15.2	0.18	1.3	363	0.7	15	14.9	0.18	0.5	354	0.0
5	14.8	0.20	0.8	350	0.5	16	15.0	0.14	1.4	356	0.5
6	14.9	0.19	2.1	358	1.1	17	15.1	0.24	3.3	340	0.2
7	15.2	0.14	2.5	367	0.0	18	14.8	0.15	2.2	357	0.1
8	15.0	0.17	2.0	359	0.3	19	14.8	0.21	1.7	347	0.6
9	14.9	0.19	1.9	360	1.4	20	15.0	0.13	2.3	359	0.1
10	15.3	0.15	0.4	368	0.2	合计	299.7	3.40	38.7	7136	
11	14.9	0.16	1.6	351	0.6						

施工完毕的卸矿硐室底板和承载梁见图 3-118。卸矿过程中矿石对溜井主要冲击部位的支护情况见图 3-119。岩层二次高压灌浆预应力锚杆施工实况见图 3-120。

图 3-118　卸矿硐室底板和承载梁照片

图 3-119　主要冲击部位井壁的支护情况照片

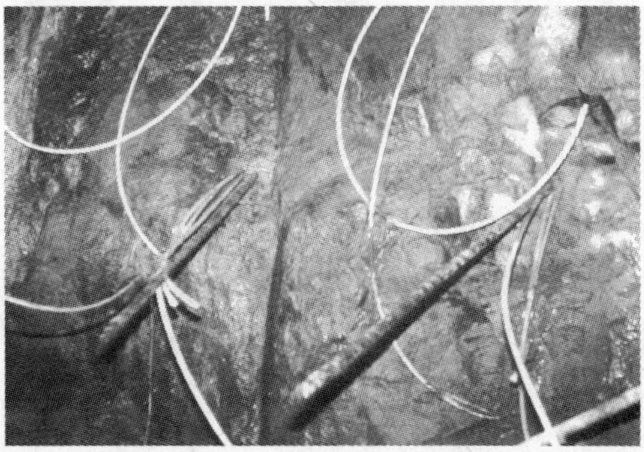

图 3-120　岩层高压灌浆预应力锚杆施工实况图

3.7.2.2　2号主溜井加固效果的现场监测

A　巷道收敛变形测试研究

变形收敛测量是通过测量巷道变形来研究其稳定程度的一种简单、易行、行之有效的手段。为了研究溜破系统中卸矿硐室和破碎硐室支护体的稳定程度，采用收敛变形测量方法对其进行长期观测，并对其支护的可靠性做出评价。

仪器选择及测点布置　测试选用的仪器为BGD-1型非恒张力式收敛计。测点布置见图3-121所示。其中1号主溜井卸矿硐室、2号主溜井卸矿硐室和破碎硐室各布置两组测点。

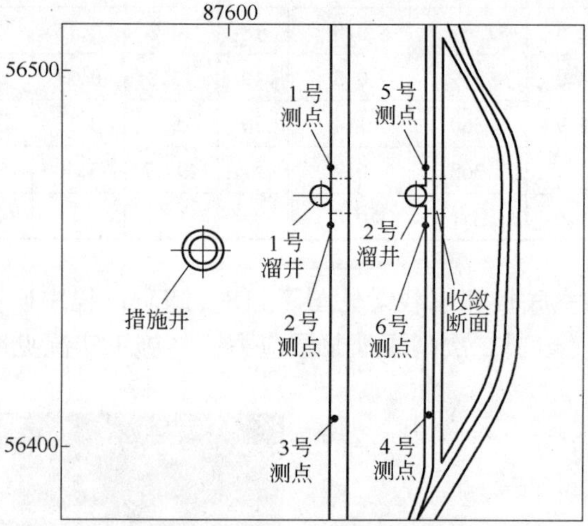

图3-121　测点布置图

测量结果与分析　从1998年1月至1998年12月，每月测量三次，取其算术平均值作为该月巷道收敛变形量，实测结果如图3-122～图3-124所示。

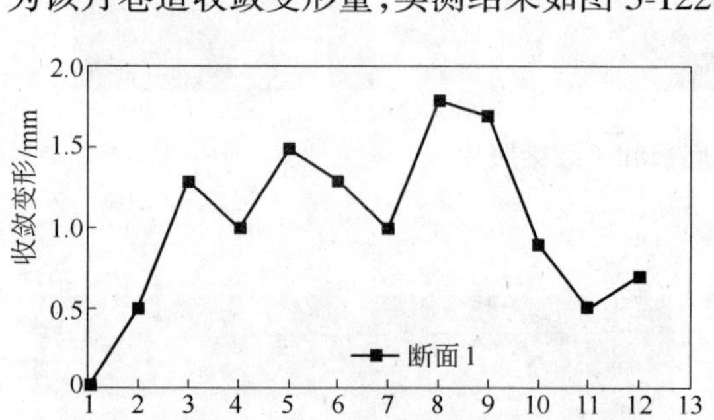

图3-122　1号主溜井卸矿硐室收敛变形－时间曲线

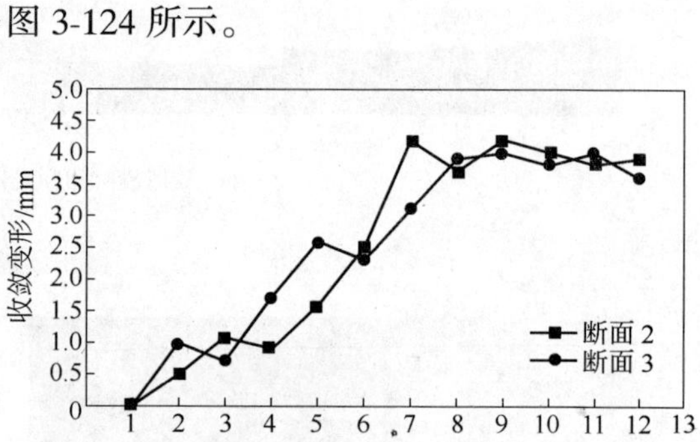

图3-123　2号主溜井卸矿硐室收敛变形－时间曲线

从图3-122和图3-124中发现，巷道的一年收敛变形量在2 mm之内，说明1号主溜井卸矿硐室巷道和破碎硐室巷道完全处于稳定状态。图3-123反映出，在2号主溜井修复过程中，卸矿硐室巷道发生少量变形，变形量小于4.5 mm。加固工程完毕后，巷道变形逐渐趋于稳定。

B　主溜井卸矿硐室底板岩石移动观测研究

主溜井卸矿硐室底板岩石的移动直接关系到整个卸矿系统的稳定程度，所以，对卸矿硐室底板岩石的移动进行长期观测，寻找其移动规律，从而对整个卸矿系统的可靠性做出客观评价是十分必要的。

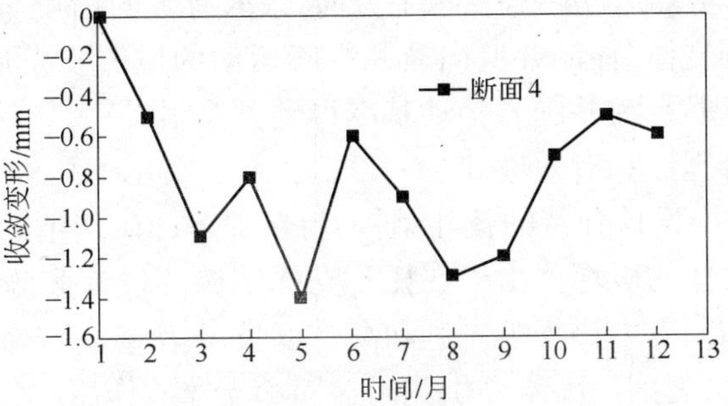

图 3-124　破碎硐室巷道收敛变形－时间曲线

仪器选择及测点布置　分别采用 $N_1$004 型精密水准仪进行测点沉降观测和采用百分表对裂隙构造进行变形观测。水准观测共 10 个点，其布设如图 3-120 所示。大部分测点埋在巷道两帮距底板 0.1～0.5 m，个别埋在底板内。点的结构为 ϕ20 mm 螺纹钢，水泥固定。

裂隙变形观测点布设在 2 号主溜井卸矿硐室靠近井筒一侧冒落的井壁上，在裂隙两侧用特制的金属标志，环氧树脂固定，共 3 个点。用百分表测量两金属标志间距离，各次测量距离的变化即为裂隙的伸张与压缩量。

测量结果与分析　1 号、2 号点距 2 号主溜井 50 m 作为基准点，通过各观测点形成闭合环，采用 $N_1$004 型精密水准仪和 1.5 m 钢标尺，自 1992 年 4 月 10 日至 1998 年 11 月 30 日共观测 54 次。通过水准仪沉降观测结果可以明显发现，1 号主溜井从 1994 年开始有所沉降，下沉的速度较慢，平均每年 1 mm 左右，直到 1998 年下半年才趋于稳定。2 号主溜井从 1995 年下半年开始下沉，到 1998 年下半年趋于稳定，但整个卸矿系统无明显整体上升和下降趋势，观测结果与两条溜井各自垮冒和加固的时间比较吻合。在观测卸矿硐室底板沉降的同时，采用百分表对裂隙构造进行变形观测。

由于 3 号测点布置的位置远离 1 号、2 号主溜井，读数的变化范围在测量误差之内，说明 3 号测点附近的围岩不存在系统伸张与压缩趋势。1 号、2 号测点分别靠近 1 号和 2 号主溜井，其中 1 号测点读数最大值 1.24 mm 发生在 1995 年 1 月，而 2 号测点读数最大值 1.36 mm 却发生在 1997 年 2 月，这与底板沉降观测的结果基本吻合。当测点达到最大值之后，变化逐渐平缓，说明两条溜井附近的围岩趋于稳定。

3.8　结论

本章根据程潮铁矿 2 号主溜井修复和加固设计方案、有关工程地质资料和岩石力学实验结果，建立了复杂的卸矿硐室和溜井立体交叉、具有多种结构形式和支护类型的三维计算模型，运用先进的三维岩石力学数值计算软件，对加固后不同载荷条件下溜破系统的卸矿硐室、溜井围岩、托斗和承载梁等结构的应力、位移和破坏的整个力学过程进行了完整的模拟计算。模拟计算将岩体与工程结构视为一个完整的力学体系，依托准确的物理模型、可靠的数学模型，并严格按照工程完成后的使用过程进行模拟，获得了可靠的计算成果。同时，对卸矿硐室和破碎硐室等重要的部位进行岩石位移监测，最终获得真实的测量结果。

根据数值计算分析和现场监测结果，以评价围岩体和工程结构稳定性为重点，针对加固工程的设计思想、技术手段的合理性和可靠性，得出以下基本结论：

(1) 溜井边缘岩体主要运动趋势在水平方向，采取有效的锚喷与灌浆技术手段，及时封闭裂隙和胶结破碎带围岩体，控制井壁向溜井空间运动的进一步发展是必要。从计算结果看，经过锚喷与灌浆处理后，溜井围岩移动基本得到了控制，最大移动量在 1 mm 左右，足以说明设计在技术上的合理性和有效性。

(2) 在垮落的溜井中设计独特的托斗结构，旨在缓解卸矿产生的动载荷的作用，避免因冲击荷载造成亚临界岩体的破坏。由于在托斗支撑结构的设计和施工中，采用了过渡抗剪锚杆、斜撑、高压灌浆和预应力锚杆等先进和高难度技术措施，一方面保证了悬吊托斗结构的稳定，同时在溜井中又起到向围岩提供侧向加固和支撑的作用。计算结果表明，托斗的设计是合理和有效的，在最大载荷作用下，自身的强度与稳定性可以得到保证，获得了整个溜破系统局部加固、整体稳定的效果，是 2 号主溜井成功修复的关键和核心。

(3) 跨越卸矿硐室底板的箱形混凝土梁结构设计和使用，是恢复卸矿硐室和溜井功能的关键工程结构之一。计算表明，箱形混凝土梁结构在最大载荷工况下，梁内应力完全满足设计许用强度的要求。箱形混凝土梁结构设置，不仅使系统的卸矿功能恢复正常，同时在特定的地质条件和工程环境中，很好地利用了地应力作用，既获得了对自身强度的补偿，又限制和抵御了卸矿口围岩的收敛变形。由于卸矿硐室底板岩体的相对运动，使承载梁受到附加扭矩的影响。然而，箱形断面结构梁的抗弯、扭性质远比一般断面形式要好。因此，承载梁选择箱形断面是有科学依据、合理和正确的。

(4) 整个溜破系统是一个相互影响、相互作用的力学和工程体系。要实现设计意图、达到工程应用的目的，并取得可观的社会和经济效益，必须从整个系统出发，全面地进行研究。从本研究揭示的各种力学量和现象看，该系统中仍有局部区域需要做进一步的技术处理，如：1)卸矿硐室顶部的岩体支护控制；2)卸矿硐室外侧拱肩与溜井交接处塑性区岩体的加固；3)托斗支座底部与溜井边缘高集中应力区的岩体有效支护。

(5) 通过对主溜井加固效果的工程验证和现场的变形监测足以说明，施工质量得到保证，2 号主溜井加固工程竣工后，整个卸矿系统无整体上升和下降趋势，不存在系统伸张与压缩趋势，卸矿硐室巷道的收敛变形趋于稳定。−470 m 水平的破碎硐室也处于稳定状态。

总之，无论是数值模拟计算还是现场监测都证明，主溜井的卸矿系统基本处于稳定状态，完全可以满足实际生产的需要。

4 崩落法开采围岩错动机理及工程对策

4.1 概述

任何地下开采都可能造成地表的移动，但到目前为止，国内外研究仍多集中于煤矿开采地表移动规律和控制技术，对于地下金属矿山则研究的相对较少。煤层赋存条件等与金属矿山的差别较大，因此，煤矿的地表移动研究成果一般不适合于金属矿山，但有关理论及方法对研究金属矿山的沉降问题有一定的借鉴作用。

4.1.1 金属矿山地表移动研究的特点和难点

开采地表沉陷及地表岩层移动规律研究始于煤矿，成为指导“三下采煤”的应用理论基础。据原煤炭部“三下采煤规程”，建立在纯几何形态学基础上的典型曲线法、负指数函数法、概率积分法是进行采动地表变形预计的三大主流学派；国家计委又以《岩土工程勘察规范》明令以“概率积分法”来预计地表变形。从20世纪60年代起，我国非煤矿山在“三下采煤”实践中对引用“煤矿地表移动规律”的非煤矿山作出确切概括：以近水平层状矿体为主，围岩节理裂隙发育、破碎，厚表土，深厚比足够大。对绝大多数非煤矿山，尤其是金属矿山，具有不适用“煤矿地表移动规律”的根本特点。

由于金属矿山在地层结构、矿体形态、赋存条件以及采矿方法上与煤矿存在着较大差异，影响因素更加复杂多变，其岩层移动规律的研究较煤矿更加困难。因此，首先对地下金属矿山和煤矿开采的技术条件进行对比分析，深入了解和掌握影响金属矿山地表移动的影响因素，为其后的研究提供参考依据。

(1) 矿体赋存条件。地下金属矿床的矿体厚度、倾角、方位、矿体几何形态等均不稳定。同一个矿体内，在走向或倾斜方向上，其厚度、倾角经常发生很大的变化，且经常出现尖灭、分支复合等现象，这就要求有多种采矿方法，并且采矿方法本身也要有一定的灵活性，以适应复杂的地质条件；与此相反，煤矿的矿体厚度、倾角及形状均较稳定，通常总是在两个方向上延伸，多为水平层状矿体。

(2) 矿床开采过程。金属矿床中，矿体赋存条件不稳定决定了其开采是一个动态过程，围岩受到频繁扰动和破坏。而在煤矿开采过程中，煤层一般是以层状赋存，开采过程为单一的推进式开采，上部围岩受到的扰动和破坏比金属矿床要小得多。

(3) 采空区形状。采用崩落法开采的地下金属矿床采空区形状一般为拱状冒落；而煤矿一般开采范围较大，采空区形状一般为水平层状空层。

(4) 矿石和围岩的物理性质。金属矿床的矿石和围岩的物理力学性质比较复杂，矿石和围岩的坚固性、稳固性、结块性、氧化性等，同一矿山、矿山与矿山之间各不相同。如：武钢金山店铁矿有些地段出现粉铁矿，有些地段的矿石则特别坚硬等。多数金属矿的矿石和围岩坚固性大，采用凿岩和爆破的方法开采。对于煤矿，其坚固性较低，一般采用机械切削的综采方法开采。

(5) 地质构造。金属矿床中多数为矽卡岩型矿床，经常有断层、褶皱、穿入矿体中的岩脉、断层破碎带等地质构造，更为重要的是，构造应力值普遍较大，这均对岩体的稳固性产生很大的影响，不仅给采矿和探矿工作带来很大困难，而且对岩层的移动、地表的塌陷范围等都是至关重要的影响因素。而煤矿地质构造一般较为简单。

(6) 矿石品位。金属矿床的矿石品位在矿体的走向及倾向上变化较大，且有一定的规律，如随深度的增加，矿石品位变贫或变富，在矿体中还经常存在夹石，这些都对采矿提出了特殊的要求，如按不同品种、不同品级进行分采，品位中和，剔除夹石以及确定矿体边界等。而煤矿此类问题不太突出。

程潮铁矿矿体的主要特点表现为：

(1) 表土薄，基岩坚硬，在地表呈现错动、台阶、开裂、折断、塌陷等不连续变形时，塌陷坑边界用典型曲线法中几何角值来确定，塌陷坑界限以外则用三大流派之一来预计地表变形。

(2) 急倾产状、崩落法开采矿体，采厚与采深比值远大于煤层开采的采厚与采深比值，按圣维南原理，崩落法开采布置与顺序会显著改变地表变形分布。

(3) 水平构造应力显著，矿体开挖卸载，其力学效应在地表的几何形态学表象构成了构造应力型矿山的地表移动与变形的宏观破坏特征。这是构造应力型金属矿山不同于自重应力型煤矿的地表移动的质的区别；结合其主控因素的理性分析，形成作用机制；机制量化分析则构成构造应力型金属矿山地表移动新规律。

矿体开采后地表移动的形状也不相同，煤矿一般是大面积连续下沉，地下金属矿床不同的采矿方法，地表移动形状也不相同。因此，煤矿的开采沉陷理论一般不适合地下金属矿山。在本课题研究中，针对特征不同于煤矿地表移动规律的宏观破坏特征，结合相应主控因素，分别从应力应变分析入手的数值法、从几何形态出发的随机介质法、与经验类比法相综合开展不同于纯预计的“煤矿地表移动规律”研究。

4.1.2　地表移动的研究方法及现状

4.1.2.1　理论分析方法

地下开采引起的地表移动研究有多种方法，如影响曲线函数法、概率积分法、负指数函数法及典型曲线法等。但使用这些方法求解以下情况时就会很困难，如存在断裂构造、地形起伏变化很大及采区很不规则时，甚至无法求解。

将岩体假定为随机介质，波兰学者李特维尼申提出并发展了随机介质理论。该理论是在非连续介质力学中最有成效的理论。把岩层移动过程作为一个随机过程，从随机介质理论出发推导出与正态影响函数相同的形式，推证下沉服从柯尔莫哥罗夫方程，最后得到半无限开采时的下沉表达式。但随机介质作为一种力学模型也存在着缺陷，主要是无法研究复杂地质采矿下的岩层移动和无法进行应力分析。

1965 年，长沙矿山研究院把随机介质理论发展成为概率积分法。如何在传统的水平移动计算公式中加入附加项，以适应充分采动水平移动不为零的问题上，德国的希利安(Chilian)采用迭加函数改正预计下沉；廖灿平采取模糊影响函数方法来预计地面移动变形。孙绍先、朱仁怡和焦传武分别于 1979 年、1981 年提出了矩形积分格网的制作方法，魏庆余(1979)提出体积影响函数法。杨硕根据对平顶山网状观测线监测的下沉盆地形状求出了空间下沉曲面方程。李永树采用曲面积分法，推导出开采煤层为曲面分布时预计地表移动与变形计算公式，戴华阳(1995)提出采空区矢量法等。

上面所述的预测方法一般都是针对充分采动下的煤矿开采沉陷预测，对于复杂的地下金属矿山和极不充分开采条件下的岩层与地表变形则显得束手无策。

4.1.2.2 人工神经网络理论研究及应用

神经网络的复兴始于1982年，里程碑是美国学者霍普菲尔德(John Hopfield)提出的霍普菲尔德模型(HP)，另一个突破性的研究成果是儒默哈特(D.E.Rumelhart)等人在1986提出了解决多层神经网络权值修正的算法——误差反向传播法，简称BP算法，找到解决明斯基和帕伯特提出的问题的办法。

美国学者J.Ghaboussi等人于1990年将神经网络方法应用于砂土和混凝土的本构模型的研究中，指出用神经网络方法学习、识别混凝土力学特性的方法。1994年5月，美国的P.V.lade提出了神经网络学习的新方法。美国矿物局开发了应用神经网络的一个智能采矿顶板分类系统。

我国神经网络的发展也处于升温之中。已公开报道的有“建筑物下条带开采专家系统(SMIS)”和“建筑物下采煤专家系统的初步(MUST)”等文章。

张清教授率先将人工神经网络引入到岩石力学与岩土工程中，进行岩石力学行为的预测研究。栾元重基于大量的观测数据，证明了神经网络是用于复杂非线性系统辨识的有效方法。冯夏庭等人还将神经网络方法应用到采矿方法和露天矿边坡稳定性研究中。薛剑平用C语言开发了矿山安全神经网络预测系统。张奇志将神经网络应用于复杂矿体的形状三维有限元网格划分。王玉浚等人将ANN的聚类识别方法应用于采场顶板分类识别中。陈清作博士改进了ANN-BP算法，开发了金川二矿区掘进巷道和支护巷道破坏模式神经网络分析与预测两个子系统。麻凤海利用神经网络理论来预测煤矿的地表沉陷，将人工智能中的神经元PDP网络理论引入开采沉陷学领域。

从以上研究中可以发现无论在国内还是国外，人工神经网络在地下金属矿山中的岩层移动的应用还未见过相关报道。应用人工神经网络的BP模型，结合模糊数学的有关知识，对地下金属矿山岩层移动进行研究是本课题的研究内容之一。

4.1.2.3 岩层移动数值模拟的研究与应用

数值模拟方法是建立在客观反映原型和模拟开挖过程力学效应的基础上，模型越能反映原型的客观条件，就越能准确的预计开采引起的地表变形，所以在数值模拟中，对原型的考察、研究和合理的简化是十分重要和必要的。数值分析方法已经用于采矿覆岩移动的数值模拟和地表变形的预测。

数值模拟主要有三种方法，即有限单元法、边界单元法和离散单元法。

有限元法是20世纪50年代以来迅速发展起来的一种数值计算方法，作为一种高效能的数值方法在岩石力学与工程中得到了很大发展。自1970年被用于计算地表移动和变形以来，许多研究者对有限元法分析岩层移动问题进行了卓有成效的探索，在开采沉陷中现已被广泛应用于条带开采煤柱的稳定性分析；水体下采煤“两带”高度的预测；断层防水煤柱的留设；老采空区上方建筑的稳定性分析等等。谢和平、王金安等用FlAC^{2D}有限差分计算软件在煤矿开采沉陷预测中进行应用，取得了良好的预期效果；日本学者石岛洋二等对煤层开采引起的地表移动问题进行过计算；开滦煤研所研究了在水体下采煤中的应用；耿德庸应用线弹性有限元法对条带开采煤柱的受力状态进行模拟。用有限元法研究各类岩层和地表移动问题的报道越来越多，其所表现出的灵活性和有效性已逐步获得岩石力学界的承认。

边界单元法(Boundary Element Method)是20世纪70年代以来迅速发展起来的一种数值计算方法。边界单元法在开采沉陷中应用不多。张玉卓等利用边界元法,根据国内外25个断层影响的台阶状盆地实测资料,采用正交设计方案进行了断层对地表移动规律的影响,并设计了TSHD程序。

离散单元法是美国学者Cundall P.A教授在1971年提出的一种计算方法。80年代中期,王泳嘉教授首次将离散单元法介绍到国内,相继在我国采矿、隧道和大坝等工程的设计和研究中得到应用。该方法特别适用于节理岩体的大位移、大变形分析。

离散单元法现已被用来模拟离层的产生和发育过程以及岩层移动动态过程的模拟。模拟冒落裂隙带的破碎不连续的岩层(块)比用有限单元法和边界单元法要方便得多,不过离散单元法需人为划分单元块体,这将带来较大的计算误差,有待于进一步完善和发展。

总之,国内外研究多集中于煤矿开采地表移动规律和控制技术的研究,对于地下金属矿山则研究的相对较少。煤矿地表移动研究的成果一般不适合于金属矿山,但有关理论及方法对研究金属矿山的地表移动研究有一定的借鉴作用。

4.1.3　金属矿岩层移动研究进展

由于金属矿床岩体地质结构十分复杂,岩层的力学性质各种各样,边界条件也千差万别,再加之地下采矿引起不同岩层的崩落、离层和黏弹塑性变形,使得数学模拟方法也存在很大的局限性。因此由开采煤层引起的地表移动规律和预测理论一般难以直接用于地下金属矿床。尽管目前已有关于数值分析用于模拟地表移动的研究报道,但在目前情况下,沉陷的有限元模拟还不能得到合适的结果,关键在于数学模型和计算参数与实际岩体存在很大的差异。目前,金属矿地下开采的地表移动预测研究还处于初步阶段。

然而,随着人们对采矿地表监测技术和测量精度的提高,以及计算技术和计算程序的日趋完善,人们在不断探索新的预测理论和计算方法,逐步提高对金属地下矿床开采岩层移动规律的认识,从而提高地表移动预测技术的可靠性。

我国学者杜维吾、刘宝琛对金属矿山地表移动与变形规律进行过研究,在考虑岩石垮落与碎胀性后,结合随机介质,对金属矿山地表移动与变形作了定量探讨。李文秀用模糊测度理论,建立了具有普遍意义的岩体移动理论分析的数学模型,并对在山区采矿岩体移动进行了预测。

随着金属矿山开采深度的日益加深,开采范围的日益扩大,以及人们环保意识的加强,由金属矿山开采而带来的地表塌陷、岩层移动等地质灾害,也日益引起了矿山和科研工作者的重视,这有利于推动这方面的研究工作。金属矿山开采引起地表塌陷问题的研究,将以实测资料和计算机数值模拟以及智能化研究为主导方向。

4.1.4　岩层移动的工程控制研究状况

为了减缓由于开采引起的岩层移动和地表沉陷,最大限度地保护地面建筑设施和自然景观等,通常需采用两大类的工程技术措施来开采,即开采技术方面的措施和结构方面的措施。开采技术性保护措施在于减少地表和采动设施的变形,包括特殊的开采方法和留设保安矿柱。结构性保护措施,其目的是使房屋和建筑物能承受一定程度的变形。表4-1列举了目前国内外常见的工程措施,并指出各种方法的效果和不足之处。

表 4-1 国内外常见岩层移动工程控制措施

<table>
<tr><th rowspan="2">措施分类</th><th colspan="4">开采技术性保护措施</th><th rowspan="2">结构性保护措施</th></tr>
<tr><th>采空区充填法</th><th>部分开采法</th><th>协调优化开采</th><th>离层带注浆方法</th></tr>
<tr><td>方法</td><td>对开采所形成的空间,用其他材料填满,使顶板不下沉或下沉很少</td><td></td><td>设计确定开采工作面的位置及开采顺序</td><td>通过钻孔将废料充填覆岩离层空间中</td><td rowspan="4">使房屋和建筑物能适应于承受一定程度变形。在房屋建造期间,规定和采取保护措施</td></tr>
<tr><td>分类</td><td>水力、风力、及矸石充填</td><td>条带式开采、房柱式开采和限厚开采以及充填法开采</td><td></td><td></td></tr>
<tr><td>效果</td><td>能有效减缓地面沉陷</td><td>有效减少地表沉陷,方法简单,广泛应用于矿山</td><td>变形值不累加,能够抵消一部分变形值</td><td>成本低、工艺简单,但减沉效果和条件不足</td></tr>
<tr><td>不足</td><td>受作业空间、时间、环境及充填材料限制,投入大,生产组织工艺复杂。已经投产矿井,生产环节、设备和劳动组织已确定,重新装备充填生产线,投资更大,技术上行不通</td><td>回采率低,一般只能达到 40% ~ 60%,这类采矿方法浪费资源,而且机械化开采很难发挥作用,致使矿山生产效益显著下降</td><td>由于受到组织工作管理,特别是地质条件和生产技术水平的限制,此法有时很难实现</td><td>(1)减沉效果有限;
(2)充填水体一旦进入裂隙带,就会形成事故隐患;
(3)减沉效果受具体覆岩条件影响较大,在不易形成离层空隙的覆岩条件下难以取得很好的减沉效果</td></tr>
</table>

4.2 地下金属矿山崩落法采矿岩层移动规律调查

目前,对煤矿地层岩层移动规律的研究较为充分,并在很多矿山获得成功的应用。金属矿山由于在地层结构、矿体形态、赋存条件以及采矿方法与煤矿存在着较大差异,影响因素复杂多变。因此,金属矿山岩层移动的研究,国内外尚缺乏成功的实例。随着数值方法分析能力的提高,数值模拟已经成为研究复杂问题的一种重要手段。但是,由于计算参数的选取、计算模型的建立很难与实际情况相吻合,尤其是控制分析结果的垮落带范围与带内碎胀体的参数仍基于经验,单纯的数值模拟方法是无法达到金属矿山岩层移动研究的技术要求的。因此,数值分析与现场监测相结合才是解决问题的正确途径之一。

基于大量的实际开采矿山的调查,利用工程类比的方法,进行岩层移动规律研究与参数预测是解决岩层移动问题的另一重要手段。

为此,针对无底柱分段崩落法采矿的地下矿山进行现场实地调查,通过对矿床的赋存条件、矿体的几何条件、地质条件、开采工艺以及岩层渐进破坏与地表移动的过程、现象调查与分析,并结合实际监测信息,进行建模分析。

4.2.1 影响地表变形的方面和因素

4.2.1.1 影响地表变形的方面

影响地表变形的方面有:

(1) 采矿方法和开采工艺。无底柱分段崩落法开采的特点是随着矿石的采出,崩落矿体顶盘围岩来充填采空区。在一定开采深度范围内,顶盘围岩将自开采水平从下而上崩落到地表。因此,采用该采矿法是影响地表变形的根本原因。由于采矿工艺、采场结构参数不同,将影响顶盘围岩的崩落过程,但不会改变顶盘崩落充填采空区这一基本特征,在其他情况相同的条件下,地表变形的结果基本是一样的。

(2) 矿体产状、形态、规模。从围岩的崩落机理分析,矿体薄,倾角陡,顶盘围岩崩落条件差,对地表变形的影响程度和范围就小。反之,影响程度和范围就大。

(3) 围岩的稳定性。顶盘围岩破碎、松软、稳定性差,其塌陷角、移动角则缓,影响地表变形的范围就大。反之,顶盘围岩整体性好,稳固性好,其塌陷角、移动角则陡,影响地表移动的范围就小。但就其影响地表变形的开采深度而言,前者比后者要深。例如,对金山店铁矿工程地质调查结果表明,该矿矿床各主要开采矿体上、下盘围岩,由近及远,从不稳固到稳固,因此,其塌陷角、移动角应该是一个由缓变陡的过程,而地表实际塌陷情况也充分验证了这一点。地表塌陷范围是岩层综合变形的反映。

(4) 开采深度。开采深度对错动角和移动角的影响与矿体的倾角、形态密切相关。对于缓倾斜矿体,其开采范围比较大,随着开采深度的增加,矿体上部覆岩越来越厚,在垂直高度上可供崩落的岩量减少,地表变形的扩展速度与开采深度基本上成正比,但达到一定的开采深度,当顶盘崩落岩石松散后压实体积与采空区体积相等时,地表塌陷随时终止;对于急倾斜矿体,随着采深的增加,矿体上部覆岩越来越厚,在垂直高度上可供崩落的岩量增加,地表变形的扩展速度与采深成反比。当顶盘崩落岩石松散后压实体积与采空区体积相等时,地表塌陷也随时终止。

(5) 地表回填对地表变形的影响。地表回填后采空区的充填以回填料充填为主,崩落顶盘围岩充填为辅。回填体对矿体四周围岩起到支撑作用,从而减弱和控制了地表变形的范围和程度。

(6) 采矿活动与地表变形的关系。根据围岩崩落机理，地表变形与岩石崩落和岩性、地压、崩落面积、采矿下降速度、崩落高度等采矿活动有关。实践证明，岩层崩落到地表都有一个过程，采矿水平与地表变形并不同步，二者的时间差就是地表变形的滞后时间。开采深度浅，岩体松软破碎，放矿速度快，崩落面积大，岩层的崩落速度就快，滞后时间短。反之，滞后时间则长。此时，地表变形有两种可能，一是逐步崩落，地表出现下沉，另一种形式则是岩体整体滑落，地表出现塌陷坑，该种形式具有突发性。井下放矿具有以下三种形式：

1) 覆盖岩层下放矿。地表覆盖岩层呈圆形或椭圆形漏斗沉降。对于每个矿山,由于上下出矿水平,采矿进路或出矿口错开布置,地表沉降漏斗此起彼落,成波面下降。随着覆盖岩层的下降,顶盘围岩向采空区坍塌。

2) 强制放顶层下放矿。随着开采水平的下延,放顶岩层向下移动,在放顶岩层与上部覆盖原岩之间形成空洞,上部原岩在重力和次生应力场作用下,进行自然崩落。随着开采深度的增加,围岩崩落向顶盘扩展。当岩石崩落接近地表时,地表出现塌陷和错动。

3) 地表回填情况下放矿。回填层将沿着自身的放出静止角(一般在75°～83°之间)向下移动充填采空区,并在上盘倾角与放出静止角之间形成空间。由于顶盘围岩位于采空区上侧,将沿弱面向采空区倾倒,在地表形成拉伸裂缝。裂缝位置与开采水平上盘矿体边界成一角度(与上盘矿体倾向相反)或沿上盘围岩弱面开裂。裂缝靠矿体一侧岩体多呈整体下沉,裂缝外侧岩体在一定范围内产生变形位移。

4.2.1.2 影响地表变形的因素

在矿床开采中地质因素、采矿因素和建筑物的特征等都影响塌陷的程度和范围,其影响因素有18个,具体如下:

(1) 有效矿体厚度。开采的矿体越厚,地表下沉量就可能越大。在某些场合可能整层不采,或者保留矿柱及其他不可采矿体。因此,应当考虑有效矿层厚度。

(2) 多层矿体。在多个水平采矿作业面的情况下，任一水平都可能引起坍塌。因此，由于相邻层的相互干扰，就增加了沉陷的可能性。对于上覆矿体已先开采的情况，更是如此。

(3) 矿体埋深。一些学者认为矿体埋藏深时,采空区上部形成拱形,可防止地表下沉。在最近几年,这种观点渐受驳斥。或许是在地表上能观测到的下沉效应之前的时间间隔延长了,但下沉的总量并没有改变。就是说陷坑深度一般不会超过某一极限。

(4) 矿体倾斜。当开采倾斜矿体时,会形成不对称的下沉盆地,偏斜向上升的一侧。就是说,在工作面倾斜一侧(下盘)移动角较大,沿倾斜方向的应变也较小。

(5) 采场顶底板的稳固性。因为沉陷是从开采水平向上发展的,在沉陷活动开始时,采场顶板和底板的特性至关重要。稳固的顶板能支撑覆盖岩层时间更长,因而推迟塌陷。当塌落发生,散落堆的体积大于较为软弱的岩层形成的散落堆(因为其更为致密)。当顶板和底板都坚实时,矿柱就会趋于劈裂和破碎。

(6) 覆盖层的特性。开采水平以上的坚固岩层可支撑覆盖岩层的时间更长,并推迟塌陷发生。

(7) 近地表地质。接近地表的土层和不固结岩石会加重塌陷作用,与下部岩层相比,近地表地质材料均匀性和各向同性更差,而且通常呈现不一致性。裂缝最初时可深达地表之下15 m厚的地层中。此后,会因塑性变形和水流携带的物质而充塞。但有时水流可能会加宽裂缝并形成水充沟,相反会破坏建筑物和可复用的土地资源。

(8) 地质不连续性。断层、褶皱等构造的存在就会增加塌陷的可能性。采矿作业破坏了地层中力的平衡,并可能诱发沿着某一断层面的运动。由于易于错动,其结果引起地表下沉或上冲断层,就会表现为一组阶梯状断裂。在不利的地质条件区域内,其他参数的影响可以略而不计。

水平运动集中在断层附近,但是,在任何一侧的应变都可能是不可测量的。跨在断层平面的建筑物会被严重破坏,但临近的建筑物会毫无损伤。节理和裂缝对塌陷的作用特征与断层类似,但程度要小。

(9) 断裂和地貌。自然裂缝和地貌特征影响地表下沉,但迄今为止,尚未建立起有说服力的相对关系。

(10) 现场原岩应力。大的水平构造应力使直接顶板形成拱形,阻止地表下沉。拱顶的高度和稳定性对垂直应力与水平应力之比是敏感的。高应力拱顶可能会剧烈地塌落。

(11) 回采率。低回采率可能会推迟下沉活动。但对于一次回采的上部区域,并不具普遍性,因为未损坏的矿柱一般可提供足够的支撑力。在第二次回采中,由于切削和劈裂,矿柱截面减小,局部应力加速了破裂,矿柱间顶板跨度增大,致使顶板易于塌落。第三次回采总是要造成工作面顶板塌落,表面现象是时间的函数,依赖于下沉向上传播的速率。

(12) 地表地形。倾斜地层由于重力作用促使向下运动,拉伸应变在顶部增大,在谷底下降,从而影响表面效应。

(13) 地下水。采矿周围地区的地层变形可能要改变排灌设施的坡度,导致地面或地下水库(在含水层中)的形成。在低洼地区,可能会洪水泛滥。由于饱和水作用使岩石强度降低。在石灰岩地区会改变侵蚀方式,并在长时间作用下可能形成岩洞或熔岩区。

从降雨和主渠积聚成的地面径流,通过土壤渗透到基岩的断面和裂缝中,最终进入采空区,侵蚀和滑润作用诱发塌落。

(14) 已采空区大小与形状。临界宽度在横轴和纵轴向拓宽之后,将达到最大沉陷深度。如果覆盖层含有稳固岩层,当盘区宽度小于临界宽度时,既使盘区长度较长,盘区间也会形成桥接,从而减轻塌陷。

(15) 采矿方法。初始塌陷区域的形状,取决于采用的采矿方法。当用房柱法开采,矿柱的最终坍塌导致地表出现堑沟或下陷。用崩落法开采,产生立即的,但可以预测的沉陷。在同一矿体的邻接崩落法采区或在不同矿体辅助盘区进行有效地调整,可以抵消压应变和拉应变,并因此保护地面建筑物。

(16) 工作面推进速度。当盘区中工作面推进,随之发生地表下沉。如果回采率变化剧烈,传递应变也会波动,会造成有差别下沉,最好以合理的推进速度开采。

(17) 经历时间。被观测的沉陷量是时间的函数。在用崩落法开采时,工作面推进之后,地表可能会立即下沉。然而,在覆盖层中会形成许多分离层,会推迟下沉。采用崩落法,地表运动在几年之后结束,但当矿柱仍起支撑作用时,地表运动也将延续几十年。

(18) 结构特征。结构的破坏程度取决于结构的类型、尺寸、形状、年龄、基础设计、建筑材料及所用技术,维护和维修标准和使用目的。高层建筑物载荷过重会造成土层坚实,产生不稳定性。高层建筑不允许过多倾斜,结构不好或陈旧楼房更易被破坏,大型建筑群易受损害,这些都是由于下沉产生的应变和曲率造成的。

4.2.2　无底柱分段崩落采矿法矿山地表移动调查实例

不同的采矿方法引起的岩层和地表移动是不同的，采矿应力的重新分布、集中与转移的动力学，代表了对所采用的某一采矿方法的反应。为此，对国内外无底柱分段崩落法矿山岩层与地表移动宏观调查，掌握岩层移动的宏观显现特征来分析和研究崩落采矿法金属矿山岩层与地表移动机理，并为进一步采用 BP 神经网络专家系统进行预测提供样本数据库。

4.2.2.1　调查内容、矿山名称以及结果

A　调查的主要内容

矿体几何条件主要包括：

(1) 有效矿体厚度(垂直于走向宽度范围及平均宽度)；

(2) 矿体倾角(矿体倾角变化范围及平均倾角)；

(3) 矿体形态(矿体走向与倾向长度之比,长宽比)。

矿体赋存条件主要包括：

(1) 矿层埋深；

(2) 覆盖岩层特性(普氏系数或围岩稳定类型或定性描述,即稳定、中等稳定等)；

(3) 上下盘围岩特性(岩性及普氏系数)。

矿床地质条件主要包括:

(1) 地表地形、地质条件(地表、山地还是平原、地表土层固结程度等);
(2) 矿体顶板和底板岩层稳固性;
(3) 上下盘围岩特性(岩性及普氏系数);
(4) 矿岩体结构特征;
(5) 原岩应力场;
(6) 断裂构造(断裂构造产状、规模及级别);
(7) 地下水(地下水位与水量、地下水来源等)。

矿体开采条件主要包括:

(1) 采矿方法;
(2) 开采水平(实测移动参数时所对应的开采水平);
(3) 开采空区大小(实测移动参数时所对应的开采空区大小);
(4) 开采空区形状(实测移动参数时所对应的开采空区高宽比);
(5) 同时开采阶段(实测移动参数时所对应的多分层开采)。

实测地表移动参数(对应开采水平所测定的以下值)主要包括:

(1) 上盘移动角、崩落角(是否有实测资料);
(2) 下盘移动角、崩落角(是否有实测资料);
(3) 地表移动形状(盆地、阶梯状等);
(4) 垂直位移(一般了解最大垂直位移);
(5) 水平位移(一般了解张裂缝最大宽度);
(6) 倾斜度;
(7) 岩层移动规律(筒状冒落)(了解地表冒落过程);
(8) 与实际设计参数的关系;
(9) 地表移动范围形状(崩落区、错动区轴比)。

B 调查的矿山名称

调查的矿山包括:

(1) 程潮铁矿东区;
(2) 梅山铁矿南区和北区;
(3) 小官庄铁矿东区和西区;
(4) 西石门铁矿中区、南区和北区;
(5) [苏]北彼斯强矿区;
(6) 玉石洼铁矿;
(7) 符山铁矿;
(8) 金山店铁矿;
(9) 张家洼铁矿。

C 调查结果

调查结果汇总见表 4-2～表 4-7。

表 4-2　崩落法采矿矿山矿床地质条件调查表

编号	矿山名称	矿床地质条件					
		近地表地形、地质	矿体顶、底板岩层稳固性	矿岩体结构特征	原岩应力	断裂构造	地下水
1	程潮铁矿东区	地处低山丘陵区，东北高，西南低，一般标高 30～100 m。北部为花岗岩组成的构造剥蚀低山丘陵，南部为砂页岩组成的剥蚀低山，中部为大理岩、闪长岩组成的山间洼地	中等稳固	大冶热液交互矽卡岩矿床，受区域构造控制北西西向展布，倾向南南西。矿石质量稳定，但形态复杂，夹石较多，厚度变化大。岩体主要有：大理岩、闪长岩、第四系黏土碎石层以及矽卡岩、花岗岩	最大主应力方向为 N8°E，最大值为 18.63 MPa	断层大多数位于矿体与花岗岩、大理岩、矽卡岩之间，大致分为两组：其一：走向 N15°～35°W，倾向北东，倾角为 67°～85°；其二：走向 N30°～40°E，倾向北西或南东，倾角为 47°～73°；断层密度约为 1 条/16～20 m。这两组断层贯穿全区。区内的节理裂隙几乎全方位发育，线密度大约为 6～12 条/m，最高大于 30 条/m，且以剪性节理为主	矿区的主要含水岩体大理岩位于花岗岩和闪长岩之间，平面上呈条带状分布。东区含水亚带底板最大埋深 -500 m 高程区内无大的地表水体，以大气降水垂直补给为主
2	小官庄铁矿	地势平坦，地表固结程度中等	顶、底板稳固性差	块状结构，节理裂隙发育中等	拉应力、压力、剪应力	中等发育，断裂走向 NW，倾向 70°～80°	水位：-350 m 水平(深 550 m)，水量：2400 m^3/昼夜，来源：闪长岩裂隙水，静储量为主
3	西石门铁矿 中区	平原—丘陵过渡带，起伏不大，山顶岩性裸露，山坡及山沟被第四系的坡积物覆盖，一般没有固结	顶板岩性灰岩，稳固性一般；底板岩性为闪长岩时，稳固性一般，为蚀变闪长岩或矽卡岩时，稳固性差	矿石主要成分为磁铁矿，呈半自行晶粒状结构，结晶粒度较粗；岩体主要成分为二长岩、辉石正常闪长岩、闪长岩等	不详	矿区以褶皱构造为主，断裂构造次之，断裂共三条：(1)F_1 断层在南区，矿体西侧，走向 NE25°，倾向 NW，倾角 75°，长 1400 m，断距不大，高角度正断层；(2)F_2 分布在矿体东侧，走向 NE10°，倾向 NW，倾角 80°，长 100～200 m，断距较小，高角度正断层；(3)F_3 分布在矿体西侧，走向 NE10°，倾向 NW，倾角 75°，长 30～80 m，断距很小，高角度逆断层	地下水位大约在 75 m；地下水的补给主要为大气降水
4	南区						地下水位大约在 73 m；地下水的补给主要为大气降水
5	北区						地下水位大约在 117 m；地下水的补给主要为大气降水
6	[苏]北彼斯强矿区	地势平坦，地表固结程度较差	顶、底板稳固性差	矿体下盘构造破碎，节理裂隙发育	作用在平面上的自然应力状态的参数		

续表 4-2

编号	矿山名称	矿床地质条件					
		近地表地形、地质	矿体顶、底板岩层稳固性	矿岩体结构特征	原岩应力	断裂构造	地下水
7	玉石洼铁矿	处于山丘地带，大面积出露碳酸盐类	顶板为大理岩、灰岩，局部为矽卡岩和闪长岩；底板为闪长岩，少量的矽卡岩。稳固性一般	以半自行～他形粒状为主，交代残余结构和晶核结构；矿石以稀疏～稠密浸染状为主，团块状为次，偶见条带状、斑染状、角砾状、蜂窝状	从东向西压力占主导地位，向东推挤力略大于向西挤压力	新华夏构造体系：主要表现为断裂，产状不一，形态各异，各具特征，而兼存共性，各主要断裂带在间距上具有等间距性，间距约为 6 km 左右，构造强度由东向西逐渐减弱；南北向构造体系：规模较大，间距约 10 km，断面呈高角度倾斜，呈南北延伸，弧线状，局部走向变化较大	北高南低，北部水位埋深标高：99.30～195.27 m，稳定水位标高为 213.63～297.12 m；南部水位标高为：172.70～290.40 m，稳定水位标高为：194.54～211.24 m。主要靠大气降水进行补给
8	符山铁矿	属于四类	上盘不稳固、下盘中等稳固	致密块状、条带状和浸染状原生磁铁矿组成，其次少量黄铁矿及氧化矿	主应力方向略偏 NW，近于 SN 水平方向	断层共有 11 条，在不同水平出现的数量和破坏岩矿程度也不相同，断层性质有张性和压扭性两类，断距一般不大，较大的一条是 F_0 号，垂直断距约 70 m，其他均在 2 m 左右，断裂带较宽的一条是 F_8，影响两边围岩较碎的达 15～20 m。断层绝大多数是横切矿体走向，且沿矿体每隔 50～70 m 出现一条，走向 SN	为自然疏干类型，以基岩裂隙水为主，主要靠大气降水进行补给
9	金山店铁矿	西高东低，丘陵和山间洼地均是 NWW-SEE 向延伸	中等稳定	块状构造、粉状构造、角砾状构造、斑块状或斑杂状构造及条带状构造	最大主应力为近南北向或北北东～南南西	分为两类：一是大致与地层走向平行的纵向正断层、平推断层或逆断层；另一类是大致与地层走向直交的横向正断层或平推断层。全部断层对矿体均无大的破坏作用	封闭型自流斜地含水带；−130 m 和 −200 m 水平巷道比较干燥，上盘只有少量滴水，下盘基本没有滴水或渗水现象。在矿岩接触带，流量较大
10	小张家洼铁矿	地势平坦，地表固结程度中等	顶、底板稳固性差	块状结构，节理裂隙发育中等	拉应力、压力、剪应力	中等发育，断裂走向 NW，倾向 70°～80°	水位：−200 m 水平(深 400 m)水量：1200 m^3/昼夜，来源：闪长岩裂隙水，静储量为主
11	梅山铁矿南区	低山丘陵地形	顶、底板稳固性好	块状结构，节理裂隙发育中等	水平应力为自重应力的 1.7～2.1 倍	主要有 NNW、NE 和 NEE 三组，断距一般小于 10～15 m，对矿体完整性影响不大	以北东及北东东向的断裂组透水性较强，导水性极好，是有压水带中的强导水格架

表 4-3　崩落法采矿矿山矿体赋存条件调查表

编号	矿山名称		矿体赋存条件		
			矿层埋深	覆盖岩层的特性	上下盘围岩特性
1	程潮铁矿东区		Ⅰ矿体分布在 −96 m 以上；Ⅱ矿体 0～−330 m；Ⅲ矿体 −225～−486 m	岩体良好，但上下盘围岩之间存在 100～300 m 宽的热变质晕	上盘：东端闪长岩，西端为大理岩及石膏；下盘：斑状花岗岩，靠近矿体以矽卡岩为主；上下盘之间夹有变质岩体
2	梅山铁矿南区				
3	小官庄铁矿		420～1000 m	岩石软弱破碎，稳固性差	上盘：红砂岩软弱，遇水膨胀，中等稳固；下盘：闪长岩，矽卡岩破碎，稳固性差
4	西石门	中区	矿体埋深 10～491 m；标高为 278～−186 m	覆盖层为中奥陶统中组灰岩或大理岩，围岩节理发育，硬度系数一般为 f 值 10～12，节理发育，稳固性一般	上盘围岩为中奥陶的碳酸盐，下盘围岩为中性闪长岩、蚀变闪长岩，中性闪长岩硬度系数 f 值 10～12，节理发育，稳固性一般
5		南区			
6		北区			
7	[苏]北彼斯强矿区		250～800 m	矿体以上直到地表是多裂隙的、软的矽卡岩，$f=3～5$	矿体下盘是玢岩及凝灰岩，$f=8～10$；上盘为闪长岩
8	玉石洼铁矿		10～330 m，最高 388 m，最低 89 m，Fe_1 埋深 40～330 m 赋存标高：89～358 m	不稳定	顶板为大理岩、灰岩，局部为矽卡岩和闪长岩；底板为闪长岩，少量的矽卡岩。稳固性一般
9	符山铁矿		911.4～666.5 m	矿体与围岩之间分布有厚薄不匀的矽卡岩类	矿体上盘为中偏碱性闪长岩，下盘为石灰岩结晶灰岩或大理岩
10	金山店铁矿		Ⅰ号：+111～−600 m Ⅱ号：+70～−719 m	上盘基岩出露较少，覆盖分为两层，上部是回填废石，厚度几米至十多米，下部是坡残积含碎石黏土，厚度 1 米至数米；下盘以山体为主，基岩露头较多，覆盖层厚度一般在 1 m 以内，主要为坡残积碎石土，夹少量黏性土	上盘围岩主要是沉积变质岩，中等稳定至不稳定；下盘主要是石英闪长岩，在与矿体接触带中，多具矿化和矽卡岩化
11	张家洼铁矿		420～1000 m	岩石软弱破碎，稳固性差	上盘：红砂岩软弱，遇水膨胀，中等稳固；下盘：闪长岩，矽卡岩破碎，稳固性差

表 4-4 崩落法采矿矿山矿床开采条件调查表

编号	矿山名称	矿床开采条件				
		采矿方法	开采水平	开采空区大小	开采空区形状	同时开采阶段
1	程潮铁矿东区	无底柱分段崩落法	+25 m～-316 m			-274 m，-288 m，-302 m，-316 m，-330 m 水平
2	梅山铁矿南区					
3	小官庄铁矿	无底柱分段崩落法	地表标高 200 m，-300～-330 m	高 450 m	长条形，最大厚度 80 m，均厚 40 m	-300 m，-310 m，-320 m，-330 m 水平
4	西石门铁矿 中区	厚度大于 30 m 时，采用无底柱分段崩落法；8～30 m 时，采用有底柱或垂法；8 m 以下，采用房柱法	80 m 中段	长 360 m、宽 360 m、高 45 m	长条形	-80 m 水平
5	西石门铁矿 南区		80 m 中段	长 650 m、宽 255 m、高 110 m	长条形	-120 m、-80 m 水平
6	西石门铁矿 北区		120 m 中段	长 570 m、宽 320 m、高 45 m	长条形	-160 m、-120 m 水平
7	[苏]北彼斯强矿区	无底柱分段崩落法	+200 m，+40 m，-80 m，-160 m，-240 m，-560 m	沿走向采动的长度 300 m	长条形	-80 m，-160 m，-240 m，-560 m
8	玉石洼铁矿	现在：无底柱分段崩落法；以前：有底柱分段崩落法	-170 m 为主		长条形	-160 m、-170 m、-180 m、-190 m
9	符山铁矿	无底柱分段崩落法	-760 m		长条形	-760 m、-770 m、-780 m、-750 m
10	金山店铁矿	无底柱分段崩落法	-104 m	Ⅰ区：平均采厚 35 m，回采面积 1.10×104 m^2；Ⅱ区：平均采厚 30 m，回采面积 1.23×104 m^2		-104 m、-115 m、-107 m、-130 m
11	张家洼铁矿	无底柱分段崩落法	-175 m	高 120 m	长条形，最大厚度 35 m，均厚 25 m	-165 m 水平，-175 m 水平

表 4-5 崩落法采矿矿体几何条件调查表

<table>
<tr><th rowspan="2">编 号</th><th rowspan="2" colspan="2">矿山名称</th><th colspan="3">矿体几何条件</th></tr>
<tr><th>有效矿体厚度</th><th>矿体倾角</th><th>矿体形态</th></tr>
<tr><td>1</td><td colspan="2">程潮铁矿东区</td><td>53 m</td><td>46°</td><td>呈透镜状,首尾交错或相互重叠,在剖面上呈叠瓦状雁形排列,在平面上表现为一组由北向南移的平行矿体</td></tr>
<tr><td>2</td><td colspan="2">梅山铁矿南区</td><td></td><td></td><td></td></tr>
<tr><td>3</td><td colspan="2">小官庄铁矿</td><td>150～200 m,均宽 150 m</td><td>10°～30°平均 22°</td><td>3.5:1　　长宽比 3:1</td></tr>
<tr><td>4</td><td rowspan="3">西石门铁矿</td><td>中区</td><td rowspan="3">宽度范围 125～1078 m,平均宽度 360 m,厚度一般 1.2～32 m,最大厚度 103 m,平均 15.13 m</td><td rowspan="3">呈背斜状,西翼倾角平缓,东翼倾角一般为 5°～20°,倾角变化范围 0°～40°,随着矿体延伸,倾角增大</td><td rowspan="3">总的呈背斜状,西翼翘起,向东侧倾伏,西北翼延伸短。走向延伸 5020 m,倾向延伸 0～300 m,平均宽度为 360 m</td></tr>
<tr><td>5</td><td>南区</td></tr>
<tr><td>6</td><td>北区</td></tr>
<tr><td>7</td><td colspan="2">[苏]北彼斯强矿区</td><td></td><td></td><td></td></tr>
<tr><td>8</td><td colspan="2">玉石洼铁矿</td><td>最大 62.4 m,一般为 15～20 m</td><td>10°～25°</td><td>长 1990 m,宽 510 m;呈似层状、透镜状</td></tr>
<tr><td>9</td><td colspan="2">符山铁矿</td><td>5～150 m,中间厚,上下两端渐薄</td><td>倾角 45°左右,倾向 N,大致到 780 m 水平转向 S 倾向,倾角在 20°～35°之间,沿走向其西部矿体倾角较陡,倾角在 45°～85°</td><td>走向近于 EW,矿体倾向上 N 下 S,矿体沿走向长约 1000 m,沿倾向从地表向下延深约 260 m;矿体横断面形态:中部呈飞燕形,两端呈卧人字形</td></tr>
<tr><td>10</td><td colspan="2">金山店铁矿</td><td>0.5 m～56.07 m,平均为 24.09 m</td><td>63°～85°</td><td>似层状或脉状,呈北西西向平等展布,倾向南南西,分支复合现象明显</td></tr>
<tr><td>11</td><td colspan="2">张家洼铁矿</td><td>150～180 m,均宽 150 m</td><td>10°～35°,平均 25°</td><td>长宽比 3:1</td></tr>
</table>

表 4-6 崩落法开采矿山地表移动实测参数调查表

编号	矿山名称		实测地表移动参数								
			移动角、崩落角		位移		地表移动形状	倾斜度	岩层移动规律	与实际设计参数的关系	地表移动范围形状
			上盘	下盘	水平	垂直					
1	程潮铁矿东区		实测 68°	实测 68°	2.69 m	4.21 m	盆地		筒状冒落	地下采矿引起的下盘岩体变形波及到设计错动线以外的永久性生产设施	裂缝塌陷坑
2	梅山铁矿南区										
3	小官庄铁矿		设计 55°，实测 67°～69°	设计 55°，实测 67°～69°	最大 2.5 m	最大 12.0 m	盆地		筒状冒落 3 处		
4	西石门铁矿	中区	移动角 60° 崩落角 65°	移动角 60° 崩落角 65°	最大 1 m	最大 30 m	盆地		筒状冒落多处	基本一致	直径 360 m
5		南区								基本一致	130:51;34:23
6		北区								基本一致	57:20　10:9
7	[苏]北彼斯强矿区										
8	玉石洼铁矿		设计移动角 60°	设计移动角 60°	0.5～1 m	15 m	盆地		筒状冒落	移动范围比设计的小	形状为椭圆形 5:1
9	符山铁矿		移动角 55°、崩落角 60°	移动角 50°、崩落角 65°	最大 1.5 m	最大 30 m	深沟、沟槽、多级台阶地形、椭圆形裂缝区域	很大	塌陷、筒状冒落	上盘覆盖岩体移动，以北盘闪长岩移动沉降范围最大，幅度最宽处是矿体中部，向两端逐渐缩小以至尖灭	
10	金山店铁矿		Ⅰ区移动角 61°，崩落角 66°；Ⅱ区移动角 57°，崩落角 63°	Ⅰ、Ⅱ采区移动角、崩落角均大于 60°	0.6 m	Ⅰ区：683.6 mm Ⅱ区：1425.2 mm	裂缝呈树枝状散开、呈条带状伸展；塌坑：V 字形漏斗结构、烟筒形漏斗结构，漏斗的顶面呈椭圆形或似圆形	Ⅰ区：-15.5 mm/m Ⅱ区：-66 mm/m	筒状冒落	基本一致	裂缝、塌坑
11	张家洼铁矿		设计 55°，实测 67°～69°	设计 55°，实测 67°～69°	最大 2.0 m	最大 8.0 m	盆地		筒状冒落 1 处	主溜井受到破坏	

表 4-7　前苏联矿山地表移动观察资料

矿山名称	主要围岩	普氏系数 f		矿体倾角/(°)	矿体厚度/m	开采深度/m	采矿方法	陷落角/(°)			移动角/(°)		
		上盘	下盘					β_1	γ_1	δ_1	β	γ	δ
1	上盘:绿泥绢云母和石英绢云母片岩,接着是片理化钠长斑岩。下盘:绿泥绢云母片岩,接着是钠长斑岩	6~8	8~10	85	12~15	150	矿房用充填法,间柱用分段或分层崩落法	80	80	85	75	60	80
2	上盘:石英绢云母片岩;下盘:绿泥片岩、钠长斑岩	6~8	8~10	75~85	10~12	120	分段或分层崩落法	70	60	85	50	55	85
3	上盘:石英绢云母片岩,分片的和充水的钠长斑岩。下盘:石英绢云母片岩,钠长斑岩	6~8	8~10	85	1~2	150	分段或分层崩落法	85	无陷落	无陷落	70	75	75
4	上、下盘都是石英绿泥绢云母片岩、钠长斑岩	6~10	6~10	70~80	3~15	240	分段或分层崩落法	40	70	75	55	70	70
5	上、下盘都是石英绿泥绢云母片岩、钠长斑岩	6~10	6~10	75~80	2~10	100	分段或分层崩落法	50	70	75	45	70	70
6	上盘:绿泥片岩。下盘:石英钠长斑岩,直接下盘是绿泥绢云母片岩	8~10	8~15	80	2~20	105	25~30 m 以内用露天开采,以下用分段或分层崩落法,部分用支柱充填法	65	65	85	50	55	75
7	上盘:稳定的石英绢云母片岩,直接顶板为绢云母化的石英绿泥片岩。下盘:石英绢云母片岩,高岭土化石英绿泥片岩	6~8	6~8	65~70	10~30	70	30~40 m 内用露天开采,以下用分段和分层崩落法	45	50	65	—	—	—

4.2.2.2 调查结果分析

(1) 尽管各矿山上下盘围岩特性、岩体结构特征、矿体倾角、矿体厚度、矿体长度和开采深度等条件很不相同,但它们采用的都是无底柱分段崩落法,地表移动形状为盆地形状和塌陷坑,岩层移动规律基本上是筒状冒落。因此,可以利用矿山的资料,分析研究一些规律,如上下盘围岩的岩性、矿体倾角、矿体厚度、采矿方法等与移动角的关系。

(2) 地表实际移动范围与设计的移动范围有一定出入。有的在设计范围之内,如邯邢矿物局的玉石洼铁矿,有的则在设计范围之外,如程潮铁矿东区和小官庄铁矿,有的则和设计的基本一致,如邯邢矿物局的西石门铁矿。这说明,工程类比法并不能准确的预计矿山的地表移动范围。

(3) 上下盘岩性、矿体倾角、矿体埋深、开采深度与开采跨度、地表地形等因素之间相互影响,共同决定上下盘的移动范围,而不是由某一个因素决定的。如程潮铁矿东区与小官庄铁矿相比,尽管程潮铁矿东区矿体顶底板中等稳固、矿体埋深较浅、覆盖岩层岩体较好、矿体较厚、倾角较陡等,小官庄铁矿矿体顶底板中等稳固性较差、矿体埋深较深、覆盖岩层岩体较差、矿体较薄、倾角较缓等,但他们上下盘移动角却基本相等,即程潮铁矿东区实测上下盘移动角均为 68°,小官庄铁矿实测上下盘移动角则为 67°～69°,二者是十分相近的。

因此,对金属矿山的移动角研究,应从多因素、多角度考虑,只有这样才能把问题研究得更加透彻。

4.3 无底柱分段崩落采矿矿岩移动过程与机理

4.3.1 基本工艺及特点

无底柱分段崩落法是将阶段用分段回采巷道划分为若干个分段,由上向下逐个分段进行回采,随后崩落上盘围岩填充采空区来控制顶板和实现对地压的管理;分段下部不设出矿的底部结构,矿石在崩落围岩的覆盖下直接由回采进路端部放出,覆盖在矿石上的松散岩体立即占据放矿形成的空间,因此,无底柱分段崩落法理论上不会形成采空区。

从能量方面考虑,该方法是通过崩落上盘围岩来防止应变能的积累并不断消耗来自于主导作用的重力、构造应力和残余应力场在采矿前形成的能量。崩落前,在矿体、矿体周围和其上部的岩体中具有弹性应变能和重力势能;崩落后,采动引起的应力场松弛以及矿体和围岩的垂直位移降低了岩体的总势能。

4.3.2 矿岩崩落与地表移动机理

无底柱分段崩落法采矿是一个动态的采矿过程。在这个动态的采矿过程中,从矿石的崩落,到覆盖岩层的强制崩落(或自然冒落)、出矿,围岩受到频繁的扰动和破坏,必将破坏原岩体的自然状态,在采场空间周围引起岩体应力的重新分布,导致围岩发生变形破坏。

4.3.2.1 *矿岩崩落过程*

用崩落围岩充填采空区及在崩落围岩覆盖下进行端部挤压爆破和放矿,是无底柱分段崩落法的主要特点。因此,顶盘围岩易于崩落是应用该种采矿方法的必要条件。

顶盘围岩能否崩落,不仅与其自身的稳固程度有关,而且与采空区的跨度、形状、暴露面积和暴露时间有关。

岩层和地表移动的破坏是从采空区逐渐向上发展的。随着地下采矿的扩展,顶板围岩开始崩落,采空区范围逐步扩大,岩体的原始应力平衡状态遭到破坏,采矿应力重新分布,同时又转向新的平衡状态。随着空区跨度和暴露面积不断扩大,这种暂时的平衡状态又很快被打破,引起顶板大面积崩落,即进入顶板大量崩落阶段。顶板的崩落直至废石充满采空区,此时顶板与崩落废石层间无空隙,呈闭合状态,顶板完全靠废石层支撑。当采空区上部保留一定厚度的岩矿体不进行开采而形成覆盖岩层时,在地下采空区形成后,尽管会引起上部岩层的变形,但在这种情况下,地表变形的幅度有可能大大降低,降低程度取决于采空区的规模、产状及围岩,特别是覆盖层的地质特征。当下部放矿引起废石松动和下降时,顶板随即下沉和崩落,并随之向上发展。

在岩石自重作用下,周围岩层特别是上部岩层会产生下沉、变形乃至移动和破坏。岩层内部的移动最终又将引起地表的变形和破坏,形成了采空区顶板直至地表的整个移动过程,引起顶板破坏垮落。但破坏崩落后,充填在采空区的岩石会逐渐被压缩,顶板上的岩层仍然会产生相当大的变形而形成裂缝,这些裂缝由下往上逐渐减弱,使最上面的岩层出现平缓的弯曲和大小长短不一的裂缝带。因此矿体开挖后,不管是急倾斜还是缓倾斜矿体,其空区、顶板至地表之间岩层都会出现“三带”,即冒落带、裂隙带和弯曲带,如图 4-1 所示。

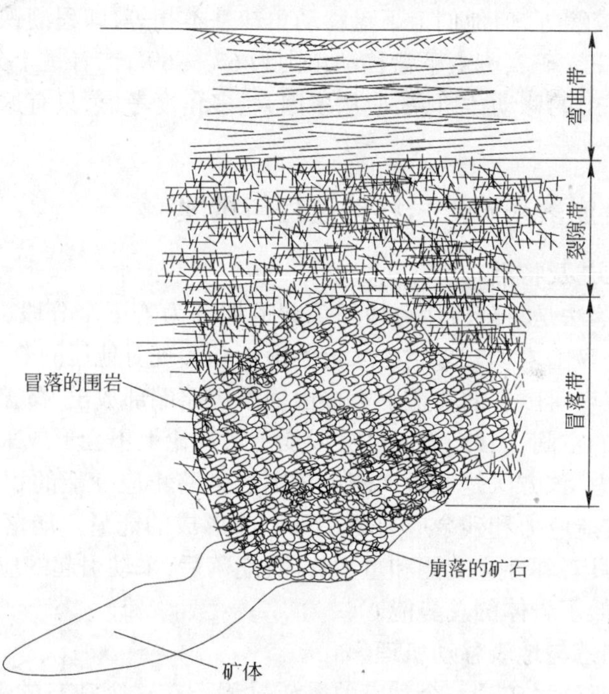

图 4-1　采场顶板岩层变形分带示意图

冒落带是紧靠矿体上方的覆盖岩层由于破碎而冒落的地带。冒落带内的岩体常常呈拱形向上发展。当冒落后的破碎岩石体积能将采空区完全充满,并起到支撑上覆未崩落岩层的作用时,冒落停止向上发展。或者在冒落拱的下方虽尚有空隙,但因采空区暴露面积有限,即未充分采动,没有达到崩落的极限跨度,覆岩自身已经形成自然平衡拱,冒落也可停止。因此,冒落带的高度与矿体的开采厚度、冒落岩石的碎胀性、采动范围、覆岩自身强度以及采空区的充填状况、可压实性等有密切关系。空区充填密实时,上覆岩层只出现松动开裂,有可能不出现冒落。一般情况下,冒落带高约为矿体法线厚度(或采高)的 2~6 倍。

冒落带的上方为裂隙带。裂隙带内下沉弯曲,变形较大,岩层沿层理裂开形成离层,并在拉应力作用下产生大量垂直于岩层的裂隙。带内岩层虽然没有冒落,但由于出现大量裂隙,使带内岩体失去了原有的整体性。如果裂隙带与地下水系或地面水系连通,则可以从这些裂隙面向空区渗入大量涌水,对井下生产造成威胁。如果开采江河湖泊或流砂层下的矿体,那么必须使采动形成的裂隙带位于不透水层之下,即在不破坏水系与矿体之间的不透水层的情况下,才能进行回采。

如果矿体埋藏浅,开采深度也浅,或开采急倾斜矿体浅部时,围岩的冒落带和裂隙带将发展至地表。

裂隙带上方岩层仅出现下沉弯曲,呈整体移动,即弯曲带。该带内的岩层一般不再破裂,只在自重的作用下产生法向弯曲,岩体能较好地保持其完整性。由于采动形成破坏的裂隙十分稀少,因此在弯曲带内不会出现渗水裂隙带,但在弯曲的范围有构造断裂存在时,岩体将会沿着构造断裂出现大的岩移或错动,有可能使井巷工程或建筑物受到破坏。

整体移动带的高度随着岩性不同而不同,当岩层脆而硬时,整体移动带的高度约为裂隙带高度的 3~5 倍;当岩体软而具有塑性时,约为裂隙带高的数十倍。随着整体移动带岩层的缓慢下沉,地表逐渐下沉。

在矿体上覆岩层出现难以顺利崩落的情况时,采空区上方岩层就可能在一段时间内呈现出“两带”。当继续扩大开采面积而且采空区面积增大到临界值时,巷道和采场结构遭到破坏,甚至可能产生岩层大面积冒落。因此,无论开采哪一类矿床,上覆岩层的移动始终是矿山生产中面临的重大问题。

4.3.2.2 *上覆岩层动态移动力学机制*

从上覆岩层动态移动过程来看,岩层和地表移动过程可分为未崩落到地表之前和崩落到地表两个阶段。

A *未崩落到地表之前*

用无底柱分段崩落法回采倾斜矿体时,首先是最上一个中段或分段的采场顶部覆盖岩层开始崩落。

地下开采开始后,地下采空区逐渐形成,同时,其顶板岩层也开始崩落,随着崩落的进一步发展,部分地段造成地表与地下采空区的连通。但是,采空区的实际形态不可能十分规整,在横剖面上,无论是水平方向还是垂直方向,都有规模不一的“岩桥”,这对上盘围岩具有一定的支撑作用,使其不至于短时间内岩体大规模的变形破坏。可随着岩层的崩落和岩体内应力的调整,“岩桥”内部必然产生应力集中,当集中的应力超过其自身强度时,便逐步产生破坏。于是“支撑”作用减弱,围岩从临空面开始产生松弛并逐渐向远离临空面方向发展。这种松弛作用导致围岩上部开裂。当回采空间未达到围岩冒落的极限跨度时,围岩就会停止冒落。

B *崩落到地表*

上一阶段开采结束后,若不继续向下开采,围岩变形在一段时间后会达到一相对稳定状态,但是,随着下一阶段的开拓与开采,顶板岩石的崩落则会加剧上部围岩变形,其结果是导致岩体变形范围扩大。

新的采空区的形成和顶板崩落,都意味着挖了上盘反倾向岩层的墙角,因而给岩层提供塌落的条件和上部覆盖层向下流动的空间。不断向下扩大的采空区和通过强制崩落、自然塌落以及由地表回填的反复过程,就提供了由采空区顶板开始的岩层向下和向采空区的横向移动及地表不断下沉和向采空区移动的条件。采空区顶部强制崩落给上盘岩层也创造了倾倒破坏和变形、移动的条件。而由地表向下的回填则起着限制倾倒变形量的作用。

在矿体埋藏较深或矿体顶板岩层十分坚硬且节理裂隙不发育的情况下,围岩的崩落不会达到地表,那么只能在地表形成下沉盆地。

围岩崩落达到地表之后，由于地表的表土层是砂或黏土粒的集合体，颗粒之间几乎没有内聚力，稳定性很差，这与表土层下部的岩石性质是截然不同的。因此地表塌陷一般是筒状冒落，如鲁中冶金矿山公司的小官庄铁矿。而在地表下部的岩石则构成了一个楔形体。

随着开采深度的增加,楔形体逐渐下降,上盘围岩由于失去支撑,便以棱柱体的形式向矿体方向滑动。在棱柱体内部虽然有许多裂缝,但它基本上仍是完整的,而楔形体则不同,它基本上是破碎的。由于滑动棱柱体是待回采下降到一定深度后才开始滑动。每个滑动棱柱体的斜长不相等,上部棱柱体比下部棱柱体滑动量大,在地表形成台阶状下沉,地表陷落形成塌陷坑,其范围随着空区的扩大或随倾斜矿体空区向下延深而间断地向外扩展,地表裂隙呈现倒阶梯形状。由于塌陷坑的边界主要受构造断裂及岩体结构面的控制,所以随着开采的进行,台阶逐步滑动。

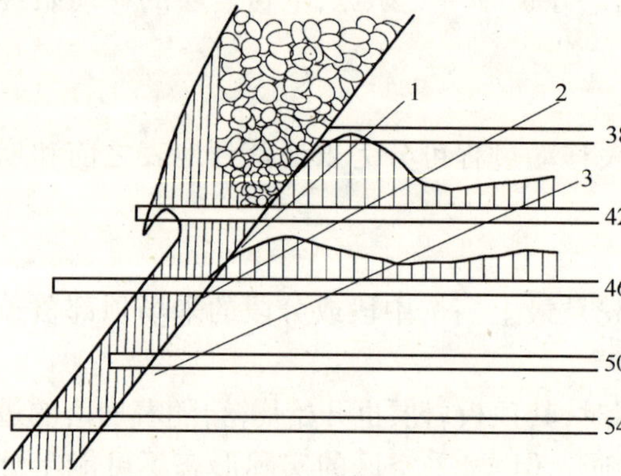

图 4-2　下盘岩体应力集中

1—应力升高区;2—接近正常应力区;3—正常应力区

理论上,下盘一般不会发生滑动。但事实上,矿体下盘不仅受到覆盖矿岩的压力,而且受到上盘滑动棱柱体的压力,往往造成下盘岩体的应力集中,如图 4-2 所示。由于压力很大,下盘常产生大的变形和破坏。另一方面,由于矿体赋存的不规整性和围岩中存在着大量的节理裂隙、软弱结构面,使矿体开采后,下盘形成一个不规则的有压“边坡”,随着开采的延深,破坏了“边坡”的坡脚,使“边坡”失去平衡,产生了“滑坡”,造成下盘的移动范围扩大。

随着开采水平的下延,开采深度的增加,由于矿体上部覆盖岩层越来越厚,上盘塌陷角和移动角逐渐趋陡。当上部覆盖岩层崩落岩石足以充填采空区时,地表变形将会终止。这一开采深度称为“极限开采深度”。极限开采深度按下式计算:

$$V \leqslant \left[\frac{1}{3} \times H(S_{上} + S_{下} + \sqrt{S_{上} \times S_{下}}) - V\right] K_1 K_2 \tag{4-1}$$

$$H \geqslant \frac{3 \times \left(\dfrac{V}{K_1 \times K_2} + V\right)}{S_{上} + S_{下} + \sqrt{S_{上} \times S_{下}}} \tag{4-2}$$

式中　H——极限开采深度,m;

V——采出矿石体积,m^3;

$S_上$——地表塌陷面积,m^2;

$S_下$——开采水平开采面积,m^2;

K_1——崩落岩石松散系数;

K_2——崩落岩石压实系数。

在无底柱分段崩落法开采中,影响岩层和地表的因素十分复杂,采矿方法、矿体的走向长度、矿体厚度、开采深度、岩体的力学性质和地质构造中的结构面分布组合情况影响较大,它们将直接影响岩层和地表移动范围。深入地进行地质调查分析,掌握岩层的地质构造,对掌握确定岩层和地表移动范围是至关重要的。

4.4 东主井地表岩层变形监测与错动机理

程潮铁矿东采区自1969年投产以来至1996年,受地下开采及地下水疏干等因素的影响,在地表产生十几个不同时期、不同规模的塌陷坑和错动区,如图4-3所示。

图4-3 东区塌陷区全景图

在W3线以东回采至−246 m水平,W3线以西回采至−218 m水平,地表开裂范围已发展到东采车间的卷扬机房一带,这个界线已超出鞍山和长沙两矿山设计院设计所圈定的东区最终回采水平的错动边界线,东主井工业场地产生一系列贯通裂缝,1998年的淹井过后,情况进一步加剧。位于工业场地内的办公楼、调度室已产生明显的变形破坏,被迫拆除;东主井井筒、提升机房的底板和山坡产生贯通裂缝;候车场也产生极不均匀的沉降,造成混凝土地面开裂破坏。严重威胁到东主井的正常使用和整个程潮铁矿的生产和安全。更为重要的是,根据表现出来的现象,东区下盘的错动角仅为51.8°,由于西区与东区的工程地质条件和水文地质条件类似,采用相同的采矿方法开采,按照该结论推断,将导致西区箕斗井、新副井、选矿车间、程潮大湾村和措施井等均在错动范围之内,都要面临与东主井同样的命运,甚至更加严重,其后果不堪设想。因此,应对东区地表开裂成因进行调查与分析,并对东主井系统的稳定性和错动机理进行研究。

地表及构筑物开裂是地基变形的必然表现,因此,对地基地表水平位移和垂直沉降进行观测是查明地表开裂成因,研究地基稳定性的有效手段。

4.4.1 矿区地质概况

矿区地处低山坡区,地势东北高、西南低,北部为花岗岩组成的构造剥蚀低山丘陵,南部为砂页岩组成的剥蚀低山,中部为大理岩、闪长岩组成的山间洼地,矿区内水系不发育。东主井地区位于拦洪坝以西一丘陵山体南侧中下部,原始地段为一冲沟,上窄下宽,自1958年建矿以来,逐渐夷为平地,其上分布有厚度从数米至数十米不等的填堆积物,覆盖于山坡残坡积层之上。主要地层为第四系、侏罗系及三迭系，矿体下盘围岩主要为花岗岩，上盘围岩为闪长岩、大理岩带及角岩带。

4.4.2　开采过程调查

地下开采是引起地表塌陷的主导因素，采矿方法、矿体赋存条件、开采厚度、开采宽度、采场结构尺寸、开采顺序以及开采的时空关系等因素对地表塌陷有着直接的影响。下面以程潮铁矿东区 20 线和 0 线为例对开采过程进行简要说明。

4.4.2.1　东区 20 线剖面开采过程

该剖面 －51 m 水平以上为矿体头部，较窄近于直立，共分六个开采水平，即 0 m，－10 m，－18 m，－30 m，－38 m 和 －51 m。因开采量不大，分段的间距在 8～13 m 之间，在 1969～1971 年刚投产初期就开采完毕。

－51 m 水平以下矿体厚度由 50 m 逐渐变为 160 m，矿体倾角为 60.0°～70.0°。此阶段布置 －64m，－76m，－86m，－96m，－106m，－116m，－126m，－137m 和 －150m 九个开采水平，年下降速度为 10 m/年。

Ⅱ号矿体 －150 m 水平以下，矿体倾角为 40.0°～50.0°，矿体厚度平均 160 m，共分 －160 m，－172 m，－184 m，－195 m，－206 m，－218 m，－232 m，－246 m 和 －260 m 九个水平，各水平间距一般为 12 m，每个水平开采约 2～3 年。具体情况见表 4-8。

表 4-8　东区 20 线和 0 线剖面采矿水平与相应年限对应表

20 线剖面		0 线剖面	
采矿水平/m	开采年限	采矿水平/m	开采年限
－160	1983～1986	－160	1984～1987
－172	1985～1987	－172	1986～1987
－184	1986～1987	－184	1987～1988
－195	1988～1989	－195	1989
－206	1990	－206	1990～1991
－218	1991～1992	－218	1991～1992
－232	1992～1993	－232	1992～1994
－246	1994～1996	－246	1995～1996
－260	1996	－260	1996～1997

4.4.2.2　东区 0 线剖面开采过程

该段Ⅱ号矿体为上尖（中部稍大）下窄矿体，厚度为 10 m 至 50 m 的陡倾矿体。从 20 世纪 80 年代中期至现在共分 －160 m，－172 m，－184 m，－195 m，－206 m，－218 m，－232 m，－246 m 和 －260 m 等九个开采水平，各水平间距一般为 12 m，每个水平开采约 2～3 年，其矿石开采量较东段小，具体情况见表 4-8。

4.4.3　东区地表塌陷情况调查

1967 年 9 月，－150 m 水平 16 号穿脉巷道揭露到大理岩中，几条沿接触带方向延伸的大开口裂隙(约 200 mm 宽)突然发生涌水,水量增加 4570 m^3/昼夜,地下水位突降 68.97 m,与此同时,地表大理岩分布地带,东起细王冲,西至杨家进 1700 m 长的范围内,发生 11 处塌坑和 3 处闭合开裂(见表 4-9)。塌坑在平面上呈圆形或椭圆形,剖面呈漏斗状、碟状,直径最大的 35 m,一般 7～20 m,深 2～8 m。周边出现弧形开裂,宽 50～100 mm,房屋不均匀下降 100 mm 左右。

表 4-9　地下水疏干形成的地表塌陷坑位置

序　号	塌 陷 位 置	塌 陷 形 态	塌陷附近的地质情况
1	11 线靠近接触带	近似圆形	大理岩与花岗岩接触部位
2	11 线靠近接触带	椭圆形	大理岩与花岗岩接触部位
3	3～5 线间	椭圆形	大理岩与花岗岩接触部位
4	20 线西侧	椭圆形	大理岩
5	20 线东侧	近似圆形	角　岩
6	22 线	椭圆形	大理岩与花岗岩接触部位
7	22～24 线间	椭圆形	大理岩与花岗岩接触部位
8	24～26 线间	椭圆形	大理岩
9	26～28 线间	椭圆形	大理岩与花岗岩接触部位
10	26～28 线间	椭圆形	大理岩与花岗岩接触部位
11	细王冲东边	近似椭圆形	大理岩
12	0 线对应 -150 m 水平至 12 川脉	闭合开裂	大理岩与闪长岩、花岗岩接触
13	9 线对应 -150 m 水平 17 川脉	闭合开裂	大理岩与花岗岩接触部位
14	23 线原杨家进村	闭合开裂	大理岩

1975 年 6 月结束Ⅱ号矿体 -80 m 中段的开采,采空区离地面 50～120 m,采空高度 76 m,采空面积 250 m×90 m。随着巷道的延伸和开采,围绕采空区四周地面形成塌陷,塌陷坑在平面上多呈圆形,剖面呈碟状,漏斗状,直径 10～60 m,深度 6～20 m,四周塌落角达 70.0°左右。1970 年前,塌坑、裂隙带面积仅为 4100 m^2,1972 年为 9438 m^2,1973 年雨季突增至 22475 m^2,从而增强了大气降水渗入,随开采深度的下降和开采面积的增大,地表塌陷区范围也在不断扩大。

从 1965 年开始,地面塌陷沉降的定期观测资料见表 4-10 及图 4-4～图 4-7。东副井筒向西南移动 534 mm,变形速度 57～102 mm/月,周围产生 100～150 mm 的开裂,岩芯库、压风机房等地面建筑倒塌,地面塌坑密布,形成直径约 400 m 的不规整洼地。

表 4-10　东区地表移动观测结果

观测时间	中心点下沉 η /mm	最大下沉速度 /(mm/月)	最大变形值					移动角/(°)			
			倾斜 /(mm/m)	倾斜差 /(mm/m)	曲率 /(mm/m^2)	水平移动 /mm	水平变形 /(mm/m)	上盘 /β	下盘 /γ	沿岩层走向 西	沿岩层走向 东
67.10.5	411	17.6	44.1	-57.0	-5.7	-254	-29.6	64.5	68	62	48.5
67.11.6	548	137	62.7	-77.5	-7.75	-331	-40.8	65	76.7	68	70

续表 4-10

观测时间	中心点下沉 η/mm	最大下沉速度/(mm/月)	最大变形值					移动角/(°)			
			倾斜/(mm/m)	倾斜差/(mm/m)	曲率/(mm/m²)	水平移动/mm	水平变形/(mm/m)	上盘/β	下盘/γ	沿岩层走向	
										西	东
67.11.27	648	143	69.0	−86.0	−8.6	−341	−45.3	55	79.5	65	56
67.12.8	761	133	89.5	−108.1	−10.6	−415	−48.3	73	84	74	75.5
备注	岩层倾角约 60°										

图 4-4 中：

(1) 对应点 1 的下盘移动角 68.0°。

(2) 对应点 2 的上盘移动角 70.0°。

(3) 对应点 3 的上盘错动角 83.0°，1971 年 7 月 17 日。

(4) 对应点 4 的下盘崩落角 82.0°，1971 年 7 月 17 日。

(5) 对应点 5 的上盘移动角 61.5°，1972 年 7 月 25 日。

(6) 对应点 6 的下盘移动角 66.5°，1973 年 1 月。

(7) 对应点 7 的上盘移动角 57.0°，1973 年 1 月。

(8) 对应点 8 的上盘移动角 57.0°，1973 年 6 月 7 日。

(9) 对应点 9 的下盘移动角 65.0°，1973 年 6 月 7 日。

(10) 对应点 10 的下盘错动角 74.0°，1973 年 6 月 7 日。

(11) 对应点 11 的下盘崩落角 77.0°，1974 年 6 月 7 日。

(12) 对应点 12 的上盘崩落角 60.0°，1974 年 6 月 7 日。

(13) 对应点 13 的上盘崩落角 61.5°，1974 年 6 月 7 日。

(14) 对应点 14 的上盘移动角 55.0°，1975 年 1 月。

(15) 对应点 15 的上盘错动角 70.0°。

(16) 对应点 16 的下盘错动角 70.0°。

(17) 对应点 17 的上盘崩落角 70.0°。

(18) 对应点 18 的下盘崩落角 88.0°。

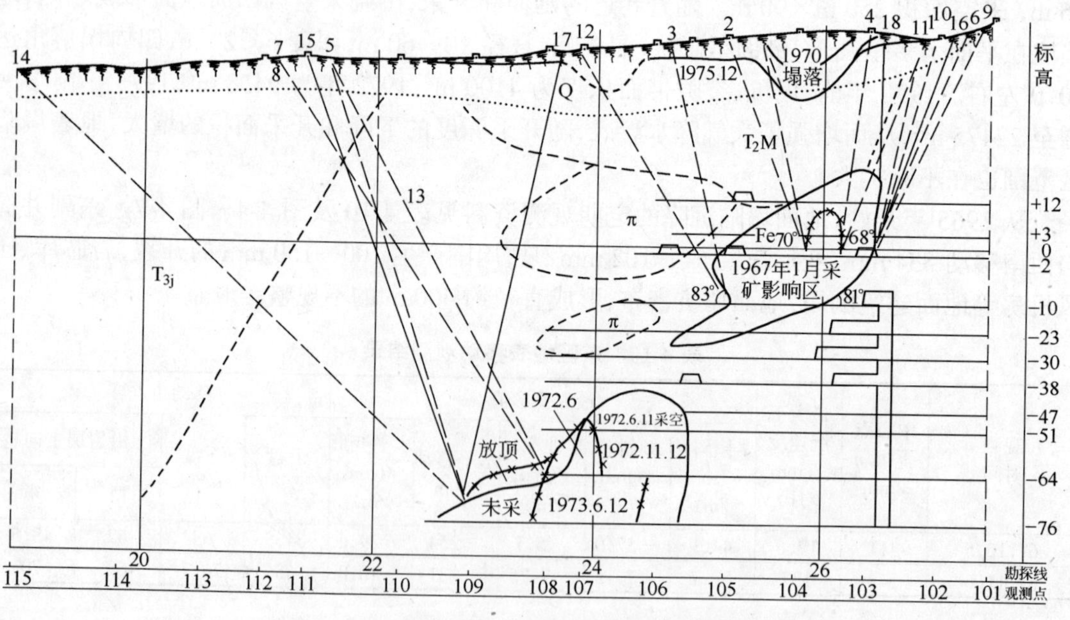

图 4-4　东区 16 线地下开采与地表移动关系图

图 4-5 中：

（1）对应点 1 的下盘错动角 78.0°，1971 年 1 月 17 日。

（2）对应点 2 的上盘移动角 60.0°，1971 年 1 月 17 日。

（3）对应点 3 的上盘错动角 76.0°，1972 年 7 月 25 日。

（4）对应点 4 的上盘移动角 60.0°，1972 年 7 月 25 日。

（5）对应点 5 的下盘错动角 77.0°，1972 年 7 月 25 日。

（6）对应点 6 的下盘移动角 72.5°，1972 年 7 月 25 日。

（7）对应点 7 的下盘错动角 69.5°，1973 年 1 月。

（8）对应点 8 的下盘移动角 63.5°，1973 年 1 月。

（9）对应点 9 的上盘移动角 51.5°，1973 年 1 月。

（10）对应点 10 的下盘移动角 62.0°，1973 年 6 月 7 日。

（11）对应点 11 的下盘移动角 61.5°，1974 年 6 月 7 日。

（12）对应点 12 的下盘错动角 78.0°。

（13）对应点 13 的上盘错动角 87.0°。

（14）对应点 14 的上盘错动角 73.0°。

（15）对应点 15 的上盘移动角 55.5°，1975 年 12 月 1 日。

（16）对应点 16 的下盘移动角 61.0°。

（17）对应点 17 的上盘移动角 57.0°。

（18）对应点 18 的下盘崩落角 81.0°。

（19）对应点 19 的上盘崩落角 90.0°。

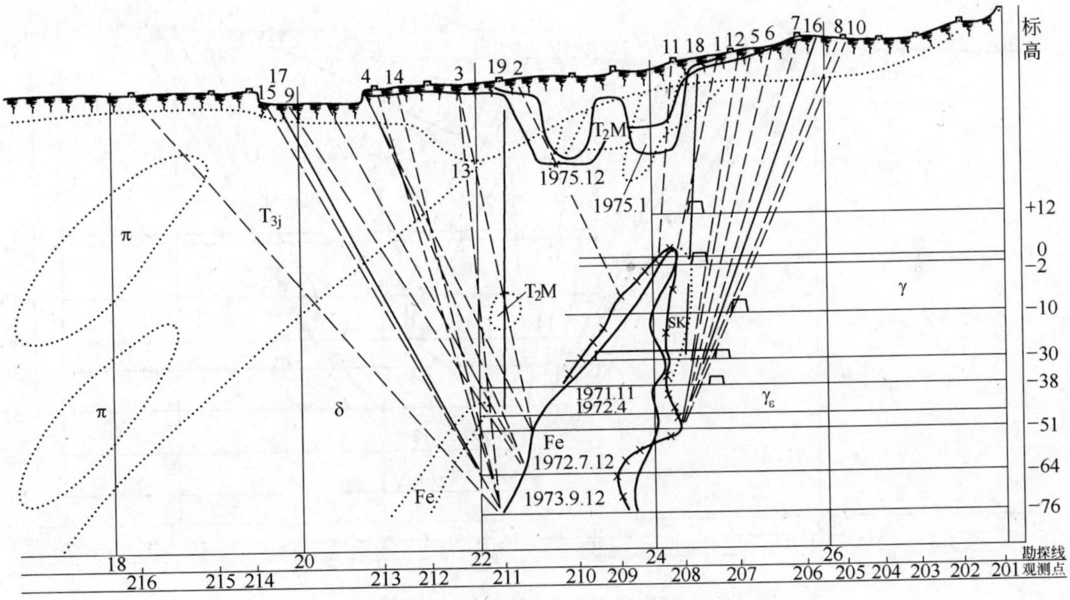

图 4-5　东区 18 线地下开采与地表移动关系图

图 4-6 中：

（1）对应点 1 的下盘移动角 68.0°，1971 年 1 月 9 日。

（2）对应点 2 的上盘移动角 67.5°，1971 年 1 月 9 日。

（3）对应点 3 的下盘移动角 64.5°，1971 年 4 月。

（4）对应点 4 的上盘移动角 65.0°，1971 年 4 月。

（5）对应点 5 的下盘错动角 68.0°，

1971年6月。

（6）对应点 6 的下盘错动角 71.0°，1971年6月。

（7）对应点 7 的下盘崩落角 78.0°，1971年6月。

（8）对应点8错动，无测量值。

（9）对应点 9 的上盘错动角 72.0°，1971年6月。

（10）对应点 10 的上盘移动角 60.0°，1971年6月。

（11）对应点 11 的下盘移动角 62.0°，1972年7月25日。

（12）对应点 12 的上盘错动角 81.0°，1972年7月25日。

（13）对应点 13 的上盘移动角 61.5°，1972年7月25日。

（14）对应点 14 的下盘移动角 61.0°，1973年1月。

（15）对应点 15 的上盘移动角 55.0°，1973年1月。

（16）对应点16的下盘错动角64.0°。

（17）对应点17的下盘错动角67.0°。

（18）对应点18的上盘移动角59.0°。

（19）对应点19的上盘崩落角72.0°。

（20）对应点 20 的上盘崩落角 84.0°，1975年12月1日。

（21）对应点21的下盘移动角64.0°。

（22）对应点22的下盘崩落角65.0°。

（23）对应点23的上盘移动角60.0°。

（24）对应点24的上盘崩落角79.0°。

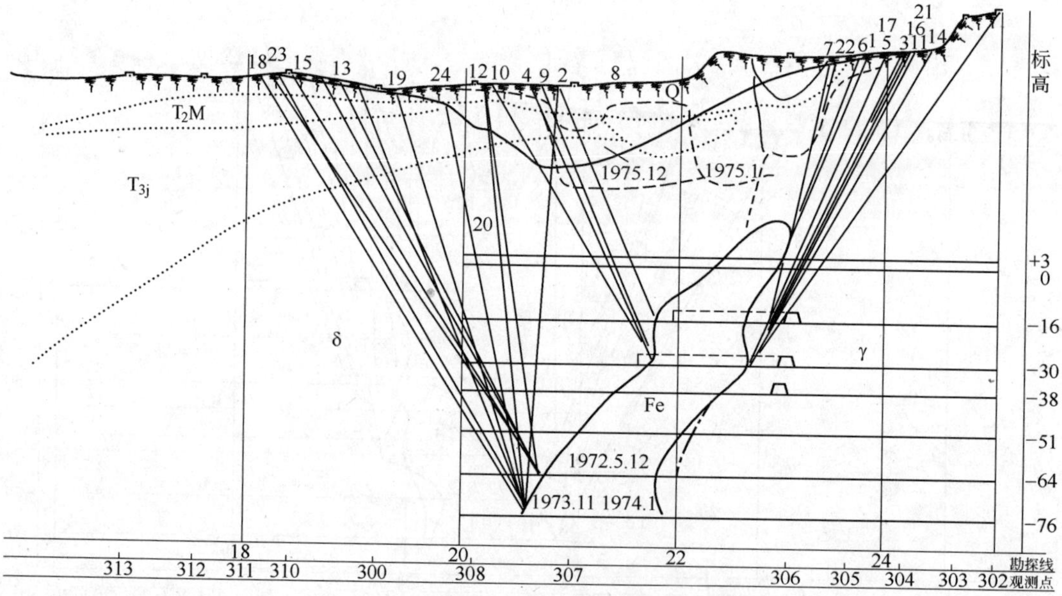

图 4-6　东区 20 线地下开采与地表移动关系图

图 4-7 中：

（1）对应点 1 的下盘移动角 67.0°，1971年4月。

（2）对应点 2 的上盘错动角 74.0°，1971年4月。

（3）对应点 3 的下盘移动角 65.0°，1971年6月。

（4）对应点 4 的下盘错动角 69.0°，1971年6月。

（5）对应点 5 的下盘错动角 78.0°，1971年6月。

（6）对应点 6 的上盘错动角 79.0°，

1971年6月。

(7) 对应点7的上盘错动角80.0°，1971年6月。

(8) 对应点8的上盘崩落角88.0°，1971年6月。

(9) 对应点9的下盘移动角65.5°，1972年7月25日。

(10) 对应点10的下盘错动角66.5°。

(11) 对应点11的上盘移动角77.0°，1972年7月25日。

(12) 对应点12的上盘移动角61.0°，1973年1月。

(13) 对应点13的上盘移动角55.0°，1973年1月。

(14) 对应点14的上盘移动角68.0°，1973年1月。

(15) 对应点15的下盘移动角62.0°，1973年1月。

(16) 对应点16的下盘移动角62.0°，1974年6月7日。

(17) 对应点17的下盘崩落角69.0°，1974年6月7日。

(18) 对应点18的下盘崩落角71.0°，1974年6月7日。

(19) 对应点19的上盘移动角55.5°，1974年6月7日。

(20) 对应点20的上盘崩落角78.0°，1974年6月7日。

(21) 对应点21的下盘移动角65.5°。

(22) 对应点22的下盘崩落角70.5°。

(23) 对应点23的上盘移动角78.0°。

(24) 对应点24的上盘崩落角80.0°。

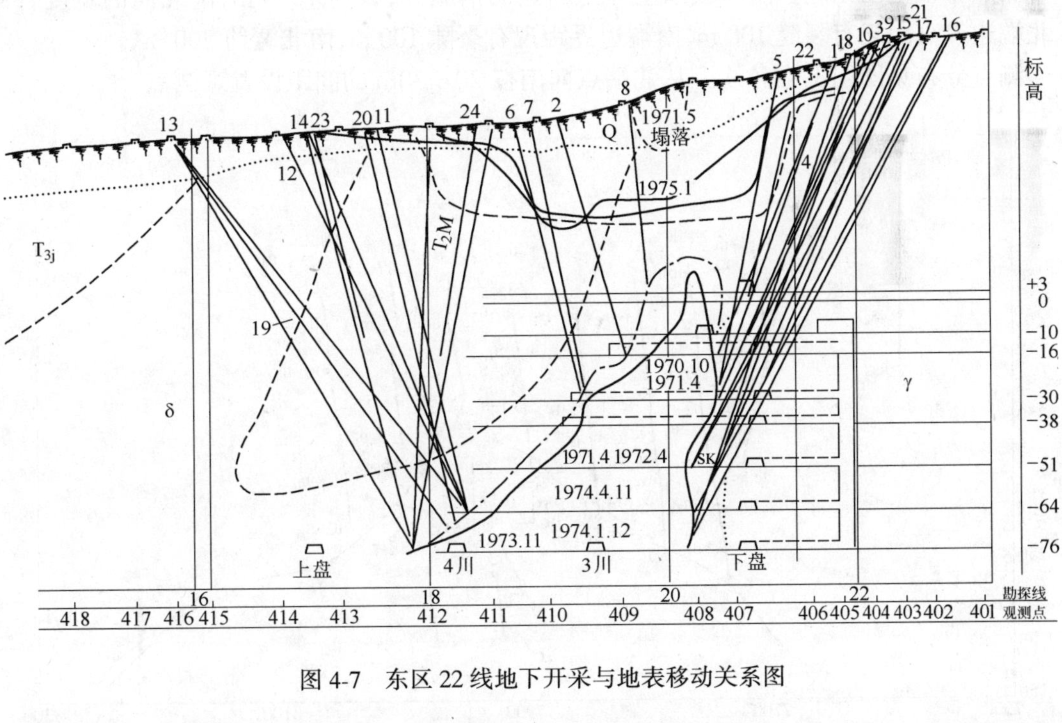

图4-7　东区22线地下开采与地表移动关系图

根据以上实测资料看出，程潮铁矿东区开采的初期(1969～1981年)，12线以东地表移动观测历年实测的矿体上盘移动角最小为55.0°，下盘移动角最小62.0°，均未超出设计范围，历年来塌陷分布面积见表4-11。由表中可见，裂隙范围面积在1971年前仅7500 m^2，1975年变为57500 m^2，到1981年底即已发展到116015 m^2。

表 4-11　东区裂隙塌陷范围统计表

观 测 日 期	移动范围/m²	裂隙范围/m²	观 测 日 期	移动范围/m²	裂隙范围/m²
1965.10.26	（基准）		1973.1	60605	
1967.10.5	8512.5		1973.12		32500
1967.12.27	6625		1974.6.7	68928	
1968.7.31	7575		1975.1	78138	
1969.2			1975.12		57500
1969.10.25	（基准）		1976.5	78860	
1970.8.25		7500	1979.2	116815	77500
1971.5		12500	1980.12	152525	82410
1971.7～1971.8	24175		1981.12		116015
1972.8	43550	22475			

4.4.4　东区近期地表移动监测

4.4.4.1　地表变形观测

A　测点的布设

测点布设范围东起拦洪坝经东主井至西边的措施井，长约 1000 m，南北向的宽度各测线北端边界点距现有裂缝 100 m，南端边界距现有裂隙 100 m，南北宽约 200 m。

测点分布见图 4-8，在各线上从北端点向南按 20～30m 的间距设置观测点。

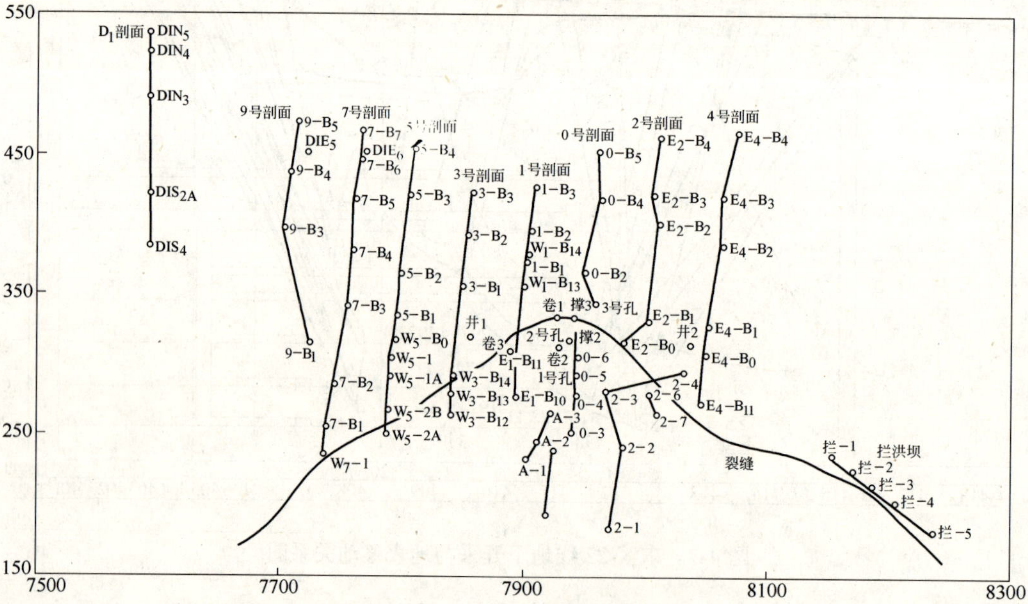

图 4-8　地表测点及测斜孔布置图

控制网的布设受测区内地形地物的限制，通视条件差，为保证各测点精度基本一致，选由 nn_1-B_3-I_{9438} − I_{9439}-I_{9440}-I_{9417}等控制点组成附和导线，作为本区首级平面控制网，选定单身宿舍至措施井等处设 5 个水准点经与矿区等级水准基点按Ⅲ级水准的精度联测后作为该测区首级高程控制。

B　观测方法

水平位移用极坐标法进行观测，即在控制点上用 TC2002 全站仪观测各观测点，用精密水准仪按Ⅲ级水准精度观测工业场地等重要部位的测点高程，其余测点高程以三角高程来代替。

观测周期为控制网每年观测一次，各测点全面观测（平面和水准）每 3 个月一次，重点部位每月一次，岩层移动有异常加密观测。

C　观测结果

地表观测从 1996 年 5 月 9 日开始初次观测到 1998 年 3 月最后一次观测共进行 11 次历时 22 个月。图 4-9 为地表观测点水平位移历次观测结果的矢量图。图 4-10 为地表各测线历次沉降观测的曲线。图 4-11 为由最后一次结果计算出的各剖面水平变形位移、倾斜、曲率。

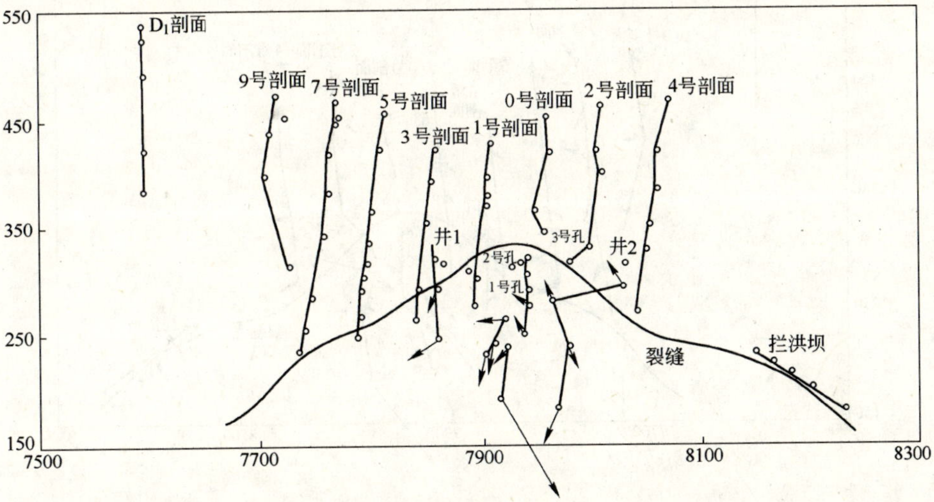

(a)

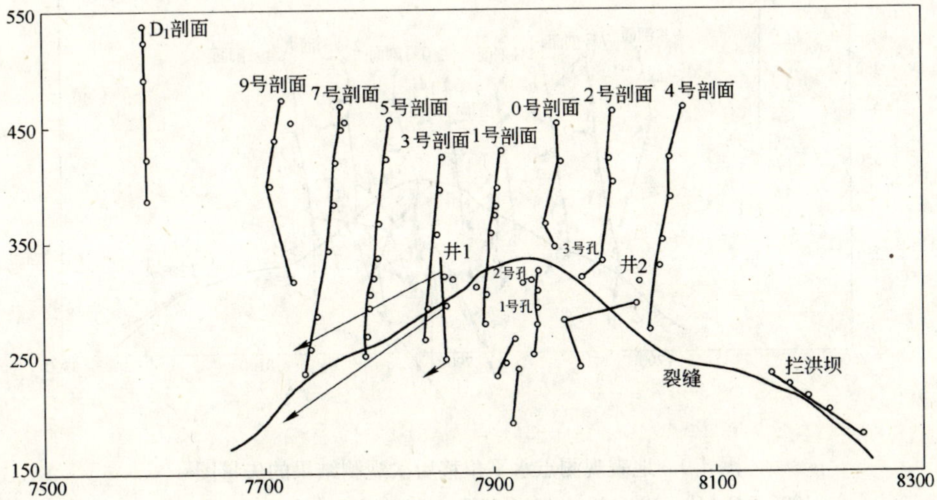

(b)

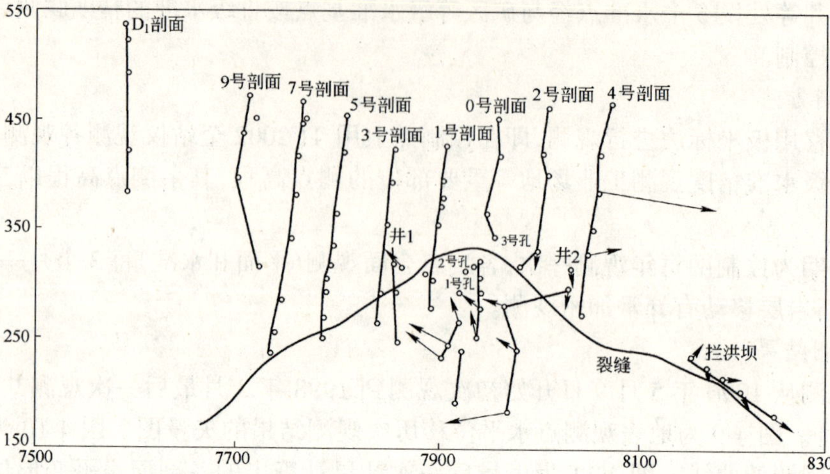

(c)

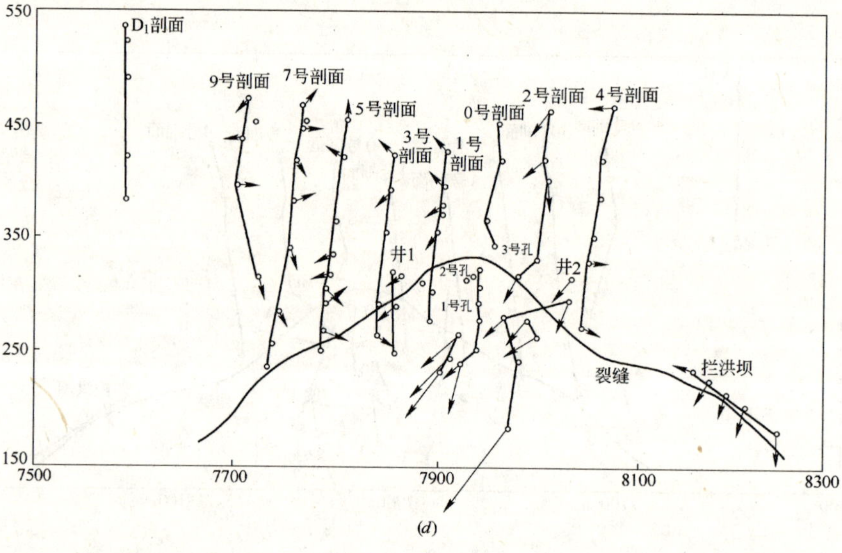

(d)

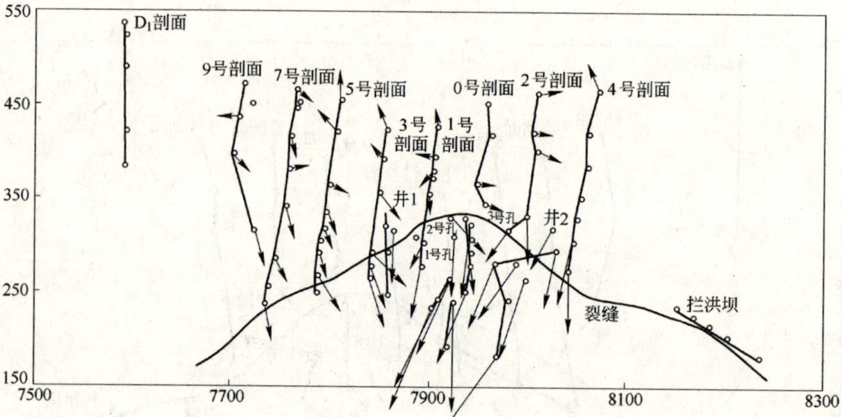

(e)

图 4-9　地表观测点水平位移历次观测结果的矢量图

(a)—1996.5.9;(b)—1996.10.4;(c)—1997.6.24;(d)—1997.10.24;(e)—1998.3.17

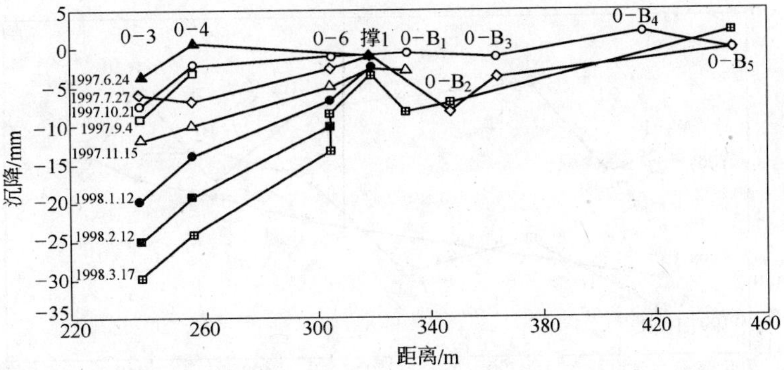
0-3
0-4
0-6
撑1
$0-B_1$
$0-B_3$
$0-B_4$
$0-B_2$
$0-B_5$
1997.6.24
1997.7.27
1997.10.21
1997.9.4
1997.11.15
1998.1.12
1998.2.12
1998.3.17
沉降/mm
距离/m

(*a*)

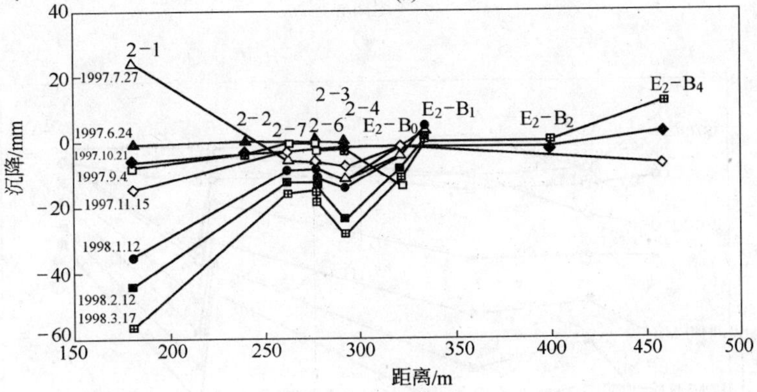
2-1
2-2
2-7
2-6
2-3
2-4
E_2-B_0
E_2-B_1
E_2-B_2
E_2-B_4
1997.7.27
1997.6.24
1997.10.21
1997.9.4
1997.11.15
1998.1.12
1998.2.12
1998.3.17
沉降/mm
距离/m

(*b*)

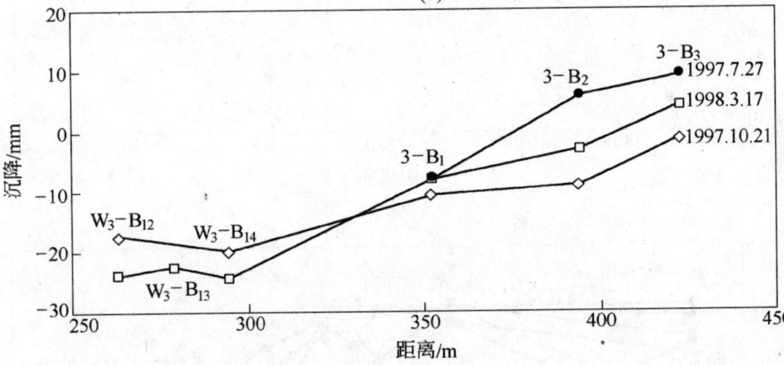
$3-B_3$
$3-B_2$
$3-B_1$
1997.7.27
1998.3.17
1997.10.21
W_3-B_{12}
W_3-B_{14}
W_3-B_{13}
沉降/mm
距离/m

(*c*)

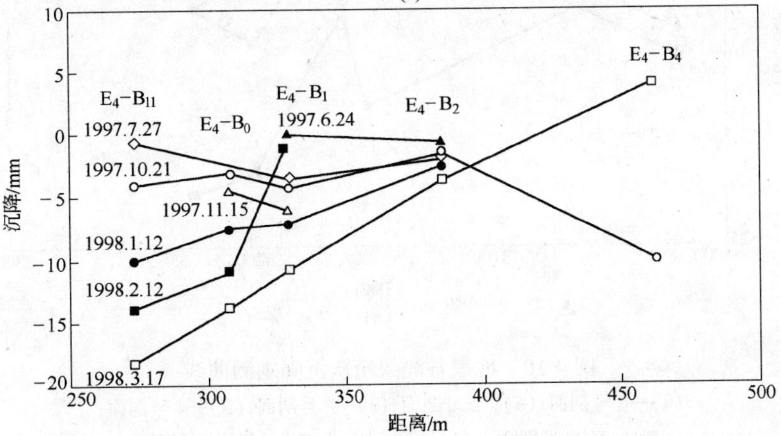
E_4-B_4
E_4-B_{11}
E_4-B_1
E_4-B_2
E_4-B_0
1997.7.27
1997.6.24
1997.10.21
1997.11.15
1998.1.12
1998.2.12
1998.3.17
沉降/mm
距离/m

(*d*)

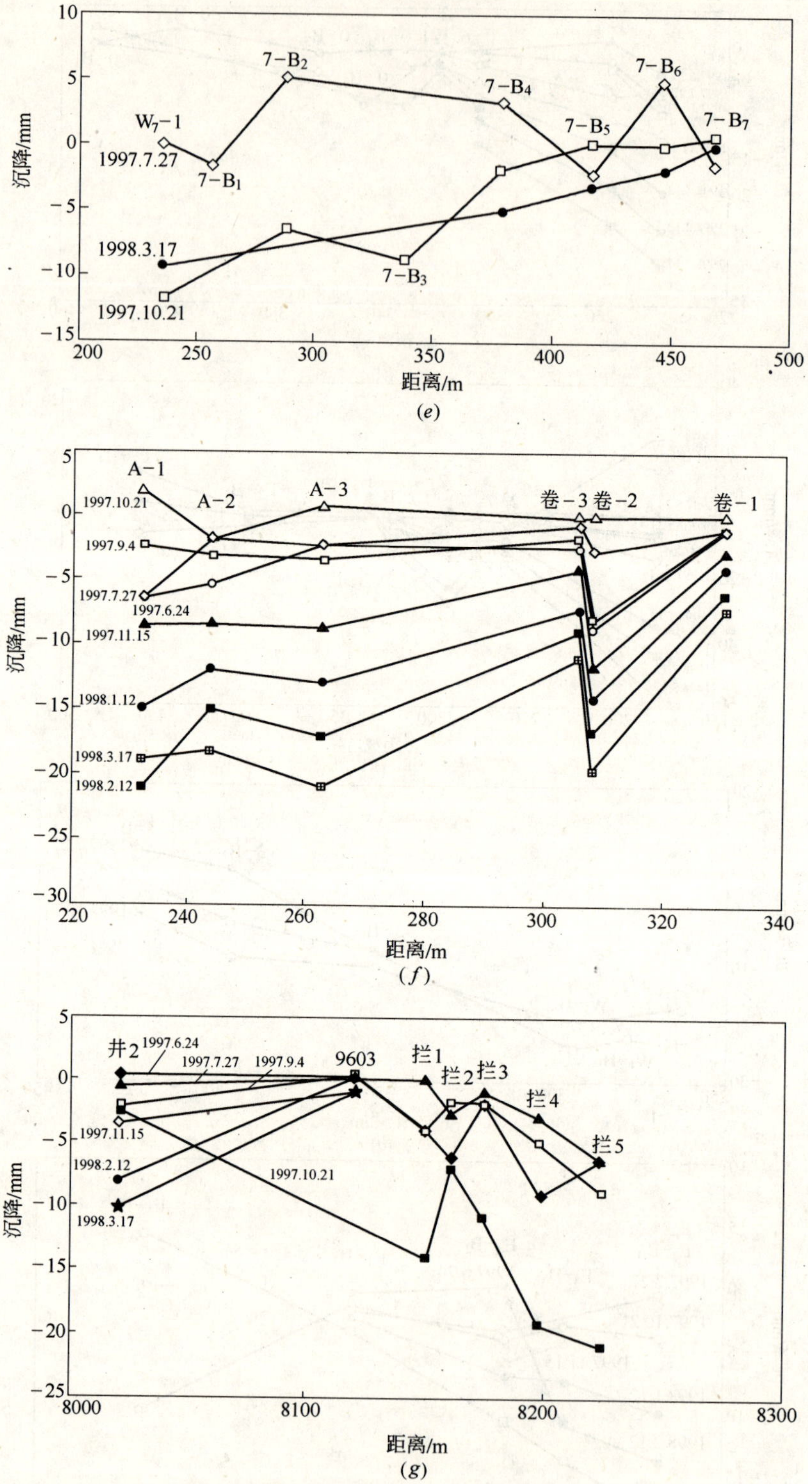

图 4-10　地表各测线历次沉降观测曲线

(a)—0 号剖面；(b)—2 号剖面；(c)—3 号剖面；(d)—4 号剖面；

(e)—7 号剖面；(f)—A 号剖面；(g)—井拦横向剖面

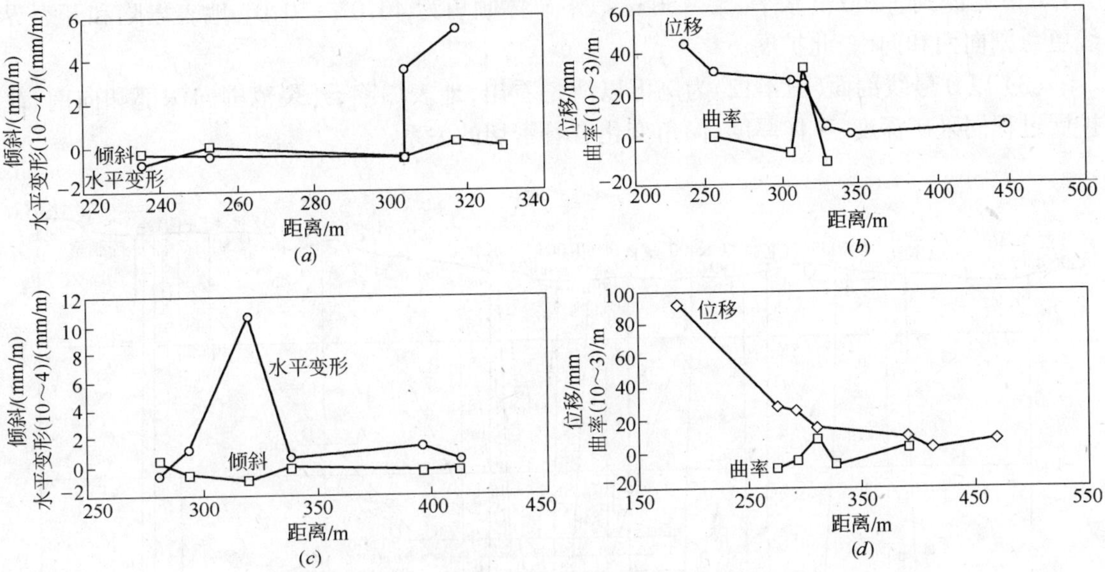

图 4-11　由最后一次结果计算出的各剖面水平变形、倾斜、曲率

(*a*)—0 号剖面水平变形、倾斜变化曲线；(*b*)—0 号剖面位移、曲率变化曲线；

(*c*)—2 号剖面水平变形、倾斜变化曲线；(*d*)—2 号剖面位移、曲率变化曲线

4.4.4.2　监测结果

(1) 从图 4-9 可以看出，以现有最北侧地表裂隙为界，裂隙以北(裂缝下盘)各测点水平位移在观测期间其值很小并且没有增加，而裂缝以南(裂缝上盘即采空区一侧)各测点的水平位移逐月增加，并且越靠近采空区水平位移值越大。最大位移值发生在图 2-9 中 2 号剖面的第一个监测点达到了 89.20 mm。这说明裂隙下盘的岩层在观测期间几乎没有变形，而裂缝上盘(靠采空区侧)岩层在进一步向采空区产生移动变形，而且从愈靠近采空区变形愈大这一点来看，该区的水平变形是由采空区塌陷引起的牵引变形。

(2) 从图 4-10 可以看出，各剖面线上，现有裂缝下盘沉降不大，10 mm 以下，基本无规律可循；而现有裂缝上盘(采空区一侧)沉降较大，最大值同样发生在(2-1)点达到 57.4 mm。愈靠近采空区沉降愈大，这表明该区沉降变形也是由采空区塌陷引起的牵引变形。

(3) 从各测点的变形方向角 θ(该点的垂直变形与水平变形之比)来看，以现有裂缝为界，在裂缝下盘的各测点变形角或很小在十几度以内，或很大。达到 70.0°左右，没有什么规律，而裂缝上盘(采空区一侧)各测点的变形角 θ 大多在 40.0°～50.0°之间。这表明变形区岩层以向下 40°～50°方向向采空区移动，这个方向接近从现有采矿水平至边界裂缝连线的角度，即错动角。

对东区的塌陷、开裂和移动进行的地表和岩层内部的监测，研究结果如下：

(1) 1970～1980 年采矿从东向西推进到 20 线，并逐步向深部开采。以 20 号剖面线为例，1969～1971 年完成了 −16 m、−30 m、−38 m 和 −51 m 的直立陡矿带的开采。开采深度加深到 −150 m 水平，矿体倾角变缓，约为 60.0°～70.0°。在这一时期，地表塌陷界线急剧向西推移，也向南、北方向扩大，特别是在东主井区向北扩展有所突出。

(2) 1980～1997 年采矿已向西推进到 0 号线及其东、西两侧 7 和 8 线之间，开采深度由

－150 m 延深到－260 m 水平。－150 m 以下矿体倾角为 40.0°～50.0°，地表塌陷和开裂界线更急剧向西和向南、北扩展。

(3) 以 0 号线剖面(图 4-12)为例可以清楚看出，地表塌陷、开裂范围向深部和向南、北扩展过程同采矿深度、矿体厚度、倾角变化有着密切的关系。

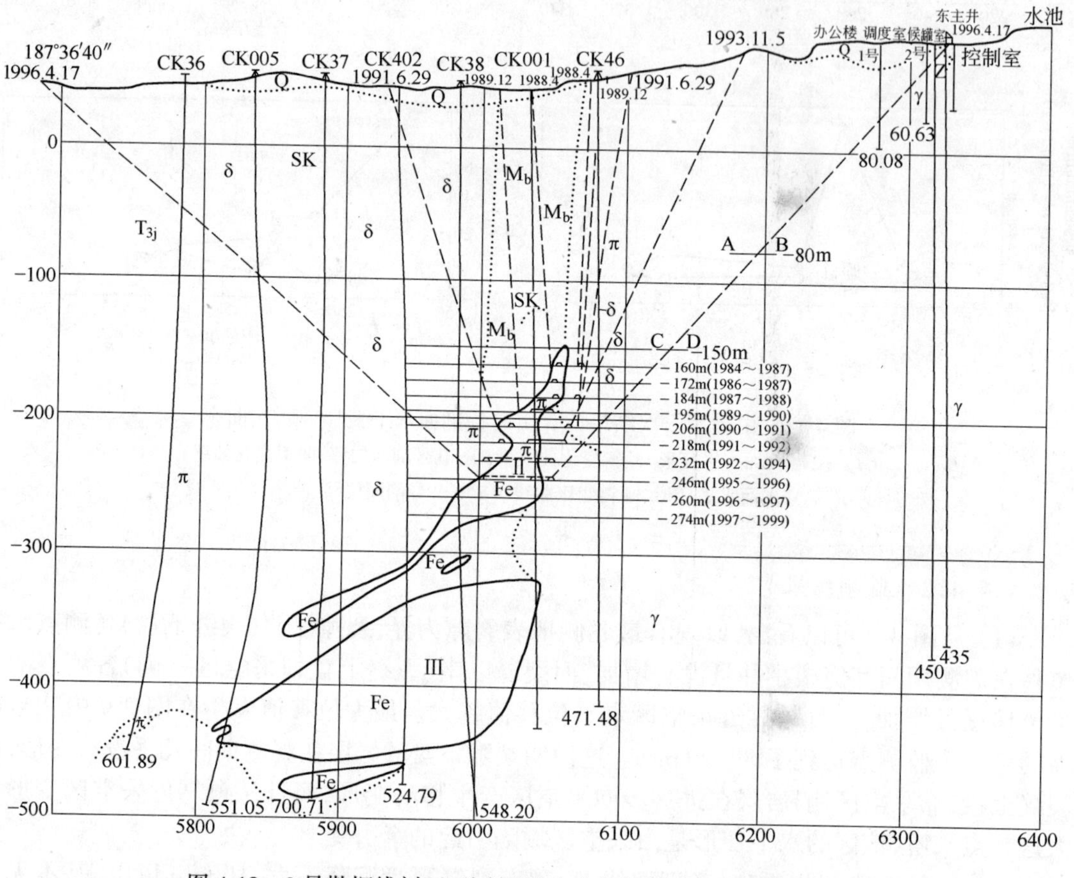

图 4-12　0 号勘探线剖面不同年限采矿引起的地表塌陷发展过程

从 1984 年起向下开采，到 1987 年开采到－172 m，地表塌陷与开裂主要集中在矿体顶部直立状大理岩带，这同矿体薄和倾角很陡的采空区空间条件相符；当 1987～1991 年，开采到－206 m 水平时，地表塌陷和开裂范围急剧向南扩展，向北也有所扩大，这同矿体变厚和倾角变缓有关。

1991～1997 年开采深度达－260 m 时，地表开裂范围更急剧向南和向北扩展，北部下盘开裂已波及到东主井区不少永久性建筑物地基范围，这同矿体进一步变厚和矿体倾角有所变缓有密切关系。图 4-13 显示了东区不同时期地表塌陷界限。

4.4.5　东主井地表变形破坏机理

通过对东主井附近地表的变形和开裂破坏的调查，认识到这一切都与采矿活动密切相关的。如果地表的变形和开裂破坏直接由井下采矿引起，则确定的 51.8°即为实际错动角。但如果采矿活动只是起到间接的诱导作用，则表现出来的 51.8°并非真正的错动角。所以，

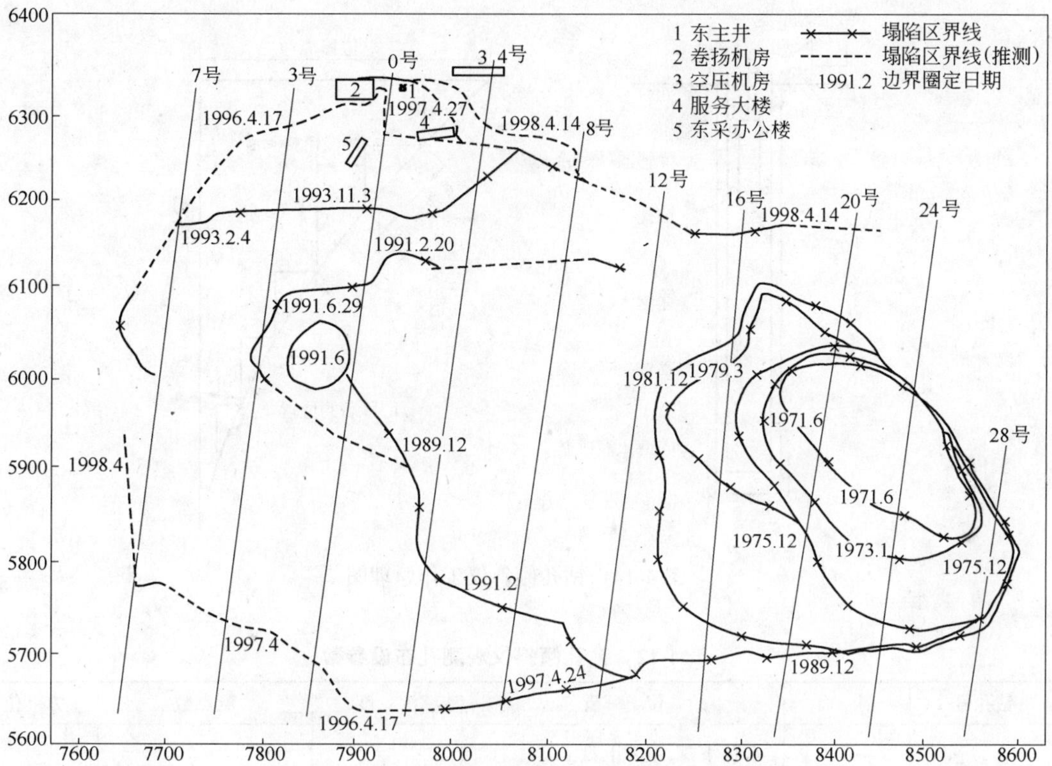

图 4-13 东区采矿不同时期地表塌陷界线和范围

要确定采矿活动是直接的影响因素，还是间接的诱导因素，就必须对东主井附近地表变形破坏的机理进行研究。

4.4.5.1 岩层深部变形观测

通过深部岩层移动观测可以确定地下岩层中是否存在断裂面，从而验证错动角的真实性。观测采用钻孔倾斜仪法，该设备可以从两个正交方向上描述全测孔深的位移全貌，从而准确确定错动的具体位置及位移的大小和方向。通过在现有裂缝内外侧布置适量钻孔就可确定岩层错动面位置及展布情况。

钻孔测斜仪由探头、电缆及测读仪三部分组成，配有专用测斜管。本次研究使用美国 Sinco 公司的 50325-M 型钻孔倾斜仪。

钻孔测斜仪的工作原理见图 4-14，测头由导轮导持，用电缆垂向悬吊在测斜管内，由管内导槽控制测头的上、下滑动方向，测斜管则预埋在岩体内。当岩体发生位移时，测斜管也随之变形、并发生倾斜变化。将探头在测斜管内自下而上以一定间距逐段滑动量测，可获得每测段的倾斜角及水平位移增量，通过计算可得到任意深度的水平位移。

A 钻孔倾斜仪观测孔布置

为便于地表与深度观测结果的统一分析，将钻孔倾斜仪观测孔布设在靠近东主井的 0 号地表观测线上。3 号孔布置在最新地表裂缝以北向 15 m 处，2 号孔布置在距最近地表裂缝以南约 25 m 处，1 号孔布置在最新地表裂缝以南约 60 m 处，三个孔的布置及其参数见图 4-8 和表 4-12。

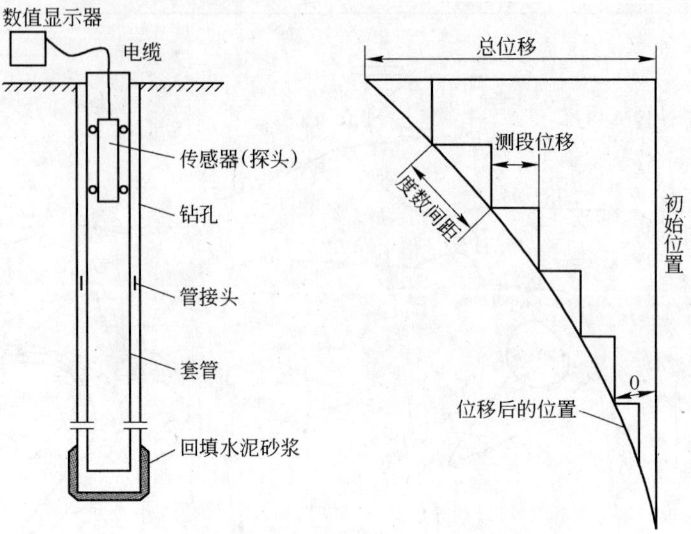

图 4-14 钻孔倾斜仪工作原理图

表 4-12 钻孔倾斜仪观测孔布设参数

钻孔号	剖 面	位 置	深 度	测点数	方 位
1号孔	0号	矿体下盘,裂隙上盘 $x=3356277.920$ $y=87940.661$ $z=85.343$	80 m	0.6 m一个测点	N66°E
2号孔	0号	矿体下盘,裂隙上盘 $x=3356312.459$ $y=87934.194$ $z=85.884$	60 m	0.6 m一个测点	N53°E
3号孔	0号	矿体下盘,裂隙上盘 $x=3356349.489$ $y=87953.647$ $z=87.0383$	50 m	0.6 m一个测点	N53°E

B 观测结果及分析

图 4-15 是钻孔变形观测结果。

1号孔:1997.9～1998.4 共进行 6 次观测,孔口最大位移 12.5 mm。从孔底至孔口变形逐渐增加,只是在 39 m 深处产生一个后退的小台阶,其产生的原因是该处岩石风化较严重,伴有塌孔发生,埋设测斜管时,采用水泥砂浆护壁而形成了变截面,上部刚度变大所致,未发现断裂面。

2号孔:1997.7～1998.4 共 8 次,孔口最大水平变形 8 mm,从孔底至孔口变形逐渐增加,也未发现断裂面。

3号孔:1997.10～1998.4 共进行 6 次观测。该孔变形前后没有确定方向,总变形量只有 2.5 mm,同样未发现断裂面。

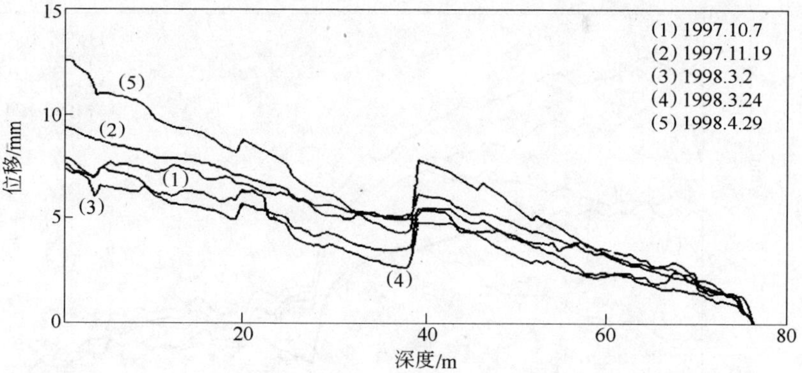
(1) 1997.10.7
(2) 1997.11.19
(3) 1998.3.2
(4) 1998.3.24
(5) 1998.4.29
位移/mm
深度/m
15
10
5
0
20
40
60
80
(*a*)

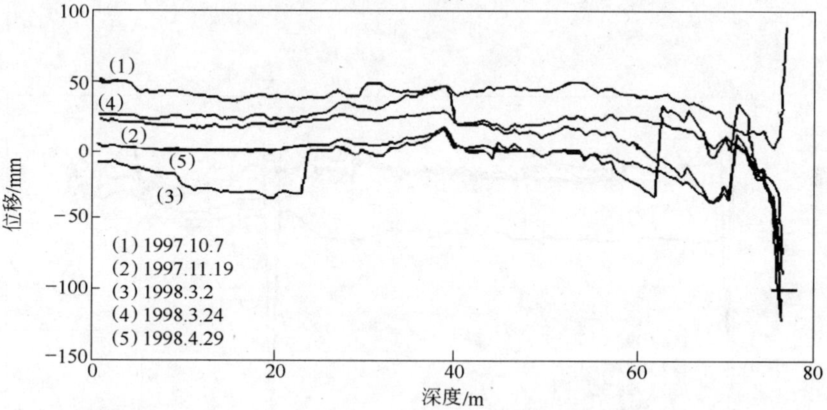
(1) 1997.10.7
(2) 1997.11.19
(3) 1998.3.2
(4) 1998.3.24
(5) 1998.4.29
位移/mm
深度/m
100
50
0
−50
−100
−150
20
40
60
80
(*b*)

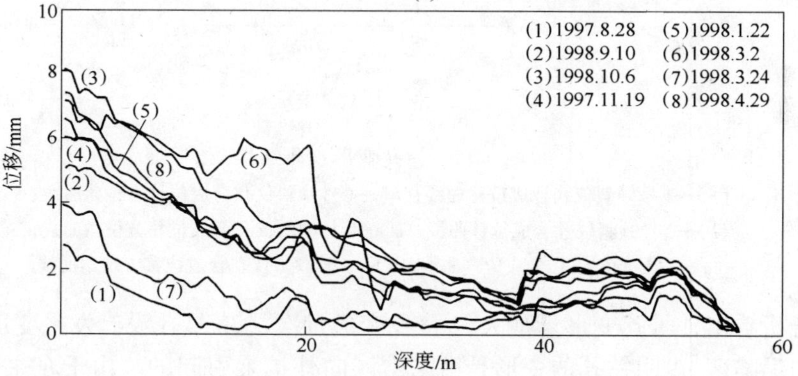
(1)1997.8.28
(2)1998.9.10
(3)1998.10.6
(4)1997.11.19
(5)1998.1.22
(6)1998.3.2
(7)1998.3.24
(8)1998.4.29
位移/mm
深度/m
10
8
6
4
2
0
20
40
60
(*c*)

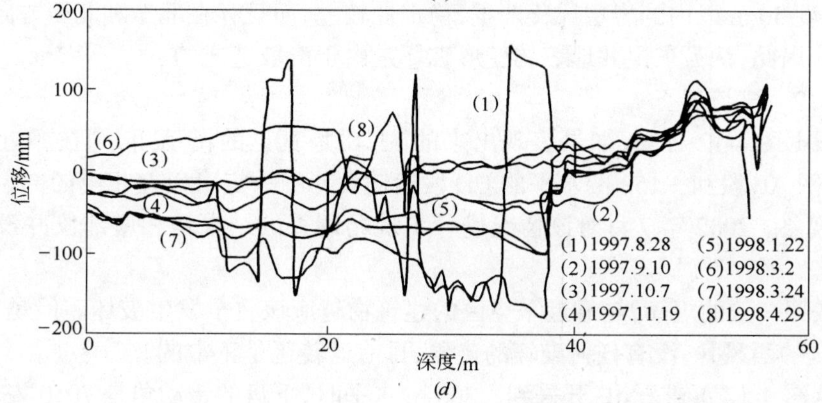
(1)1997.8.28
(2)1997.9.10
(3)1997.10.7
(4)1997.11.19
(5)1998.1.22
(6)1998.3.2
(7)1998.3.24
(8)1998.4.29
位移/mm
深度/m
200
100
0
−100
−200
20
40
60
(*d*)

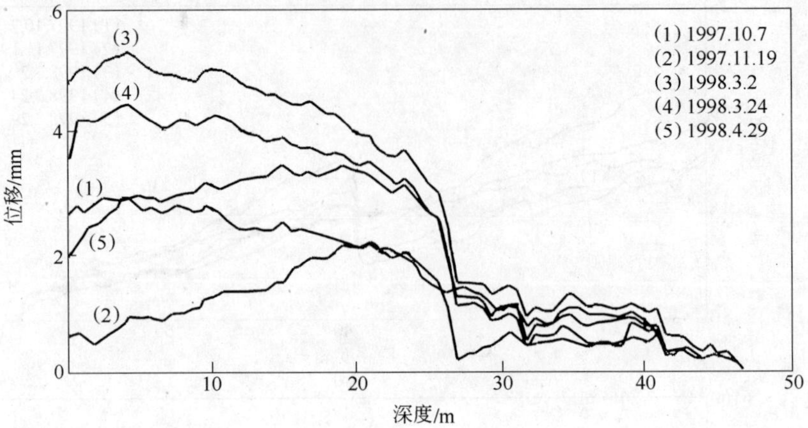

(e)

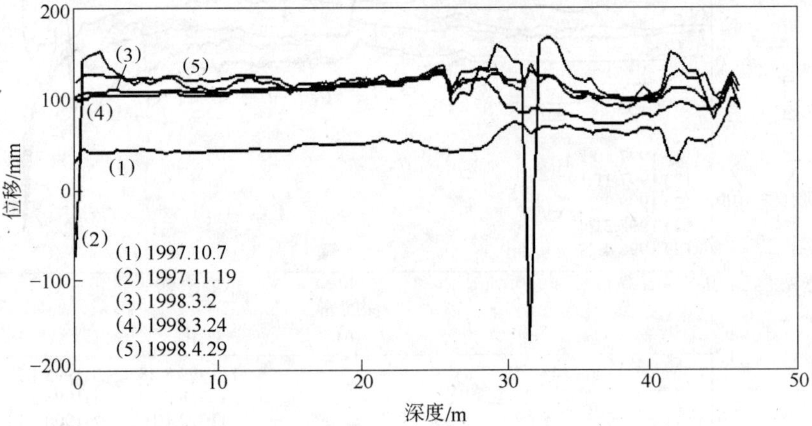

(f)

图 4-15　钻孔变形观测结果

(a)—1 号倾斜仪孔合成位移曲线；(b)—1 号倾斜仪孔合成位移方位角曲线；
(c)—2 号倾斜仪孔合成位移曲线；(d)—2 号倾斜仪孔合成位移方位角曲线；
(e)—3 号倾斜仪孔合成位移曲线；(f)—3 号倾斜仪孔合成位移方位角曲线

以上分析看出，1 号孔变形量最大，2 号孔变形量次之，3 号孔没有发生变形，位移的矢量方向均指向塌陷区，表明钻孔的变形是由采空区向外扩展引起的。由于东主井厂区表层为回填土，深度 50 m 以内的岩层风化严重，稳定性较差，而且存在北东和北西方向两组陡倾角的结构面。因此，认为东主井地表的变形破坏是由于滑坡造成的。

4.4.5.2　现场调查

(1) 根据图 4-12 可知，如果表现出来的 51.8°是真正的错动角，则在靠近东主井附近 −80 m 水平 AB 段和 −150 m 水平的 CD 段运输大巷中一定可以在相应的部位找到十分明显的破坏现象。2002 年 7 月对该情况进行了现场调查的结果是相应部位并没有发现巷道破坏的迹象。

(2) 按照一般的规律，越靠近采空区的建筑物越应该更早发生破坏。但是，比东主井更靠近采空区的西风井，没有任何破坏的迹象，目前运转还是正常的。

(3) 从图 4-12 不难看出，开采到 −205 m 水平时，下盘的错动角是 70.0°左右，当只下降

3 个分段 41 m 之后，下盘错动角就突然降至 51.8°，这从地表错动的机理上是无法解释的。

(4) 大冶铁矿高陡露天边坡非工作帮采用陡帮开采技术，使该部分边坡的最终角度达到 45.0°以上，仍可保证其服务到开采完毕，从另一面说明 51.8°错动角是错误的。

(5) 几乎同时选矿车间也发生了办公楼、12 m 大井浓缩池、12 号转运站及食堂等建筑物变形破坏现象，而选矿车间远离采空区，不可能是由采矿引起的。经武汉中汉岩土工程技术公司对选矿车间进行勘察和地质资料的整理分析，得出选矿车间存在两个独立的滑坡体，西滑体和东滑体，后采用挖孔抗滑桩进行加固，目前保持稳定。

(6) 东主井附近地形和地层完全具备滑坡体的基本条件，主要体现在下列方面：

1) 东主井原始地形为一冲沟，自建矿以来，逐渐夷为平地，其上分布有厚度从数米至数十米不等的坡积土黄土，覆盖于山坡残坡积层之上。

2) 东主井工业场地南侧为一高 59 m，角度 35.0°左右的边坡。

3) 边坡顶部建有包括办公楼、卷扬机房、调度室、候罐室、机修房和服务大楼等多种工业建筑，客观上增加了边坡顶部的载荷。

4) 由于塌陷区范围逐渐扩大，使该部位的边坡坡角不断受到错动带来的扰动，造成边坡稳定性下降。

5) 东主井地表没有一套完整的雨水排泄系统，由于平常年份的降雨量充沛，历年平均降雨量为 1402.1 mm，特别是 1998 年的特大暴雨，为滑坡的产生创造了条件。

通过以上的岩层深部变形观测和现场的调查分析，可以得出如下的结论：造成东主井附近工业场地的变形开裂破坏的直接原因是滑坡体的产生，该滑坡体的产生是多种因素共同作用的结果，而地下开采只是诱发滑坡产生的主要因素之一。为了从理论上验证该结论的正确性，进行了数值模拟计算研究。

4.4.5.3　东主井地表变形破坏机理

A　建模

研究所涉及的岩土体以花岗斑岩和第四系黄土为主，均属弹塑性材料，计算判据采用莫尔－库仑(Mohr-Coulomb)屈服准则。建立的计算模型及相应的岩性分布如图 4-16 和图 4-17 所示。模型总宽度 550 m，总高度 450 m。共划分网格为 100×80 个，在模型的关键部位进行加密处理，岩土体力学参数见表 4-13。模型上部施加岩土体自重，边界条件采用位移边界条件，两个侧面限制水平移动，底面限制垂直移动。

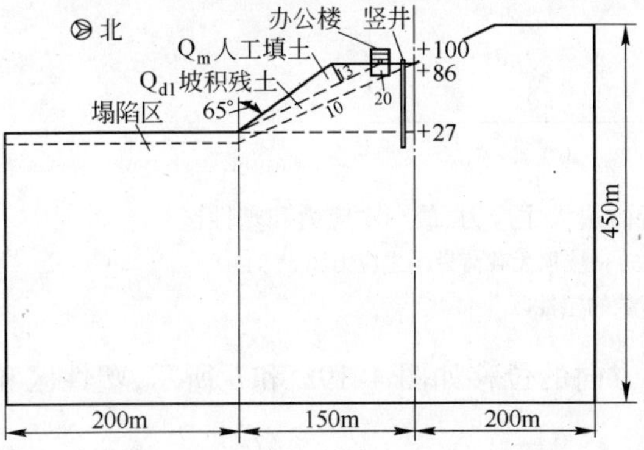

图 4-16　计算模型

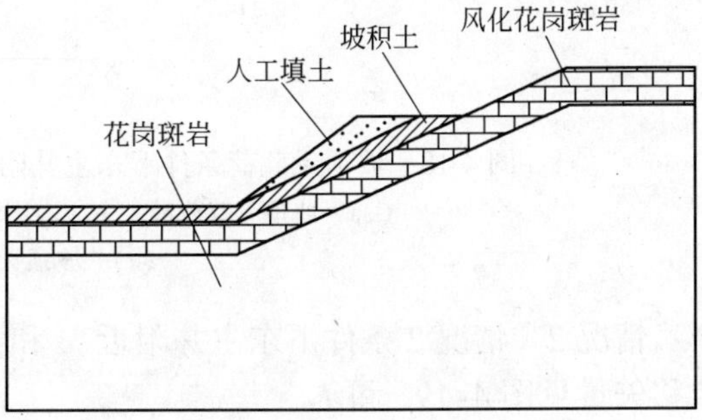

图 4-17　岩土体分布图

表 4-13 计算采用的岩土体力学参数

属性 / 岩性	容重 /(kN/m³)	弹性模量 /GPa	泊松比	内聚力 /MPa	内摩擦角 /(°)	抗拉强度 /MPa
花岗斑岩	26.0	72.2	0.20	3.68	32.2	2.3
风化花岗斑岩	25.5	32.9	0.21	1.3	28.1	0.75
坡积土	19.0	1.81	0.24	0.036	24.5	0.015
回填碎石土	18.5	1.52	0.26	0.032	25.3	0.01
磁铁矿	41.2	29.5	0.28	3.1	24.7	2.67
闪长岩	26.3	23.5	0.21	3.9	25.9	2.70
花岗岩	27.8	30.3	0.22	3.45	27.3	2.77
矽卡岩	30.2	25.25	0.22	2.5	26.5	2.0

模拟计算考虑三种情况:(1)坡顶无荷载,坡角未受采动影响;(2)坡顶有建筑物荷载,但坡角未受采动影响;(3)坡顶有建筑物荷载,同时坡角受到采动影响。

B 模拟计算结果

情况 1 情况 1 条件下东主井附近的最大主应力、最小主应力和塑性区见图 4-18。从图中可以看出最大主应力为 10 MPa 垂直方向的压应力,位于模型的右下部。最小主应力为 9 MPa 水平方向的压应力,位于模型的右下部。塑性区主要集中在边坡表面 2~3 m 的范围内,但并未发生剪切和拉伸破坏。

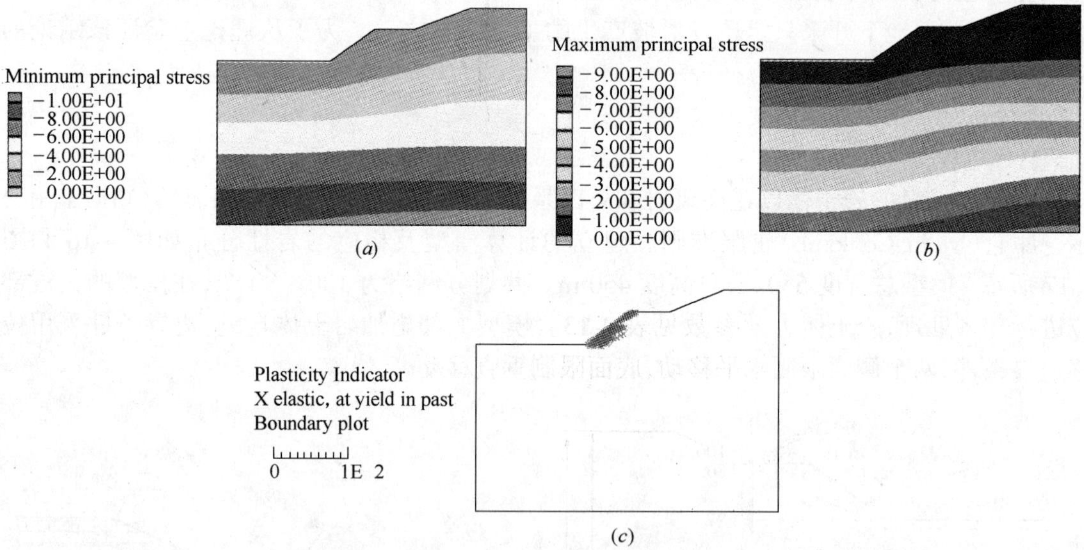

图 4-18 坡顶无载荷条件下东主井附近的最大主应力、最小主应力和塑性区

(*a*)—坡顶无载荷最大主应力图;(*b*)—坡顶无载荷最小主应力图;

(*c*)—坡顶无荷载的塑性区

情况 2 情况 2 条件下东主井附近 x 和 y 方向的位移如图 4-19a 和 b 所示,塑性区和位移矢量见图 4-19c 和 d。

从图中可以看出房屋加载后,最大主应力和最小主应力的大小、方向和位置均未发生明显的变化。在房屋载荷的作用下,在人工填土和坡积土范围内的土体发生 1.5～2.0 mm 水平位移,在房屋的正下方产生 7.0～8.0 mm 垂直位移,且在坡积土与风化花岗斑岩体间产生较为明显的不连续变形。最大的位移矢量为 8.9 mm,位于房屋的正下方。塑性区的范围有所增加,并在坡积土与风化花岗斑岩体间产生局部的剪切和拉伸破坏变形。此时,整个边坡仍处于稳定状态,但安全系数不高。

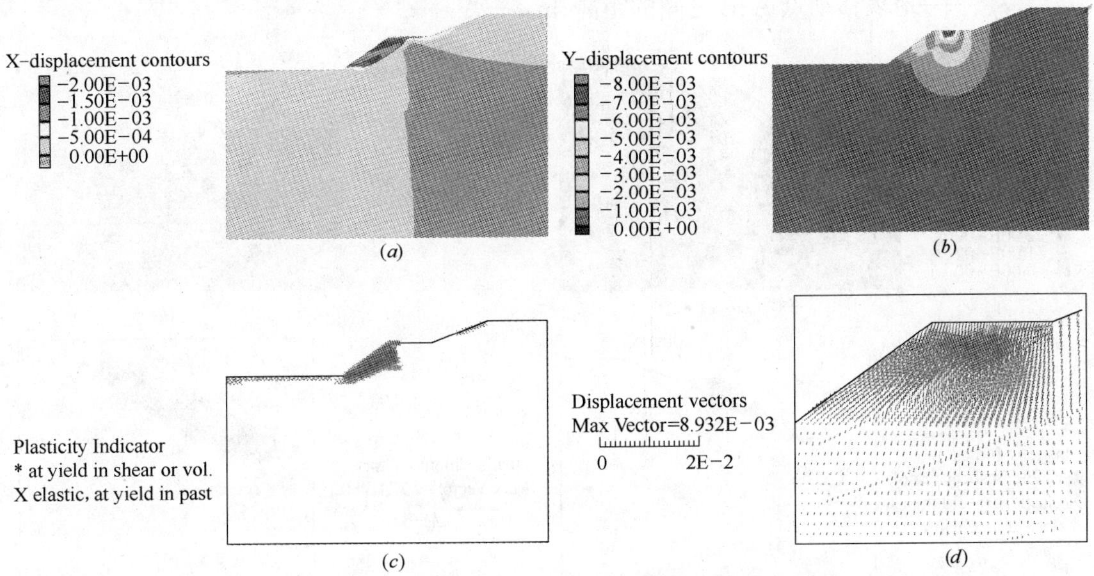

图 4-19　加上房屋后东主井附近 x 和 y 方向的位移、塑性区和矢量位移图

(a)—加上房屋后 x 方向的位移图;(b)—加上房屋后 y 方向的位移图;

(c)—加上房屋后的塑性区;(d)—加上房屋后的矢量位移图

情况 3　根据现场的调查，由于地下开采的影响在坡角以南（上盘方向）产生规模不等、深度不同的塌陷坑。为了研究采动对边坡的影响，模拟计算中采取削切坡角，加大边坡角的方法处理。具体作法是将边坡坡角左侧的模型网格挖掉 10 m 之后再进行模拟计算。东主井附近 x 和 y 方向的位移如图 4-20a 和 b 所示，塑性区和位移矢量见图 4-20c 和 d。

情况 3 条件下,最大主应力和最小主应力的大小、方向和位置也未发生明显的变化。受房屋载荷和采动的双重作用,在人工填土和坡积土范围内的土体从坡顶到坡角发生 6.0～8.0 mm 连续水平位移,在坡顶附近产生 40～60 mm 垂直位移,且在坡积土与风化花岗斑岩体间产生较为明显的不连续变形。最大的位移矢量为 97 mm,位于房屋的正下方和坡角附近。塑性区的范围进一步增加,在坡积土与风化花岗斑岩体间产生大面积的剪切和拉伸破坏变形区。此时,整个边坡处于失稳状态,地表产生的不连续拉伸破坏是必然的。

C　移动界限确定的原则

按照移动角来确定岩层的移动范围,根据有关设计规范,具体的确定指标如下:

(1) 地表倾斜(i)为地表下沉盆地沿某一方向的坡度值,其平均值以两点间的下沉差 ΔW 除以两点间的水平距离 l_{AB}^{0},即:

$$i_{AB}=\frac{W_B-W_A}{l_{AB}^0}=\frac{\Delta W}{l_{AB}^0}$$

式中　i_{AB}——地表倾斜，mm/m；

W_A——地表移动 A 点全向量的垂直分量；

W_B——地表移动 B 点全向量的垂直分量；

l_{AB}^0——地表移动点 A、B 之间的距离，m。

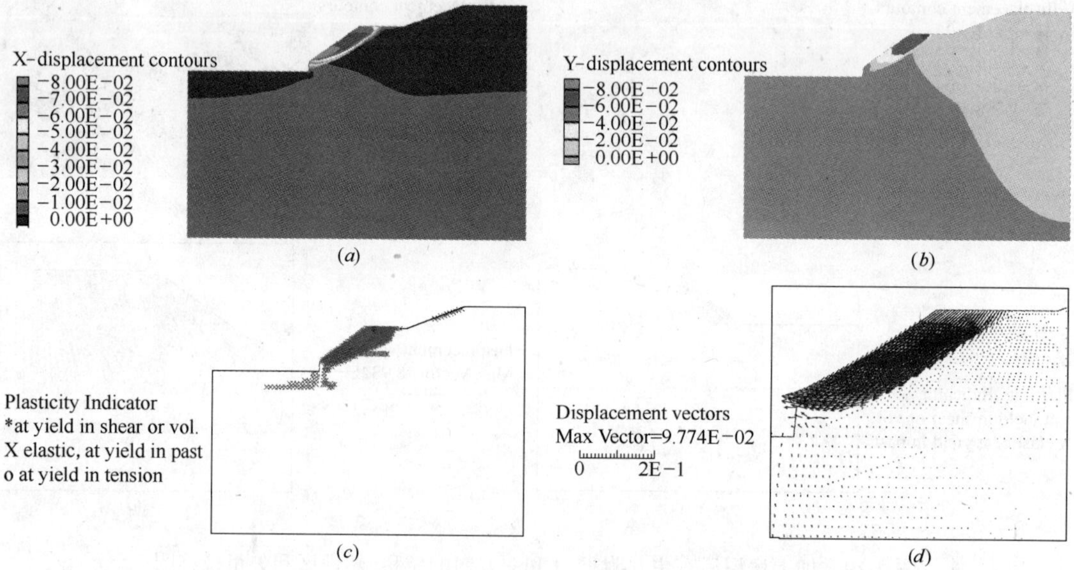

图 4-20　开挖后 x 和 y 方向位移、塑性区和位移矢量图

(a)—开挖后 x 方向的位移图；(b)—开挖后 y 方向的位移图；

(c)—开挖后的塑性区图；(d)—开挖后位移矢量图

(2) 地表曲率 K 为下沉盆地剖面线的弯曲度，其平均值以相邻两线段倾斜差 Δi 除以两线段地表水平长度的平均值，即：

$$K_B=\frac{i_{BC}-i_{AB}}{0.5(BC+AB)}=\frac{\Delta i}{0.5(l_2^0+l_1^0)}\times 10^{-3}$$

规定：上凸为正，下凹为负，单位为 1/m。

(3) 地表水平变形(ε)为移动盆地内，一线段两端点的水平移动差与此线段长度之比，其平均值为：

$$\varepsilon=\frac{u_E-u_F}{EF}=\frac{\Delta u}{l_3^0}\quad(\text{mm/m})$$

式中　u_E——地表移动 E 点全向量的水平分量。

在 3 个指标中，对于矿体上下盘来说，i,K,ε 三者任一指标在一点达到其临界值，则该点为地表破坏点。其与开采矿体水平的最外侧连线（该连线以不穿过采空区为原则）的夹角，则为移动角。根据《采矿设计手册（矿床开采卷下）》对建筑物保护等级及允许变形值的规定，见表 4-14。考虑到本次研究的对象是位于程潮铁矿矿体开采下盘的重要工业设施，主要包括西区风井、箕斗井、新副井、西出风井、措施井和西风井自身，以及其工业场地内的其他建筑物,例如:采矿车间办公楼、大修车间、地运铁路和皮带通廊等。并结合煤矿的安全规程,确定本次研究以地表倾斜(i)=3 mm/m,地表曲率(K)=0.2×10^{-3} 1/m,地表水平变形(ε)=2 mm/m 作为地表变形破坏的判据。

表 4-14 建筑物保护等级及允许变形值表

保护等级	建筑物重要程度	建筑物	地表最大允许变形				建筑物安全程度
			倾斜 i /(mm/m)	最小曲率半径 R/km	水平变形 ε/(mm/m)	($\varepsilon+\Delta\varepsilon$)/(mm/m)	
Ⅰ	对采动很敏感,只允许微小变形	发电厂、炼油厂、井架	2.5	20	1.5	2.0	可靠地表,不会出现损害
Ⅱ	对采动较敏感,允许一定的变形,但变形后不难修复	一般工厂、学校楼房、铁路、车站	5.0	12	3.0	4.0	安全地表,不需对建筑物进行保护
Ⅲ	对采动不敏感,能承受较大变形,加强修复即可使用	一般房屋、铁路支线等	10.0	6.0	6.0	8.0	基本安全地表,需对建筑物进行保护
Ⅳ	价值不高的并能承受较大采动影响	石房、木房	15.0	4.0	9.0	12.0	不安全地表

D 计算结果分析

为了定量分析调度室、办公楼、卷扬机房等砖石结构的建筑物的破坏程度,计算过程中主要跟踪记录了 4 个点的水平和垂直位移的变化值,具体结果见表 4-15。

表 4-15 模拟计算位移变化结果

编号	位置	位移方向	情况 1	情况 2	情况 3
his11	井壁左侧	x 方向	0	−1.1 mm	−0.2 mm
his21	井壁右侧	x 方向	0	−1.0 mm	−0.2 mm
his12	井壁左侧	y 方向	0	−2.2 mm	−1.2 mm
his22	井壁右侧	y 方向	0	−2.5 mm	−1.1 mm
his31	房屋左脚点	x 方向	0	−0.5 mm	−65 mm
his41	房屋右脚点	x 方向	0	−1.8 mm	−1.2 mm
his32	房屋左脚点	y 方向	0	−7.5 mm	−74 mm
his42	房屋右脚点	y 方向	0	−5 mm	−3.8 mm

用以上规定对计算结构分析如下:

(1) 在加上房屋荷载,且无其他影响因素情况下,计算结果分析如下:

$$i_1=\frac{(7.5-5)\ \text{mm}}{20\ \text{m}}=0.125\ \text{mm/m};\qquad \varepsilon_1=\frac{(1.8-0.5)\ \text{mm}}{20\ \text{m}}=0.065\ \text{mm/m}$$

根据以上标准各项指标均未达到临界值,所以在房屋荷载单一作用下,建筑物无需维护可以正常使用。

(2) 在地下开采引起地表沉降后的各项值

$$i_2=\frac{(74-3.8)\text{mm}}{20\ \text{m}}=3.5\ \text{mm/m};\ \varepsilon_2=\frac{(65-1.2)\text{mm}}{20\ \text{m}}=3.2\ \text{mm/m}$$

以上两变形值均超过了砖结构房屋的变形允许限度，由于左右两点的不同沉降，导致房屋倾斜；同时由于两脚点的水平错动位移相差很大，房屋必然在墙体产生拉破坏。这与现场十分吻合。

4.5 程潮铁矿西区地表围岩崩落机理与移动规律预测

深部地下开采引起的地表沉陷受众多因素决定，例如，地质条件、矿床赋存条件与开采方法，开采顺序与推进速度，采场形状与大小等。

旨在借鉴国内外地表移动研究的理论与方法，在认清东区地表塌陷与错动机理的基础上，结合该矿具体的地质采矿条件，采用多种方法对西区的错动角进行全面和系统的研究，并采取最有效的地表移动控制措施，实现地表移动的最优控制，使地表移动引起的损害最小，矿产资源回收率最大，避免矿山遭受类似东区的严重威胁。

4.5.1 岩石力学性质实验和岩体绝对应力量测

4.5.1.1 *岩石物理力学实验*

(1) 主要进行试件密度和含水率的测定、纵波和横波波速的测定、劈裂试验、单轴和三轴试验以及蠕变试验。力学试验的岩石包括：铁矿石、硬石膏、花岗斑岩、花岗岩、矽卡岩、蚀变矽卡岩、大理岩、闪长玢岩、闪长岩和绿泥石化闪长岩十种，是影响西区地表移动的主要围岩，取自西区 −360 m 水平的生产勘探和地质勘探的岩芯，具有广泛的代表性。

(2) 试验完全依据岩石力学实验的相关规定进行，为消除比尺效应，对岩石单轴抗压强度结果进行了修正，其修正系数为 0.92。对岩石单轴抗压强度的试验结果进行离散程度计算，表明其离散程度除花岗斑岩外，其余均小于 20% 的最低要求，数据真实可靠。

(3) 程潮铁矿西区围岩的物理力学性质较好，主要表现为岩块的抗压强度、内摩擦角和内聚力等较高。抗压强度最大的是花岗岩，为 133.9 MPa，最小的是闪长岩，为 39.05 MPa。内聚力最高的是铁矿石，为 27.2 MPa，最低的是闪长岩，为 5.4 MPa。内摩擦角最大的是大理岩，为 53°，最小的是绿泥石化闪长岩，仅为 20°。通过劈裂试验得到的岩石抗拉强度为 5.23～17.1 MPa 不等，基本上是其抗压强度的 1/10 左右。

(4) 采用综合评判确定计算参数的方法，确定岩体力学参数与变形指标。求得西区岩体的力学参数和变形指标列入表 4-16 中。

表 4-16 西区岩体的力学参数和变形参数

岩 种	单轴抗压强度/MPa	单轴抗拉强度/MPa	黏聚力/MPa	内摩擦角/(°)	弹性模量/GPa	泊松比
铁矿石	49.85	5.55	8.32	33.6	14.96	0.31
硬石膏	23.98	2.26	3.68	36.4	7.08	0.26
花岗斑岩	27.40	2.74	4.33	35.4	5.01	0.32
花岗岩	39.77	3.81	6.15	36.2	9.44	0.27
矽卡岩	28.17	2.35	4.07	38.4	11.22	0.23
蚀变矽卡岩	17.61	2.55	3.35	29.3	5.01	0.27
大理岩	23.04	7.29	6.48	31.3	11.22	0.28
闪长岩	39.78	11.11	10.51	34.3	35.48	0.35
闪长玢岩	10.77	2.51	2.60	38.5	5.96	0.19
绿泥石化闪长岩	21.18	2.12	3.35	20.1	5.31	—

4.5.1.2 岩体绝对应力量测与分析

随着开挖深度增加，岩石工程稳定性及开挖引起的地质灾害受地层中残余构造应力的影响越来越显著。进行现场原岩的绝对应力量测，探求相对于各类工程规模与特点的具有等效影响的原岩地应力场已成为进一步实施精确工程控制的关键之一。工程界、科技界为此而不懈努力。但另一方面，现场原岩应力量测的巨大耗资带来经济问题及由实测资料反求原岩应力场的技术困难，已使我国由20世纪70年代引进、80年代兴旺的岩体绝对应力量测，到90年代反而消退。可见，现场岩体绝对应力量测及反求应力场已成为岩体应力量测发展的突破口。

矿山工程，尤其是金属矿山，由于构造应力体系复杂，延续时域悠久，彼此交错重叠成矿作用及其后效力场参与，岩类多样与分布各异，矿山工程体系复杂与多变，其工程所需原始的应力场要在大量现场岩体绝对应力量测结果的基础上，完全靠反分析来定量确定，不经济、也不现实。进行少量的控制性的现场绝对量测，采用定量与定性分析相结合方法来探求矿山原岩应力场，应该是最佳途径。主要包括下述方面：

(1) 矿区主控构造体系与主要残余构造应力判断；

(2) 矿体成因与分布形态研究，从而对成矿应力场及其后效作出判断，必要时进行若干相关分析；

(3) 矿区构造格局、构造序次分析，建立各对构造应力的生成及组合关系；

(4) 各单一主控构造影响下的应力升高区(或降低)、过渡区的分布，为研究体系组合奠定基础；

(5) 由变质、热液接触变质作用等导致岩性与结构变化，在变质矿床及其围岩中的应力分布异常，从而影响矿山工程；

(6) 由于构造面、层面、岩层界面相对于主方向的不同定向，所形成的刚度并联、串联与复合联合体系，改变了局部范围的地应力分布；

(7) 地貌、强风化带、岩溶分布所导致应力松弛等。对程潮铁矿西区，根据具体条件开展现场绝对应力量测，以定量与定性相结合的方法分析地应力及其分布特点。

A 应力解除与应力量测程序

矿山岩体既是工程介质又是地质介质。非均质、非连续、各项异性、具有初始地应力为最一般特性。应力解除法的理论是承认岩体内有初始应力，当在岩体内钻出一个小孔，则在小孔周围引起应力扰动与重新分布。然后用套孔钻取岩芯环，使岩芯环围岩应力释放，小孔因卸荷变形。测试卸荷前后小芯环内孔孔壁应力变化，按各项同性或各项异性岩环的孔壁应力应变分布的理论解，就可求得岩体中初始应力。具体操作程序为：

(1) 钻 ϕ130 mm，至预定深度；

(2) 磨平大孔孔底，钻 ϕ36.5 mm 超前小导孔，至预定深度；

(3) 用安装工具放入传感器在 ϕ36.5 mm 小孔中，固定传感器在预定位置；

(4) 用环氧聚酯粘结应变计于小孔壁，固化；

(5) 量测初始应变值；

(6) 解除小孔岩芯环；

(7) 量测应力解除中的相应应变值；

(8) 根据岩芯性质，用标定器量测相应弹性参数，按各项同性或各项异性，解算点应力值。

原岩应力量测采用空心包体式孔壁应变花测量，用套孔钻取岩芯实现应力解除来测定原岩应力。由空心圆筒、活塞、温度补偿应变片、密封接线插座等部件组成。空心圆筒表面粘贴 3 组应变花，每组应变花由 4 个应变片组成。

B 测点布设方案

程潮西区原岩应力量测点布设遵循下列原则：

(1) 控制待采区域深度变化影响。原拟在 −290 m，−360 m，−430 m 等三个中段布设测点，但鉴于程潮西区 −290 m 中段矿山已不具备进行现场岩体应力解除工程条件，考虑到程潮东区已于 1989 年在 −290 m 中段进行过现场岩体应力量测，其数据可作参考，故最后定位只在 −360 m 及 −430 m 两中段部点实测。

(2) 不与矿山工程、基建相干扰。据此，只在上、下盘大巷与联络巷定点实测。

(3) 反映主构造体系影响。淮阳山字型构造体系的程潮北断层、程潮南断层及华夏构造体系的塔桥庙断层与坡面佬挤压断层，是程潮西区主干构造骨架，是区域构造应力场的衍生物。实测点布设应按采矿工程所需要最大限度反映其控制作用。

(4) 岩类分布与岩层空间展布对原岩应力分布影响尽可能有所反映。

(5) 满足矿山工程需要。不同矿山工程，有不同安全与稳定要求，其影响范围与区间也截然不同，应根据具体需要来确定原岩应力场。

据此，在 −430 m、−360 m 中段布设应力量测点 8 个，分别为 A_{31a}，A_{35b}，A_{35}，A_{39}，A_{41}，A_{43}及 B_{35}，B_{39}进行实地量测。

C 实测结果与分析

在 −430 m、−360 m 中段的 8 个测点，分别布设在相应花岗岩、矽卡岩及大理岩中。以大地坐标体系为坐标轴的各测点实测结果见表 4-17。

表 4-17 原岩应力实测结果

点 号	主应力/MPa	主方位角 α/(°)	倾角 δ/(°)	点 号	主应力/MPa	主方位角 α/(°)	倾角 δ/(°)
A_{31a}	$\sigma_1=15.8$	173.41	17.56	A_{31b}	$\sigma_1=19.7$	170.00	33.00
	$\sigma_2=11.6$	−24.24	−24.44		$\sigma_2=13.7$	−89.86	89.95
	$\sigma_3=6.6$	261.73	63.28		$\sigma_3=5.7$	249.05	58.00
A_{35}	$\sigma_1=16.5$	180.42	18.99	A_{39}	$\sigma_1=22.5$	180.69	8.10
	$\sigma_2=13.3$	57.43	57.70		$\sigma_2=11.2$	−89.03	1.92
	$\sigma_3=6.3$	99.69	−25.07		$\sigma_3=5.5$	194.22	81.67
A_{41}	$\sigma_1=22.0$	175.00	3.16	A_{43}	$\sigma_1=16.3$	180.25	−2.15
	$\sigma_2=13.4$	84.80	3.53		$\sigma_2=13.9$	74.44	−83.34
	$\sigma_3=8.0$	126.74	−81.25		$\sigma_3=4.0$	90.49	6.29
B_{35}	$\sigma_1=18.3$	181.42	3.98	B_{39}	$\sigma_1=21.7$	179.60	1.48
	$\sigma_2=11.8$	83.39	51.32		$\sigma_2=15.9$	79.76	5.60
	$\sigma_3=4.7$	208.26	−38.40		$\sigma_3=11.2$	15.20	85.40
$A_{总}$	$\sigma_1=17.2$	172.77	6.29	$B_{总}$	$\sigma_1=21.7$	179.60	5.60
	$\sigma_1=12.7$	−22.99	83.47		$\sigma_1=11.2$	15.20	85.40
	$\sigma_2=7.4$	262.57	−1.70		$\sigma_3=3.9$	273.80	2.63

由试验结果可得如下结论：

(1) 原岩应力中的次主应力 σ_2 非常接近于由自重引起的垂直应力分量 σ_z：

在 −430 中段，$\sigma_2 = 12.7$ MPa，$\sigma_z = 13.5$ MPa

在 −360 中段，$\sigma_2 = 11.2$ MPa，$\sigma_z = 11.61$ MPa

(2) 矿区岩体最大主应力 σ_1 的作用方向，在东、西两区间遵从一致的统计规律。其主方向 α_1 为 N85°～75°W，主要为新华夏构造运动作用于原淮阳山字型构造体系所致。主方向 α_1 又与水平面呈小角度相交，$\delta_{cp} = 5.6° \sim 6.3°$。主方向 α_1 与矿体走向基本一致。

最大主应力 σ_1 与接近于岩层自重的次主应力 $\sigma_2 = \sigma_H = \gamma H$ 的比值，在东西矿区的 −270 m，−360 m，−430 m 中段间，具随深度增加而减小的统计规律。

−270 m 中段，$\sigma_1 = (3.33 \sim 2.17)\gamma H$，均值为 $2.75\gamma H$。

−360 m 中段，$\sigma_1 = (2.16 \sim 1.58)\gamma H$，均值为 $1.94\gamma H$，较 −270 m 中段减少 $0.81\gamma H$。

−430 m 中段，$\sigma_1 = (1.17 \sim 1.63)\gamma H$，均值为 $1.27\gamma H$，较 −360 m 中段减少 $0.67\gamma H$。

(3) 最小主应力 σ_3，其作用方向 α_3 基本上垂直矿体走向，σ_3 与次主应力比值，在东西矿区不同深度测得结果表现为比值相近略有波动趋势。

−270 m 中段，$\sigma_3 = (0.33 \sim 0.59)\gamma H$，均值为 $0.46\gamma H$。

−360 m 中段，$\sigma_3 = (0.27 \sim 0.40)\gamma H$，均值为 $0.34\gamma H$，较上中段减少 $0.12\gamma H$。

−430 m 中段，$\sigma_3 = (0.30 \sim 0.59)\gamma H$，均值为 $0.44\gamma H$，较上中段增加 $0.10\gamma H$。

(4) 岩体初始应力实测值在花岗岩、矽卡岩、大理岩中存在近似比例关系。

$$\sigma_{花} : \sigma_{矽} = 1.43 \sim 1.25 \quad \sigma_{花} : \sigma_{大} = 1.41 \sim 1.22$$

东区岩体初始应力实测值，在花岗岩与矽卡岩则为：

$$\sigma_{花} : \sigma_{矽} = 1.53 \sim 1.15$$

(5) 鉴于每个采区开采影响范围都会同时包容矿体与上下盘岩体，故对采区地压来说原岩应力应为区域初始应力场。东西区之间有断层切割，西区矿体出露标高较东区骤降，并东西区之间岩体破碎，原岩应力呈低水平过渡状态。

4.5.2　西区地表移动规律神经网络智能预测

4.5.2.1　研究方法的选取

影响岩层错动和移动的因素错综复杂，在数值分析或模拟试验中很难准确考虑或根本无法考虑所有的因素。就目前的设计水平，在岩层错动角和崩落角的确定时，专家经验和工程类比将在一定程度上起作用。由于大量的工程设计和工程实例中隐含着难以定量描述的规律（或知识）。因此，借助于工程类比或专家经验进行设计知识的获取是可行的研究方法之一。其研究成果可以和数值分析、模型试验或现场监测结果进行对比分析，从而相互验证，互为利用。

近年来迅速发展的人工智能分支——神经网络系统能够从实例中学习，获取知识，并基于学习获得的知识首先应用于东区的预测，以便检验学习知识的可靠性，进行输入参数的调整和网络结构的优化，提高预测结果的可靠性。

神经网络的最大优点在于它的容错性和鲁棒性，也就是通过学习获得知识后，能够在输入信息不完备，甚至存在某些错误信息的情况下仍能够获得所期望的精度。这正是本研究课题把它作为研究手段重要原因之一。

目前，在研究和应用中被采用的神经网络模型至少有 30 多种，应用最广泛和最成功的是以多层感知器为基础的 BP(Back-Propagation Network,误差反向传播多层前馈神经)网络。它是前向网络中的核心部分,是目前发展最成熟的一种神经网络模型,体现了人工神经网络的精华。BP 网络主要用于:

(1) 函数逼近:用输入矢量和相应的输出矢量训练一个网络逼近一个函数;

(2) 模式识别:用一个特定的输出矢量将它与输入矢量联系起来;

(3) 分类:把输入矢量以所定义的合适方式进行分类;

(4) 数据压缩:减少输出矢量维数以便于传输或存储。

BP 算法的系统流程如图 4-21 所示。本系统包括样本学习、样本预测、样本再学习和帮助四大部分。为了采用神经网络模型对调查的地表移动矿山工程实例进行学习和训练,从中获取相应的知识,采用模糊数学方法,将定性进行量化,然后给出供神经网络学习的样本。

4.5.2.2 影响岩层移动输入因素的选取

根据已有的研究结果和国家规范标准,遵循重要性、独立性和易测性的原则,同时考虑实际工程经验,并综合已经调查地下开采引起地表移动原因与结果的实际情况,最后选取 10 个主要的作用因素作为因素论域集,各因素集又分为子因素集,即:

(1) 地表地形参数 TP。地表地形因素可分为三种情况:

平原:在此指地表地形高差不超过 20 m;

丘陵:指地表地形起伏相对高差 21～50 m;

山地:地形相对高差大于 51 m。

(2) 矿体上、下盘围岩稳固性 RMRUP(RU)、RMRDOWN(RD)。为了合理和定量评价矿体上下盘围岩的稳固性,在此采用岩体分类方法。目前,岩体分类方法很多,但考虑用于岩层移动的围岩分类和稳定性评价,建议采用既能获取到的分类信息,又能基本表征矿岩体稳定性的构造影响程度、结构面发育情况和组合状况的《锚杆喷射混凝土支护技术规范》(GBJ86—1985)的分类方法。如果具备条件,还可进行地质力学分类,获得评价岩体稳定的地质力学指标 RMR。如果没有数据进行围岩分类,可以参考围岩的普氏系数 f 和地质构造描述,对围岩稳定类比进行估计。上、下盘围岩类别:

Ⅰ类围岩:$RMR = 81 \sim 100$;Ⅱ类围岩:$RMR = 61 \sim 80$;

Ⅲ类围岩:$RMR = 41 \sim 60$;Ⅳ类围岩:$RMR = 21 \sim 40$;

Ⅴ类围岩:$RMR = 0 \sim 20$。

(3) 矿区地应力 λ。矿区地应力为三类:

低地应力区:侧压系数 $\lambda < 1.0$;

中等地应力区:$\lambda = 1.0 \sim 1.50$;

高地应力区:$\lambda > 1.50$。

(4) 矿体埋深 H。矿体埋藏深度可按深度划分为五类:

埋藏浅:矿体最浅埋藏深度 $H < 30$;

埋藏中等:$H = 30 \sim 100$ m;

埋藏较深:$H = 100 \sim 200$ m;

埋藏深:$H = 200 \sim 300$ m;

埋藏很深:$H > 300$ m。

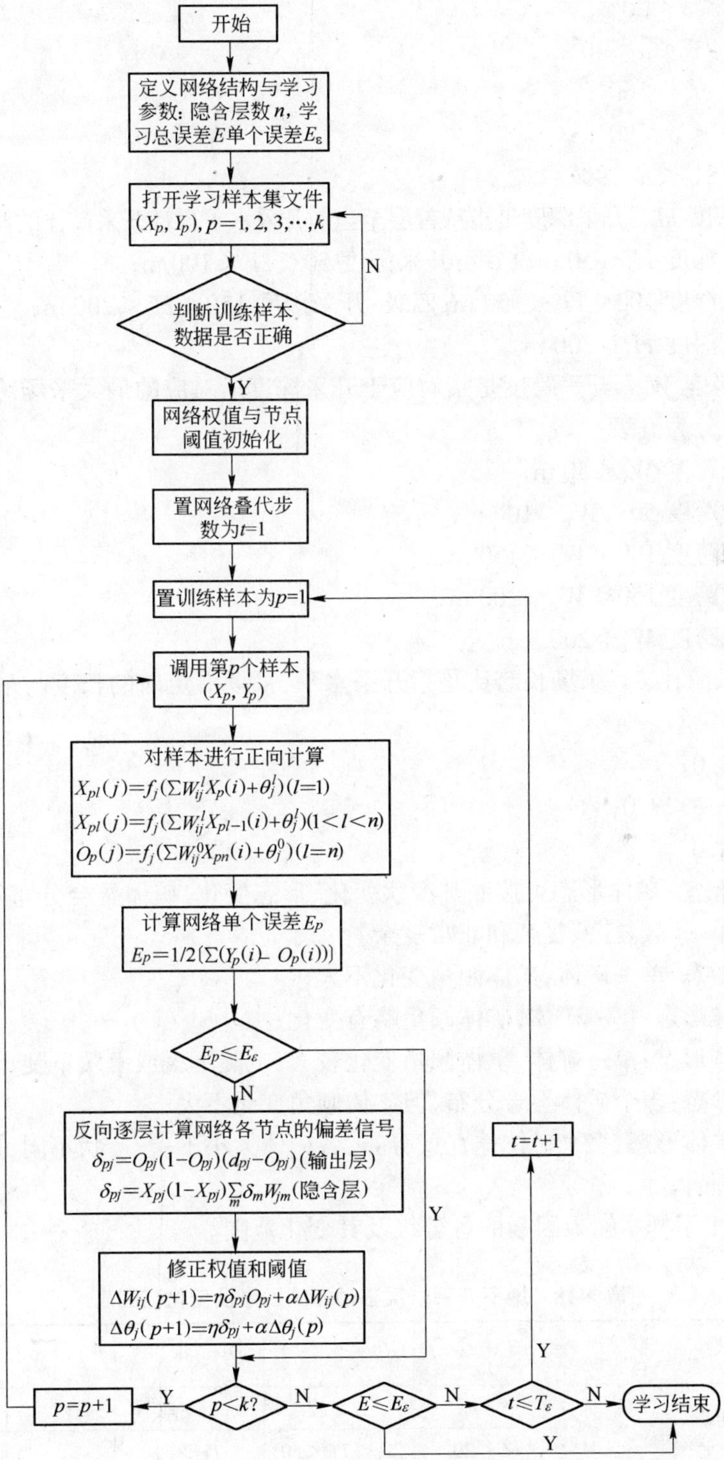
开始
定义网络结构与学习参数: 隐含层数n, 学习总误差E单个误差E_ε
打开学习样本集文件(X_p, Y_p), p=1, 2, 3,⋯,k
N
判断训练样本数据是否正确
Y
网络权值与节点阈值初始化
置网络叠代步数为t=1
置训练样本为p=1
调用第p个样本(X_p, Y_p)
对样本进行正向计算
$X_{pl}(j)=f_j(\sum W_{ij}^l X_p(i)+\theta_j^l)(l=1)$
$X_{pl}(j)=f_j(\sum W_{ij}^l X_{pl-1}(i)+\theta_j^l)(1<l<n)$
$O_p(j)=f_j(\sum W_{ij}^0 X_{pn}(i)+\theta_j^0)(l=n)$
计算网络单个误差E_p
$E_p=1/2[\sum(Y_p(i)-O_p(i))]$
$E_p \leqslant E_\varepsilon$
N
反向逐层计算网络各节点的偏差信号
$\delta_{pj}=O_{pj}(1-O_{pj})(d_{pj}-O_{pj})$(输出层)
$\delta_{pj}=X_{pj}(1-X_{pj})\sum_m \delta_m W_{jm}$(隐含层)
Y
修正权值和阈值
$\Delta W_{ij}(p+1)=\eta\delta_{pj}O_{pj}+\alpha\Delta W_{ij}(p)$
$\Delta\theta_j(p+1)=\eta\delta_{pj}+\alpha\Delta\theta_j(p)$
$t=t+1$
Y
$p=p+1$
Y
$p<k$?
N
$E \leqslant E_\varepsilon$
N
$t \leqslant T_\varepsilon$
N
学习结束
Y

图 4-21　程序流程图

(5) 矿体倾角 α。矿体倾角分为五类：

缓倾角：$0° < \alpha < 20°$

中等倾角：$21° < \alpha < 40°$；

陡倾角：$41° < \alpha < 60°$；

急倾角：$61° < \alpha < 80°$；

急陡倾角：$81° < \alpha < 90°$。

(6) 开采深度 H_c。开采深度是指从首层至当前开采水平累计开采矿体的厚度，分为五级：

一级：开采深度 $H_c < 50$ m；二级：开采深度 $50 < H_c < 100$ m；

三级：开采深度 $100 < H_c < 150$ m；四级：开采深度 $150 < H_c < 200$ m；

五级：开采深度 $H_c > 200$ m。

(7) 开采跨度 W_c。开采跨度是指对应于开采深度所对应的最大采场跨度，即矿体在开采水平的厚度，分为五级：

一级：开采跨度 $W_c < 50$ m；

二级：开采跨度 $50 < W_c < 100$ m；

三级：开采跨度 $100 < W_c < 150$ m；

四级：开采跨度 $150 < W_c < 200$ m；

五级：开采跨度 $W_c > 200$ m。

(8) 采场长跨比 ξ。采场长跨比是指开采水平，采场沿走向的长度与采场跨度之比，分为三个级别：

一级：$\xi < 4.0$；

二级：$4.0 < \xi < 8.0$；

三级：$\xi > 8.0$。

(9) 矿体形态。矿体形态可按照其产状变化、形态变化、矿体叠合分布等情况可分为五级：即单一、较单一、较复杂、复杂和非常复杂。

单一矿体形态：单一矿体，矿体倾角变化不大；

较单一矿体形态：单一矿体，矿体倾角略有变化；

较复杂矿体形态：单一矿体，矿体倾角变化较大，上陡下缓或上缓下陡；

复杂矿体形态：多个矿体叠合分布，但矿体倾角变化不大；

非常复杂矿体形态：多个矿体迭瓦式分布，各矿体大小不一，产状不同，矿体间夹杂不同规模和大小的围岩。

表 4-18 给出了样本输入因素的各分级及其变化范围。

表 4-18　地下开采岩层移动影响因素及变化范围表

因素 \ 级别	1	2	3	4	5
地表地形 (地形相对高差 TP)	平　原	丘　陵	山　地		
	$TP < 20$	$21 < TP < 50$	$TP > 51$		
上盘围岩分类指标 (围岩分类指标 RU)	非常稳定	稳　定	中等稳定	较不稳定	不稳定
	$81 < RU < 100$	$61 < RU < 80$	$41 < RU < 60$	$21 < RU < 40$	$RU < 20$

续表 4-18

因素 \ 级别	1	2	3	4	5
下盘围岩分类指标（围岩分类指标 RD）	非常稳定	稳　定	中等稳定	较不稳定	不稳定
	$81<RD<100$	$61<RD<80$	$41<RD<60$	$21<RD<40$	$RD<20$
矿区地应力（侧压系数 λ）	低地应力	中等地应力	高地应力		
	$\lambda<1.0$	$1.0<\lambda<1.50$	$\lambda>1.50$		
矿体埋深（首采深度 H）/m	浅	较 浅	较 深	深	很 深
	$H<30$	$30<H<100$	$100<H<200$	$200<H<300$	$H>300$
矿体倾角 α/(°)	缓倾角	中等倾角	陡倾角	急倾角	急陡倾角
	$0<\alpha<20$	$21<\alpha<40$	$41<\alpha<60$	$61<\alpha<80$	$81<\alpha<90$
开采深度（开采水平深度 H_c）/m	$0<H_c<50$	$51<H_c<100$	$101<H_c<150$	$151<H_c<200$	$H_c>200$
开采跨度 W_c/m	$0<W_c<50$	$51<W_c<100$	$101<W_c<150$	$151<W_c<200$	$W_c>200$
采场长跨比 $\xi=L_c/W_c$	$\xi<0.5$	$0.6<\xi<2.0$	$\xi>2.0$		
矿体形态	单　一	较单一	较复杂	复　杂	非常复杂

4.5.2.3 确定岩层移动范围的输出指标

在圈定矿山岩层移动范围时，通常按崩落角和移动角来圈定。崩落角是指地表裂缝区最边缘裂缝至井下采空区下部边界线的连线与水平面所成的夹角。由崩落角圈定的范围称为崩落区，在该区内不允许有永久性的建筑物或构筑物。移动角是指在地表用仪器测定出的位移边界线至采空区下部边界线的连线与水平面所成的夹角。由移动角圈定的范围称为变形区，处于该区内的建筑物可能因变形而破坏。对于金属矿山，由于岩石岩性坚而脆，所以移动角与崩落角的差别较小，相差 5°～10°。根据本次矿山岩层与岩层移动的调查结果，选取矿体上、下盘的移动角为岩层输出指标。上、下盘移动角范围为 40°～85°。

4.5.2.4 样本的选取及数据处理

A 输入因素与输出因素的量化处理

传递函数选用(0,1)的S型函数，即 $f(x)=\dfrac{1}{1+e^{-x}}$ 函数，输出层的函数为线性激活函数。由于输入层的输入值在(0,1)之间，其输出范围也在(0,1)之间。但是，在利用神经网络模型对岩土工程问题进行分析时，实际收集到的各种数据无法完全落在这一范围内，而且由于岩层移动是一个多种因素、多种机理相互影响和相互作用的复杂而又庞大的非线性系统，且它受工程地质条件、岩体结构特征、岩体力学性质以及采矿方法等环境因素的影响，有许多信息是无法用定量的形式来表述的，只能用定性的形式来说明。这就产生了收集到的数据与网络模型算法要求的数据不一致，致使学习样本无法输入到网络模型中去，达不到学习与预测的目的。

然而，神经网络提供的导入规则和导出规则就能很好地解决这一问题。所谓导入规则就是将学习样本的数据和符号表达式变换成机器能够接收的信息，而导出规则则是将机器所提供的代码翻译为本领域中所熟悉的数据类型和特征。因此，利用导入规则就可以把与复杂岩石工程有关的各种信息特征简化为(0,1)范围的值，而利用导出规则可以将(0,1)之间的值和复杂岩土工程的各种信息特征联系在一起,从而实现预测的目的。

由表 4-17 所列结果可以看出,除了矿体形态因素之外,表中的每一因素都是给出因素一定的变化范围。为了合理确定学习样本中的某一确定值,将其确定在(0,1)范围内,采用模糊数学中的隶属度加以量化处理。

建立隶属函数有多种形式,但是要构造比较合理的隶属函数则需要不断地试验和总结。

输入因素隶属度的确定　根据表 4-17,当对各单因素进行评价时,一般以中介值作为标准。若某一因素在某一类别内具有两个中介值时,在区间中值处可信度取得最大值,且中介值处的模糊度取得最大值。因此,$\mu(x_i)$应满足

$$\mu(x_{中值})=1 \tag{4-3}$$

$$\mu(x_{上限值})=\mu(x_{下限值})=0.5 \tag{4-4}$$

由此可见,$\mu(x_i)$函数形态正好符合正态分布,所以,可用正态分布函数来表示隶属函数,即

$$\mu(x)=\exp\left[-\frac{(x-k)^2}{t^2}\right] \tag{4-5}$$

式中,k,t 为待定参数,可由式 4-3 确定。

若某一因素在某一类别中具有一个中介值时,在中介处,模糊度值仍取得最大值,即有 $\mu(x_{上限值})=0.5$ 或 $\mu(x_{下限值})=0.5$,但若仅具有上限(或下限)时,其隶属度的最大值将发生在小于上限(或大于下限)值的 k 处,且在小于(或大于)k 值处的隶属度恒取为 1,故隶属函数可取为

对仅有上限

$$\mu(x)=\begin{cases}1 & x<k\\ \exp\left[\dfrac{-(x-k)^2}{t^2}\right] & x\geqslant k\end{cases} \tag{4-6}$$

对仅有下限

$$\mu(x)=\begin{cases}\exp\left[\dfrac{-(x-k)^2}{t^2}\right] & x\leqslant k\\ 1 & x>k\end{cases} \tag{4-7}$$

对于表 4-17 中的矿体形态因素,根据调查结果,对其进行定性的处理,即对于单一矿体其值为 0.3,较单一矿体其值为 0.5,复杂矿体其值为 0.7,较复杂矿体其值为 0.9,非常复杂矿体其值为 1.0。

通过上述分析,对于隶属函数的建立给予了一般性描述。根据表 4-17 和表 4-18 中各因素指标,逐一建立模糊关系。

由前述隶属函数 $\mu(x)$,可给出地形参数 TP、岩体稳定性分类参数 RMR 等模糊关系参数k,t,列于表 4-19～表 4-23 中。其中,对于表中的 k,t 值由式 4-5 给出,例如表 4-21 中第 3 行对于首采深度 H 的k,t 值,可由

$$\begin{cases}1=\exp\left[\dfrac{-(150-k)^2}{t^2}\right]\\ 0.5=\exp\left[\dfrac{-(100-k)^2}{t^2}\right]\end{cases}$$

解得 $k=150$，$t=60.056$。其余的 k，t 求法与上述方法相同，在此不再赘述。

输出因素隶属度的确定　采用升半梯形分布的函数，其公式如下：

$$\mu(x)=\begin{cases}0 & x\leqslant\alpha_1\\ \dfrac{x-\alpha_1}{\alpha_2-\alpha_1} & \alpha_1<x\leqslant\alpha_2\\ 1 & \alpha_2<x\end{cases}\tag{4-8}$$

此处，$\alpha_1=40$、$\alpha_2=85$，则式 4-8 为：

$$\mu(x)=\begin{cases}0 & x\leqslant 40\\ \dfrac{x-40}{85-40} & 40<x\leqslant 85\\ 1 & 85<x\end{cases}\tag{4-9}$$

表 4-19　地表地形、矿区地应力模糊关系参数 k、t 表

地表地形相对高差（TP）	k	t	矿区地应力（侧压力系数 λ）	k	t
$TP<20$	10	12.0112	$\lambda<1.0$	0.5	0.60056
$21<TP<50$	30.5	23.42184	$1.0<\lambda<1.50$	1.25	0.30028
$TP>51$	65.5	17.41624	$\lambda>1.50$	2.5	1.20112

表 4-20　上、下盘围岩分类指标模糊关系参数 k，t 表

上盘围岩分类指标（围岩分类指标 RU）	k	t	下盘围岩分类指标（围岩分类指标 RD）	k	t
$RU<20$	10	12.0112	$RD<20$	10	12.0112
$21<RU<40$	30.5	11.41064	$21<RD<40$	30.5	11.41064
$41<RU<60$	50.5	11.41064	$41<RD<60$	50.5	11.41064
$61<RU<80$	70.5	11.41064	$61<RD<80$	70.5	11.41064
$81<RU<100$	90.5	11.41064	$81<RD<100$	90.5	11.41064

表 4-21　矿体埋深、倾角模糊关系参数 k，t 表

矿体埋深（首采深度 H）/m	k	t	矿体倾角 α/(°)	k	t
$H<30$	15	18.0168	$0<\alpha<20$	10	12.0112
$30<H<100$	65	42.0392	$21<\alpha<40$	30.5	11.41064
$100<H<200$	150	60.056	$41<\alpha<60$	50.5	11.41064
$200<H<300$	250	60.056	$61<\alpha<80$	70.5	11.41064
$H>300$	375	90.084	$81<\alpha<90$	85.5	5.40504

表 4-22 开采深度、开采跨度模糊关系参数 k,t 表

开采深度(开采水平深度 H_c)/m	k	t	开采跨度 W_c/m	k	t
$0<H_c<50$	25	30.028	$0<W_c<50$	25	30.028
$51<H_c<100$	75	30.028	$51<W_c<100$	75	30.028
$101<H_c<150$	125	30.028	$101<W_c<150$	125	30.028
$151<H_c<200$	175	30.028	$151<W_c<200$	175	30.028
$H_c>200$	300	120.112	$W_c>200$	300	120.112

表 4-23 采场长跨比模糊关系参数 k,t 表

采场长跨比 $\xi=L_c/W_c$	k	t
$\xi<0.5$	2	2.40224
$0.6<\xi<2.0$	6	2.40224
$\xi>2.0$	10	12.0112

B 神经网络的学习样本

根据调查结果表,选取 24 组样本,其中 20 组样本作为训练样本,其余 4 组作为预测样本。对相应样本的输入和输出因素按实际情况进行定量化。根据所在的级别进行数据的模糊处理。表 4-24 所示是其中的一个样本,对于矿体倾角,其值为 25°,属于 $21<\alpha<40$ 这个范围,相应的 k,t 值分别为 30.5 和 11.41064,则由式 4-5 得

$$\mu(x)=\exp\left[-\frac{(x-k)^2}{t^2}\right]$$

将 $x=25$ 和此时的 k,t 值分别带入则可以求出其隶属度 $\mu(x)$ 为 0.792684,而其他范围内的倾角值均按 0.1 进行处理。则该样本的矿体倾角输入因素为 0.1,0.792684,0.1,0.1,0.1。其他因素的处理与此相同,不再一一详细说明。有关学习样本见表 4-25、表 4-26 和表 4-27。

表 4-24 学习样本

影 响 因 素	描 述	数值或类别	相应 k 值	相应 t 值	隶属度
地表地形	平原丘陵过渡带,起伏不大	22	30.5	23.42184	0.876601
上盘围岩分类指标	稳固性差	15	10	12.0112	0.840896
下盘围岩分类指标	稳固性差	15	10	12.0112	0.840896
矿区地应力(侧压力系数)					
矿体埋深(首采深度)/m	70	70	65	42.0392	0.985954
矿体倾角/(°)	0~40,随矿体延深,倾角增大	25	30.5	11.41064	0.792684
开采深度/m	170	170	175	30.028	0.972655
开采跨度/m	360	360	300	120.112	0.779164
采场长跨比	平均 1.8 左右	1.8	2	2.40224	0.993092
矿体形态	较复杂	0.5			0.500000

表 4-25 1～10 号学习样本的基础数据表

样本号 \ 因素	地表地形相对高差(TP)			上盘围岩分类指标(围岩分类指标 RU)					下盘围岩分类指标(岩分类指标 RD)				
	＜20	21～50	＞51	＜20	21～40	41～60	61～80	81～100	＜20	21～40	41～60	61～80	81～100
1	0.100000	0.100000	0.935420	0.100000	0.100000	0.499999	0.100000	0.100000	0.100000	0.100000	0.792684	0.100000	0.100000
2	0.972655	0.100000	0.100000	0.100000	0.100000	0.499999	0.100000	0.100000	0.100000	0.100000	0.792684	0.100000	0.100000
3	0.840896	0.100000	0.100000	0.100000	0.100000	0.499999	0.100000	0.100000	0.100000	0.100000	0.792684	0.100000	0.100000
4	0.840896	0.100000	0.100000	0.100000	0.100000	0.499999	0.100000	0.100000	0.100000	0.100000	0.792684	0.100000	0.100000
5	0.100000	0.876601	0.100000	0.100000	0.100000	0.499999	0.100000	0.100000	0.100000	0.100000	0.792684	0.100000	0.100000
6	0.100000	0.876601	0.100000	0.100000	0.100000	0.499999	0.100000	0.100000	0.100000	0.100000	0.792684	0.100000	0.100000
7	0.100000	0.876601	0.100000	0.100000	0.100000	0.499999	0.100000	0.100000	0.100000	0.100000	0.792684	0.100000	0.100000
8	0.100000	0.876601	0.100000	0.100000	0.100000	0.499999	0.100000	0.100000	0.100000	0.100000	0.792684	0.100000	0.100000
9	0.100000	0.876601	0.100000	0.100000	0.100000	0.499999	0.100000	0.100000	0.100000	0.100000	0.792684	0.100000	0.100000
10	0.100000	0.785782	0.100000	0.100000	0.100000	0.499999	0.100000	0.100000	0.100000	0.100000	0.792684	0.100000	0.100000

样本号 \ 因素	矿区地应力(侧压力系数 λ)			矿体埋深(首采深度 H)/m					矿体倾角 α/(°)				
	＜1.0	1.0～1.50	＞1.50	＜30	30～100	100～200	200～300	＞300	0～20	21～40	41～60	61～80	81～90
1	0.100000	0.895025	0.100000	0.641818	0.100000	0.100000	0.100000	0.100000	0.100000	0.499999	0.100000	0.100000	0.100000
2	0.100000	0.895025	0.100000	0.100000	0.661997	0.100000	0.100000	0.100000	0.100000	0.100000	0.100000	0.998082	0.100000
3	0.100000	0.895025	0.100000	0.100000	0.661997	0.100000	0.100000	0.100000	0.100000	0.100000	0.100000	0.982868	0.100000
4	0.100000	0.895025	0.100000	0.100000	0.539995	0.100000	0.100000	0.100000	0.100000	0.100000	0.100000	0.100000	0.925874
5	0.100000	0.895025	0.100000	0.100000	0.849144	0.100000	0.100000	0.100000	0.100000	0.100000	0.499999	0.100000	0.100000
6	0.100000	0.895025	0.100000	0.100000	0.849144	0.100000	0.100000	0.100000	0.100000	0.100000	0.100000	0.792684	0.100000
7	0.100000	0.895025	0.100000	0.100000	0.815245	0.100000	0.100000	0.100000	0.100000	0.100000	0.100000	0.998082	0.100000
8	0.100000	0.895025	0.100000	0.100000	0.815245	0.100000	0.100000	0.100000	0.100000	0.100000	0.499999	0.100000	0.100000
9	0.100000	0.895025	0.100000	0.100000	0.815245	0.100000	0.100000	0.100000	0.100000	0.100000	0.100000	0.792684	0.100000
10	0.100000	0.895025	0.100000	0.100000	0.908803	0.100000	0.100000	0.100000	0.100000	0.100000	0.100000	0.100000	0.807401

续表 4-25

因素 / 样本号	开采深度(开采水平深度 H_c)/m					开采跨度 W_c/m				
	0~50	51~100	101~150	151~200	>200	0~50	51~100	101~150	151~200	>200
1	0.100000	0.100000	0.100000	0.100000	0.810845	0.100000	0.100000	0.100000	0.972655	0.100000
2	0.990068	0.100000	0.100000	0.100000	0.100000	0.725777	0.100000	0.100000	0.100000	0.100000
3	0.998892	0.100000	0.100000	0.100000	0.100000	0.725777	0.100000	0.100000	0.100000	0.100000
4	0.998892	0.100000	0.100000	0.100000	0.100000	0.779125	0.100000	0.100000	0.100000	0.100000
5	0.670076	0.100000	0.100000	0.100000	0.100000	0.914085	0.100000	0.100000	0.100000	0.100000
6	0.100000	0.874397	0.100000	0.100000	0.100000	0.874421	0.100000	0.100000	0.100000	0.100000
7	0.829098	0.100000	0.100000	0.100000	0.100000	0.998892	0.100000	0.100000	0.100000	0.100000
8	0.100000	0.990068	0.100000	0.100000	0.100000	0.947107	0.100000	0.100000	0.100000	0.100000
9	0.100000	0.914085	0.100000	0.100000	0.100000	0.779164	0.100000	0.100000	0.100000	0.100000
10	0.947107	0.100000	0.100000	0.100000	0.100000	0.947107	0.100000	0.100000	0.100000	0.100000

因素 / 样本号	采场长跨比 $\xi = L_c/W_c$			矿体形态					移动角	
	<4	4~8	>8	单一	较单一	复杂	较复杂	非常复杂	上盘移动角	下盘移动角
1	0.100000	0.998597	0.100000	0.100000	0.300000	0.100000	0.100000	0.100000	0.62	0.6222222
2	0.100000	0.100000	0.100000	0.100000	0.100000	0.100000	0.100000	0.100000	0.6666667	0.6222222
3	0.100000	0.100000	0.100000	0.100000	0.100000	0.100000	0.700000	0.100000	0.6666667	0.3555556
4	0.100000	0.100000	0.100000	0.100000	0.100000	0.100000	0.100000	0.100000	0.4777778	0.3555556
5	0.100000	0.100000	0.100000	0.100000	0.100000	0.100000	0.700000	0.100000	0.4444444	0.4777778
6	0.100000	0.100000	0.100000	0.300000	0.100000	0.100000	0.100000	0.100000	0.3444444	0.4777778
7	0.100000	0.100000	0.100000	0.100000	0.300000	0.100000	0.100000	0.100000	0.4444444	0.4666667
8	0.100000	0.100000	0.100000	0.100000	0.100000	0.100000	0.100000	0.100000	0.3333333	0.4666667
9	0.100000	0.100000	0.100000	0.100000	0.300000	0.100000	0.100000	0.100000	0.4222222	0.4666667
10	0.100000	0.100000	0.100000	0.100000	0.100000	0.100000	0.700000	0.100000	0.8888889	0.5888889

表 4-26 11～20 号学习样本的基础数据表

因素 / 样本号	地表地形相对高差(TP)			上盘围岩分类指标(围岩分类指标 RU)					下盘围岩分类指标(岩分类指标 RD)				
	＜20	21～50	＞51	＜20	21～40	41～60	61～80	81～100	＜20	21～40	41～60	61～80	81～100
11	0.100000	0.785782	0.100000	0.100000	0.100000	0.499999	0.100000	0.100000	0.100000	0.100000	0.792684	0.100000	0.100000
12	0.100000	0.785782	0.100000	0.100000	0.100000	0.499999	0.100000	0.100000	0.100000	0.100000	0.792684	0.100000	0.100000
13	0.100000	0.681635	0.100000	0.100000	0.100000	0.100000	0.998082	0.100000	0.100000	0.100000	0.100000	0.499999	0.100000
14	0.100000	0.848305	0.100000	0.792684	0.100000	0.100000	0.100000	0.100000	0.855964	0.100000	0.100000	0.100000	0.100000
15	0.100000	0.100000	0.100000	0.100000	0.649197	0.100000	0.100000	0.100000	0.792684	0.100000	0.100000	0.100000	0.100000
16	0.840896	0.100000	0.100000	0.100000	0.100000	0.100000	0.100000	0.972655	0.100000	0.100000	0.100000	0.100000	0.972655
17	0.100000	0.876601	0.100000	0.100000	0.100000	0.100000	0.100000	0.840896	0.100000	0.100000	0.100000	0.100000	0.840896
18	0.840896	0.100000	0.100000	0.100000	0.998082	0.100000	0.100000	0.100000	0.100000	0.100000	0.100000	0.792684	0.100000
19	0.100000	0.963760	0.100000	0.100000	0.100000	0.855964	0.100000	0.100000	0.100000	0.100000	0.855964	0.100000	0.100000
20	0.100000	0.999544	0.100000	0.100000	0.100000	0.100000	0.100000	0.840896	0.100000	0.100000	0.855964	0.100000	0.100000

因素 / 样本号	矿区地应力(侧压力系数 λ)			矿体埋深(首采深度 H)/m					矿体倾角 α/(°)				
	＜1.0	1.0～1.50	＞1.50	＜30	30～100	100～200	200～300	＞300	0～20	21～40	41～60	61～80	81～90
11	0.100000	0.895025	0.100000	0.100000	0.908803	0.100000	0.100000	0.100000	0.100000	0.100000	0.100000	0.855964	0.100000
12	0.100000	0.895025	0.100000	0.100000	0.908803	0.100000	0.100000	0.100000	0.100000	0.100000	0.100000	0.499999	0.100000
13	0.100000	0.100000	0.972655	0.100000	0.985954	0.100000	0.100000	0.100000	0.100000	0.100000	0.100000	0.855964	0.100000
14	0.100000	0.100000	0.779164	0.100000	0.100000	0.641712	0.100000	0.100000	0.100000	0.100000	0.100000	0.998082	0.100000
15	0.100000	0.100000	0.100000	0.100000	0.100000	0.100000	0.972655	0.100000	0.100000	0.100000	0.100000	0.100000	0.855964
16	0.100000	0.972655	0.100000	0.100000	0.100000	0.100000	0.100000	0.779164	0.100000	0.574127	0.100000	0.100000	0.100000
17	0.100000	0.100000	0.100000	0.100000	0.985954	0.100000	0.100000	0.100000	0.100000	0.792684	0.100000	0.100000	0.100000
18	0.100000	0.100000	0.100000	0.100000	0.100000	0.100000	0.100000	0.779164	0.100000	0.792684	0.100000	0.100000	0.100000
19	0.100000	0.100000	0.100000	0.702122	0.100000	0.100000	0.100000	0.100000	0.641712	0.100000	0.100000	0.100000	0.100000
20	0.100000	0.100000	0.100000	0.100000	0.100000	0.100000	0.100000	0.100000	0.100000	0.100000	0.100000	0.792684	0.100000

续表 4-26

样本号 \ 因素	开采深度(开采水平深度 H_c)/m					开采跨度 W_c/m				
	0~50	51~100	101~150	151~200	>200	0~50	51~100	101~150	151~200	>200
11	0.100000	0.874421	0.100000	0.100000	0.100000	0.100000	0.613186	0.100000	0.100000	0.100000
12	0.100000	0.972655	0.100000	0.100000	0.100000	0.100000	0.998892	0.100000	0.100000	0.100000
13	0.100000	0.100000	0.100000	0.895025	0.100000	0.829089	0.100000	0.100000	0.100000	0.100000
14	0.100000	0.100000	0.100000	0.100000	1.000000	0.100000	0.100000	0.100000	0.100000	0.653896
15	0.100000	0.100000	0.100000	0.100000	0.993092	0.100000	0.100000	0.972655	0.100000	0.100000
16	0.100000	0.100000	0.100000	0.100000	0.939523	0.641712	0.100000	0.100000	0.100000	0.100000
17	0.100000	0.100000	0.100000	0.972655	0.100000	0.100000	0.100000	0.100000	0.100000	0.779164
18	0.100000	0.100000	0.100000	0.972655	0.100000	0.100000	0.100000	0.499999	0.100000	0.100000
19	0.100000	0.100000	0.499999	0.100000	0.100000	0.100000	0.100000	0.100000	0.100000	0.100000
20	0.100000	0.100000	0.100000	0.100000	0.100000	0.100000	0.100000	0.100000	0.100000	0.100000
样本号 \ 因素	采场长跨比 $\xi = L_c/W_c$			矿体形态					移动角	
	<4	4~8	>8	单一	较单一	复杂	较复杂	非常复杂	上盘移动角	下盘移动角
11	0.100000	0.100000	0.100000	0.100000	0.100000	0.100000	0.700000	0.100000	0.2555556	0.4888889
12	0.100000	0.100000	0.100000	0.100000	0.300000	0.100000	0.100000	0.100000	0.2555556	0.4888889
13	0.100000	0.957603	0.100000	0.100000	0.100000	0.100000	0.100000	0.900000	0.3777778	0.5111111
14	0.981306	0.100000	0.100000	0.100000	0.100000	0.500000	0.100000	0.100000	0.7111111	0.7555556
15	0.570381	0.100000	0.100000	0.100000	0.100000	0.100000	0.100000	0.900000	0.4	0.0888889
16	0.840896	0.100000	0.100000	0.100000	0.100000	0.100000	0.100000	0.900000	0.6222222	0.6222222
17	0.993092	0.100000	0.100000	0.100000	0.100000	0.500000	0.100000	0.100000	0.4444444	0.4444444
18	0.100000	0.840896	0.100000	0.100000	0.100000	0.100000	0.700000	0.100000	0.6222222	0.6222222
19	0.534958	0.100000	0.100000	0.100000	0.100000	0.500000	0.100000	0.100000	0.5555556	0.5555556
20	0.100000	0.100000	0.100000	0.100000	0.100000	0.100000	0.700000	0.100000	0.3333333	0.2222222

表 4-27 21～24 号学习样本的基础数据表

因素	地表地形相对高差(*TP*)			上盘围岩分类指标(围岩分类指标 *RU*)					下盘围岩分类指标(岩分类指标 *RD*)				
样本号	<20	21～50	>51	<20	21～40	41～60	61～80	81～100	<20	21～40	41～60	61～80	81～100
21	0.100000	0.681635	0.100000	0.100000	0.100000	0.100000	0.998082	0.100000	0.100000	0.100000	0.100000	0.499999	0.100000
22	0.100000	0.681635	0.100000	0.100000	0.100000	0.100000	0.998082	0.100000	0.100000	0.100000	0.100000	0.499999	0.100000
23	0.100000	0.681635	0.100000	0.100000	0.100000	0.100000	0.998082	0.100000	0.100000	0.100000	0.100000	0.499999	0.100000
24	0.100000	0.681635	0.100000	0.100000	0.100000	0.100000	0.998082	0.100000	0.100000	0.100000	0.100000	0.499999	0.100000

因素	矿区地应力(侧压力系数 λ)			矿体埋深(首采深度 H)/m					矿体倾角 α/(°)				
样本号	<1.0	1.0～1.50	>1.50	<30	30～100	100～200	200～300	>300	0～20	21～40	41～60	61～80	81～90
21	0.100000	0.100000	0.972655	0.100000	0.985954	0.100000	0.100000	0.100000	0.100000	0.100000	0.100000	0.998082	0.100000
22	0.100000	0.100000	0.972655	0.100000	0.985954	0.100000	0.100000	0.100000	0.100000	0.100000	0.100000	0.998082	0.100000
23	0.100000	0.100000	0.972655	0.100000	0.985954	0.100000	0.100000	0.100000	0.100000	0.100000	0.100000	0.100000	0.807401
24	0.100000	0.100000	0.972655	0.100000	0.985954	0.100000	0.100000	0.100000	0.100000	0.100000	0.100000	0.998082	0.100000

因素	开采深度(开采水平深度 H_c)/m					开采跨度 W_c/m				
样本号	0～50	51～100	101～150	151～200	>200	0～50	51～100	101～150	151～200	>200
21	0.100000	0.100000	0.100000	0.995574	0.100000	0.779164	0.100000	0.100000	0.100000	0.100000
22	0.100000	0.100000	0.100000	0.914085	0.100000	0.972655	0.100000	0.100000	0.100000	0.100000
23	0.100000	0.100000	0.100000	0.995574	0.100000	0.779164	0.100000	0.100000	0.100000	0.100000
24	0.100000	0.100000	0.100000	0.972655	0.100000	0.874421	0.100000	0.100000	0.100000	0.100000

因素	采场长跨比 $\xi = L_c/W_c$			矿 体 形 态					移 动 角	
样本号	<4	4～8	>8	单一	较单一	复杂	较复杂	非常复杂	上盘移动角	下盘移动角
21	0.100000	0.918594	0.100000	0.100000	0.300000	0.100000	0.100000	0.100000	0.4666667	0.4222222
22	0.100000	0.840896	0.100000	0.100000	0.300000	0.100000	0.100000	0.100000	0.8888889	0.5333333
23	0.100000	0.338562	0.100000	0.100000	0.100000	0.500000	0.100000	0.100000	0.4666667	0.6444444
24	0.100000	0.338562	0.100000	0.100000	0.100000	0.500000	0.100000	0.100000	0.4444444	0.8

4.5.2.5 BP 网络参数设计及训练结果分析

A 网络参数设计

采用具有两个隐层的 BP 神经网络。

(1) 输入层与输出层节点的确定。输入层节点与输出层节点的个数往往是由具体问题决定的。这里,影响岩层和地表移动的因素共有 10 个,而 10 个因素中又共有 44 个级别,从而确定输入层的节点为 44 个;又由于这些分级指标决定一个输出结果——岩层的上下盘移动角,所以输出层节点为 10 个。

(2) 隐层节点的确定。隐含层单元数的选择是一个十分复杂的问题,它与问题的要求、输入和输出单元的多少都有直接的关系。隐含层单元数太少,可能网络不能训练出来,或网络不"强壮"不能识别以前没有看到的样本,容错性差;隐含层单元数太多又使学习时间过长,误差也不一定最佳。因此,存在一个最佳的隐含层单元数。最佳隐含层单元数的确定目前尚无确定的办法,式 4-8～式 4-11 是几种常用的确定隐含层单元数的经验公式,实际应用中要通过计算靠经验选取。

$$k < \sum_{i=0}^{n} C\begin{pmatrix} n_1 \\ i \end{pmatrix} \tag{4-10}$$

式中,k 为样本数;n_1 为隐含层单元数;n 为输入单元数。

$$n_1 = \sqrt{n+m} + a \tag{4-11}$$

式中,m 为输出神经元数;n 为输入神经元数;a 为 1～10 之间的常数。

$$n_1 = \lg 2^n \tag{4-12}$$

n 为输入单元数。

$$n_1 = 2n + 1 \tag{4-13}$$

n 为输入单元数。

最佳节点数将采用下面的公式:

$$L = \sqrt{m+n} + c$$

式中 m——输入节点数;

n——输出节点数;

c——介于 1～10 的常数。

这里 $m=44$, $n=2$, 经过多次对比训练选取 $c_1=8$,所以,$L_1=15$;$c_2=3$,所以,$L_2=10$。

(3) 初始权值的确定。取初始权值为$(-1,1)$之间的随机数。

(4) 学习速率的确定。学习速率决定每一次循环训练中所产生的权值变化量。大的学习速率可能导致系统的不稳定;小的学习速率会导致训练时间较长,收敛速度较慢,不过能保证网络的误差值不跳出误差表面的低谷而最终趋于最小误差值。所以一般选取小的学习速率,选取范围在 0.01～0.8 之间,本研究取学习速率为 0.2。

(5) 期望误差的确定。期望误差值是通过对不同期望误差网络的对比训练来选取的。我们经过多次对比训练,选取期望单个样本误差为 0.1,期望系统平均误差为 0.01。

B 网络训练结果及分析

网络训练采用 BP 神经网络智能预测系统,以表 4-25、表 4-26 和表 4-27 的样本为学习样本进行网络训练,如图 4-22 所示学习界面。图中示出了网络学习结构参数。学习到 3361 步时,满足系统所设的误差要求,图 4-23 所示为学习样本单个误差曲线图。

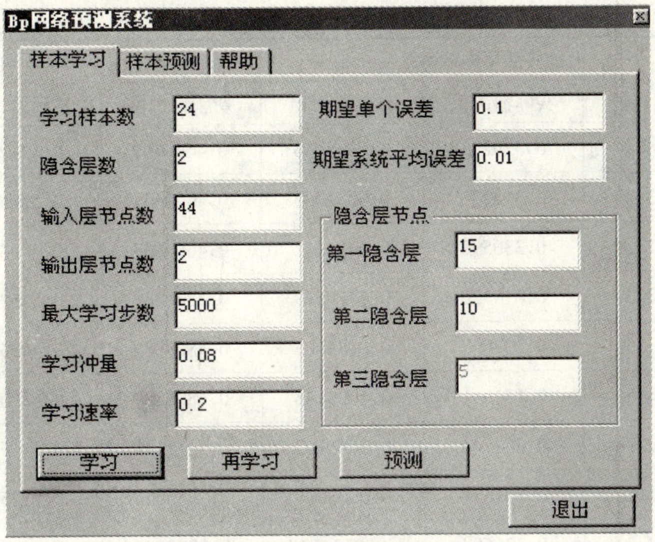

图 4-22 网络训练界面

由图 4-23 可知,学习样本的平均误差满足系统期望的系统平均误差,单个样本收敛性较好。图 4-24 所示为计算样本的系统平均误差曲线图,也满足系统设定的要求,表 4-28 是期望输出与实际输出结果对照表。

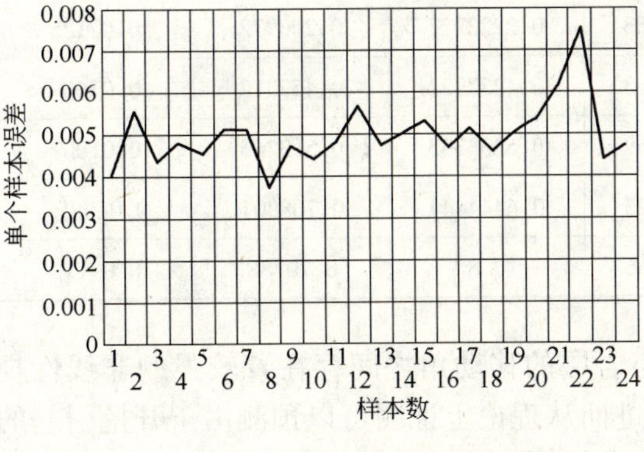

图 4-23 学习样本单个误差曲线图

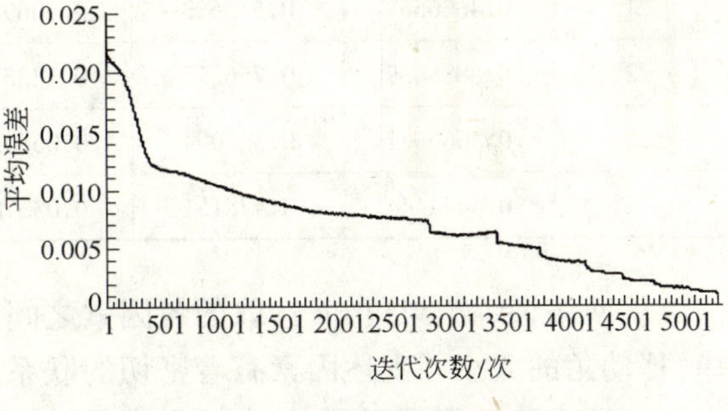

图 4-24 计算样本系统平均误差曲线图

表 4-28 期望输出与实际输出结果对照表

样本号	上盘移动角参数值			下盘移动角参数值		
	期望输出值	实际输出值	误差绝对值	期望输出值	实际输出值	误差绝对值
1	0.62	0.57354	0.04646	0.6222222	0.54526	0.076962
2	0.6666667	0.599379	0.0672877	0.6222222	0.541166	0.081056
3	0.6666667	0.713412	0.0467453	0.3555556	0.436431	0.080875
4	0.4777778	0.543238	0.0654602	0.3555556	0.428373	0.072817
5	0.4444444	0.538668	0.0942236	0.4777778	0.488625	0.010847
6	0.3444444	0.403059	0.0586146	0.4777778	0.560439	0.082661

续表 4-28

样本号	上盘移动角参数值			下盘移动角参数值		
	期望输出值	实际输出值	误差绝对值	期望输出值	实际输出值	误差绝对值
7	0.4444444	0.529291	0.0848466	0.4666667	0.521294	0.054627
8	0.3333333	0.313225	0.0201083	0.4666667	0.550808	0.084141
9	0.4222222	0.330597	0.0916252	0.4666667	0.499253	0.032586
10	0.8888889	0.810926	0.0779629	0.5888889	0.536586	0.052303
11	0.2555556	0.207067	0.0484886	0.4888889	0.403583	0.085306
12	0.2555556	0.154641	0.1009146	0.4888889	0.523069	0.03418
13	0.3777778	0.384128	0.0063502	0.5111111	0.414528	0.096583
14	0.7111111	0.801621	0.0905099	0.7555556	0.712522	0.043034
15	0.4	0.326588	0.073412	0.0888889	0.160989	0.0721
16	0.6222222	0.718246	0.0960238	0.6222222	0.631679	0.009457
17	0.4444444	0.354003	0.0904414	0.4444444	0.48989	0.045446
18	0.6222222	0.609808	0.0124142	0.6222222	0.527437	0.094785
19	0.5555556	0.462754	0.0928016	0.5555556	0.593783	0.038227
20	0.3333333	0.232037	0.1012963	0.2222222	0.200972	0.02125
21	0.4666667	0.573623	0.1069563	0.4222222	0.452312	0.03009
22	0.8888889	0.766512	0.1223769	0.5333333	0.523263	0.01007
23	0.4666667	0.535094	0.0684273	0.6444444	0.708301	0.063857
24	0.4444444	0.478151	0.0337066	0.8	0.70888	0.09112

从网络训练结果可知,选取的各因素之间与岩层的移动角之间存在着较强的非线性规律,移动角的大小与上述因素有着密切的联系,进而从理论上证明可以预测由于开挖引起的岩层和地表移动范围问题,其准确程度关键在于参数选取的合理与否。

4.5.2.6 智能预测神经网络在程潮铁矿西区的应用

确定矿山开采移动范围主要关心的是地表永久性建筑物和工业设施安全与否。对于程潮铁矿西区而言,由于 39 线上有箕斗井,21 线上有新副井,15 线上有措施井和 47 线附近为选厂。由于这些勘探线上均有永久性建筑物,故本次主要预测 15 线、21 线、39 线和 47 线四个剖面一些开采水平的移动角。各剖面所选水平分别为 -430 m, -500 m, -570 m, -640 m, -710 m, -780 m 和 -850 m。由于某些勘探线上某些水平没有矿体,就选择了在该勘探线上有矿体的水平,如对于 21 线,只有在 -570 m 和 -640 m 水平上有矿体,因此,就只选择了 -570 m 和 -640 m 水平。

根据勘探线的剖面图和水平断面图,确定表 4-29 中的输入参数。根据参数处理方法进行处理,得到预测输入因素。

利用神经网络样本训练结果进行预测,经过神经网络计算后的结果见表 4-30。

表 4-29 各勘探线水平输入参数表

勘探线 \ 因素	地表地形	上盘围岩分类	下盘围岩分类	矿区地应力（侧压力系数）	矿体埋深/m（首采深度）	矿体倾角	开采深度/m	开采跨度/m	采场长跨比	矿体形态
15－430	30	65	85	1.33	280	30	170	60	11.3	0.3
15－570	30	65	85	1.33	560	30	30	60	8	0.3
15－640	30	65	85	1.40	560	55	100	170	3.94	0.7
15－710	30	65	85	1.40	560	60	170	90	1.78	0.7
21－570	30	65	85	1.4	520	55	70	120	2.5	0.5
21－640	30	65	85	1.4	520	50	140	70	9.57	0.7
39－430	75	65	85	1.33	130	45	320	100	4.3	0.7
39－500	75	65	85	1.33	130	15	390	360	1.17	0.5
39－570	75	65	85	1.4	130	30	460	70	4.57	0.5
39－640	75	65	85	1.4	130	15	630	60	8.83	0.5
39－710	75	65	85	1.33	130	20	700	120	6.08	0.5
39－780	75	65	85	1.33	130	40	770	50	7.8	0.5
39－850	75	65	85	1.33	130	20	840	120	6	0.5
47－430	9	65	85	1.33	340	10	140	290	1.41	0.7
47－500	9	65	85	1.33	340	10	210	90	4.67	0.7
47－570	9	65	85	1.33	340	30	280	170	1.88	0.3
47－640	9	65	85	1.33	340	30	350	120	2.58	0.5
47－710	9	65	85	1.33	340	50	420	110	6.64	0.3
47－780	9	65	85	1.33	340	50	490	70	5.57	0.3
47－850	9	65	85	1.33	340	40	560	100	3.13	0.7

表 4-30 神经网络预测结果表

勘探线水平	上　盘	转化后的实际上盘移动角/(°)	下　盘	转化后的实际下盘移动角/(°)
15－430	0.258779	51.6	0.593316	66.7
15－570	0.280527	52.6	0.693798	71.2
15－640	0.340128	55.3	0.618399	67.8
15－710	0.294046	53.2	0.613428	67.6
21－570	0.262572	51.8	0.634776	68.6
21－640	0.27153	52.2	0.601708	67.1
39－430	0.304284	53.7	0.485134	61.8
39－500	0.615023	67.7	0.764839	74.4
39－570	0.397576	57.9	0.780075	75.1
39－640	0.362156	56.3	0.74613	73.6
39－710	0.406708	58.3	0.57375	65.8

续表 4-30

勘探线水平	上　盘	转化后的实际上盘移动角/(°)	下　盘	转化后的实际下盘移动角/(°)
39-780	0.688033	71	0.775194	74.9
39-850	0.39225	57.7	0.556437	65
47-430	0.83436	77.5	0.54732	64.6
47-500	0.567718	65.5	0.473548	61.3
47-570	0.737246	73.2	0.789424	75.5
47-640	0.582163	66.2	0.788035	75.5
47-710	0.336831	55.2	0.406756	58.3
47-780	0.308233	53.9	0.562772	65.3
47-850	0.526159	63.6	0.689268	71.0

4.5.3　西区开采地表移动变形预测数值模拟研究

通过 FLAC 二维和三维数值模拟计算,对程潮铁矿西区自 -360 m 水平至 -850 m 水平的开采进行系统研究,分析不同开采阶段的岩层应力分布、移动特征和破坏状态以及地表的移动破坏范围。通过模拟计算,给出上述不同开采阶段典型部位岩体的陷落角和错动角,其结果可为综合预测西区未来开采地表移动变形状况提供参考。

4.5.3.1　模拟计算可靠度研究

A　研究对象的选择及计算参数

选用的计算力学参数见表 4-13。程潮铁矿矿体沿走向长约 3000 m、平均厚度约 300 m,其长度远大于厚度的 3 倍,模型可以按平面应变问题进行处理。选择 0 号勘探线作为模拟计算可靠度研究的剖面,这是因为:

(1) 0 线附近有东主井、卷扬机房、空压机房、服务大楼以及东采办公楼等重要建筑物,该处的位移大小如何,对于程潮铁矿东区能否安全生产至关重要。

(2) 随着开采的进行,东主井等一些永久性地面设施相继发生开裂现象,为了掌握该区地表与岩层内部的位移动态,地测科在该线附近最北边裂缝的北侧和南侧布置测点,进行地表位移观测。因此,该线的位移观测数据是比较齐全的。

(3) 0 线剖面矿体空间形态变化复杂,具有一定的代表性。

(4) 该线不同开采水平的上下盘不同实测移动角见表 4-31。

表 4-31　程潮铁矿 0 号勘探线移动角实测数据

开采水平/m	上盘移动角/(°)	下盘移动角/(°)
-160	84	85
-184	85	86
-210	71	83

B　计算模型的建立

根据 0 线剖面图建立数值计算模型,模型尺寸为长×高=1500 m×750 m,单元格尺寸为 10 m×10 m,共计单元格总数为 150×75=11250(个)。根据实测模型的侧压力系数 $\lambda=1.75$,两边 x 方向固定,模型底部 x,y 两个方向均固定。具体模型见图 4-25。

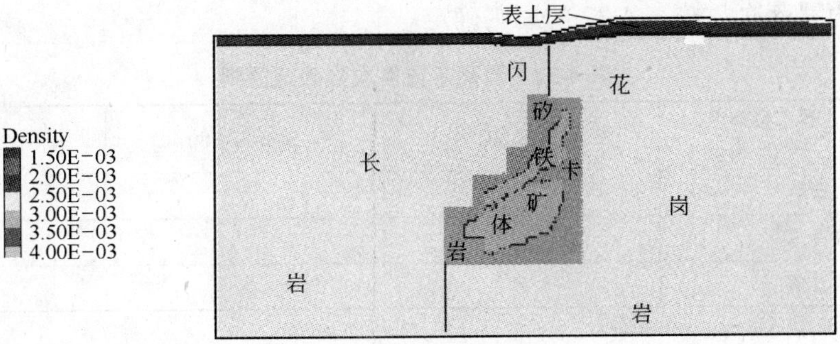

图 4-25 东区 0 号勘探线数值模拟计算岩性图

C 模拟计算过程

矿体开采后，在覆盖岩层上方形成冒落带、裂隙带和弯曲带。冒落带是以不连续介质的形式进行冒落的，而有限差分数值模拟计算是以连续介质为前提进行计算的。因此，在模拟计算过程中，就存在着通过何种技术手段，用适用于连续介质的有限差分程序来模拟非连续介质的冒落问题。在计算过程中，通过采取如下方法解决该技术难题。

确定冒落带形状　冒落带的形状为拱形。拱形由冒落顶点、矿体两侧边界点和冒落中点水平长度确定。冒落顶点为冒落高度水平线与矿体长度（L）中心线的交点；拱形的起始点为矿体两侧的边界点，与水平方向夹角为 45°～60°。冒落中点水平长度（l）取值原则如下：

(1) $L<50$ m　　$l=(1.1\sim1.5)L$　　(4-14)

(2) $L>50$ m　　$l=(1.5\sim2.0)L$　　(4-15)

冒落带形状如图 4-26 所示。图 4-26a 中，开挖矿体高度为 10 m，矿体长度 L 为 40 m，其跨落带高度 H 为 $4h$，$l=1.25$ L；图 4-26b 中，开挖矿体高度为 20 m，矿体长度 L 为 130 m，其跨落带高度 H 为 $3h$，$l=1.6$ L；图 4-26c 中，开挖矿体高度为 30 m，矿体长度以最外层为准，即 L 为 180 m，其跨落带高度 H 为 $3h$，$l=1.5$ L。

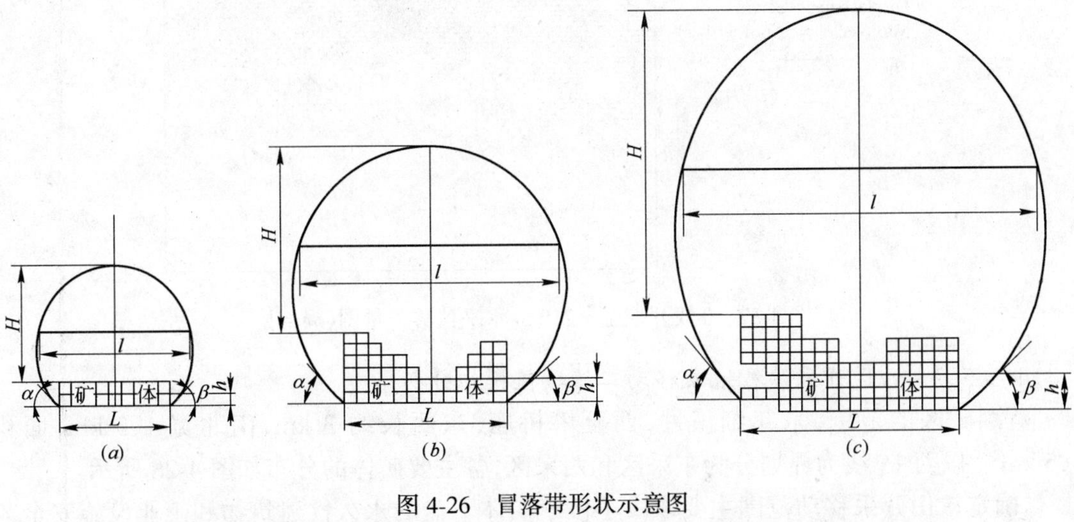

图 4-26 冒落带形状示意图

l—冒落拱形中心水平宽度；L—开采矿体长度；h—开采矿体高度；H—冒落带高度；

α—拱形与开采矿体上盘水平方向夹角(°)；β—拱形与开采矿体下盘水平方向夹角(°)

冒落带内冒落次数按表 4-32 的原则确定。

表 4-32　冒落带冒落次数确定原则

冒落带高度/m 冒落次数	$H<50$	$50<H<80$	$H>80$
一次冒落	√	√	√
二次冒落	×	√	√
三次冒落	×	×	√

注：1. $h_1>h_2, h_1>h_2>h_3$。

2. H—冒落带高度；h_i—i 次冒落高度；√—代表有。

确定冒落带内充填体的力学参数　采空区冒落的岩石是一种松散介质。宏观上，它对顶板支撑的力学作用可近似地用弹性支撑体表述。考虑到矿体开挖的实际情况以及计算的复杂程度，在计算中采用固定的充填介质密度(ρ)、弹性模量(E)和泊松比(μ)。

矿体开挖原则　矿体开挖遵循"充分开采，从上至下，依次开采"的原则。

计算收敛问题　计算以岩体内部的不平衡力达到 10^{-3} MPa 量级为限，使矿体经过开挖、回填、冒落等过程后，围岩达到新的平衡状态。

D　计算结果

0 线开挖至 −210 m 水平位移的矢量如图 4-27 所示。根据移动角确定的原则，经计算上、下盘移动角分别为 72.9°和 83.4°，而实测的上、下盘移动角分别为 71°和 83°，二者相差 1.9°和 0.4°，相对误差分别为 2.68%和 0.5%，均小于允许误差(10%)，这充分说明该研究方法是完全可行的。

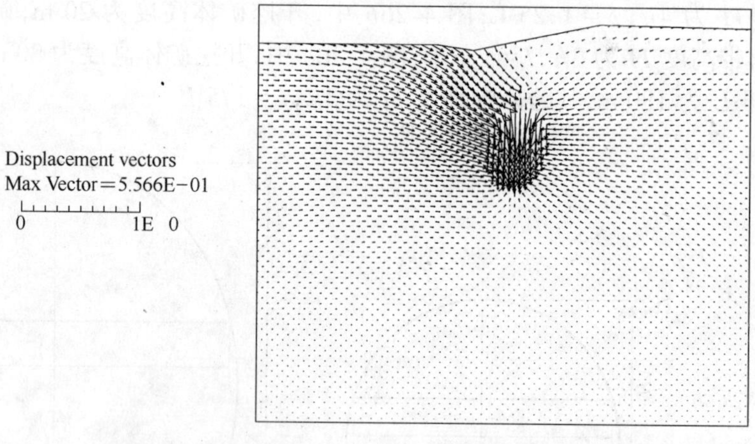

图 4-27　0 线开挖至 −210 m 水平位移矢量图(局部)

4.5.3.2　西区开采过程地表移动二维数值模拟分析

程潮矿区的范围，东起细王冲，西至塔桥庙，东西长约 3 km，南北宽 1.5 km，面积 4.5 km^2。以西 15 线为界划分为东采区和西采区，各主要矿体的分布如图 4-28 所示。

确定矿山开采移动范围主要取决于位于矿体下盘的永久性建筑物和工业设施安全与否。针对程潮铁矿西区而言，其主要的工业设施包括：位于 15 线附近的措施井($x=56453.0, y=87593.0, z=85.0$)和西出风井($x=56543.0, y=87614.0, z=123.0$)，21 线附

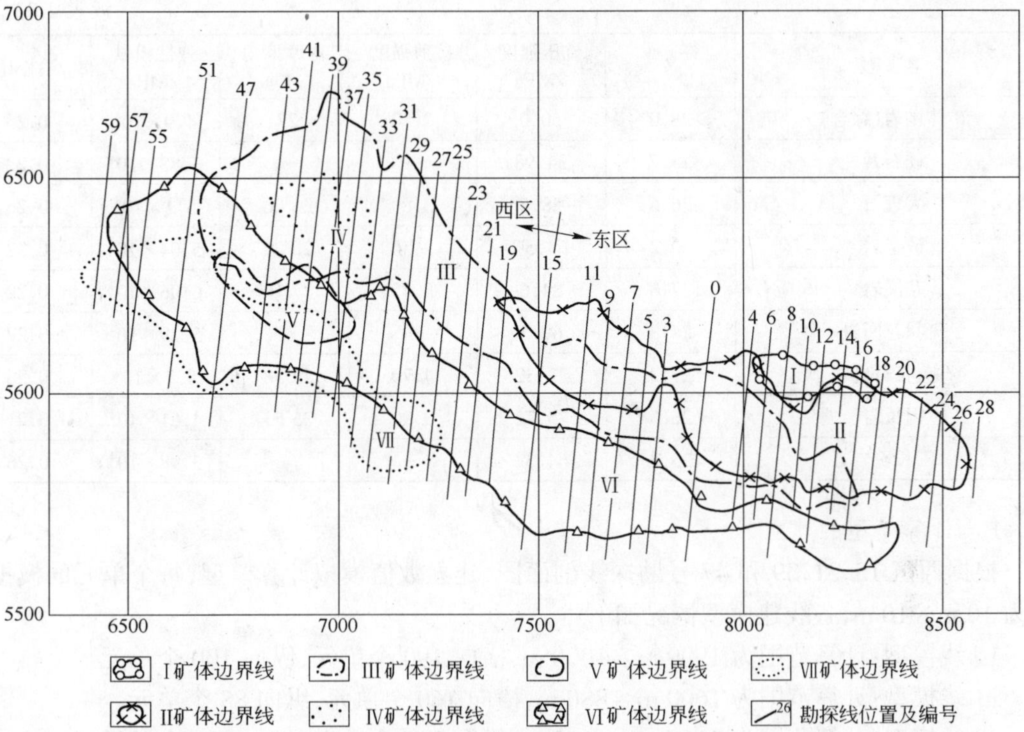

图 4-28　程潮铁矿各矿体分布平面图

近的新副井($x=56725.0$, $y=87437.0$, $z=89.0$),39 线附近的箕斗井($x=56930.0$, $y=87028.0$, $z=100.0$)和 47 线附近的选厂等。依据主要工业设施的平面位置,选择最接近的勘探线近似代表该设施的地质情况。因此,计算选择的勘探线有 15 线、21 线、39 线和 47 线。根据西区初步设计,阶段高度为 70 m,各剖面所选水平分别为 −430 m, −500 m, −570 m, −640 m, −710 m, −780 m 和 −850 m。

由于西区只在 −430 m 以上进行了开拓设计, −430 m 以下未进行任何设计工作,本次计算模型的建立是依据各勘探线的矿体赋存情况,以 20 m 作为分段高度进行简单的采准设计,设计的原则是矿体高度小于分段高度的一半时转入下一个分段回采。设计范围内的矿体自上至下依次全部开挖。一些勘探线上某些水平没有矿体,如对于 21 线,只有在 −570 m 和 −640 m 水平上有矿体,因此,只选择了 −570 m 和 −640 m 水平。

A　计算参数的选择

计算采用的西区岩体物理力学计算参数见表 4-33。

表 4-33　西区岩体力学参数表

名　称	容　重 /(kN/m³)	抗压强度 /MPa	抗剪强度 /MPa	内摩擦角 /(°)	弹性模量 /MPa	泊松比
表　土	18.0	1.0	0.20	15°	10.0	0.3
块状磁铁矿	44.2	75.67	4.25	26°48′	5.9×10^4	0.28
斑状磁铁矿	41.2	72.24	3.10	24°42′	—	—
块贫磁铁矿	36.4	46.74	—	30°20′	—	—

续表 4-33

名　称	容　重/(kN/m³)	抗压强度/MPa	抗剪强度/MPa	内摩擦角/(°)	弹性模量/MPa	泊松比
矿体围岩(综合)	28.0	50.0	2.50	27°	4.9×10^4	0.25
硬石膏	23.7	34.98	—	—	3.83×10^4	0.22
大理石	26.6	58.5	3.80	26°06′	5.1×10^4	0.26
矽卡岩	30.2	64.56	2.50	26°29′	5.04×10^4	0.22
花岗岩	27.8	84.6	3.45	27°16′	6.06×10^4	0.22
斑状花岗岩	27.8	69.3	—	—	5.29×10^4	0.22
石英长石斑岩	27.3	73.32	4.70	22°38′	5.7×10^4	0.28
闪长岩	26.3	75.72	3.90	25°53′	4.61×10^4	0.21
闪长玢岩	26.3	64.32	—	—	5.98×10^4	0.26

B　计算模型的建立

根据西区 15,21,39 和 47 号勘探线剖面图,建立数值模拟计算模型,每个单元的模拟尺寸为 10 m×10 m,各线建模情况如下:

15 线模型:计算范围为 1900 m×1000 m,横向 190 个单元,纵向 100 个单元。

21 线模型:计算范围为 1600 m×880 m,横向 160 个单元,纵向 88 个单元。

39 线模型:计算范围为 2250 m×1160 m,横向 225 个单元,纵向 116 个单元。

47 线模型:计算范围为 3450 m×1450 m,横向 345 个单元,纵向 146 个单元。

上述模型侧面分别限制水平位移,模型底面限制垂直位移。原岩水平方向应力为垂直方向应力的 1.75 倍。39 勘探线模型如图 4-29 所示。

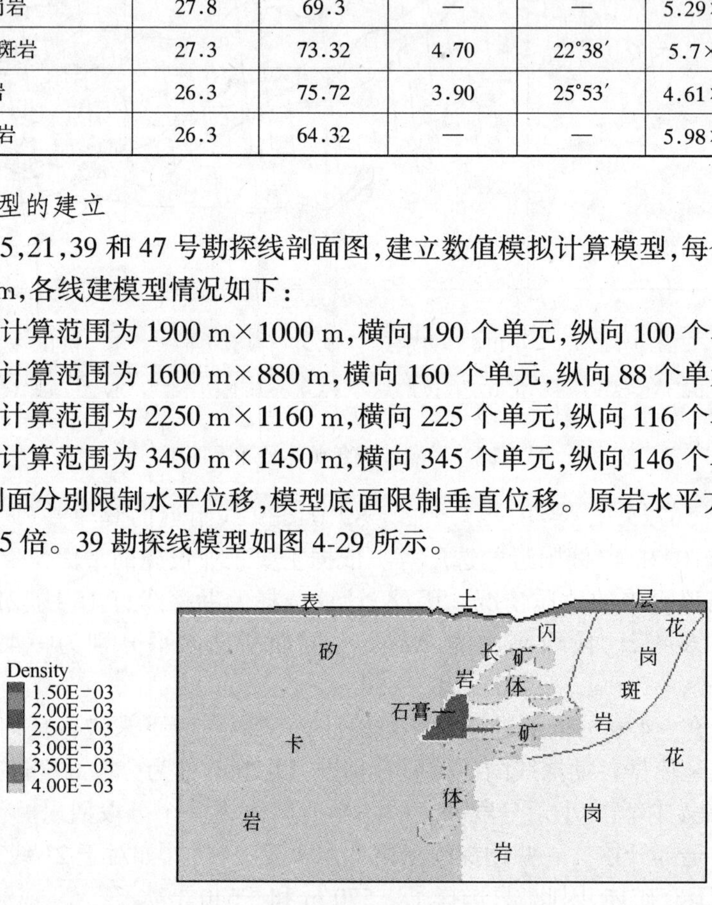

图 4-29　39 号勘探线数值模拟计算岩性图

C　模拟计算结果

模拟计算按照无底柱分段崩落法的开采方案进行,分层开采,每次开采高度为 20 m。按照“充分开采,从上至下,依次开采”的原则进行模拟。冒落带高度为采高的 3 倍。

判断上下盘的错动与移动范围主要依据地表倾斜、曲率和水平变形值的大小,而这些参数均与地表的位移有关,因此,分别给出了不同开采深度条件下各勘探线上的位移矢量图。其中 39 线的位移矢量见图 4-30 和图 4-31。

依据不同勘探线上 x,y 方向的位移值,给出了不同开采水平条件下的各勘探线上 x,y 方向的位移曲线,其中 15 线见图 4-32 和图 4-33,21 线见图 4-34 和图 4-35,39 线见图 4-36

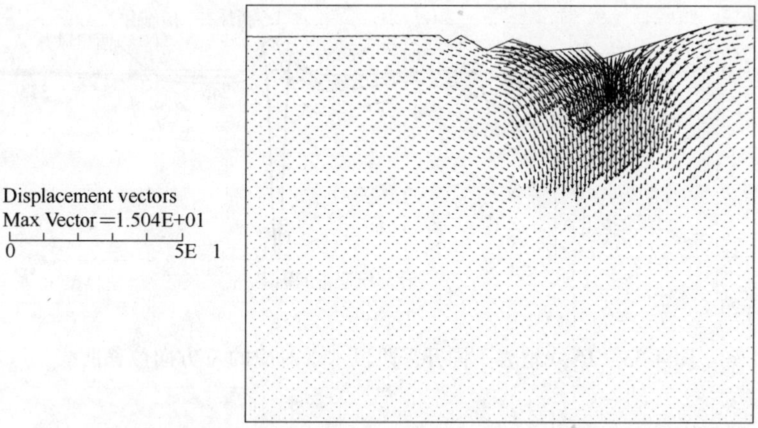

图 4-30 39 线开采至 -430 m 水平位移矢量图

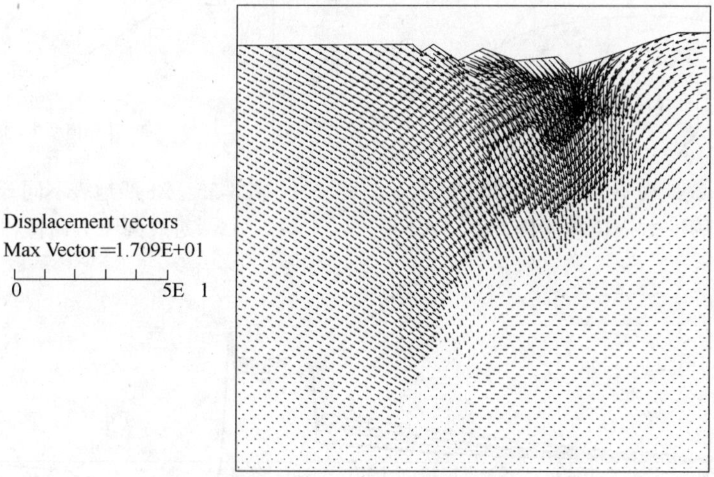

图 4-31 39 线开采至 -850 m 水平位移矢量图

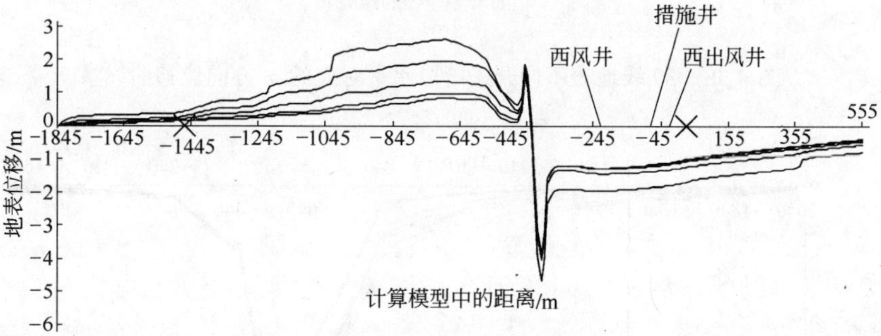

图 4-32 15 线地表不同开采阶段水平对应的 x 方向位移曲线

和图 4-37，47 线见图 4-38 和图 4-39。15 线的参考基准点选在西出风井的中心，措施井和西风井与之相距约 100 m 和 240 m。21 线参考点选在新副井的中心，39 参考点选在西区风井的中心，箕斗井与之相距约 80 m，47 线的参考点选在通往选矿车间的铁路运输的中心位置。图中“×”代表移动角在地表的出露点，即破坏点位置。

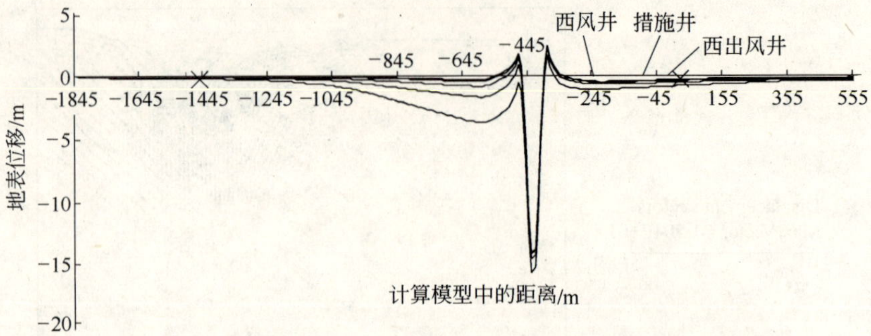

图 4-33　15 线地表不同开采阶段水平对应的 y 方向位移曲线

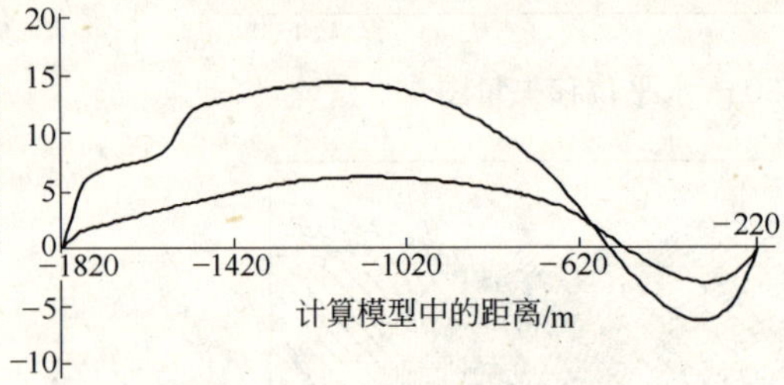

图 4-34　21 线地表不同开采阶段水平对应的 x 方向位移曲线

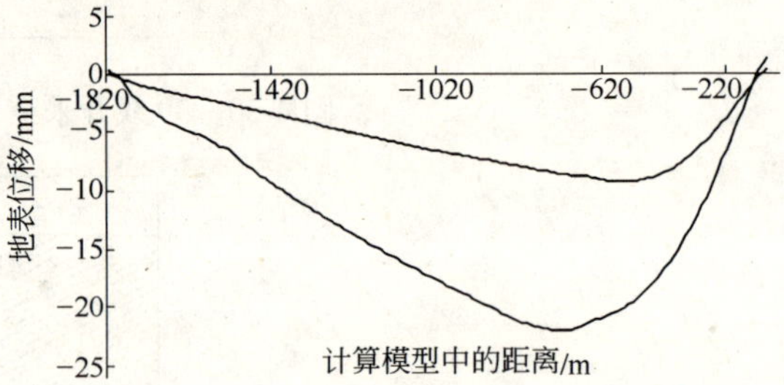

图 4-35　21 线地表不同开采阶段水平对应的 y 方向位移曲线

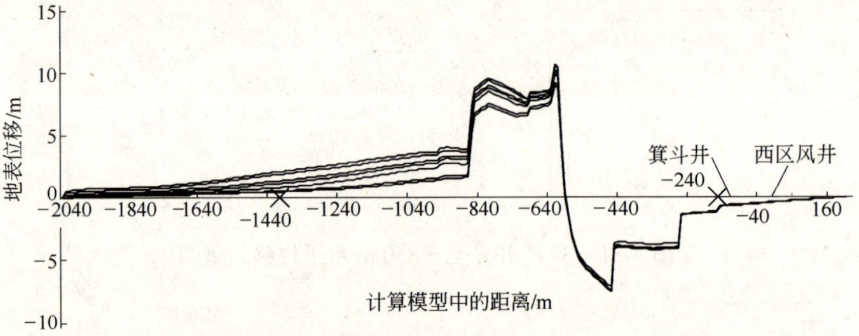

图 4-36　39 线地表不同开采阶段水平对应的 x 方向位移曲线

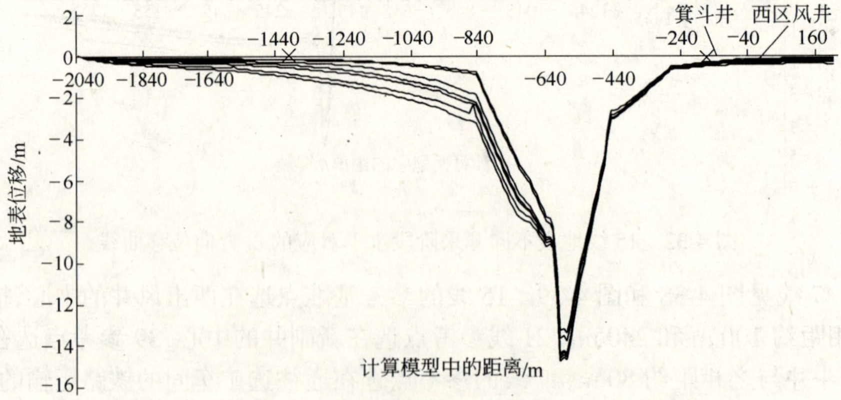

图 4-37　39 线地表不同开采阶段水平对应的 y 方向位移曲线

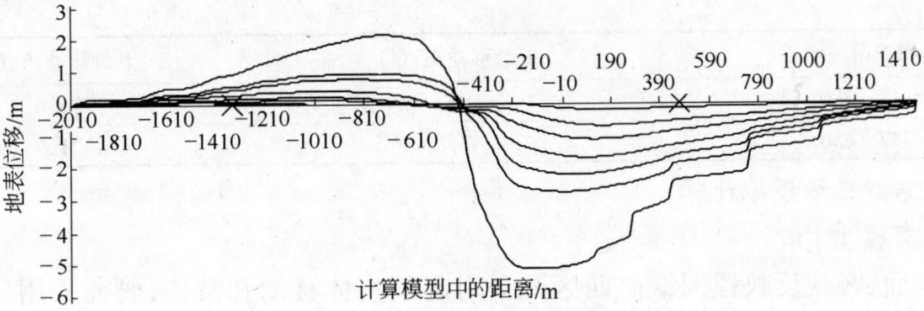

图 4-38 47 线地表不同开采阶段水平对应的 x 方向位移曲线

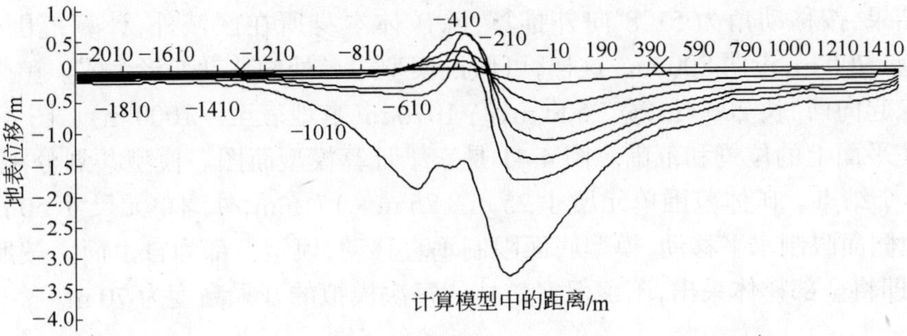

图 4-39 47 线地表不同开采阶段水平对应的 y 方向位移曲线

D 计算结果分析

计算得出各勘探线不同开采水平所对应的移动角如表 4-34 所示。

表 4-34 各勘探线阶段水平移动角计算结果

勘探线阶段水平	上盘移动角/(°)	下盘移动角/(°)
15-430	59.7	65.9
15-500	60	65.9
15-570	58.8	59
15-640	55.7	62.1
15-710	50.8	62.8
21-570	—	—
21-640	—	—
39-430	51.5	63.9
39-500	52.1	63
39-570	54.6	63.9
39-640	61.6	69
39-710	56.8	63.9
39-780	66.5	73.4
39-850	63.4	63.9
47-430	—	—
47-500	—	76.0
47-570	—	77.0
47-640	76.5	74.3
47-710	83.9	77.6

续表 4-34

勘探线阶段水平	上盘移动角/(°)	下盘移动角/(°)
47-780	89	75.6
47-850	62.2	71.9

4.5.3.3　三维模拟计算

A　计算模型

为了全面、客观反映程潮铁矿西区开采引起的岩体移动和破坏,研究采用三维计算模型,包括了程潮铁矿西区全部开采区域。三维建模依据是:西区Ⅱ号,Ⅲ号,Ⅵ号,Ⅶ号矿体在平面上的投影迭加范围:长 1200 m,宽 800 m,其中Ⅶ号矿体的最大深度达 1000 m。根据东区研究结果,按移动角为 51.8°向外推算,除矿体本身所在区域外,计算范围包括:上盘 1000 m,下盘 700 m,走向 800 m。这样,可假设模型边界处的移动变形为零。整个三维模型(自 15 线东起向西)长 2000 m,宽 2500 m,高 1070 m(自地表至 -1000 m)。图 4-40 是三维计算模型在平面上的位置和范围。图 4-41 是三维计算模型简图。模型共划分 185200 个单元,180023 个结点。矿体范围单元尺寸 25 m×25 m×17.5 m,外围单元尺寸 50 m×50 m×35 m。模型侧面限制水平移动,模型底面限制垂直移动,模型上部为自由面。按照充分开采进行模拟,即将全部矿体采出,不留保安矿柱。每次模拟的开采高度为 70 m。

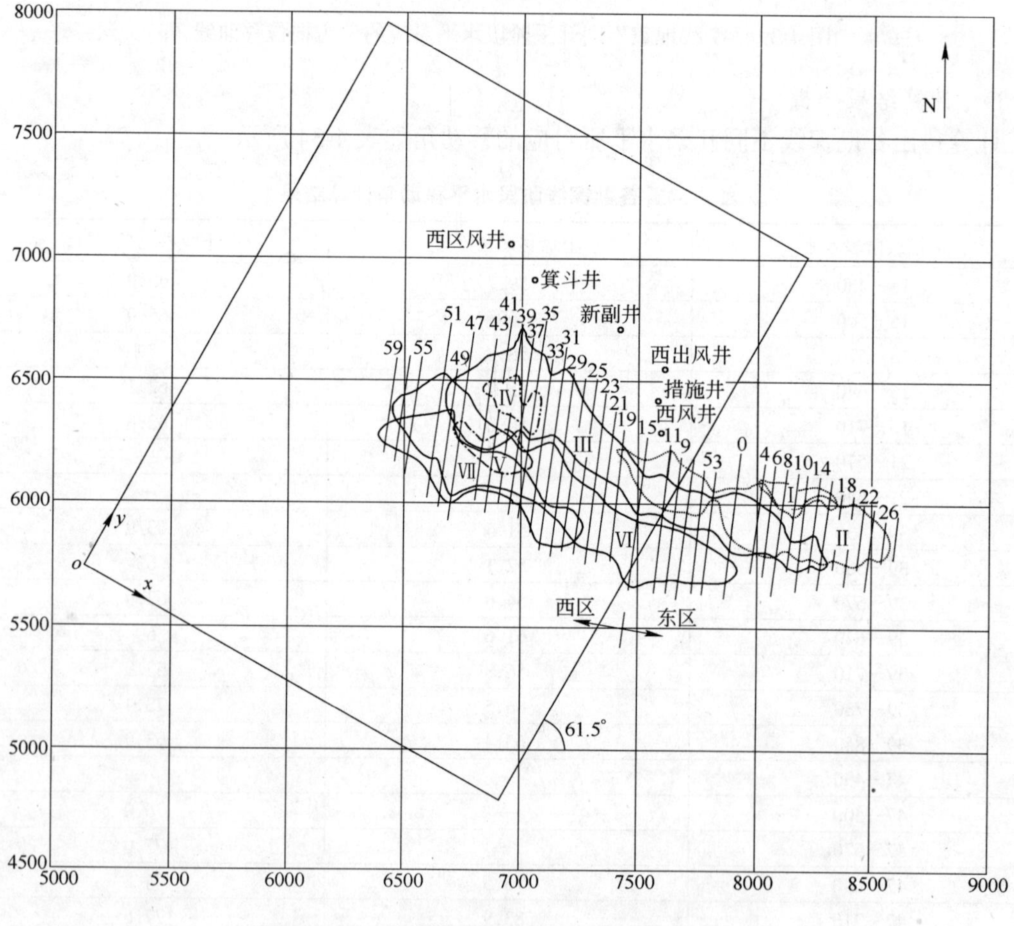

图 4-40　三维计算模型在平面上的位置和范围

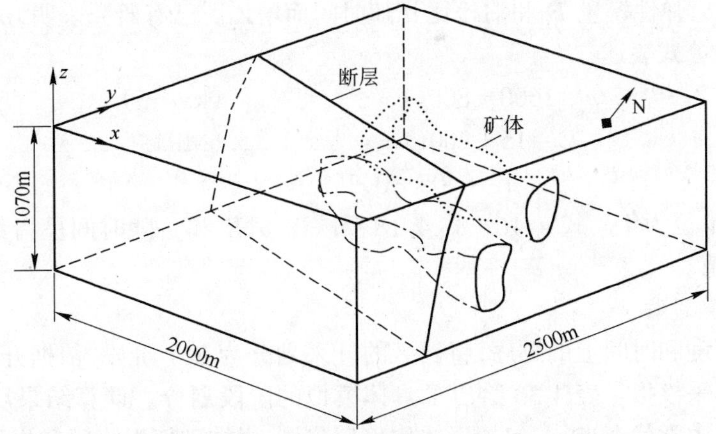

图 4-41 三维计算模型简图

根据现场取样和岩石力学试验结果，岩石在不同围压条件下，具有明显的弹塑性变形特征。当岩石发生破坏后，表现出应变软化特征，即随着变形的继续发展，残余强度逐渐降低，最终下降到峰值强度的 20% 左右。因此，计算采用非线性应变软化模型(图 4-42)，岩石的破坏形式包括塑性破坏(莫尔－库仑屈服准则)、拉破坏和应变软化。

断层的存在将在很大程度上影响岩层移动的规律和变形特征。在采动影响下，断层将产生动态滑移和张开与闭合是岩体产生破坏的重要原因。图 4-43 是模拟断层的模型，其中，弹簧元件模拟断层在法向和切向的变形，k_n，k_s 是相应的变形刚度；摩擦块 S 模拟断层的剪切特性；元件 T 体现断层的抗拉特性。表 4-35 给出模拟计算采用的断层的力学参数。

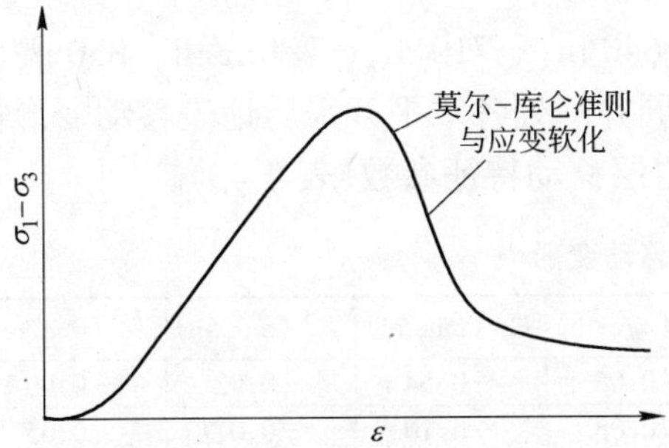

图 4-42 岩石力学特性曲线

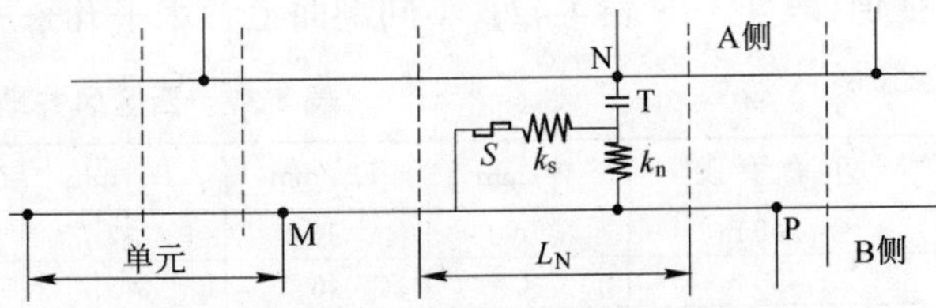

图 4-43 模拟断层力学模型的元件构成

表 4-35 断层力学参数

断　层	法向刚度 k_n /(MPa/m)	切向刚度 k_s /(MPa/m)	摩擦角 φ /(°)	粘结力 c /MPa	抗拉强度 σ_T /MPa
浅部(≤－300 m)	1000	400	22	0.25	0.0001
深部(＞－300 m)	1500	600	24	0.3	0.0001

采空区冒落的废石是一种松散介质。宏观上，它对顶板支撑的力学作用可近似地用弹性支撑体表述。需要考虑的是，随着采场的推进和时间的增长，废石在覆岩作用下逐步被压

实,材料的密度 ρ、弹性模量 E 和泊松比 μ 随时间而增加。已有研究表明,ρ,E 和 μ 变化规律可由以下经验公式表述:

$$\rho=1600+800(1-e^{-1.25t})\quad (kg/m^3) \tag{4-16}$$

$$E=15+200(1-e^{-1.25t})\quad (MPa) \tag{4-17}$$

$$\mu=0.05+0.2(1-e^{-1.25t}) \tag{4-18}$$

式中,时间 t 的单位为年。式 4-16～式 4-18 反映出 ρ,E 和 μ 随时间呈指数增长的变化关系,最终达到恒值。

B　模拟计算过程

根据开采深度和时间上的顺序,将西区的开采划分为 8 个阶段,依据开采记录,按时间序列逐一进行开采模拟。表 4-36 给出了具体模拟的阶段划分。计算结果反映了地表和不同深度岩体内部力学状态进行,包括岩体位移三分量、岩体破坏塌陷区和岩体应力分布等。

表 4-36　模拟开采阶段划分与模拟计算过程

阶　段	开采中段	开采矿体	备　注
1	-360 m	Ⅱ、Ⅲ	-290 m 中段Ⅱ矿体开采合并到-360 m 中段开采
2	-430 m	Ⅲ	
3	-500 m	Ⅲ	
4	-570 m	Ⅲ、Ⅳ	
5	-640 m	Ⅵ	
6	-710 m	Ⅵ	
7	-780 m	Ⅵ、Ⅶ	
8	-850 m	Ⅵ、Ⅶ	

C　计算结果

分别对-360 m,-430 m,-500 m,-570 m,-640 m,-710 m,-780m 和-850 m 水平开采后的地表移动变形进行了数值模拟计算。不同井筒处各水平开采后地表移动变形特征值(表 4-37～表 4-42),不同剖面上各水平开采后岩层移动特征参数(表 4-43)。

表 4-37　西区风井地表移动变形

开采中段	W/mm	U_x/mm	U_y/mm	E_x/(mm/m)	E_y/(mm/m)	T_x/(mm/m)	T_y/(mm/m)
-360 m	9	39	37	-0.05	-0.54	-0.02	-0.00
-430 m	4	46	45	-0.08	-0.10	-0.01	-0.05
-500 m	-5	50	35	-0.13	-0.08	-0.01	-0.10
-570 m	-5	51	31	-0.15	-0.07	-0.02	0.11
-640 m	-6	48	6	-0.15	-0.12	-0.01	0.02
-710 m	-4	46	-3	-0.15	0.07	-0.04	0.05
-780 m	-4	45	-11	-0.15	0.10	-0.04	0.05
-850 m	-3	48	-19	-0.13	0.11	-0.04	0.05

表 4-38　西区箕斗井地表移动变形

开采中段	W/mm	U_x/mm	U_y/mm	E_x/(mm/m)	E_y/(mm/m)	T_x/(mm/m)	T_y/(mm/m)
-360 m	12	35	58	-0.19	-0.11	0.06	-0.07
-430 m	4	34	45	0.11	0.03	0.66	0.12
-500 m	-3	29	28	0.35	0.05	-0.09	-0.17

续表 4-38

开采中段	W/mm	U_x/mm	U_y/mm	E_x/(mm/m)	E_y/(mm/m)	T_x/(mm/m)	T_y/(mm/m)
-570 m	-11	18	20	0.42	0.05	-0.11	-0.20
-640 m	-21	11	-15	0.41	0.10	-0.16	-0.33
-710 m	-23	7	-25	0.13	0.10	0.37	-0.48
-780 m	-27	6	-36	0.14	0.12	0.38	-0.55
-850 m	-28	13	-47	0.16	0.14	0.38	0.60

表 4-39 西区新副井地表移动变形

开采中段	W/mm	U_x/mm	U_y/mm	E_x/(mm/m)	E_y/(mm/m)	T_x/(mm/m)	T_y/(mm/m)
-360 m	4	-10	13	-0.0	0.01	-0.04	-0.13
-430 m	-2	-29	-15	0.00	-0.16	-0.05	-0.91
-500 m	3	-34	-33	0.02	-0.48	-0.11	-1.80
-570 m	8	-34	-45	0.05	-0.70	-0.01	-2.08
-640 m	-3	-35	-95	0.06	-0.91	0.14	-2.52
-710 m	-4	-36	-124	0.05	-1.07	-0.08	-2.72
-780 m	-9	-35	-145	0.04	-1.08	-0.06	-2.80
-850 m	-16	-25	-164	0.04	-1.12	-0.04	-2.88

表 4-40 西区西出风井地表移动变形

开采中段	W/mm	U_x/mm	U_y/mm	E_x/(mm/m)	E_y/(mm/m)	T_x/(mm/m)	T_y/(mm/m)
-360 m	-12	-28	-19	0.15	0.12	0.06	-0.15
-430 m	-26	-48	-55	0.44	0.21	0.33	-0.19
-500 m	-48	-53	-62	0.01	-0.08	0.77	-0.64
-570 m	-62	-55	-87	0.21	-0.18	0.78	-0.88
-640 m	-97	-63	-136	0.27	-0.36	0.85	-1.24
-710 m	-113	-68	-173	0.26	-0.44	0.90	-1.42
-780 m	-127	-70	-202	0.26	-0.42	0.94	-1.52
-850 m	-145	-64	-227	0.23	-0.44	0.97	-1.59

表 4-41 西区措施井地表移动变形

开采中段	W/mm	U_x/mm	U_y/mm	E_x/(mm/m)	E_y/(mm/m)	T_x/(mm/m)	T_y/(mm/m)
-360 m	-48	-52	-51	0.71	0.42	-0.22	-0.48
-430 m	-81	-94	-145	1.19	1.49	-0.04	-0.94
-500 m	521	-103	-310	3.58	7.14	-6.46	9.65
-570 m	827	8	-230	6.11	6.78	12.26	15.14
-640 m	1260	-66	-272	5.67	9.44	-22.0	23.18
-710 m	1550	-130	-465	6.98	13.90	-28.0	28.86
-780 m	1610	-141	-518	7.58	14.82	-29.80	30.2
-850 m	1650	-139	-560	8.06	15.40	-31.20	31.25

表 4-42 西区西风井地表移动变形

开采中段	W/mm	U_x/mm	U_y/mm	E_x/(mm/m)	E_y/(mm/m)	T_x/(mm/m)	T_y/(mm/m)
-360 m	-68	-43	-76	-0.30	5.09	-2.26	-6.32
-430 m	-138	-156	-309	0.04	9.12	-3.43	-14.17

续表 4-42

开采中段	W/mm	U_x/mm	U_y/mm	E_x/(mm/m)	E_y/(mm/m)	T_x/(mm/m)	T_y/(mm/m)
-500 m	-1430	-1110	-3560	11.28	14.40	-20.16	-52.80
-570 m	-2640	-1980	-4950	21.86	15.60	-35.36	-61.80
-640 m	-4500	-2190	-6740	25.88	15.80	55.40	-71.20
-710 m	-5760	-2590	-7720	29.0	14.40	-70.20	-76.0
-780 m	-6140	-2750	-8030	30.40	14.20	-75.20	-77.20
-850 m	-6440	-2880	-8260	31.40	13.80	-78.60	-79.20

表 4-43　主要井筒所在剖面上岩体移动破坏参数

开采水平	位置	箕斗井剖面		新副井剖面		措施井剖面	
		移动角/(°)	陷落角/(°)	移动角/(°)	陷落角/(°)	移动角/(°)	陷落角/(°)
-360 m	上盘	66.5	66.5	52.8	63.2	—	—
	下盘	57.3	65.8	66.4	69.2	81.7	—
-430 m	上盘	66.5	63.1	62.0	69.7	56.2	—
	下盘	62.0	67.0	62.45	73.1	81.7	—
-500 m	上盘	63.4	70.0	56.1	71.4	60.9	74.5
	下盘	59.7	66.95	61.96	70.3	69.0	65.8
-570 m	上盘	65.8	73	57.2	74.2	64.2	76.4
	下盘	59.7	67.0	60.1	67.5	57.0	65.8
-640 m	上盘	73.4	79.4	64.1	75.0	57.6	81.5
	下盘	59.7	67.0	60.1	67.5	64.2	65.8

D　不同井筒处各水平开采后地表移动变形特征值

(1) -360 m 水平开采后,西区风井所在地表隆起值为 9 mm,沿矿体走向水平位移 39 mm,垂直矿体走向的水平位移 37 mm;最大水平变形发生在垂直矿体走向方向,最大水平变形值为 -0.54 mm/m(压为负,拉为正,以下同),最大倾斜值 -0.02 mm/m(向矿体侧倾斜,表 4-37)。

(2) -360 m 水平开采后,箕斗井所在地表隆起值为 12 mm,沿矿体走向水平位移 35 mm,垂直矿体走向的水平位移 58 mm;最大水平变形发生在平行矿体走向方向,最大水平变形值为 -0.19 mm/m,最大倾斜值 -0.07 mm/m(向矿体侧倾斜,表 4-38)。

(3) -360 m 水平开采后,新副井所在地表隆起值为 4 mm,沿矿体走向水平位移 -10 mm,垂直矿体走向的水平位移 13 mm;最大水平变形发生在垂直矿体走向方向,最大水平变形值为 0.01 mm/m,最大倾斜值 -0.13 mm/m(表 4-39)。

(4) -360 m 水平开采后,西出风井所在地表下沉值为 -12 mm,沿矿体走向水平位移 -28 mm,垂直矿体走向的水平位移 -19 mm;最大水平变形发生在平行矿体走向方向,最大水平变形值为 0.15 mm/m,最大倾斜值 -0.15 mm/m(表 4-40)。

(5) -360 m 水平开采后,措施井所在地表下沉值为 -48 mm,沿矿体走向水平位移 -52 mm,垂直矿体走向的水平位移 -51 mm;最大水平变形发生在平行矿体走向方向,最大水平变形值为 0.15 mm/m,最大倾斜值 -0.15 mm/m(表 4-41)。

(6) -360 m 水平开采后,西风井所在地表下沉值为 -68 mm,沿矿体走向水平位移

-43 mm，垂直矿体走向的水平位移-76 mm；最大水平变形发生在垂直矿体走向方向，最大水平变形值为5.09 mm/m，最大倾斜值-6.32 mm/m(表4-42)。

对于不同井筒，受开采影响的程度和地下开采所到达的水平有关。其中：

(1) 西区风井在所有水平开采结束后，所在地表不产生明显的变形，地面建筑物不会发生破坏。

(2) 箕斗井直到-850 m水平开采结束后，所在地表的移动变形量很小，其中：最大下沉值为 $W=-28$ mm，最大水平移动值 $U_y=-47$ mm，最大水平变形值 $E_x=0.16$ mm/m，最大倾斜值 $T_y=0.6$ mm/m。在上述地表移动变形条件下，地面建筑物不会发生破坏。

(3) 新副井当地下开采达到-500 m水平时，所在地表的最大下沉值 $W=-34$ mm，倾斜值为 $T_y=1.8$ mm/m；当-850 m水平开采结束后，所在地表最大水平变形值 $E_y=-1.12$ mm/m，最大倾斜值 $T_y=2.88$ mm/m，地面建筑物接近Ⅰ级破坏的标准。

(4) 西出风井从-360 m～-850 m各水平开采后，所在地表移动变形量均较小，当地下开采达到-850 m水平时，所在地表的最大下沉值 $W=-145$ mm，最大倾斜值为 $T_y=-1.59$ mm/m，地面建筑物小于Ⅰ级破坏的标准。

(5) 措施井当地下开采达到-500 m水平时，所在地表向上隆起521 mm，最大水平变形 $E_y=7.14$ mm/m，最大倾斜值 $T_y=9.65$ mm/m，地面建筑物接近Ⅲ级破坏的标准。

(6) 西风井当地下开采达到-360 m水平时，所在地表即发生明显的移动变形，地面建筑物接近Ⅱ级破坏的标准。随着地下开采向深部进行，西风井所在地面移动变形加剧，建筑物将超过Ⅲ级破坏标准。

模拟计算结果表明，受地下开采影响明显的是西风井和措施井周围建筑(超过Ⅲ级破坏的标准)；新副井和西出风井略有影响，所在地面建筑在Ⅰ级破坏等级以下；西区风井和箕斗井基本不受地下开采的影响。

E 不同剖面上各水平开采后岩层移动特征参数

随着开采进行，矿体开采边界也不断发生变化。地质勘探资料显示，Ⅲ、Ⅳ和Ⅶ矿体从上至下逐步向上盘方向发展。数值模拟计算结果表明，地表移动和破坏范围发生相应的变化(表4-43)。

(1) 箕斗井所在剖面上盘岩体移动角变化范围63°～74°，平均68°；下盘岩体移动角变化范围57°～62°，平均60°；上盘岩体陷落角变化范围63°～79°，平均66°；下盘岩体陷落角变化范围65°～67°，平均66°。

(2) 新副井所在剖面上盘岩体移动角变化范围52°～64°，平均62°；下盘岩体移动角变化范围60°～66°，平均62°；上盘岩体陷落角变化范围63°～75°，平均69°；下盘岩体陷落角变化范围67°～73°，平均70°。

(3) 措施井所在剖面上盘岩体移动角变化范围56°～64°，平均60°；下盘岩体移动角变化范围56°～81°，平均64°；上盘岩体陷落角变化范围74°～81°，平均76°；下盘岩体陷落角平均65°。

其中，-360 m水平开采后地表移动变形结果见图4-44。-500 m水平开采后地表移动变形结果见图4-45。-850 m水平开采后地表移动变形结果见图4-46。

-360 m、-500 m、-850 m水平开采后箕斗井所在剖面上的岩体力学特征见图4-47～图4-49。-360 m、-500 m、-850 m水平开采后措施井所在剖面上的岩体力学特征见图4-50～图4-52。

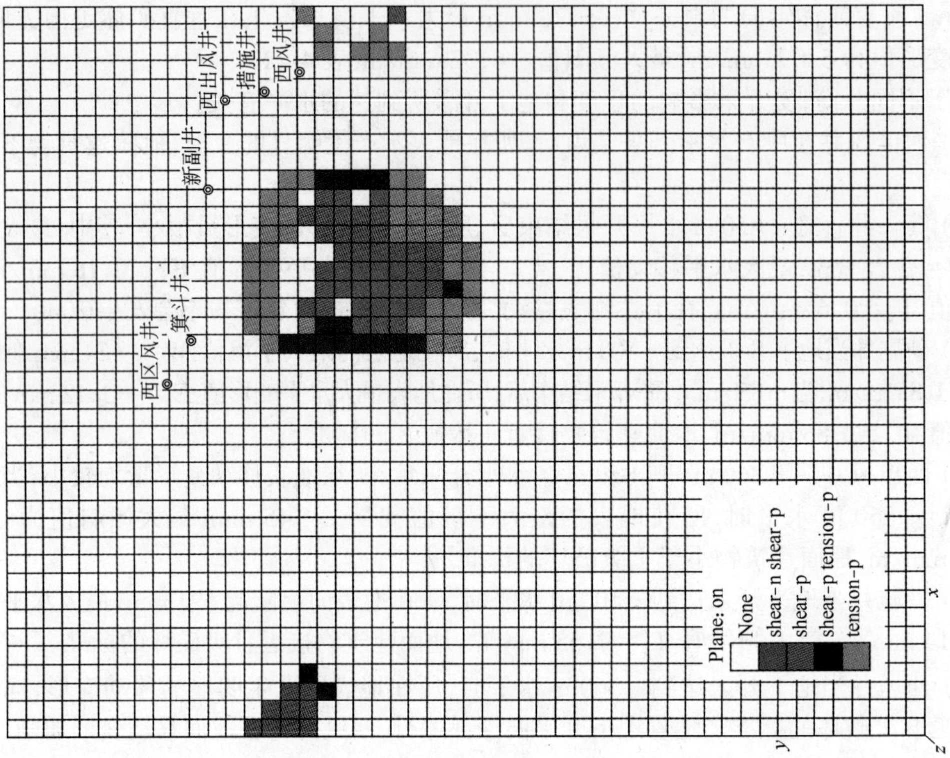
西区风井
箕斗井
新副井
西出风井
措施井
西风井
Plane: on
None
shear-n shear-p
shear-p
shear-p tension-p
tension-p
x
y
z

(b)

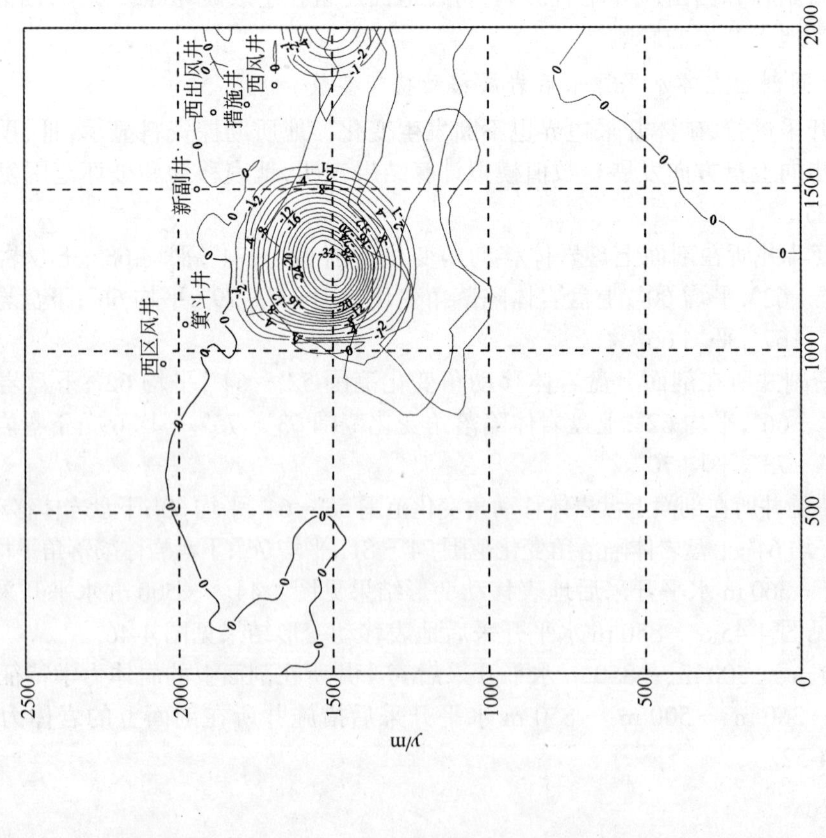
西区风井
箕斗井
新副井
西出风井
措施井
西风井
x/m
y/m
0
500
1000
1500
2000
2500

(a)

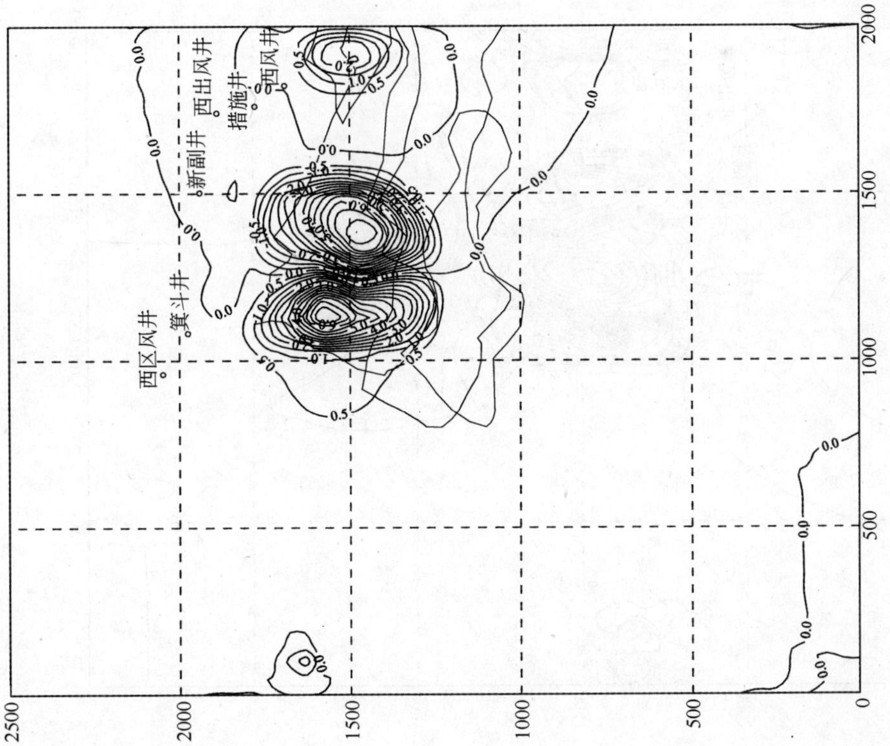

x/m
(c)

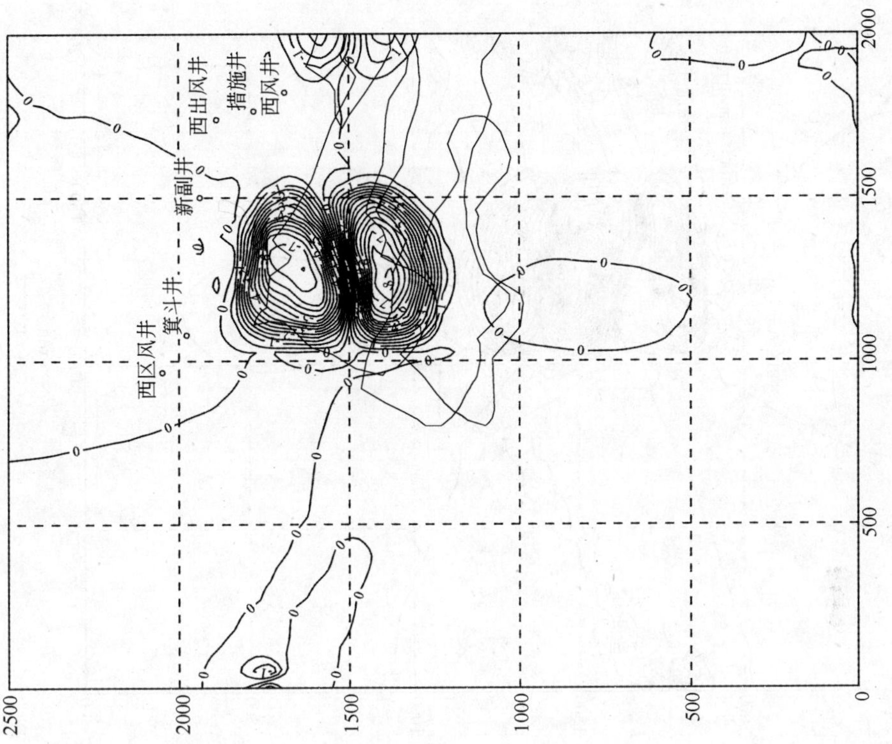

x/m
(d)

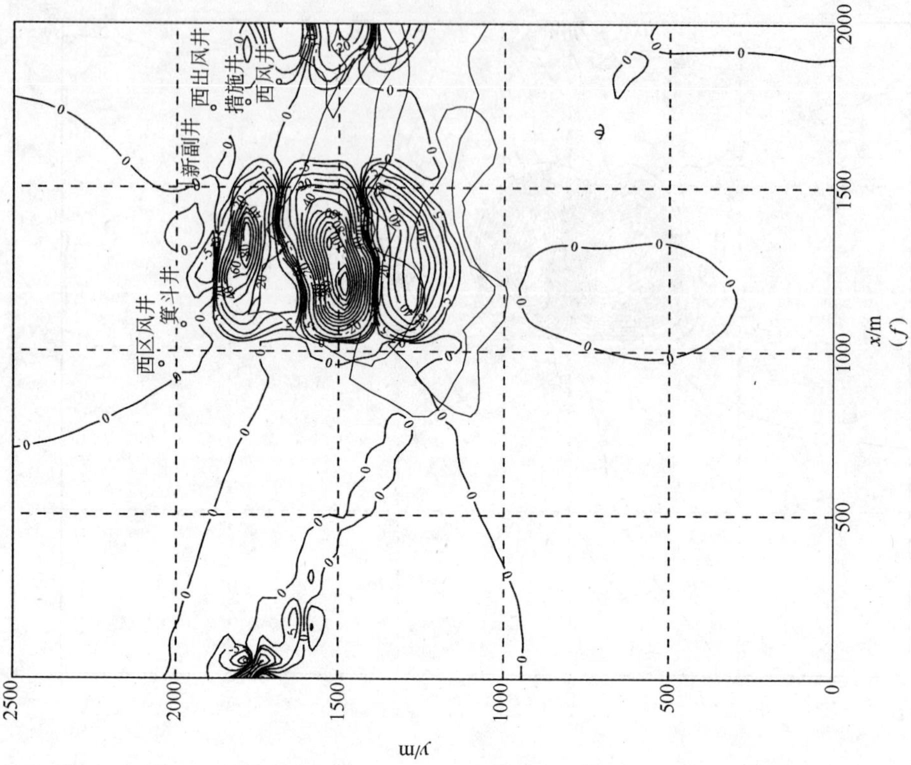
西区风井
箕斗井
新副井
西出风井
措施井
西风井
x/m
y/m
(f)

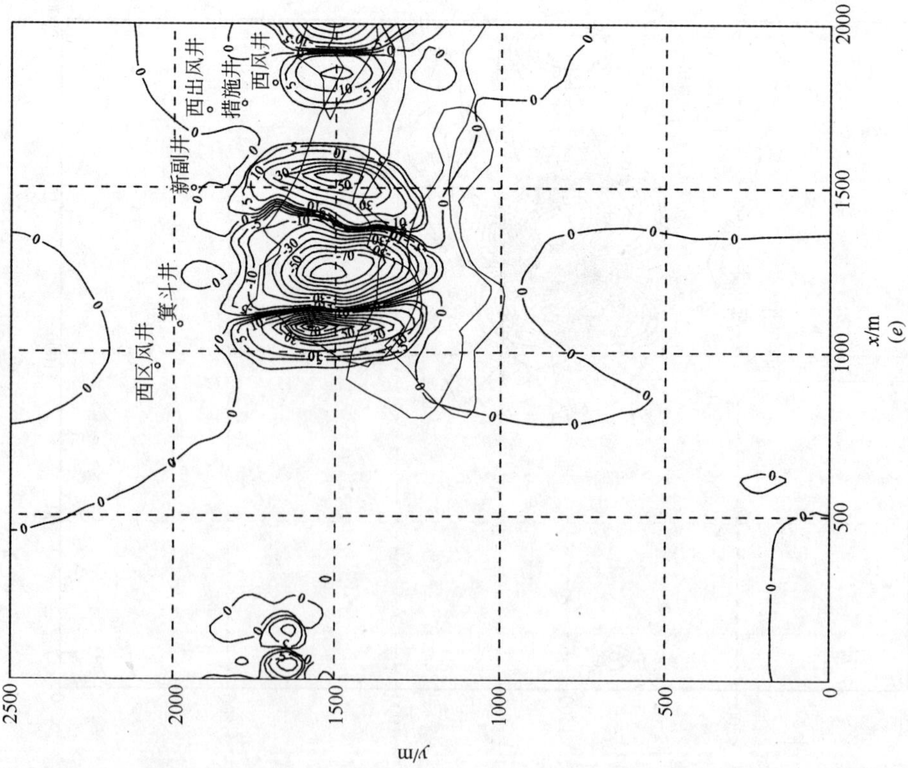
西区风井
箕斗井
新副井
西出风井
措施井
西风井
x/m
y/m
(e)

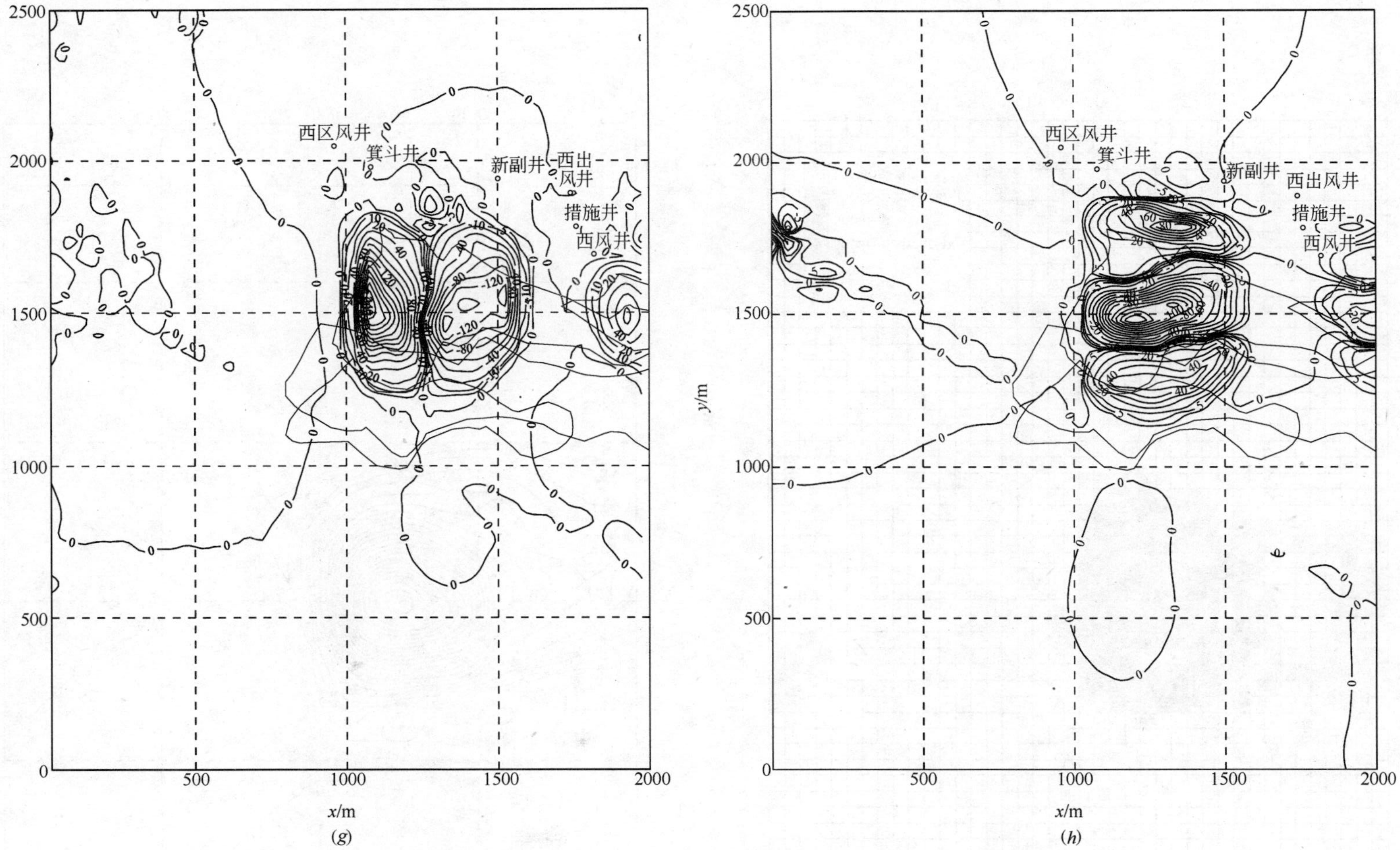

图 4-44 －360 m 水平开采后地表移动变形结果

(a)—地表下沉等值线(m)；(b)—地表破坏区范围；(c)—x 方向水平移动等值线(m)；(d)—y 方向水平移动等值线(m)；
(e)—x 方向水平变形等值线(mm/m)；(f)—y 方向水平变形等值线(mm/m)；(g)—x 方向倾斜等值线(mm/m)；
(h)—y 方向倾斜等值线(mm/m)

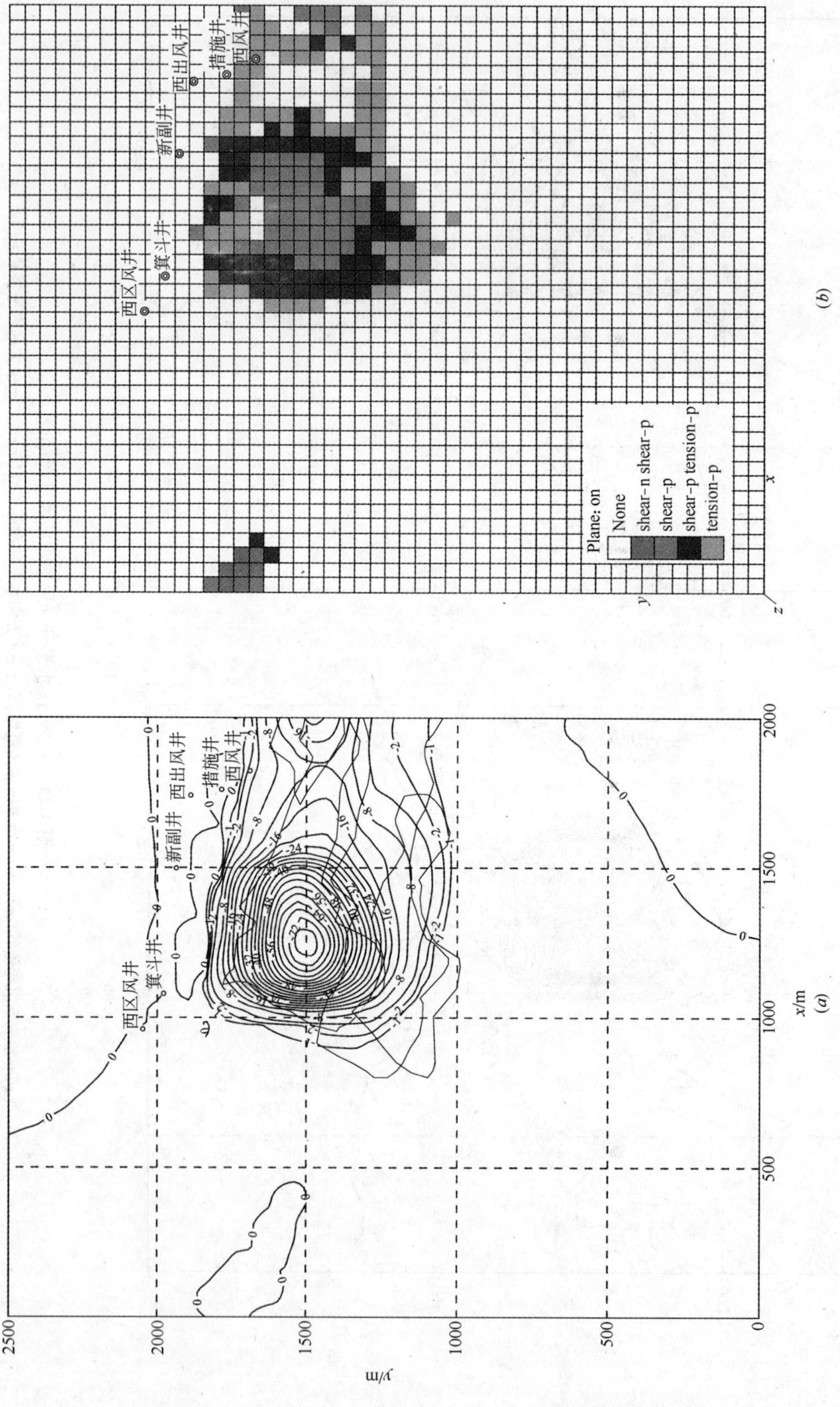
西区风井
箕斗井
新副井
西出风井
措施井
西风井
Plane: on
None
shear-n shear-p
shear-p
shear-p tension-p
tension-p
x/m
y/m
(a)
(b)

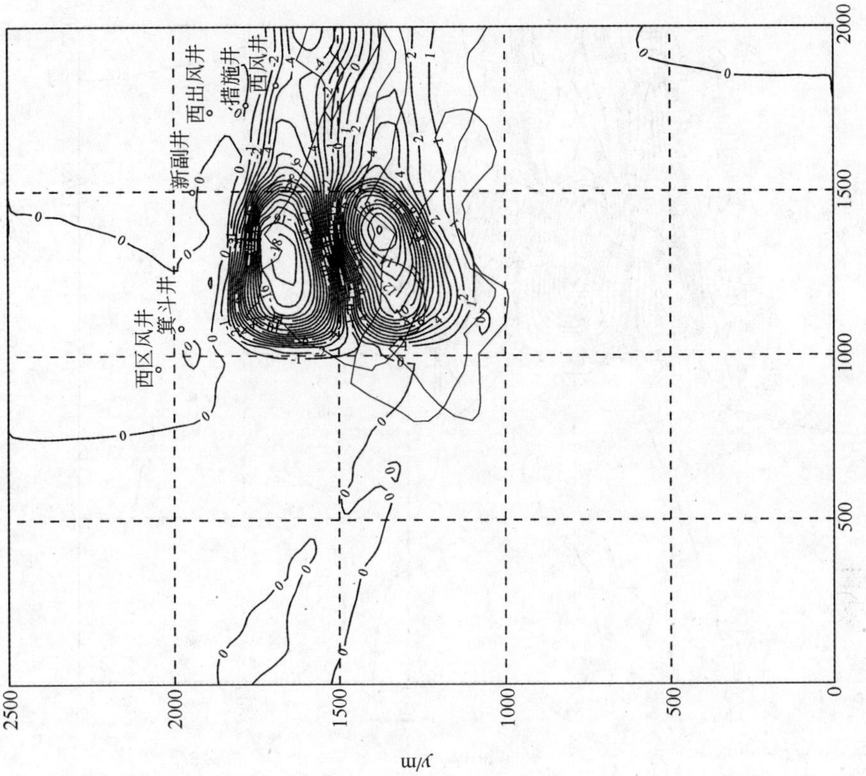

(d)

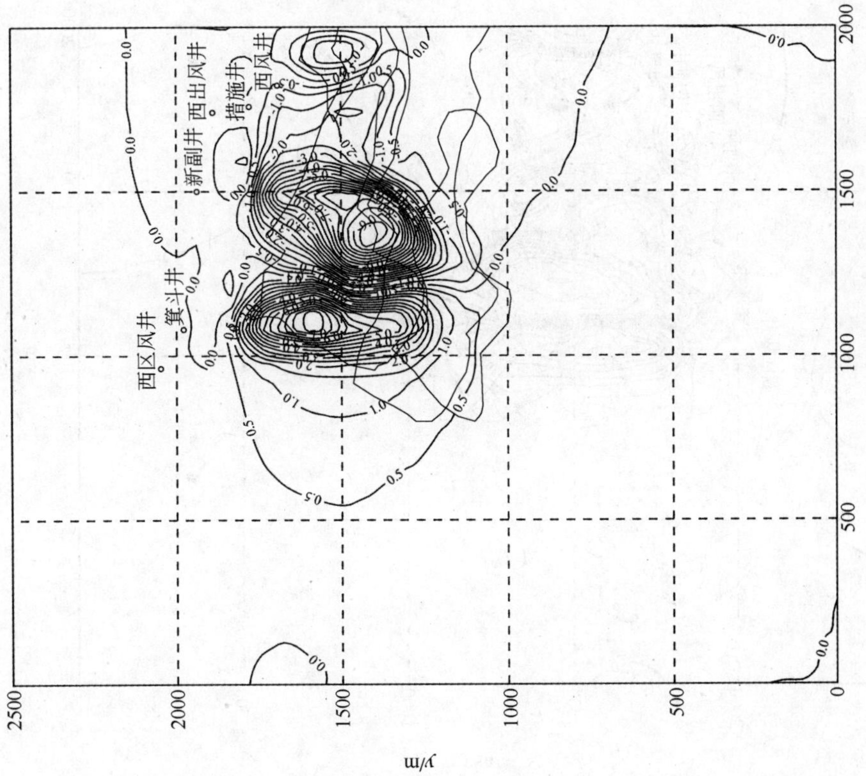

(c)

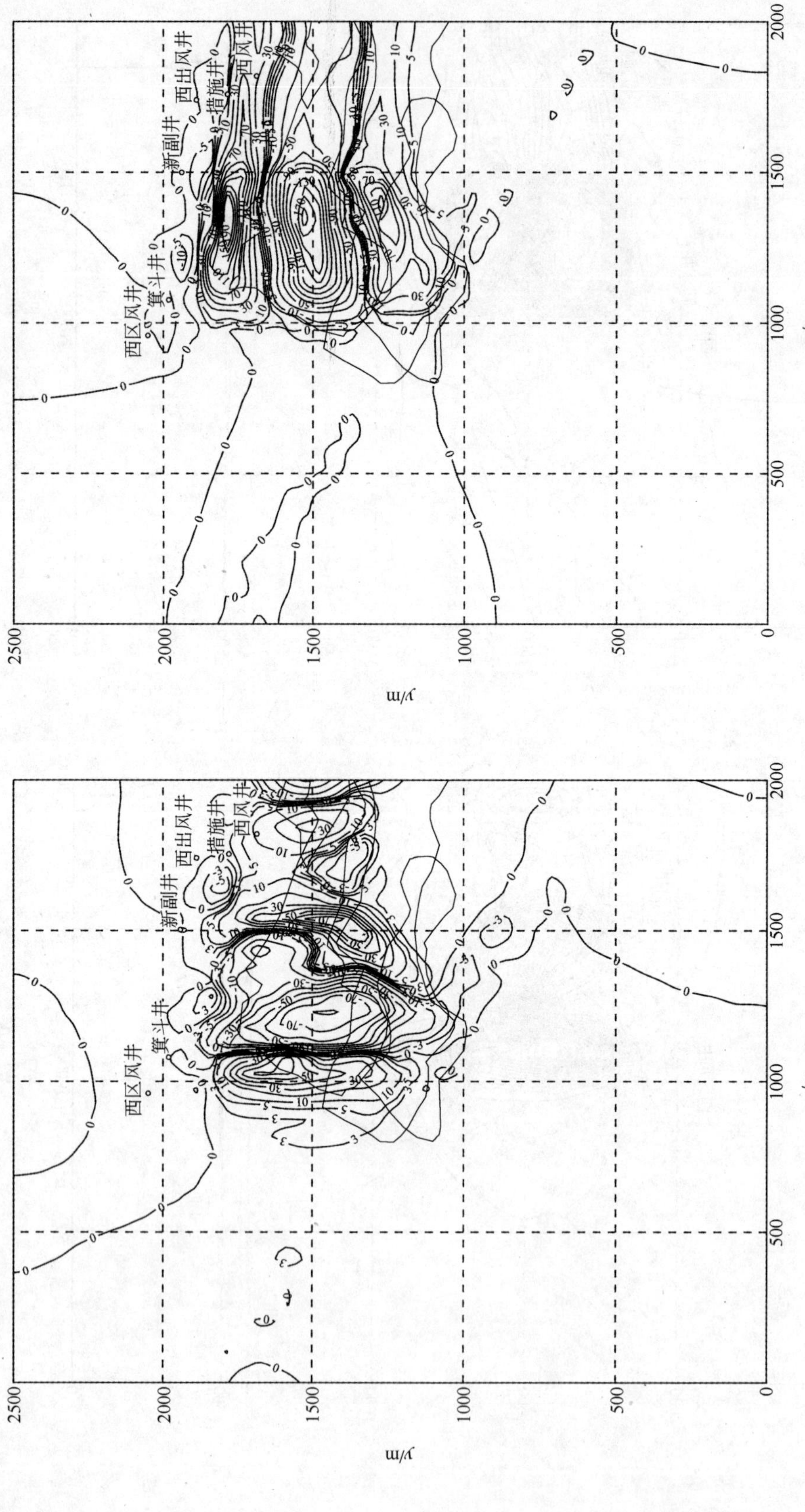

(e)　(f)

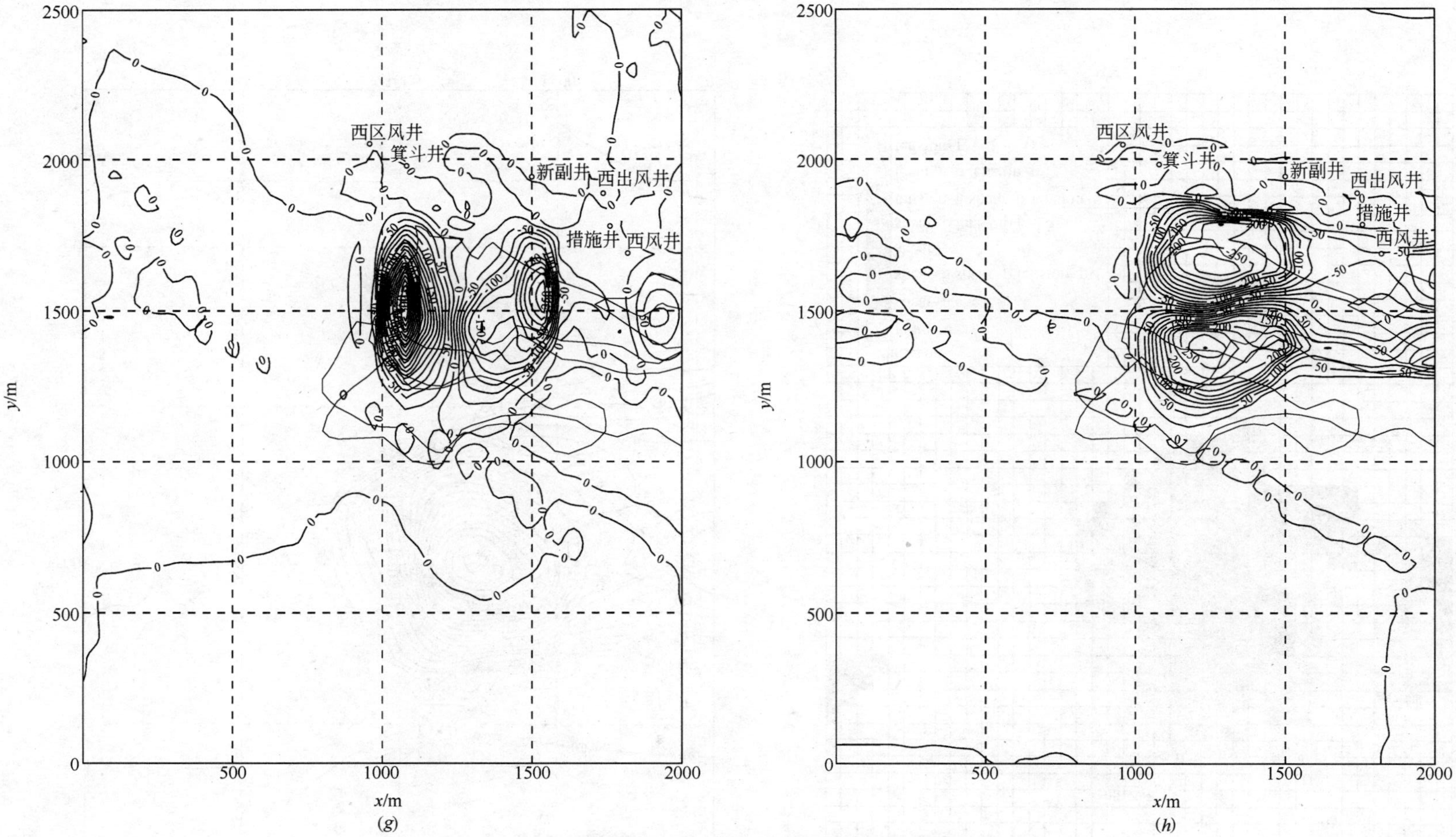

图 4-45 －500 m 水平开采后地表移动变形结果

(a)—地表下沉等值线(m);(b)—地表破坏区;(c)—x 方向水平移动等值线(m);(d)—y 方向水平移动等值线(m);
(e)—x 方向水平变形等值线(mm/m);(f)—y 方向水平变形等值线(mm/m);
(g)—x 方向倾斜等值线(mm/m);(h)—y 方向倾斜等值线(mm/m)

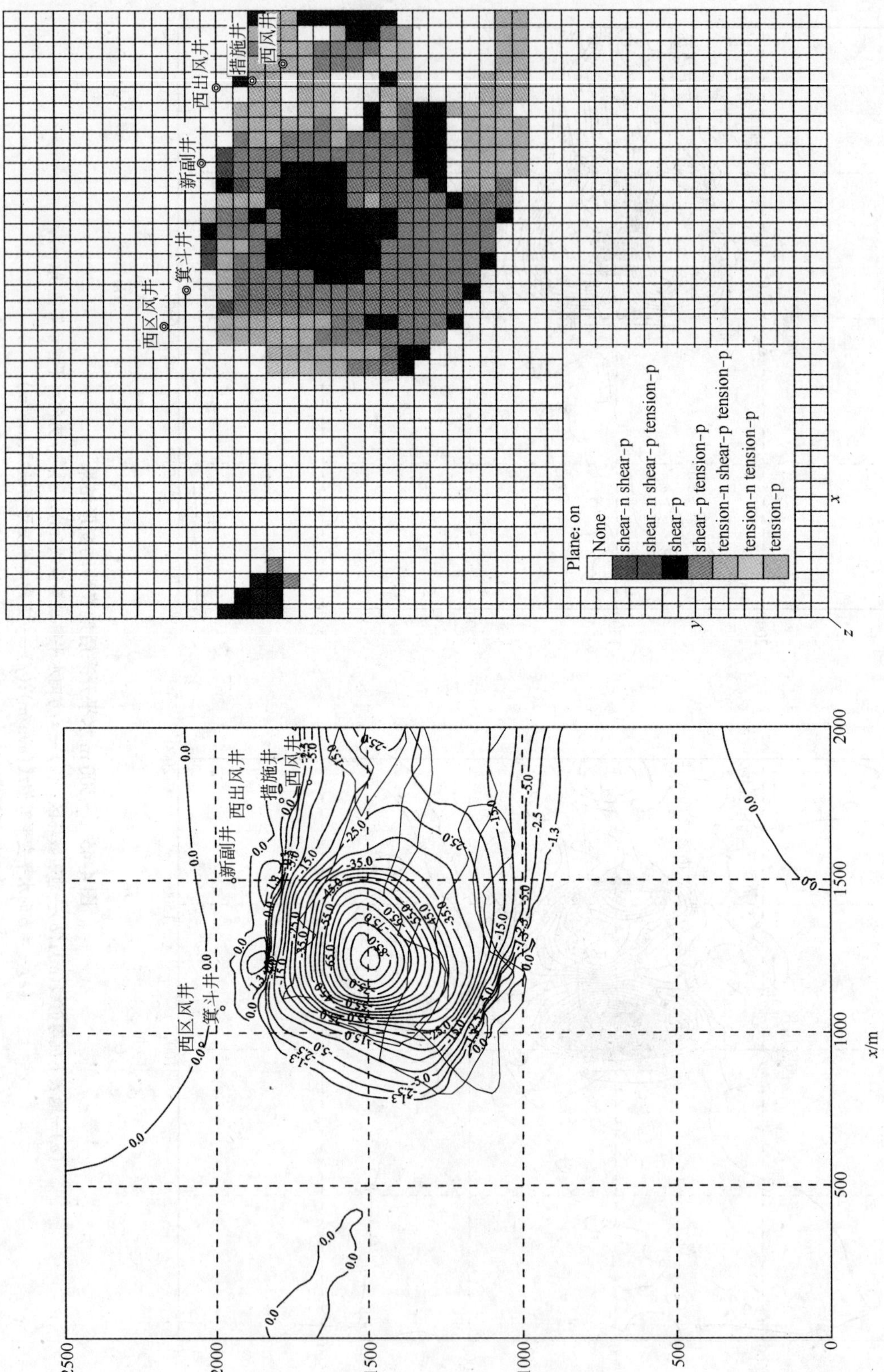
西区风井
箕斗井
新副井
西出风井
措施井
西风井
x/m
y/m
(a)
Plane: on
None
shear-n shear-p
shear-n shear-p tension-p
shear-p
shear-p tension-p
tension-n shear-p tension-p
tension-n tension-p
tension-p
(b)

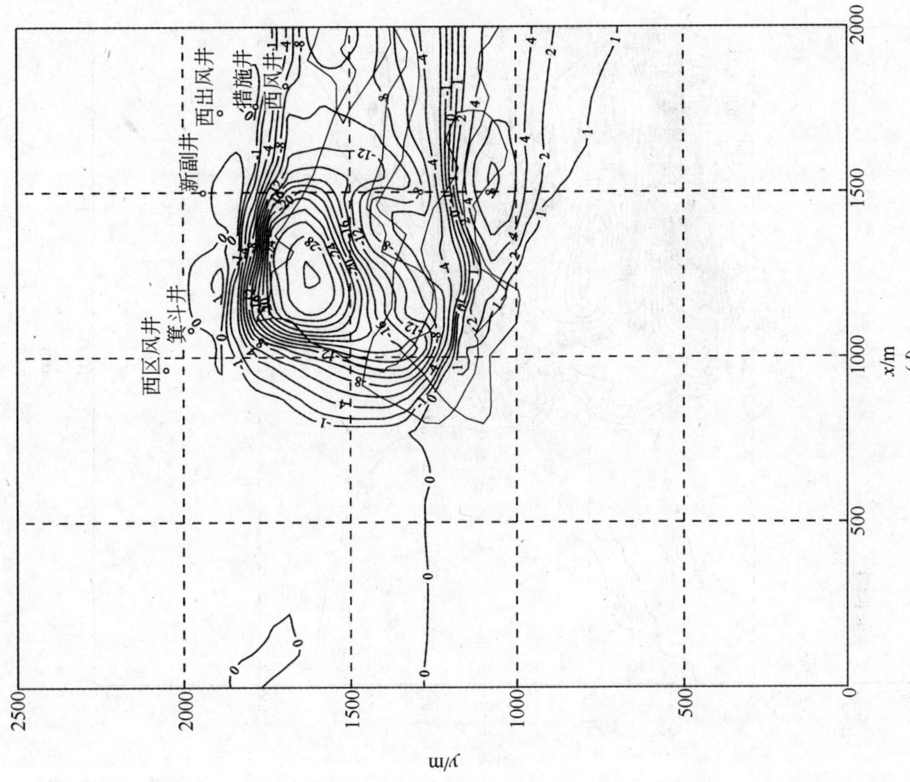

(d)

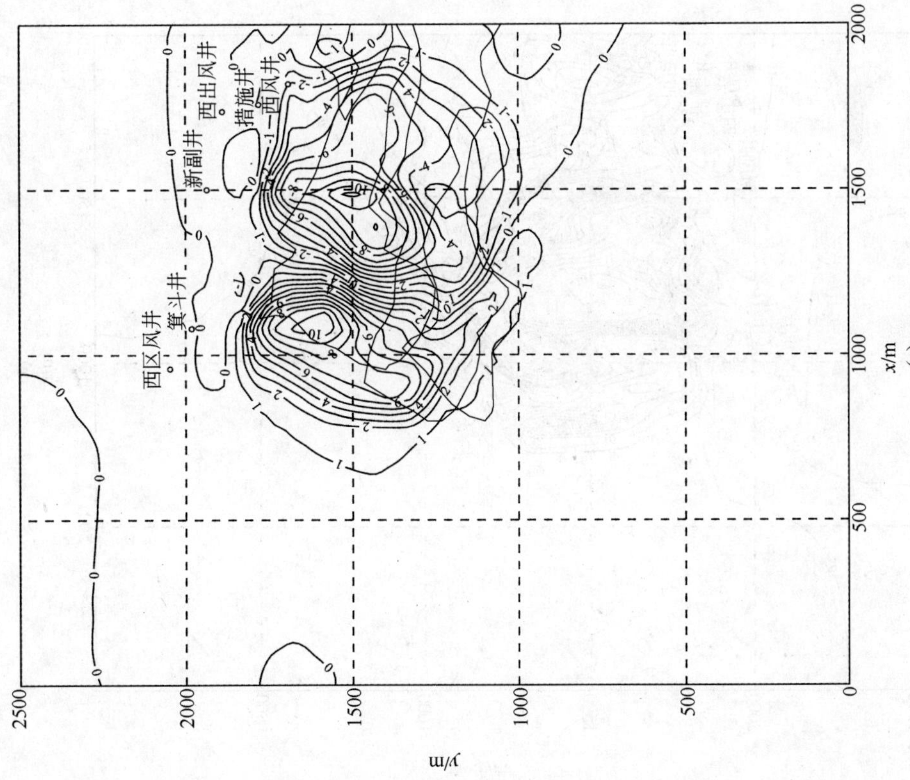

(c)

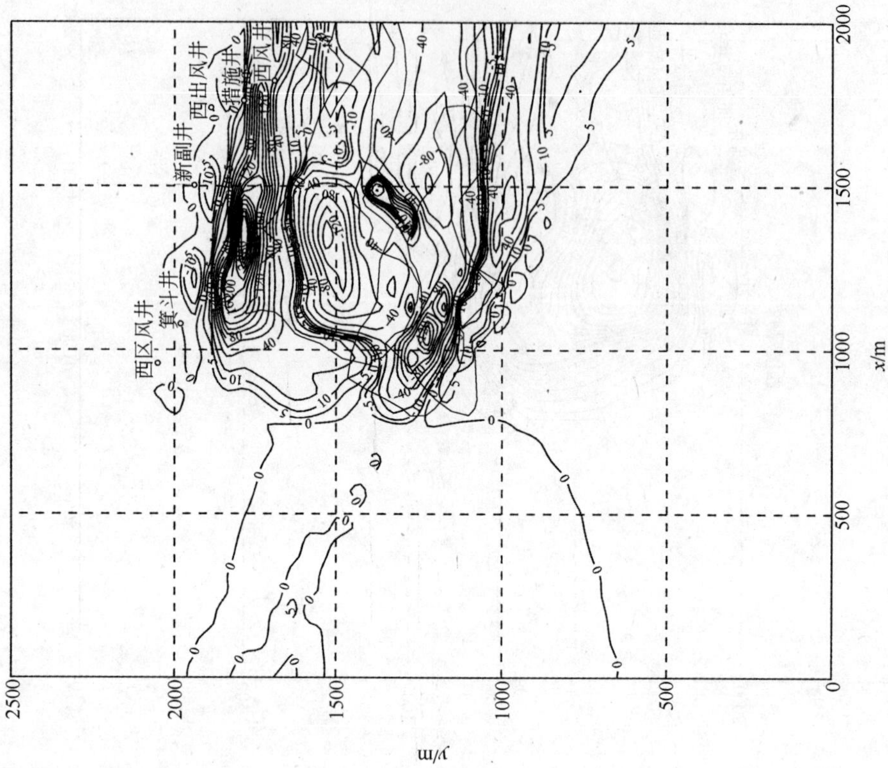

(f)

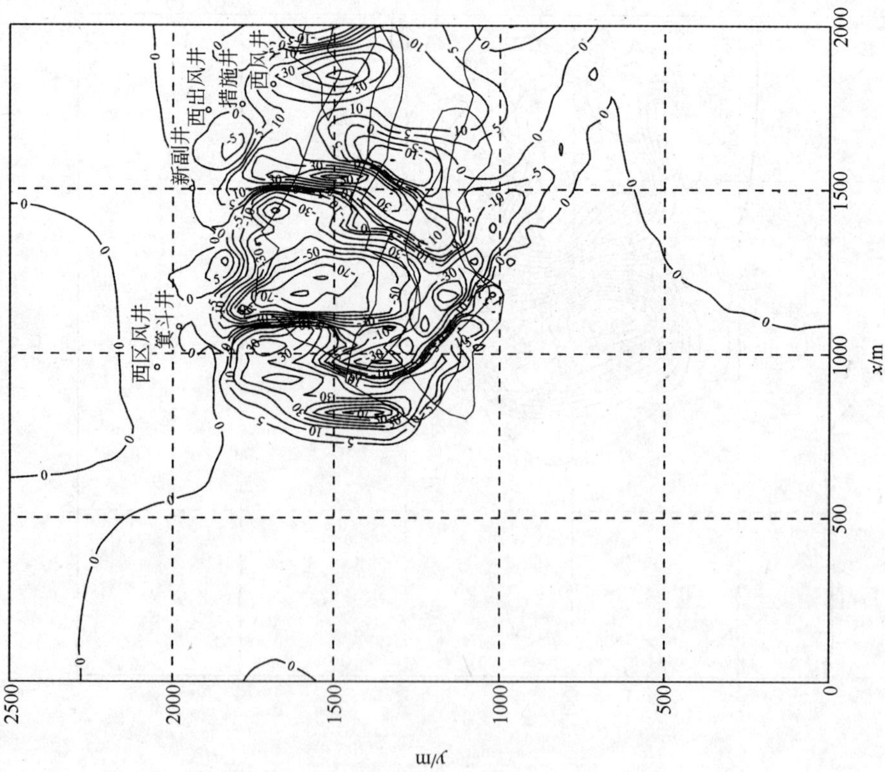

(e)

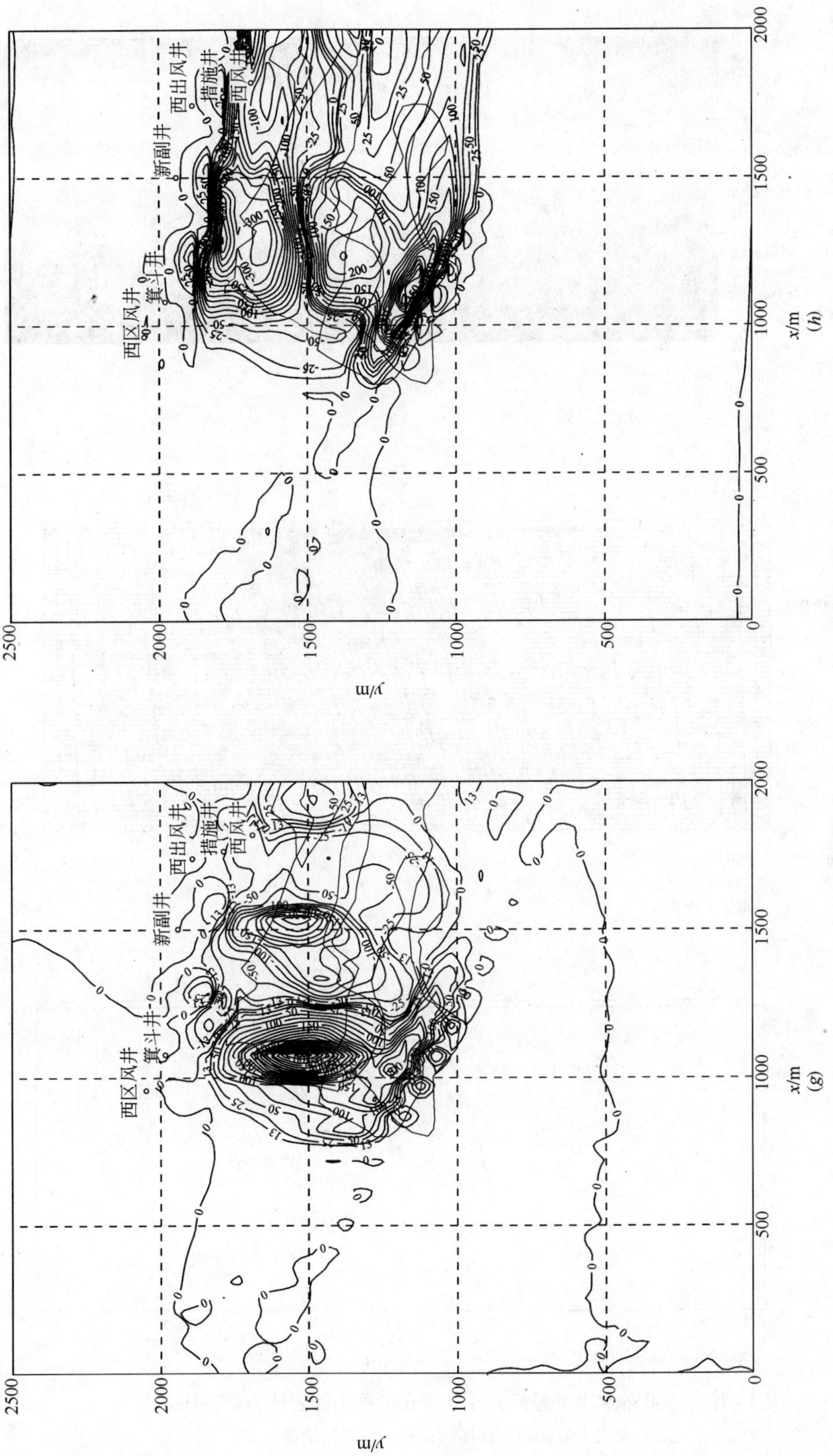

图 4-46　−850 m 水平开采后地表移动变形结果

(*a*)—地表下沉等值线(m);(*b*)—地表破坏区;(*c*)—*x* 方向水平移动等值线(m);(*d*)—*y* 方向水平移动等值线(m);
(*e*)—*x* 方向水平变形等值线(mm/m);(*f*)—*y* 方向水平变形等值线(mm/m);
(*g*)—*x* 方向倾斜等值线(mm/m);(*h*)—*y* 方向倾斜等值线(mm/m)

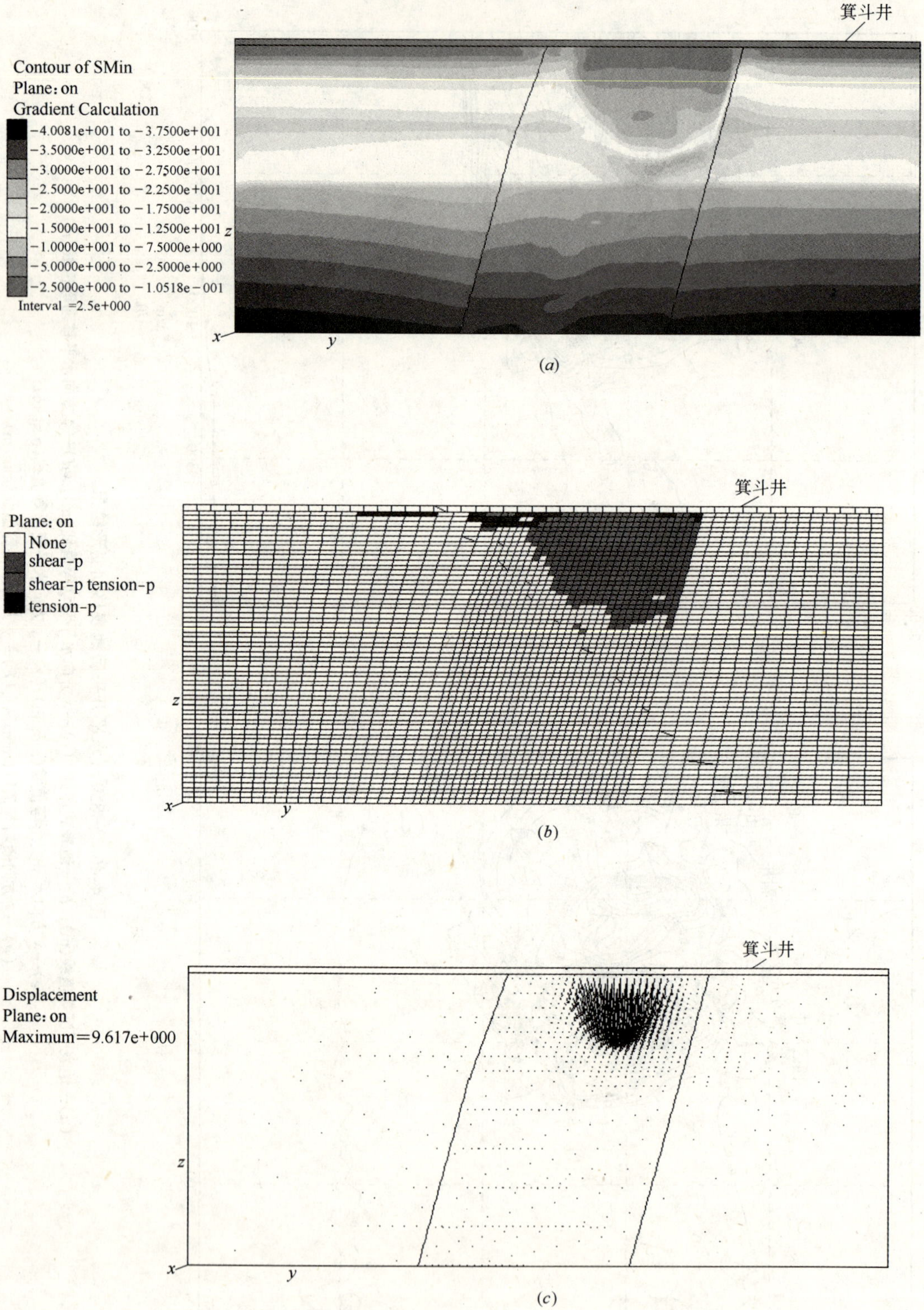

图 4-47 −360 m 水平开采后箕斗井所在剖面上的岩体力学特征

(a)—主应力场;(b)—破坏区;(c)—位移矢量场

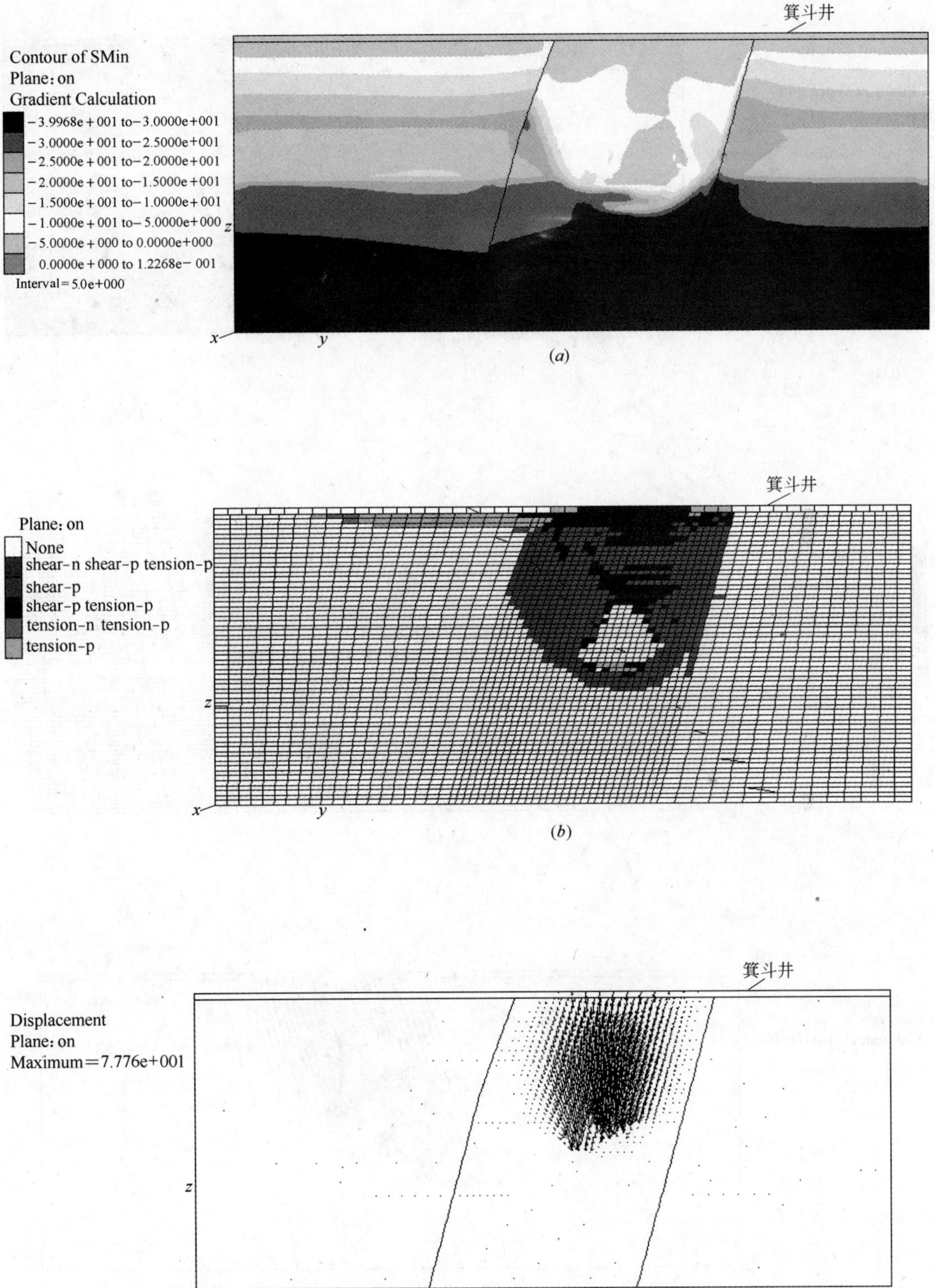

图 4-48 −500 m 水平开采后箕斗井所在剖面上的岩体力学特征

(a)—主应力场；(b)—破坏区；(c)—位移矢量场

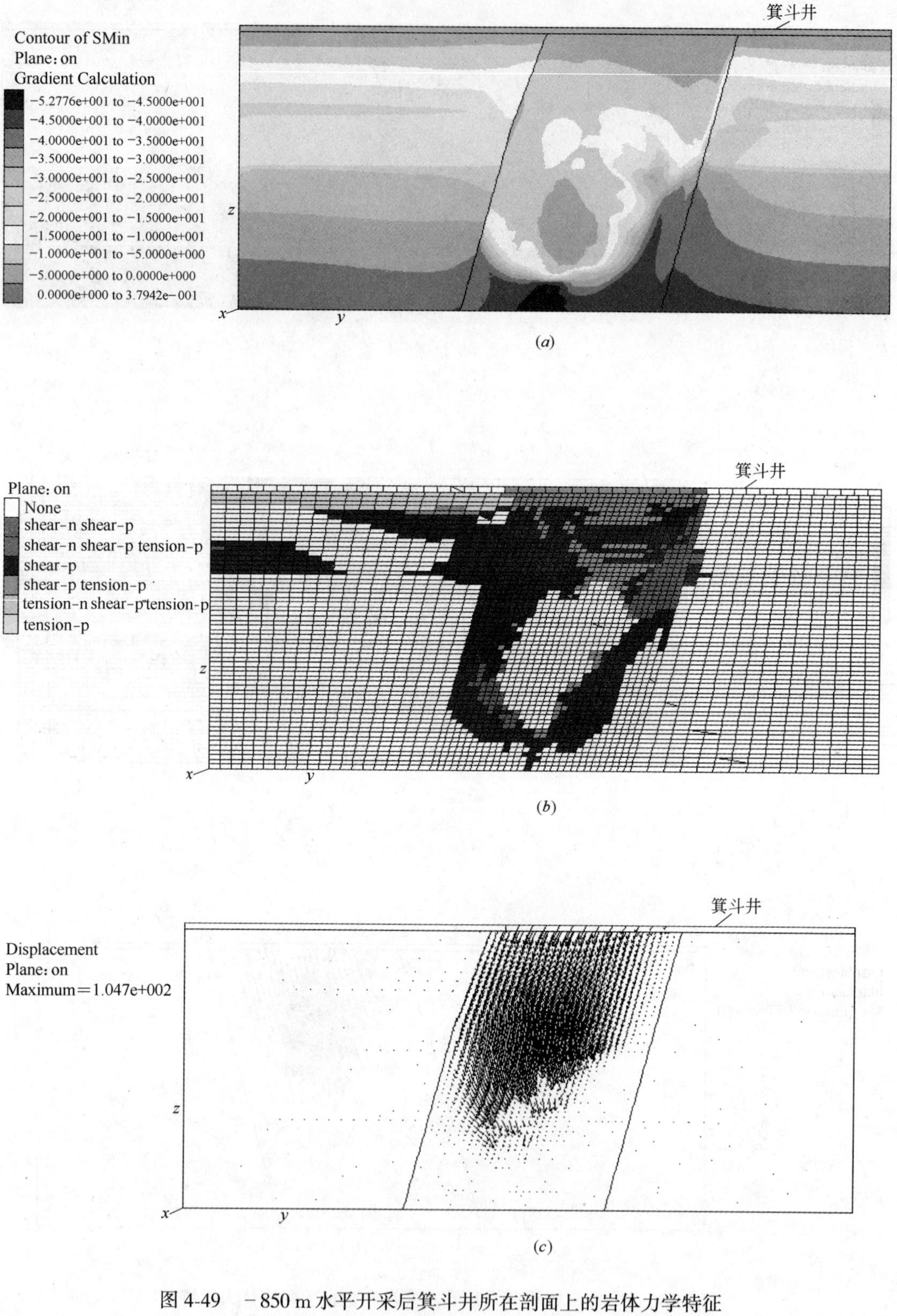

图 4-49　－850 m 水平开采后箕斗井所在剖面上的岩体力学特征

(a)—主应力场；(b)—破坏区；(c)—位移矢量场

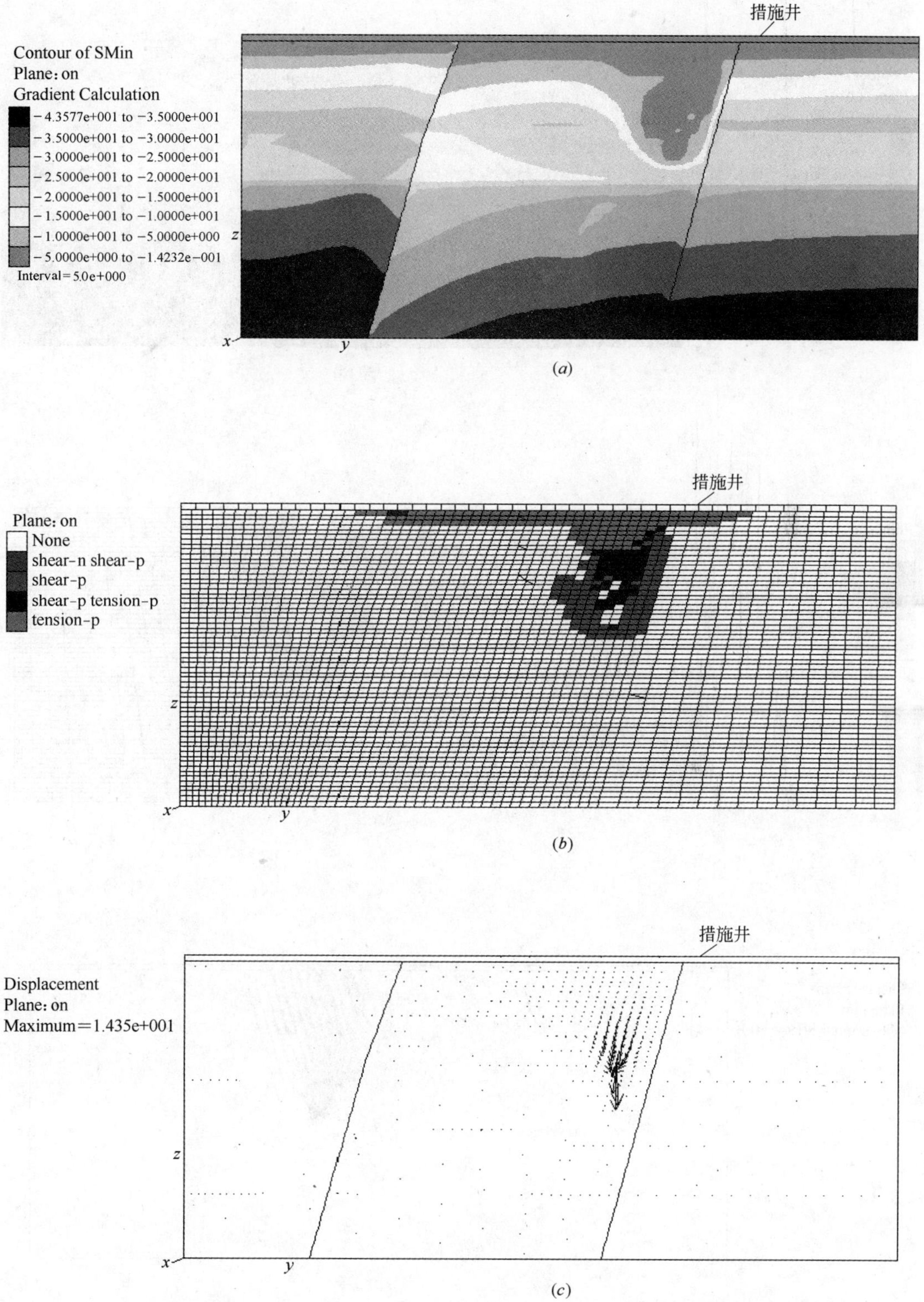

图 4-50 −360 m 水平开采后措施井所在剖面上的岩体力学特征

(a)—主应力场；(b)—破坏区；(c)—位移矢量场

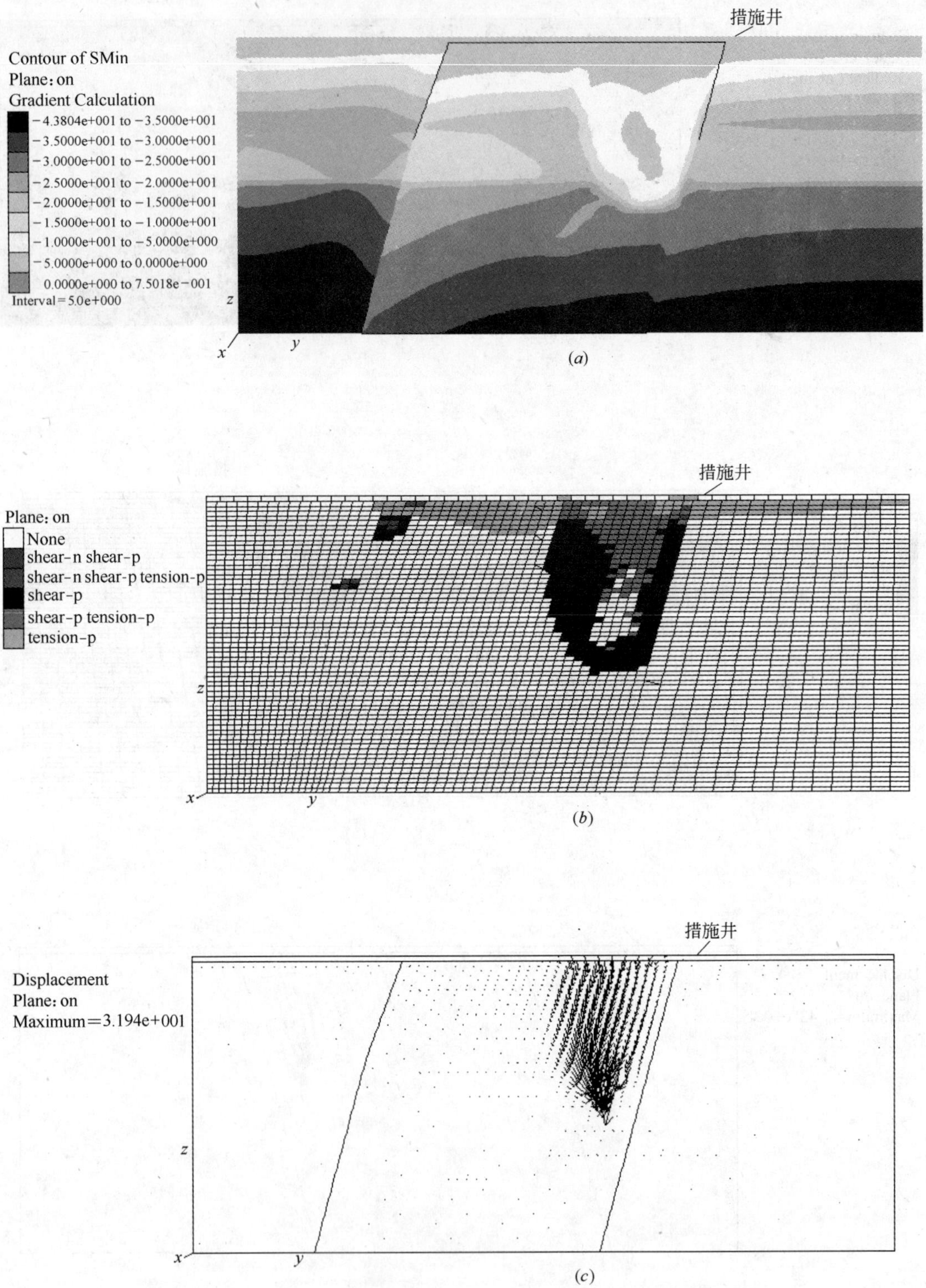

图 4-51　-500 m 水平开采后措施井所在剖面上的岩体力学特征

(a)—主应力场；(b)—破坏区；(c)—位移矢量场

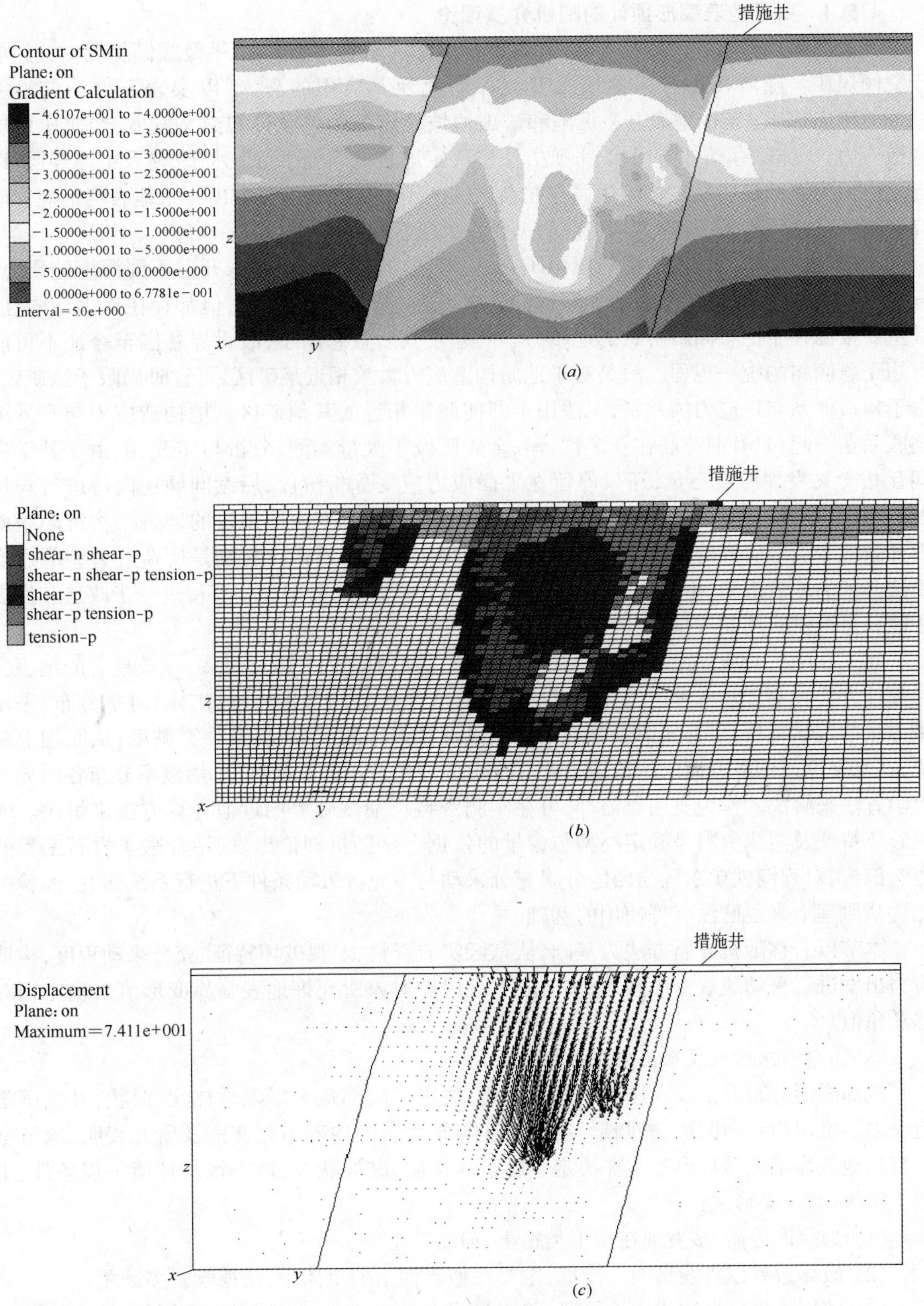

图 4-52 －850 m 水平开采后措施井所在剖面上的岩体力学特征

(a)—主应力场；(b)—破坏区；(c)—位移矢量场

4.5.4 西区地表变形预计的随机介质理论

开采沉陷规律系统的研究与实用,煤矿早于并优于非煤矿山,水平及缓倾斜煤矿又超前于急倾煤矿。随着矿山开采地质灾变规律研究及其应用的深入,以及岩石力学前沿领域——矿山地压、矿山地表开采沉陷和矿山边坡稳定等相关学科的交叉发展,金属矿山中构造应力、矿体赋存条件与产状、采矿方法所决定地表沉陷规律与近水平、薄及中厚煤层、以自重应力为主的煤矿地表移动规律存在本质的区别。这些是该类矿山开采地表沉陷规律研究必须考虑主控因素,通称为构造应力型矿山地表沉陷规律。

构造应力型矿山地表的沉陷规律研究,从不同的侧面,一些国家开展不同深度的研究。只考虑急倾斜产状的影响,在前苏联、德国、中国等有较深入的研究,但都存在很大局限性。其主要根源在于把急倾斜所致的地质力学问题及其后效忽略了,故世界各国至今还不可能有用于急倾斜的统一规程。只是对于地质构造应力大致相近某矿区,可暂时局限于该矿区,由于构造体系与地应力的差别,无法用于即使倾角相近的其他矿区。把构造应力与开采沉陷联系在一起,只有前苏联在众多铁、铜、金矿区做了大量实测、分析与实践,但由于其学科间互相交叉发展深度不足,还只停留在平面应力应变分析阶段,后续问题还尚待进行与拓展。对于以房柱法开采为主的美国及英国一些煤田,从流变问题出发的地表二次沉陷是矿山开采地表沉陷研究的主体,故数值分析法应用广泛。金属矿山特别是构造应力型的用崩落法开采的地表沉陷,由于无法满足变形协调等几何方程,有限元还有待进一步改造和发展才能获得可供实用的效果。

建立在随机介质理论基础上的概率积分法,是目前国内外应用最多、收效卓著的地表变形预计方法。鉴于其机理可以方便解决崩落法开采所致的采出体(放矿体)时空分布,采用该方法的数学特性,可方便解决倾斜剖面上由计算带来的误差,提高计算精度;从原理上来说,在水平面内的各方向的构造应力差异及由此导致开挖卸载问题,可用概率分布各向异性数学方法来解决。作为实用急需,又可在实测资料反馈基础上用近似计算方法来解决。宏观破坏特征及实测资料是确定类型与参量的依据。从随机理论出发,结合采矿岩石工程的力学剖析,对程潮铁矿东区与西区分属充分采动与不充分采动条件下进行系统研究,经验类比法从原理上来说已没有可使用的基础。

本节以岩移随机介质方法为基础,从东区实质资料、宏观破坏特征、充分采动程度、构造应力出发进行采动地表变形预计,按地表Ⅰ级保护对象所允许地表临界变形值来确定相对移动角值。

4.5.4.1 东区地表沉陷宏观破坏特征

浅部岩溶分布及由浅入深矿体形态变化,决定了浅部疏干塌陷呈柱状、筒状,开挖沉陷地表塌陷坑由筒状向圆形、椭圆形、扇形转变与扩大。国内外工程实践及研究表明,地下空洞直到地表塌陷的传播形态主要决定于岩土体性质、破坏状况,地下水与环境工程条件、工程干扰等,有 7 类形式:

(1) 烟筒形传播,多发现在黄土类粉土、粉质黏土中。

(2) 破坏边界以直线型向上传播,主要在似岩似土的土体中,法德学者多采用。

(3) 破坏边界以抛物线向上传播,美国加州大学与湖南大学学者多采用。

(4) 对数螺线型破裂面传播,1989 年首次提出,多用于破碎岩体。

(5) 圆弧状破坏面传播,主控于受拉破坏,1983 年法国学者首先提出。

(6) 任意形态破裂面，1967 年 Spencer 首创准则。

(7) 随机介质方法传播，根据不同条件可转化为上述各类型，1980 年长沙矿冶研究院提出，煤矿等广泛使用，$\frac{r(z)}{R}=\left(\frac{H-z}{H}\right)^n$，$n=1$ 为直线型，$n=0$ 为烟囱型，$n>1$ 为各类上凸型曲线，$n<1$ 为各类下凹型曲线。

针对程潮铁矿东区的实际塌陷情况，此处浅部疏干沉陷坑取 $n=0$。即烟筒型；开采塌陷坑，以 $n>1$ 各类上凸型线传播，为地表圆形、椭圆形、扇形。

岩体内部移动传播形式为上凸型曲线，由 1980 年浅部开采的地表移动观测站实测资料得：$\tan\beta=2.05$，$\eta=0.70$，$n=1.20$，由 1997 年 4 月～1998 年 4 月的由 1 号、2 号、3 号钻孔所组成的岩体内部移动观测站实测移动曲线，可得 $n=1.025$，即在塌陷坑边缘部分，在没有特定的构造弱面影响条件下，其采动影响在地表以下传播深度不大，但扩展较远。

由开采引起的岩体及地表移动在岩体内传播规律，当 $n>1$ 时的水平移动空间分布如图 4-53 所示，可得此处下沉盆地位于开采下盘的采区上方外侧，故岩体内移动 $U_{岩}$ 应小于地表水平移动 $U_{地}$，完全符合传播规律。由此可得出结论，其主要影响半径 $r(z)$ 均在钻孔所测得的最大水平移动值所处位置上方，或靠近采空区一侧通过。

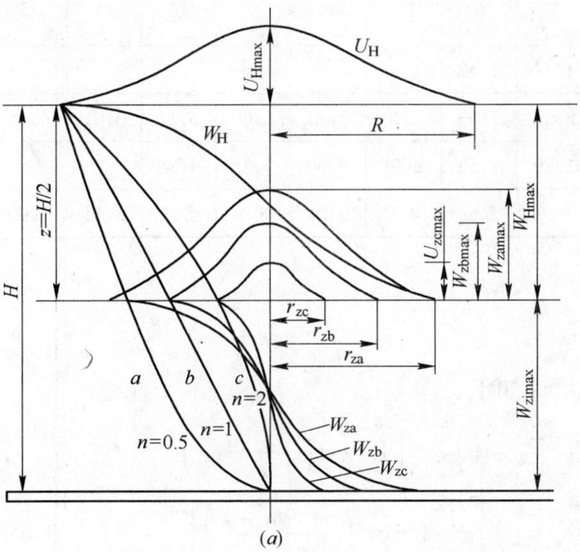

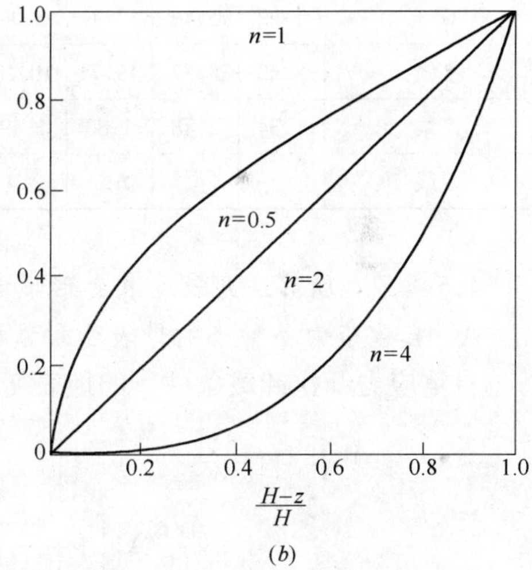

图 4-53　$n>1$ 时，岩体及地表水平移动空间分布图

(a)—地表及岩体内部的 W_z，U_z 曲线；(b)—b_z/b 随 $(H-z)/H$ 的变化曲线

塌陷地表破坏在东区常见两种形式：拉剪错断台阶状破坏和拉伸为主的开裂破坏。拉剪错断台阶状破坏，大部分对应于自重条件下的开采沉陷所致影响区，其错动角值为 $\tan\beta=2.0$，$\beta=63.5°$；纯拉伸破坏则影响边界外扩，从机制上由原岩应力中残余构造应力开挖释放所引起，等效于迭加了水平向残余构造应力释放所外加拉应变，折算成自重应力场，可得 $\tan\beta=H/1.5r=\tan\beta/1.5=1.333$，$\beta=53.1°$。由宏观破坏分布大致可定影响地表与构筑物错动角在 β 范围变动，并受局部构造影响，即 $53.1°\sim63.5°$。

沉陷盆地外侧监测表明,边缘区水平移动值 U 异常,其与下沉值 W 之比,远远大于以自重应力为主的煤矿地表移动规律各类理论所确定比值,见表 4-44。

表 4-44　按随机介质理论举例(点分布位置从影响边缘点起至 0.5 倍影响半径)

U_{max}/W_{max} \ X/r	1.0	1.1	1.2	1.3	1.4	1.5
0.2	1.3935	1.5172	1.5857	1.6	1.7	1.8
0.3	2.0902	2.2758	2.3786	2.4	2.55	2.7
0.4	1.787	3.0344	3.1714	3.2	3.40	3.60
0.5	3.4838	3.793	3.9643	4.0	4.25	4.30

此处 U_{max}/W_{max} 由浅部实测资料 $b=0.20$ 左右,故 U_x/W_x 在边缘区不会超过 2.0,而实际观测结果,如 5、7、9 号勘探线实测点所测结果远远背离此结论,这说明水平构造应力显著是金属矿山不同于自重应力型煤矿的本质区别。计算结果见表 4-45。

表 4-45　5,7,9 线测网 1994 年 5 月 20 日观测的 b 值计算表

测线 \ 点号	1	2	3	4	5	6	7	8	9	10	11	12
横线	1.92	5.48	39.8	3.07	1.52	2.42						
5 线	8.93	5.37	19.74	10.18	2.33	1.53	2.76	2.52	6.09	3.11	3.01	6.45
7 线	1.34	2.48	1.80	1.49	1.29	1.55	2.11	5.60	7.38	4.88		
9 线			6.7	3.4		2.63	4.6	9.04	8.5	8.3	6.11	2.99

4.5.4.2　崩落法开采地表变形预计

A　自重应力条件下的地表变形预计

自重应力开挖卸载条件下的地表变形预计如下:

$$W_{(x,y)}=\frac{1}{W_{max}}\frac{W_{max}}{2}\left\{\left[1+\mathrm{erf}\left(\frac{\sqrt{\pi}}{r}x+1\right)\right]-\left[1+\mathrm{erf}\left(\frac{x-s_0}{r}\sqrt{\pi}\right)\right]\right\}$$
$$\times\frac{W_{max}}{2}\left\{\left[1+\mathrm{erf}\left(\frac{\sqrt{\pi}}{r}y+1\right)\right]-\left[1+\mathrm{erf}\left(\frac{y-q_0}{r}\sqrt{\pi}\right)\right]\right\}\tag{4-19}$$

式中　W_{max}——最大最终地表可能下沉值;

r——地表主要影响半径;

s_0——沿走向 x 方向开采宽度的一半;

q_0——沿倾向 y 方向的开采宽度的水平投影值的一半。

沿 x,y 方向及任意方向 f 的水平移动分别为:

$$U_x(x,y)=\frac{br}{W_{max}}\frac{W_{max}}{r}\left[\exp\frac{-\pi(x+s_0)^2}{r^2}-\exp\frac{-\pi(x-s_0)^2}{r^2}\right]$$
$$\times\frac{W_{max}}{2}\left\{\left[1+\mathrm{erf}\left(\frac{\sqrt{\pi}}{r}y+1\right)\right]-\left[1+\mathrm{erf}\left(\frac{y-q_0}{r}\sqrt{\pi}\right)\right]\right\}\tag{4-20}$$

$$U_y(x,y)=\frac{br}{W_{\max}}\frac{W_{\max}}{r}\left[\exp\frac{-\pi(y+q_0)^2}{r^2}-\exp\frac{-\pi(y-q_0)^2}{r^2}\right]$$

$$\times\frac{W_{\max}}{2}\left\{\left[1+\mathrm{erf}\left(\frac{\sqrt{\pi}}{r}x+1\right)\right]-\left[1+\mathrm{erf}\left(\frac{x-s_0}{r}\sqrt{\pi}\right)\right]\right\} \tag{4-21}$$

$$U_f(x,y)=U_x\cos\varphi+U_y\sin\varphi \tag{4-22}$$

式中 b——水平移动系数；

φ——任意方向 f 与走向 x 轴间夹角。

沿 x,y,f 方向水平变形 $\varepsilon_x,\varepsilon_y,\varepsilon_z$ 及剪切变形 γ_{xy}、最大水平变形 $\varepsilon_{\max}$ 为：

$$\varepsilon_x(x,y)=2\pi b\frac{W_{\max}}{r}\left\{\frac{x+s_0}{r}\exp\left[-\pi\frac{(x+s_0)^2}{r^2}\right]-\frac{x-s_0}{r}\exp\left[-\pi\frac{(x-s_0)^2}{r^2}\right]\right\}$$

$$\times\left\{\left[1+\mathrm{erf}\left(\frac{\sqrt{x}}{r}y+1\right)\right]-\left[1+\mathrm{erf}\left(\frac{y-q_0}{r}\sqrt{\pi}\right)\right]\right\} \tag{4-23}$$

$$\varepsilon_y(x,y)=2\pi b\frac{W_{\max}}{r}\left\{\frac{y+q_0}{r}\exp\left[-\pi\frac{(y+q_0)^2}{r^2}\right]-\frac{y-q_0}{r}\exp\left[-\pi\frac{(y-q_0)^2}{r^2}\right]\right\}$$

$$\times\left\{\left[1+\mathrm{erf}\left(\frac{\sqrt{x}}{r}x+1\right)\right]-\left[1+\mathrm{erf}\left(\frac{x-s_0}{r}\sqrt{\pi}\right)\right]\right\} \tag{4-24}$$

$$\gamma_{xy}(x,y)=-\frac{W_{\max}h}{\pi h}\left\{\exp\left[-\pi\frac{(x+s_0)^2}{r^2}\right]-\exp\left[-\pi\frac{(x-s_0)^2}{r^2}\right]\right\}$$

$$\times\left\{\exp\left[-\pi\frac{(y+q_0)^2}{r^2}\right]-\exp\left[-\pi\frac{(y-q_0)^2}{r^2}\right]\right\} \tag{4-25}$$

$$\varepsilon_f(x,y)=\varepsilon_x\cos^2\varphi+\varepsilon_y\sin^2\varphi+\gamma_{xy}\sin\varphi\cos\varphi \tag{4-26}$$

$$\varepsilon_{\max}(x,y)=\frac{1}{2}[\varepsilon_x+\varepsilon_y\pm(\varepsilon_x-\varepsilon_y)^2+\gamma_{xy}{}^2]^{\frac{1}{2}} \tag{4-27}$$

$$\varphi_{\varepsilon_{\max}}=\frac{1}{2}\arctan\frac{\gamma_{xy}}{\varepsilon_x-\varepsilon_y} \tag{4-28}$$

地表点倾斜 $T_x(x,y),T_y(x,y),T_f(x,y)$ 为：

$$T_x(x,y)=\frac{1}{br}U_x(x,y) \tag{4-29}$$

$$T_y(x,y)=\frac{1}{br}U_y(x,y) \tag{4-30}$$

$$T_{\max}(x,y)=(T_x^2+T_y^2)^{\frac{1}{2}} \tag{4-31}$$

$$T_f=T_{fx}\cos\varphi+T_{fy}\sin\varphi \tag{4-32}$$

地表点曲率 K_x,K_y：

$$K_x=\frac{1}{br}\varepsilon_x(x,y) \tag{4-33}$$

$$K_y=\frac{1}{br}\varepsilon_y(x,y) \tag{4-34}$$

B 考虑放矿量时空配置的地表变形预计

当在 O-xyz 的三维直角坐标系中，视每个放矿步距为一放矿口，作为计算单元，进路宽为 t，放矿步距为 L，$g(s)$为单元放矿口放矿量，r，R 分别为垂直及沿进路方向地表主要影响半径，s,k,m 为以放矿口中心为坐标原点的放矿步距边界点坐标，则地表点的垂直位移为：

$$W(x,y) = g(s)\int_{\frac{L}{2}}^{\frac{1}{2}} \frac{1}{r}\mathrm{exR}\left[-\pi\frac{(x-s)^2}{r^2}\right]\mathrm{d}s \times \int_{-\frac{t}{2}}^{\frac{t}{2}} \frac{1}{R}\mathrm{exR}\left[-\pi\frac{(y-k)^2}{R^2}\right]\mathrm{d}k \tag{4-35}$$

其相应水平移动 $U_x(x,y)$，$U_y(x,y)$，水平变形 ε_x，ε_y，倾斜 T_x，T_y，曲率 K_x，K_y 等均可由此导出，半无限边界、倾斜壁边界条件下地表移动与变形可由此推得。

C　倾向方向地表变形预计

考虑倾角影响的概率积分型的线积分表达式可由下式导出：

$$\iint_D \left(\frac{\partial Q}{\partial X} - \frac{\partial P}{\partial Y}\right)\mathrm{d}x\mathrm{d}y = \oint_S P\mathrm{d}x + Q\mathrm{d}y \tag{4-36}$$

式中，D 为开采工作面的采空区域，为单连通域，并且函数 $P(x,y)$，$Q(x,y)$ 在 D 上具有一个阶连续偏导，S 为区域边界曲线，得出上述线积分与面积分转换的格林公式。

$$W(x_0,y_0) = W_{\max}\sum_{i=1}^{n}\int \frac{1}{2r}\exp\left[-\pi\frac{(y-y_0)^2}{r^2}\right]\mathrm{erf}\left[-\pi\frac{x-x_0}{r}\right]\mathrm{d}y \tag{4-37}$$

其水平移动 $U_x(x_0,y_0)$，$U_y(x_0,y_0)$ 为：

$$U_x(x_0,y_0) = U_{\max}\sum_{i=1}^{n}\int_{L_i} \frac{1}{r}\exp\left[-\pi\frac{(x-x_0)^2+(y-y_0)^2}{r^2}\right]\mathrm{d}y \tag{4-38}$$

$$\begin{aligned} U_y(x_0,y_0) = {} & U_{\max}\sum_{i=1}^{n}\int_{L_i} -\frac{\pi(y-y_0)}{r^2}\exp\left[-\pi\frac{(y-y_0)^2}{r^2}\right]\mathrm{erf}\left[\pi\frac{x-x_0}{r}\right]\mathrm{d}y + \\ & \cot\theta W_{\max}\times\sum_{i=1}^{n}\int_{L_i} -\frac{1}{2r}\exp\left[-\pi\frac{(y-y_0)^2}{r^2}\right]\mathrm{erf}\left[\pi\frac{x-x_0}{r}\right]\mathrm{d}y \end{aligned} \tag{4-39}$$

其水平变形 $\varepsilon_x(x,y)$，$\varepsilon_y(x,y)$ 为：

$$\begin{cases} \varepsilon_x(x_0,y_0) = \dfrac{\partial U_x(x_0,y_0)}{\partial x} \\ \varepsilon_y(x_0,y_0) = \dfrac{\partial U_y(x_0,y_0)}{\partial y} \end{cases} \tag{4-40}$$

相应的倾斜 $T_x(x_0,y_0)$，$T_y(x_0,y_0)$ 与曲率 $K_x(x_0,y_0)$，$K_y(x_0,y_0)$ 由上述公式导出。

D　水平方向概化地应力条件下的地表变形

概化地应力为实测地应力与自重应力两者之差，均为水平方向：

$$\begin{cases} \sigma_1^T = \sigma_1 - \dfrac{\mu}{1-\mu}\gamma H \\ \sigma_3^T = \sigma_3 - \dfrac{\mu}{1-\mu}\gamma H \end{cases} \tag{4-41}$$

式中　μ——岩石泊松比；

γ——容重；

H——采深。

概化地应力的开挖卸载对地表开采沉陷规律的改造主要通过在自重应力开挖卸载所引起的地表变形基础上再迭加一个水平系统的变形分布，此变形分布主要决定于：

(1) 下沉系数 η 相对减小。减小相对量 n，决定概化地应力 σ_1^T，σ_3^T 与 σ_z 的比值，K_1，K_3 及岩体泊松比 μ。

$$n = (K_1 + K_2)\times(1-\mu)/(1+\mu) \tag{4-42}$$

(2) 地表移动影响范围相对扩展，可通过 $\tan\beta$ 的改变来表示，由各采动影响岩层内水平应力 $\bar{\sigma}_1,\bar{\sigma}_3$ 的综合值与 σ_z 之比来决定。

综合上述可得到采动影响下地表变形分布，并正确地顾及水平应力、倾角与结构、放矿量配置的主控因素。

4.5.4.3 西区一期开采设计

西区一期工程设计年产铁矿石 80 万 t，保证东区选厂一期开采不受破坏。采用无底柱分段崩落法开采，分段高度 17.5 m，进路间距 15 m，开采阶段高度 140 m。阶段水平有 -430 m 运输水平，-360 m 辅助水平兼主进风水平，-290 m 主回风水平。首采水平为 -302 m 水平。西区一期服务年限 17 年。17 年后，东区选矿厂拆除，新建西区选矿厂。同时回收 -414～-344 m 水平向的选厂矿柱 175.77 万 t。年下降速度 7～10 m/a，-358 m 水平以上采用上、下分段同时回采可以实现 80 万 t/a 生产能力，按有效进路验证年产量见表 4-46。

表 4-46 按有效进路验证年产量

分段标高 /m	矿量 /万 t	矿柱矿量 /万 t	可采矿量 /万 t	可布进路条数	进路总长 /m	进路均长 /m	有效进路条数	可达产量 /万 t	开采时间 /a	下降速度 /(m/a)
-288	21.76	16.55								
-302	52.22	16.61	36.51	6	660	110	5.4	19.3	0.356	39.31
-316	57.43	5.30	52.13	6	830	138	5.44	19.4	0.521	26.87
-330	103.31	8.00	95.31	9	1435	160	8.72	31.2	0.953	14.69
-344	151.16	15.87	135.29	19	2147	113	15.2	54.3	1.353	10.35
-358	192.09	21.15	170.87	24	2900	120	17.75	63.5	1.709	8.19
-372	227.55	32.85	194.34	34	3440	101	24	85.8	1.947	7.19
-386	210.74	36.40	174.34	35	3060	88	25	89.4	1.743	8.03
-400	195.42	38.05	157.37	33	3400	103	26.4	94.4	1.574	8.89
-414	193.97	47.32	146.65	35	2930	84	30	107.2	1.467	9.54

4.5.4.4 地表变形预计

西区开采地表沉陷相关数值见表 4-47。

表 4-47 西区开采地表沉陷相关数值

分段标高 /m	等效开采体面积 /(m×m)	W_{max} /mm	T_{max} /(mm/m)	ε_{max} /(mm/m)
-274～-288	—	—	—	—
-288～-302	65×110	3639	19.56	5.95
-302～-316	65×138	2915	15.10	4.59
-316～-330	105×160	2553	12.76	3.88
-330～-344	182×113	3558	17.19	5.23
-344～-358	210×120	3396	15.87	4.82
-358～-372	288×101	3976	17.99	5.47
-372～-386	300×88	4564	20.02	6.09
-386～-400	316×103	3908	16.63	5.06
-400～-414	360×84	4778	19.74	6.00

4.5.4.5　移动角的确定

A　下盘移动角 β

对于西区一期各分段开采，每条勘探线上的下盘移动角值是不同的。应以某分段开采后最小移动角 β_{min} 作为圈定该勘探线上开采边界点依据。

对于各勘探线，以自重应力型的 Γ，ε 临界值为标准，以水平构造应力型的 ε_Γ 临界值为标准，β_{min}存在 3 个值，参见表 4-48。

表 4-48　各勘探线 β_{min}数值表

剖面线	41	39	37	35	33	31	29	27	25	23	21	19	17	∞
$\beta_{\Gamma min}$/(°)	73.2	68.9	66.6	64.9	63.9	63.8	63.8	62.7	65.1	65.0	66.0	68.6	73.2	
$\beta_{\varepsilon min}$/(°)	71.1	67.0	6.2	64.4	61.8	61.5	61.8	62.3	62.2	63.8	64.0	66.0	69.6	
$\beta_{\varepsilon\Gamma min}$/(°)	66.8	63.8	61.5	59.9	60.5	59.3	61.8	59.9	60.5	63.1	62.4	62.2	64.6	
$(\beta_\Gamma-\beta_\varepsilon)$/(°)	2.1	1.9	2.4	2.5	2.1	2.3	2.0	0.4	2.9	2.2	2.0	2.6	3.6	2.23
$(\beta_\varepsilon-\beta_{\varepsilon\Gamma})$/(°)	4.3	3.2	2.7	2.5	1.3	2.2	2.4	24	1.7	0.8	16	3.8	5.0	2.61

由表 4-48 可见，角值由大到小依次为 β_Γ，β_ε，$\beta_{\varepsilon\Gamma}$。对于构造应力型矿山，则为 β_Γ，$\beta_{\varepsilon\Gamma}$，因此，最外圈构造应力迭加后的地表水平变形即为所对应的边界。现场塌陷坑的错动角与宏观破坏特征相对应，即内圈剪切错动，外圈为拉伸破坏。从矿井构筑物保护出发，可只考虑以 $\beta_{\varepsilon\Gamma min}$作为判别标准。

各勘探剖面间的 $\beta_{\varepsilon\Gamma min}$也不相同，在各分段综合开采影响中心处剖面具有 $\beta_{\varepsilon\Gamma min}$中的最小值。此外为 31 勘探线，$\beta_{min}=59.3°$，在其他开采地质、岩性、构造条件相同情况下，此 β_{min}值主要决定于此区开采的充分程度。在沿倾向、走向的开采宽度都超过 2 倍主要影响半径条件下，称双向充分采动，通过开采中心的倾向剖面称倾向主剖面，此时其下盘与上盘才具有相对恒定的移动角值。开采面积再增加，移动角值不再变小。当双向非充分采动时，随着开采面积相对减小，非充分程度增加，则 β_{min}值对应增加。在西区目前设计开采轮廓下，为双向非充分采动，对应较大的 $\beta_{min}=59.3°$。也同样由上述公式系列可知：与 31 勘探线相平行，又与该勘探线相距不同的各勘探线，随着相距距离增加，其移动角值也相应增加，可取用表 4-48 中的 $\beta_{\varepsilon\Gamma min}$的值。

对于西区二期各分段开采，主要从开采充分程度与深度关系来探讨移动角值变化。在其他条件相同情况下，可以认为非充分采动程度对地表变形分布影响还是遵从相同规律：则浅采非充分系数 $n_1=f\left(\dfrac{L}{R}\right)=f\left(\dfrac{L}{H/\tan\beta}\right)=f\left(\dfrac{L\tan\beta}{H}\right)$，深采时非充分采动系数 $n_2=f\left[\dfrac{(L+\Delta L)\tan\beta}{H+\Delta H}\right]$，则 $n_1\geqslant n_2$，移动角值就不会变小。在绝大多数情况下，$\dfrac{L}{H}<\dfrac{L+\Delta L}{H+\Delta H}$，即矿体倾角略微变缓，水平厚度稍厚，仍满足上述条件，$\beta_{\varepsilon\Gamma}$不会变小；只在倾角特别变缓，厚度剧增时，要考虑由不充分转为充分采动时的 $\beta_{\varepsilon\Gamma}$的变小。

B　走向移动角 δ

对于采区西侧地表布置有与倾向锐角相交的 41，43，45 勘探线，按沿勘探线及沿走向平行的等间距的剖面线两种形式来研究走向移动角。

从表 4-49 可见，等于或近于临界变形值的区段，离采区越近勘探线所占范围越大，即 41

线近于43线又远于45线，其 δ 值变化在76.0°～63.4°间。

表 4-49 各剖面线移动角值及对应区间

剖面线	移动角值/(°)	对应区间	对应区间	对应区间
41	80.5	N37 m～S186 m		
	80.8	N66 m～S220 m	S40 m～S111 m	N37 m～S186 m
	78.2	N78 m～S234 m	N25 m～S172 m	N64 m～S216 m
	76.0	N87 m～S248 m	N56 m～S208 m	N84 m～S270 m
43	72.9	S28 m～S125 m	S22 m～S130 m	N43 m～S191 m
	73.5	N4 m～S150 m	N34 m～S180 m	N70 m～S224 m
	71.4	N28 m～S176 m	N48 m～S196 m	N80 m～S326 m
	69.4	N40 m～S189 m	N52 m～S208 m	N80 m～S248 m
45	65.9	—	—	S38 m～S118 m
	66.7	—	—	N22 m～S175 m
	65.0	—	S45 m～S108 m	N28 m～S184 m
	63.4	—	S25 m～S128 m	N32 m～S193 m

从与走向平行的各剖面来看，通过开采中心平行走向主剖面，其处于临界变形值 $\varepsilon_{x\Gamma i}=2\ mm/m$，点位于45～47勘探线之间，$\delta\approx63.0°$，位置距下盘边界向着空区40 m，则可以认为距下盘开采边界向着上盘方向40 m的走向平行线为主剖面，其 $\delta\approx63.0°$，与走向主剖面线平行，向着下盘方向平行线移动角 $\delta_{下}$，每增加20 m，$\Delta\delta_{下}=+0.8°$，则符合 $\varepsilon_{\Gamma}=2\ mm/m$ 等变形线。

C 上盘移动角 γ

由表4-50可见，$(\beta-\gamma)_{\varphi}=3.71°$，其主要剖面为31线，$\gamma_{\varepsilon\Gamma\min}=54.3°$；向两边其 γ 值增大，按非充分采动程度验算，随采深不会有减小的剧变。

表 4-50 各剖面上盘移动角

剖面线	41	39	37	35	33	31	29	27	25	23	21	19	17
$\beta_{\varepsilon\Gamma\min}$/(°)	63.6	59.7	59.4	54.9	57.5	54.3	59.6	56.4	54.5	61.1	59.9	57.0	59.8
$(\beta-\gamma)$/(°)	3.2	2.1	2.1	3.0	3.0	5.0	1.8	3.5	6.0	2.0	2.5	5.2	4.8

4.5.4.6 小结

对于西区一期开采，圈定各勘探线的移动角可按地表临界值来确定，并再外移20 m作为维护带。具体移动角值为：

(1) 下盘和上盘移动角 β，γ 计算结果如表4-51所示。

表 4-51 西区一期开采下盘和上盘移动角

勘探线	41	39	37	35	33	31	29	27	25	23	21	19	17
β/(°)	66.8	63.8	61.5	59.9	60.5	59.3	61.8	59.9	60.5	63.1	62.4	62.2	64.6
γ/(°)	63.6	59.7	59.4	54.9	57.5	54.3	57.6	56.4	54.5	61.1	59.9	57.0	59.8

(2) 走向移动角：

1）在距下盘边界线向南方向 40 m 处具有最小值 $\delta_{min}=63.0°$。

2）离开综合走向主剖面，向下盘平行走向剖面上，每隔 20 m$\nabla\delta_{min}=1.6°$。

3）离开综合走向主剖面，向上盘平行走向剖面上，每隔 20 m$\nabla\delta_{min}=0.8°$。

(3) 随着走向深部开采，上述移动角值 β,γ,δ 一般不再变小。如矿体倾角突然变缓、水平向厚度突然增加、沿走向开采长度增长值超过深度增长时，需专门考虑移动值减少的具体量值。

(4) 上述分析与结论是在设定上覆岩层疏排水对地表沉陷无附加影响的前提下作出，现场也无此实测数据。

4.5.5　西区开采围岩错动对工程建设影响和对策

4.5.5.1　地表主要设施及重要性分析

矿山开采需要保护的矿山建筑物和构筑物按其用途和引起的变形后果分为三个等级，见表 4-14。程潮铁矿地面主要工业设施包括：措施井及附近设施、西风井井筒、西出风井井筒、新副井工业场地、西区箕斗井及附近设施如西风风井筒等。另外，在地表还有一些农用设施和民用建筑，如王家洞村和小学、程潮大湾村、机修车间、选矿厂区以及农田水利设施等，这些建筑物除部分在错动区内的需要搬迁外，其他生产设施均需要保护。

上述设施的结构特征，安全等级和对应的防护标准等详见表 4-52。作为西区的竖井井筒应是矿山开采的主要保护对象。对于农用设施，由于缺少其准确的结构特征，在实际生产中，可根据实际情况确定其保护等级和是否搬迁。

表 4-52　程潮铁矿西区地表建筑物特征及安全等级表

场区名称	建筑物名称	基本特征	安全等级	水平变形/(mm/m)	备注
措施井	信号楼	二层、砖混结构	Ⅲ	6.0	
	站　房	单层、砖混结构	Ⅲ	6.0	
	机车、矿车修理间	高度 9.2 m，建筑面积 1314 m²。钢筋混凝土结构	Ⅲ	6.0	
	措施井井塔楼	高度 60 m，筒体结构	Ⅰ	1.5	
	措施井	井口标高：+85.00 m，井底标高：−720.0 m，井筒深度：635.0 m，净断面面积：28.26 m²	Ⅰ	1.5	
西风井		井口标高：+82.50 m，井底标高：−675.0 m，井筒深度：592.5 m，净断面面积：12.56 m²	Ⅰ	1.5	
西出风井		井口标高：+123 m，井底标高：−466 m，井筒深度：343 m，净断面面积：12.56 m²	Ⅰ	1.5	
新副井工业场地	新副井	井口标高：+89 m，井底标高：−670.7 m，井筒深度：759.7 m，净断面面积：33.17 m²	Ⅰ	1.5	
	办公楼	3层，砖混结构	Ⅲ	6.0	
	浴　室	高度 7.8 m，建筑面积 270 m²。钢筋混凝土结构	Ⅲ	6.0	
	配电室	单层，砖混结构	Ⅲ	6.0	
	空压机站	单层，砖混结构	Ⅲ	6.0	
	设备修理间	单层，砖混结构	Ⅲ	6.0	
	西区箕斗井井塔楼	高度 60 m，筒体结构	Ⅰ	1.5	

续表 4-52

场区名称	建筑物名称	基本特征	安全等级	水平变形/(mm/m)	备注
西区箕斗井	西区箕斗井	井口标高：+100 m，井底标高：−638.8 m，井筒深度：738.8 m，断面面积：19.63 m^2	Ⅰ	1.5	
	西区箕斗井井塔楼	高度 70 m，筒体结构	Ⅰ	1.5	
	转运站	多层，钢筋混凝土结构	Ⅱ	3.0	
	胶带机及皮带通廊	多层，钢筋混凝土结构	Ⅱ	3.0	
	贮矿仓	多层，钢筋混凝土结构	Ⅱ	3.0	
	总降压变电所	高度 11.7 m，建筑面积 779 m^2，砖混结构	Ⅱ	3.0	
西区风井	西区风井	井口标高：+94 m，井底标高：−532 m，井筒深度：438 m，净断面面积：19.63 m^2	Ⅰ	1.5	
	贮水池	直径 ϕ9.4 m，埋深 −3.0 m，钢筋混凝土结构	Ⅲ	6.0	
	贮料棚	单层，砖混结构	Ⅲ	6.0	
	给料间	多层，钢筋混凝土结构	Ⅱ	3.0	

4.5.5.2　基本结论

在对程潮铁矿西区全面的工程地质、水文地质及围岩稳定性分析的基础上，分别采用智能神经网络法、三维和二维 FLAC 和随机介质法计算了西区地下开采不同开采区域、不同开采深度的岩体错动角，并对重点的剖面的主要井筒进行了详细的计算，分析开采深度的变化对井筒稳定性的影响。三维 FLAC 计算结果还直接确定了地表岩层的移动范围。计算结果详见表 4-53 和表 4-54。综合上述三个研究结论后，−430 m 水平上开采的岩体错动角详见表 4-55。

表 4-53　西区错动角研究计算结果比较

勘探线	阶段水平	上盘错动角/(°)				下盘错动角/(°)			
		二维	三维	神经网络	随机介质	二维	三维	神经网络	随机介质
15 线	−430	59.7	56.18	51.6		65.9	81.75	66.7	
17 线	−430				59.8				64.6
19 线	−430				57.0				62.2
21 线	−430	—	61.96		59.9				62.4
23 线	−430				61.1				63.1
25 线	−430				54.5				60.5
27 线	−430				56.4				59.9
29 线	−430				57.6				59.4
31 线	−430				54.3				59.3
33 线	−430				57.5				60.5
35 线	−430				54.9				59.9
37 线	−430				59.4				61.5
39 线	−430	51.5	66.50	53.7	59.7	63.9	62.00	61.8	63.8
41 线	−430				63.6				66.8
47 线	−430	—		77.5		—		64.6	

表 4-54　西区错动角研究计算结果比较表(端部)

开采水平	西端部错动角/(°)
-430	71.3

表 4-55　西区错动角研究计算结果表

开采深度	上盘错动角	下盘错动角	西端部错动角
-430 m 以上	58.9°	64.2°	71.3°

4.5.5.3　地下开采对地表设施的影响分析

1991 年由鞍山黑色冶金矿山设计研究院作出的《武汉钢铁公司程潮铁矿西区一期建设工程设计》中,根据类比法提出的程潮铁矿西区开采不同深度的岩体错动角见表 4-56。

表 4-56　原设计提出的程潮铁矿西区开采岩体错动角

开 采 深 度	上　盘	下　盘	端　部
风化层　30～50 m	50°	50°	50°
岩　石　<500 m	55°	63～65°	63～65°

对比表 4-55 和表 4-56 的结果,可以看出,在开采的深度划分上,原设计是以 500 m 深度为界,考虑地表标高,与研究报告 -430 m 水平原则上是一致的。

对于 -430 m 水平以上研究后,上盘错动角由 55°提高到 58.9°,提高了 3.9°;下盘错动角由 63～65°,调整为 64.2°,比最低值 63°提高 1.2°;端部错动角由 63°～65°,提高到 71.3°,比最低值 63°提高 7.3°。

-430 m 水平以上,上下盘和端部错动角均有一定的提高,对于程潮铁矿西区一期开采,地面设施的保护有利,减少了一期开采征地面积,减少了矿柱量,取得直接的经济效益。

矿山地下开采地表错动区的形成受多种因素控制,矿体的开采为主导因素,矿体的赋存状况、围岩特征、地下水特征、矿区地应力场特征、矿区构造特征、地表地形特征、矿体的开采深度、采出的空间尺寸、采矿方法、开采顺序等因素也直接影响地表错动区的形成。

西区在地形特征上属于上、下盘地势较高,矿体正上方较低,矿体走向上沿沟谷展布,相对高差在 50～100 m 之间。沟谷中主要为一些村庄、农田等,无大的、重要性的工业设施和矿山永久设施。矿体上盘区地势略高,主要为农田,也没有重要性的工业设施和矿山永久设施;矿体下盘地势较高,端部地势变化较大,前述的矿山重要性设施、矿区公路、村庄等均分布在这一区域内。1991 年程潮铁矿西区一期开采设计时,大多数新建的井筒及附属设施均布置在按原设计错动角所圈定的错动区以外。部分设施,如选矿厂、矿区公路、部分已建设施和村庄处于错动区内。由于这些设施属于矿山的重要性建筑,无法搬迁,需要在矿山开采时,采用留矿柱的方式进行保护。

矿体开采对井筒影响的计算分析表明:西风井当地下开采达到 -360 m 水平时,所在地表即发生明显的移动变形,地面建筑物接近Ⅱ级破坏标准。随着地下开采向深部进行,西风井所在地面移动变形加剧,建筑物将超过Ⅲ级破坏标准。

受地下开采影响明显的是西风井和措施井周围建筑(超过Ⅲ级破坏标准);新副井和西出风井略有影响,所在地面建筑在Ⅰ级破坏等级以下;西区风井和箕斗井基本不受地下开采的影响。

程潮铁矿西区一期(-430 m 水平)开采后,位于矿体下盘的井筒受到不同程度的影响,除西风井外,其余井筒在 -430 m 开采时的水平变形和倾斜均小于Ⅰ类建筑物的损害要求。

4.5.5.4 地表主要设施的对策措施分析

总体上，由于错动角的提高，矿体上、下区的错动界限比原设计有一定的缩小。上盘缩小平均在 45 m 左右，下盘缩小平均在 13 m 左右，使得按原设计所圈定的错动界限外的下盘矿山永久设施均处在错动区以外的安全的区域内。西风井处在程潮铁矿东、西区交界处的错动区边缘。

按设计的采矿方法，西区 −430 m 开采后，主要井筒处于错动区外，不需要采取特殊的保护措施。西风井受采动影响较大。在西区 47 勘探线下盘附近的原选矿厂附近在原设计时需要留取矿柱来进行保护，研究后在此区域仍然需要采取保护措施，但矿柱量比原设计减少。

目前，程潮铁矿西区端部区和部分上盘内的地面的村庄和农用设施比 1991 年一期开采设计时有了很大的增加，按照设计的要求，处于错动区内的一般性设施和村庄、农田需要搬迁。

矿山实际生产后，地表形成错动区与理论分析计算的结论会有一定差距，需要在生产过程中建立一套岩体塌落和地表位移的监测系统，根据错动区的形成过程和大小分析岩体的塌落过程，预测不同开采水平时的错动区范围，为矿山永久设施的保护提供依据。

4.6 金山店铁矿地表围岩崩落机理与移动规律预测

4.6.1 地表变形的宏观表现及其特征

金山店铁矿张福山矿床自基建和生产投产 30 多年来，所发生或已发现的地表变形如下：

(1) 1973～1977 年，在矿床西部西风井南西 200 m 的李万隆一带的农田中，发生过 19 处总共约 1100 m^2 的地表塌陷。

(2) 1981 年 10 月～1982 年 12 月，为配合井下采矿方法试验，分别在Ⅰ，Ⅱ采区设计施工地表及井下岩层移动观测站，地表沿矿体走向主断面上布设一条观测线，垂直走向布设两条观测线。结果在历时近 1 年的观测中，测得测点的最大水平位移 703 mm，最大下沉 1853 mm。

(3) 1986 年，在太婆山小露天采场附近发现局部明显的下陷错动。

(4) 对比 1965 年、1979 年和 1996 年测量资料，发现Ⅰ采区 C-C 观测线上的 C_2、C_3、C_4 点的下沉值分别达到 2.1 m，1.4 m 和 1.1 m。在 *A-a* 观测线附近，可见明显的地表(向采场方向)倾斜。

(5) 1999 年Ⅰ采区和Ⅱ采区的地面已形成大小不一连续的塌陷坑，坑的顶面呈近似椭圆形，坑底面积很小，形似漏斗状。

(6) Ⅰ采区和Ⅱ采区上下盘在地面呈现规模不一的地表裂缝群。

归纳起来，其变形形式主要包括：地面弯曲沉降(倾斜)、水平位移(拉伸、开裂)和塌陷。裂缝的发育具有以下几个特点：

(1) 平面上的总体延伸方向近一致，均在 NW70°W～S70°E 左右，但局部平面形态不甚规则；

(2) 裂缝发育的多数地段一般不止一条，往往平行发育几条裂缝，相距几十厘米到 2 m 不等；

(3) 多数裂缝既具水平方向上的拉张,又具铅直方向上的相对错动;

(4) 多数裂缝存在北盘(近采空区)上升而南盘下降的"反向"错动现象;

(5) 裂缝主要发育于上盘地表;

(6) 由于上盘地表大多为松散堆积层所覆盖,所以地表所见绝大多数裂隙均表现为在覆盖层中的特征。

4.6.2 地表变形地质分析及围岩移动过程

A 地面塌陷

张福山矿床的开采是先露天后地下,在Ⅱ采区 10 线以西有太婆山小露天采场,采深至 54 m 水平。在Ⅰ采区 19～23 号的第一副线间的小露天采场,采深至 40 m 水平。在露天开采同时,矿山已从 1958 年开始进行地下开采的基建工作,主要采用无底柱分段崩落法进行采矿。从此,地下采空区逐步形成并逐渐扩大。

在开采放顶及采空区形成后,顶板岩层便不断地产生各种形式的变形,如松动、冒落、滑移等。在露天坑底部位,由于采空区上部顶板岩层较薄,当顶板岩层的崩落达到一定程度时,导致井下地表(露天坑底)的陷落。

B 围岩层移动的地质分析

上盘围岩主要为沉积变质岩(角页岩),岩层产状为 203°～217°∠60°～74°,矿体的产状 197°～210°∠63°～85°,与岩层产状相近。显然采空区的空间整体产状是与矿体的产状相近的。即走向 NW,倾向 SW。从围岩与采空区的相对部位看,对围岩的整体稳定起主导作用的节理应为 NW 和 NWW 两组,它们多倾向 SW 或近垂直,只有少数倾向 NE 且倾角一般在 80°以上。另外,发育于矿岩接触带的几条断层(F_{101}～F_{104})其产状也均为走向 NW,倾向 SW。这样,上盘围岩倾向采空区的结构面不构成优势结构面,因而难以形成贯通性的滑移面。

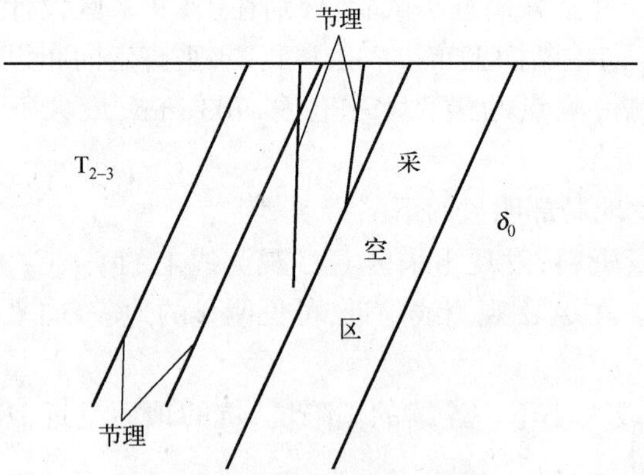

图 4-54 上盘岩体主要节理组合

从图 4-54 可以看出,采空区形成后,对上盘围岩来说,实际上形成了一个反倾角的临空面。虽然不存在倾向采空区的优势结构面,但层面、节理仍然是弱面,它们的存在构成了上盘岩体变形的主要内因,即岩体的构造条件。同时考虑到以下三个方面的因素:(1)在矿山开采前,矿体及围岩内存在一定量级的初始构造应力;(2)岩体自身重力的作用;(3)露天开采及地下开采形成采空区后导致岩体内应力状态的改变,同时为岩体的变形提供了空间。因此说,上盘围岩的变形是在构造应力和重力共同作用下造成的倾倒和错落。其发展过程分析如下:

(1) 露采阶段。对上盘围岩来说,形成地表临空面,随着采深的加大,岩体实际上已开始产生变形,但是由于露采坑的边坡不可能形成反坡,加之采深不大(<30 m)其变形甚小。

(2) 露采结束转入地下开采后,地下采空区逐步形成,同时,其顶板岩层也开始崩落,随着崩落的进一步发展,部分地段造成地表地下采空区的连通。但采空区的实际形态不可能像图 4-54 示意的那样完整和完全，在横剖面上，无论是水平方向还是垂直方向，都有规模不一的“岩桥”，这对上盘围岩具有一定的支撑作用，使其不致产生短时间内岩体大规模的变形破坏。但是，随着岩层的崩落和岩体内应力的调整，“岩桥”内部必然产生应力集中，当集中应力超过其自身强度时，便逐步产生破坏。于是支撑作用减弱，围岩从临空面开始产生松弛并逐渐向远离临空面方向发展。从前述的结构面产状看，这种松弛作用（应力的释放与调整）的结果导致围岩上部的开裂。

(4) 随着开采深度的加大，采空区向下延伸扩大，岩体的裂缝也会向下延伸，当围岩中的陡倾结构面连通并在下部的临空面上出露时，即可能产生近垂直方向的错落。

(5) 上一阶段开采结束后不继续向下开采，围岩的变形在一段时间后应会达到一相对稳定状态。但是，随着下一阶段的开拓与开采，顶板岩石的崩落则会加剧上部围岩的变形，其结果是导致岩体变形范围的扩大。

(6) 当采空区上部保留一定厚度的矿岩体不进行开采而形成覆岩层时，在地下采空区形成后，尽管会引起上部岩层的变形，地表变形的幅度有可能大大降低，这将取决于采空区的规模产状及围岩，特别是覆岩层的地质特征。

4.6.3 地表变形离散单元法模拟计算分析

4.6.3.1 简介

计算采用的程序是中科院武汉岩土力学研究所开发的二维块体同步松弛离散元程序 BSDEM。该方法采用离散元基本接触模型，在不适用牛顿第二定律以力平衡为准则方面，它与通常静态松弛法的解题思想相类似，主要区别在于：该方法要同时考虑各块体的运动，组构块体系的整体平衡方程组，通过求解方程组，得出块体群在每个循环时平衡位置。而整体平衡方程组的建立直接依赖于块体间的接触关系，该方法计算收敛速度快于普通的离散单元法，计算结果更趋于合理。

4.6.3.2 计算分析模型

根据已有的计算条件和金山店铁矿矿体分布与开采情况，采用二维离散单元法对Ⅰ采区中 *A-a* 和 *B-b* 剖面进行数值模拟分析。计算剖面选取的主要原则：*A-a* 剖面的位置位于Ⅰ采区中部，有代表性；*A-a* 剖面有地表监测资料，以供计算时的对比和参考利用。*B-b* 剖面位于矿体端部。另外分析计算了Ⅱ采区 *D-d* 剖面，对该采区不回填地下开采作了数值模拟。

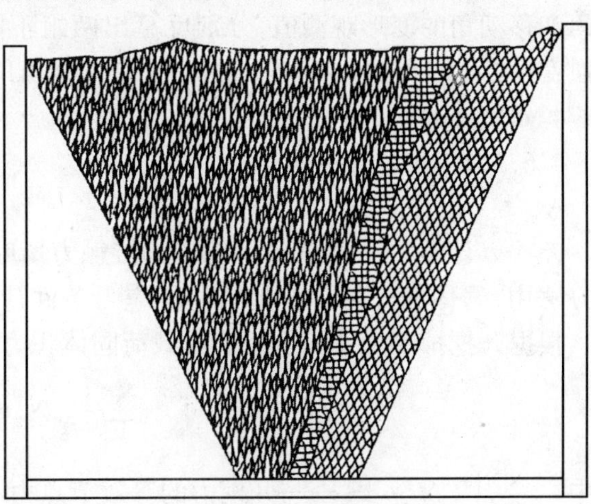

图 4-55 *A-a* 剖面计算模型与分块

计算范围沿垂直向从地表至 −550 m，绝对高差在 700 m 左右；水平方向宽度的确定参照设计的移动角延深至地表，再向外延伸 100 m，总宽度达 900 m。*A-a* 的计算模型见图 4-55。根据节理组，块体一般按 8～10 m 间距进行划分，块体总数 *A-a* 剖面为 2500 块，*B-b* 剖面为 2610 块。其中边界块体是作为边界约束形式，并不参与计算。*D-d* 剖面与 *A-a*、*B-b* 剖面情况类似。计算结果表明,这样做基本上不影响计算精度,可大大减少计算工作量。

计算范围内的块体单元划分采用全自动的计算机划分。根据地质资料中上、下盘围岩的节理分组和矿体的走向,对上盘确定出了三组对 A-a 和 B-b 剖面敏感的节理组,下盘确定出二组节理组,计算模型反映的节理组见表 4-57。

表 4-57 计算模型反映的节理组

上盘围岩					下盘围岩				
序 号	节理分组	走向/(°)	倾向	倾角/(°)	序号	节理分组	走向/(°)	倾向	倾角/(°)
1	北北东向	3	南东	80～90	1	北西向	312～344	南西	42～60
2	北西西向	274	南西	80～90	2	北东东向	75	北西	69～82
3	北西向	280～310	南西	60～70					

4.6.3.3 计算参数的确定

离散元计算中参数的确定是能否取得合理计算结果的重要影响因素。反分析方法是解决上述问题最好的办法,即根据已有的地下开采引起的地表变形和破坏情况来反推这些不易确定的参数。

采用刚性块体模型时所需物理力学参数包括:岩体容重 γ,块体接触面变形参数 K_n,K_s,块体接触面强度 c,φ。容重可以实测,K_n,K_s 体现岩体的变形特性,与通常用的弹性模量 E、泊松比 μ 有关,一般可按下式计算:

$$\begin{cases} K_n = \Delta \cdot E \cdot A(2 \cdot \Delta l) \\ K_s = K_n / [2(1+\mu)] \end{cases} \tag{4-43}$$

式中 Δ——设定的岩块平均尺寸 10 m;

A——单位宽度 1 m;

Δl——节理裂隙宽度。

根据金山店矿岩体力学试验研究结果并稍作调整,$K_n = 1.04 \times 10^9$ N/m,$K_s = 4.0 \times 10^8$ N/m。

块体接触面强度 c,φ 值主要根据反分析方法求得。根据当前的开采深度和相应的崩落角和移动角的变形观测值,分别反算出两组不同的 c,φ 值,崩落角研究采用的块体接触面强度指标为:$c = 0.86$ MPa,$\tan\varphi = 2.26$;移动角研究采用的块体接触面强度指标为:$c = 0.974$ MPa,$\tan\varphi = 2.57$。

4.6.3.4 模拟计算过程

A 模拟方式

开挖力计算 当由初始状态求得接触力场后,即可进行开挖和回填模拟计算。在有限元方法中,岩体的开挖一般是由初始应力条件计算出开挖面上的作用荷载,并将此荷载反向。根据开挖掉单元体积上的面力载荷同体积力之和与其内力相平衡的原则,有:

$$\sum_{S_E}\int_{S_E^e} N^T p \mathrm{d}S + \sum_{V_E}\int_{\Omega^e} N^T b \mathrm{d}\Omega = \sum_{V_E}\int_{\Omega^e} B^T \sigma \mathrm{d}\Omega \tag{4-44}$$

式中 $\sum_{S_E}\int_{S_E^e} N^T p \mathrm{d}S$——开挖力的等效节点力 f_E;

V_E——开挖掉的单元体积;

S_E——开挖界面面积；

p——作用于 S_E 上的面力载荷；

b——作用于 S_E 上的体力载荷；

σ——开挖掉单元体积的内力。

从公式 4-44 可以很直观地得到离散块体的开挖力计算，根据开挖体单元 V_E，与开挖面 S_E 之间有：

$$\sum_{S_E} F^t_{S_E} + \sum_{V_E} b = \sum_{V_E} F^t_{V_E} \tag{4-45}$$

式中，$F^t_{S_E}$ 为开挖块体与开挖边界的接触力，也就是开挖力，$F^t_{V_E}$ 为开挖内力，即为开挖块体之间的接触力。在此处，可直接由第一项得到开挖力，在力学上解释可以为直接去掉开挖体和围岩之间的接触。因为接触力是成对存在的，作用在围岩上的开挖力刚好是反向的接触力。

回填模拟　离散元方法中的回填方式一般如有限元一样在回填区内增加新的单元或块体。对于被开挖区的回填情况，一种简便的方法是将开挖区的块体直接弱化成回填体的块体，这不仅在计算上方便，而且采用这种回填方式，对于离散元这一类松弛方法(即由小位移逐渐累加成大位移)，可合理地节省大量计算量，并可避免采用新增回填块体计算时可能导致计算的不稳定。

对回填区的模拟同时要遵守几个采矿方法方面的事实：一是回填物在整个采矿过程中是永远处于一种流动的低应力状态，即可认为自上而下的充填体均处于同一种力学状态，故不能作分阶段回填模拟；二是回填体的强度和应力远远低于围岩，因为计算的目的并不是关心回填体的力学状态，而是要模拟围岩的运动规律。

计算中回填的模拟采用了回填区块体直接弱化的方法，即将 K_n、K_s 调小 0.001 倍，允许回填块体有更大的变形，并将其容重乘以 0.6。

B　计算方案

对该矿Ⅰ采区地下开采二维离散元数值模拟分析的主要方案见表 4-58 和表 4-59。其中表 4-58 是研究崩落角方案，表 4-59 是研究移动角方案。

表 4-58　崩落角计算方案

开挖水平/m	剖面 *A-a*		剖面 *B-b*	
	回填	不回填	回填、矿体出露	不回填、矿体不出露
-90	√			
-115	√		√	√
-130	√	√		
-165	√	√		
-200	√	√	√	√
-270	√		√	√
-400	√		√	√
-550	√		√	√

表 4-59　移动角计算方案

开挖水平/m	剖面 *A-a*	剖面 *B-b*	剖面 *D-d*
	回　填	回　填	不 回 填
−107			√
−115	√	√	
−130	√	√	√
−340	√	√	√
−550	√	√	√

4.6.3.5　计算结果与分析

A　计算结果及处理

根据分析的需要，给出了下列计算结果的图形，图 4-56～图 4-58，对图形作如下说明：

(1) 计算模型图是最终用于块体同步松弛离散单元法计算的分块图。

(2) 地表沉降和水平位移曲线是模型图中地表块体形心的位移曲线，其拟合曲线是经多项式拟合后所得。图例中 *H* 代表水平位移或水平变形曲线，*V* 代表沉降或地表倾斜曲线。

(3) 地表倾斜率 *T* 和水平应变 ε 曲线是在拟合后的曲线上计算所得结果。

(4) 所有地表沉降和水平位移曲线均是相对于地表未开采之前的位置，是从开采前到开采后的绝对位移。

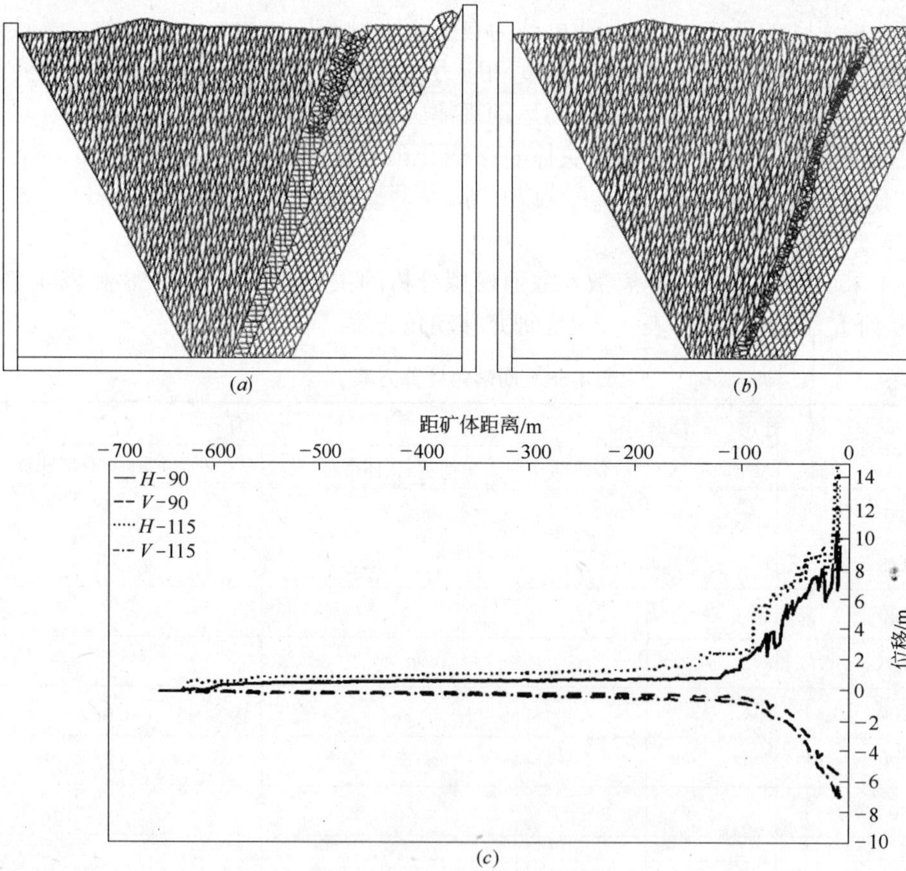

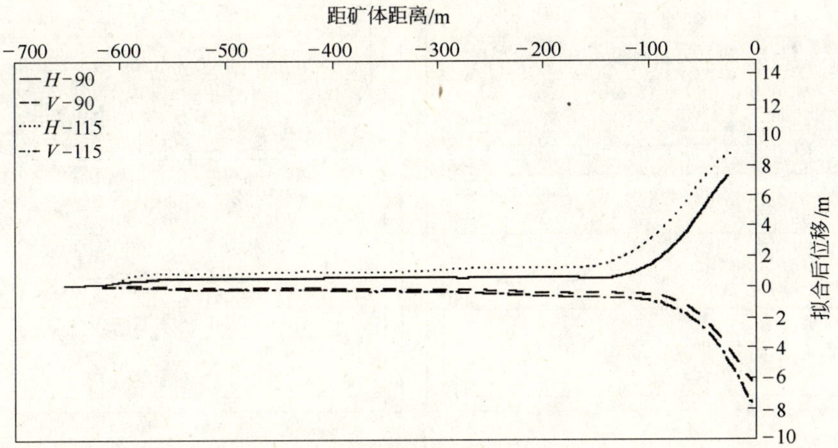
距矿体距离/m
−700
−600
−500
−400
−300
−200
−100
0
H−90
V−90
H−115
V−115
14
12
10
8
6
4
2
0
−2
−4
−6
−8
−10
拟合后位移/m

(d)

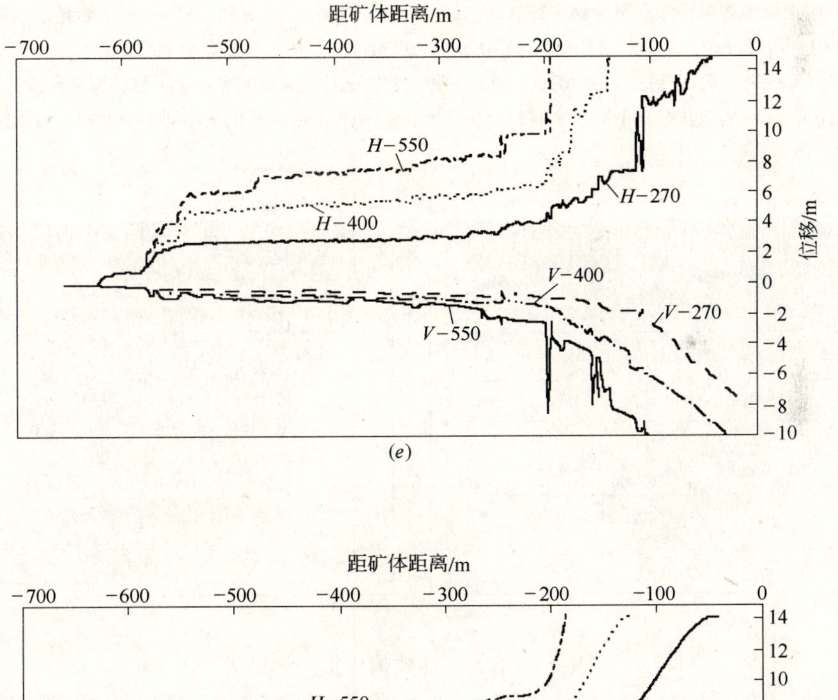
距矿体距离/m
−700
−600
−500
−400
−300
−200
−100
0
H−550
H−400
H−270
V−400
V−270
V−550
14
12
10
8
6
4
2
0
−2
−4
−6
−8
−10
位移/m

(e)

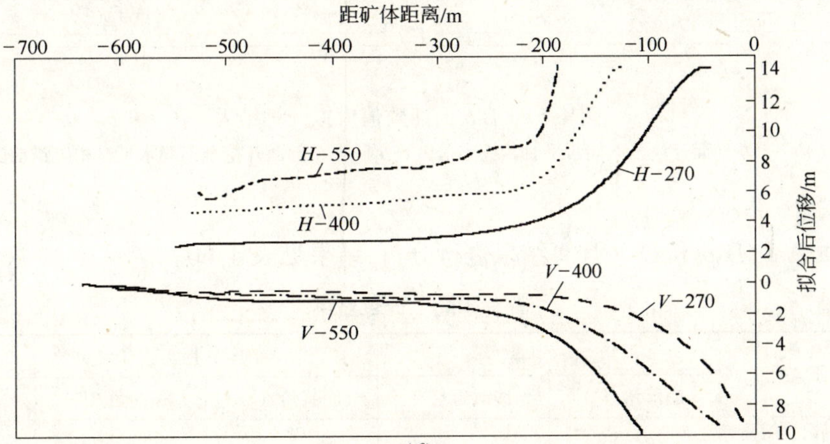
距矿体距离/m
−700
−600
−500
−400
−300
−200
−100
0
H−550
H−400
H−270
V−400
V−270
V−550
14
12
10
8
6
4
2
0
−2
−4
−6
−8
−10
拟合后位移/m

(f)

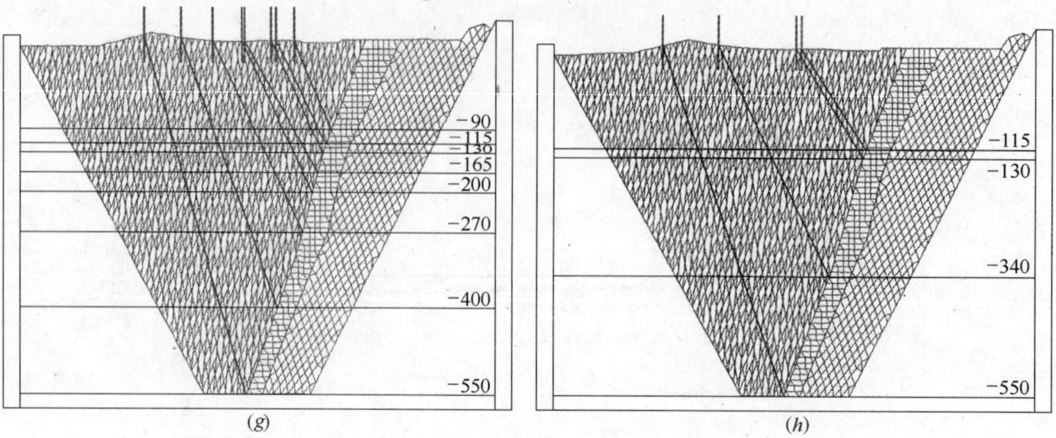

图 4-56　*A-a* 剖面数值模拟计算结果

(*a*)—*A-a* 剖面开挖至 - 115 m 时变形图；(*b*)—*A-a* 剖面开挖至 - 550 m 时变形图；(*c*)—*A-a* 剖面开挖至 - 90 m 和 - 115 m 时上盘地表沉降和水平位移曲线；(*d*)—*A-a* 剖面开挖至 - 90 m 和 - 115 m 时上盘地表沉降和水平位移拟合曲线；(*e*)—*A-a* 剖面开挖至 - 270 m、- 400 m 和 - 550 m 时上盘地表沉降和水平位移曲线；(*f*)—*A-a* 剖面开挖至 - 270 m、- 400 m 和 - 550 m 上盘地表沉降和水平位移拟合曲线；(*g*)—*A-a* 剖面开挖至不同水平时相应陷落区；(*h*)—*A-a* 剖面开挖至不同水平时相应错动区

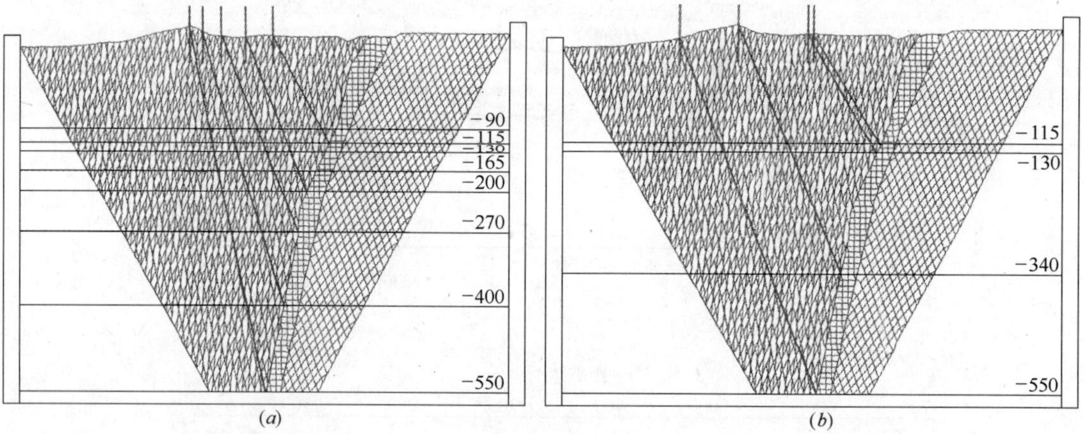

图 4-57　*B-b* 剖面数值模拟计算结果

(*a*)—*B-b* 剖面开挖至不同水平时相应陷落区；(*b*)—*B-b* 剖面开挖至不同水平时相应错动区

B　结论与分析

对剖面 *A-a*，*B-b* 和 *D-d* 计算结果进行分析，结果见表 4-60。

表 4-60　计算结果

开采水平/m	*A-a* 上盘		*B-b* 上盘		*D-d* 上盘
	崩落角/(°)	移动角/(°)	崩落角/(°)	移动角/(°)	移动角/(°)
-90	62.5				
-107					61

续表 4-60

开采水平/m	A-a 上盘		B-b 上盘		D-d 上盘
	崩落角/(°)	移动角/(°)	崩落角/(°)	移动角/(°)	移动角/(°)
-115	61.5	56	61.5	57.5	
-130	62	57.5		59	59.5
-165	58.5				
-200	62.5		67		
-270	63		67.5		
-340		63		66.5	60.5
-400	68.5		72		
-550	72.5	69.5	76.5	68.5	

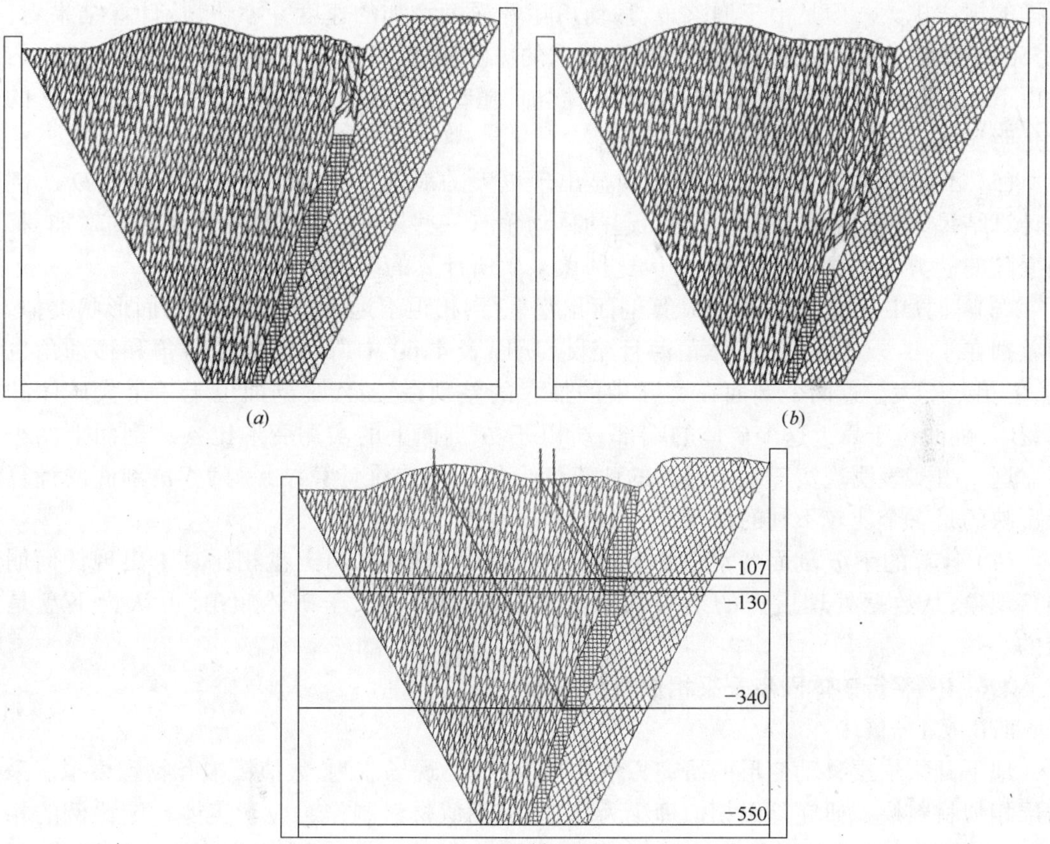

图 4-58　*D-d* 剖面数值模拟计算结果

(*a*)—*D-d* 剖面开挖至 -107 m 水平时变形图；(*b*)—*D-d* 剖面开挖至 -340 m 水平时变形图；(*c*)—*D-d* 剖面开挖至不同水平时相应的错动区

表 4-60 中结果，剖面 *A-a*、*B-b* 均指按回填采矿开采时的结果，剖面 *D-d* 指未回填开采时的结果。通过对金山店铁矿的离散模型数值分析，可得到如下结论：

(1) 地表岩层移动的形式是以倾倒破坏为主,从给出的位移曲线看,水平位移明显大于竖直沉降位移,实际上在地表也可看到明显的裂缝;而且随着矿体往下开采,水平位移将是岩层移动的主要方式。

(2) 所得出的崩落角和移动角,均是由水平位移所控制(指在崩落角以外区域),但在崩落角范围水平和沉降位移都较大。

(3) 表 4-60 给出了随着开采深度增加时,*A-a*、*B-b* 剖面崩落角、移动角变化的情况。从中可以看出,除了 -90 m 水平由于离地表比较近,影响因素比较复杂外,其余各水平情况总的趋势是随着开采加深,崩落角、移动角逐渐变陡。因为金山店铁矿矿体的厚度上下变化不大,但下部矿体开采引起上部岩体变形以至破坏的影响范围,比浅部的矿体开采引起的影响范围大得多,从而在经过较远距离传到地表时,引起的变形和破坏也显得不如在浅部开挖时那么严重。

(4) 随着开采深度的增加,崩落区、移动区的扩大不会像通常按崩落角、移动角为常数那样的规律扩大。但是由于崩落角、移动角随着深度增加的速度并不快,从计算结果看,在 -550 m 水平以上的研究区域内不存在开采的极限深度,开采的极限深度应该在 -550 m 水平以下。而在达到 -550 m 水平的开采深度前,随着开挖往深处推进,崩落区和移动区的扩大是明显的。

(5) 不回填时,在崩落角范围内明显出现更大的崩落位移和水平移动,对比 *D-d* 剖面的计算结果,可看到不回填对采动引起的移动角有一些影响,且随着开采深度的增加,移动角变陡的趋势不明显,移动角也相应比回填采矿所计算的结果小。

(6) 计算中 *A-a*、*B-b* 两个计算剖面相互平行,相距不远,地质条件和地面形状类似,主要差别在于 *B-b* 剖面上的矿体稍薄且略陡,所以表 4-60 中所给出的崩落角和移动角也稍陡,但相差不大。这两个剖面在实际中的最大的差别在于:*A-a* 剖面位于一个大矿体的中部,*B-b* 剖面位于靠近这个矿体的端部,所以 *B-b* 剖面上的实测变形比 *A-a* 剖面上的小很多。这一事实表明现实三维情况下的地表变形情况比二维计算结果好,*A-a* 剖面的计算结果反映的是一个比较不利的情况。

(7) 计算的 *B-b* 剖面各水平的下盘地表位移情况表明,与上盘相比其未出现任何崩落陷落现象,从数据处理后得的结果其崩落角和移动角均大于矿体倾角,可认为下盘是稳定的。

4.6.4　平行矿体同步开采相似材料模拟

4.6.4.1　概述

地下开采岩层移动变形的研究方法主要有三种:现场监测、数值模拟和物理模拟。采动岩层相似材料模拟研究是以相似理论为基础,用相似材料制作对应于实体一定比例的相似模型,在初始边界条件类似的情况下,依据实际工程的开挖过程,在模型中进行类似的“开挖”,通过各种监测手段测试模型中的物理现象,并以此来推断实体中将发生的力学行为的方法。如果实体与模型的相似条件能够得到比较好的满足,那么模型试验所取得的研究成果将可以作为工程设计的重要依据之一。

20 世纪 30 年代以库兹涅佐夫(Г. Н. Кузнецов)为代表的全苏矿山测量科学研究院,首次将相似材料模拟法应用到采动岩层的变形与破坏问题的研究中,取得了很大的成功,随后德国、波兰、捷克相继采用。国内最早开展这方面研究工作的是唐山煤炭研究院,之后,在很多大学、科研院所相继开展了相似理论和模型试验的研究,研究成果对指导矿山开采发挥了重要作用。

相似理论研究上,J. 牛顿(J.Newton,1686)建立了力学系统动力相似的一般规律;根据牛顿第二定律,法国科学家 J. 贝尔特朗(J.Bertrand,1848)提出了相似第一定律——相似正定律;俄国学者 A. 费捷尔曼(A. Федерман,1911)和美国学者 E. 白金汉(E.Buckingham,1914)独立完成了相似第二定律——Π 定律;前苏联的 M. B. 基尔皮契夫(M. B. Кирпичев)及 A. A. 古赫曼(A. A. Гухман)于 1930 年提出了相似第三定理——相似存在定律。

相似材料模拟试验台有平面应力模型、平面应变模型和立体模型三种。模型的制备可以采用整体浇注、分层铺设、块体砌筑及散体等,加载可以采用单向、双向及三向受力,基本的监测手段有灯光透镜法、钢尺法、电阻应变仪、百分表等。目前将数码相机应用到模型的变形监测中,实现了观测和数据处理的自动化,提高了观测精度。

相似材料模拟试验在煤矿中应用较多,而将该法应用到金属矿地下开采地表岩层移动的研究还不多见,主要是因为煤矿的工程地质条件比较简单,而金属矿床受成矿的影响,其工程地质环境和采矿条件大多比较复杂,从相似材料的制备、模型的制作、加载方式等都比较困难,限制了使用范围。

相似材料模拟研究作为综合研究体系的一个重要组成部分,其目的在于:为确定地表塌陷、移动变形范围提供物理仿真模拟试验资料;为研究地下采矿引起的采空区围岩变形、破坏及其发展变化规律和机理提供试验依据;与相应的数值模拟计算结果进行相互校验。

主要研究思路:基于相似理论,建立东区相似材料工程地质力学模型,研究地下开采 $-270 \sim -550$ m 阶段岩层移动变形规律。

4.6.4.2 相似材料模拟基本原理

A 相似理论基础

力学系统动力相似一般规律 J. 牛顿(J.Newton,1686)建立了力学系统动力相似的一般规律,如下式:

$$\frac{T\dfrac{\partial S}{\mathrm{d}t}-\left(\dfrac{\partial U}{\partial V}\right)_T\dfrac{\mathrm{d}}{\mathrm{d}t}\left(\dfrac{1}{\rho}\right)}{\dfrac{\partial F}{\mathrm{d}t}}=\frac{T_1\dfrac{\partial S_1}{\mathrm{d}t_1}-\left(\dfrac{\partial U_1}{\partial V_1}\right)_{T_1}\dfrac{\mathrm{d}}{\mathrm{d}t_1}\left(\dfrac{1}{\rho_1}\right)}{\dfrac{\partial F_1}{\mathrm{d}t_1}} \tag{4-46}$$

式中 ρ——力学系统的密度;

$V=1/\rho$——力学系统的比;

T——力学系统的绝对温度;

U——力学系统的内部能量;

F——自由能;

S——熵;

t——时间。

相似第一定律 建立在力学系统动力相似规律基础上,根据牛顿第二定律提出的相似第一定律表述为:过程相似则相似准数不变,相似指标为 1。

相似第二定律 相似第二定律也称为 Π 定律,表述为:描述相似现象的物理方程均可变成相似判据组成的综合方程，现象相似则综合方程必须相同。

在所采用的计量系统中，如果描述物理现象的方程中有 n 个物理量、k 个基本物理量，那么独立的相似判据 Π 为 $p=n-k$ 个，可以用式 4-47 或式 4-48 表示。

$$\Phi(\pi_1,\pi_1,\cdots,\pi_{n-k})=0 \tag{4-47}$$

$$\pi_i=\Phi_i(\pi_1,\pi_1,\cdots\cdots,\pi_{n-k})=0 \quad (i=[1,2,\cdots,n-k]) \tag{4-48}$$

式中，$\pi_1,\pi_1,\cdots,\pi_{n-k}$为相似准数。

相似第三定律　相似第三定律也称相似存在定律，其表述为：在几何相似的系统中，具有相同形式的关系方程，单值条件相似，且由单值条件组成的相似准数相等，则两现象是相似的。物理模型与原型相似的充分条件为：几何相似，两系统中几何尺寸必须相似；物理性质相似，描述物体及介质的物理性质相似，特别是在研究过程中具有根本意义的物理性质成比例；初始状态相似，包括边界位移和速度，以及物体内部应力与应变相似等；边界条件相似，在整个研究过程中，系统的边界条件（包括荷载）的相似；运动相似，系统在运动过程中时间相似；起决定作用的判据相等。

该定律指出了原型和模型物理现象相似的必要条件和充分条件，并且给出了三种推导相似判据的方法：定理法、方程分析法和量纲分析法。在实际工作中，利用相似理论进行岩层和地表移动变形研究时，可以根据相似第三定律制作模型，利用相似第二定律进行观测数据的处理，应用相似第一定律和相似第二定律进行实际岩层和地表移动变形预计。

B　相似指标及相似准数分析

判断原型与模型在物理现象上是否相似，必须满足几何相似、运动学相似、动力学相似、边界条件相似、初始条件相似和同名无因次参数相等基本相似条件；如果要模拟原型在地下开挖条件下的变形破坏，还要求模型与原型材料的强度准则和应力应变关系全过程曲线相似，塑性变形部分相似；如果要考虑时间的问题，必须使流变特性相似。因此，在地质力学模型中，应模拟出岩层中的断层破碎带、软弱带及主要节理裂隙组。当然，相似判据都满足的完全相似模型是极难获得的，在实际应用中，只能使模型满足主要的相似判据。

根据相似理论三定律，在自重应力条件下，采用方程分析和量纲分析法，采动岩层相似材料模拟的相似指标及相似准数分析结果见表 4-61。

表 4-61　采动岩层相似材料模拟的相似指标及相似准数

相似条件	相似指标	相似准数	符号备注
几何相似	C_l	$\frac{l_{1o}}{l_{1m}}=\frac{l_{2o}}{l_{2m}},\cdots\cdots,=\frac{l_{no}}{l_{nm}}=C_l$	C_l 为几何相似常数
运动相似	C_t	$\frac{t_{1o}}{t_{1m}}=\frac{t_{2o}}{t_{2m}},\cdots\cdots,=\frac{t_{no}}{t_{nm}}=C_t$	C_t 为运动相似常数
动力相似	$C_m=C_\rho\cdot C_l^3$ $C_F=C_\rho\cdot C_l^2\cdot C_v^2$	$\frac{m_{1o}}{m_{1m}}=\frac{m_{2o}}{m_{2m}},\cdots\cdots,=\frac{m_{no}}{m_{nm}}=C_m$ $\frac{F_o}{\rho_o\cdot l_o^2\cdot v_o^2}=\frac{F_m}{\rho_m\cdot l_m^2\cdot v_m^2}=\text{idem}$	C_m 为动力相似常数；C_ρ 为密度相似常数；C_F 为牛顿动力相似常数；C_v 为速度相似常数
应力相似	$C_\sigma=C_\gamma\cdot C_l$ $C_E=C_\gamma\cdot C_l$ $C_\mu=1$	$\frac{\sigma_o}{\gamma_o\cdot l_o}=\frac{\sigma_m}{\gamma_m\cdot l_m}=\text{idem}$ $\frac{E_o}{\gamma_o\cdot l_o}=\frac{E_m}{\gamma_m\cdot l_m}=\text{idem}$ $\mu_o=\mu_m=\text{idem}$	C_σ 为应力相似常数；C_γ 为容重相似常数；C_μ 为泊松比相似常数

续表 4-61

相似条件	相似指标	相似准数	符号备注
应变相等	$C_\varepsilon = C_\varepsilon{}^0 = C_\varepsilon{}^c = C_\varepsilon{}^t = 1$	$\frac{\varepsilon_o}{\varepsilon_m} = \frac{\varepsilon_{0o}}{\varepsilon_{0m}} = \frac{\varepsilon_{co}}{\varepsilon_{cm}} = \frac{\varepsilon_{to}}{\varepsilon_{tm}} = 1$	C_ε 为应变相似常数；$C_\varepsilon{}^0$ 为残余应变相似常数；$C_\varepsilon{}^c$ 为单轴极限压应变相似常数；$C_\varepsilon{}^t$ 为单轴极限拉应变相似常数
位移相似	$C_\delta = C_l$	$\frac{\delta_o}{\delta_m} = C_l$	C_δ 为位移相似常数
外力相似	$C_F = C_\gamma \cdot C_l^3$	$\frac{F_o}{\gamma_o \cdot l_o^3} = \frac{F_m}{\gamma_m \cdot l_m^3} = \text{idem}$	
边界荷载相似	$C_{\bar\sigma} = C_\gamma \cdot C_l$	$\frac{\sigma_{io}}{\gamma_o \cdot l_o} = \frac{\sigma_{im}}{\gamma_m \cdot l_m} = \text{idem}, (i = x, y, z)$	$C_{\bar\sigma}$ 为边界应力相似常数
应力应变相似	$C_\sigma = C_\gamma \cdot C_l$	$\frac{\sigma_o}{\sigma_m} = C_\sigma$	相似材料与原型应力应变
强度曲线相似	$C_{\sigma t} = C_{\sigma c} = C_c = C_\tau = C_\sigma = C_\gamma \cdot C_l$ $C_\varphi = 1$	$\frac{\sigma_{to}}{\sigma_{tm}} = \frac{\sigma_{co}}{\sigma_{cm}} = \frac{c_o}{c_m} = \frac{\sigma_o}{\sigma_m} = \frac{\tau_o}{\tau_m} = C_\gamma C_l$ $\tan\varphi_o = \tan\varphi_m = \text{idem}$	$C_{\sigma t}$ 为抗拉强度相似常数；$C_{\sigma c}$ 为抗压强度相似常数；C_c 为内聚力相似常数；C_φ 为内摩擦角相似常数；C_τ 为抗剪强度相似常数
塑性变形相似	$C_P = C_E$	$\frac{\varepsilon_{po}}{\varepsilon_{pm}} = \frac{\varepsilon_{Eo}}{\varepsilon_{Em}} = \text{idem}$	C_P 为塑性变形相似常数；C_E 为弹性变形相似常数
流变特性相似	$\frac{C_l}{C_t^2} = 1$	$\frac{t_o}{t_m} = \sqrt{C_l}$	

注：原型下标“o”，模型下标“m”。

4.6.4.3 相似模拟试验设计

A 相似试验模型和剖面选择

模型特点及选择 相似材料试验模型有平面应力模型、平面应变模型和立体模型三种。平面应力模型是以沿长度方向力学性状不变的横向剖面作为模拟对象的一种模型；在平面应力问题和平面应变问题中，应力的求解方程是一样的，因此常常用平面应力模型来模拟实际处于平面应变状态下的岩层；平面应力模型容易干燥，便于观测，且每次铺设用料及工作量少，是应用最普遍的模型。平面应变模型是指通过对平面模型三向加载，使其正面和背面的变形量在该面的法线方向为零的一种模型；平面应变模型虽然改善了平面模型的受力状态，但平面应变模型试验台的设备投资较大，试验时工作量大，试验次数受到一定的限制。立体模型是指模型体三个方向的尺寸相差不大，用以模拟三维应力状态均有变化的研究对象的模型；同平面模型相比，立体模型在制作过程中铺设用料比较多，工作量大；模型内部的位移和应力只能采用埋设传感器的方法测得，较费事且不直观；模型内部干燥困难，不均匀，对埋设的传感器工作状态的影响较大。

东区矿体长 1320 m，由Ⅰ、Ⅱ号矿体平行产出，倾角大，东区中部是矿体最厚大的部位，在地下回采过程中该部位的地表移动变形最大，其力学性状可以近似看作平面应变状态。由于东区研究范围太大，工程地质条件复杂，三维立体模型制作上比较困难。根据相似材料模型的特性和适用范围，结合金山店铁矿东区工程地质特点，选用相似材料平面应力模型进行试验研究。

试验剖面选择 试验剖面选择的原则为：地表有重要建(构)筑物，地下矿体分布复杂且

厚度较大，工程地质和采矿条件具有代表性，在地下开挖过程中其围岩的力学性状近似为平面应变状态等。由于相似材料模拟试验周期长、工作量大、费用较多、对试验技术和量测技术要求较高等特点，因此试验次数有限。34 号剖面位于东区矿体厚大部位，在东区具有代表性，综合考虑选 34 号剖面作为试验剖面。其工程地质见图 4-59 所示。

B　模型几何尺寸的确定

模拟范围的确定　模拟范围的确定原则为：在地下采矿期间，模拟的最小范围应该是应力扰动不会波及到的边界，亦即周边始终保持初始应力状态，同时，为了节约试验成本力求尽量减少模型的尺寸。

模拟深度的确定：本次研究只考虑开采至 − 550 m 水平的情况，因此最小模拟深度为 606 m，考虑围岩原岩应力场受采矿扰动重新分布的影响范围，模拟深度取 720 m 左右。

模拟宽度的确定：依据金山店铁矿西区研究成果，矿体上盘围岩移动角取 61°左右，下盘围岩移动角取 65°左右，据此可求得最小模拟宽度为 778.6 m。考虑到围岩原岩应力场受采矿扰动重新分布和两侧加载边界的影响范围，模拟宽度取 960 m 左右，实际取 1000 m。见模型图 4-60 所示。

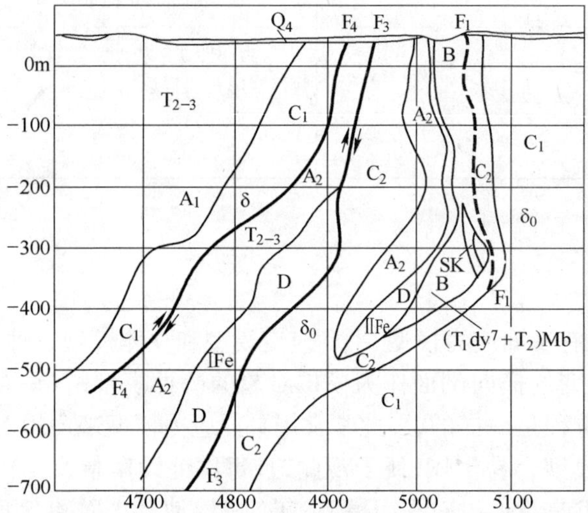

图 4-59　东区 34 号工程地质剖面图

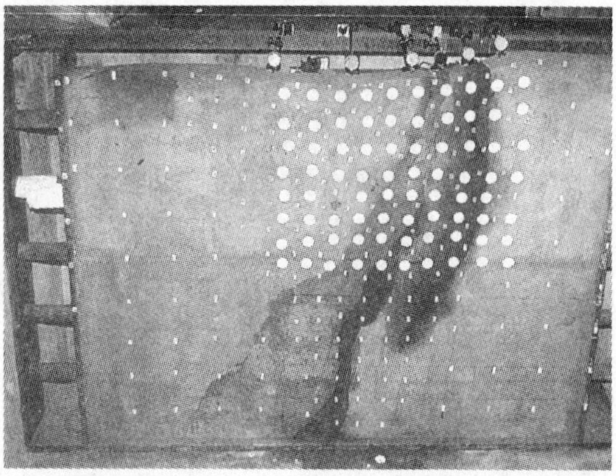

图 4-60　相似材料模拟模型图

相似比及模型尺寸的确定　相似比选取的原则为：相似比选取要满足试验的精度和模拟范围，并尽量减少模型制作和相似材料选取的工作量，充分利用实验室现有的模型试验设备、测试技术和试验技术，降低试验成本。经多个相似比方案的综合分析比较，最后选定几何相似比 $C_l = 400$，容重相似常数 $C_\gamma = 1$，由表 4-61 可知，$C_\delta = 400, C_\sigma = C_E = C_c = C_{\bar{\sigma}} = C_{R^T} = C_{R^C} = C_\tau = 400, C_\mu = C_\varepsilon = C_f = C_\varphi = C_{\varepsilon^0} = C_{\varepsilon^c} = C_{\varepsilon^t} = 1$。

试坑长为 2980 mm，深 1800 mm，平面应力模型沿试坑长轴方向布置，扣除边界加载设备尺寸，其净宽可达 2500 mm，按 $C_l = 400$ 计，可模拟的实际宽度约 1000 m，深度约 720 m，完全可以满足模拟范围的要求。考虑到相似材料强度低、很易碎，故平面应力模型的厚度选定为 200 mm。模型试体的最终尺寸为宽 2400 mm、高 1800 mm、厚 200 mm，模型直立。

C 工程地质和采矿过程模拟

(1) 地质构造模拟。东区存在 F_1、F_2、F_3、F_4 等四条较大的断层，在模拟试验中，按各条断层的实际产状、位置及断层面力学特性建立相似材料力学模型。考虑到34号剖面中断层 F_4 处在地层 C_1 与 A_2 之间，因此在模型试验中，将 F_4 定位于 C_1 与 A_2 界线的中间位置。F_2 断层位于矿体中等同矿体看待。

(2) 地应力模拟。工程地质研究表明，垂直矿体走向的水平构造应力不大，力学参数敏感性分析也指出水平构造地应力不是影响岩层移动变形的敏感性参数，因此，在相似材料模拟试验中仅模拟岩体自重应力。由于 $C_\gamma=1$，故岩体自重完全由相似材料的自重来模拟。

(3) 采矿过程模拟。用无底柱分段崩落法进行地下开采，采用人工的方法将矿石一层层采出。首先进行放顶工程，接着从 −270 m 高程开始起采，分段采高 35 m，先采Ⅰ号矿体，接着开采Ⅱ号矿体，如图 4-61 所示。

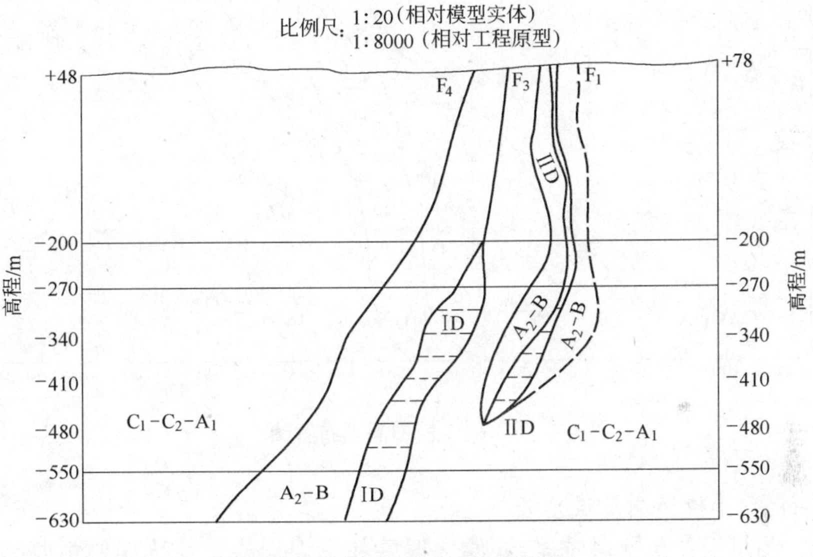

图 4-61 模拟试验采矿回采顺序

4.6.4.4 观测方法及原理

A 观测方法及内容

由于相似材料的强度很低，测量相似材料模型中的应力难度较大，因此本次试验以测量采矿过程中地表及上下盘围岩的位移为主。位移测量采用数码相机数字化近景摄影测量和百分表测量两种方法。数码相机数字化近景摄影测量是一种非接触式测量，它具有无损模型、光路简单、可测较大范围的全场位移、摄影相片记录的信息可永久保存、随时提取、设备简单、操作方便、对环境条件要求低、自动化程度较高、精度较高等特点。

百分表测量：在模型背面及地表重要部位布置了18个百分表测点，其中，地表布置了6个百分表测点，测量其下沉位移，模型背面布置了6对百分表测点，测量围岩中垂向和水平向位移。用有机玻璃制作的测量标志点直接粘贴于试体表面，百分表安装在独立于模型及反力系统以外的钢架上。

数码相机数字化近景摄影测量：使用富士 DS-500 数码相机，像素为 1280×1024。根据位移变化可能的情况及矿体、围岩、断层构造的分布状况，在模型正面及两侧钢板上共布置了 247 个测量标志点，每个测量标志点为含两个正对黑色三角形的矩形白色小纸片，测点统一编号。为了减少近景摄影测量误差，实测时在被测量表面悬挂了三把小钢尺作为纵向控制。测点布置见图 4-62 所示。

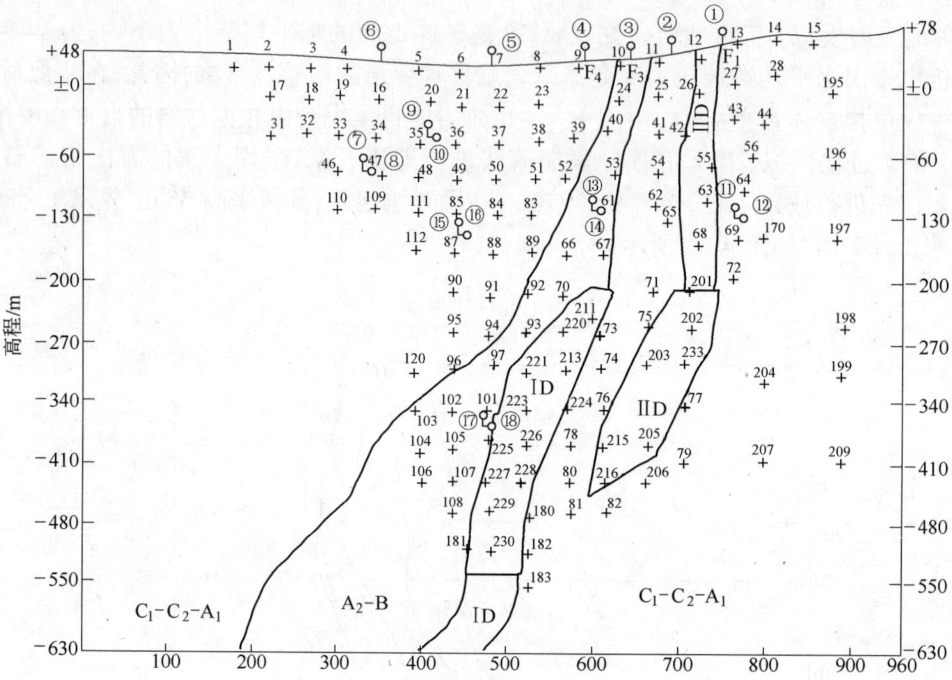

图 4-62　模型测点布置图

B　数字化近景摄影测量误差分析

近景摄影测量误差包括系统误差、偶然误差和失误误差。系统误差主要是由相机本身的镜头畸变误差、镜头保护玻璃偏斜引起的光学误差及用作物方纵向控制的小钢尺的刻度误差等引起的。偶然误差主要来自相片量测，它服从一定的统计规律。失误误差是在试验过程中，试验人员由于各种原因操作失误所造成。

相片的系统误差是相片坐标的函数，对于数码相机而言，系统误差主要是由镜头畸变引起的，通过建立较多的物方控制点来求得镜头畸变参数。采用三参数修正公式：

$$\begin{cases} \Delta x = x\left(K_1 \dfrac{xy}{R} + K_2 R^2\right) \\ \Delta y = y\left(K_1 \dfrac{xy}{R} + K_2 R^2 + K_3\right) \end{cases} \tag{4-49}$$

式中，Δx、Δy 为由镜头畸变所产生的修正值，x、y 为某一测点的像平面坐标值，$R = \sqrt{x^2 + y^2}$，K_1，K_2，K_3 为常数。本次镜头畸变的修正是在某一建筑物外墙上进行的，事先用钢尺测定各点之间的距离，求得本相机的 $K_1 = 0.00006282$，$K_2 = -0.0005225$，$K_3 = -0.02129361$。

表4-62是加镜头畸变改正与不加镜头畸变改正的一组距离计算结果比较。实验在大型反力墙上进行,实验范围为6 $m\times 2$ m,实验与计算采用3种方案:(1)计算时考虑镜头畸变改正,8个控制点;(2)考虑镜头畸变,6个控制点;(3)不考虑镜头畸变,6个控制点。由计算值与实测值的比较可以看出,加镜头畸变改正(自检校平差)后精度有明显提高。

表4-62 摄影测量计算值与实测值比较

实测值/mm	自检校平差(考虑镜头畸变改正,8点控制)/mm	自检校平差(考虑镜头畸变改正,6点控制)/mm	自检校平差(不考虑镜头畸变改正,6点控制)/mm
38	38	37	35
20	20	19	23
31	31	31	33
57	57	57	57
52	53	53	54
84	84	83	83
45	45	45	44
50	51	51	50
38	38	39	39
373	374	374	377
中误差	+0.547	+0.837	+2.121

相片量测的精度与像素和摄影场景大小有关,考虑到极限量测误差为0.5个像素,可求得本次试验平均分辨率为0.13 mm左右。

C 试验步骤

首先,按设计安装好所有的百分表,在模型正面粘贴数码相机的测量标志点,然后,测量各标志点的初值。记录完初值后,即可进行开挖,每完成一步开挖,就相应测读一遍百分表、数码相机测点。

开挖步骤为:第1步,首先进行放顶工程,即开挖-270～-255 m之间的矿体,然后开挖Ⅰ,Ⅱ号矿体-270～-305 m之间的矿体;第2步,开挖Ⅰ,Ⅱ号矿体-305～-340 m之间的矿体;第3步,开挖Ⅰ,Ⅱ号矿体-340～-375 m之间的矿体;第4步,开挖Ⅰ,Ⅱ号矿体-375～-410 m之间的矿体;第5步,开挖Ⅰ,Ⅱ号矿体-410～-445 m之间的矿体,并等一个小时后再测读;第6步,开挖Ⅰ号矿体-445～-480 m之间的矿体;第7步,开挖Ⅰ号矿体-480～-515 m之间的矿体;第8步,开挖Ⅰ号矿体-515～-550 m之间的矿体,再过16小时后测读。在开挖全部完成后,继续对百分表进行一定频率的测读。

4.6.4.5 试验结果及分析

A 地表移动变形规律

地表移动变形随开采深度的变化规律 模型地表布置了6个百分表测点,浅层布置有15个近景摄影测量标志点,测点位置见图4-62。地表位移随开采深度变化规律见图4-63,-550 m水平采毕地表倾斜曲线见图4-64。为了探讨围岩在充分采动条件下移动变形特征,-550 m水平开采结束后对模型的变形进行了长期的观测,结果见图4-65。下面分别从地表移动变形、沉降曲线和地表移动角三个方面进行分析。

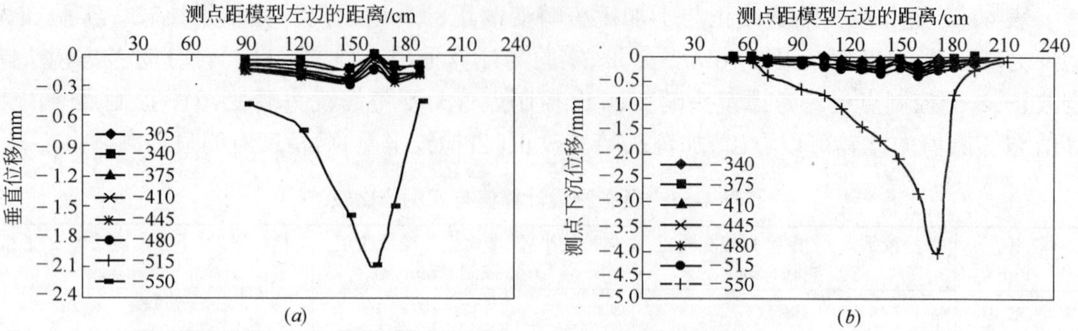

图 4-63　地表垂直位移与开采深度变化曲线

(a)—百分表测量结果;(b)—摄影测量结果

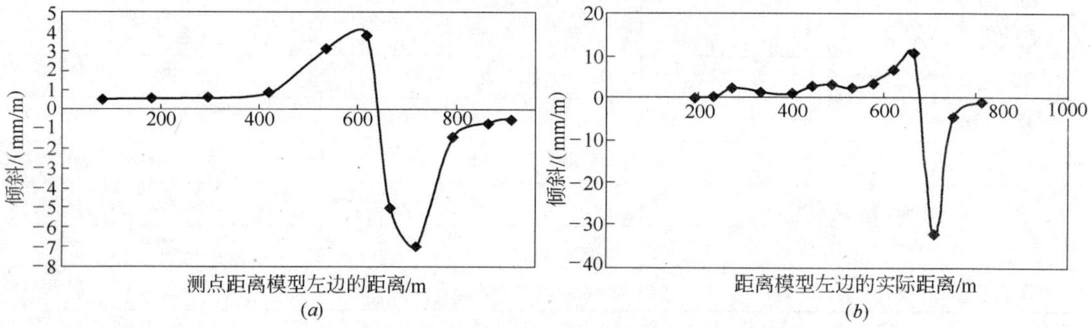

图 4-64　开采到 −550 m 水平时地表倾斜曲线

(a)—百分表测量;(b)—摄影测量

地表垂直位移及最大下沉点。由图 4-43 可以看出,在采完 −515 m 水平时,地表各测点的垂直位移很小,最大值仅 0.57 mm(相当于工程原型的 22.8 cm)。当采完 −550 m 水平后,地表垂直位移急剧增加,最大垂直位移达 2.90 mm(相当于工程原型的 116 cm),沉陷盆地、移动范围十分明显。测点 12、13 间的沉降差较大,说明两测点间的断层 F_1 已发生了一定的错动,位于测点 10、11 之间的断层 F_3 也有轻微的错动迹象。停 15 小时后继续测量,地表下沉进一步发展,最大垂直位移达 4.06 mm(相当于工程原型的 162.4 cm)。地表垂直位移随时间推移不断增大,说明采空区围岩具有明显的流变特性。地表最大下沉发生在断层 F_1 上盘Ⅱ号矿体的地表出露处,随着时间的推移,地表最大下沉点向上盘移动。

沉降曲线的形状。开采 −515 m 水平以上矿体时,沉陷盆地呈"W"形,测点 10 的垂直位移比测点 9,11 的下沉相对要小。这说明在开采 −515 m 水平以上时,Ⅰ,Ⅱ号矿体之间的岩墙还是稳定的,两矿体开采对地表的影响表现出独立性,使得地表沉陷范围和下沉幅值都比较小。采完 −550 m 水平以后,地表下沉明显增加,地表沉陷盆地从"W"变为非对称的瓢形。说明此时Ⅰ,Ⅱ号矿体之间的岩墙已经失稳,不能对上覆岩层起到支撑作用,表现出Ⅰ,Ⅱ号矿体连成一个整体采区对地表变形的影响,不仅地表移动变形形状改变,而且地表移动范围和幅值都增加较大,从图 4-63 可以明显看到这一点。由于Ⅰ,Ⅱ号矿体空间形态比较复杂,不同剖面上岩墙的厚度不等,因此在岩墙比较薄的地段可能会提前破坏,地表则出现较大的移动变形范围。

地表移动角。根据摄影测量地表移动变形曲线(图 4-64),可以计算出开采至 -550 m 水平时地表移动角:上盘为 71.64°,下盘为 78.8°,地表移动范围 544 m。模拟试验得到的上下盘移动角比较大,主要原因是模拟试验没有完全按照相似时间比进行开采,时间间隔太短,岩层还没有达到充分变形就进行下一分层的开采。为此,开采至 -550 m 水平以后,没有拆除模型而是用百分表继续进行观测,发现地表变形随时间的推进依然较大,46 天后地表变形才基本稳定,本书基于地表变形稳定后的垂直位移计算地表移动角。在试验初期,由于考虑不周,地表的百分表布置较少而且过于集中,因此测得的数据有限,地表变形曲线不完整(见图 4-65),难以计算出地表移动角。由于数学上任一个函数均可以用多项式逼近,因此,对于本问题也可以采用这个办法进行弥补;采用 MATLAB 中的多项式拟合函数 polyfit()进行数值试验,研究结果表明,当方程的阶数为 10 阶时地表下沉曲线拟合误差可以控制在 2% 以内,这个精度对于工程来说是可以接受的;然后,对拟合好的模型用 polyval()函数进行多项式预测,结果见图 4-66 和图 4-67;由图 4-66 可见,距离模型左边界 0.15 m 的测点倾斜值达到 2.79 mm/m,而且该点又是曲线的拐点,因此将该点作为上盘地表移动临界点。Ⅰ号矿体最下边界距模型左边为 1.075 m,地表标高 0.125 m,据此计算出地表上盘移动角为 58.4°;下盘地表移动点在 2.2 m 处,Ⅱ号矿体下盘突出的部位在标高 -210 m,距离模型左边界 1.88 m,通过计算下盘移动角为 63.6°,地表移动范围 820 m。由此可见,模拟试验过程中岩层是否充分变形对地表移动角影响较大。实际生产中,从 -270 m放顶工程开始到 -550 m 水平采完,至少要 20 年的时间,在这段时间内地表岩层已经充分变形了,因此上述模拟试验的结论对于矿山的生产将有比较大的指导作用。

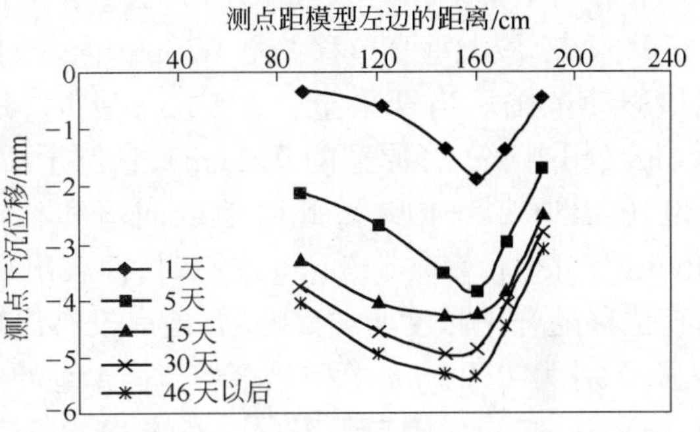

图 4-65　开采至 -550 m 水平时地表下沉曲线与时间的关系

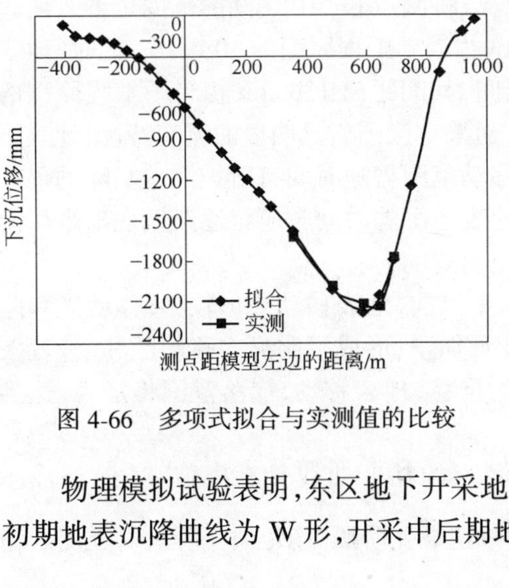

图 4-66　多项式拟合与实测值的比较

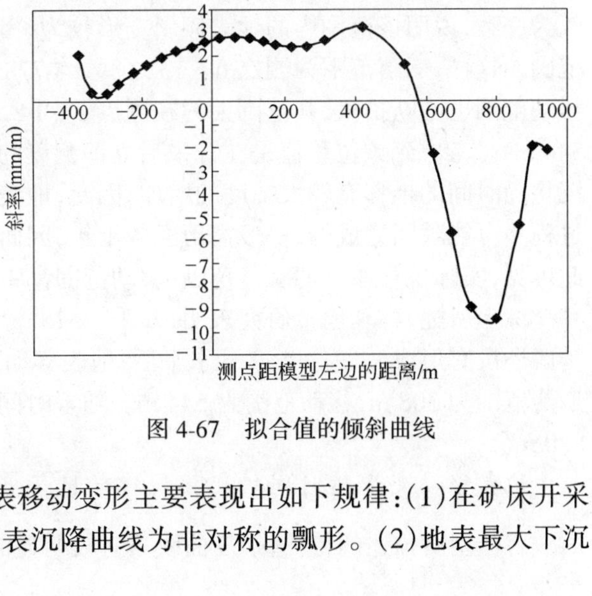

图 4-67　拟合值的倾斜曲线

物理模拟试验表明,东区地下开采地表移动变形主要表现出如下规律:(1)在矿床开采初期地表沉降曲线为 W 形,开采中后期地表沉降曲线为非对称的瓢形。(2)地表最大下沉点不是发生在Ⅰ,Ⅱ号矿体的正上方,而是发生在 F_1 断层上盘Ⅱ号矿体的地表出露处,随着时间的推移,最大下沉点向上盘移动,而且移动速度比较明显。(3)地表移动角:上盘为58.4°,下盘为63.6°。(4)Ⅰ,Ⅱ号矿体之间的岩墙在开采过程中的稳定性对地表变形的影响较大。在岩墙比较稳定条件下,地表变形表现为两个矿体独立开采时地表移动变形,互不影响,地表垂直位移和陷落范围都较小,岩墙失稳后,地表垂直位移急剧加大,陷落盆地也变为非对称的瓢形,陷落范围扩大。(5)断层对地表的变形影响比较大,在 F_1 断层的上盘岩层变化较大,断层上下盘之间发生错动。(6)岩层的移动具有明显的流变特性。

地表移动陷落范围随开采深度的变化规律　模拟试验中,开采至 −340 m 水平时,地表垂直位移很少,最大垂直位移约 0.07 mm(相当于工程原型的 2.8 cm),此时在地表看不出崩落和移动范围。当开采至 −375 m 水平时,地表垂直位移稍有增加,最大垂直位移约 0.18 mm (相当于工程原型的 7.2 cm),它位于断层 F_3 下盘的测点 11 处,按照《岩土工程勘察规范》(GB50021—1994),此时地表崩落和移动区尚未形成。随后,当开采至 −410 m, −445 m, −480 m 和 −515 mm 水平时,地表出现了类似于 −375 m 水平开采时的规律,地表垂直位移随开采深度增加而略增,地表没有出现明显的崩落区和移动变形区,地表最大垂直位移分别为 0.22 mm(相当于工程原型的 8.8 cm)、0.31 mm(相当于工程原型的 12.4 cm)、0.37 mm(相当于工程原型的 14.8 cm),最大垂直位移仍在测点 11 处。从地表位移曲线来看,一个小型呈 W 形的下沉盆地已初现雏形。

当开采至 −550 m 水平时,地表出现较大幅度下沉,最大垂直位移仍在测点 11 处,达 1.14 mm(相当于工程原型的 45.6 cm),地表变形移动区开始出现,其范围在测点 8 与 13 之间,其间距离为 55.60 cm(相当于工程原型的 222.4 m),地表下沉平均约 0.785 mm(相当于工程原型的 31.4 cm),而该范围之外的地表下沉较小。16 小时后,地表下沉急剧增加,最大垂直位移点由原来的测点 11 改变为测点 12,达 2.90 mm(相当于工程原型的 116 cm),在测点 12 与 13 之间存在较大错距,说明沿 F_1 断层面已开始出现正断型错动。同时,测点 10 的垂直位移量也开始超过测点 11,说明位于断层 F_3、F_4 之间的 A_2-B 岩层有加速下沉之势。地表开始出现崩落区,其范围大约在测点 9 与 13 之间,即断层 F_1 与 F_4 之间,其间距离约 37.5 cm(相当于工程原型的 150 m)。从地表下沉曲线上可见,测点 6～10 之间的曲线斜率较为一致,说明该范围内的地表倾斜变形较为一致,故将测点 6～10 之间的范围也纳入崩落范围。这样,崩落范围为测点 6～13 之间,约 77 cm(相当于工程原型的 308 m)。此时,地表移动范围也不断扩大,其范围大约在测点 3～14 之间,其间距离 136 cm(相当于工程原型的 544 m)。考虑到该位移值是在开采后立即测读的,而采空区围岩具明显的流变特性,地表下沉将随时间的推移有较大幅度的增加,因此,地表移动范围将随时间有所扩大。实际的采矿过程不可能瞬间完成的,一般需历经数十年,因而地表下沉的时间效应将逐渐显现出来。由此可见,实际工程原型的崩落范围、移动范围都将比前述的大。

综上所述,物理模拟研究表明,开采 −515 m 水平以前,地表移动变形较小,移动区和陷落区还没有形成,采完 −550 m 水平后,地表移动变形加剧,形成了明显的移动区和崩落区,崩落范围为 308 m,移动范围为 544 m。随着时间的推移,地表移动、崩落范围将加大,达到 820 m。

地表移动变形随时间的变化规律　地表各测点的蠕变曲线具有类似 $\varepsilon(\tau)=\varepsilon_0+\kappa_1 e^{-\frac{\kappa_3}{\gamma\tau}}$ 模型所描述的特征,蠕变曲线具有较明显的减速蠕变阶段、稳定蠕变阶段以及变形稳定阶段。蠕变曲线最终都呈变形收敛形态，地表下沉位移最终将逐渐稳定下来。地表各测点减速蠕变阶段大约为开采完毕后的7～8天(相当于工程原型160天)左右，地表下沉位移大约在开采完毕后46～50天(相当于工程原型1000天)左右趋于稳定。相对最终稳定时的总位移量，开采完毕瞬时位移占总位移量的10%～35%，减速蠕变阶段所产生的位移约占总位移量的43%～72%，稳定蠕变阶段所产生的位移约占总位移量的15%～25%，因此绝大部分地表垂直位移发生在减速蠕变阶段。

B 围岩移动变形特征

围岩变形特征有：(1)位于F_1断层下盘的百分表测点11，12的测值很小，几乎不动，说明地下采矿对F_1下盘岩体的水平、垂直位移影响较小；(2)位于Ⅰ号矿体采空区正上方的百分表测点13，14，垂直位移测值很大，是所有百分表测点中垂直位移最大的，水平位移则很小，说明位于采空区正上方的顶板岩体主要为垂直位移，水平位移很小；(3)位于约-360 m水平Ⅰ号矿体直接上盘的百分表测点17，18，水平位移较大，是所有百分表测点中水平位移最大的，垂直位移并不很大；(4)位于断层F_4上盘C_1-C_2-A_1岩层中的百分表测点7，8，9，10，15，16的测值表明，既有一定的水平位移，又有较大的垂直位移，两个方向上的位移值较为接近，离采空区较远处的水平位移比垂直位移略大，离采空区较近处则垂直位移比水平位移略大，深部的垂直位移比浅部的稍大，浅部的水平位移比深部的稍大。

摄影测量累加位移矢量见图4-68，由图可见：(1)位移场的位移矢量均指向采空区。(2)断层F_1下盘岩体中的位移与其他区域相比相对较小。(3)主要变形区域范围：左边界在测点5，35，48，111，112，120，101一线，右边界在测点14，28，44，56，64，170，72一线，下边界约为-450 m水平。主要变形区内的位移明显比其他区域大，以垂直位移为主，水平位移较小，仅采空区两侧的水平位移相对较大。(4)应力集中使得局部产生较大的变形，在Ⅰ号矿体上盘A_2-B岩体中采空区左上角附近的较大区域内，位移量明显比其他区域大2～3倍，且围岩中出现不连续变形，这与试验过程中所观察到的该区域沿F_4断层拉开，出现一些张剪、压剪裂纹的现象相吻合。另外，测点12、26、42的位移量也很大，周围的测点变形不连续，说明Ⅱ号矿体已出现一定程度的下陷变形。总体上说，整个位移场的位移矢量均指向采空区，垂直位移大致由上往下逐渐增大，由两侧向采空区中间逐渐变大，水平位移大致由上往下逐渐增大，在采空区两侧的水平位移相对较大。

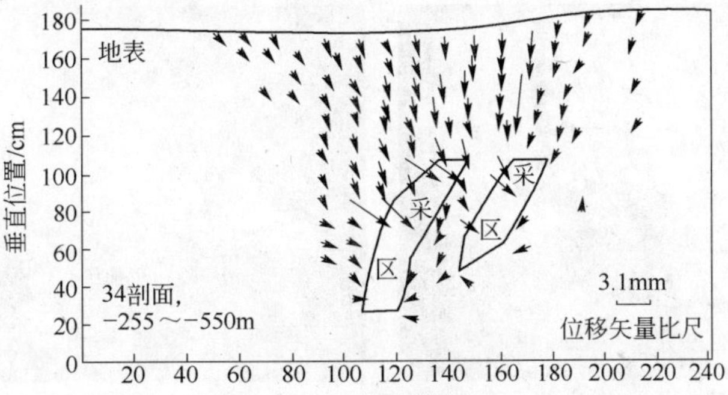

图4-68 围岩位移矢量图

C　围岩破坏特征及机理分析

围岩破坏特征　围岩破坏特征如图 4-69 所示,有如下特征。

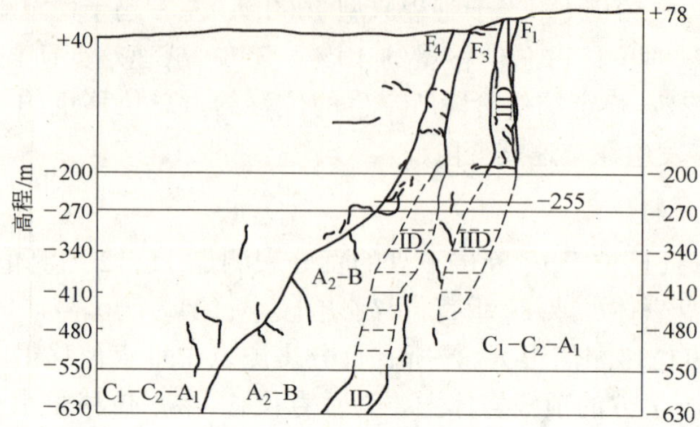

图 4-69　围岩裂纹分布

(1) 在 −515 m 水平开采前,采空区围岩位移场基本呈连续渐变特征,F_1,F_3 和 F_4 断层均未出现错动迹象,只是Ⅰ号矿体采空区左上角位移明显较其他区域大,产生拉破坏,出现拉裂纹。

(2) −550 m 水平采完后,紧靠断层 F_1 上盘的Ⅱ号矿体因下部被开采而呈较大幅度下陷,F_1 断层有较明显的正断型错动,Ⅱ号矿体上边界与 C_1-C_2-A_1 岩层之间也出现明显的剪切错动,在地表 F_1 断层处可见一错动小陡坎。断层 F_3,F_4 之间的 A_2-B 岩层也开始出现微弱下陷。位于Ⅰ号矿体与 F_4 断层之间的 A_2-B 岩层中段在重力作用下不断向采空区位移,F_4 断层不断被拉开,并在 A_2-B 岩层中派生出一系列拉剪型和压剪型裂纹。在Ⅰ号矿体采空区顶部的 A_2-B 岩层中,在自重应力作用下,出现了一个明显的拱形塌落区,两侧分别以 F_3,F_4 为界。Ⅰ号矿体上盘的 A_2-B 岩层中段犹如一根倾斜的梁柱受到上部及自身重力的挤压,加剧了 A_2-B 岩层中段沿 F_4 断层的张开和该段 A_2-B 岩层中的压剪型裂纹(与 F_4 断层斜交)和拉剪型裂纹(与 F_4 断层高度相交)的进一步产生和扩张。

(3) 随着时间的推移,已有的破坏区进一步发展扩张,并出现许多新的裂纹。在Ⅰ,Ⅱ号矿体之间的岩墙中出现若干条与岩墙近于平行的张剪型裂纹,在Ⅱ号矿体采空区底部产生若干条压剪型裂纹,在Ⅰ,Ⅱ号矿体采场顶板中,出现若干条大致呈水平向展布的张剪型裂纹。围岩的破坏情况见图 4-70。

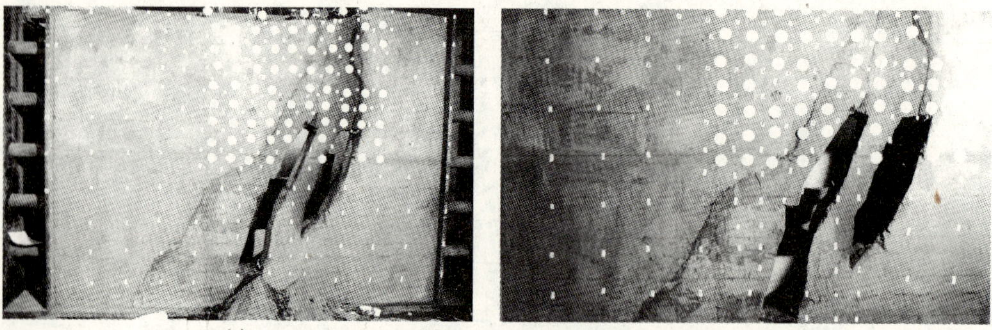

(*a*)　　(*b*)

图 4-70　开采到 −550 m 水平时围岩破坏照片

(*a*)—整体;(*b*)—局部

破坏机理 东区矿体和围岩的空间形态比较复杂，在地下采矿过程中不同部位围岩的破坏作用机理也不一样，分叙如下：

(1) “简支梁”型破坏。从图4-70中可以看出，在Ⅰ号矿体的上盘为强度较弱的A_2-B岩层，倾角比较缓。随着矿石的不断采出，A_2-B岩层失去支撑作用，受到来自顶板C_1-C_2-A_1岩层的压力和自重力，形成一个“简支梁”。由于中部岩层比较薄，强度比较低，所以首先在岩层中部出现较大的位移区，继而F_4断层发生离层，上端部发生剪切和拉伸破坏，最后形成拱形冒落塌陷。

(2) 断层破坏。F_1，F_3和F_4断层强度都不高，在出现采空区的条件下，断层沿层面发生破坏，从而导致F_1断层上盘的Ⅱ号矿体和F_3，F_4断层之间的A_2-B岩层发生较大的下沉位移。

(3) 拉应力破坏。采场顶板受垂直方向和水平方向的拉应力作用，从而出现水平方向和垂直方向的拉裂纹，在重力作用下发生破坏。

(4) 压应力破坏。Ⅰ，Ⅱ号矿体之间的岩墙在采矿过程中从三向受力状态变为单向受力状态，在上覆岩层压力作用下，出现张性裂纹，发生张性破坏。

(5) 剪应力破坏。F_1，F_4之间的岩体呈上“小”下“大”的形态，下陷后导致F_4上盘岩体，F_1下盘岩体在F_4，F_1处的水平向应力被大部分解除，从而形成近似的“高陡边坡”，导致在F_4上盘岩体、F_1下盘岩体中出现一系列因压剪破裂引起的高角度破裂面，破裂面之间的块体呈楔形阶梯状排列，并随时间推移，有逐渐向两侧发展之势，地表的崩落区、移动区将进一步大幅度向外扩大。

5 深凹露天转地下安全开采技术

5.1 概述

露天开采具有投产快、基建投资少、损失贫化指标好等优点，对于矿体延伸较深、覆盖层不厚、多为中厚或厚大的急倾斜矿床一般采用露天开采。但当露天开采不断延深，超过经济合理的开采深度时，必将逐步由露天开采向地下开采过渡，并最终全面转入地下开采。因此，要求露天转地下开采的矿山设计时，对前(露天)后(地下)期开采应统一全面规划，露天开采后期的开拓系统既要考虑地下巷道的利用，同时在向地下开采过渡时，地下开采也应尽可能利用露天开采的相关工程和设施等有利因素，使露天开采平稳地过渡到地下开采，保持产量和经济效益稳定。

在一个矿床内，根据露天和地下开采的工艺和空间上结合方式的不同，联合开采法有以下三大类：

(1) 在一个矿体内，露天和地下同时开采(露天和地下同时联合开采)；

(2) 先用露天法开采矿床的上部，然后过渡到用地下开采(露天转地下开采)；

(3) 矿床的下部用地下法先开采，然后过渡到露天开采(地下转露天开采)。

地下转露天开采的方法只有在特殊的条件下偶尔使用。露天和地下联合开采法，按其在空间上的不同结合方式，又可分为在垂直面上的同时开采和在水平面上的同时开采。这类开采法的优点是：(1)开采强度大，能最大限度地强化矿床开采；(2)露天与地下的开拓基建工程能够相互结合、统一使用，露天往往是全部或局部地利用地下巷道共同开拓，可以减少投资和生产费用；(3)能开采用地下法或露天法单独开采都不合理的矿床储量，充分地回收国家资源；(4)投产或达到设计产量的时间短。因此，这种联合开采法在国外如前苏联等国得到广泛的使用。但也存在一些缺点：(1)由于在露天边坡下面进行地下开采并且形成采空区，明显降低了边坡强度和稳定性；(2)由于井下回采和掘进工作的影响，使露天矿的岩体受到不同程度的破坏，使岩矿产生许多裂缝，给露天凿岩爆破工作带来困难，作业效率很低；(3)为了防止重型设备可能陷落到地下巷道或采空区中，使得地下生产和露天的采矿工作复杂化；(4)为保证露天工作的安全，使地下采用高效率的崩落采矿法受到限制，或者完全不能采用；(5)在露天矿底部留大量的保安矿柱或采用胶结充填，增加了矿石损失和采矿费用，降低了技术经济指标。

露天转地下开采矿山，整个开采期一般经过露天开采期、露天与地下联合开采的过渡期和地下开采期三个阶段。在这三个阶段中，矿山的开采强度和矿山企业的生产能力各不相同。因此，在考虑露天转地下开采的开采工艺及工程布置时，除了研究与矿床赋存条件及开采技术条件相适应的开采强度和生产能力，以求获得经济效益的最大化之外，还要采取必要的安全措施，以确保开采的安全。

国内外露天转地下开采矿山的经验表明，当矿山充分利用了露天与地下开采的有利工艺特点时,统筹规划露天与地下开采的工程布置,可以使矿山的基建投资减少25%～50%,生产成本降低25%左右。

5.1.1 国外露天转地下开采的技术发展现状

国外露天转地下开采的金属矿山较多,例如:瑞典的基鲁纳瓦拉铁矿、南非的科菲丰坦金刚石矿、加拿大Craigmont镍矿和基德格里克铜矿、芬兰的皮哈萨尔米黄铁矿、前苏联的阿巴岗斯基铁矿和澳大利亚的蒙特莱尔铜矿等,根据矿山地质、资源、环境和经济等因素的不同,上述矿山就合理的露天开采极限深度、露天开采向地下开采过渡时期的产量衔接、露天坑底盆的顶柱与缓冲层厚度、露天开采的开拓系统与地下开采的开拓系统衔接、露天开采边坡管理与残柱回采和坑内通风与防排水系统等主要问题进行了研究,取得了较好的效果。

瑞典基鲁纳瓦拉矿的矿床由三个透镜状矿体组成,长7000 m,倾角55°～65°,平均厚度90 m,该矿从1952年开始由露天向地下开采过渡,1962年全部由露天转入地下开采,矿山生产能力为2300～2500万t/a。矿山开采的特点是:深部露天的矿石用溜井通过坑内巷道运出,减少了露天剥离量,缩短了运输距离;地下用竖井斜坡道开拓,使凿岩和装运等无轨设备直接进出坑内采场工作面;井下运输提升全部实现自动化,使地下开采的机械化提高到一个新的水平。

芬兰皮哈萨尔米黄铁矿,矿体埋深在地表以下500 m,走向长650 m,中部宽75 m,两端变窄,矿体倾角北部50°～70°,其余部位近乎垂直,该矿开采特点是:采用露天转地下同时开拓建设,露天超前地下开采的方式,利用统一的地下巷道使过渡时期拉长,确保地下开采有充分的时间进行采矿方法试验;露天和地下共同使用井下破碎站和提升系统,减少基建投资和露天剥离量;深部露天矿石通过溜井下放到地下开采的运输系统中,采用竖井提升方式比地面汽车运输节约开采成本;地面有斜坡道直通井下各个工作面,有利于提高采场的机械化程度和设备的效率。

5.1.2 国内露天转地下开采的技术发展现状

国内露天转地下开采的矿山有武钢的大冶铁矿东露天采场、唐钢的石人沟铁矿、首钢的杏山铁矿、江苏的凤凰山铁矿和冶山铁矿、安徽的铜官山铜矿、湖北的红安萤石矿、甘肃的白银折腰铜矿、江西的良山铁矿、浙江的漓渚铁矿和山东的金岭铁矿等,近30年来,国内露天转地下开采的矿山虽然不多,但是通过试验和研究也积累了很多宝贵的经验,为进一步研究适合我国露天转地下开采的方法和手段创造了工程条件。

针对国内露天转地下开采的技术要求进行了理论和工艺研究。露天与地下联合开采的工艺及技术,包括:联合穿爆地下出矿采矿工艺、露天漏斗法采矿工艺、地下穿爆露天出矿工艺等;露天转地下开采的离散元数值模拟、联合开采的平稳过渡措施、覆盖层合理厚度、次生应力场的有限元模拟、井下防洪问题、开采境界顶柱三维有限元分析和采场结构参数及回采顺序研究等。

江苏凤凰山铁矿是我国露天转地下开采最早的矿山,该矿1960年开始进行地下开采工程的建设,1973～1976年由露天转向地下开采的过渡,由于过渡期采用的方法得当,达到了稳产30万t/a过渡期产量的要求。该矿过渡期开采的特点是:露天与地下同时建设,先采露天部分,待转入地下开采时,使露天有足够的时间回采残柱,地下有充分的时间进行试采,既保证了露天残柱回采,也给过渡期的持续稳产创造了条件。因地制宜地选择地下第一中段的采矿方法,是露天转地下开采保证过渡期稳产的重要环节。

浙江漓渚铁矿矿体走向长 300 m，倾角 55°～75°，矿体埋深 335 m，矿体平均厚度 60 m，该矿在 80 m 以上采用露天开采，露天开采结束后，沿矿体走向留下了三个露天坑和顶底板三角矿带。转入地下开采后，先采用无底柱分段崩落法回采顶底盘残矿，然后采用大爆破的方式一次性将顶底板围岩崩落后形成 20 m 以上的废石覆盖层，作为地下开采时的上覆岩层，确保了地下采矿的安全。

铜陵有色金属公司下属的铜山露天矿、前山露天矿和凤凰山铜矿的金牛露天矿，均为由地下转露天开采的矿山实例。以铜山露天矿为例，该矿利用原 -40 m 阶段作为露天矿的主运输巷道，其开采技术特征是：露天爆破作业对地下作业面的破坏作用完全可以人为控制，采用多排孔微差爆破技术，每段药量控制在 500 kg 以内，巷道一般不会发生冒顶和严重开裂现象；同时把地震波影响范围内的地下工作人员撤离到安全地点和及时清顶检查，保证人员的安全。此外，凤凰山铜矿采用露天矿临界边坡控制爆破技术、地下空区层位及形态的探测技术、合理规划露天开采顺序和边坡稳定性监控等研究方法和手段，实现了露天矿的安全生产，同时确保了地下开采的正常进行。

5.1.3 金属矿山露天转地下开采的安全技术问题

根据我国金属矿床赋存的特征和规模，以及国内外露天转地下开采所取得的实践经验，对于露天转地下开采的矿山应主要考虑技术和安全两方面的问题。开采的技术问题包括：确定合理的露天开采极限深度、露天转地下开采过渡时期的采矿方法和产量衔接等。安全问题包括：地下开采对岩体及边坡的破坏规律、地下开采的通风系统与防洪排水措施、露天挂帮矿的安全回采、露天与地下联合开采的地下空间问题等。

5.1.3.1 地下开采对围岩及边坡的破坏影响

露天开采的边坡稳定性主要受边坡体内的地质构造、地形、爆破、地下水等因素的影响，是一个较为复杂的地质力学问题。一旦由露天转入地下开采，在过渡时期就形成了由露天和地下开采相互影响的应力场，极有可能导致边坡的最终失稳。如果采用崩落法开采，随着地下开采水平的下降，其崩落的影响范围不断扩大，肯定对高陡露天边坡产生不利影响。为了保证露天边坡和上覆岩层的稳定性，有必要开展露天转地下开采时的边坡稳定性和地表崩落规律的研究，通过工程地质调查、现场监测和计算机数值模拟分析等研究手段，寻找地下巷道围岩和边坡的变形特性，寻求边坡应力场的分布规律，并采取必要的安全措施，以避免边坡大范围的坍塌，产生冲击地压造成井下人员的伤亡。例如，铜官山矿西部矿体上盘边坡，由于坑内房间矿柱采用深孔崩落回采而发生陷落移动，尽管当时露天已经结束，但教训是严重的；再如，折腰山铜矿曾发生过 100 万 m^3 大滑坡，对安全生产产生了严重危害。同时还要制定露天转地下开采过渡时期的边坡管理办法，纳入矿山生产管理之中。

5.1.3.2 地下开采的通风系统与防洪排水措施

金属矿床由露天转地下开采后，其地下开采的通风系统与一般的地下开采矿山基本相同，但是在考虑地下开采的通风系统时，要考虑露天与地下之间已经沟通这一因素对地下通风的影响。

地下开采的防洪排水措施包括地表和地下两部分。地下开采的涌水量为地下水量和露天坑受大气降水渗入或流入地下采场的水量之和。一般说来地下水量的大小与地下水的静储量和外部补给动储量的多少有关，这部分涌水量较为稳定。但露天坑渗入或流入地下采场的水量，受大气降水的影响较大，要控制好这部分涌水量，通常采取的措施是：

(1) 在露天矿境界外周围设置防洪排水沟，并充分考虑到最大涌水季节的涌水量，配置防洪排水设施；

(2) 露天境界内设置防洪排水系统，在露天坑底设置储水池等设施，并配置防洪排水设施。

5.1.3.3 露天挂帮矿的安全回采

金属矿床开采的地质条件和矿体赋存条件复杂，根据矿山设计确定的露天开采的极限深度的限制，在开采范围内以外矿体通常只作为残留矿柱而永久性损失。露天转地下开采时可以采用以下方式进行挂帮矿的回采：

(1) 在露天底与地下采空区之间的挂帮矿，采用联合开采的方式进行回采；

(2) 在露天矿边坡附近的挂帮矿，根据露天矿下降速度，可以利用露天台阶的平台，布置地下开采巷道进行局部回采。

5.1.3.4 露天与地下联合开采的地下空间问题

露天与地下联合开采的过渡期，由于开采地段存在地下空区，地压活动时有发生，影响露天采场边坡的稳定性。此外，采掘设备和人员在地下空区上部作业，因此，下空区垮冒常有设备和人员陷入的现象发生，造成人员和设备的伤亡事故。其通常做法是：露天矿的最终境界以下与地下开采交界处，留有一个较厚的水平矿柱；对露天开采境界以下的地下空区进行充填处理；露天与地下开采同时作业时，露天开采应超前地下开采作业；采用控制爆破技术，削弱露天爆破对地下空区的破坏作用。

5.1.4 露天工作的安全措施

在地下开采影响区内进行露天开采时，必须采取以下的技术组织措施：

(1) 在编制露天开采设计时应考虑：1)必须根据由于地下开采而引起的岩体强度下降，来确定露天矿的边坡角和台阶坡面角；2)设计中要提出露天和地下生产的安全措施；3)制定探测地下空洞和确定空洞位置及大小的工作方法；4)制定观测和检查岩体变化的方法。

(2) 须建立地压观测与安全检查的专门技术服务组织，主要任务是：1)观测露天边坡岩体移动的状况，协调露天和地下工作在空间和时间上的关系；2)通过钻探深孔和爆破孔的观测，积累有关采空区充填程度和预测地下新开拓区的空洞资料；3)查出有突然发生崩落漏斗和陷落危险的地区；4)编制空洞处理和台阶边坡整理的局部单体设计；5)空区处理质量的检查；6)根据露天开采安全规程和技术操作规程，全面检查露天作业的安全条件。

5.1.4.1 初期阶段保证露天安全作业条件的主要措施

初期阶段保证露天安全作业条件的主要措施有：

(1) 编制地下巷道和露天矿的测量资料。在测量资料中要包括露天和地下的所有巷道、崩落区的边界线、开采区段的地质构造特征、地下和露天工作的状况等。沿矿层走向每隔 40～50 m 布设观测深孔，孔内装备深部水准点或地音探测仪。

(2) 建立水准点观测组织。根据观测的数据判定张力裂缝的安全期限和极限发展期、崩落步距值、崩落周期、崩落岩体产生悬拱的可能性和水平位移值。

(3) 建立系统的肉眼观测网，掌握岩层移动的发展过程。

(4) 消除地下空洞，以便保证护顶柱上的运输设备安全。为此，应利用探矿凿岩工程，确定必须处理的矿房位置。

(5) 采取技术措施，降低大爆破地震波对工业场地建筑物的破坏作用。

(6) 在测量资料和深孔观测的基础上,加强对地下采空区充填密实程度的研究。

(7) 根据钻孔岩心和实际的岩样试验,进行岩体工程地质研究。

(8) 编制露天与地下同时爆破作业图表和露天与地下采场开采进度计划表。

5.1.4.2　地下巷道中的观测工作

实践表明,顶板岩体的动态观测和采空区状态观测是非常必要的。主要措施是:在开采过程中及时观测采空区充填的程度,在地下巷道的深孔中布设声波探测观测或深部水准点观测,用声发射法系统地观测护顶柱和矿房间柱的状况。通过实验室和现场对岩石破坏的分析研究,在一定的矿床条件下,制定出了用声发射法的噪声等级和最大频谱等级,快速评价岩体的稳定状态。表 5-1 和表 5-2 为灰色砂岩岩体(单轴抗压强度极限为 160～250 MPa)的噪声等级和频谱等级。利用以上的实测数据以及矿山压力分布随开采而变化的资料,即可确定围岩崩落过程和发展规律。

表 5-1　岩体稳定状态与噪声等级

岩体状态	每分钟脉冲次数	破坏特征
Ⅰ级稳定	3～5	产生变形,无可见性破坏
Ⅱ级稳定	8～11	产生裂纹,个别岩块冒落
极限稳定	25～40	有强烈裂纹,出现冒落和片帮
不稳定	45～60	矿柱破坏,顶板冒落
极不稳定	65～90	上覆岩层冒落

表 5-2　岩体破坏声脉冲频谱等级

岩体状态	最大频谱区间/kHz
稳　定	2.5～6.0
极限稳定	0.8～0.2
不稳定和极不稳定	<0.2～0.5

5.1.4.3　在地下开采影响区内的凿岩爆破和电铲装岩工作

在编制地下破坏区内的露天凿岩爆破设计时,必须在综合平面图(含露天台阶和地下巷道)、剖面图和垂直投影图上标出采空区的边界线,矿房顶底板的标高、水平和垂直巷道的位置。在平面图上确定出崩落区的边界线。

确定已采矿房顶板实际位置的方法,主要是采用钻凿探矿深孔。凡是有空洞或有破坏区存在的地方,通常取不出岩芯,或是通过钻孔吹进空气来证实。

根据国内外的实际经验,对于中硬以上的岩体,当需要从护顶柱向下钻深孔时,顶柱的厚度可按以下条件选取:矿房跨度在 10 m 以内时,顶柱厚度不应小于矿房跨度的 2 倍;矿房跨度大于 10 m 时,原则上不应小于 2.5～3.0 倍。当测出破坏空洞的埋深小于以上数值时,一般应停止凿岩爆破和电铲装岩工作。当凿岩设备处在上述条件下工作时,应当在有锚杆绳固定的平台上作业,钻工必须佩戴安全绳,并应选用轻型钻机凿岩。

对未充填的空洞,通常采用爆破法或充填法处理,使用较多的是爆破法。在处理空洞时,应事先作出单体设计。

在顶柱上进行生产凿岩前，应先确定顶柱的状况。对顶柱状态须用地音仪或信号警报器以及深部水准点进行监测检查，传感器和水准点安设在深孔内。监测用的钻孔深度通常应比顶柱的垂直厚度小 1.0～1.5 m。孔数和孔深应根据每个空洞的大小和顶柱厚度的具体条件确定。

对于横巷、平巷、石门、天井、上山和尺寸不大的巷道，垂直爆破深孔至空洞边界的距离，应取 0.5 倍底部抵抗线长。对于大面积的空洞，这个距离可等于底部抵抗线长。为评价用爆破法处理空洞的质量而布设的声波孔，与最靠边界的爆破深孔的距离，应为 1.5 倍底部抵抗线长。

由于装炸药的深孔穿透空洞，故必须在孔底填塞炮泥，底部炮泥的长度应不小于 1.5～2.0 m。

处理空洞的顺序，通常是从中央向空洞的边界采用微差深孔爆破进行。应当沿炮孔全长装炸药。装药量的计算应能保证采区的各部位全部爆破。

空洞处理的质量，通过肉眼观察和声波观测来评定。若发现顶柱有悬吊的区段，应进行二次爆破处理。电铲须在顶柱上作业时，顶柱的最小厚度应通过计算来确定，届时通过钻勘探孔来检验。

若设计中采用电铲整理台阶边坡时，必须提出安全作业措施。对位于边界的采区，应提出预防大爆破的炮烟进入地下巷道的措施。

本章第 3～5 节将以大冶铁矿为工程实例，对深凹露天最终边坡的稳定性、采用崩落法转入地下开采过程中对巷道围岩以及露天边坡的破坏影响进行论述。现先将大冶铁矿的工程背景作简要介绍。

5.2 大冶铁矿工程背景

大冶铁矿位于湖北省黄石市铁山区，西距武汉市 90 km，东距黄石市区 25 km，东南距大冶市 15 km，206 国道经过矿区，交通十分便利，如图 5-1 所示。自西向东有六大矿体，其中铁门坎、龙洞、尖林山为地下开采，而象鼻山、狮子山、尖山原为露天开采，现狮子山和尖山 −168 m 标高以上露天采场境界外的矿体转为地下开采。下属采矿车间包括东采车间和尖林山车间。

大冶铁矿地形北高南低，西高东低，四面环山。北面为铁山侵入体白雉山山脉。最高峰为四峰山，海拔 487 m，高山南坡平均海拔 220 m。矿区南部为风化残丘，海拔约100 m。矿区位于高山与残丘之间是一片东西向狭长地带，海拔 40～60 m。

大冶东露天已经形成的深凹露天坑东西长约 2400 m，南北宽约 1000 m。狮子山矿段露天坑底标高为 −48 m，现已回填到 ±0 m 形成转载场；尖山矿段从 30 号勘探线起往东，坑底梯次下降到 −168 m 尖山矿段露天坑底。露天坑北帮标高一般 170～270 m，南帮 86～200 m。露天边坡角一般 38°～43°，局部到 53°，边坡高度 230～430 m，如图 5-2 所示。按照设计，错动角为上下盘 60°，东西两端 65°。开采至 −168m 时，地表错动面积约 0.45 km^2。

大冶铁矿东露天转地下开采年产量为 40 万 t，规模不算大，但具备其自身的特点和难点。其一是露天边坡高和陡，岩体内大的构造和断层发育，整体稳定性一般；其二是露天坑的规模和范围大，影响因素多；其三是采用崩落法开采；其四是地下矿体连续性较差。相信随着大冶铁矿东露天转地下综合开采工艺与技术研究的进一步深入和现场实践工作的进一步完善，一定能够达到较高的学术水平，得到同行专家的充分认可，成为我国露天转地下采用崩落法开采的典范和示范工程。

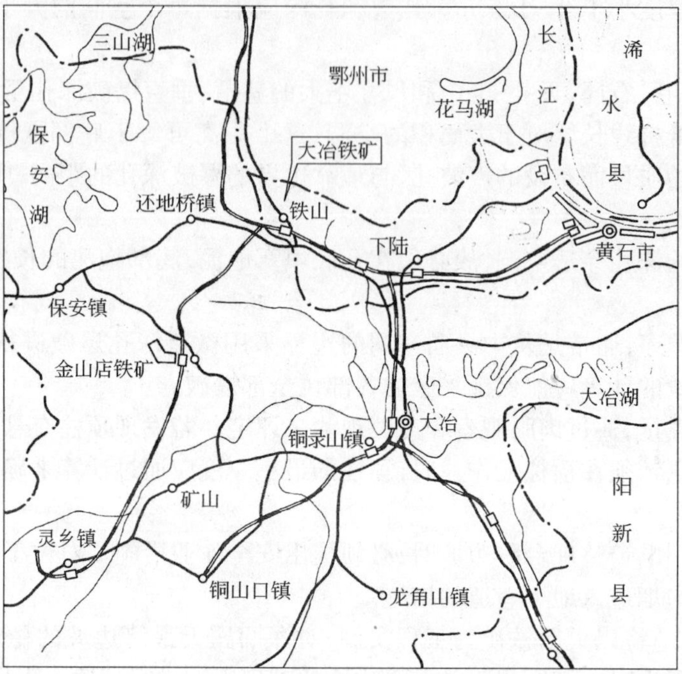

图 5-1　大冶铁矿地理位置及交通示意图

图 5-2　大冶铁矿东露天深凹露天坑鸟瞰图

5.2.1　矿区地质

大冶铁矿在大地构造位置上处于淮阳山字型前弧西侧与新华夏构体系第二隆起的次级构造即鄂城—大磨山隆起带的复合部位，属接触交代型铁矿床，如图 5-3 所示。构造线呈北西西向展布，构成本区区域构造格架的基础。自北向南发育有鄂城背斜、碧石渡向斜、铁山背斜、长乐山向斜、保安背斜、大冶向斜、殷祖背斜等。

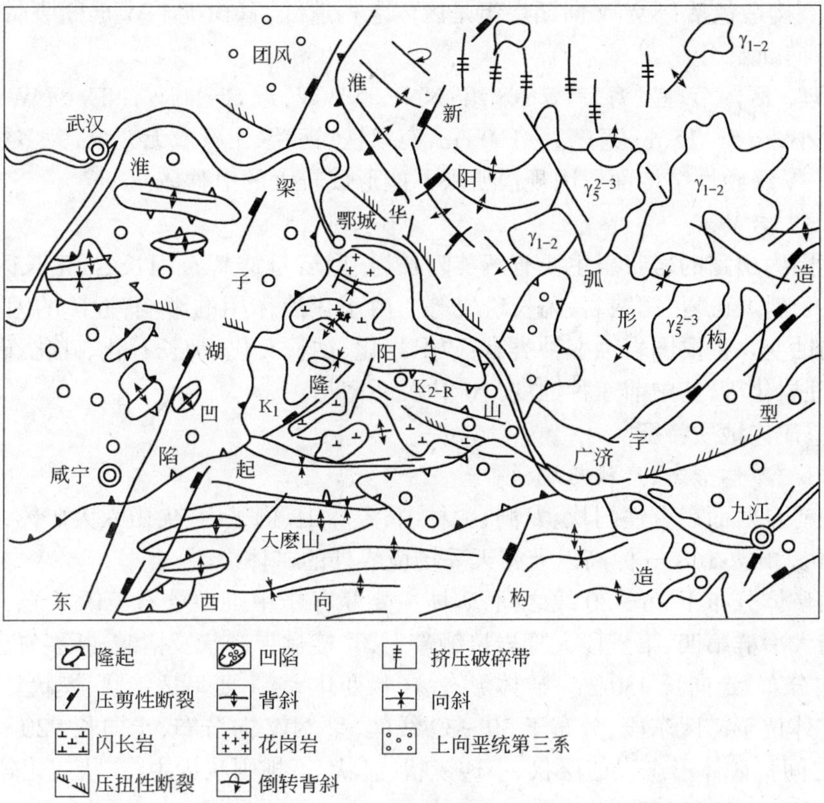

图 5-3 大冶铁矿区域构造位置图

5.2.1.1 地层与岩性

矿区出露地层主要为三叠系下统大冶群，在矿区中部零星出露二叠系上统大隆组和龙潭组。矿区地层自老至新分为：上二叠统龙潭组(P_2L)、上二叠统大隆组(P_2d)、下三叠统大冶群(T_1d)、第四系(Q)。大冶铁矿主要岩性汇总及其代号见表 5-3。

表 5-3 主要岩性统计汇总及代号

Qh	人工填土	Qdl	第四系坡集土
$T_1d_4^5$	第五段第四亚段	$T_1d_5^5$	下三迭系大冶群第五段第五亚段
$T_1d_5^{3-1}$	第五段第三亚段第一层	$T_1d_5^{1+2}$	第五段第一二亚段
$Q\delta^1$	中细粒含石英闪长岩	$BD\delta^2$	一般变质闪长岩
$BD\delta_w^2$	中等至强风化一般变质闪长岩	$BD\delta_{AD}^2$	钠长石闪长岩
$BD\delta_{KC}^{2-1}$	高岭土蒙脱石绿泥石化闪长岩	$BD\delta_{KC}^{2-2}$	绿泥石化闪长岩
$BD\delta_{KC}^2$	高岭土绿泥石化闪长岩	SK_1	透辉石矽卡岩
SK_2	透辉石榴子石矽卡岩	δ_u	闪长玢岩脉

5.2.1.2 地质构造

(1) 褶皱构造。铁山矿区位于淮阳山字型前弧西翼，主要构造线呈 NWW 向展布，是矿区的主要构造格架。包括：狮子山—象鼻山卷曲倒转背斜、NNE 向复式褶皱、尖山背斜。

(2) 断裂构造包括:NWW 向断层组是区内老构造线、喜山期 NW 向断裂带、NNE 向断层组、近 SN 向断层组。

(3) 节理。区内节理发育,有 7～8 组:NNE,NWW,近 SN,NW,NE,NNW,近 EW 向。它们的规模小,长 5～15 m、宽 0.1～1.0 cm,充填铁、钙、绿泥石或无充填,大多数为扭性、压扭性,属Ⅳ～Ⅴ级硬性结构面。因规模所限不能形成较大的滑移体。

5.2.1.3　*岩浆岩*

矿区范围内出露的岩浆岩主要有石英闪长岩、黑云母透辉石闪长岩、正长闪长岩、含石英闪长岩及云斜煌斑岩、辉绿岩、闪长玢岩等。由于热液作用的影响,近矿的闪长岩都发生不同程度的蚀变。主要围岩蚀变种类有:矽卡岩化、钠长石化、钾长石化、硅化、碳酸岩化、绿泥石化、大理岩化等,其中前三种蚀变与矿化关系密切。

5.2.2　矿体地质特征

5.2.2.1　*矿体形态、产状与规模*

大冶铁矿自西而东有铁门坎、龙洞、尖林山、象鼻山、狮子山、尖山六大矿体,本次研究对象为狮子山、尖山 -168 m 标高以上露天采场境界外的矿体。

狮子山矿体分布于 26～30 线之间,矿体主要赋存于中细粒含石英闪长岩、黑云母透辉石闪长岩与大冶群第四、第五段大理岩接触带上,受接触带产状及褶皱、断裂复合构造控制,呈 NWW 向分布,走向长 430 m。矿体形态、产状变化大,主要呈透镜状、楔状。

尖山矿体位于矿区东段,分布于 30～39 线间,呈 NW 向分布,走向长 920 m(研究范围 30～35 线之间),矿体形态以似层状、小透镜状、囊状、不规则状为主,产状变化较大。

5.2.2.2　*矿体近矿围岩和夹石*

矿体北侧围岩主要为中细粒含石英闪长岩、矽卡岩、黑云母透辉石闪长岩、钾(钠)化闪长岩及闪长玢岩等。

矿体南侧围岩主要为大冶群灰岩,近接触带部分由于强烈的渗滤交代作用,大理岩变质为透辉石矽卡岩或金云母透辉石矽卡岩。

矿体常被与矿体产状近于平行展布的闪长玢岩岩脉所穿插,还有闪长岩、矽卡岩和大理岩的包体。开采范围内矿体总夹石率(含夹层)为 14.82%。

5.2.2.3　*矿石的矿物成分和结构、构造*

磁铁矿矿石的金属矿物主要为磁铁矿,其次为赤铁矿、黄铁矿、黄铜矿、少量磁黄铁矿、斑铜矿等。脉石矿物以方解石、白云石、透辉石、金云母为主。磁铁矿呈细 - 粗粒自形至半自形晶结构,黄铁矿、黄铜矿一般呈星点状或细脉状,偶尔呈团块状分布于磁铁矿中。矿石构造主要为致密块状构造,次为条带状、浸染状、角砾状、多孔状构造。

混合矿石主要由假象赤铁矿、菱铁矿、磁铁矿组成,次要矿物为黄铁矿、黄铜矿,少量斑铜矿、褐铁矿、白铁矿、胶黄铁矿。脉石矿物主要有方解石、白云石、绿泥石、金云母、绿帘石、透辉石、石榴石、长石、石英等。矿石结构以交代粒状及残余骸晶结构为主,构造以花斑状、条纹状为主,其次为角砾状、脉状等。

5.2.3　矿床开采技术条件

5.2.3.1　*工程地质分区特征及评价*

通过对东露天采场工程地质测绘及矿、岩石力学性质分析,并根据 -50 m 和 -180 m 水平深部排水巷道稳定性调查和对大量钻孔岩、矿芯资料综合分析,将东露天采场深部矿体及其围岩稳固性分为三个等级，即Ⅰ区、Ⅱ区和Ⅲ区。其中Ⅰ区又分为$Ⅰ_1$，$Ⅰ_2$和$Ⅰ_3$区。各区位置和边界见表5-4。主要矿岩物理力学性质见表5-5。

表5-4 工程地质分区及界线

分区	位置	界限		稳定性描述
		东界	西界	
$Ⅰ_1$区	狮子山南帮	30-4	29-4	稳定Ⅰ区
$Ⅰ_2$区	狮子山南帮	29-4	27-1	稳定Ⅱ区
$Ⅰ_3$区	狮子山南帮	27-1	40-1	稳定Ⅲ区
Ⅱ区	狮子山北帮西部	29	40-1	较稳定区
Ⅲ区	狮子山北帮东部	30-2	29	不稳定区

表5-5 矿岩物理力学性质

项目	矿石	岩石		
		大理岩	闪长岩	矽卡岩
体重/(t/m³)	3.97	2.75		
松散系数	1.60	1.70		
湿度/%	1.47	0.5～1.00		
自然安息角/(°)	30～41	30～40		
f系数	12～14	6～8	10～14	7～12

5.2.3.2 *矿区水文地质*

矿区属副热带大陆性季风气候，历年极端最高气温达40.3℃，最低气温为－11℃。历年平均降雨量为1402.1 mm，最大降雨量为2212.8 mm，每年3～8月份为雨季，雨季降雨量占全年降雨量的2/3。历年日最大降雨量为249.5 mm。

矿体顶板为隔水的燕山期闪长岩体。底板为含水性相对较好的大理岩层，也是矿区的主要含水层。通过对巷道揭露的大理岩岩溶裂隙率调查，±0 m标高以上岩溶率为6.70%，±0～－40 m标高为5.20%，－40～－50 m标高为3.34%，－50 m标高以下大理岩岩溶发育很弱。大理岩含水层的单位涌水量为0.01～0.05 L/s·m，渗透系数为0.01～0.1 m/d，属弱－中等富水性含水层。影响地下水富水性的断裂带主要有两组：NNE向的张扭性断裂和NW～NWW向的压扭性断裂。前者富水性较好，是地下水的主要活动通道，后者富水性较差，制约了地下水的运动。

大气降水是地下水的主要补给水源，随着矿山的不断向深部开采及井下排水系统的形成，改变了地下水的径流排泄条件，形成了露天采场南北帮地下水向排水巷道汇集的降落漏斗。随着长期排水影响地下水位已降至－132 m以下。

矿坑充水主要是来自降雨径流沿开采错动区的裂隙及深凹露天坑底的渗入，该矿区水文地质条件属简单－中等复杂类型。

5.2.4 矿床开拓

5.2.4.1 *矿区地形地质特征*

东露天采场于2003年结束露天开采，届时形成的深凹露天坑东西长约2400 m，南北宽约1000 m。狮子山矿段露天坑底标高为 -48 m，现已回填到 ±0 m 形成转载场；尖山矿段从30号勘探线起往东，坑底梯次下降到 -168 m 尖山矿段露天坑底。露天坑北帮标高一般170～270 m，南帮 86～200 m。露天边坡角一般 38°～43°，边坡高度 230～430 m。

开采对象为狮子山矿段和尖山矿段，露采后的狮子山矿段矿体较完整，尖山矿段则基本是不连续的挂帮矿，其中包括尖Ⅰ、尖Ⅱ、尖Ⅲ和尖Ⅳ号矿体，分布高度在 -24～-168 m 之间。矿体赋存于闪长岩与大理岩接触带，矿体北侧为闪长岩，属隔水层；南侧为大理岩，属弱含水层。整体上看，矿体与围岩属极稳定和较稳定。

5.2.4.2 开拓系统

采用中竖井双罐笼兼主副提升，主要提升矿石、人员、材料和设备，中竖井也是主要排水井和进风井。

坑内采掘废石流向如下：-120 m 阶段的废石，用 7 t 架线机车牵引 0.75 m^3 翻斗车运到尖山露天坑 -120 m 平台，卸入尖山坑；-180 m 阶段的废石则经 -180～-120 m 的阶段提升井提到 -120 m 阶段，以前述方式卸入尖山坑。

主要开拓井巷有中竖井、现有人行通风斜井和 24～0 m 回风斜井。

5.2.4.3 岩石错动界线的确定

矿体围岩基本为大理岩和闪长岩，大理岩 $f=6\sim8$，闪长岩 $f=10\sim14$，岩石稳固性好至较好，考虑露天采场的现实条件并参照类似矿山情况取错动角：上下盘 60°，东西两端 65°。以此从 -360 m 和本期开采 -168 m 圈定地表错动范围，开采 -168 m 时，地表错动面积约 0.45 km^2。

圈定结果，露天采场东端 8 号水沟约 200 m、6 号水沟约 30 m 落入错动范围，如不留矿柱，则须掘导水涵洞约 400 m，否则需在 -12～-132 m 之间留保安矿柱，矿量 B+C 级 23.54 万，D 级 28.85 万 t，B+C+D 级矿量 52.39 万 t。

另外，井口车场亦有约 45 m，落入 -180 m 以下深部开采的错动范围，届时需在 -240 m 以下留适量矿柱。

5.2.4.4 阶段高度及阶段平巷布置

开采对象为 -168 m 以上矿量，阶段标高为 -50 m，-120 m 和 -180 m，其中 -50 m 阶段主要用于回风，-120 m 和 -180 m 阶段为生产阶段。阶段高度 60～70 m。

本地下开采工程采用中竖井双罐笼兼主副提升的开拓方式，双面马头门、环形井底车场，确定 -120 m 与 -180 m 阶段平巷在狮子山主矿体矿段采用下盘沿脉环形布置；-180 m 阶段的尖山南北帮则采用沿脉尽头式布置。

环形阶段平巷中的装矿平巷铺设双轨，另一侧的阶段运输平巷布置于下阶段开采错动范围外大于 10 m 的大理岩中。

5.2.5 开采顺序

5.2.5.1 首采地段

狮子山矿段 -48 m 以上北帮挂帮矿矿量 56.45 万 t，TFe53.94%，该覆挂矿位于主矿体的上部，为开采主矿体制造有利条件，尽可能多回收矿产资源，必须先将此挂矿优先开采，而且该覆挂矿已被回填废石覆盖，覆盖层 -48～0 m，为无底柱分段崩落法开采创造了极有利的条件，48 m 厚的覆盖层也为高边坡下采矿提供了较好的安全条件，因此，确定首采狮子山北帮挂帮矿体。

5.2.5.2 尖山矿段各矿体开采顺序

A 尖Ⅰ矿体

尖Ⅰ矿体分布在狮子山矿段相接的南北帮，全部坑采。鉴于尖Ⅰ南帮矿体(尖$Ⅰ_s$)赋存于尖山南帮边坡－8～－156 m之间，高差达148 m，呈薄皮状分布，走向长一般80 m，最长110 m，平均厚度3～6 m，厚者12～16 m。此段边坡为稳固大理岩，局部边坡角53°，对此段矿体，拟露天人工浅眼凿岩，高陡帮开采，露天坑底出矿，可采出矿石约40万t。露天转地下开采至2004年开始，其中2001～2002年为坑内基建期，2003～2004年坑内开采北帮覆挂矿，将危及现北帮公路，故运输应改走南帮公路。而南帮公路在投产后的第2～3年受－48 m矿体开采错动的影响遭到破坏，此时通尖山坑的公路就完全中断，以后从尖山坑采出的矿石，无论是浅孔露采的尖$Ⅰ_s$和简易坑采的尖Ⅲ矿体矿石，将只能从－120 m露天平台装车入坑，从中竖井提出地表送选厂。故浅孔露采尖$Ⅰ_s$矿体应抓紧在公路未中断之前的最佳时间完成。

为保证尖$Ⅰ_s$矿体浅孔露采出矿安全，－120 m基建废石应尽可能往东排。再者浅孔露采尖$Ⅰ_s$矿体出矿更受－60 m施工平巷排弃废石影响，故亦要求－60 m基建废石尽可能沿北帮往东排弃，由于F_9断层滑体影响其安全性，除加强对滑体观测外，尽可能排在F_9断层西侧。但是这样排弃的废石滚到－156 m狭长坑底，将难保证浅孔露采尖$Ⅰ_s$矿体出矿运输线路的畅通。故浅孔露采尖$Ⅰ_s$矿体虽是一个较好的办法，但受上述诸多因素影响，实施中应全面考虑。

B 尖Ⅱ矿体

尖Ⅱ矿体分布在31-1～33-2号勘探线之间的－84～－156 m标高之间，深入边坡之下，有B+C级矿量82.99万t，品位高TFe53.88%，分布集中，从赋存条件看，尖Ⅱ矿体开采将破坏现有公路系统，因此只能坑内开采。为了多回收矿石和有利于安全，开采时间宜于滞后，待尽可能多的废石排弃覆盖于尖Ⅱ矿体之上，以利矿石回收。

C 尖Ⅲ矿体

尖Ⅲ矿体现正由矿山采矿队进行简易开采，应尽可能提高生产能力，争取在近几年多出矿，一旦公路中断，矿石将只能从－120 m平台装车入坑，从中竖井提出。

5.2.6 开采现状

露天边坡如图5-4所示，目前－24 m水平挂帮矿开采完毕，正开采－36 m水平挂帮矿，－48 m和－60 m水平的采准工程基本完毕。不同时期地表塌陷情况见图5-5。

图5-4 高陡露天边坡

(a)　(b)　(c)

图 5-5　不同时期地表塌陷情况

(a)—2004 年 7 月 23 日地表塌陷照片；(b)—2004 年 11 月 17 日地表塌陷照片；
(c)—2005 年 1 月 1 日地表塌陷照片

5.3　大冶铁矿最终边坡稳定性研究

5.3.1　东露天边坡稳定性研究总结

5.3.1.1　国家“八五”科技攻关材料汇总

A　大冶铁矿东露天深部边坡加陡研究

该项目由长沙矿冶研究院、长沙冶金设计院、东北大学、中国科学院武汉岩土力学所与武钢矿业公司于 1994 年 8 月共同完成。

主要研究内容包括：(1)东区工程地质与水文地质特征；(2)大冶铁矿东露天深部边坡加陡稳定性分析；其中包括：岩体与弱面的物理力学指标，稳定性计算及其程序特点，大冶铁矿东采深部边坡加陡的稳定性分析；(3)采矿技术条件；(4)深部边坡加陡方法；(5)深部境界修改；(6)边坡加陡的经济效益。

主要研究方法采用优化法、Sarma 法、余推力法和简化 Bishop 法，确定最小允许边坡安全系数为 1.15，由于岩体的内聚力折减了 20 倍，安全系数储备约为 30%，计算过程中未考虑爆破振动和地下水对边坡稳定性的影响。

主要推荐采用Ⅰ，Ⅱ和Ⅲ方案，分别为：

Ⅰ方案：主要以多采矿为前提，较大限度地加陡深部边坡角。在可能的采矿技术条件下,采用3~6个阶段并段,安全平台宽10 m,终了阶段破面角70°。西端－84 m水平运输线路最小曲线半径12 m。A区－96 m水平以下加陡。终了整体边坡角加陡1°~5°。

Ⅱ方案:在注重边坡安全和多采矿的条件下,充分考虑矿山采矿工艺的特点及可行性,并考虑到为西端挂帮矿开采提供便利条件。采用2~3个阶段并段安全平台宽7 m,终了阶段坡面角70°,运输线路最小半径为20 m,终了整体边坡角加陡1°~4°。

Ⅲ方案:该方案将原设计的南帮迂回公路改为东端帮进线,经北帮迂回进入坑底。采用了3个阶段并段,终了阶段坡面角70°,安全平台宽7 m,运输线路最小半径为15 m,终了整体边坡角加陡1°~4°。

对比计算结果见表5-6。

表5-6　各方案计算结果汇总表

序号	方案名称		Ⅰ方案	Ⅱ方案	Ⅲ方案
1	安全系数		1.11~1.51	1.11~1.68	1.15~1.59
2	比原设计增加矿量/万t	矿石	231.3	149.28	149.91
		岩石	179.8	171.2	44.4
		合计	511.1	321.48	194.31
3	增加矿岩量的剥采比/(t/t)		0.78	1.15	0.30
4	主要优缺点	优点	最大限度地回收矿石,尤其是西部原生矿	(1)工程易于实施,生产安全条件较好;(2)符合合同要求;(3)有利于狮子山加陡延伸	(1)工程可以实施,且采原生矿多;(2)剥采比较小
		缺点	生产安全条件较差,工程难以实施	增采原生矿少,剥采比较大	运输线在北帮迂回边坡高陡,布线略紧张
5	推荐意见		不予推荐	若考虑狮子山加陡延伸,则推荐此方案	若不考虑狮子山加陡延伸,则推荐此方案

B　大冶铁矿东采扩帮区A区二维离散元分析

该项目由长沙矿冶研究院与武钢矿业公司于1996年8月共同完成。

研究内容包括:(1)二维离散元及UDEC程序基本原理简介;(2)A区Ⅰ－Ⅰ′剖面工程地质和水文地质条件简介;(3)岩体与结构弱面的强度指标取值;(4)有加固构件的UDEC计算;(5)有地下水作用的UDEC计算;(6)对Ⅰ－Ⅰ′剖面UDEC计算结果的分析。

主要采用UDEC弹性模型、Mohr－Coulomb塑性模型和Coulomb滑动模型进行模拟计算研究。

主要结论为:

(1) 加固构件的作用。加固后的边坡,无论对边坡的上、下部其位移、位移速度值、边坡所受的最大、最小主应力值要比未加固的值小,各开挖步骤变小的数值不一致。总的来说,－60 m以上的边坡加固是最有效的,边坡上部加固会影响到下部岩体的受力状态。

(2) 地下水对边坡稳定性的影响。由于地下水的作用,含水时的位移、位移速度矢量最大值较不含水的同名项大30%,甚至更大,主应力值也要大15%以上,有地下水后,靠近开挖底部水平的边坡中出现拉伸破坏。有地下水作用时加固件的作用影响要比干边坡加固条件下的作用影响小得多,甚至可以说加固件的作用在地下水的影响下已不起作用。总之,地下水对边坡影响的"负"作用要比加固件对边坡的"正"作用大得多。

(3) 深部边坡角加陡的影响。随着开挖深度的增加,位移值、位移速度值的最大值、主应力值等变化并不显著,但从 -60 m 水平以后的各步开挖由于总边坡高度大,深部靠近边坡面的岩体屈服与拉伸破坏范围越来越大。加陡了的边坡、位移、位移速度以及最大、最小主应力值均较原设计大百分之几到百分之几十的数量级,加陡边坡的屈服与拉伸破坏范围大 1 倍左右,说明边坡深部加陡使得边坡受力、变形进一步恶化,这与经典的极限平衡分析的结果是相似的。

(4) 加强边坡监测与综合治理的必要性。从 ±0 m 到 -60 m 水平虽然增加了大量的钢轨抗滑桩和被动式砂浆锚杆,它仍然是最不稳定地段。深部边坡加陡后,影响比较严重的地段是 -60～-96 m 水平,随着深度的进一步延深,必须加强对边坡的稳定性监测,采取相应的加固与综合治理措施,确保生产安全。

5.3.1.2 *大冶铁矿东采 A 区 -84～-120 m 边坡稳定性研究*

该项目由中国科学院武汉岩土力学所与武钢矿业公司于 1998 年 12 月完成。

主要研究内容包括:(1) A_2 号滑坡区边坡位移及加固构件受力状态监测;(2) -84～-120 m区段边坡工程地质分析;(3) A_2 号滑坡后边坡稳定性监测;(4)加固设计及加固效果评估;(5)A 区尖 F_9 断层上盘 -120 m 以上边坡稳定性计算分析。

主要研究方法为:

(1)监测,内容包括:

1) 钻孔倾斜仪法深部位移监测 8 孔

2) 多点位移计法浅层位移监测 27 孔

3) 锚杆受力状态监测 3 孔

4) 钢轨抗滑桩受力状态监测 3 孔

(2) 计算。采用二维极限平衡计算方法和莫尔 - 库仑强度准则,以其中的简化比肖普法计算安全系数,以余推力法进行加固推力计算和加固效果验证,边坡稳定许用安全系数即加固设计控制标准取 1.1。

主要结论有:

(1) 边坡坡面位移监测资料的分析,包括:

1) 48～180 m 之间的 A_1 号滑体西北侧 21 个测点,1990 年 4 月 A_1 号滑坡后,当年的雨季位移速率较大(0.369 mm/日),1991 年位移降至 0.0029 mm/日,然后 1992～1993 年,位移速率逐渐增加(0.155～0.369 mm/日),1994 年达到 0.60 mm/日,1995 年仍保持 0.578 mm/日的较高速率,1996 年上半年,剧增到 5.32 mm/日,产生大滑坡。

2) ±0～-60 m A_1 号滑体下部,±0 m 上的三个测点,1993 年的位移为 0.336 mm/日,而 1994 年和 1995 年分别只有 0.20 mm/日和 0.23 mm/日,1996 年上半年增至 1.59 mm/日。±0～-60 m 的 13 个测点的位移速率 1994 年为 0.149 mm/日,1995 年为 0.118 mm/日,1996 年剧增至 1.05 mm/日,表明 A_1 号滑体西北部的滑动推动了 A_1 号滑体及其下部边坡。

3) 滑移方位角,在 A_1 号滑体西北侧为 120°～130°,即沿尖 F_9 断层走向挤压 A_1 号滑体。在 A_1 号滑体下部,±0 m 高程边坡位移方向始终为顺坡向,而其下部的 -24～-60 m,

1994 年为 120°～130°，1995 年逐渐转向 150°～160°的顺坡向。

(2) 边坡岩体浅部位移监测结果。根据 27 个测点的孔深－位移关系曲线，确定不稳定边坡岩体的厚度为 10～15 m(垂直坡面)。

(3) 钻孔倾斜仪法边坡深部位移监测，包括：

1) 位于Ⅳ-Ⅳ剖面 A_1 号滑体西北侧的 3 孔，其合成位移的方位角在 120°～127°之间，平行于 F_9 断层走向，向 A_1 号滑体临空空间位移；滑动深度在靠近 F_9 断层的 CK_5 孔最浅为 13.4 m，离断层远的 CK_7 深度达 40 m。

2) Ⅳ-Ⅳ剖面 A_1 号滑体西南侧的 CK_8，CK_9 分别测出 20 m 和 30 m 的滑面深度，位移方位角分别为 120°和 160°左右。两孔在 1996 年 2 月前位移增长不快，1996 年 3 月后加快，其中 CK_8 在 1996 年 5 月 30 日～6 月 15 日期间每天的位移量达到 2.93 mm，CK_9 在 1996 年 4 月 4 日～4 月 29 日位移速率达到 0.84 mm/天，边坡存在明显的滑动。

3) 位于Ⅰ-Ⅰ剖面的 CK_{10}，CK_{11}，CK_{12}和－84 m 上的钻孔倾斜仪孔，一是位移方位角大部分接近顺坡向(165°)；二是错动面深度均在 20 m 以内；三是位移－时间的关系，从 1995 年开始发生明显加速现象，说明 A_1 号滑体下部受到上部滑坡的推动变形加速。

4) 用位移速率方向边坡深部位移发展过程，Ⅳ-Ⅳ剖面的 CK_8，CK_9 孔到 1995 年底其平均位移速率均未超过 0.5 mm/天，到 1996 年接近或超过此值，说明该段边坡在 1995 年之前基本处于稳定状态，只是 1996 年受上部和其东侧滑坡的影响，被有所牵动。Ⅰ-Ⅰ剖面的 CK_{11}和 CK_{12}与Ⅳ-Ⅳ剖面的变化规律完全相同。

(4) 钢轨抗滑桩受力状态监测。监测结果表明：－84 m 轨 1 桩在深度 7.0～10.5 m 之间是受剪而正应力最大部位。±0 m 的 2 号钢轨桩抗滑作用在桩深 8.2～9.6 m 之间，计算的最大弯矩是 45 kNm，仅为设计的 1/3。

(5) 锚杆受力状态监测，包括：

1) 锚杆受力区主要在 9 m 以内。

2) 锚杆受到的最大拉力为 174 kN，仅为设计值的 79.5%。

3) 锚杆的受力分为三段，9 m 以内为主要受力区，9～12 m 之间为锚杆受力过渡区，12 m 以下为锚杆受力储备区。

(6) A 区尖 F_9 断层上盘－120 m 以上边坡稳定性分析结果。计算分析以Ⅰ-Ⅰ剖面为代表，研究－84～－120 m 开挖过程，计算内容包括安全系数，相应的加固推力以及加固作用效果验算等。其主要结果如下：

1) －84～－120 m 边坡开挖，若完全不计加固作用，浅层边坡不稳定。－60～－108 m 安全系数为 0.981，－24～－120 m 边坡安全系数为 1.061。断层交汇，边坡岩体严重蚀变，松散软弱强度低和并段造成的边坡高陡是其不稳定的主要原因。

2) 浅层边坡达到稳定安全要求所需的加固推力为每延米 878 kN，可作为加固设计的依据。

3) 实施加固工程后，滑弧 A、B 的安全系数分别达到 1.067 和 1.156，滑弧 A 距 1.1 的最低安全系数的要求尚存在差距。

4) －84～－120 m 的大滑弧的安全系数 $K>1.1$，虽然基本达到稳定要求，但需说明两点：由于 A_1、A_2 滑坡后，地形测量困难，本计算结果基于 A_1、A_2 滑落为前提，事实上或许尚有残留物；A_1、A_2 滑坡发生后，形成凹陷，易于积水入渗和加速浅层岩体的风化，应引起高度重视。

5.3.2　东露天转地下开采岩体力学指标研究

多家研究单位对大冶铁矿狮子山矿体岩体力学指标进行了多年研究,取得了丰富的成果。以下是主要研究报告中采用的岩体和结构面力学指标:

(1) 大冶铁矿狮子山北帮西口总体稳定性研究。

1) 狮子山西部(27～40-1 线约 200 m)区段。边坡岩体以绿泥石化一般变质闪长岩为主,岩体致密、大块状、坚硬,节理裂隙较发育,并充填有软弱的绿泥石和碳酸盐矿物。

在现场沿 N65°W/SW∠36°的节理面(充填 2～5 cm 的绿泥石)进行剪切试验,得:

$$C = 0.25 \sim 0.42\ \text{MPa}, \varphi = 30° \sim 40°$$

沿 N55°W/SW∠72°的节理面(充填 1 cm 的绿泥石)进行剪切试验,得:

$$C = 0.60 \sim 0.72\ \text{MPa}, \varphi = 34° \sim 36°$$

依据上述试验结果,空间块体稳定分析采用的抗剪强度指标为:

$$C = 0.2\ \text{MPa}, \varphi = 30°$$

2) 狮子山与象鼻山交界(40～23 线约 240 m)区段。边坡岩体为半风化和强风化闪长岩为主,节理甚为发育,裂隙中充填石榴子石和薄膜状绿泥石。

现场进行岩体三轴试验,试验结果得:$C = 0.2 \sim 0.32$ MPa, $\varphi = 30° \sim 40°$

综述所述,对半风化和强风化闪长岩体建议采用 $C = 0.2$ MPa, $\varphi = 30°$,而对高岭土状闪长岩建议采用 $C = 0.05$ MPa, $\varphi = 30°$

(2) 东露天采场狮子山北帮西口Ⅰ号滑体削坡加固说明:

Ⅰ号滑体滑动面(煌斑岩脉软弱夹层)抗剪强度指标为 $C = 0.045$ MPa, $\varphi = 30°$。

(3) 东露天采场狮子山北帮西口Ⅰ号滑体二期加固工程设计:

煌斑岩脉的断层面及节理面的综合指标取 $C = 0.02$ MPa, $\varphi = 28°$。

对Ⅰ号滑体下部两段分别建议取:

$C_1 = 0.1$ MPa, $\varphi = 30°$。

$C_2 = 0.15$ MPa, $\varphi = 30°$。

(4) 大冶铁矿东采北帮新滑体预应力锚固采用 $C = 0.29$ MPa, $\varphi = 42.2°$。

(5) 象鼻山北帮边坡岩体稳定性分析。组成象鼻山北帮边坡的岩体为一般变质闪长岩,绿泥石化、高岭土化闪长岩,对滑体反算得 $C = 0.129$ MPa, $\varphi = 30°34'$。

一般变质闪长岩　　$C = 0.15$ MPa, $\varphi = 30°$

绿泥石化、高岭土化闪长岩和断层破碎带　　$C = 0.10$ MPa, $\varphi = 28°$

矿体　　$C = 0.40$ MPa, $\varphi = 40°$

(6) 大冶铁矿狮子山南帮 F_{25} 断层破碎带加固。F_{25} 断层破碎带呈块状结构,宽 50～55 m。采用的力学参数为:

$$C = 0.15\ \text{MPa}, \varphi = 23°, \gamma = 2.5\ \text{t/m}^3$$

(7) 关于大冶铁矿狮子山象鼻山之间边坡稳定性分析报告。在 25 线附近土层分为 3 类,其中Ⅰ——砾石以铁矿石为主的砾质黏土;Ⅱ——砾石以闪长岩为主的砾质黏土;Ⅲ——含少量砾石的黏性土。根据现场抗剪试验,建议采用的力学参数为:$C = 0.02$ MPa, $\varphi = 25° \sim 30°$, $\gamma = 2.5$ t/m^3

(8) 大冶铁矿东露天扩帮区边坡稳定性研究。岩体的物理力学指标见表 5-7,断层的物理力学指标见表 5-8,节理裂隙等弱面物理力学指标见表 5-9。

表 5-7 岩体物理力学指标

岩 性	地质特征	建议采用值						
		C/MPa		φ/(°)		泊松比	容 重 γ	弹性模量 E
		浸水	风干	浸水	风干	μ	/(t/m³)	/MPa
含石榴子	致密、完整	0.7	1.4	35	40	0.17~0.22	2.7	$(1.1\sim2.5)\times10^4$
大理岩	有裂隙及方解石脉	0.3	1.2	30	35			
条带状	致密、完整	0.7	1.4	33	38	0.17~0.22	2.7	$(1.1\sim2.5)\times10^4$
大理岩	致密、有裂隙	0.3	1.2	30	35			
蚀变闪长岩	致密、有裂隙	0.2	0.8	28	32	0.24	2.7	$(0.74\sim2.0)\times10^4$
中粗粒	致密、完整	0.5~1.0	3.8	42	50	0.25~0.32	2.7	$(0.96\sim3.0)\times10^4$
闪长岩	致密、有裂隙	0.4	1.3	33	38			

表 5-8 断层的物理力学指标

岩 性	结构及夹泥特征	建议采用值						
		C/MPa		φ/(°)		泊松比	容重 γ	弹性模量 E
		浸水	风干	浸水	风干	μ	/(t/m³)	/MPa
大理岩	泥质	0	0.03	8	16~18	0.35	2.3	
	角砾夹泥	0	0.03	10	20~22		2.4	$(0.07\sim0.09)\times10^4$
	角砾	0	0.03	18	25		2.5	$(0.5\sim0.7)\times10^4$
闪长岩	泥质	0	0.3	8	22	0.35	2.4	
	角砾夹泥	0		10				$(0.07\sim0.09)\times10^4$
	角砾	0.1		18				$(0.5\sim0.7)\times10^4$
蚀变闪长岩	泥质	0	0.02	6	14~16	0.35	2.3	
	角砾夹泥			8	16~18		2.4	$(0.07\sim0.09)\times10^4$
	角砾			15	25		2.5	$(0.5\sim0.7)\times10^4$
氧化矿、褐铁矿	碎块及土	0	0.03	12	27	0.35	2.4	$(0.5\sim0.7)\times10^4$

表 5-9 节理裂隙等弱面物理力学指标

岩 性	结构面及充填特征	建议采用值					
		C/MPa		φ/(°)		泊松比	弹性模量 E
		浸水	风干	浸水	风干	μ	/MPa
大理岩	平直含泥	0	0.03~0.05	10	16~20	0.3	$(0.7\sim1.0)\times10^4$
	平直干净	0.05	0.1~0.2	20	30~32		
	粗糙含泥	0	0.03~0.05	12	20~25		
	粗糙干净	0.05	0.1~0.2	25	32~35		
闪长岩	平直含泥	0	0.03~0.05	8	14~18	0.3	$(0.7\sim1.0)\times10^4$
	平直干净	0.05	0.1~0.2	20	25~26		
	粗糙含泥	0	0.03~0.05	10	14~18		
	粗糙干净	0.05	0.1~0.2	20	30		
蚀变闪长岩	平直含泥	0	0.03~0.05	8	14~18	0.3	$(0.7\sim1.0)\times10^4$
	平直干净	0.05	0.1~0.2	20	25~26		
	粗糙含泥	0	0.03~0.05	10	14~18		
	粗糙干净	0.05	0.1~0.2	20	30		

(9) 大冶铁矿东采深部边坡加陡方案研究。报告中采用的岩体力学参数见表5-10。

表5-10　大冶铁矿主要岩体及结构面力学参数汇总表

岩石名称及结构面特征	容　重 /(t/m³)	弹性模量 E /MPa	泊松比 μ	抗剪强度指标			
				C/MPa		φ/(°)	
				深　部	表层10 m	深　部	表层10 m
黑云母透辉闪长岩	2.7	2.0×10^4	0.28	0.5	0.3	40	30
钾长石化闪长岩	2.7	2.0×10^4	0.28	0.5	0.3	40	30
高岭石绿泥石化闪长岩	2.7			0.2	0.1	30	30
一般变质闪长岩	2.7			0.2	0.05~0.10	30	30
蚀变透辉石闪长岩	2.7			0.2	0.05~0.12	30~35	25~30
其中:强蚀变	2.5	1.25×10^4	0.30	0.2	0.04~0.10	30	
弱蚀变	2.6	1.5×10^4	0.24	0.2		35	
中细粒含石英闪长岩	2.7	2.0×10^4	0.28	0.5	0.30	40	30
钠钾长石化闪长岩	2.7			0.3		30	
含铁白云石大理岩	2.7	1.8×10^4	0.20	0.25		30	
下三迭系大冶群大理岩	2.7			0.32		33	
铁矿石	4.12	1.56×10^4	0.27	0.35		42	
尖 F_9 断层,充填蒙托石伊利石	2.3			0.03		20	
尖 F_1~F_8,尖 F_9 支断层				0.03		20	
小断层		0.8×10^4	0.22	0.05		25	
节理面,无泥平滑		0.8×10^4	0.22	0.05		25	
闪长岩体破碎带,尖 F_{13} 等		0.7×10^4	0.22				
闪长岩节理面,充2.5 mm绿泥石				0.05		25	
闪长岩弱面绿泥石化,宽10 mm				0.05		25	
闪长岩节理裂隙带,块度20 cm		0.7×10^4	0.30				
大理岩层面,夹泥厚10 mm以下		0.7×10^4	0.30	0.05		25	
闪长岩节理面		0.7×10^4	0.30	0.05		25	
蚀变闪长岩节理面		0.7×10^4	0.30	0.05		25	

(10) 大冶露天铁矿南帮采场边坡稳定性研究。报告中采用的岩体和结构面抗剪强度指标见表5-11。

表5-11　主要岩体及结构面力学参数表

岩石名称及结构面特征	抗剪强度指标			
	C/MPa		φ/(°)	
	表层10 m	深　部	表层10 m	深　部
一般闪长岩	0.30	0.50	30	40
强蚀变透辉石闪长岩	0.04~0.06	0.20	25~30	35
弱蚀变透辉石闪长岩	0.10	0.325	30	35
中细粒含石英闪长岩	0.30		20~30	
绿泥石化闪长岩	0.05	0.20	30	30
含铁白云石大理岩	0.06	0.30	30	32
条带状大理岩	0.05	0.25	29	31

续表 5-11

岩石名称及结构面特征	抗剪强度指标			
	C/MPa		φ/(°)	
	表层 10 m	深 部	表层 10 m	深 部
高岭土化闪长岩	0.05	0.05	28	30
砾质黏土(狮—象山间土坡)	0.02	0.02	27	27
大理岩边坡顶破碎开裂区内	0		28	
铁矿石	0.57	0.82	33	39
大理岩软弱层面(条带状)充填方解石	0.03~0.05	0.15~0.25	23~28	23~29
闪长岩节理面充填绿泥石 5~10 mm		0.20		30
节理密集带闪长岩	0.04	0.20	30	30
尖 F_9 断层,含蒙托石、伊利石		0.03		18
尖 F_1~F_8,尖 F_9 支	0.03~0.06		18~30	
F_{25}断层南帮	0.03	0.15	23	23

(11) 大冶铁矿狮子山象鼻山露采挖潜研究。武汉岩土所进行了如下补充试验:74 m 水平不规则试样直剪试验;尖 F_9 断层原位大面积剪切试验;尖 F_9 断层在 96 m 水平的断层泥室内重塑样直剪试验;尖 F_9 在 −24 m 处断层泥室内物理力学试验;象鼻山南帮 F_{25}断层破碎带重塑样室内直剪试验;狮子山、象鼻山北帮节理试样室内中型剪试验;强－强烈蚀变高岭土绿泥石化闪长岩岩体抗剪试验;象鼻山 CK_2 钻孔岩芯三轴试验;岩石点载荷强度试验。试验结果见表 5-12。

表 5-12 点载荷强度值及各类岩石强度之比

岩 性 名 称	点载荷抗压强度 σ_c /MPa	强 度 比	换算抗剪强度	
			C/MPa	φ/(°)
含石英闪长岩	310.53	2.996	0.63	50
钠长石化闪长岩(正长石)				
微－新鲜	285.6	2.75	0.58	48
弱风化	252.34	2.43	0.51	45
较破碎	151.53	1.46	0.31	40
一般变质闪长岩				
含透辉石闪长岩	272.6	2.63	0.55	40
弱蚀变黑云母	282.6	2.72	0.57	45
透辉石闪长岩	252.6	2.44	0.51	35
强风化一般变质闪长岩	178.8	1.72	0.36	33
透辉石矽卡岩	169.35	1.63	0.34	38
大理岩	125.75	1.21	0.25	36
白云质大理岩	113.55	1.095	0.23	35
绿泥石化闪长岩 绿泥石硅化闪长岩	103.67	1.0	0.21	33
强烈蚀变高岭土蒙托土绿泥石化闪长岩	78.16	0.75	0.15	30
狮子山南帮 F_{25}断层	94.81	0.91	0.19	31

5.3.3　本次计算参数的确定

在广泛收集和整理以往成果基础上,采用新的数理统计方法,并结合本次模拟计算采用的 FLAC 软件的要求,采用的岩体力学参数见表 5-13。

表 5-13　大冶铁矿东露天岩体物理力学参数表

岩　种	容重/(kN/m³)	弹性模量/GPa	变形模量/GPa	泊松比 μ	三轴试验抗剪强度		计算采用的岩体强度值		折减比	10 m 表层强度弱化值	
					C_k /MPa	φ_k/(°)	C /MPa	φ/(°)		C' /MPa	φ' /(°)
黑云母透灰石闪长岩	27.0	20	13.3	0.28	26.6	52.76	0.50	40	53.2	0.30	30
钾长石化闪长岩	27.0	20	13.3	0.28	36.6	43.93	0.50	40	73.2	0.30	30
高岭石、绿泥石化闪长岩	25.0						0.20	30		0.10	30
一般变质闪长岩	27.0						0.20	30		0.075	30
蚀变透灰石闪长岩					5.3	50.61	0.20	32	26.5	0.08	27
其中:强蚀变	25.0	12.5	8.5	0.3			0.20	30		0.07	
弱蚀变	26.0	15	11.17	0.24			0.20	35			
中细粒含石英闪长岩	27.0	20	13.3	0.28			0.50	40		0.30	30
钠钾长石化闪长岩							0.30	30			
含铁白云石大理岩	27.0	18	13.18	0.20			0.25	30			
下三迭系大冶群大理岩	27.0						0.32	33			
铁矿石	41.2	15.6	6.14	0.27			0.35	42			
早期排土场	22.0						0.075	27			

1992 年 10~12 月,长沙矿冶研究院在 -53 m 水仓处,-53 m 西平巷处和 -180 m 水平水仓处共打了三个套孔钻孔,取得 8 组数据。略去最大主应力 σ_1 与重力方向的微小差异,在 -53 m 水平的大理岩中实测的 $\sigma_{1大}=5.461$ MPa、闪长岩 $\sigma_{1闪}=5.397$ MPa, -180 m 水平大理岩中 $\sigma_{1大}=8.143$ MPa。取重力方向为 y 轴,水平方向为 x 轴,则在构造应力场的作用下:

$$\begin{cases} \sigma_y = \sigma_y^0 + \gamma h \\ \sigma_x = \sigma_x^0 + \dfrac{\mu}{1-\mu}\gamma h \end{cases} \tag{5-1}$$

式中　σ_x, σ_y——实测值,MPa;

　　σ_x^0, σ_y^0——借助应力解除求出的构造应力值,MPa。

由于 -53 m 的平巷与水仓的上覆岩层厚度 h 是已知的,则在 -53 m 水平计算的大理岩 $\sigma_1=3.59$ MPa, 计算的闪长岩 $\sigma_1=3.599$ MPa, -180 m 水平计算的大理岩 $\sigma_1=7.02$ MPa, 该水平闪长岩因无实测数据而不作计算,而各测点的实测值与计算值的差值即

为构造应力 σ_x^0,σ_y^0。由实测值与计算值的对比分析查明:对不同的实测水平,σ_x^0,σ_y^0 基本上为常量。最后可求得大理岩的 $\sigma_y^0 = 1.63$ MPa,闪长岩 $\sigma_y^0 = 1.807$ MPa 两种岩石取平均值,可得 $\sigma_y^0 = 1.7$ MPa。已知岩体的泊松比 $\mu = 0.24$,则两种岩体平均 $\sigma_x^0 = 0.54$ MPa。这组数据是进行数值模拟计算的最基本的构造应力场数值。

5.3.4 计算剖面的选取

大冶铁矿狮子山—象鼻山开采终了的边坡工程地质平面图如图 5-6 所示。

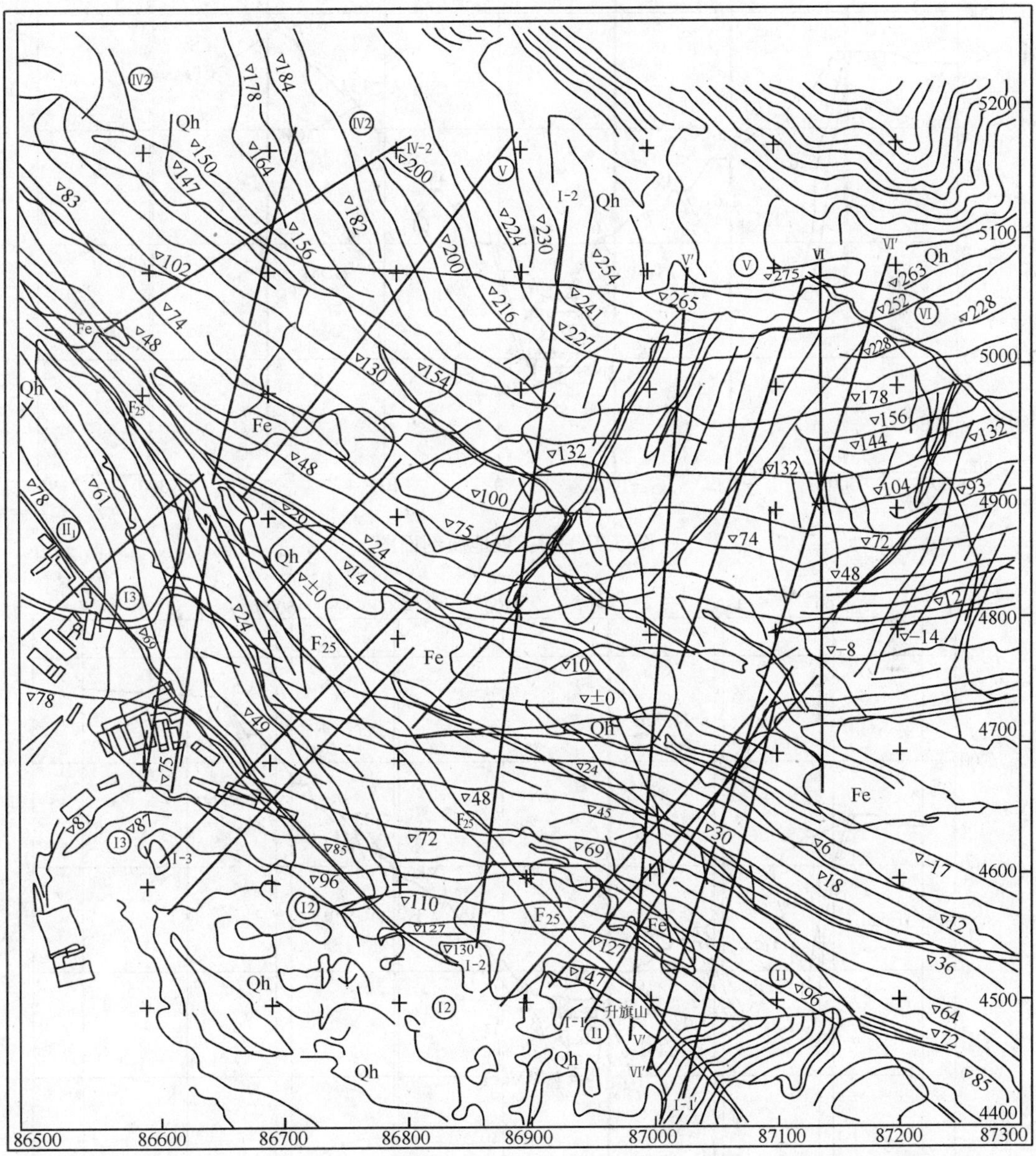

图 5-6 狮子山—象鼻山边坡工程地质平面图

由于边坡稳定性计算一般可以简化为平面应变问题,即假设边坡在长度方向对变形的影响可以忽略不计,用平面计算结果近似代替三维计算结果,根据条件:(1)计算剖面的选取要尽量垂直于边坡坡面；(2)不要增加过多的地质调查和填图的工作量，尽量采用前面已有的成果；(3)剖面要与下部的矿体和采准工程建立必要的联系，要符合露天转地下总体研究的要求，选取了Ⅰ-1，Ⅰ-2，Ⅰ-3，Ⅴ′和Ⅵ′五个地质剖面，见图 5-7～图 5-9。

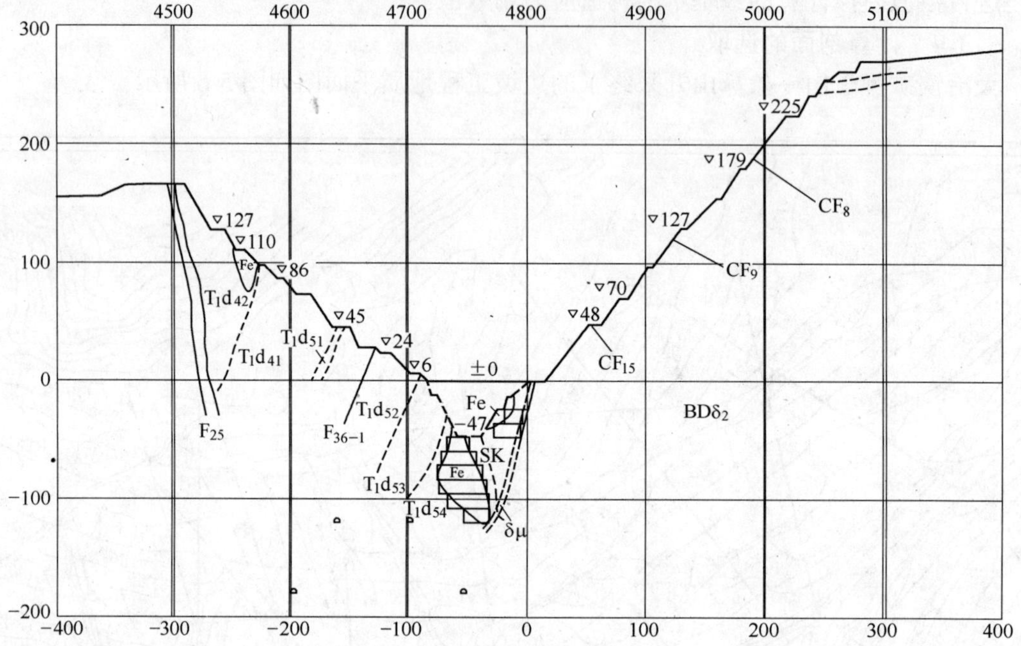

图 5-7　Ⅴ′工程地质剖面图

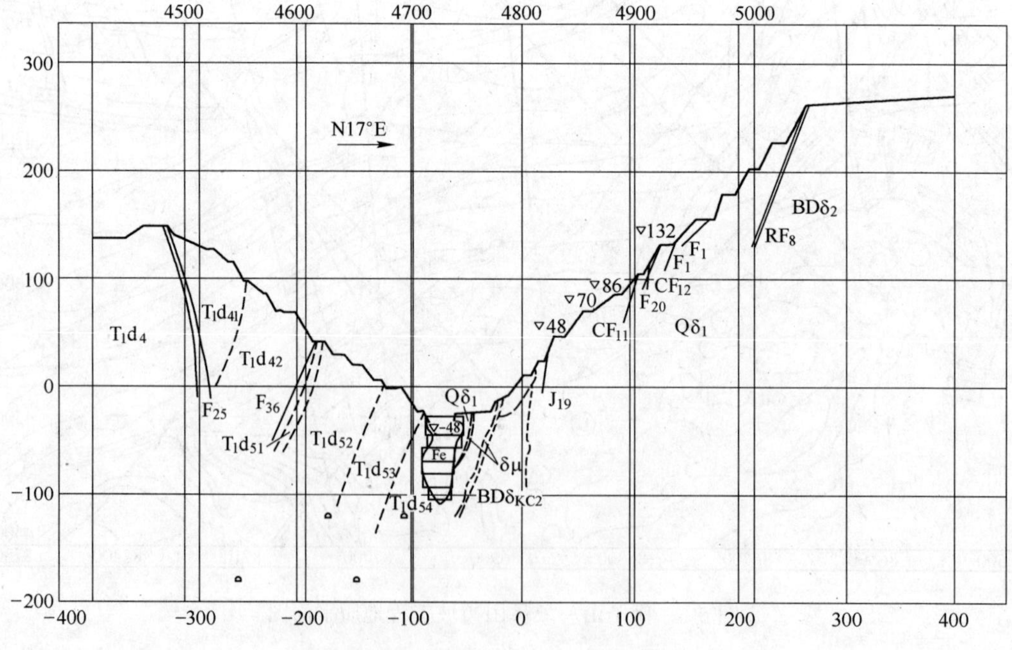

图 5-8　Ⅵ′工程地质剖面图

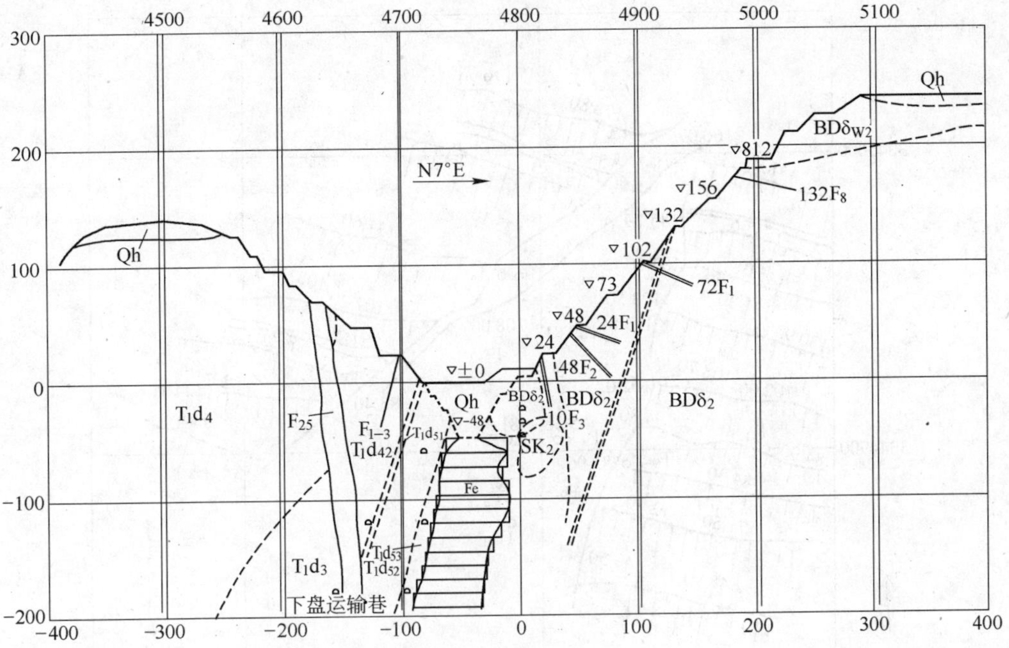

图 5-9 Ⅰ-2 工程地质剖面图

5.3.5 边坡岩体稳定性监测

模拟计算结果的可靠程度很大程度上依赖于计算模型、岩体力学参数和边界条件是否符合实际情况,而这其中最难的是岩体力学参数的确定。为此,本研究采用位移反分析的方法,即首先根据工程地质剖面建立较为精确的计算模型,其次给岩体赋初值并计算不同分段水平开挖后边坡岩体的位移量,最后将计算结果与实测结果进行对比分析,如果相差较大(不在同一个数量级),再进行岩体力学参数的调整,如此调整直到满足要求的计算精度为止。因此,必须对大冶铁矿边坡岩体稳定性监测的数据进行统计和整理分析。

大冶铁矿为保证东露天高陡边坡的长期稳定性,及时预测和预报大面积滑坡发生的地点与时间,于“八五”期间,在主要地段均布设了较为完整的监测网。以下就以对 F_1 和 F_9 断层移动变化的监测统计资料为例,进行边坡岩体移动规律的分析。

F_9 断层是大冶铁矿的主要断层之一,它直接影响到 A_1 滑体的稳定性,如图 5-10 所示。许多科研单位对 A_1 滑体稳定性进行了较为系统和深入的研究,所得成果较好地指导了生产实践。大冶铁矿地测科自 1996 年 12 月 19 日至 2003 年 7 月 8 日对 A_1 滑体进行了 101 次的监测,共布置 9 个测点,其中 $F_{9\text{-}1}$～$F_{9\text{-}5}$和 $F_{9\text{-}7}$, $F_{9\text{-}8}$则布置在 A_1 滑体之上,垂直方向主要分布在 110～50 m 水平之间,变化规律基本相同,$F_{9\text{-}1}$和 $F_{9\text{-}3}$的监测结果见图 5-11 和图5-12。而 $F_{9\text{-}6}$和 $F_{9\text{-}9}$布置在较为稳定的西侧边坡上,变化规律也基本相同,$F_{9\text{-}6}$的监测结果见图 5-13。从图中可以看出:

(1) 由于 $F_{9\text{-}6}$和 $F_{9\text{-}9}$布置在较为稳定的西侧边坡上,其 x,y,z 三个方向的位移量均明显小于其他 7 个测点。以 $F_{9\text{-}6}$为例,到 2003 年 7 月 8 日,其 x 方向的位移量为 -24 mm, y 方向的位移量为 25 mm, z 方向的位移量为 35 mm。而同时观测的 $F_{9\text{-}1}$测点 x 方向的位移量为 -123 mm, y 方向的位移量为 107 mm, z 方向的位移量为 163 mm,两点监测结果相差 4～5 倍之多。这说明 A_1 滑体仍存在滑坡的危险。

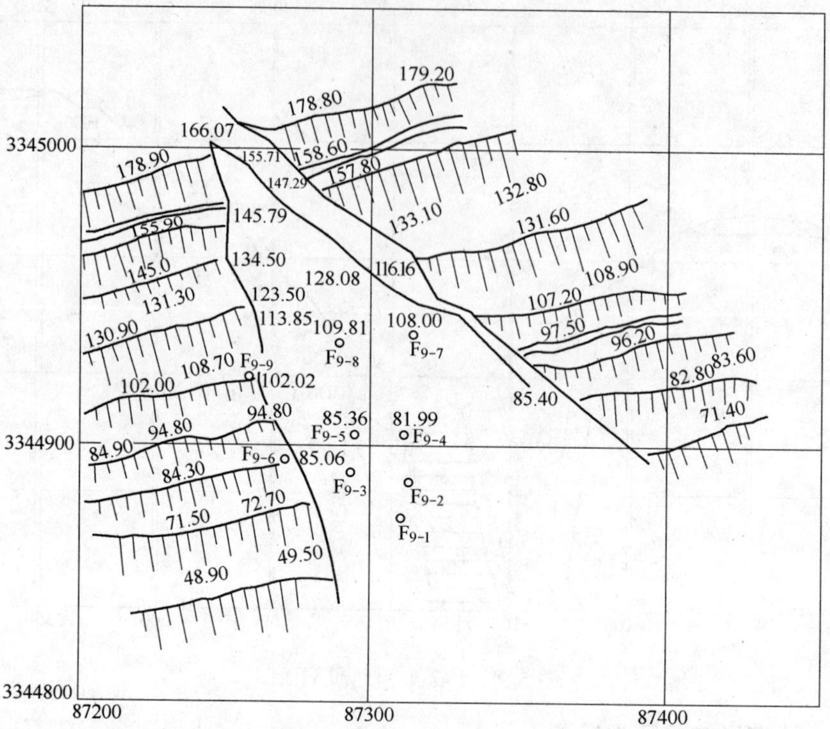

图 5-10　A_1 边坡滑体地形及变形监测点布置图

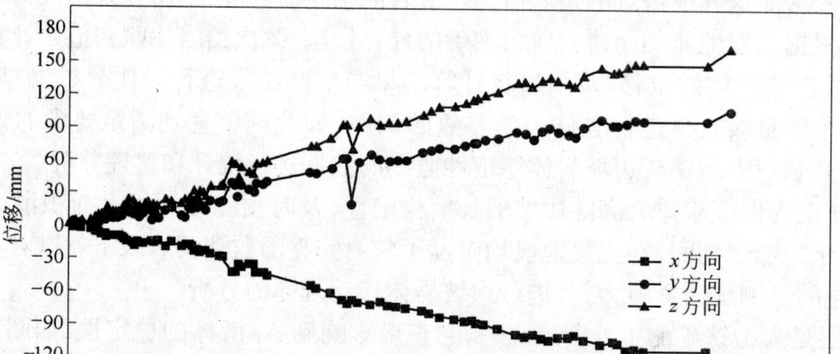

图 5-11　$F_{9\text{-}1}$点地表位移监测结果

(2) 在三个方向的位移中，一般而言，z 方向的位移量最大，x 方向次之，y 方向最小。

(3) 位移量的变化随着时间的增加，基本上呈现均匀增加的规律，没有出现急剧的不连续变形，说明 A_1 滑体仍处于相对稳定状态。

除此之外，自 1998 年 11 月 10 日至 2002 年 8 月 30 日还对 F_1 断层影响的滑体进行了 33 次的观测，监测结果见图 5-14～图 5-16。其中 $F_{1\text{-}4}$由于破坏未测得结果。从图中可以看出，$F_{1\text{-}3}$点位移量分别达到 336 mm、- 401 mm 和 523 mm，基本处于失稳状态。而 $F_{1\text{-}1}$和 $F_{1\text{-}2}$点则位移量不大，处于稳定状态。

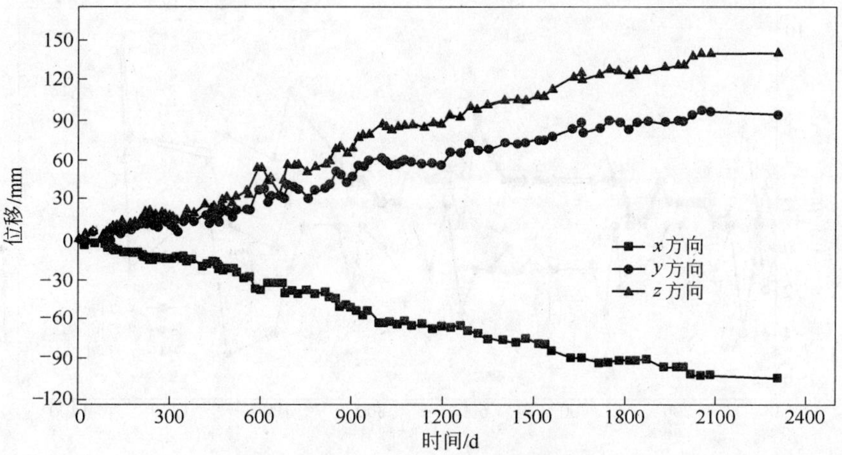

图 5-12 $F_{9\text{-}3}$点地表位移监测结果

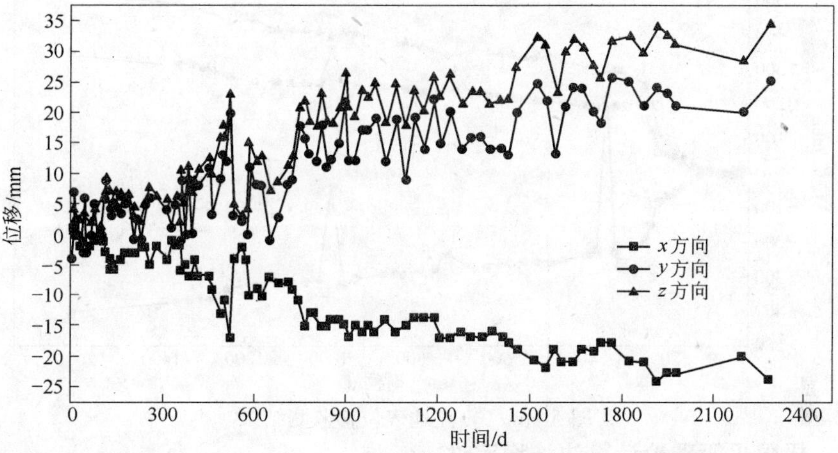

图 5-13 $F_{9\text{-}6}$点地表位移监测结果

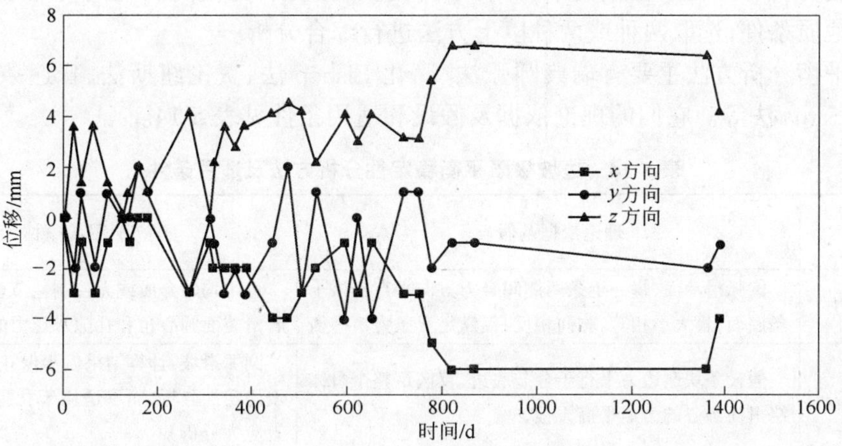

图 5-14 $F_{1\text{-}1}$点地表位移监测结果

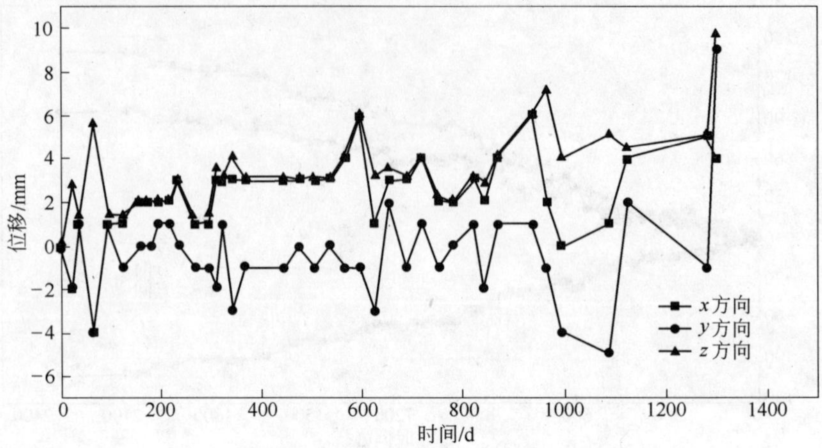

图 5-15　F_{1-2}点地表位移监测结果

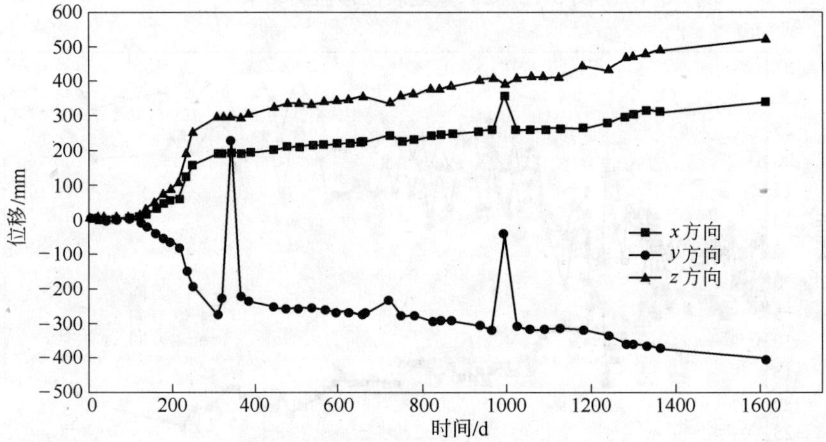

图 5-16　F_{1-3}点地表位移监测结果

5.3.6　极限平衡理论计算边坡稳定性

边坡稳定性分析方法主要包括：工程类比法、赤平极射投影图解法、极限平衡分析、数值分析和智能分析等。在工程应用中，针对不同类型的边坡，为提高研究的可靠性，要根据具体的工程地质条件，选取两种或两种以上方法进行综合分析。

极限平衡分析方法主要有瑞典圆弧法、简化 Bishop 法、费伦纽斯法、普遍条分法、摩根斯顿法和 Sama 法等。它们的理论依据及假设和适用条件见表 5-14。

表 5-14　边坡极限平衡稳定性分析方法及适用条件

极限平衡分析方法	理论依据及假设	适用条件
瑞典圆弧法	圆弧滑动面、每一土条两侧间合力方向平行于该土条底面，且大小相等，方向相反；仅满足土条力矩平衡	适用均匀介质或无控制性节理、弱面等；随着滑裂面圆心角和孔隙水压力的增大而增大
费伦纽斯法	假设条块侧边力平行于分条底边，仅满足整个滑体绕滑面圆心的力矩平衡方程	圆弧滑坡，计算结果偏于保守；可用于干边坡稳定性分析，而不适用于孔隙水压高的有效应力分析

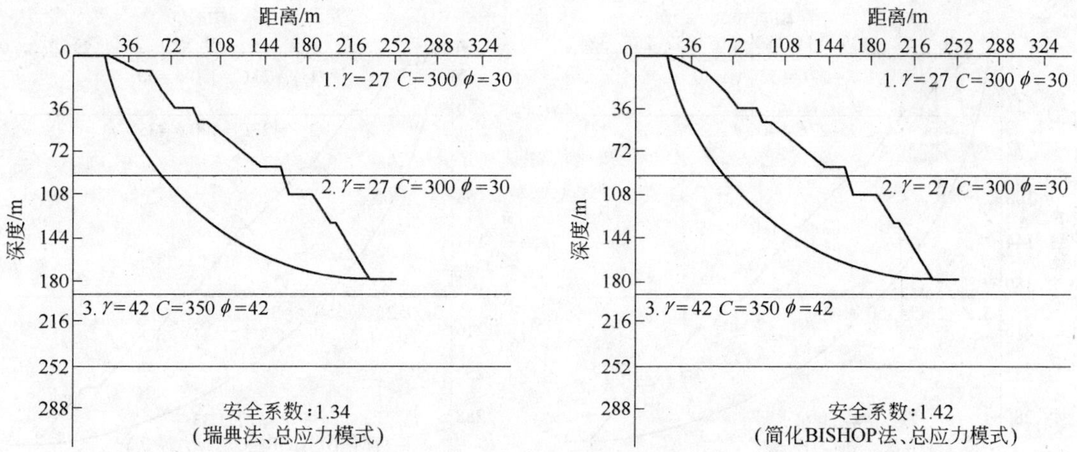

图 5-21 Ⅰ-2 剖面下盘计算结果图

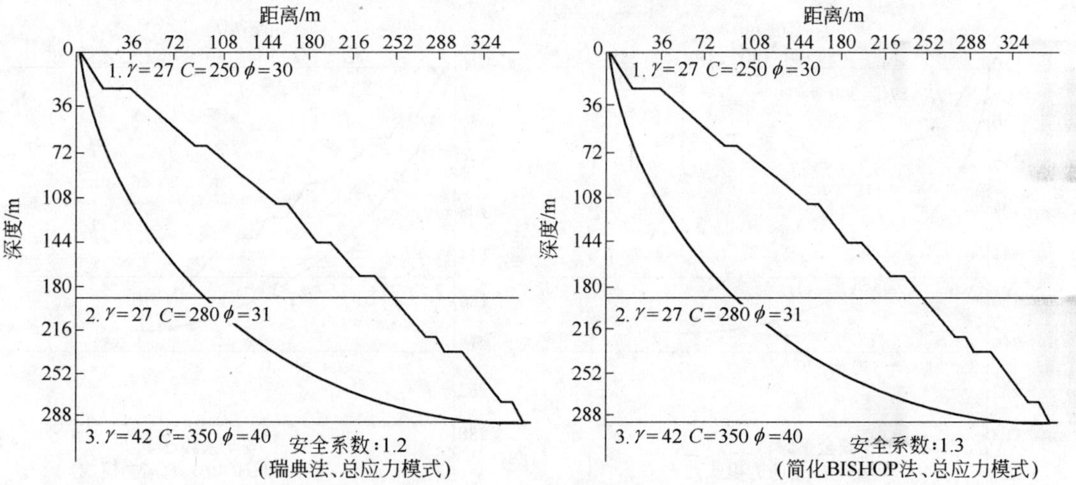

图 5-22 Ⅰ-3 剖面上盘计算结果图

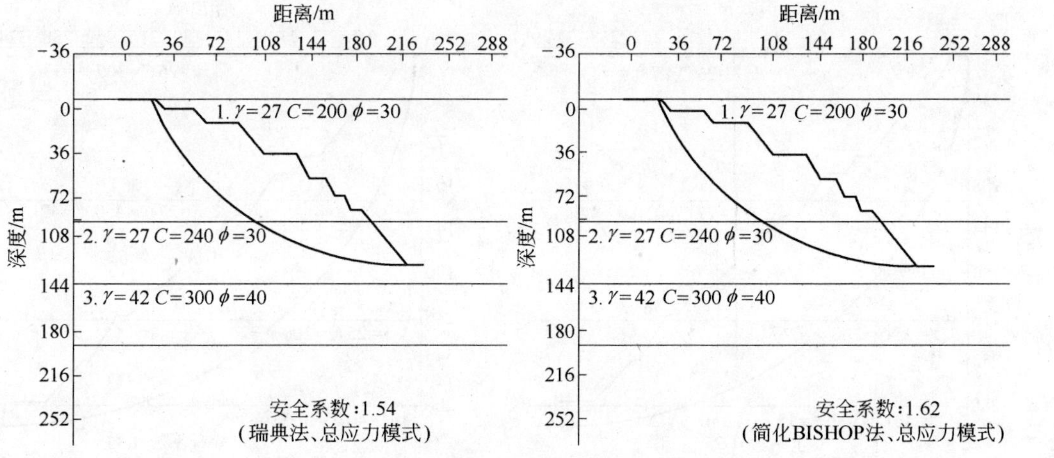

图 5-23 Ⅰ-3 剖面下盘计算结果图

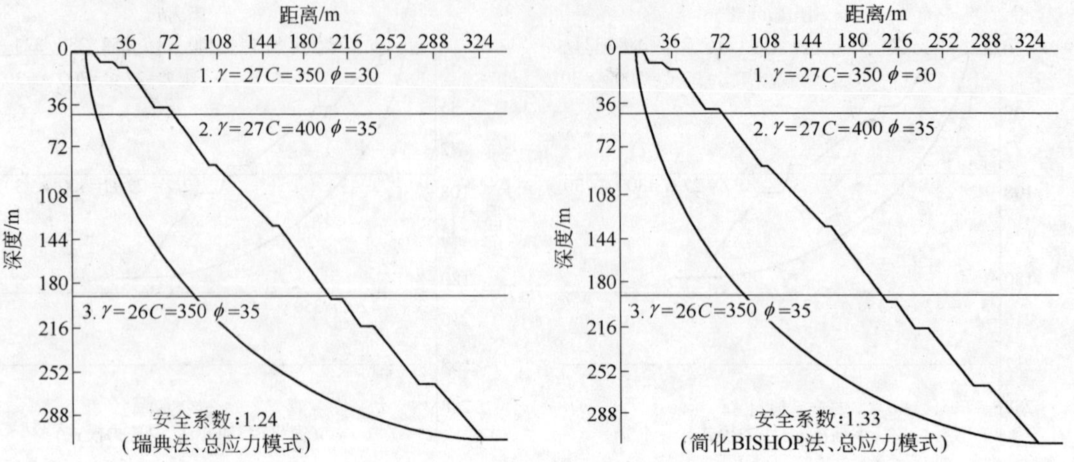

图 5-24　V′剖面上盘计算结果图

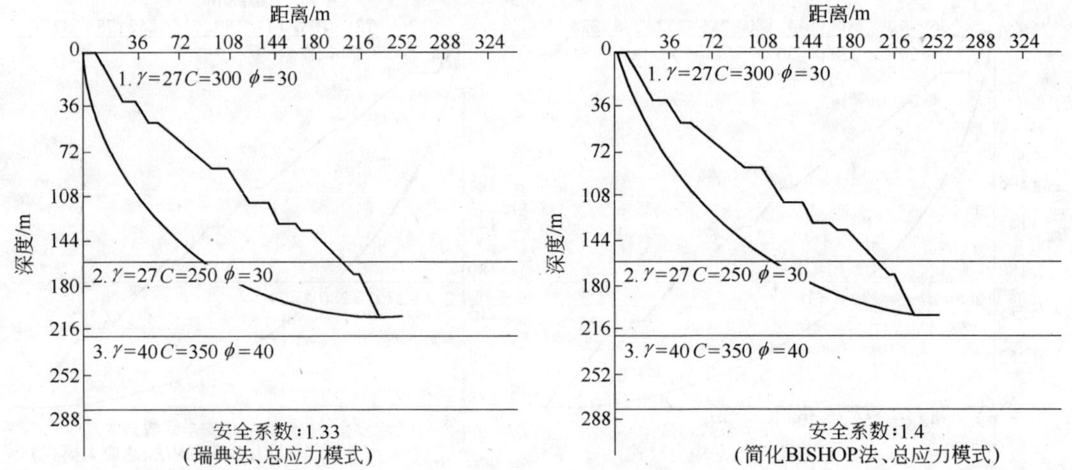

图 5-25　V′剖面下盘计算结果图

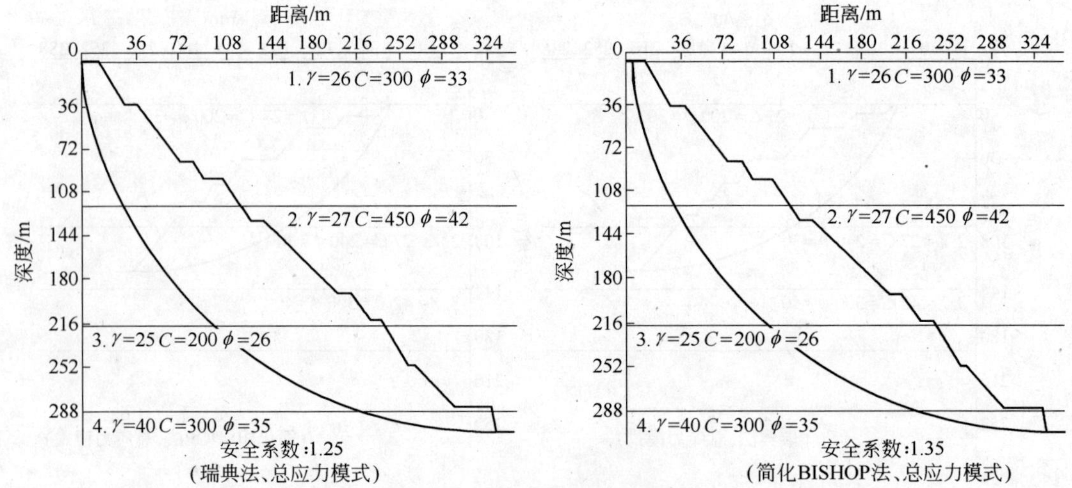

图 5-26　Ⅵ′剖面上盘计算结果图

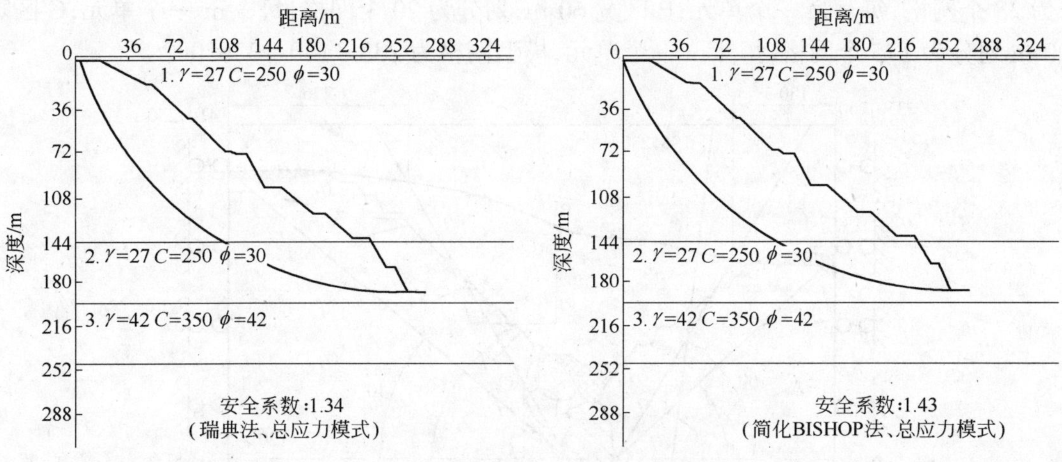

图 5-27 Ⅵ′剖面下盘计算结果图

1.58。但五个剖面上下盘的安全系数均大于最低的许用值 1.2,说明大冶铁矿目前的边坡基本上处于稳定状态,这与实际的情况是完全相符的。

可以明显发现,采用瑞典法和简化 BISHOP 法计算的结果之间存在一定的差距,而且简化 BISHOP 法计算结果一般大于瑞典法。

由于计算过程中无法考虑断层、节理、爆破振动等因素的影响,计算的精度存在一定的误差,只能作为边坡稳定程度判断的初步依据。

5.3.7 数值模拟计算

5.3.7.1 建模

通过开拓和采准设计,发现五个地质剖面只有其中的Ⅰ-2、Ⅴ′和Ⅵ′三个剖面是在露天转地下的开采范围之内,地下开采是在露天开采后形成的特殊的高陡边坡的应力环境下进行的,必须将两者结合在一起研究,因此,对这三个剖面进行建模作为研究重点。

A 剖面Ⅰ-2 建模

计算模型宽 700 m,高 550 m,模拟至地下 - 300 m 深处。矿体开挖引起的错动角的设计值为 60°,模型上盘上边界顶点到矿体底部的连线与水平线夹角为 43°,下盘上边界顶点到矿体底部连线与水平线夹角为 40°。按设计值确定错动角,当最终采深为 - 120 m,上盘预留安全距离 130.3 m,下盘预留安全距离 226 m。采用位移边界条件,模型左右两侧限制水平位移,底部限制垂直位移。模型竖向荷载主要为自重荷载,侧压系数 1.2。

在边坡的下盘有一条较大断层 F_{25},模型在断层附近分为两个区 A 区和 B 区。竖向网格采用均等划分每个网格竖向尺寸为 3 m。A 区横向划分为 60 个网格;B 区划分为 192 个网格,模型网格为 252×183=46116 个,网格最大长宽比不超过 2:1,如图 5-28 所示。

在图 5-28 中虚线代表岩性分界线,带圈的数字表示岩性编号,模型中下部分斜线填充体代表铁矿石,坡顶以及边坡谷底的交叉线填充代表回填碎石土。

B 剖面Ⅴ′建模

计算范围如图 5-29 所示,模型宽 912 m,高 560 m,模拟至地下 - 280 m 深处。上盘预留安全距离 223.7 m,下盘预留安全距离 281.3 m。

边坡的下盘有一条较大的断裂带,故在破碎带区域网格加密,其他部位采用均等网格划分。竖向网格采用均等划分每个网格竖向尺寸为 4 m。横向网格分布为 A 区宽 152 m,划分为 38 个网格，每 4 m 一个单元；B 区宽 60 m，划分为 20 个网格，每 3 m 一个单元；C 区宽 700 m 划分为 175 个网格，每 4 m 一个单元，模型网格为 233×140＝32620 个。

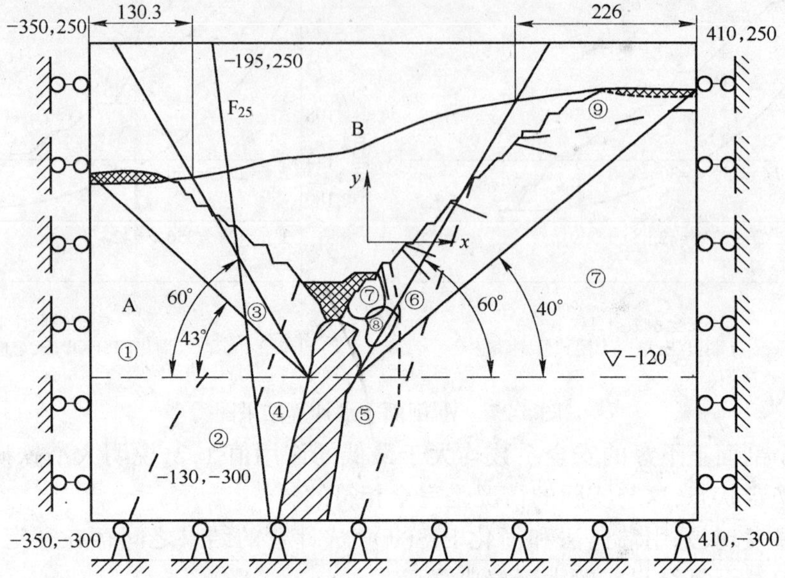

图 5-28　剖面Ⅰ-2 计算模型简图

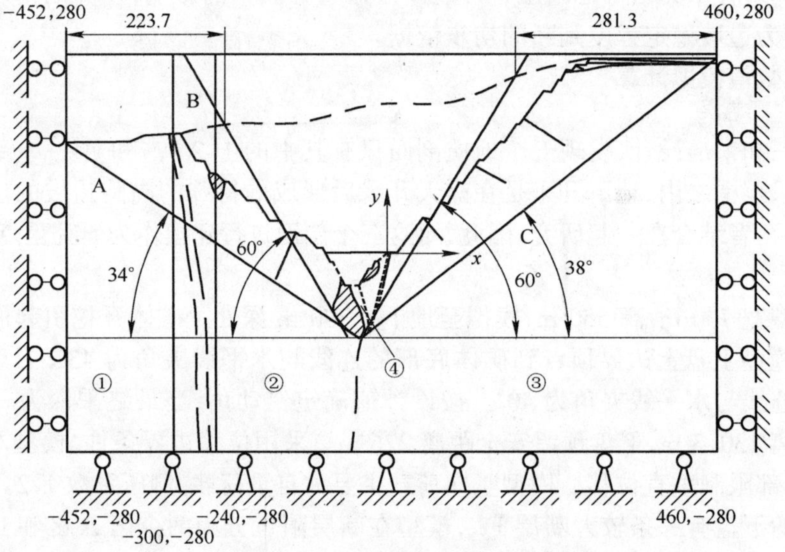

图 5-29　剖面Ⅴ′计算模型简图

C　剖面Ⅵ′建模

计算范围如图 5-30 所示，模型宽 800 m，高 540 m，模拟至地下 −240 m 深处。上盘预留安全距离 87 m，下盘预留安全距离 236 m。

有两条比较大的断层存在，无法实现均等划分，所以将模型分为 A、B、C 三个区，三个区中在竖向网格采用均等划分，每一个单元格竖向尺寸为 3 m。其中 B 区为计算关键部位，网格划分较密，具体网格横向划分如下：A 区 20 个网格；B 区 132 个网格；C 区 49 个网格，模型网格为 202×180＝36360 个。网格长宽比均控制在 3∶1 之内，无畸形网格，能较好的满足计算要求。

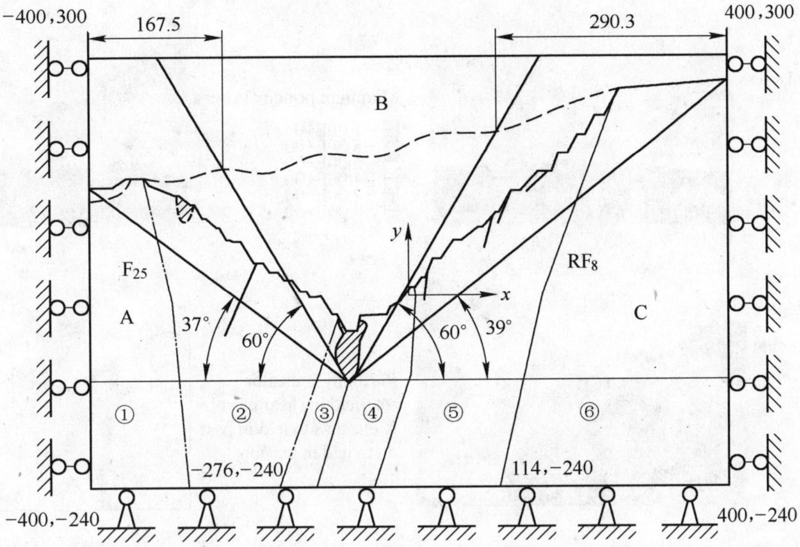

图 5-30 剖面Ⅵ′计算模型简图

5.3.7.2 计算结果及分析

模拟计算主要记录不同开挖条件下模型的应力场、位移场和塑性区的变化过程,通过对比分析来评价边坡的稳定状况。模拟计算包括如下过程:

(1) 形成初始应力场。首先进行弹性计算,待弹性计算平衡后转为塑性计算形成初始应力场。

(2) 模拟边坡开挖。边坡开挖方式采用以矿体为中心,扩帮式开挖,直至 1996 年开挖水平,位移清零并记录追踪点的位移。

(3) 模拟开挖至露天坑底部的 - 48 m 水平。

(4) 采用弹性介质将露天坑回填至 ± 0 水平。

A 剖面Ⅰ-2 计算结果及分析

(1) 计算模型的初始应力场中,最大主应力为 15.0 MPa,位于模型的右下角部位。最小主应力为 12.5 MPa,位于模型的中下部位。

(2) 开挖至 ± 0 m 水平时的边坡岩体的应力、位移和塑性区分布情况见图 5-31。最大主应力的大小未发生变化,为 15.0 MPa(图 5-31*a*),而最小主应力降低到 10.0 MPa(图 5-31*b*),由于断层 F_{25}的存在,最小主应力发生不连续的变化。最大和最小主应力的分布规律是随着深度的增加,数值增加,由于开挖的卸荷作用,在同一水平面上,露天坑底部的最大主应力最大,最小主应力又最小,造成最大剪应力出现在边坡的坡脚部位(图 5-31*c*),大小为 3.6 MPa。最大主应力的方向基本平行于坡面,最小主应力基本垂直坡面;边坡下部的坡面和坡脚出现部分塑性区(图 5-31*d*),断层位置基本处于剪切破坏塑性区。

(3) 开挖至 - 48 m 水平时的边坡岩体的应力、位移和塑性区分布情况见图 5-32。最大主应力增加到 17.5 MPa(图 5-32*a*),最小主应力的大小未发生变化,为 10.0 MPa(图 5-32*b*),最大和最小主应力的分布规律与开挖至 ± 0 m 水平时的规律基本相同,最大剪应力出现在边坡的坡脚部位(图 5-32*c*),大小为 7.2 MPa,较开挖至 ± 0 m 水平增加 1 倍。在边坡部位,最大主应力的方向基本平行于坡面,最小主应力基本垂直坡面,而在转入地下

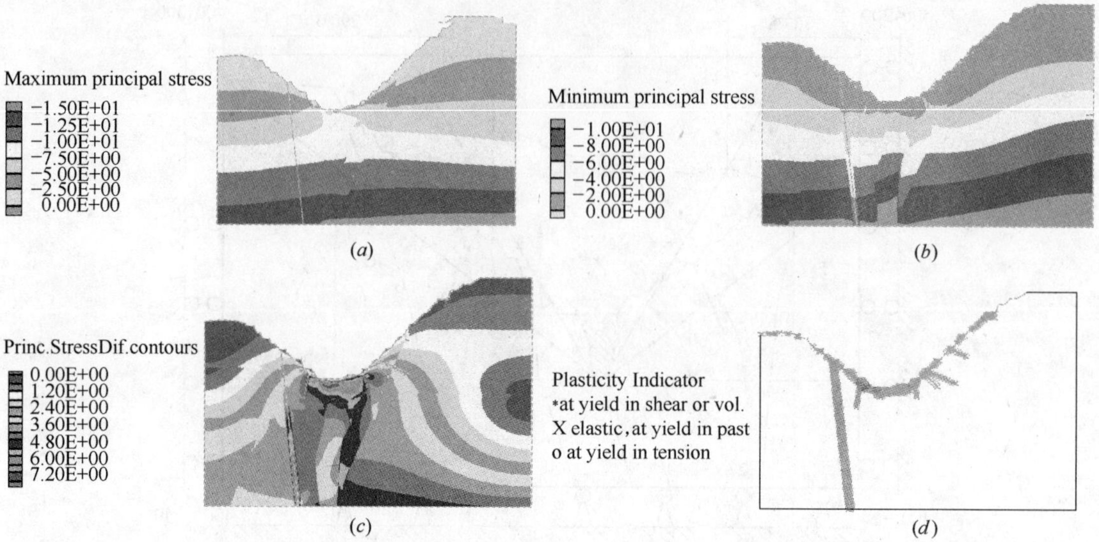

图 5-31　开挖至 ±0 m 水平时边坡岩体的应力、位移和塑性区分布

(*a*)—最大主应力分布图；(*b*)—最小主应力分布图；(*c*)—剪应力分布图；(*d*)—塑性区分布图

开采的原岩部位，应力场的方向变化较为复杂，最大主应力基本为水平方向；最大位移矢量出现在右侧边坡的坡脚，大小为 118.8 mm，方向为斜向上。沿着两侧的边坡，位置越向上、越向岩体内部则位移矢量的大小越小，但方向均为指向露天边坡面。x 方向位移具有明显的对称性，最大位移出现在左右边坡的坡脚，大小为 120.0 mm（图 5-32*d*），y 方向位移变化较为复杂，坡顶位移在 6 mm 左右，坡底位移为 24 mm 左右（图 5-32*e*）；由于在边坡下部的坡面出现拉应力和坡脚出现剪应力，产生更大范围的塑性区，整个边坡基本处于极限平衡状态（图 5-32*f*）。

(4) 采用废石回填露天坑底至 ±0 m 时边坡岩体的应力、位移和塑性区分布情况如图 5-33 所示。最大主应力为 17.5 MPa（图 5-33*a*），最小主应力为 10.0 MPa（图 5-33*b*），其大小和分布规律与开挖至 −48 m 水平时未发生大的变化，由于回填体采用弹性介质，最大剪应力 7.2 MPa 仍出现在边坡的坡脚部位（图 5-33*c*），较开挖至 −48 m 水平时变化不大。最大和最小主应力场变化也不大；最大位移矢量出现在右侧坡脚，为 120.4 mm，方向为斜向上。沿着两侧的边坡，位置越向上、越向岩体内部则位移的大小越小，方向为指向露天边坡面。x 方向位移具有对称性，最大位移出现在左右坡脚，为 120.0 mm，较前面没有增加（图 5-33*d*），y 方向坡顶位移在 3 mm 左右，坡底位移为 21～27 mm 左右（图 5-33*e*）；由于在边坡下部的坡面出现拉应力范围减小和坡脚的剪应力消失，使得塑性区的范围缩小，整个边坡的稳定状态得到提高，这与大冶铁矿的实际情况是吻合的（图 5-33*f*）。由此可见，回填体的主要作用一是有效限制了边坡岩体的水平和垂直方向的位移值，二是改善了岩体的受力状态，提高了边坡的稳定程度。

(5) 为了更好地研究开挖卸荷过程中边坡岩体的位移变化规律，模拟计算中追踪记录了上下盘 6 个点的位移变化情况，见图 5-34。其中边坡上盘顶部追踪点的节点号为(252，181)，下盘顶部追踪点的节点号为(18，147)。上盘腰部追踪点的节点号为(187，164)，下盘腰部追踪点的节点号为(44，137)。上盘坡脚追踪点的节点号为(125，109)，下盘坡脚追踪点

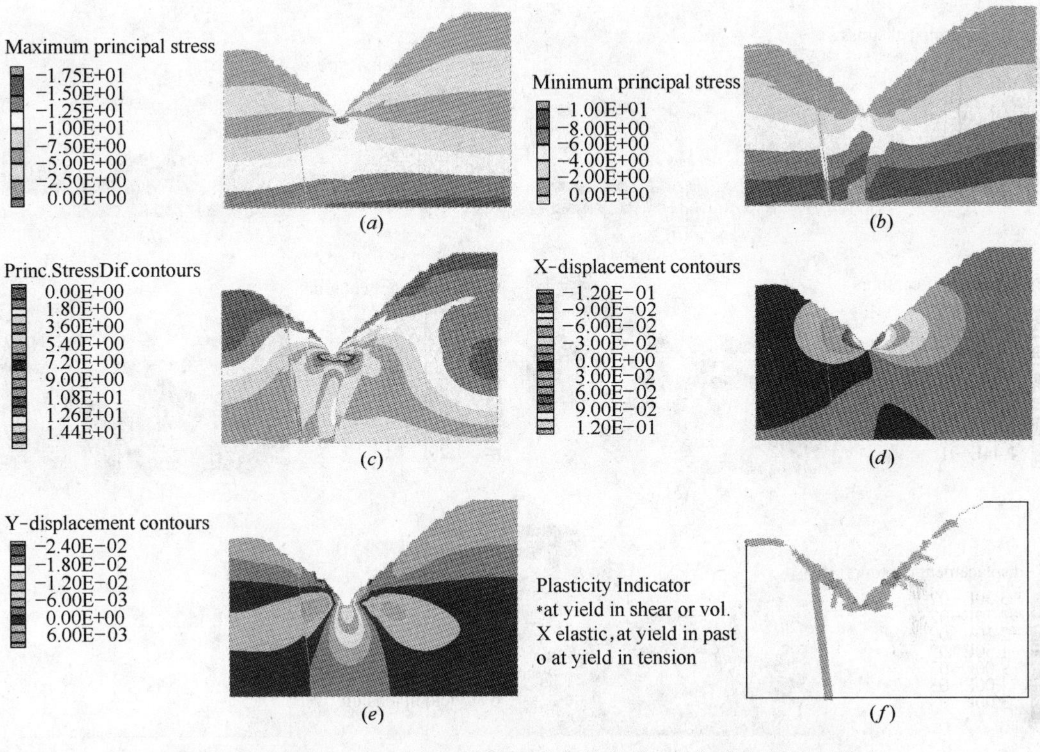

图 5-32 开挖至 − 48 m 水平时的边坡岩体的应力、位移和塑性区分布
(*a*)—最大主应力分布图；(*b*)—最小主应力分布图；(*c*)—剪应力分布图；
(*d*)—*x* 方向位移分布图；(*e*)—*y* 方向位移分布图；(*f*)—塑性区分布图

的节点号为(87,109)。记录过程自 ±0 m 开挖开始，开采至 − 48 m 水平后迭代到 34000 步回填，然后再迭代到 38500 结束。

从边坡上下盘顶部追踪点的迭代步数与 x 方向位移的变化曲线可以看出(图 5-34*a* 和图 5-34*b*)，未回填之前，上盘顶部点的位移为 0.3 mm，下盘顶部点的位移为 5mm，二者方向相反，开挖卸荷的作用十分明显，表现为位移的变化速度较快。回填之后，位移的变化速度明显降低，并最终趋于稳定。

从边坡上下盘顶部追踪点的迭代步数与 y 方向位移的变化曲线可以看出(图 5-34*c* 和图 5-34*d*)，未回填之前，上盘顶部点的位移为 6 mm，下盘顶部点的位移为 4～5 mm，二者方向均向下，由于卸荷的作用，产生极小的向上位移，位移的变化速度较快。回填之后，位移的变化速度明显降低，上盘最终趋于稳定，而下盘产生一定量的反弹。

从边坡上下盘腰部追踪点的迭代步数与 x 方向位移的变化曲线可以看出(图 5-34*e* 和图 5-34*f*)，其变化规律与顶部追踪点相同，但未回填之前，上盘腰部点的位移为 10 mm，下盘腰部点的位移为 8～10 mm，最终均趋于稳定。

从边坡上下盘腰部追踪点的迭代步数与 y 方向位移的变化曲线可以看出(图 5-34*g* 和图 5-34*h*)，其变化规律与顶部追踪点相同，但未回填之前，上盘腰部点的位移为 5 mm，下盘腰部点的位移为 3.5 mm，上盘最终趋于稳定，而下盘产生一定量的反弹。

从边坡上下盘坡脚追踪点的迭代步数与 x 方向位移的变化曲线可以看出(图 5-34*i* 和图 5-34*j*)，其变化规律与顶部追踪点相同，未回填之前，上盘坡脚点的位移为 55 mm，下盘

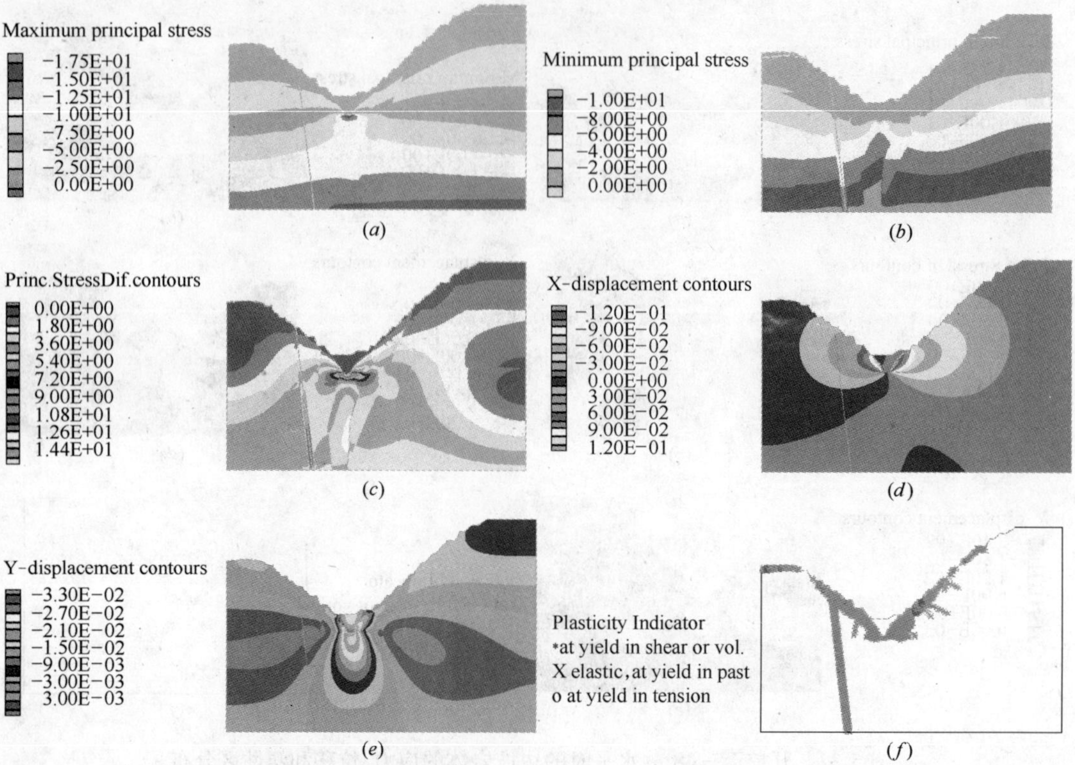

图 5-33　采用废石回填露天坑至 ±0 m 时边坡岩体的应力、位移和塑性区分布

(*a*)—最大主应力分布图；(*b*)—最小主应力分布图；(*c*)—剪应力分布图；

(*d*)—*x* 方向位移分布图；(*e*)—*y* 方向位移分布图；(*f*)—塑性区分布图

坡脚点的位移为 45 mm，最终均趋于稳定。

从边坡上下盘坡脚追踪点的迭代步数与 *y* 方向位移的变化曲线可以看出(图 5-34*k* 和图 5-34*l*)，由于开采的卸载作用，均产生向上的位移，但位移量较小，为 1～1.2 mm，回填之后产生了反向位移，并最终趋于稳定。

通过分析，可以看出大冶铁矿露天边坡 I-2 地质剖面的上下盘边坡在整个开采过程中，保持了基本稳定的状态，特别是回填体给边坡提供了部分侧向支撑压力，提高了边坡的稳定程度，但由于回填体的高度相对于高边坡而言有限，所以作用并不十分显著。

B　剖面Ⅴ′计算结果及分析

(1) 初始应力场中最大主应力为 17.5 MPa，位于模型的右下角部位。最小主应力为 12.5 MPa，位于模型的中下部位。

(2) 开挖至 ±0 m 水平时，最大主应力的大小仍为 17.5 MPa，而最小主应力降低到 10.0 MPa，未出现拉应力，露天坑底的应力增加 2～3 MPa。由于 F_{25}断层的存在，最小主应力发生不连续的变化。最大和最小主应力的分布规律是随着深度的增加，数值增加，由于开挖的卸荷作用，在同一水平面上，露天坑底部的最大主应力最大，最小主应力又最小，造成最大剪应力出现在上盘边坡的坡脚部位，大小为 4.8 MPa。最大主应力的方向基本平行于坡面，最小主应力基本垂直坡面；断层位置基本处于剪切破坏区，在下盘下部坡面出现拉伸破坏区，在上盘坡脚出现剪切破坏区和部分塑性区。

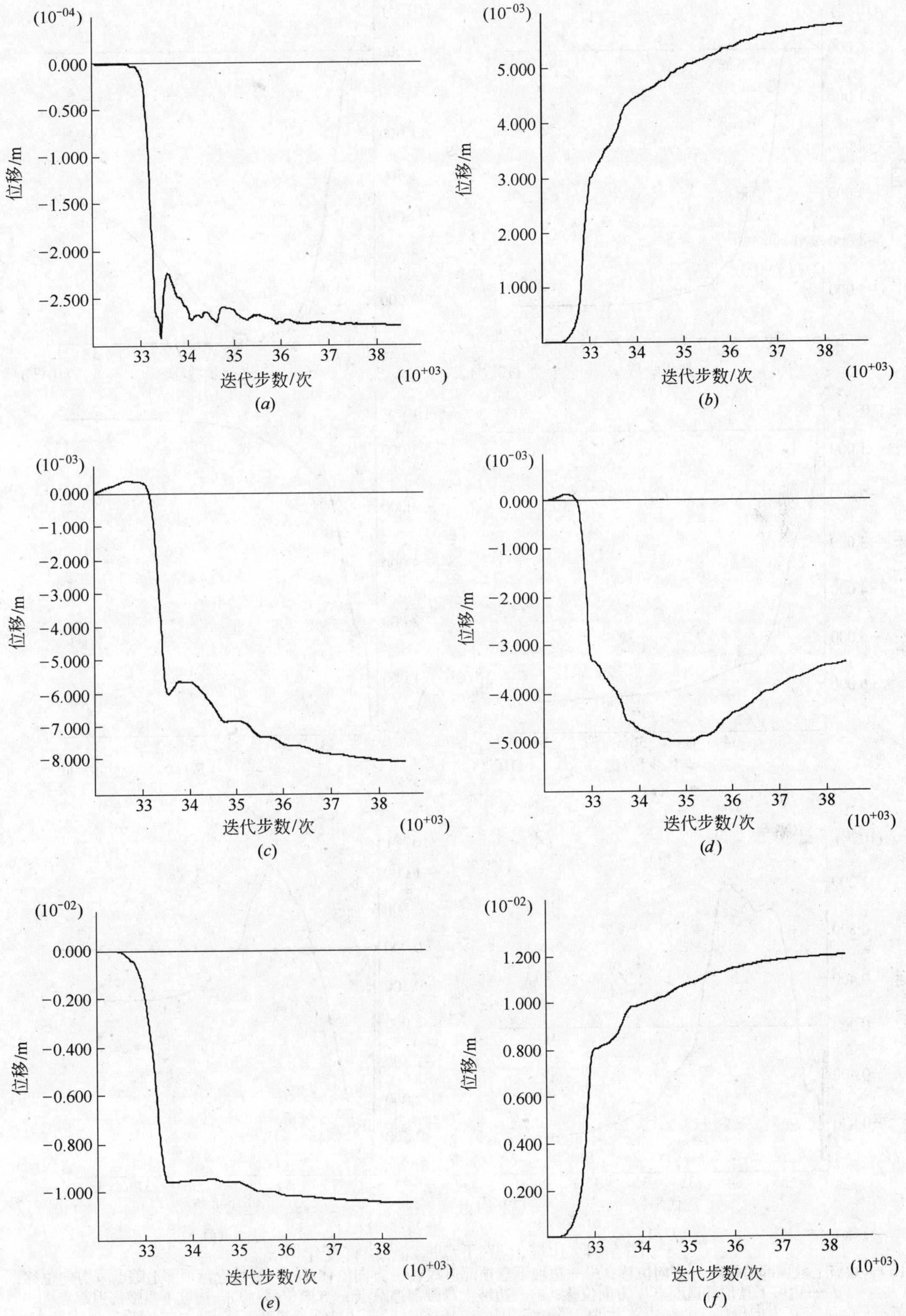
(10^-04)
0.000
-0.500
-1.000
-1.500
-2.000
-2.500
位移/m
33 34 35 36 37 38
迭代步数/次
(10^+03)
(a)
(10^-03)
5.000
4.000
3.000
2.000
1.000
位移/m
33 34 35 36 37 38
迭代步数/次
(10^+03)
(b)
(10^-03)
0.000
-1.000
-2.000
-3.000
-4.000
-5.000
-6.000
-7.000
-8.000
位移/m
33 34 35 36 37 38
迭代步数/次
(10^+03)
(c)
(10^-03)
0.000
-1.000
-2.000
-3.000
-4.000
-5.000
位移/m
33 34 35 36 37 38
迭代步数/次
(10^+03)
(d)
(10^-02)
0.000
-0.200
-0.400
-0.600
-0.800
-1.000
位移/m
33 34 35 36 37 38
迭代步数/次
(10^+03)
(e)
(10^-02)
1.200
1.000
0.800
0.600
0.400
0.200
位移/m
33 34 35 36 37 38
迭代步数/次
(10^+03)
(f)

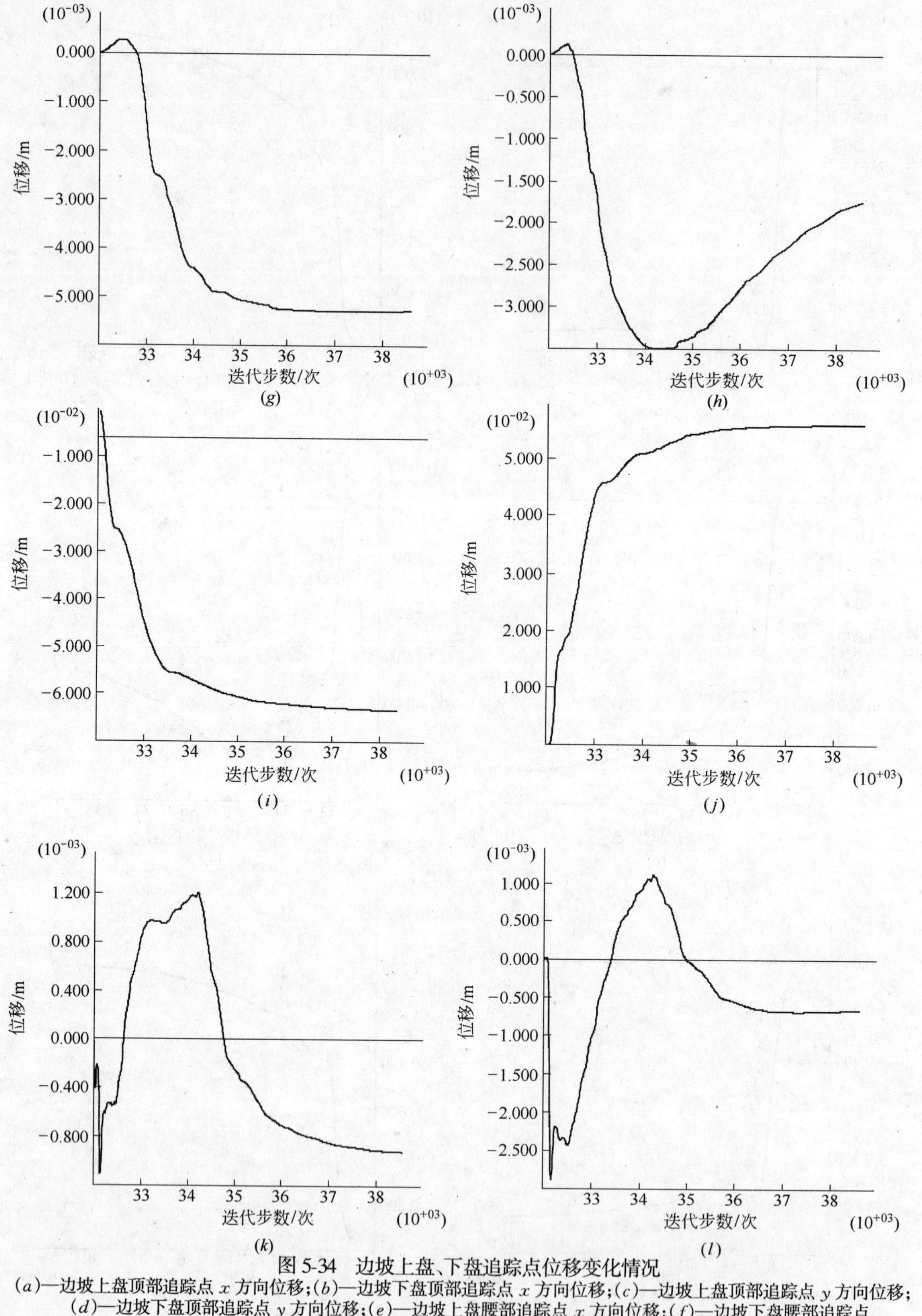

图 5-34　边坡上盘、下盘追踪点位移变化情况

(a)—边坡上盘顶部追踪点 x 方向位移；(b)—边坡下盘顶部追踪点 x 方向位移；(c)—边坡上盘顶部追踪点 y 方向位移；(d)—边坡下盘顶部追踪点 y 方向位移；(e)—边坡上盘腰部追踪点 x 方向位移；(f)—边坡下盘腰部追踪点 x 方向位移；(g)—边坡上盘腰部追踪点 y 方向位移；(h)—边坡下盘腰部追踪点 y 方向位移；(i)—边坡上盘坡脚部追踪点 x 方向位移；(j)—边坡下盘坡脚部追踪点 x 方向位移；(k)—边坡上盘坡脚部追踪点 y 方向位移；(l)—边坡下盘坡脚部追踪点 y 方向位移

(3) 开挖至 -48 m 水平时,最大主应力为 17.5 MPa,位于露天坑的坑底部位,最小主应力为 10.0 MPa,最大和最小主应力的分布规律与开挖至 ±0 m 水平时的规律基本相同,最大剪应力出现在边坡的坡脚部位,大小为 8.1 MPa,较开挖至 ±0 m 水平增加 3.3 MPa;在边坡部位,最大主应力的方向基本平行于坡面,最小主应力基本垂直坡面,而在转入地下开采的原岩部位,应力场的方向变化较为复杂,最大主应力基本为水平方向;最大位移矢量出现在右侧边坡的坡脚,大小为 170.1 mm,方向为斜向上。沿着两侧的边坡,位置越向上、越向岩体内部则位移矢量的大小越小,但方向均为指向露天边坡面。x 方向位移具有较为明显的对称性,最大位移出现在上下盘边坡的坡脚,其中上盘侧为 140.0 mm,下盘侧为 180.0 mm,离开坡面位移量逐渐降低,最外侧小于 20 mm。y 方向位移变化较为复杂,坡顶位移在 10 mm 左右,上盘坡底位移为 25 mm 左右;在边坡下部的坡面出现拉应力和坡脚出现剪应力破坏区,并产生更大范围的塑性区,整个边坡基本处于极限平衡状态。

(4) 采用废石回填露天坑底至 ±0 m 时,最大主应力为 17.5 MPa,最小主应力为 10.0 MPa,其大小和分布规律与开挖至 -48 m 水平时未发生大的变化,最大剪应力降低到 7.2 MPa,出现在上盘边坡的坡脚部位,较开挖至 -48 m 水平时降低 0.9 MPa。最大位移矢量出现在右侧坡脚,为 168.7 mm,方向为斜向上,降低 12.3 mm。沿着两侧的边坡,位置越向上、越向岩体内部则位移的大小越小,方向为指向露天边坡面。x 方向位移最大位移出现在上下盘的坡脚,较之前无增加,y 方向坡顶位移在 4 mm 左右,坡底位移为 20～28 mm 左右;在边坡下部的坡面出现拉应力范围减小和坡脚的剪应力消失,使得塑性区的范围缩小。由此可见,露天坑回填提高了边坡的整体稳定程度。

(5) 模拟计算中追踪记录了上下盘 6 个点的位移变化情况。

回填之前,上盘顶部点的 x 位移为 4 mm,下盘顶部点的 x 位移为 9 mm,开挖卸荷的作用比较明显,表现为变形速度较快。回填之后,位移的变化速度明显降低,并最终趋于稳定。

回填之前,上盘顶部点的 y 位移为 6 mm,下盘顶部点的 y 位移为 7 mm,二者方向均向下,由于卸荷的作用,均产生极小的向上回弹位移,位移的变化速度较快。回填之后,位移的变化速度明显降低,并最终趋于稳定。

腰部追踪点 x 方向位移的变化规律与顶部追踪点相同,回填前,上盘腰部点位移为 20 mm,下盘腰部点位移为 14 mm,最终均趋于稳定。

盘腰部追踪点 y 方向位移变化规律与顶部基本相同,回填前,上盘腰部点位移为 1.4 mm,下盘腰部点位移为 4 mm。

坡脚追踪点 x 方向位移的变化规律与顶部相同,回填前,上盘坡脚点位移为 85 mm,下盘坡脚点位移为 90 mm,最终均趋于稳定。

坡脚追踪点的 y 方向位移由于开采的卸载作用,均产生向上的反弹位移,位移量为 3～6 mm,回填之后,由于自重的作用产生了向下的位移,并最终趋于稳定。

通过分析,得到大冶铁矿露天边坡Ⅴ′地质剖面的上下盘边坡在整个开采过程中,基本保持了稳定的状态,回填体对提高边坡的稳定程度起到一定的作用。

C 剖面Ⅵ′计算结果及分析

(1) 初始应力场中,最大主应力为 15.0 MPa,位于模型的右下角部位,最小主应力为 12.5 MPa,位于模型的中下部位。

(2) 开挖至 ±0 m 水平时,最大主应力仍为 15.0 MPa,最小主应力为 10.0 MPa,最大主应力的变化基本连续，由于 F_{25} 和 RF_8 两条大断层的存在，最小主应力发生不连续的变化。最大和最小主应力以层状的规律分布，随着深度的增加，应力增大，最大剪应力出现在边坡的坡脚部位，大小为 6.4 MPa，在边坡两侧随着深度的增加剪应力增大，而在露天坑底部，随着深度的增加剪应力减小。最大主应力的方向基本平行于坡面，最小主应力基本垂直坡面；在上盘边坡腰部的坡面产生局部的拉应力破坏区，在两侧坡脚出现部分剪应力破坏区，在坡面和坡脚产生塑性区，而断层位置基本处于由剪切破坏形成的塑性区。

(3) 开挖至 −48 m 水平时，最大主应力为 17.5 MPa，最小主应力为 10.0 MPa，最大剪应力出现在边坡的坡脚部位，大小为 7.2 MPa，较开挖至 ±0 m 水平增加 0.8 MPa；最大位移矢量出现在右侧边坡的坡脚，大小为 99.6 mm，方向为斜向上。沿着两侧的边坡，位置越向上、越向岩体内部则位移矢量的大小越小，但方向均为指向露天边坡面。x 方向最大位移出现在上下盘边坡的坡脚，大小为 140.0 mm，y 方向坡顶位移在 4～8 mm 左右，方向向下，坑底位移为 36 mm 左右，方向向上；由于在下盘边坡下部的坡面出现拉应力区，在两侧坡脚出现剪应力区，因此产生了更大范围的塑性区，致使整个边坡基本处于极限平衡状态。

(4) 采用废石回填露天坑至 ±0 m 水平时，最大主应力为 17.5 MPa，最小主应力为 10.0 MPa，最大剪应力为 7.35 MPa 仍出现在边坡的坡脚部位，较开挖至 −48 m 水平时略有增加。最大位移矢量出现在右侧坡脚，为 98.6 mm，方向为斜向上。x 方向最大位移出现在上下盘坡脚，为 144.0 mm，较前面没有增加，y 方向坡顶位移在 4 mm 左右，方向向下，坡底位移为 30 mm 左右，方向向上；由于在边坡下部的坡面出现拉应力范围减小和坡脚的剪应力消失，使得塑性区的范围缩小。整个边坡的稳定状态得到提高。

(5) 模拟追踪记录了上下盘 6 个点的位移变化情况。

回填前，上盘顶部点的 x 位移为 0.2 mm，下盘顶部点的 y 位移为 4 mm，二者方向相反。回填后，位移的变化速度明显降低，并最终趋于稳定。

回填前，上盘顶部点的 y 位移为 3.5 mm，下盘顶部点的 y 位移为 5 mm，二者方向均向下。回填后，位移的变化速度明显降低，最终趋于稳定。

腰部追踪点 x 方向位移的变化规律与顶部相同，回填前，上盘腰部点的位移为 11 mm，下盘腰部点的位移为 10 mm，并最终均趋于稳定。

腰部追踪点的 y 方向位移变化规律与顶部相同，回填前，上盘腰部点的位移为2.5 mm，方向向上，下盘腰部点的位移为 0.8 mm，最终趋于稳定。

坡脚追踪点的 x 方向位移的变化规律与顶部相同，回填前，上盘坡脚点的位移为 60 mm，下盘坡脚点的位移为 55 mm，最终均趋于稳定。

由于开采的卸载作用，坡脚追踪点的 y 方向均产生向上的位移，为 9 mm 和 4.5 mm，回填之后产生了反向位移，并最终趋于稳定。

通过分析，看出大冶铁矿露天边坡Ⅵ′地质剖面的上下盘边坡在整个开采过程中，基本保持了稳定状态。

5.4　露天转地下开采巷道围岩应力场变化规律

5.4.1　问题的提出

大冶铁矿东露天转地下采用无底柱分段崩落法开采，结构参数为：阶段高度 60 m、分段高度12 m、进路间距 10 m。

大冶铁矿开采的难点主要是如何保证采准巷道的稳定,因此,露天转地下开采围岩应力场变化规律的研究是一个具有挑战性的全新课题,主要体现在以下几个方面:

(1) 无底柱分段崩落法开采围岩变化规律的研究,特别针对软岩公开发表的文章较多,研究的也较为深入和充分。由于露天转地下开采本身就是一个崭新的课题,针对其围岩应力场变化规律的研究具有较高的学术理论价值。

(2) 露天转地下开采围岩应力场变化规律的特殊性是由其所处的应力环境决定的。深凹露天开挖形成的高陡边坡应力场完全不同于常规井下回采形成的应力场,具有较高的研究难度。

(3) 结合大冶铁矿具体的工程地质条件、露天终了开采状况和露天转地下设计施工情况,开展采准巷道围岩应力场变化规律的研究,确定塑性区和拉伸破坏区范围,提出加强围岩稳定性的工程技术措施,保证采准和回采过程中巷道的稳定与安全,以便达到最终提高采矿技术经济指标的目的。

(4) 随着我国深凹露天矿开采的结束,越来越多的矿山必将转入地下开采,而这其中绝大部分会选择无底柱分段崩落法。因此,本项目研究所取得的主要成果具有重要的应用推广价值。

5.4.2　采场地压显现和巷道稳定性调查

大冶铁矿 −60 m 运输大巷的主要围岩——大理岩和闪长岩的完整性较好,抗压抗拉强度高(120～180 MPa),稳定性较好,支护率低。

狮子山矿体开采至 −48 m 水平之后,又回填到 ±0 m 水平,由于回填体提供的侧向应力,使边坡岩体的受力状态得到一定程度的改善,但效果不太明显。而 −24 m 水平、−36 m 水平和 −48 m 水平的挂帮矿开采,由于进路处于露天矿开采边坡的底部,一是垂直方向的自重应力 σ_1 较大,水平方向应力 σ_2 较小,致使围岩处在较高的剪切应力状态下,进路在未开挖之前基本处于塑性状态;二是岩体曾受到露天开采大爆破的影响,巷道围岩破碎程度加剧;三是矿体下盘大的断层破碎带较发育,同时穿越 3～4 条进路。以上三方面是造成上部采准巷道稳定性下降的主要原因,具体情况如图 5-35 所示。

(*a*)　　　　　　　　　　(*b*)

图 5-35　采准巷道照片

(*a*)— −24 m 水平进路掌子面回填废石;(*b*)— −24 m 水平巷道围岩的节理发育

总体而言,大冶铁矿回采工作刚刚开始,开采范围和影响范围较小,还未崩落至地表,属于封闭型地压,采场地压显现还不十分明显,显示出下列基本规律:

(1) 地压分布主要受控于开采形成的崩落区及其周围的应力集中,存在崩落区下的应力降低区和崩落区周围一定范围的应力升高区,上部和深部的地压显现差别较明显;

(2) 断层破碎带是地压显现的又一控制因素,巷道严重变形破坏多是在断层破碎带处发生,并成为大面积地压活动危害的突破口和先导;

(3) 地压显现具有明显的动态特征:一方面,随开采工作的空间推移、上覆岩层的崩落,应力分布范围和量值不断改变,另一方面,随时间的推移,地压又因巷道围岩变形而加剧。

5.4.3　采准巷道稳定性模拟计算分析

5.4.3.1　建模

计算范围如图 5-36 所示,模型宽 528 m,高 471 m,模型模拟至 -200 m 处。考虑到网格数量对计算速度的制约,取模型一半进行计算。矿体开挖引起的错动角设计值为 60°,边坡边界顶点到矿体底部连线与水平线夹角为 40°。预留安全距离 255 m,底面固定 x、y 两个方向的位移,两边固定 x 方向位移。模型中竖向荷载主要为重力荷载,侧压系数取 1.2。

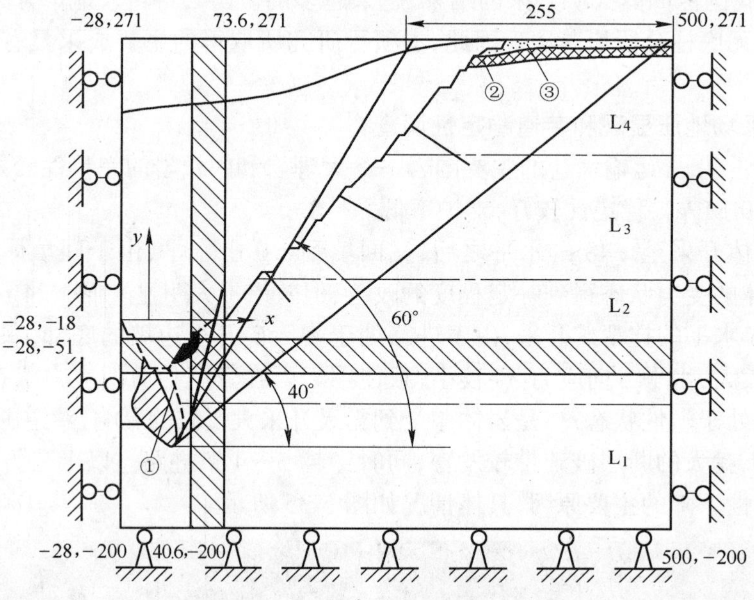

图 5-36　计算方案模型简图

在坡脚部位有一条正长岩脉,较为破碎,同时贯穿开采挂帮矿所掘进的巷道。本次研究的重点是预测在边坡开挖形成的应力场和破碎带同时作用下,采准巷道以及边坡的稳定程度。由于巷道断面尺寸相对整个模型网格尺寸较小,所以在破碎带及巷道位置采用局部网格加密的处理方法。具体网格划分如下:阴影部分中,十字交叉形阴影覆盖区域主要是巷道分布区域,采用 0.75 m×0.75 m 的网格;在斜条形阴影覆盖区域为 0.75 m×2 m 长方形网格;空白区域为 2 m×2 m 的正方形网格,模型网格为 298×264 = 78672(个)。

图 5-36 中虚线代表岩性分界线,带圈的数字表示岩性编号,模型中下部分 45°斜线填充体代表铁矿石,坡顶的交叉线填充为回填碎石土。因为模型中大部分为闪长岩,同时竖向网格不均匀分布,所以将模型竖向分为 4 层,分别用 L_1 ~ L_4 表示,各部分岩体力学性质见表 5-16。

表 5-16 计算采用的岩体力学参数表

编号	岩 性	容 重 /(kN/m³)	弹性模量 /MPa	泊松比	内聚力 /MPa	内摩擦角 /(°)	抗拉强度 /MPa
	$BD\delta^2$	26.5			2.6～0.88	40～35	0.15～0.1
	L_1	26.5	9250	0.23	2.6	40	0.15
	L_2	26.5	6607	0.23	2.08	38	0.125
	L_3	26.5	4719	0.23	1.56	36	0.11
	L_4	26.5	3687	0.23	0.88	35	0.1
①	SK_2	26.5	7162	0.23	1.4	37	0.15
②	$BD\delta_w^2$	26.0	3352	0.23	0.8	33	0.05
③	Qh	22.6	3333	0.22	0.48	33	0.02
	Fe	40.4	7800	0.27	4.26	42	0.2
	断层	24.5	3333	0.22	0.03	28	0.01

计算过程分为三步,具体是:

(1) 形成初始应力场。首先进行弹性计算,待弹性计算平衡后转为塑性计算形成初始应力场。

(2) 模拟边坡开挖。边坡开挖方式采用以矿体为中心,扩帮式开挖,直至1996年开挖水平。位移清零并记录位移追踪点的位移。模拟开挖至边坡底部,再回填至±0 m水平。

(3) 模拟巷道开挖,又可分为三种情况:1)开挖后不支护;2)边开挖边支护;3)回采顺序对巷道稳定性的影响。

5.4.3.2 计算结果与分析

A 巷道开挖前的分析

(1) 应力分布。如图5-37*a*所示,由于坡脚破碎带的存在,最大主应力以破碎带为界,左右不连续。靠近边坡坡脚部分(简称左侧)应力明显低于破碎带的另一侧(简称右侧)。巷道布置区域左侧最大主应力在2～7 MPa之间,而右侧最大主应力在3～10 MPa之间,左侧最小主应力在1 MPa以下,而右侧最小主应力在1～4 MPa之间(图5-37*b*)。最大主应力方向基本与坡面保持平行(图5-37*c*)。

在破碎带右侧坡脚区域有明显的应力集中,这一区域是整个边坡下滑力的承载部分,对边坡的稳定有着至关重要的作用。而开采挂帮矿的采掘巷道正好布置在这个区域,这无论对边坡的整体稳定还是对巷道的稳定性都将产生不利的影响。

(2) 破坏范围。由于坡脚部位破碎带的存在,如图5-37*d*所示,塑性区也以破碎带为界明显分为两个部分,左侧从±0到－48 m水平几乎全是塑性区。回填体采用塑性材料,由于自身强度比较低,全部处于塑性状态。而右侧塑性破坏较少,处于稳定状态。

总之,在巷道开挖前总体来说边坡处于稳定状态,坡面虽有塑性区分布,但是并没有剪切破坏发生。

B 巷道开挖不支护

巷道位置与编号对应关系如图5-38所示。下面首先分析在不作任何支护的情况下6条巷道开挖的应力,破坏区以及位移的变化发展趋势。

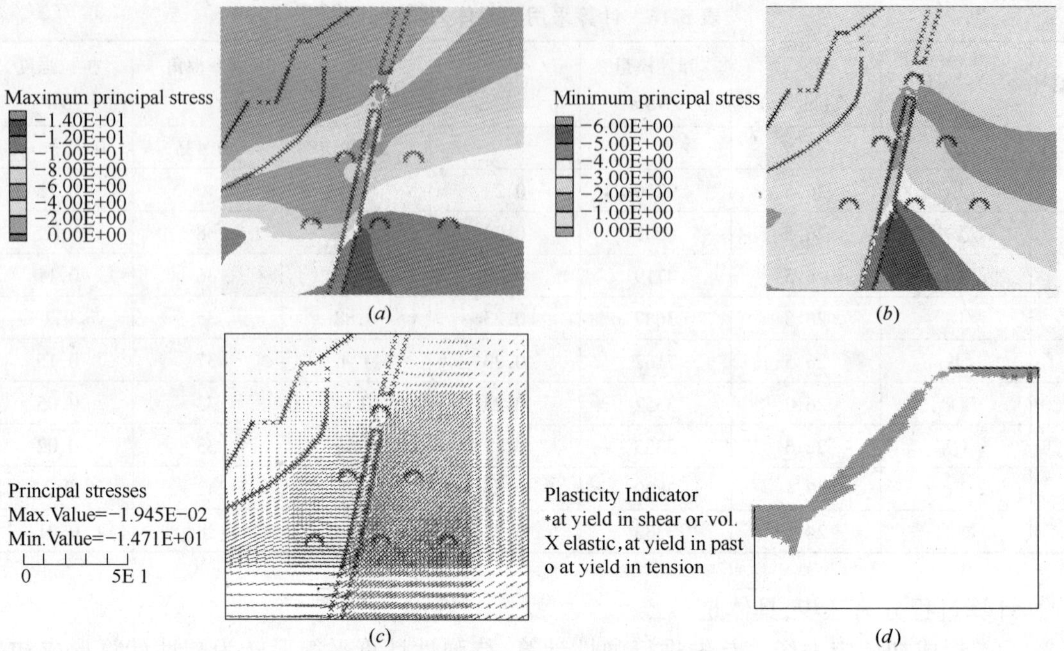

图 5-37　巷道开挖前的计算结果

(*a*)—巷道附近最大主应力分布图；(*b*)—巷道附近最小主应力分布图；

(*c*)—巷道附近应力矢量图；(*d*)—塑性区分布图

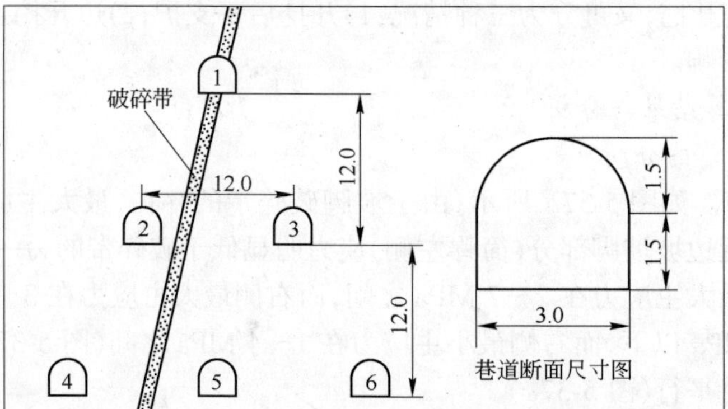

图 5-38　巷道编号(单位:m)

(1) 无支护情况下开挖 1 号巷道：

1) 应力分布：应力分布具有明显的非对称性和非均匀性。该巷道位于台阶线下 −24 m 水平，属挂帮矿开采巷道，上覆岩层较薄，而且破碎带正好斜穿该巷道。开挖后，从图 5-39*a* 和图 5-39*b* 看出，在巷道的左上角和右下角产生应力集中，最大主应力达到 7 MPa，最大剪应力在 3 MPa 左右。应力沿着破碎带向巷道内部有很大的释放，尤其以巷道底部破碎带位置应力释放较为严重。

2) 破坏范围：塑性区如图 5-39*c* 所示，在开挖前破碎带已处于塑性状态，随着第一步开挖的完成，应力沿着破碎带向巷道空区释放，巷道附近的破碎带内有剪切破坏发生。开挖引起的卸荷区主要在巷道底部和顶部与破碎带相交位置，因为这部分岩体强度较低，是应力释放的主要位置，巷道全部处于塑性区内。

3）围岩位移：由于开挖前这个位置上最大主应力方向基本与坡面平行，开挖后最大位移方向与开挖前最大主应力方向基本一致。图 5-39d 是 1 号巷道周边的位移场，最大位移产生在底部，量值为 14.4 mm，此点位于破碎带与巷道交界处，主要是应力从破碎带向巷道空区释放的结果造成的。排除位移最大点，看出最大位移产生在巷道右上拱角处，位移量为 2.4 mm，与水平方向夹角大约为 45°。巷道其他位置围岩的位移量很小。

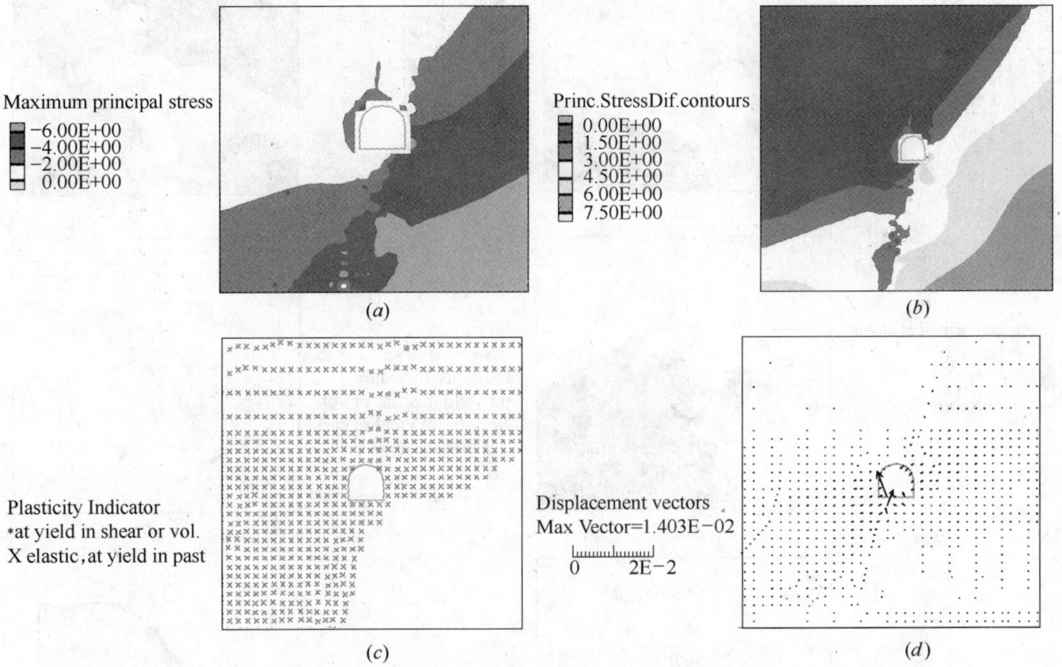

图 5-39　无支护条件下开挖 1 号巷道的计算结果

（a）—巷道周边最大主应力分布图；（b）—巷道周边剪应力分布图；
（c）—巷道周围塑性区分布图；（d）—围岩位移矢量图

（2）无支护情况下开挖 2 号巷道：

1）应力分布：从图 5-40a 和图 5-40b 可以看出 2 号巷道开挖后，在 2 号巷道的顶部和右下角部位有较大的应力集中，最大主应力达到 9 MPa，剪应力达到 3.5 MPa。在巷道两帮存在较大的卸压区，卸压区内最大主应力在 1～3 MPa，最小主应力在 0～1 MPa 左右（图 5-40c）。在 2 号巷道位置最大主应力为水平方向，对巷道的稳定不利。2 号巷道开挖对 1 号巷道影响不是很大，应力的大小和分布规律变化不大，在 1 号巷道底板的卸荷范围有所增大。

2）破坏范围：未开挖前，2 号巷道已经处于塑性区内，开挖后在两帮产生大面积的拉伸破坏（图 5-40d）。2 号巷道右帮靠近破碎带，开挖引起的卸荷作用使破碎带产生剪切破坏，2 号巷道周边最大主应力与水平夹角很小，基本垂直于巷道两帮，在巷道两帮附近有张拉破坏，尤其以左帮严重。

1 号巷道的破坏区基本保持不变，在 1 号巷道底部有微小部分拉应力产生，总体来说 2 号巷道对 1 号巷道的影响不是很大。对于整个边坡而言 2 号巷道的开挖对边坡稳定性影响不大,边坡表面塑性区变化很小(图 5-40f)。

3) 围岩位移:2 号巷道的位移分布情况如图 5-40e 所示,两帮位移较大,在 4 mm 以上,方向基本水平,稍有偏移,位移方向与开挖前最大主应力方向基本一致,在巷道的右上和左下角部分位移较小。在巷道的右上角由于两帮的挤压作用使这一区域位移向背离巷道方向发展。2 号巷道的开挖使 1 号巷道位移稍有增加,最大位移达到 2.5 mm。

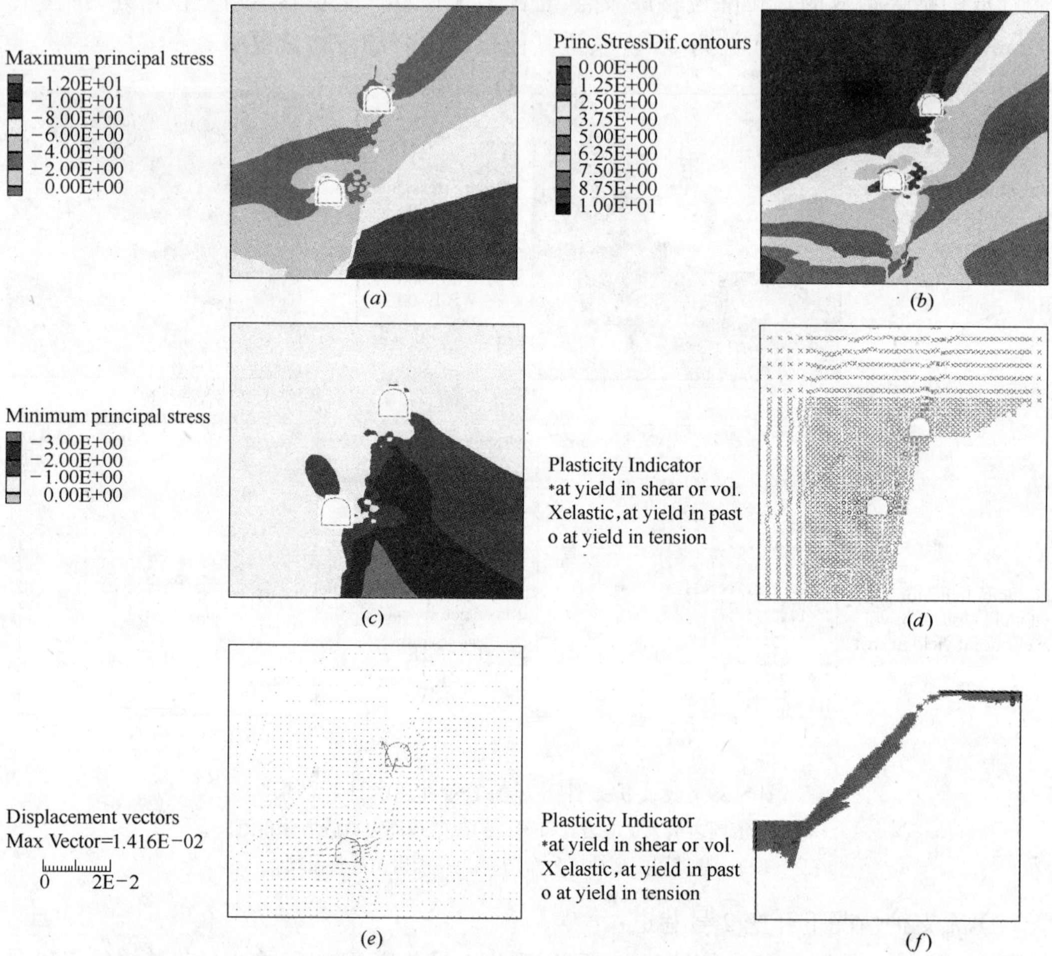

图 5-40　无支护条件下开挖 2 号巷道的计算结果

(a)—巷道周边最大主应力分布图;(b)—巷道周边剪应力分布图;(c)—巷道周边最小主应力分布图;
(d)—巷道周围塑性区分布图;(e)—围岩位移矢量图;(f)—边坡整体塑性区分布图

4) 整体评价:2 号巷道在未支护的情况下破坏严重,主要原因是:开挖前完全处于塑性区内;最大主应力方向基本水平垂直于巷道两帮,对巷道稳定极为不利;离破碎带较近,受破碎带影响较大。2 号巷道开挖对 1 号巷道的稳定性以及整个边坡的影响不大。

(3) 无支护情况下开挖 3 号巷道:

1) 应力分布:3 号巷道所处的应力环境更加复杂,处在破碎带右侧,是边坡的坡脚的主要支撑部分。开挖前最大主应力在 7~8 MPa 之间,从图 5-41a 可以看出,开挖完成后在巷道的左上角和右下角有明显的应力集中,最大主应力在左上角达到 15 MPa,在右下角达到

13 MPa,在这两个位置上剪应力达到 6～7 MPa(图 5-41*b*)。在 3 号巷道开挖前最大主应力方向与水平线夹角在 45°左右,开挖后在这个方向上,即在 3 号巷道的右上角和左下角有很大的卸荷区。开挖对 2 号巷道的应力场影响较大,右帮的应力集中有一定减弱,最大剪应力下降大约 0.5 MPa。由图 5-41*c* 和 *d* 比较看出,2 号巷道区域主应力方向有一定偏转,更加趋于水平。对 1 号巷道的影响较小,但是 1 号巷道本身的应力相对较低,从相对值上考虑,3 号巷道对 1 号的影响还是不能忽略的。

2) 破坏区分布:由图 5-41*e* 可以看出,在 3 号巷道的右上和左下两个对角有较大范围的塑性区,在右帮和底板有小范围拉伸破坏产生,在顶板和右帮存在小范围的剪切破坏区。2 号巷道相对以前应力条件有所改善,应力得到一定程度释放。原有的大面积拉伸区域缩小,只在两帮有条带状拉伸区域。1 号巷道底部与破碎带相交部分原有的剪切破坏区域减小,拉伸破坏区域消失。

3) 岩体位移:如图 5-41*f* 所示 3 号巷道的较大位移主要分布在右上角和左下角,最大值为 4.4 mm, 2 号巷道的右帮位移略有减小,这主要是 3 号巷道开挖引起 2 号区域应力向 3 号区域释放的结果。1 号巷道的位移增大到 2.7 mm。

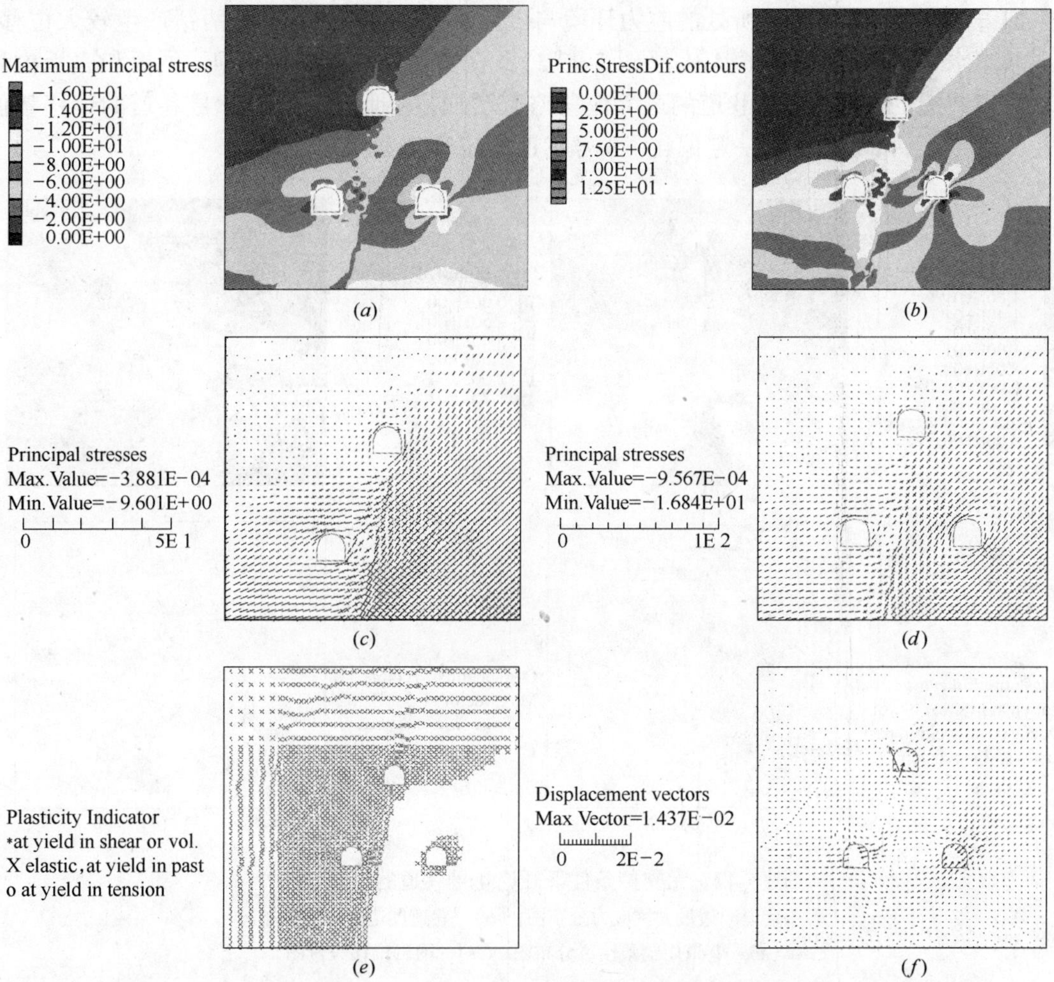

图 5-41　无支护条件下开挖 3 号巷道的计算结果

(*a*)—巷道周边最大主应力分布图;(*b*)—巷道周边剪应力分布图;(*c*)—2 号巷道开挖后应力矢量图;(*d*)—3 号巷道开挖后应力矢量图;(*e*)—巷道周围塑性区分布图;(*f*)—围岩位移矢量图

(4) 无支护情况下开挖 4 号巷道：

1) 应力分布：4 号巷道处于破碎带左侧塑性区内，开挖前最大主应力方向基本水平，开挖后在顶板和底板产生较大的应力集中，由图 5-42*a* 可以看出顶板最大主应力达到 10 MPa 以上，底板最大主应力达到 13 MPa。顶板最大剪应力为 5 MPa，底板最大剪应力为 6 MPa（图 5-42*b*）。卸荷区主要分布在巷道左右两帮，宽度在 1.2 m 左右，在卸荷区最大主应力在 1 MPa 左右。4 号巷道的开挖对 1 号和 2 号巷道的应力分布有一定影响，对 3 号巷道的影响较小。

2) 破坏区分布：如图 5-42*c* 所示，4 号巷道开挖在巷道的对角方向产生十字形张拉破坏区，顶板和底板附近岩体依然处于塑性状态，2 号巷道左下角和右上角产生斜条状张拉破坏区，1 号巷道的底部破碎带内再次产生较大面积的剪切破坏。3 号巷道塑性区基本没有变化，主要原因是 3 号巷道位于破碎带的右侧，而 1 号、2 号、4 号巷道位于破碎带上和左部，破碎带左边开挖引起的力的传递主要在破碎带以左的塑性区内，破碎带减弱了 4 号巷道开挖对 3 号的影响。

3) 岩体位移：4 号巷道所处的应力环境与 2 号巷道类似，在巷道的两帮产生较大位移，方向基本水平，最大位移为 6.4 mm（图 5-42*d*）。在两帮挤压力的作用下，顶板和底板位移指向背离巷道的方向。1 号巷道的最大位移略有增加，达到 2.9 mm。2 号巷道的位移量值大小变化不大，只是向下有一定偏转。3 号巷道的位移基本保持不变。

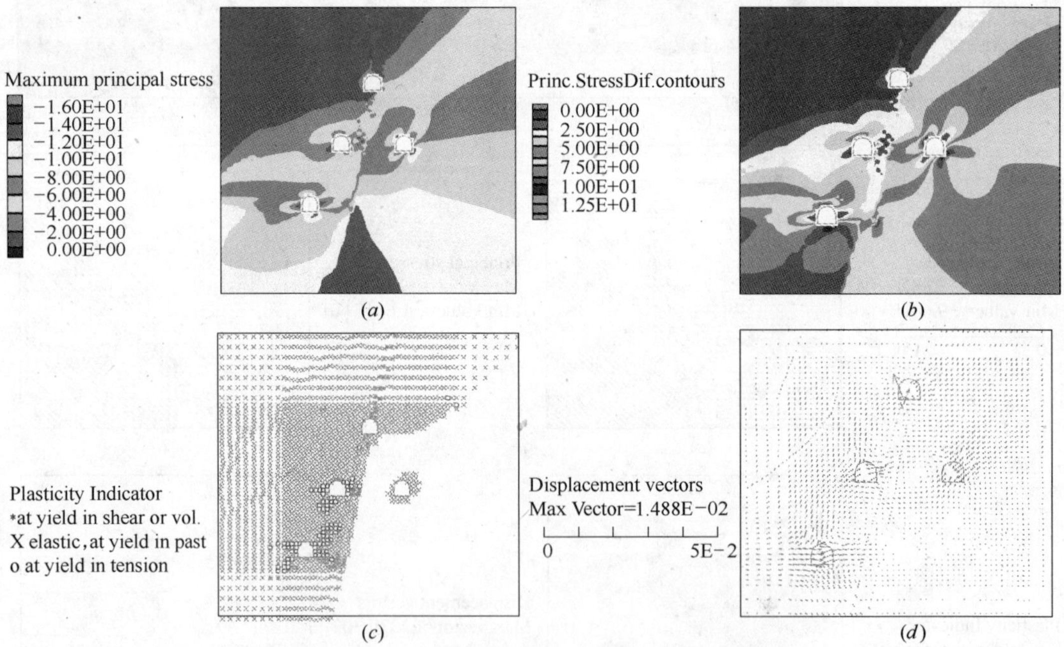

图 5-42 无支护条件下开挖 4 号巷道的计算结果

(*a*)—巷道周边最大主应力分布图；(*b*)—巷道周边剪应力分布图；
(*c*)—巷道周围塑性区分布图；(*d*)—围岩位移矢量图

(5) 无支护情况下开挖 5 号巷道：

1) 应力分析：5 号巷道是这 6 个巷道中较特殊的一个，虽然没有穿过破碎带，但是两者之间的距离很近，同时位于坡脚的主要承载区内。开挖引起应力左上角和右下角集中，最大主应力在 20 MPa 左右（图 5-43a），最大剪应力在 8.5 MPa 左右（图 5-43b），开挖前最大主应力方向与水平线夹角在 40°左右。卸荷区主要分布在巷道的右上角和左下角，成条状分布。5 号巷道的开挖，对以上每个巷道都有很大影响。4 号巷道附近的应力有所降低，主应力方向更趋于水平，同样 1 号和 2 号巷道的应力集中现象有一定改善，3 号巷道应力稍有释放，不是很明显。

2）破坏区分析：破坏情况如图 5-43c 所示，5 号巷道周围的塑性区呈菱形布置，并在左上角和右下角有局部拉伸破坏。4 号巷道和 2 号巷道的原有大面积的拉伸区域明显减少，3 号巷道的左下角的塑性区减少。这主要是 5 号巷道开挖卸荷作用使以上各巷道的应力状态得到调整，使 4 号、3 号和 2 号巷道的应力分布更加均匀。对 1 号巷道影响不是很大，在 1 号巷道底部破碎带部分剪切破坏区有所增大。在与 2 号巷道临近的破碎带中也有类似的情况发生。与 3 号巷道的开挖类似，5 号巷道开挖完成后，边坡表面的拉伸区域增加（图 5-43d），对边坡的整体稳定不利。

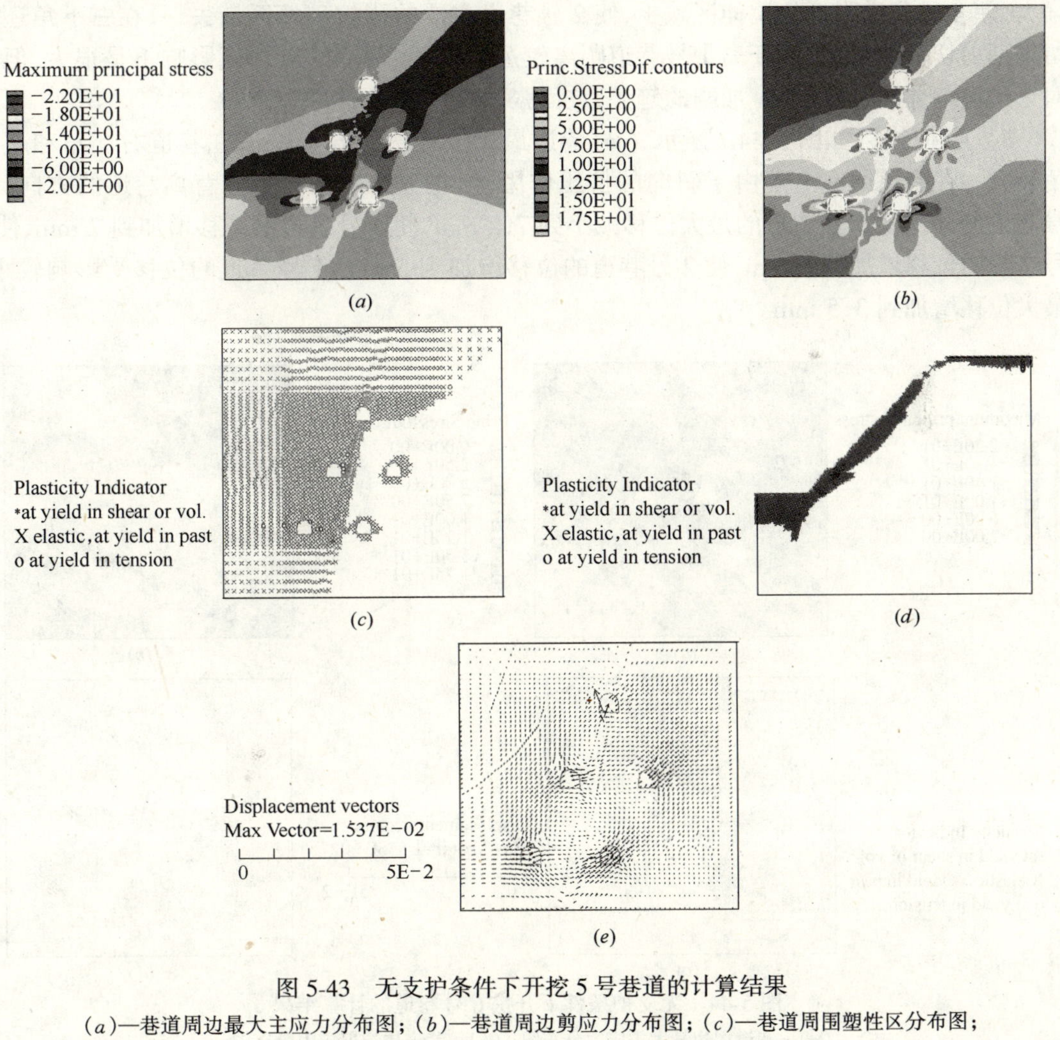

图 5-43　无支护条件下开挖 5 号巷道的计算结果

（a）—巷道周边最大主应力分布图；（b）—巷道周边剪应力分布图；（c）—巷道周围塑性区分布图；（d）—边坡整体塑性区分布图；（e）—围岩位移矢量图

3) 岩体位移:5 号巷道开挖完成后位移如图 5-43*e* 所示。位移方向与 5 号巷道开挖前最大主应力方向基本一致,与水平方向夹角在 40°左右,最大位移为 7.4 mm。5 号巷道的开挖使 4 号巷道的最大位移增大到 6.8 mm,3 号巷道的最大位移增加到 5.3 mm,2 号巷道位移增加到 4.8 mm,1 号巷道的位移受影响较小,略有增加,最大值达到 3.3 mm。

(6) 无支护情况下开挖第 6 个巷道:

1) 应力分布:如图 5-44*a* 所示,6 号巷道开挖完毕后在巷道的左上角和右下角引起应力集中,在这两个位置最大主应力达到 19 MPa 左右,剪应力达到 8 MPa 左右(图 5-44*b*),卸荷区主要分布在右上和左下两个对角。该巷道开挖前的主应力方向基本与 5 号巷道开挖前的应力方向一致。6 号巷道的开挖使 5 号应力集中变得更加严重,同时对其他 4 个巷道的影响相对较弱,总体来说 6 号巷道的开挖对 1 号和 2 号巷道的影响与 5 号巷道开挖引起的效果类似,但效果稍弱。

2) 破坏区分布:如图 5-44*c* 所示,6 号巷道周围的塑性区呈近似菱形布置,厚度在1.5 m 左右,在巷道右下角部分有局部剪切破坏。6 号巷道的开挖使 5 号巷道区域的拉伸破坏区增大,使 4 号巷道附近的拉伸区减少,使 2 号巷道右帮的张拉破坏区消失,只在右下角还残留局部剪切破坏区域,由于离 1 号巷道距离较远,对 1 号巷道的破坏区影响不是很大,但是对于边坡整体而言,破坏有加剧的趋势,坡面张拉破坏区增加。

3) 岩体位移:如图 5-44*d* 所示,6 号巷道最大位移达到 6.8 mm,在巷道右上角和左下角较大。在巷道的左上角由于斜向的挤压作用,使左上角的位移指向背离巷道的方向。6 号巷道的开挖使 5 号巷道的最大位移减小到 7.2 mm,使 4 号巷道的位移增加到 7 mm,使 3 号巷道的位移增加到 6 mm,使 2 号巷道的位移增加到 5 mm,1 号巷道的位移受影响较小,最大位移增加到 3.5 mm。

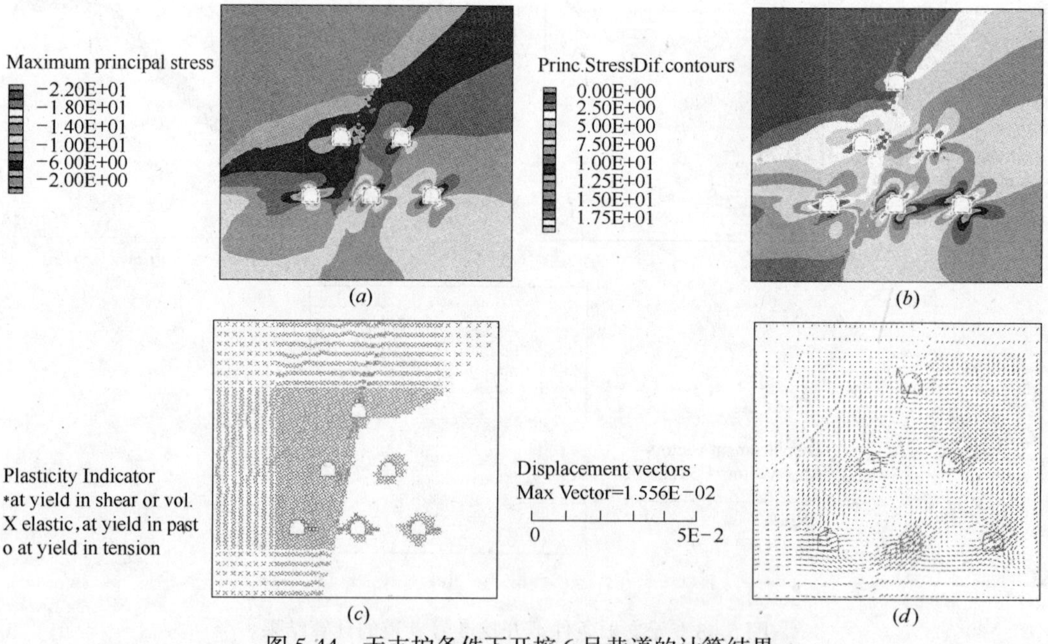

图 5-44 无支护条件下开挖 6 号巷道的计算结果

(*a*)—巷道周边最大主应力分布图;(*b*)—巷道周边剪应力分布图;
(*c*)—巷道周围塑性区分布图;(*d*)—围岩位移矢量图

(7) 小结。通过以上分析得到以下基本结论。将1号到6号巷道分成3类,第一类是1号巷道,与破碎带相交,变形受破碎带影响最大,同时其他几个巷道对它的影响都随着距离的增加而减弱。第二类是2号和4号,这两个巷道完全处于破碎带左侧的塑性区内,最大主应力方向几乎垂直于两帮,巷道的开挖都有较大的破坏区产生,并在两帮均产生拉伸破坏区,且4号巷道的开挖对2号巷道影响最大,因为应力的释放主要在塑性区内,破碎带的存在减弱了对3号巷道的影响。第三类是3号、5号、6号巷道,这三条巷道均处在边坡坡脚的承载区内,最大主应力方向在42°左右,开挖后均在左上角和右下角产生最大主应力和剪应力的集中,在右上和左下角产生卸压区。3号和5号巷道的开挖对1号、2号、4号巷道影响较大,对其中的2号和4号巷道的稳定有利。6号巷道因为距离这3个巷道距离较远,影响较小。

相对于常规巷道的开挖而言,露天转地下的巷道位于边坡的坡脚,最大主应力方向较为特殊。再加上破碎带的影响,变化比较复杂。总的来说破碎带左边最大主应力方向水平,这个区域的巷道最大变形只发生在两帮。由于本来就处于塑性状态,在其中开挖巷道(2号和4号)对边坡的整体稳定影响不大。

破碎带右边是边坡坡脚的主要承载区,应力较高,最大主应力方向与水平方向夹角在42°左右,这一区域的巷道(3号、5号、6号)的较大变形主要在左下角和右上角。方向与开挖前最大主应力位置基本一致,在这一区域开挖巷道对边坡整体稳定影响较大。

总之,相对于常规的地下开采而言,由于受到露天高陡边坡和断层破碎带的共同影响,开挖后巷道周边应力场变化十分复杂,左右两帮呈现出明显的非对称性,且承受较高的剪应力作用。在垂直方向,越向下部,巷道周边应力场分布越趋于均匀,-48 m水平巷道的应力场分布明显较-24 m水平均匀。通过围岩破坏区和岩体位移场的分析表明,断层破碎带的存在,极大地降低了巷道的稳定程度,表现在巷道周边产生部分剪切和拉伸破坏区,位移量有较大幅度的增加。因此,为了改善围岩的受力状态,约束断层破碎带的位移变化,保证采准巷道在服务期内的稳定,必须采取必要的加固措施。

C 边开挖边支护条件下巷道稳定性分析

(1) 开挖1号巷道:

1) 应力分布:比较开挖前后的最大主应力图5-45*a*和图5-39*a*,以及剪应力值图5-45*b*和图5-39*b*,发现在有支护条件下巷道周边的最大主应力集中现象减弱,1号巷道周边最大主应力在3 MPa左右,只是在右下角应力稍高,较以前最大主应力有一定程度的提高。最大剪应力也趋于均匀分布,最大剪应力在1.5 MPa以下。说明在有锚杆和喷层支护作用下1号巷道周边岩体形成承压拱,对维持巷道的稳定有很大作用。

2) 破坏区分布:有喷锚支护作用下1号巷道的破坏区如图5-45*c*所示。比较图5-45*c*和图5-39*c*发现,喷锚支护作用下,在锚杆控制的承压拱内,剪切破坏区消失,但在承压拱外破碎带内仍有部分剪切破坏区。与底板相接的破碎带内剪切破坏区较未支护前增大,这是因为顶板和两帮打入锚杆后,应力从支护强度较弱的底板释放。

3) 岩体位移:1号巷道周边的位移场如图5-45*d*所示。巷道最大位移产生在底板,为2.1 mm。而未支护条件下最大位移在巷道右上角,最大值为2.4 mm,支护后此点位移下降到1 mm以下。因为未支护时最大位移产生在破碎带与巷道顶板的交界面上,是破碎带内岩体向巷道内移动的结果。施加喷锚支护后,由于锚杆的悬吊作用使这一区域位移得到有效控制。

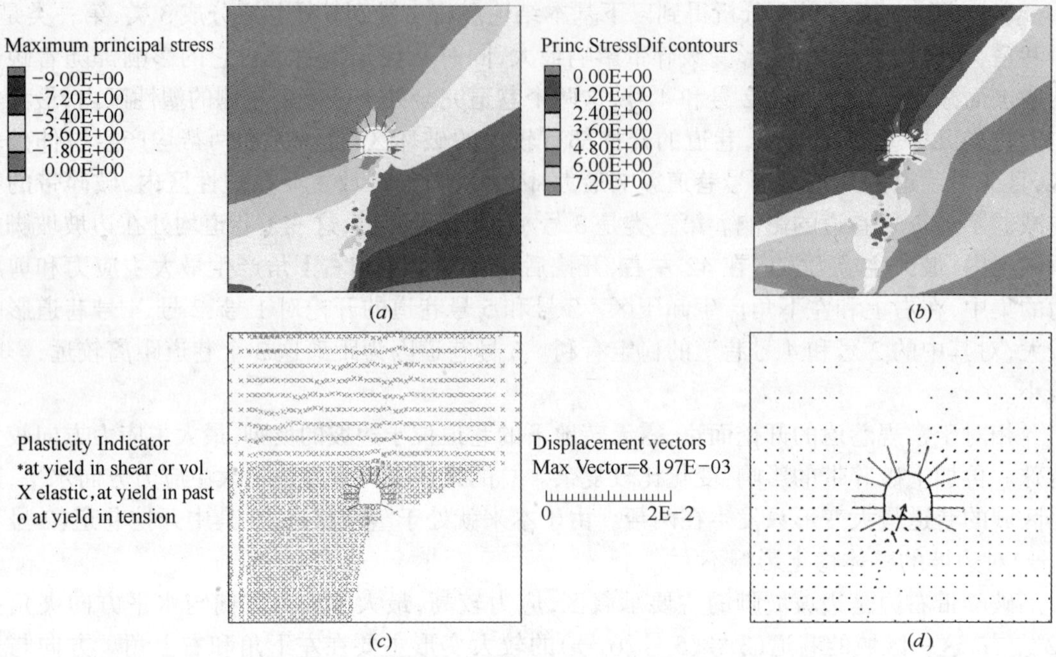

图 5-45　支护条件下开挖 1 号巷道的计算结果

(*a*)—巷道周边最大主应力分布图；(*b*)—巷道周边剪应力分布图；
(*c*)—巷道周围塑性区分布图；(*d*)—围岩位移矢量图

(2) 开挖 2 号巷道：

1) 应力分布：2 号巷道周边的最大主应力如图 5-46*a* 所示，与未支护情况下比较，2 号巷道周边最大主应力分布明显均匀，周边最大主应力在 4～6 MPa。在 2 号巷道左下角存在一斜条状卸压区，卸压区内最大主应力在 2～4 MPa 之间，仍具有一定的承载能力。由于 2 号巷道距离破碎带较近，锚杆一端伸入破碎带内部，造成右帮附近最大主应力变化比较复杂。总体来说，较未添加支护结构前最大主应力提高 1 MPa 左右。

比较图 5-46*b* 和图 5-40*b*，可以看出 2 号巷道在支护条件下周边的最大剪应力明显降低，只是在右帮锚杆端部与破碎带交界处有微小点状剪应力集中区，在承载圈内没有明显的剪应力集中现象。

比较 1 号巷道在两种情况下的应力图可以发现，有支护条件下 2 号巷道的开挖对 1 号巷道周边的应力分布影响较未支护条件下小得多。

2) 破坏区分布：2 号巷道周边的破坏区如图 5-46*c* 所示。较未支护时，剪切和张拉破坏区明显减少，原来两帮大面积的张拉破坏区，现在只剩零星几点，在 2 号巷道右下角靠近破碎带位置还存在一部分剪切破坏，这与破碎带内岩体强度较低有很大关系。2 号巷道的底板出现少量张拉破坏区，这主要是添加支护系统后，应力向没有锚杆支护的底板转移释放，导致底板产生拉伸破坏。

比较 1 号巷道在两种情况下周边的破坏区情况可以发现，有支护条件下 2 号巷道的开挖对 1 号巷道周边的破坏情况基本没有影响，说明在支护体系作用下，每一个巷道的开挖影响范围缩小了，减弱了巷道之间开挖的相互干扰作用。

3) 岩体位移：2 号巷道周边位移如图 5-46*d* 所示。最大位移位于右上角，量值为

1.8 mm，方向与开挖前最大主应力方向一致。1 号巷道周边位移几乎没有变化。与 2 号巷道未支护条件下位移相比,2 号巷道周边位移得到很大控制,最大位移下降达到 0.7 mm。

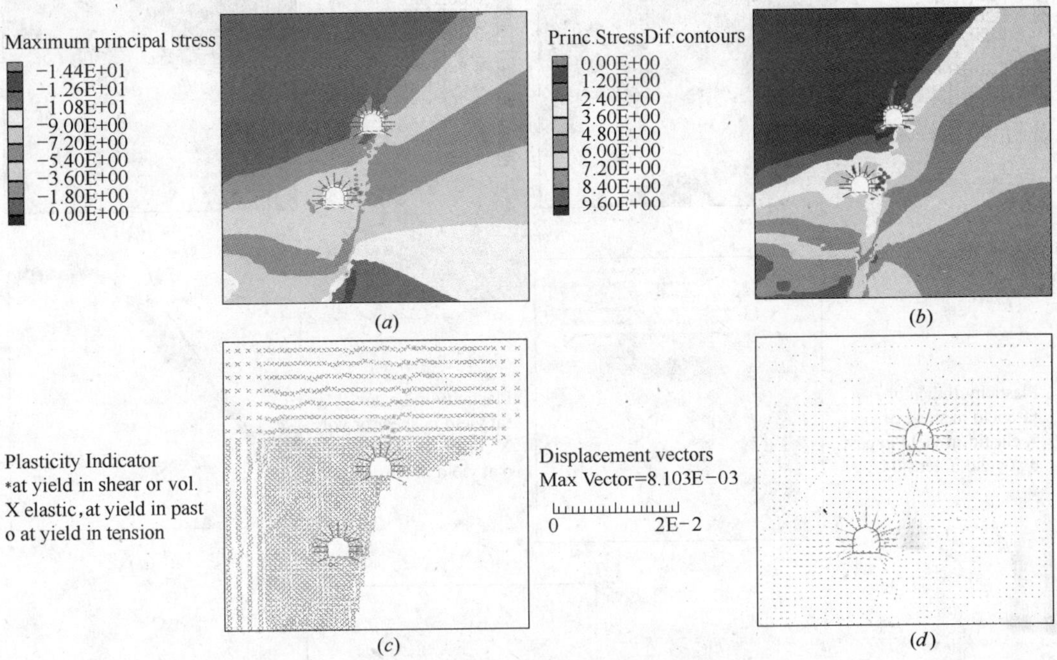

图 5-46　支护条件下开挖 2 号巷道的计算结果
(*a*)—巷道周边最大主应力分布图；(*b*)—巷道周边剪应力分布图；
(*c*)—巷道周围塑性区分布图；(*d*)—围岩位移矢量图

(3) 开挖 3 号巷道：

1) 应力分布：从图 5-47*a* 可以看出，在 3 号巷道的左上角和右下角有应力集中现象，左上角最大主应力达到 8 MPa，右下角最大主应力达到 11 MPa。顶板和左帮以及右下角有剪应力集中，右下角最大剪应力达到 4.5 MPa(图 5-47*b*)，这主要是因为 3 号巷道所处的应力环境较高的缘故。在 3 号巷道的右上和左下角有一斜条状卸压区，卸压区内最大主应力 4 MPa 左右。虽然在高应力状态下，由于锚杆的组合作用，仍能形成有效的承压拱，共同维护巷道的稳定。

比较前后两种情况下 1 号、2 号巷道周边的应力情况可以发现，在有支护体系作用下，3 号巷道的开挖对 1 号和 2 号巷道周边的应力影响较未支护条件下小得多。

2) 破坏区分布：3 号巷道因为处于边坡坡脚的主要承载区，同等支护强度条件下，支护效果相对较弱。通过开挖前后塑性区图(图 5-47*c* 和图 5-41*e*)比较看出支护的效果是明显的，只在巷道顶板和右帮存在微小剪切破坏区域，而在巷道底部有较大塑性破坏区。

3 号巷道的开挖对 1 号和 2 号巷道周边的破坏有所改善，2 号巷道周边的拉伸区和剪切破坏区减少，1 号巷道底板附近的剪切破坏区消失。1 号和 2 号巷道开挖，对边坡面塑性区基本没有影响，随着 3 号巷道的开挖，坡面有微小张拉破坏区产生(图 5-47*d*)。

3) 岩体位移：3 号巷道周边位移如图 5-47*e* 所示，巷道右上角和左下角位移较大，最大位移达到 3.8 mm，位移方向与水平方向夹角在 40°左右。1 号和 2 号巷道周边位移基本保持不变。

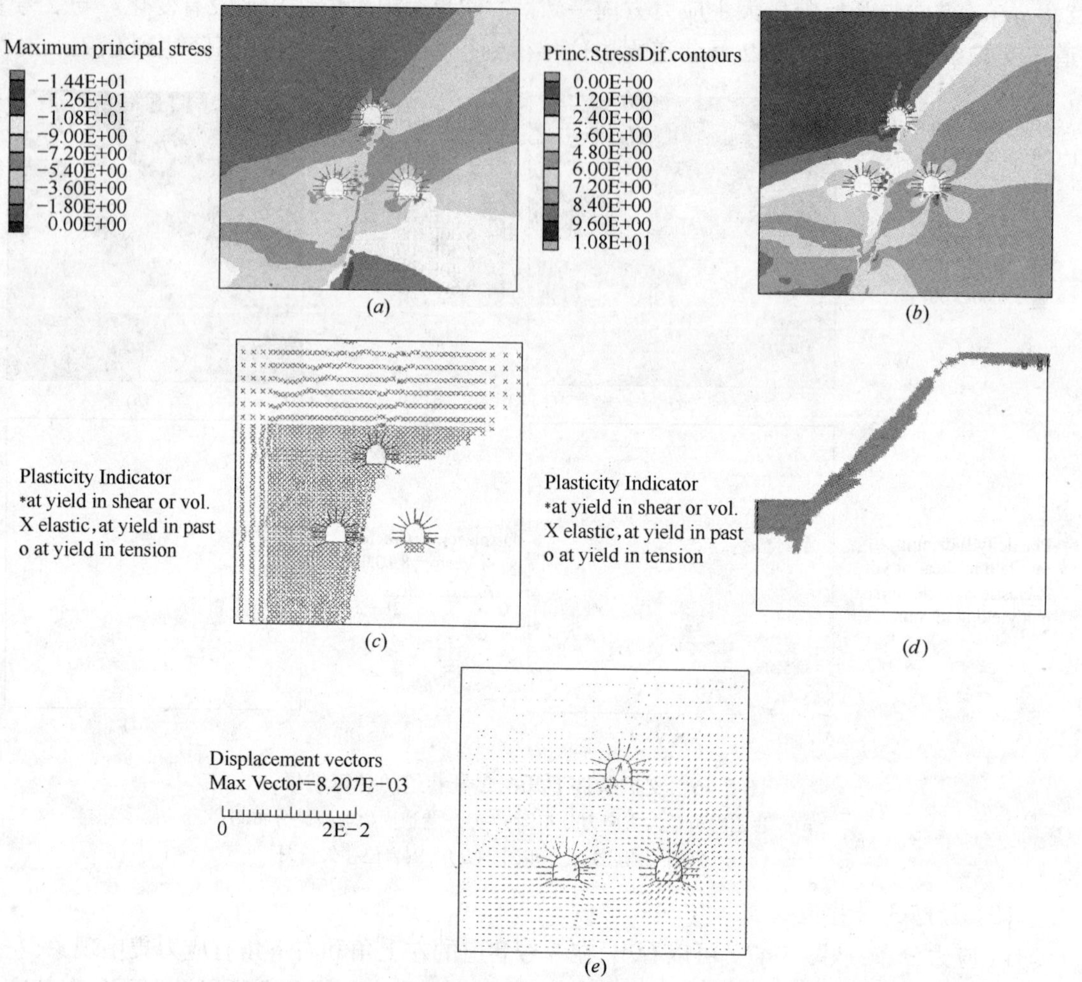

图 5-47 支护条件下开挖 3 号巷道的计算结果

(*a*)—巷道周边最大主应力分布图；(*b*)—巷道周边剪应力分布图；(*c*)—巷道周围塑性区分布图；(*d*)—边坡塑性区分布图；(*e*)—围岩位移矢量图

（4）开挖 4 号巷道：

1）应力分布：从图 5-48*a* 和 *b* 可以看出，4 号巷道的顶板和右下角有应力集中，顶板最大主应力达到 8 MPa，最大剪应力达到 4 MPa；右下角最大主应力达到 11 MPa 以上，最大剪应力达到 5 MPa。但是与未支护条件下的情况比较这两个地方的最大主应力和最大剪应力均降低 1 MPa 左右。

2）破坏区分布：由图 5-48*c* 看出，4 号巷道周边岩体破坏严重，右上角有长 4 m、宽 3 m 的张拉破坏区，左帮和左上角也有较大区域的张拉破坏区，右帮张拉破坏区较小，底板两个脚点有小范围的剪切破坏区。由于 4 号巷道周边破坏严重，导致 2 号巷道周边塑性区变化较大，在 2 号巷道左下角有较大面积的拉伸破坏区，右上角也有少部分张拉破坏区，右下角有一定面积的剪切破坏发生。有支护条件下 4 号巷道的开挖对 1 号和 3 号巷道的影响较小，和未支护条件下比较破坏区明显缩小。从图中不难看出，张拉破坏区超出了锚杆的控制范围，也就是说锚杆无法有效地使岩体组合到一起形成承压拱，只能在局部破坏比较轻的位置产生一定效果,如顶板位置。

3) 岩体位移:4 号巷道周边位移如图 5-48*d* 所示,巷道两帮位移较大,最大位移为 2.8 mm,方向接近水平,相对于未支护情况下位移有很大减小,最大位移量不到二分之一。可以看出锚杆和喷层虽然对控制破坏区效果不是很明显,但是对限制巷道周边岩体的位移还是有很大作用的。

2 号巷道的最大位移稍有增加,最大位移为 1.83 mm。1 号和 3 号位移基本没有变化,从这三条巷道位移受影响的程度来说,4 号巷道的支护结构对限制位移发展有很大作用。

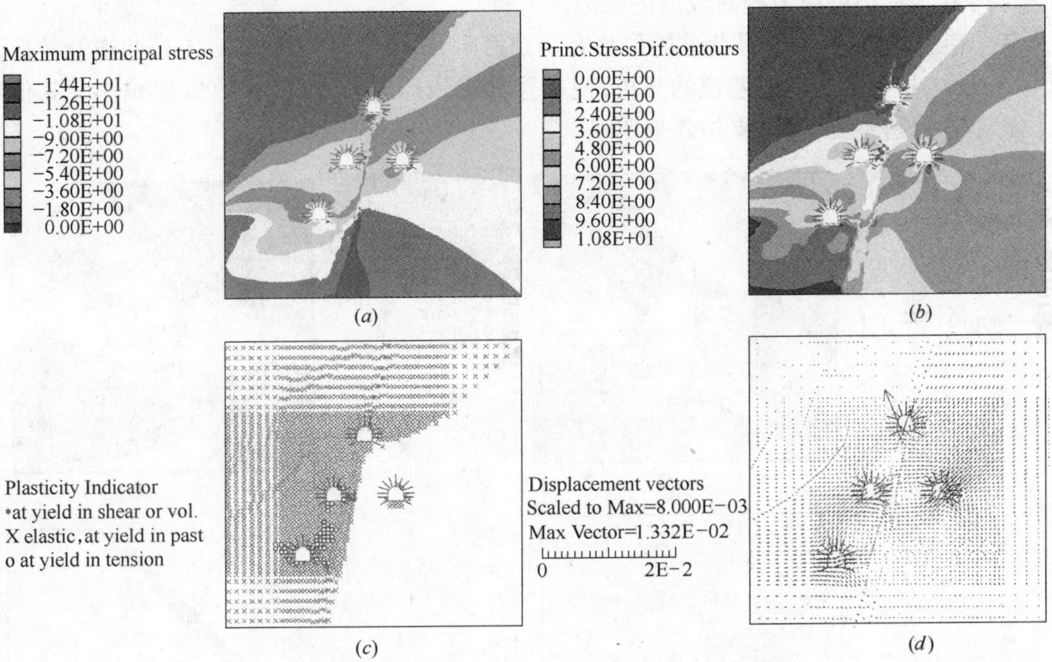

图 5-48　支护条件下开挖 4 号巷道的计算结果

(*a*)—巷道周边最大主应力分布图; (*b*)—巷道周边剪应力分布图;
(*c*)—巷道周围塑性区分布图; (*d*)—围岩位移矢量图

(5) 开挖 5 号巷道:

1) 应力分布:从图 5-49*a* 和 *b* 看出,5 号巷道开挖后巷道的左上角和右下角有应力集中现象,左上角最大主应力达到 13~14 MPa,右下角最大主应力达到 16 MPa,这两个位置的最大剪应力均在 6 MPa 左右。右上角和左下角最大主应力较低,为 6 MPa 左右,在这个位置应力有一定释放。

4 号巷道右帮位置应力降低,分布趋于均匀,这主要是 5 号巷道的开挖引起的应力释放的结果。4 号和 5 号巷道处于同一水平,5 号巷道的开挖,必然使 4 号巷道周边的水平应力得到一定程度释放(4 号巷道位置最大主应力接近水平)。

5 号巷道的开挖对 2 号巷道的应力也有一定调节,对 1 号和 3 号巷道的影响很小。

2) 破坏区分布:从图 5-49*c* 可以看出,5 号巷道处于比较稳定状态,周边破坏区很小,底板塑性区稍大,并有微小的张拉破坏区,右下角有微小的剪切破坏区域。底板附近岩体的塑性破坏是应力从底板向巷道内部释放的结果。

4 号巷道原有的大面积拉伸破坏区在应力得到一定释放后得到很大改善,周边的拉伸和剪切破坏区全部消除。2 号巷道周边的破坏情况也有一定改善，只在右帮靠近破碎带部分有微小剪切破坏区。1 号和 3 号巷道周边的塑性区受影响较小，基本保持不变。

从图 5-49*d* 可以看出，边坡坡面的塑性区保持不变，在坡脚很小区域有拉伸破坏产生，但仍不足以对边坡稳定构成威胁。

3）岩体位移：从图 5-49*e* 看出，5 号巷道较大的位移分布在右上角、左下角和底板位置，底板是应力释放比较剧烈的部位，而右上和左下两个对角是开挖前最大主应力的方向，所以这两个方向位移较大，巷道周边最大位移为 5.2 mm，相对前几个巷道变形较大，这主要是因为 5 号巷道周边的应力相对较高的缘故。

5 号巷道的开挖，对 3 号巷道的位移有一定影响，最大位移位于底板，5 号巷道开挖后下降 0.5 mm。这是因为 5 号巷道的开挖，使 3 号巷道顶部应力降低，导致位移减小。其他巷道位移基本保持不变，喷锚支护效果明显。

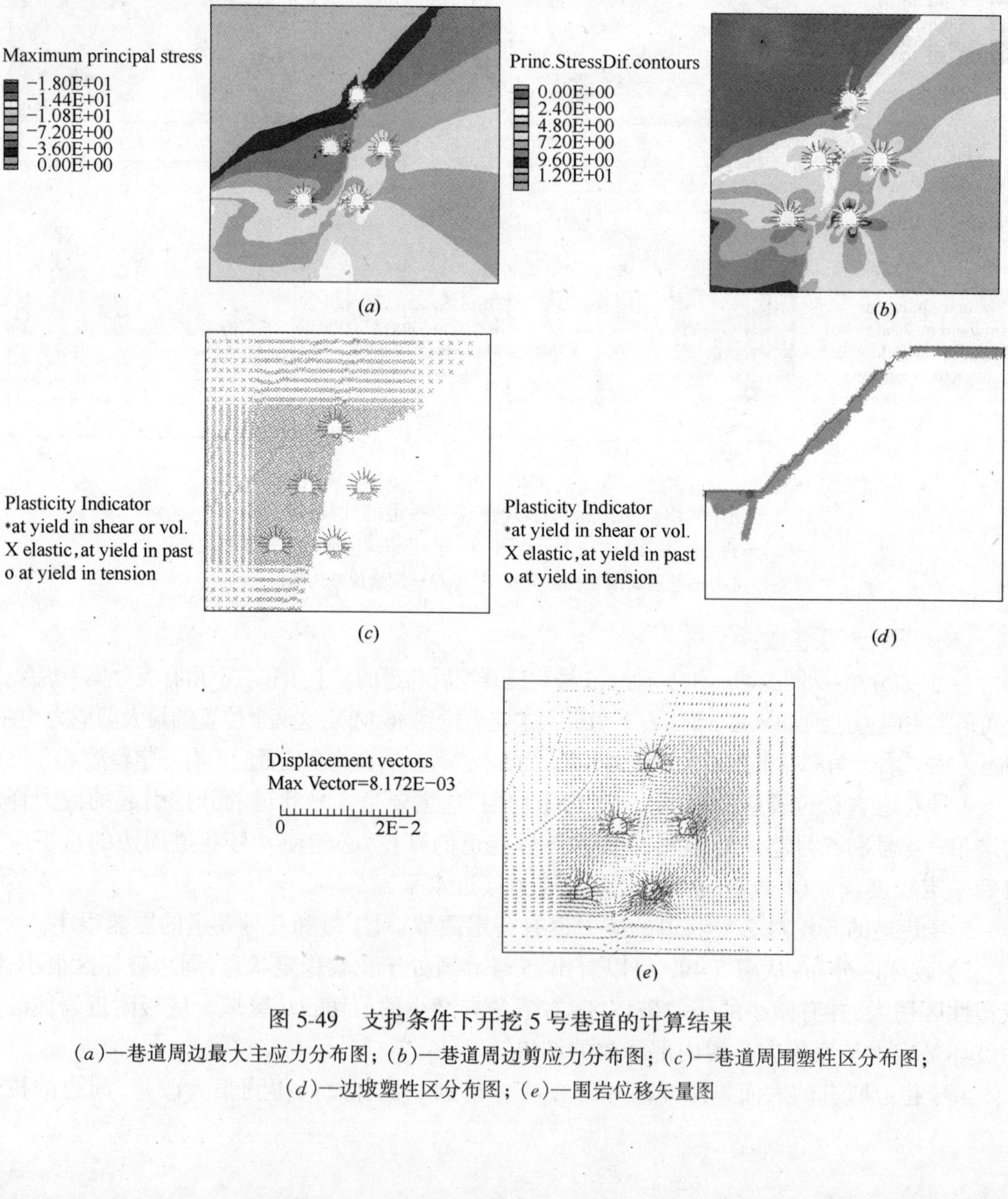

图 5-49　支护条件下开挖 5 号巷道的计算结果

(*a*)—巷道周边最大主应力分布图；(*b*)—巷道周边剪应力分布图；(*c*)—巷道周围塑性区分布图；(*d*)—边坡塑性区分布图；(*e*)—围岩位移矢量图

（6）开挖 6 号巷道：

1）应力分布：从图 5-50*a* 和 *b* 可以看出，6 号巷道开挖后，左上角和右下角产生应力集中，左上角最大主应力达到 13～14 MPa，右下角最大主应力达到 15～16 MPa。剪应力集中不明显。相对其他几条巷道而言远离破碎带，靠近边坡体内部，在锚杆和喷层支护作用下，处于相对稳定状态。左下和右上角有小范围卸压区，卸压区内最大主应力在 5 MPa 左右，岩体仍有相当高的承载能力。

6 号巷道开挖，对 5 号巷道的影响一是使 5 号巷道周边水平应力下降，二是巷道的开挖相当于减少了承载体的面积，必然使应力提高，但对其他巷道的影响不是很明显。

2）破坏区分布：破坏区如图 5-50*c* 所示，6 号巷道的周围有很薄的一层塑性区，底板应力释放有局部剪切破坏区，顶板和右下角也有少量剪切破坏发生。6 号巷道的开挖引起的应力增加的效果大于水平应力释放的效应。由于距其他巷道较远，开挖影响较小。

对于边坡整体而言 6 号巷道的开挖对边坡的稳定性影响较大，在坡面上出现局部拉伸破坏区（图 5-50*d*）。

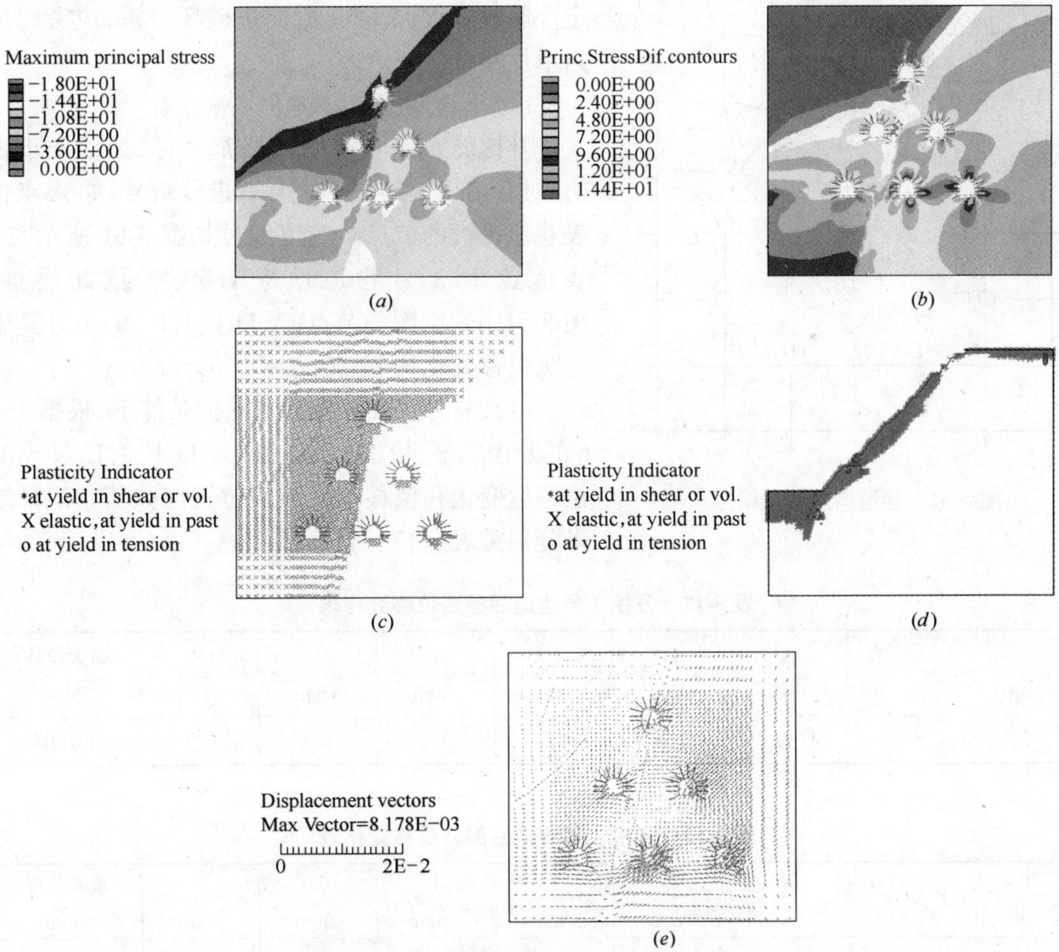

图 5-50　支护条件下开挖 6 号巷道的计算结果

（*a*）—巷道周边最大主应力分布图；（*b*）—巷道周边剪应力分布图；（*c*）—巷道周围塑性区分布图；（*d*）—边坡塑性区分布图；（*e*）—围岩位移矢量图

3）岩体位移:从图 5-50*e* 看出,6 号巷道的较大位移主要分布在右上角、左下角以及底板。底板相对支护强度较弱,应力释放较为严重,导致位移较大,最大位移为 4.3 mm。

5 号巷道周边位移有所增加,最大位移增大 0.4 mm,其他巷道位移基本保持不变。

(7) 小结。

施加喷锚支护后,每一条巷道周边的应力均得到调整,主要体现在,承载圈内最大主应力提高,最大剪应力减小,并且分布趋于均匀,对巷道的稳定是十分有利的。

施加喷锚支护后,巷道顶板、两帮的位移减小,底板位移相对增加,但是相对未支护条件下还是有很大降低。因为在顶板和两帮打入锚杆后,使巷道顶板、两帮的岩体形成承压拱,应力从支护强度相对较弱的底板向巷道内释放。

施加喷锚支护后,巷道之间的相互影响减弱。也就是说,支护后应力的影响范围得到有效的控制。

对于边坡整体,与未支护条件下边坡的破坏情况比较,施加支护后坡面破坏区得到很好控制。但是局部巷道的支护应该加强,例如 6 号和 4 号巷道,6 号巷道的开挖对边坡整体稳定性影响较大,4 号巷道周边破坏严重,应考虑适当增加锚杆的长度。

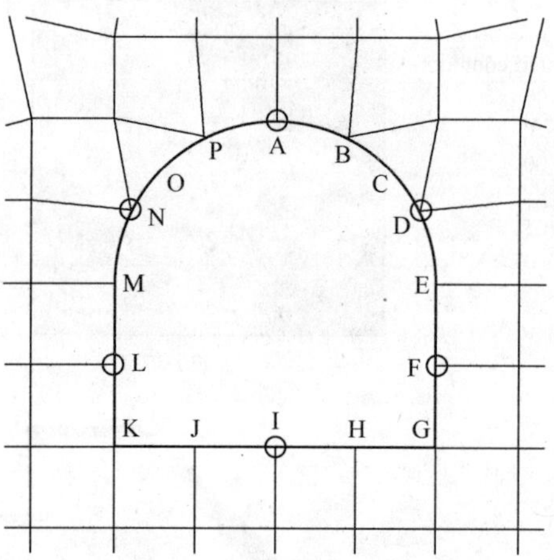

图 5-51　巷道周边节点编号

D　巷道围岩位移变化规律分析

开挖的 6 条巷道的网格都一样,为了便于说明,对巷道周边的每一个节点进行编号,如 A 点代表巷道顶板的节点。巷道编号如图 5-51 所示,2A 表示位于 2 号巷道顶板的节点,依此类推。图 5-51中带圆圈的节点(A,D,F,I,L,N)为计算中追踪位移变化的节点。

(1) 未支护条件下。未支护条件下,根据 1→6 的开挖顺序,依次追踪记录 A,D,F,I,L,N 点的位移量变化和位移最大点的位置与数值。记录结果分别见表 5-17～表 5-22。

表 5-17　开挖 1 号巷道后围岩位移变化表

节点 巷道	A /mm	D /mm	F /mm	I /mm	L /mm	N /mm	最大位移 /mm
1	0.4	1.8	1.4	2.2	1.4	0.5	2.4(B)

表 5-18　开挖 2 号巷道后围岩位移变化表

节点 巷道	A /mm	D /mm	F /mm	I /mm	L /mm	N /mm	最大位移 /mm
1	0.4	2.0	1.7	2.4	1.4	0.5	2.5(B)
2	1.4	4.3	3.6	1.5	2.7	1.6	4.3(D)

表 5-19 开挖 3 号巷道后围岩位移变化表

节点 巷道	A /mm	D /mm	F /mm	I /mm	L /mm	N /mm	最大位移 /mm
1	0.3	2.2	1.8	2.6	1.4	0.5	2.7(B)
2	1.4	4.2	3.4	2.0	3.0	1.8	4.2(D)
3	2.7	4.0	3.1	4.4	3.3	1.0	4.4(C)

表 5-20 开挖 4 号巷道后围岩位移变化表

节点 巷道	A /mm	D /mm	F /mm	I /mm	L /mm	N /mm	最大位移 /mm
1	0.3	2.3	2.0	2.8	1.7	0.7	2.9(B)
2	1.9	4.5	3.6	2.2	3.5	0.7	4.5(D)
3	3.0	4.3	3.3	4.1	3.0	0.8	4.6(C)
4	2.2	6.1	5.8	1.9	6.0	5.5	6.4(M)

表 5-21 开挖 5 号巷道后围岩位移变化表

节点 巷道	A /mm	D /mm	F /mm	I /mm	L /mm	N /mm	最大位移 /mm
1	0.4	2.7	2.4	2.9	1.8	0.8	3.3(B)
2	2.2	4.8	3.7	2.3	3.7	2.7	4.8(D)
3	3.6	5.3	4.2	2.9	2.1	0.3	5.3(C)
4	2.4	5.7	5.1	2.2	6.4	5.9	6.9(M)
5	3.8	5.5	4.5	6.3	6.4	2.2	6.4(L)

表 5-22 开挖 6 号巷道后围岩位移变化表

节点 巷道	A /mm	D /mm	F /mm	I /mm	L /mm	N /mm	最大位移 /mm
1	0.3	2.9	2.6	3.1	1.8	0.8	3.5(B)
2	2.4	5.0	3.9	2.3	3.7	2.6	5.0(D)
3	3.9	5.3	4.4	2.8	1.9	0.6	5.6(C)
4	2.4	5.5	4.8	2.4	6.6	5.2	7.0(M)
5	3.8	5.4	4.0	7.2	7.0	2.5	7.2(I)
6	3.6	6.1	5.2	5.2	5.6	2.1	6.6(C)

(2) 有支护条件下。支护条件下，根据 1→6 的开挖顺序，依次追踪记录 A,D,F,I,L,N 点的位移量变化和位移最大点的位置与数值。记录结果分别见表 5-23~表 5-28。

表 5-23 开挖 1 号巷道后围岩位移变化表

节点 巷道	A /mm	D /mm	F /mm	I /mm	L /mm	N /mm	最大位移 /mm
1	0.2	0.6	0.8	2.1	0.5	0.3	2.1(I)

表 5-24　开挖 2 号巷道后围岩位移变化表

巷道＼节点	A /mm	D /mm	F /mm	I /mm	L /mm	N /mm	最大位移 /mm
1	0.2	0.8	0.9	2.1	0.5	0.3	2.1(I)
2	1.0	1.8	1.6	1.3	1.3	0.6	1.8(D)

表 5-25　开挖 3 号巷道后围岩位移变化表

巷道＼节点	A /mm	D /mm	F /mm	I /mm	L /mm	N /mm	最大位移 /mm
1	0.2	0.8	1.0	2.2	0.5	0.3	2.2(I)
2	1.0	1.7	1.5	1.6	1.5	1.0	1.7(D)
3	0.9	2.4	2.3	3.8	1.8	1.3	3.8(I)

表 5-26　开挖 4 号巷道后围岩位移变化表

巷道＼节点	A /mm	D /mm	F /mm	I /mm	L /mm	N /mm	最大位移 /mm
1	0.2	0.9	1.1	2.2	0.5	0.4	2.2(I)
2	1.0	1.8	1.6	1.6	1.6	0.8	1.8(D)
3	1.0	2.6	2.4	3.7	1.6	1.2	3.7(I)
4	1.6	2.3	2.8	1.0	2.4	1.1	2.8(F)

表 5-27　开挖 5 号巷道后围岩位移变化表

巷道＼节点	A /mm	D /mm	F /mm	I /mm	L /mm	N /mm	最大位移 /mm
1	0.2	1.0	1.2	2.2	0.5	0.4	2.2(I)
2	1.2	1.8	1.5	1.6	1.6	1.0	1.8(D)
3	1.2	2.9	2.8	3.1	1.2	1.1	3.1(I)
4	1.7	2.1	2.5	1.4	2.7	1.3	2.8(M)
5	1.1	3.4	3.4	5.2	3.3	1.5	5.2(I)

表 5-28　开挖 6 号巷道后围岩位移变化表

巷道＼节点	A /mm	D /mm	F /mm	I /mm	L /mm	N /mm	最大位移 /mm
1	0.2	1.1	1.3	2.3	0.5	0.5	2.3(I)
2	1.3	2.0	1.6	1.6	1.6	1.1	2.0(D)
3	1.5	3.1	3.0	3.1	1.1	1.4	3.1(I)
4	1.7	2.0	2.3	1.6	2.8	1.4	2.9(M)
5	1.0	3.3	3.2	5.6	3.7	1.5	5.6(I)
6	1.3	3.7	3.8	4.3	3.0	1.5	4.3(I)

通过比较未支护与边开挖边支护巷道围岩位移变化表不难发现：一是两者共同的变化规律是，巷道开挖对已经形成巷道的周边位移起到增加的作用，例如：未支护条件下的 1 号

巷道的D点,其变化规律是1.8→2.0→2.2→2.3→2.7→2.9,2号巷道的L点,其变化规律是2.7→3.0→3.5→3.7→3.7。而支护条件下的1号巷道的D点,其变化规律是0.6→0.8→0.8→0.9→1.0→1.1,2号巷道的L点,其变化规律是1.3→1.5→1.6→1.6→1.6;二是施加喷锚支护后,巷道顶板、两帮的位移明显减小,例如:1号巷道的D点由2.9降到1.1,2号巷道的L点由3.7降到1.6,3号巷道的F点由4.4降到3.0,等等;三是施加支护后,巷道之间的相互影响明显减弱。

5.5 深凹露天转地下开采对边坡稳定性的影响

5.5.1 模拟计算方案

根据地质剖面图,分别建立Ⅰ-2、Ⅴ′和Ⅵ′三个剖面的计算模型。模拟计算按照无底柱分段崩落法的开采方案进行,分层开采,每次开采高度为12 m。按照“充分开采,从上至下,依次开采”的原则进行模拟。地表的处理采用两种方案,第一种是不回填,即:矿坑底部已回填碎石随着开采深度的增加逐步陷落;第二种是采用废石回填,即:随着开采深度的下降,露天矿坑底出现塌陷坑后及时回填,始终保持坑底回填的碎石面在±0水平。两种方案的具体实施如下。

5.5.1.1 开采方案1——塌陷坑不回填

该方案的特点是矿坑底部的回填碎石体,在下面矿体开采形成空区后陷落,地表形成塌陷坑。模拟中将整个过程视为一个动态的连续过程,共考虑了以下因素,首先是地下矿石的开采形成采空区;其次是当采空区到达一定规模后,采空区顶部碎散回填碎石冒落,将采空区填充;再次是碎散岩石由下到上逐步下陷至地表形成塌坑,整个回填体内部在此过程中形成应力释放区;最后程序循环至塌陷区稳定,再开采下一水平分段。模拟过程如图5-52所示。

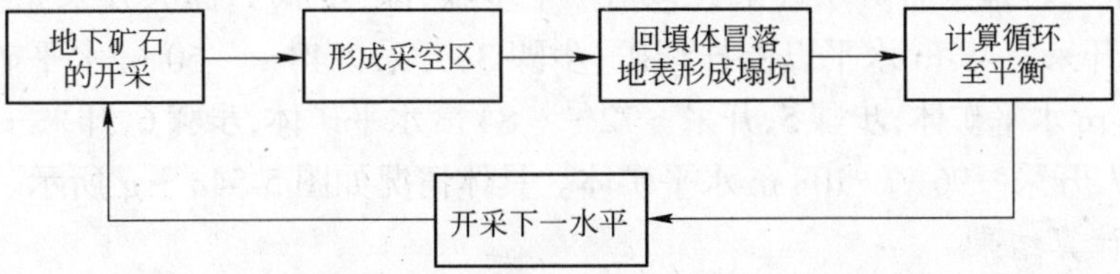

图5-52 不回填模拟计算过程示意图

在以上模拟计算过程中塌陷坑形状的确定是关键。其形状确定主要由以下几个因素确定:

(1) 开挖矿体的面积 S_1;

(2) 开挖引起上部岩体崩落面积 S_2;

(3) $S_2 = S_2^L + S_2^R$:S_2^L 和 S_2^R 分别为左右两帮崩落岩体面积;

(4) 岩体松散系数 $\mu = 1.6$;

(5) 散体自然安息角36°;

(6) 散体中冒落塌陷角按75°~80°计算;

(7) 围岩崩落范围按75°计算。

其中松散系数1.6主要是针对矿体开采引起完全破碎的岩体而言的,实际情况中可能是首先由于矿体的开采引起局部围岩破碎,局部岩体的破碎引起大块岩块的下滑,这样松散系数就小于 1.6,在计算中考虑了这种情况,根据滑落岩体的规模大小松散系数取 1.25～1.4 不等。

同样崩落的围岩范围计算也是根据实际开采深度的增加逐步调整的。具体来说在浅部按照 75°计算,随着开采深度的增加崩落角逐步提高。对于深部矿体,采空区按照椭球体冒落范围来确定。

对于地表塌陷坑坡面的角度左右相等,极限角按照 36°计算,塌坑底部位于所开采矿体的正上方,根据以上条件可以计算出塌坑的形状,塌陷面积为 S。

$$S = S_1 - (S_2^L \times \mu + S_2^R \times \mu)$$

5.5.1.2　开采方案 2——塌陷坑回填

对于回填方案中陷落面积的计算,考虑到回填体对采空区围岩的约束作用,在崩落范围上作了适当调整。在以下各图中,空白三角形区域为塌坑形状,回填后均至 ±0 m 水平。计算流程如图 5-53 所示。

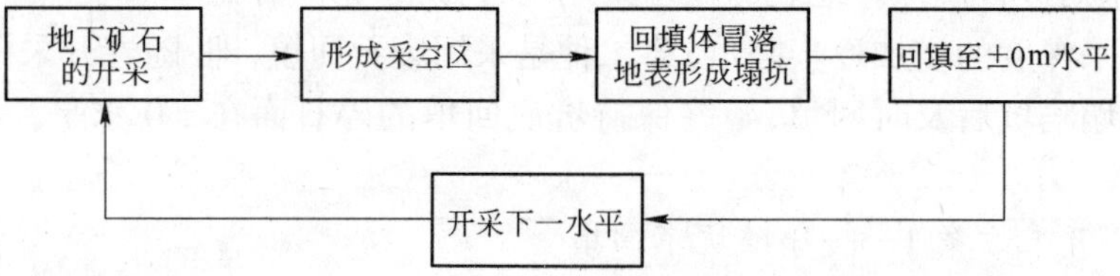

图 5-53　回填模拟计算过程示意图

5.5.2　剖面Ⅵ′露天转地下开采

5.5.2.1　不回填计算方案

A　开采步骤设计

Ⅵ′剖面露天转地下各分层开采共包括 7 个步骤,即:步骤 1,露天开采完毕,转入地下开采前;步骤 2,开采 -48 m 水平以上挂帮矿;步骤 3,开采 -48～-60 m 水平矿体;步骤 4,开采 -60～-72 m 水平矿体;步骤 5,开采 -72～-84 m 水平矿体;步骤 6,开采 -84～-96 m 水平矿体;步骤 7,开采 -96～-108 m 水平矿体。具体情况如图 5-54*a*～*g* 所示。

B　模拟计算结果

模拟计算结果以图的形式给出,包括最大主应力、最小主应力、最大最小主应力差、塑性区、位移矢量、水平位移等值线图等,给出开挖步骤 3 和 7 的计算结果。

(1) 步骤 3,开挖至 -60 m 水平。

模拟计算结果如图 5-55*a*～*f* 所示。

(2)步骤 7,开挖至 -108 m 水平。

模拟计算结果如图 5-56*a*～*f* 所示。

5.5.2.2　回填计算方案

A　开采步骤设计

Ⅵ′剖面露天转地下各分层开采回填方案与不回填方案类似,也划分为 7 个步骤,如图 5-57 所示。

B　模拟计算结果

(1) 步骤 3,开采至 -60 m 水平,模拟计算结果如图 5-58*a*～*f* 所示。

(2) 步骤 7,开采至 -108 m 水平,模拟计算结果如图 5-59*a*～*f* 所示。

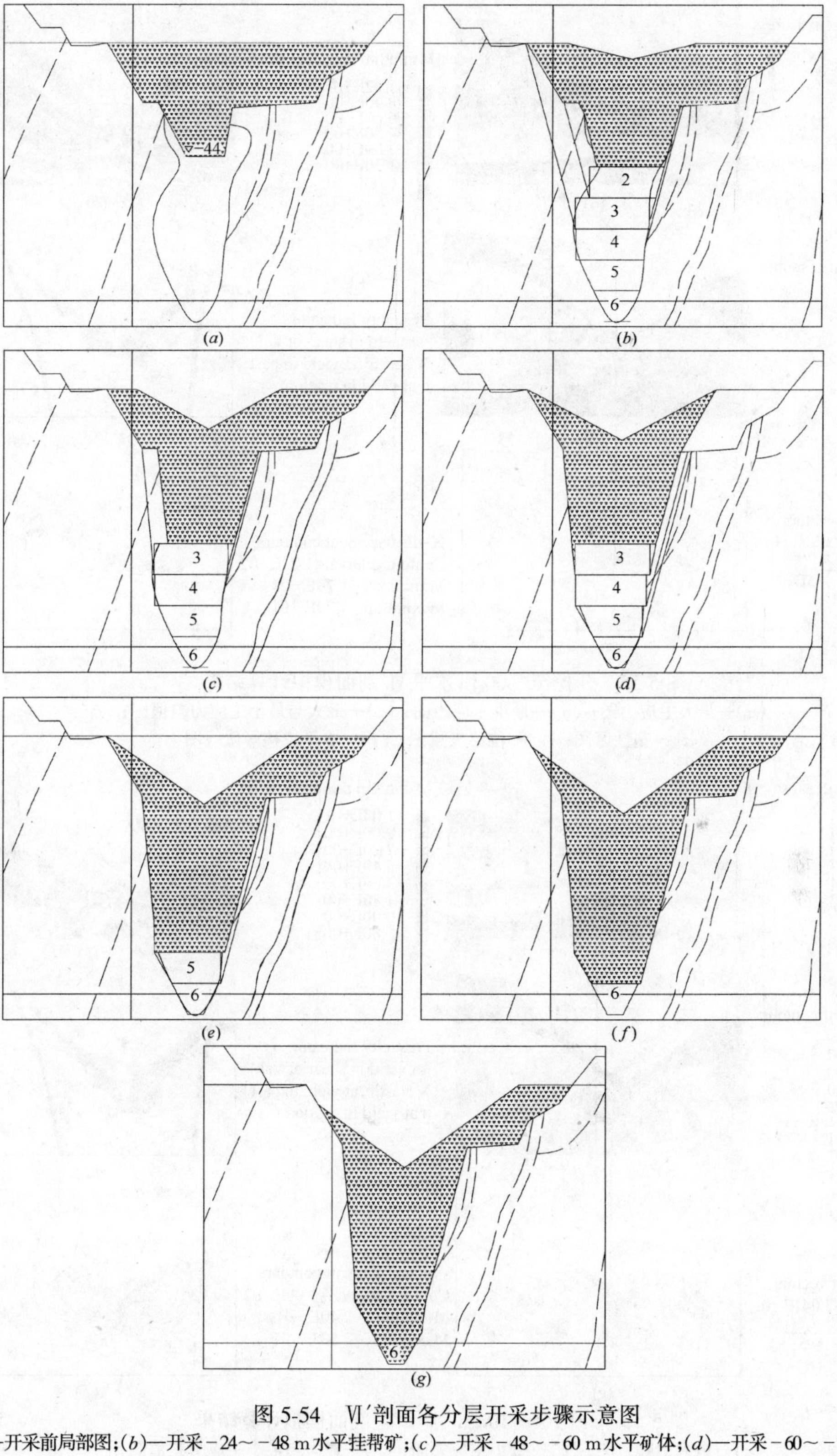

图 5-54 Ⅵ′剖面各分层开采步骤示意图

(*a*)—开采前局部图;(*b*)—开采－24～－48 m水平挂帮矿;(*c*)—开采－48～－60 m水平矿体;(*d*)—开采－60～－72 m水平矿体;(*e*)—开采－72～－84 m水平矿体;(*f*)—开采－84～－96 m水平矿体;(*g*)—开采－96～108 m水平矿体

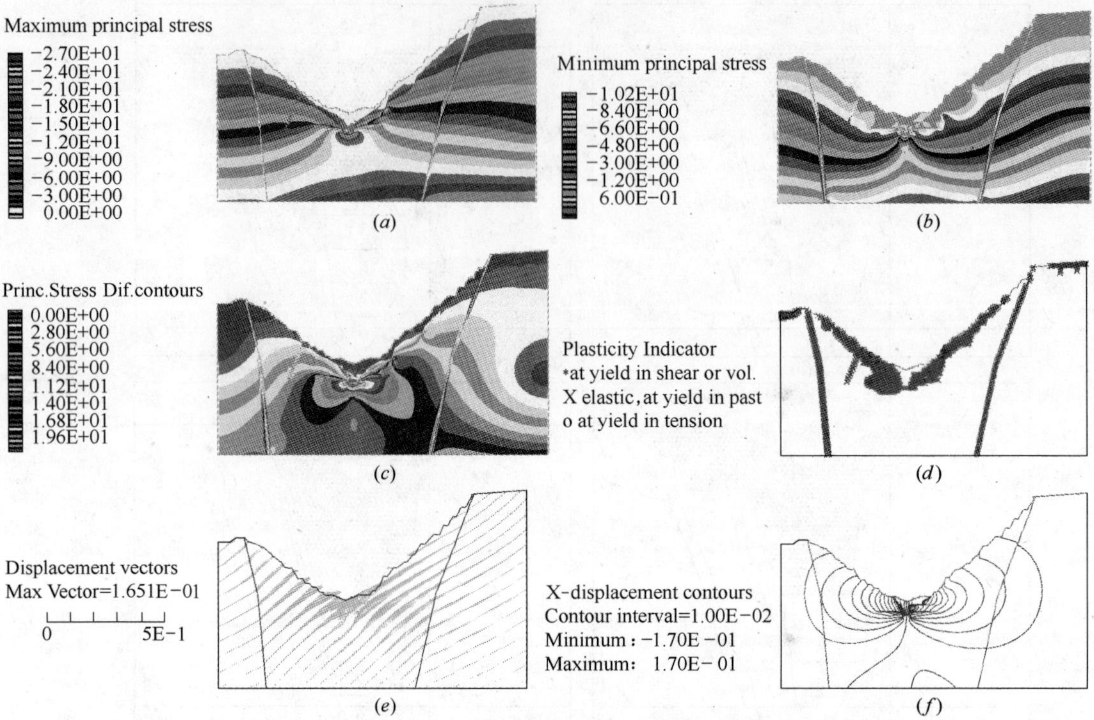

图 5-55　开挖至 -60 m 水平Ⅵ′剖面模拟计算结果

(*a*)—最大主应力图；(*b*)—最小主应力图；(*c*)—最大与最小主应力差值图；(*d*)—塑性区图；(*e*)—位移矢量图；(*f*)—水平位移等值线图

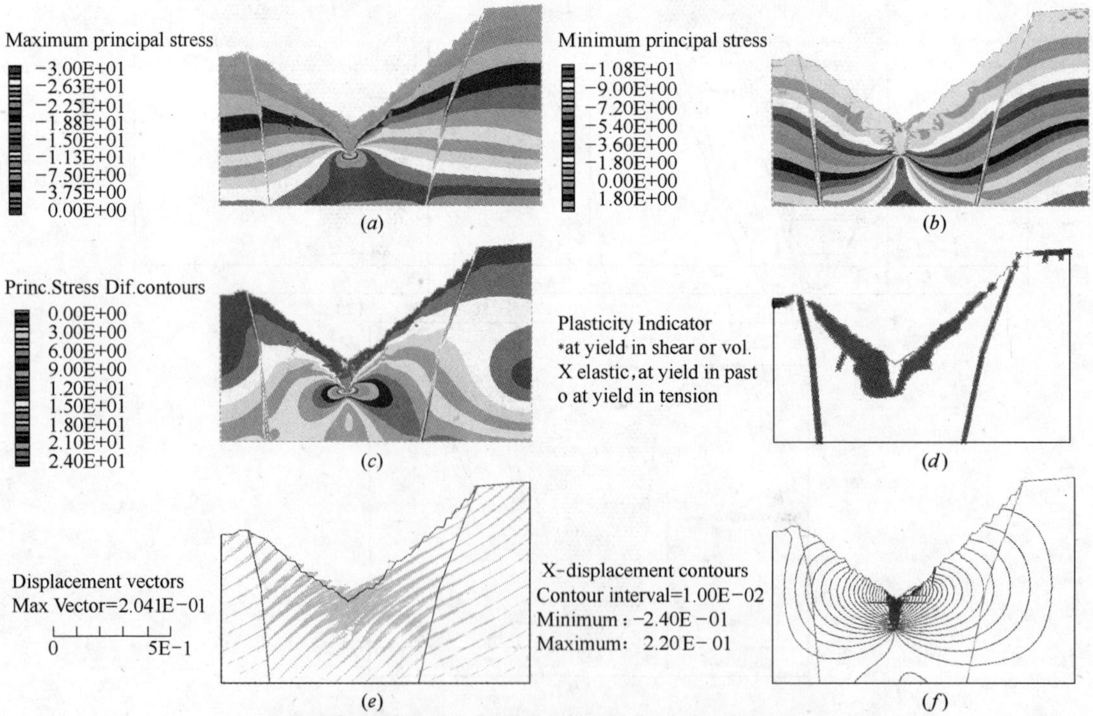

图 5-56　开挖至 -108 m 水平Ⅵ′剖面模拟计算结果

(*a*)—最大主应力图；(*b*)—最小主应力图；(*c*)—最大与最小主应力差值图；(*d*)—塑性区图；(*e*)—位移矢量图；(*f*)—水平位移等值线图

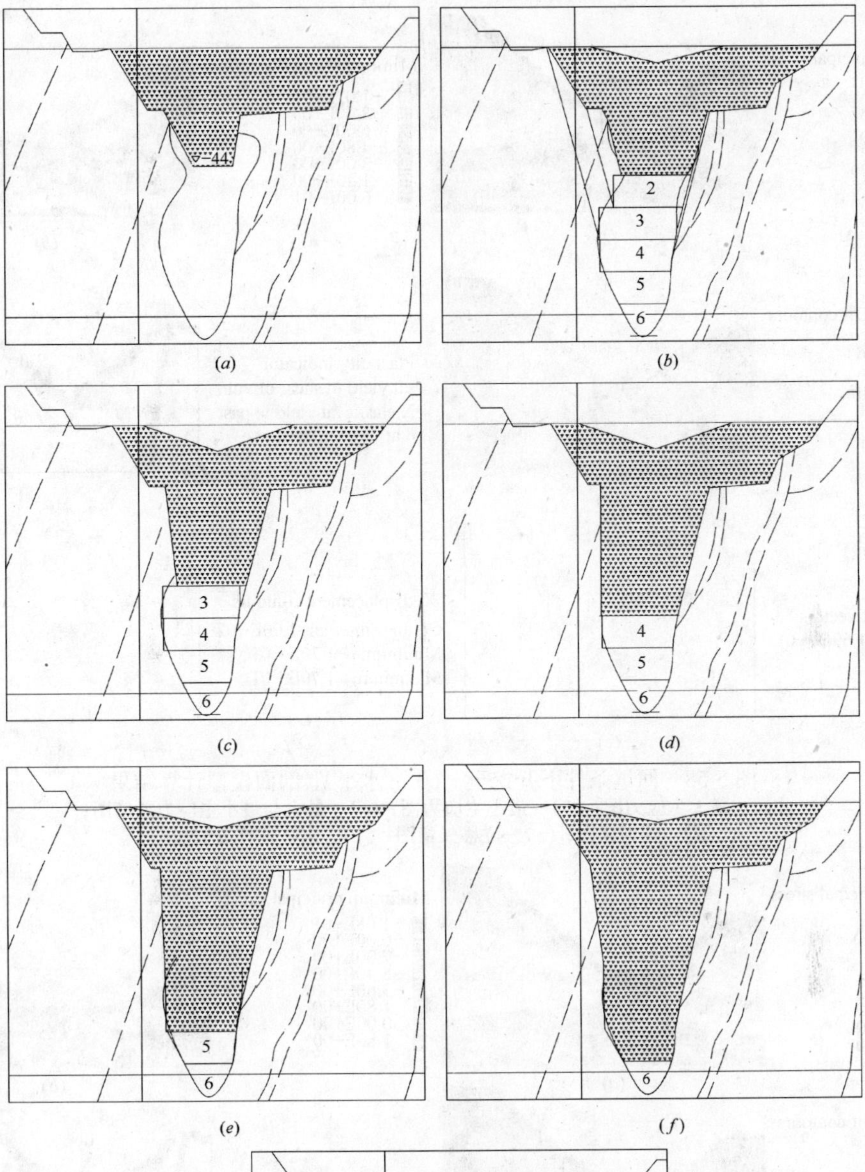

图 5-57 回填条件下Ⅵ′剖面各分层开采步骤示意图

(*a*)—开采前局部图；(*b*)—开采－24～－48 m水平挂帮矿；(*c*)—开采－48～－60 m水平矿体；(*d*)—开采－60～－72 m水平矿体；(*e*)—开采－72～－84 m水平矿体；(*f*)—开采－84～－96 m水平矿体；(*g*)—开采－96～－108 m水平矿体

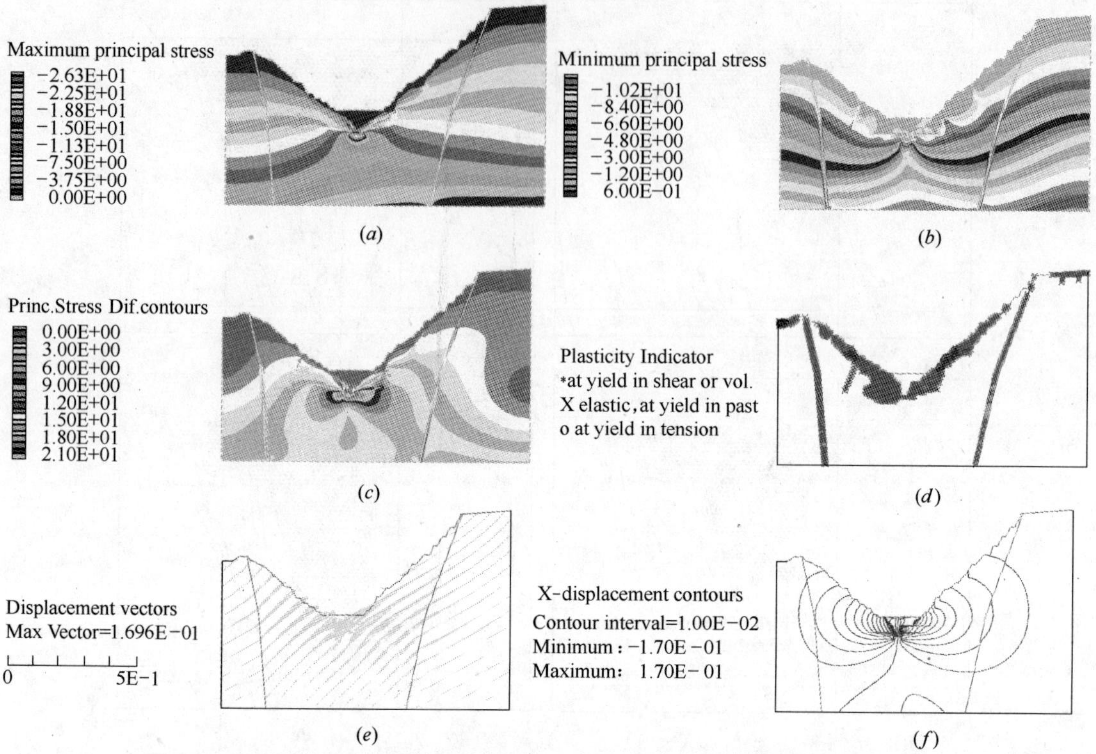

图 5-58　回填条件下开挖至 -60 m 水平Ⅵ′剖面模拟计算结果

(a)—最大主应力图；(b)—最小主应力图；(c)—最大与最小主应力差值图；(d)—塑性区图；(e)—位移矢量图；(f)—水平位移等值线图

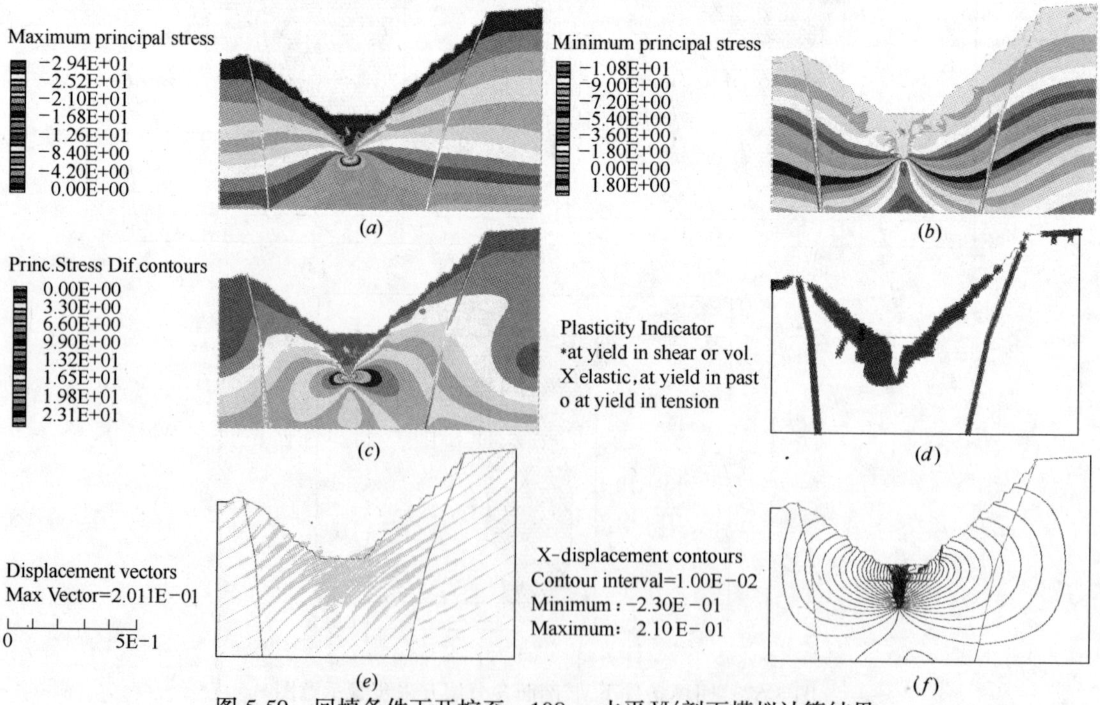

图 5-59　回填条件下开挖至 -108 m 水平Ⅵ′剖面模拟计算结果

(a)—最大主应力图；(b)—最小主应力图；(c)—最大与最小主应力差值图；(d)—塑性区图；(e)—位移矢量图；(f)—水平位移等值线图

5.5.2.3 结果分析

以下从应力分布、塑性区大小和位移变化等方面对计算结果进行说明和分析。

A 应力分布规律分析

(1) 塌陷区不回填条件下

当开采至 -60 m 水平时,最大主应力为 27 MPa 的压应力,出现在开采区的底板正下方,随着远离采空区,最大主应力逐渐下降(图 5-55*a*)。最小主应力为 0.6 MPa,为拉应力,出现在右侧边坡的台阶坡面上(图 5-55*b*)。最大剪应力为 9.8 MPa,出现在开采区底板的左右两侧,随着远离采空区,剪应力值逐渐下降(图 5-55*c*)。

当开采至 -84 m 水平时,最大主应力、最小主应力和最大剪应力的分布规律与开挖至 -60 m 水平时基本一致,但在数量上有所增加,其中最大主应力增加到 33.8 MPa,为压应力。最小主应力增加到 2.4 MPa,为拉应力。最大剪应力增加到 13.5 MPa。

由于该剖面矿体的最深赋存只到 -108 m 水平,当开采至 -108 m 水平时,随着开采范围的扩大,采动形成的二次应力得到部分释放,从而导致总的应力水平有所下降。其中最大主应力下降到 30.0 MPa,仍为压应力(图 5-56*a*)。最小主应力下降到 1.8 MPa,仍为拉应力(图 5-56*b*)。最大剪应力增加到 12.0 MPa(图 5-56*c*)。

(2) 塌陷区回填条件下

总的来讲,塌陷区回填之后,回填体对左右两侧的高陡边坡产生一定的侧向支撑作用,降低了开挖空区底部的应力集中现象,使整个围岩的受力状况得到不同程度的改善,主要表现为压应力、拉应力和剪应力水平降低。但与不回填相比较,其应力分布规律并未发生大的变化。

开采至 -60 m 水平时,最大主应力为 26.3 MPa,是压应力(图 5-57*a*)。最小主应力是 0.6 MPa,为拉应力(图 5-57*b*)。最大剪应力为 10.5 MPa(图 5-57*c*)。

开采至 -84m 水平时,最大主应力增加到 35.0 MPa,是压应力。最小主应力增加到 2.4 MPa,为拉应力。最大剪应力增加到 13.2 MPa。

开采至 -108m 水平时,最大主应力降低到 29.4 MPa,是压应力(图 5-59*a*)。最小主应力降低到 1.8 MPa,为拉应力(图 5-59*b*)。最大剪应力降低到 11.6 MPa(图 5-59*c*)。

总之,通过模拟计算可以得出如下基本结论:露天转入地下开采,初期随着开采深度的增加,围岩所承受的采动应力不断增加,当开采到一定深度时,达到最大值。之后,随着开采深度的增加,采动应力值会有所下降。

B 塑性区变化规律分析

塑性区变化情况见图 5-55*d*、图 5-56*d*、图 5-58*d* 和图 5-59*d*。回填体对围岩塑性区的影响较小,随着开挖深度的增加,过去曾经屈服,但目前仍是弹性区的区域不断扩大,其中,左侧影响范围明显大于右侧,转入地下开采部分明显大于上部露天边坡面的区域。开挖过程中,剪切破坏主要集中在开挖空区底部两侧的边角部位,而拉伸破坏主要集中在靠近露天坑底的左右两侧边坡面上。

C 位移变化规律分析

不同开采深度的水平方向和垂直方向位移变化情况见图 5-55*e*、图 5-55*f* 和图 5-59*e*、图 5-59*f*, 根据这些图做出的不同开挖步骤条件下,上盘和下盘在水平与垂直方向的位移变化规律见图 5-60*a*～*h* 和图 5-61*a*～*h*,考虑到靠近坑底底部位移变化相当复杂,为了研究方便,上盘侧选取 -10～70 m,相当于 ±0～▽86 m 台阶范围,下盘侧取 -110 ～ -230 m,也相当于

±0～▽86 m 台阶范围。

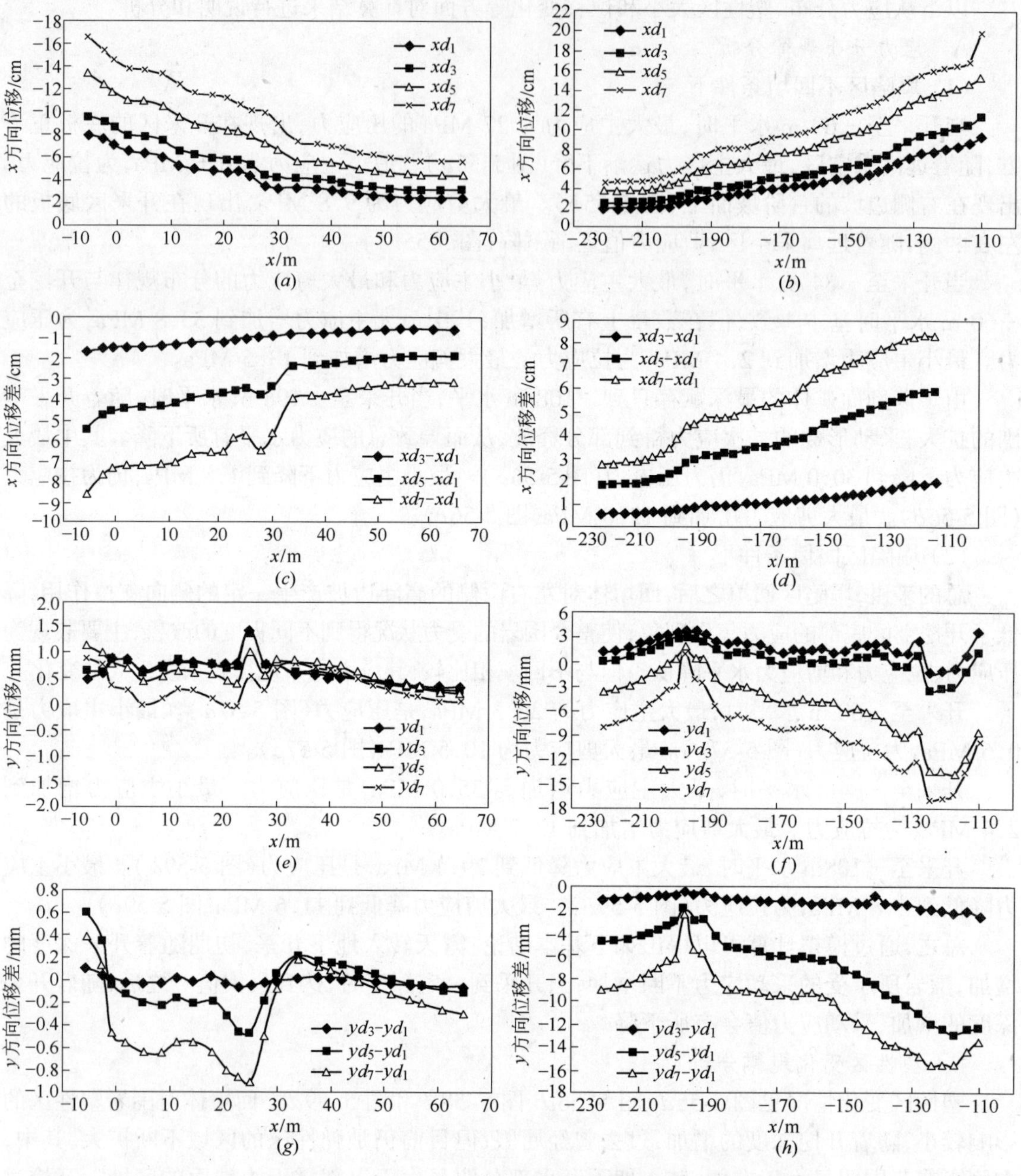

图 5-60　Ⅵ′剖面各分层开采围岩位移变化规律图

(*a*)—上盘 *x* 方向位移累计图；(*b*)—下盘 *x* 方向位移累计图；(*c*)—上盘 *x* 方向绝对位移图；
(*d*)—下盘 *x* 方向绝对位移图；(*e*)—上盘 *y* 方向位移累计图；(*f*)—下盘 *y* 方向位移累计图；
(*g*)—上盘 *y* 方向绝对位移图；(*h*)—下盘 *y* 方向绝对位移图

(1) 不回填条件下

水平方向位移变化的规律性较强，无论是上盘还是下盘，越靠近露天坑坑底台阶面的位移越大。研究范围内，上盘侧的最大位移从初始的 8 mm，到开挖结束位移增加到 17 mm 左右。而最小位移从初始的 2.2 mm，到开挖结束后位移增加到 6 mm 左右，方向均向左

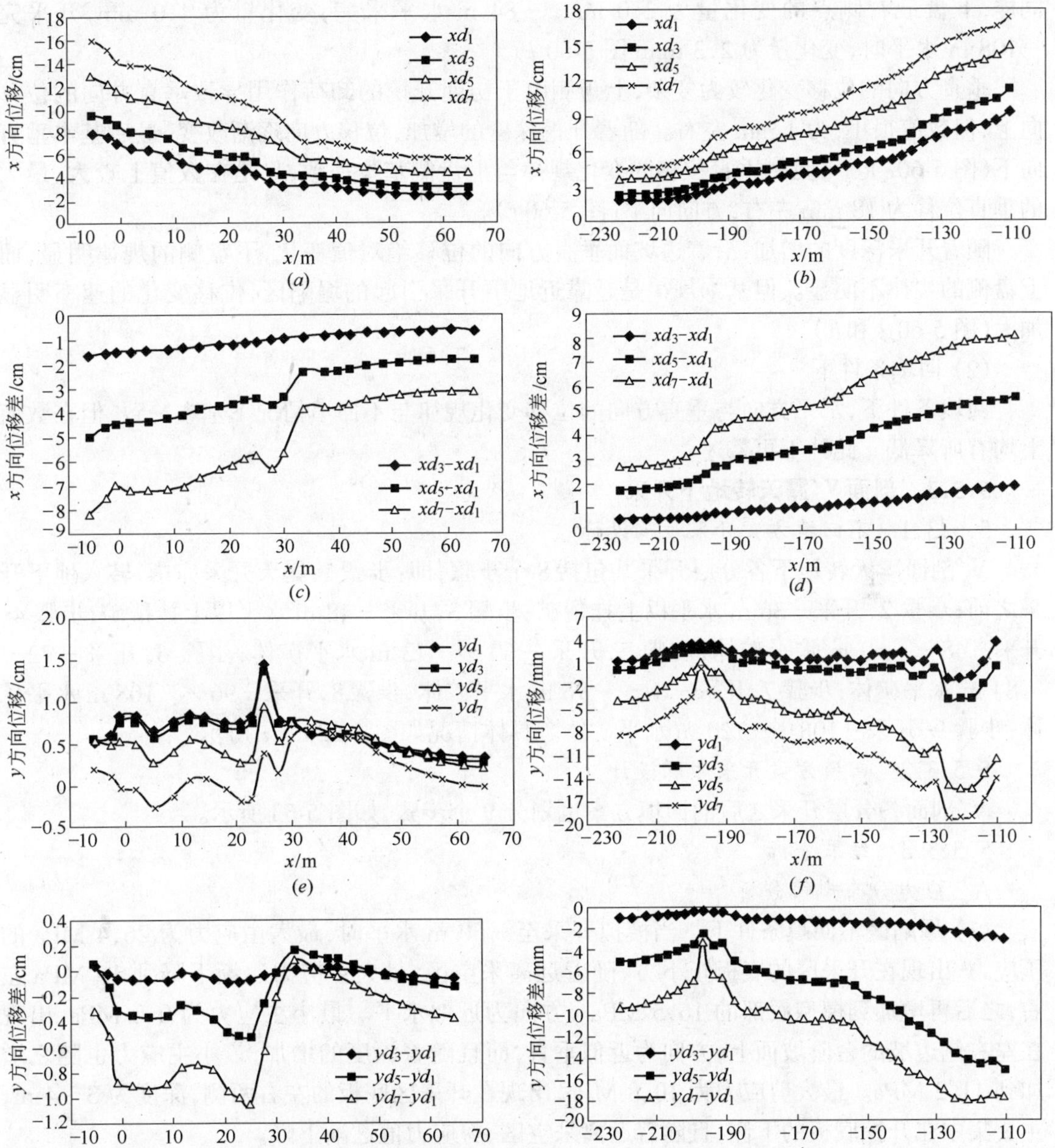

图 5-61　回填条件下Ⅵ′剖面各分层开采围岩位移变化规律图

(*a*)—上盘 *x* 方向位移累计图；(*b*)—下盘 *x* 方向位移累计图；(*c*)—上盘 *x* 方向绝对位移图；
(*d*)—下盘 *x* 方向绝对位移图；(*e*)—上盘 *y* 方向位移累计图；(*f*)—下盘 *y* 方向位移累计图；
(*g*)—上盘 *y* 方向绝对位移图；(*h*)—下盘 *y* 方向绝对位移图

(图 5-60*a*)。下盘侧的最大位移从初始的 9 mm，到开挖结束后位移增加到 20 mm 左右。最小位移从初始的 2.0 mm，到开挖完成位移增加到 4.5 mm 左右，方向均向右(图 5-60*b*)。

从上下盘水平方向绝对位移图不难看出，随着开采深度的增加，沿着边坡面方向位移变化的速率明显增大，而且随着开采深度的增加，边坡坡面相应点的位移变化量是先增大而后有所下降。例如，－60 m 水平开采结束，上盘最左侧点的变化量为 1.8 mm，当－84 m 水平开挖完，该点的变化量为 3.7 mm，当开采完－108 m 水平时，变化量为 3.3 mm(图 5-60*c*)。

同样，下盘最右侧点的变化量为 2.0 mm，-84 m 水平采完，变化量为 4.0 mm，开采完-108 m 水平时，变化量为 2.3 mm(图 5-60*d*)。

垂直方向的位移变化较为复杂，上盘侧由于初期开挖的卸荷作用导致垂直方向的位移向上，但数值很小，为 1 mm 左右。随着开挖深度的增加，位移方向逐渐改变，最后基本垂直向下(图 5-60*e*)。下盘侧垂直位移的变化规律与上盘侧基本一致，只是在数值上较大，最大的垂直位移为 18 mm 左右，方向向下(图 5-60*f*)。

随着开采深度的增加，沿着边坡面垂直方向的位移绝对值变化，下盘侧的规律明显，而上盘侧的规律不明显。但基本规律是越靠近地下开采引起的塌陷区，位移变化的速率明显加大(图 5-60*g* 和 *h*)。

(2) 回填条件下

回填条件下，水平方向与垂直方向的位移变化规律与不回填情况下基本一致，但在数值上均有所降低。此处不再赘述。

5.5.3 剖面Ⅴ′露天转地下开采

5.5.3.1 不回填方案开采步骤设计

Ⅴ′剖面露天转地下各分层开采共包括 8 个步骤，即：步骤 1，露天开采完毕，转入地下开采之前；步骤 2，开采-36 m 水平以上挂帮矿；步骤 3，开采-48 m 水平以上挂帮矿；步骤 4，开采-48～-60 m 水平矿体；步骤 5，开采-60～-72 m 水平矿体；步骤 6，开采-72～-84 m 水平矿体；步骤 7，开采-84～-96 m 水平矿体；步骤 8，开采-96～-108 m 水平矿体；步骤 9，开采-108～-120 m 水平矿体。具体情况如图 5-62*a*～*i* 所示。

5.5.3.2 回填方案开采步骤设计

Ⅴ′剖面各分层开采之后的回填方案也划分 9 个步骤，如图 5-63 所示。

5.5.3.3 结果分析

A 应力分布规律分析

(1) 塌陷区不回填条件下。当模拟开采至-60 m 水平时，最大主应力为 26.4 MPa 的压应力，出现在开采区的底板正下方，随着远离采空区，最大主应力逐渐下降到 15 MPa 左右，之后再增加到模型底部的 16.5 MPa，方向为近似水平。最小主应力为 0.0 MPa，出现在左右侧边坡的台阶坡面上，方向为近似垂直，而且随着深度的增加，最小主应力也随之增加到 11.2 MPa。最大剪应力为 10.8 MPa，出现在开采区底板的左右两侧，深度为 3～4 m，主要集中在开挖底板的下侧，且随着远离采空区，剪应力值逐渐下降。

当开采至-84 m 水平时，最大主应力、最小主应力和最大剪应力的分布规律与开挖至-60 m 水平时基本一致，但在数量上有所变化，其中最大主应力增加到 31.3 MPa，为压应力。最小主应力未发生变化，仍为 0.0 MPa。最大剪应力增加到 13.2 MPa。

当开采至-120 m 水平时，随着开采深度的增加和开采范围的减小，最大主应力继续增加到 33.6 MPa，为压应力。最小主应力为 0.0 MPa，但最大值增加到 12.8 MPa 为压应力。最大剪应力下降到 11.6 MPa。

(2) 塌陷区回填条件下。塌陷区回填之后，回填体对左右两侧的高陡边坡产生一定的侧向支撑作用，降低了开挖空区底部的应力集中现象，使整个围岩的受力状况得到不同程度的改善，主要表现为压应力、拉应力和剪应力水平降低。与不回填相比较，应力分布规律未发生大的改变。

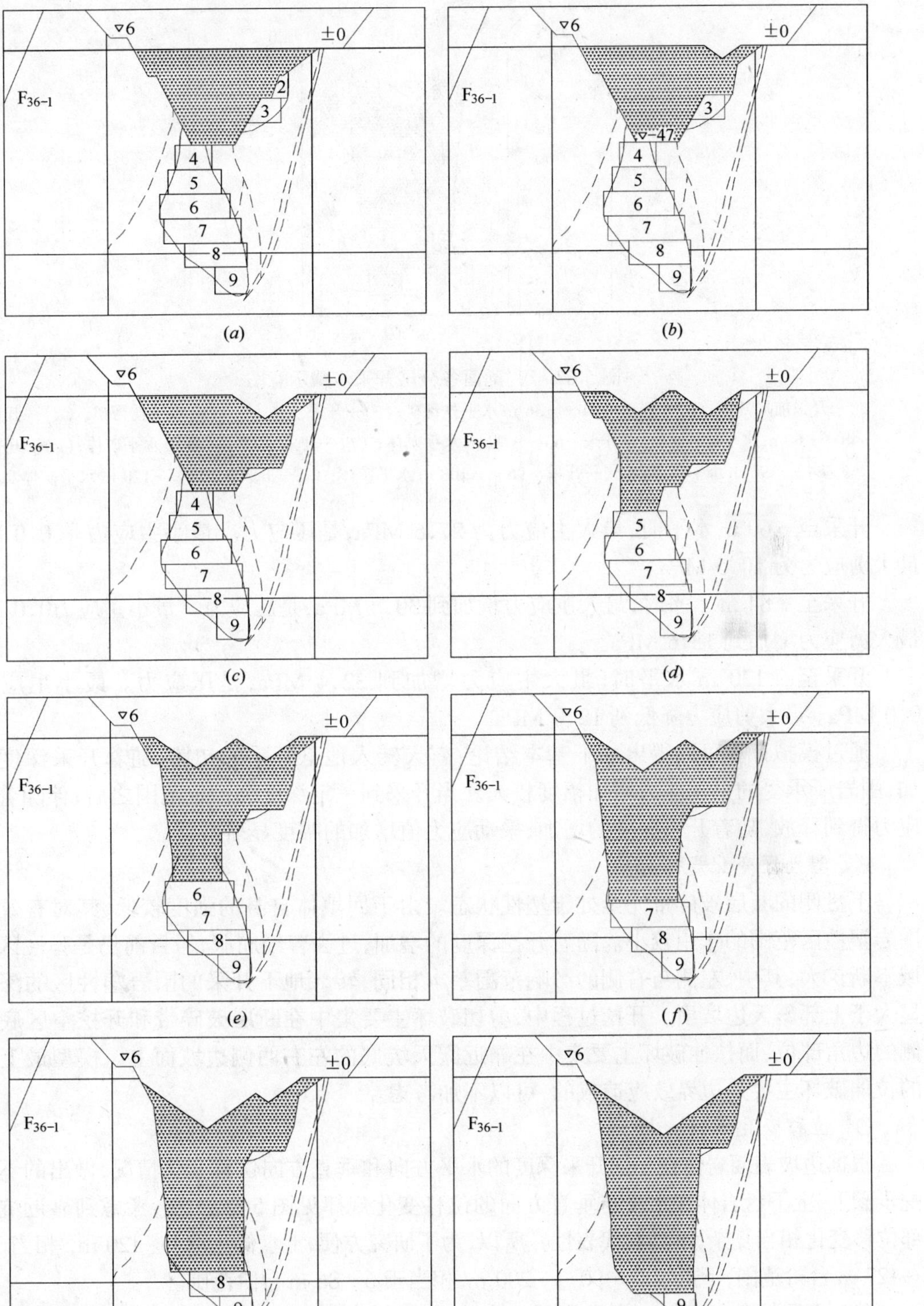

(a) (b) (c) (d) (e) (f) (g) (h)

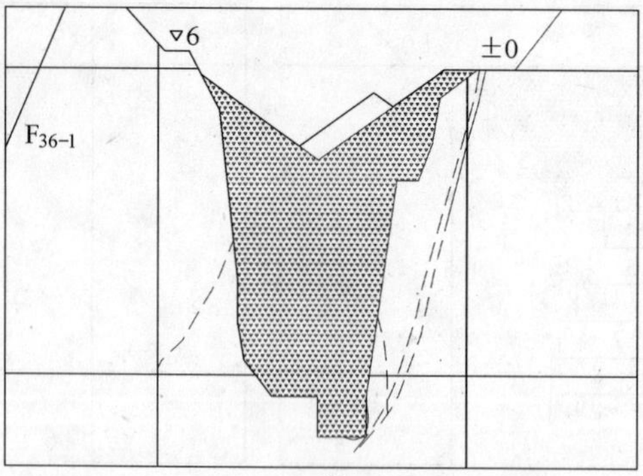

(i)

图 5-62　V′剖面各分层开采步骤示意图

(a)—开采前局部图;(b)—开采 -24～-36 m 水平挂帮矿;(c)—开采 -36～-48 m 水平挂帮矿;(d)—开采 -48～-60 m 水平矿体;(e)—开采 -60～-72 m 水平矿体;(f)—开采 -72～-84 m 水平矿体;(g)—开采 -84～-96 m 水平矿体;(h)—开采 -96～-108 m 水平矿体;(i)—开采 -108～-120 m 水平矿体

开采至 -60 m 水平时,最大主应力为 27.6 MPa,是压应力。最小主应力是 0.0 MPa。最大剪应力为 10.5 MPa。

开采至 -84 m 水平时,最大主应力增加到 30.8 MPa,是压应力。最小主应力0.0 MPa。最大剪应力增加到 13.6 MPa。

开采至 -120 m 水平时,最大主应力增加到 32.4 MPa,是压应力。最小主应力为 0.0 MPa。最大剪应力降低到 12.0 MPa。

通过模拟计算可以得出如下基本结论:露天转入地下开采的初期,随着开采深度的增加,围岩所承受的采动应力增加幅度较大。当开采到一定深度和一定范围之后,伴随着围岩应力得到释放,随着开采深度的增加,采动应力值增加的幅度显著减缓。

B　塑性区变化规律分析

下盘侧的断层破碎带完全处于塑性状态。由于回填体自身的强度较低,其对有效降低围岩塑性区范围的作用较小。随着开挖深度的增加,过去曾经屈服,但目前仍是弹性区的区域不断扩大,其中,左侧与右侧的影响范围基本相同,转入地下开采的围岩塑性区的深度明显大于上部露天边坡面。开挖过程中,剪切破坏主要集中在断层破碎带和开挖空区底部两侧的边角部位,而拉伸破坏主要集中在靠近露天坑底的左右两侧边坡面上。模型最上边侧的拉伸破坏主要是边界效应造成的,可以不加考虑。

C　位移变化规律分析

根据边坡表面岩体在不同开采深度的水平方向和垂直方向位移变化情况,做出的不同开挖步骤下,上下盘岩体在水平与垂直方向的位移变化规律见图 5-64a～h,考虑到靠近坑底底部位移变化相当复杂,不具有代表性。所以,为了研究方便,上盘侧选取 0～120 m, 相当于 ±0～127 m 台阶范围,下盘侧取 -90～-200 m,相当于 6～86 m 台阶范围。

(1) 不回填条件下。x 方向位移变化的规律性较强,无论是上盘还是下盘,越靠近露天坑坑底台阶面的位移越大。研究范围内,上盘侧的最大位移从初始的 11 mm 左右,到开挖结束位移增加到 25 mm 左右。而最小位移从初始的 2.5 mm,到开挖结束后位移增加到 7.5 mm左右,数值均为负值,表示方向均向左(图5-64a)。下盘侧的最大位移从初始的

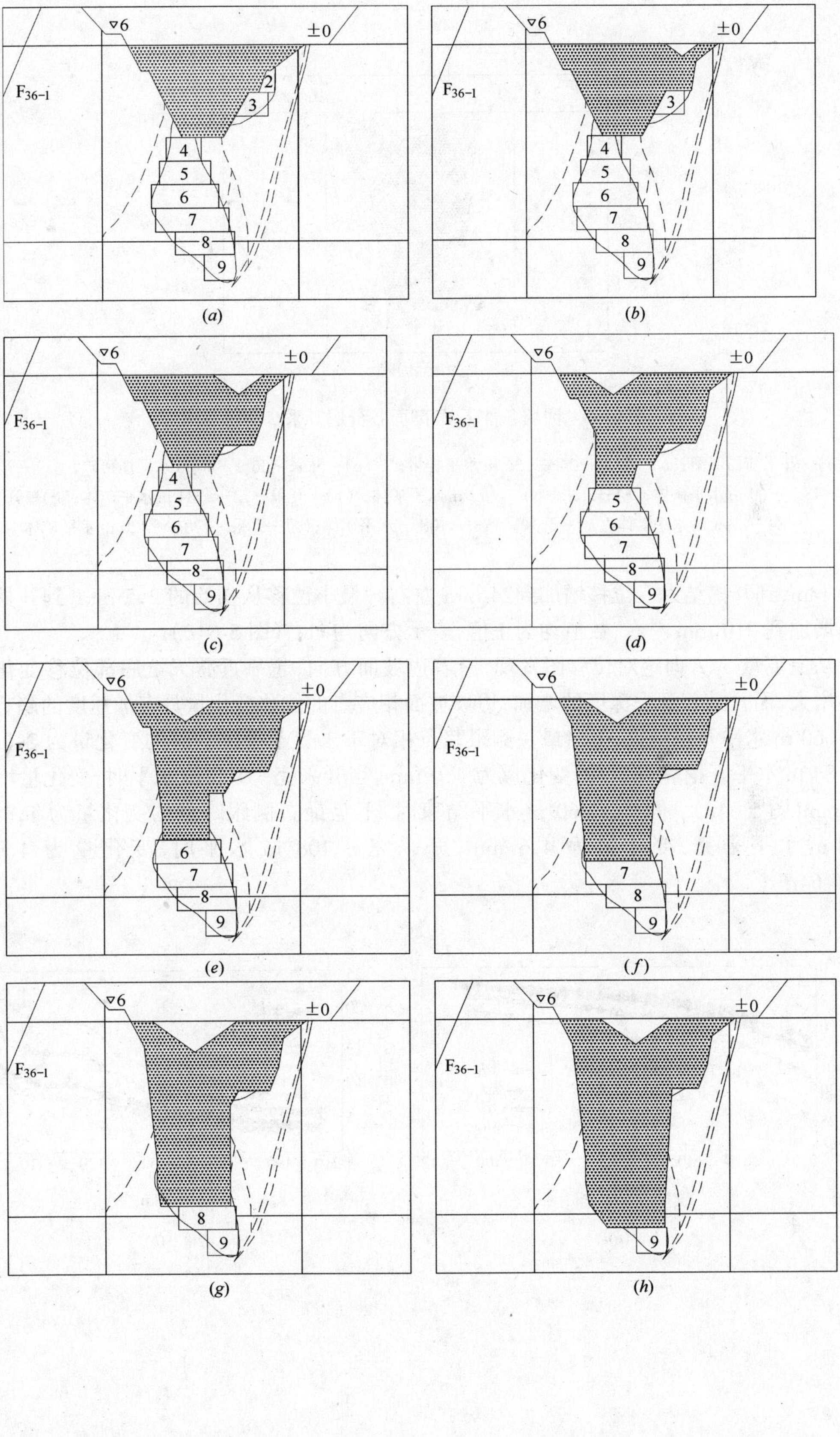
▽6
±0
F_{36-1}
2
3
4
5
6
7
8
9
(a)
(b)
(c)
(d)
(e)
(f)
(g)
(h)

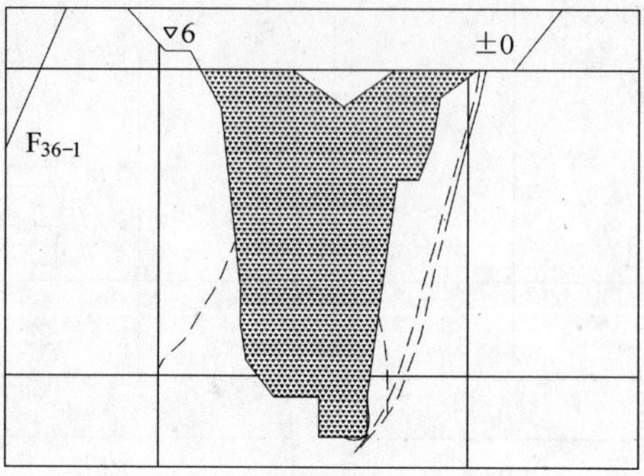

(i)

图 5-63　回填条件下Ⅴ′剖面各分层开采步骤示意图

(a)—开采前局部图；(b)—开采－24～－36 m水平挂帮矿；(c)—开采－36～－48 m水平挂帮矿；(d)—开采－48～－60 m水平矿体；(e)—开采－60～－72 m水平矿体；(f)—开采－72～－84 m水平矿体；(g)—开采－84～－96 m水平矿体；(h)—开采－96～－108 m水平矿体；(i)—开采－108～－120 m水平矿体

12.5 mm，到开挖结束后位移增加到24 mm左右。最小位移从初始的2.5 mm，到开挖完成位移增加到7.0 mm左右，数值均为正值，表示方向均向右(图5-64b)。

从上下盘 x 方向绝对位移图发现，沿着边坡面方向，越靠近露天坑底部位移变化速率明显增大，而且随着开采深度的增加，边坡坡面相应点的位移变化量具有加速度的趋势。例如，－60 m水平开采结束，上盘最左侧跟踪点相对于未受开采扰动时的变化量为2.0 mm，当－84 m水平开挖完，该点的变化量为4.0 mm，当开采完－108 m水平时，变化量增加到7.0 mm(图5-64c)。同样，－60 m水平结束时，下盘最右侧跟踪点的变化量为1.8 mm，－84 m水平采完，变化量为4.6 mm，开采完－108 m水平时，变化量为4.8 mm(图5-64d)。

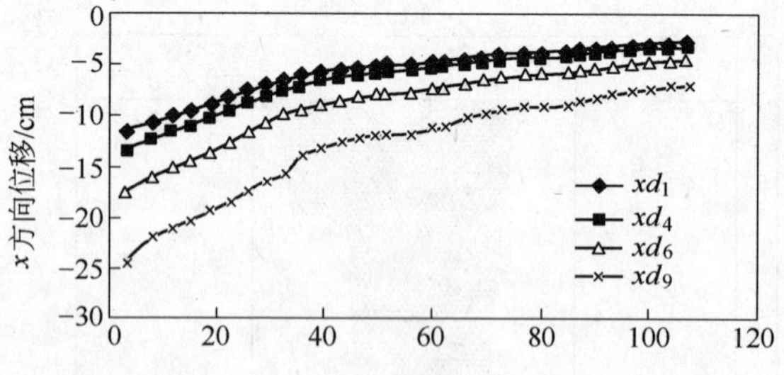

(a)

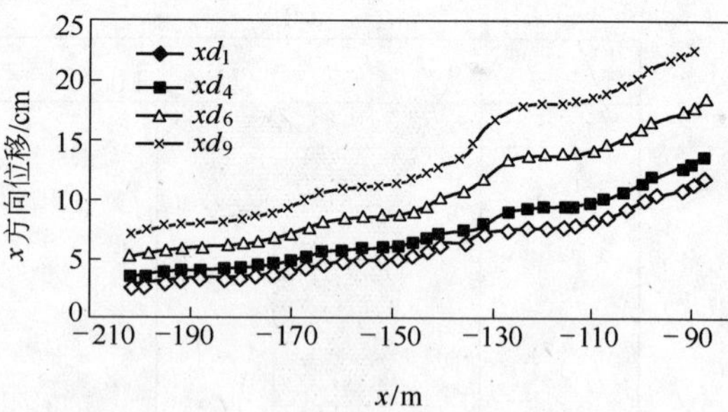

(b)

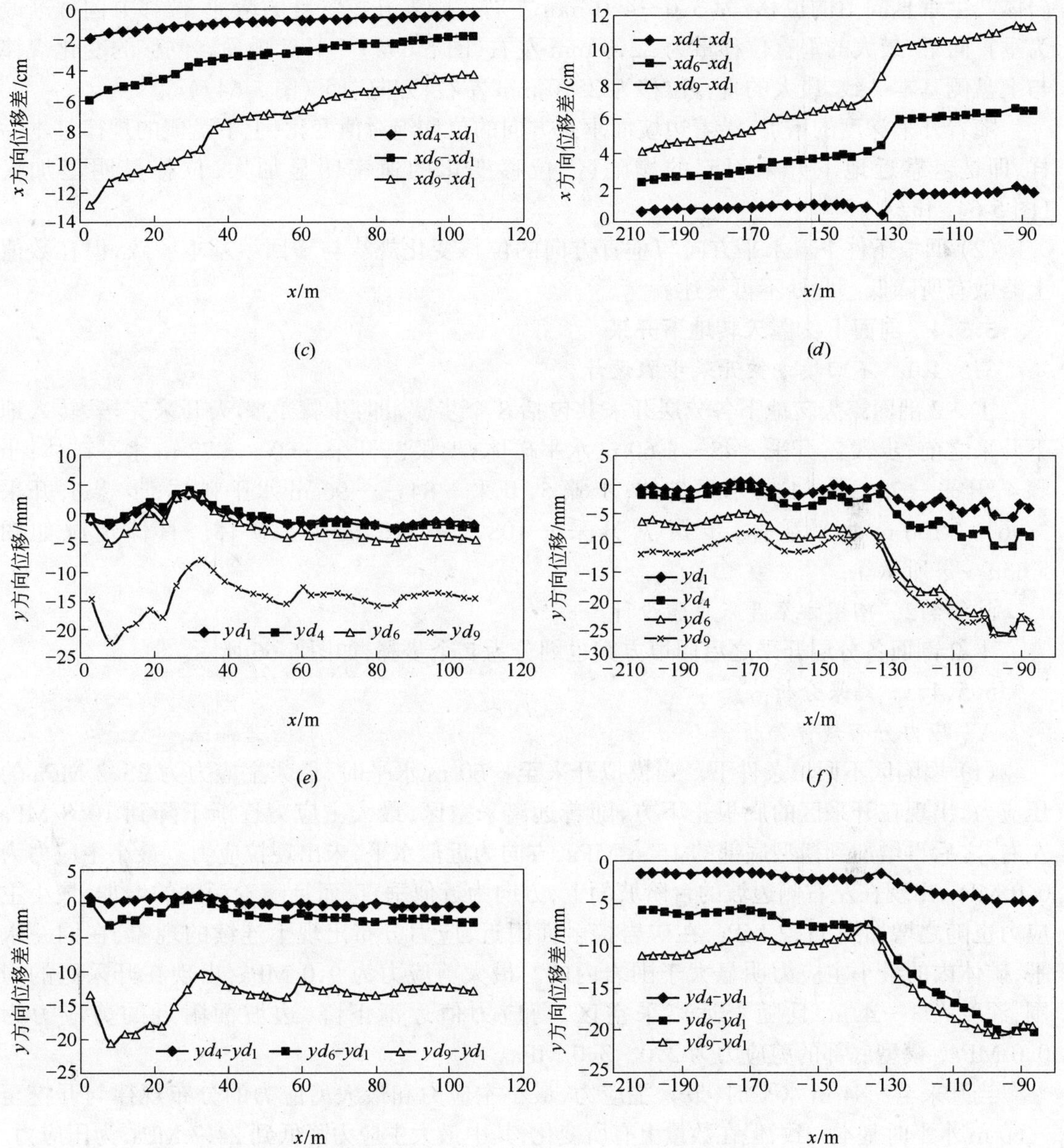

图 5-64 V′剖面各分层开采围岩位移变化规律图

(*a*)—上盘 *x* 方向累积位移图；(*b*)—下盘 *x* 方向累积位移图；(*c*)—上盘开挖引起 *x* 位移变化量图；(*d*)—下盘开挖引起 *x* 位移变化量图；(*e*)—上盘 *y* 方向累积位移图；(*f*)—下盘 *y* 方向累积位移图；(*g*)—开挖引起上盘 *y* 位移变化量图；(*h*)—开挖引起下盘 *y* 位移变化量图

y 方向的位移变化比 x 方向复杂，上盘侧由于初期开挖的卸荷作用，导致开挖区附近的岩体产生垂直向上的位移，为 3.0～4.0 mm 左右。随着开挖深度的增加，位移方向逐渐改为垂直向下，最大的垂直位移量为 22.0 mm 左右（图 5-64*e*）。下盘侧垂直位移的变化规律与上盘侧基本一致，最大的垂直位移为 25.0 mm 左右，方向向下（图 5-64*f*）。

随着开采深度的增加，沿着边坡面垂直方向的位移绝对值变化，上下盘侧的规律基本一样，即是越靠近地下开采引起的塌陷区，位移变化的速率明显加大，位移量明显加大（图 5-64*g* 和 *h*）。

(2) 回填条件下。水平方向与垂直方向的位移变化规律与不回填基本一致，但在数值上略微有所降低。此处不再赘述。

5.5.4　剖面Ⅰ-2 露天转地下开采

5.5.4.1　不回填方案开采步骤设计

Ⅰ-2 剖面露天转地下各分层开采共包括 8 个步骤，即：步骤 1，露天开采完毕，转入地下开采之前；步骤 2，开采 -48～-60 m 水平矿体；步骤 3，开采 -60～-72 m 水平矿体；步骤 4，开采 -72～-84 m 水平矿体；步骤 5，开采 -84～-96 m 水平矿体；步骤 6，开采 -96～-108 m 水平矿体；步骤 7，开采 -108～-120 m 水平矿体。具体情况如图 5-65*a*～*g* 所示。

5.5.4.2　回填方案开采步骤设计

Ⅰ-2 剖面各分层开采之后回填方案也划分为 7 个步骤，如图 5-66 所示。

5.5.4.3　结果分析

A　应力分布规律分析

(1) 塌陷区不回填条件下。当模拟开采至 -60 m 水平时，最大主应力为 25.2 MPa 的压应力，出现在开采区的底板正下方，随着远离采空区，最大主应力逐渐下降到 10.8 MPa 左右，之后再增加到模型底部的 15.6 MPa，方向为近似水平，未出现拉应力。最小主应力为 0.0 MPa，出现在左右侧边坡的台阶坡面上，方向为近似垂直，而且随着深度的增加，最小主应力也随之增加到 11.2 MPa，在矿岩接触面附近，应力分布出现不连续的现象，在同一水平，矿体内的最小主应力明显大于围岩内的。最大剪应力为 9.0 MPa，出现在开采区的周围，深度为 3～4 m，且随着远离采空区，剪应力值逐渐下降，边坡面附近的剪应力为 0.0 MPa，模型底部的剪应力为 2.0～3.0 MPa。

当开采至 -84 m 水平时，最大主应力、最小主应力和最大剪应力的分布规律与开挖至 -60 m 水平时基本一致，但在数量上有所变化，其中最大主应力降低到 24.7 MPa，为压应力。最小主应力为 0.4 MPa，出现在坡脚部位为拉应力。最大剪应力增加到 10.0 MPa 左右。

当开采至 -120 m 水平时，随着开采深度的增加和开采范围的增加，最大主应力增加到 26.0 MPa，为压应力。最小主应力为 0.4 MPa 的拉应力，出现的范围进一步扩大，但模型上部左右两侧的拉应力是由于边界效应造成的。最大剪应力增加到 10.5 MPa。

(2) 塌陷区回填条件下。开采至 -60 m 水平时，最大主应力为 25.3 MPa，是压应力。最小主应力是 0.0 MPa，由于回填体的侧向支撑作用，在坡脚未出现拉应力。最大剪应力为 9.0 MPa。

开采至 -84 m 水平时，最大主应力下降到 21.6 MPa，为压应力。最小主应力 0.4 MPa，为拉应力。最大剪应力仍为 9.0 MPa。

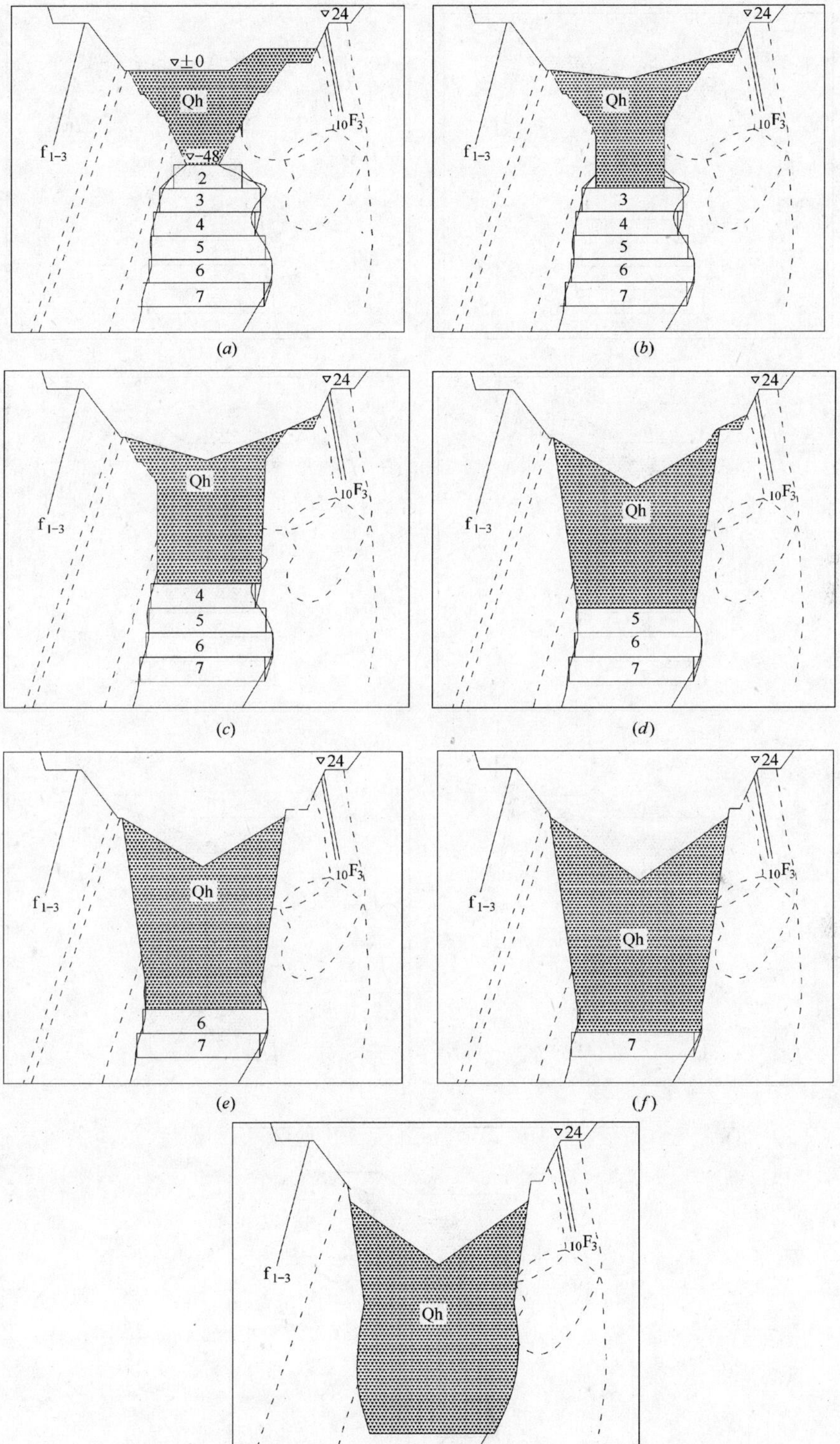

图 5-65 回填条件下Ⅴ′剖面各分层开采围岩位移变化规律图

(*a*)—开挖前局部图；(*b*)—开采 -48～-60 m水平矿体；(*c*)—开采 -60～-72 m水平矿体；(*d*)—开采 -72～-84 m水平矿体；(*e*)—开采 -84～-96 m水平矿体；(*f*)—开采 -96～-108 m水平矿体；(*g*)—开采 -96～-108 m水平矿体

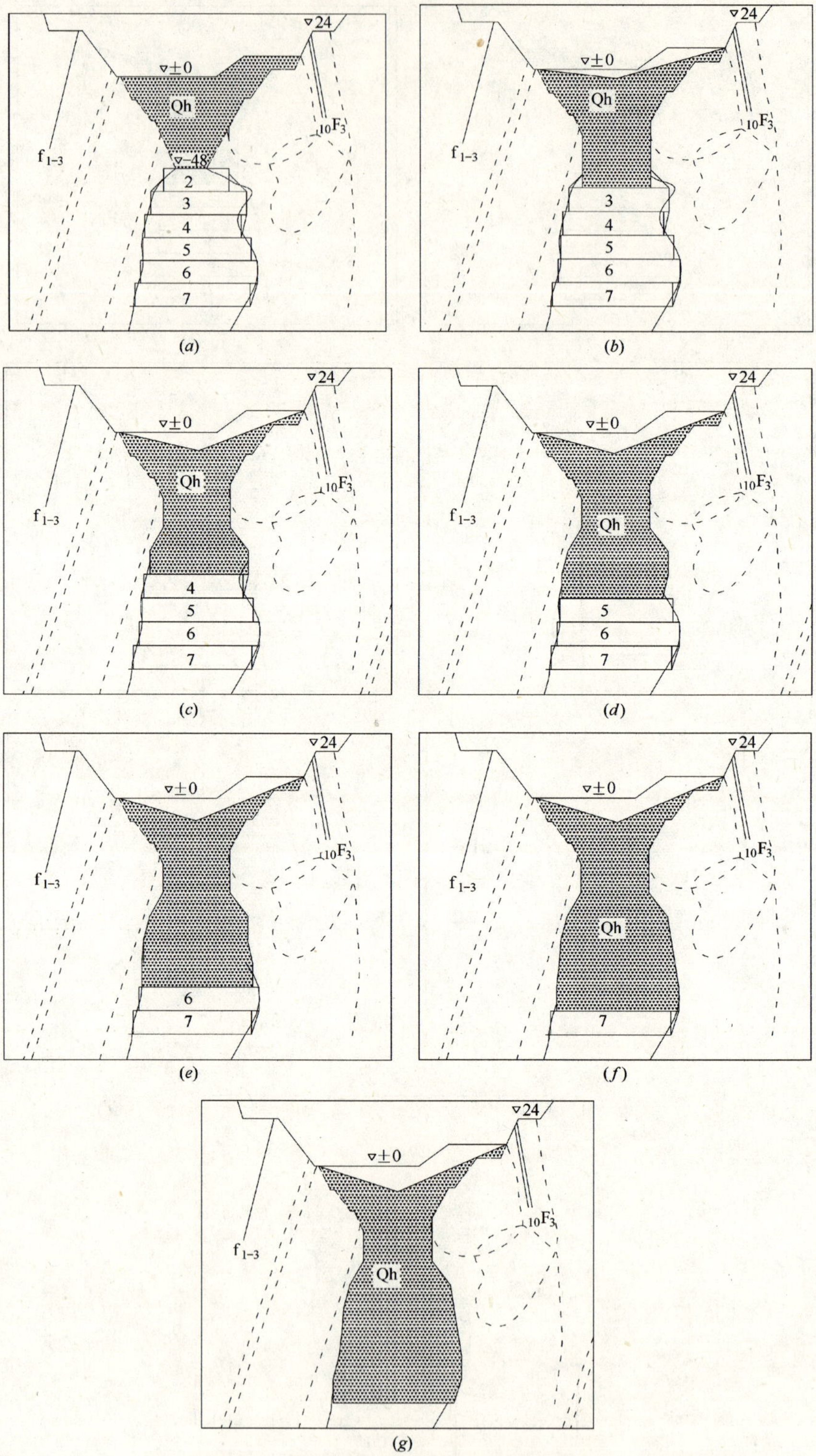

图 5-66　Ⅰ-2 剖面各分层开采步骤示意图

(*a*)—开挖前局部图；(*b*)—开采－48～－60 m 水平矿体；(*c*)—开采－60～－72 m 水平矿体；(*d*)—开采－72～－84 m 水平矿体；(*e*)—开采－84～－96 m 水平矿体；(*f*)—开采－96～－108 m 水平矿体；(*g*)—开采－108～－120 m 水平矿体

开采至 -120 m 水平时,最大主应力增加到 25.5 MPa,是压应力。最小主应力为 0.4 MPa 左右。最大剪应力仍为 9.0 MPa 左右。

通过模拟计算可以得出如下基本结论:该剖面相对于前两个剖面而言,由于矿体的水平厚度较大,开采过程中应力的释放较为迅速,应力集中系数较低,表现为最大、最小和剪应力的数值明显低于前两者。具体而言,开采初期围岩所承受的采动应力增加剧烈。但当开采到一定深度和一定范围之后,伴随着围岩应力得到释放,应力水平有所下降。之后,随着开采深度的进一步增加,采动应力值又有所上升。

B 塑性区变化规律分析

下盘侧的断层破碎带完全处于塑性状态。由于回填体自身的强度较低,其对有效降低围岩塑性区范围的作用较小。随着开挖深度的增加,过去曾经屈服,但目前仍是弹性区的区域不断扩大,其中,左侧与右侧的影响范围基本相同,转入地下开采的围岩塑性区的深度明显大于上部露天边坡面。开挖过程中,不回填情况下,剪切破坏主要集中在断层破碎带和开挖空区底部上盘侧的边角部位,而拉伸破坏并不十分明显。回填条件下,剪切破坏主要集中在开挖空区底部上盘侧的边角部位,拉伸破坏同样不十分明显。模型最上边侧的拉伸破坏主要是边界效应造成的,可以不加以考虑。

C 位移变化规律分析

不同开挖步骤下,上下盘岩体在水平与垂直方向的位移变化规律见图 5-67a～h,上盘侧选取 0～160 m,相当于 12～156 m 台阶范围,下盘侧取 -90～-210 m,相当于 6～86 m 台阶范围。

(1) 不回填条件下。x 方向位移变化的规律性较强,上盘与下盘的变化规律基本一致,越靠近露天坑坑底台阶面的位移越大。研究范围内,上盘侧的最大位移从初始的 7.0 mm 左右(露天转地下开挖之前,位于坡脚位置),到开挖结束位移增加到 23.0 mm 左右(开挖至 -120 m 水平,仍位于坡脚位置)。而最小位移从初始的 2.0 mm,到开挖结束后位移增加到 7.0 mm 左右,数值均为负值,表示方向均向左(图 5-67a)。下盘侧的最大位移从初始的 6.0 mm, 到开挖结束后位移增加到 19.0 mm 左右。最小位移从初始的 2.0 mm,到开挖完成位移增加到6.0 mm 左右,数值均为正值,表示方向均向右(图 5-67b)。

从上下盘 x 方向绝对位移图看出,沿着边坡面方向,越靠近露天坑底部位移变化速率明显增大,且随着开采深度的增加,边坡坡面相应点的位移变化量具有加速度的趋势。例如,-60 m 水平开采结束,上盘最左侧跟踪点相对于未受开采扰动时的变化量为 2.0 mm,当 -84 m 水平开挖完,该点的变化量为 5.0 mm,当开采完 -120 m 水平时,变化量增加到 9.0 mm(图 5-67c)。同样,-60 m 水平结束时,下盘最右侧跟踪点的变化量为 1.7 mm, -84 m 水平采完,变化量为 2.3 mm,开采完 -120 m 水平时,变化量为 7.0 mm(图 5-67d)。

y 方向的位移变化比 x 方向复杂,上盘侧由于初期开挖的卸荷作用,导致开挖区附近的岩体产生垂直向上的位移,但数值很小,仅为 1.0～2.0 mm 左右。随着开挖深度的增加,位移方向逐渐向下,最大的垂直位移量为 48.0 mm 左右(图 5-67e)。下盘侧垂直位移的变化规律与上盘侧基本一致,最大的垂直位移为 28.0 mm 左右,方向向下(图 5-67f)。

随着开采深度的增加,沿着边坡面垂直方向的位移绝对值变化,上下盘侧的规律基本一样,即是越靠近地下开采引起的塌陷区,位移变化的速率明显加大,位移量明显加大(图 5-67g 和 h)。

(2) 回填条件下。水平方向与垂直方向的位移变化规律与不回填情况下基本一致,但在数值上略微有所降低。此处不再赘述。

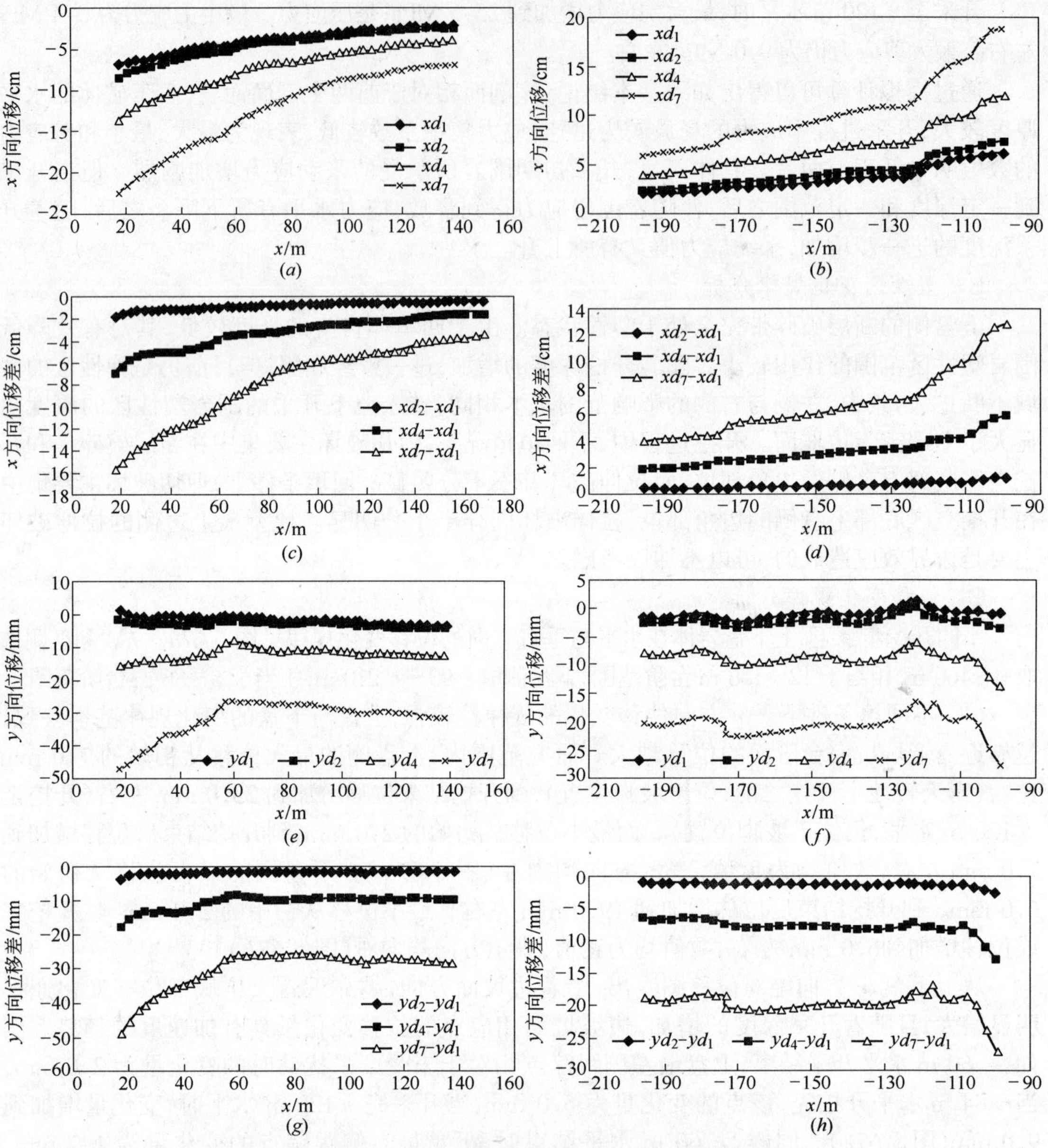

图 5-67　Ⅰ-2 剖面分层开采围岩位移变化规律图

(a)—上盘 x 方向累积位移图；(b)—下盘 x 方向累积位移图；(c)—开挖引起上盘 x 位移变化量图；(d)—开挖引起下盘 x 位移变化量图；(e)—上盘 y 方向累积位移图；(f)—下盘 y 方向累积位移图；(g)—开挖引起上盘 y 位移变化量图；(h)—开挖引起下盘 y 位移变化量图

5.6　东露天转地下开采地表错动范围

考虑到本次研究的对象是大冶铁矿狮子山矿区的上下盘高陡边坡，以及该露天坑内的其他建筑物，如防洪排水沟渠、集水水仓、－60 m 水平阶段运输平巷等。我国目前对建筑物破坏等级的划分尚无统一的规定，按照《采矿设计手册》(矿床开采卷下)中对地表建筑物保护等级的规定，矿山开采需要保护的矿山建筑物和构筑物按其用途和引起的变形后果分为三个等级，故确定本次研究对建筑(构筑)物以Ⅱ级保护等级为标准。根据对建筑物保护等级及允许变形值的规定,确定以地表倾斜 $i=5$ mm/m,地表曲率 $K=0.12\times10^{-3}$1/m,地表水平变形 $\varepsilon=3.0$ mm/m 作为地表变形破坏的判据。

5.6.1 Ⅵ′剖面开采错动范围

5.6.1.1 不回填情况

不回填条件下,随不同开挖深度上下盘边坡地表主要点的水平变形和倾斜曲线如图 5-68*a* ~*d* 所示。

从图中可以看出,上盘地表水平变形在 0~5.0 mm/m 之间,下盘地表水平变形在 0~3.2 mm/m 之间。上盘地表倾斜为 -3.0~2.5 mm/m,下盘地表倾斜为 -1.5~1.7 mm/m。无论是地表水平变形,还是地表倾斜均是越靠近开采的塌陷区,数值越大,变化越剧烈,其波动的水平范围基本上在 50 m 左右。按照地表错动破坏的判断依据,地表倾斜小于 5.0 mm/m 的

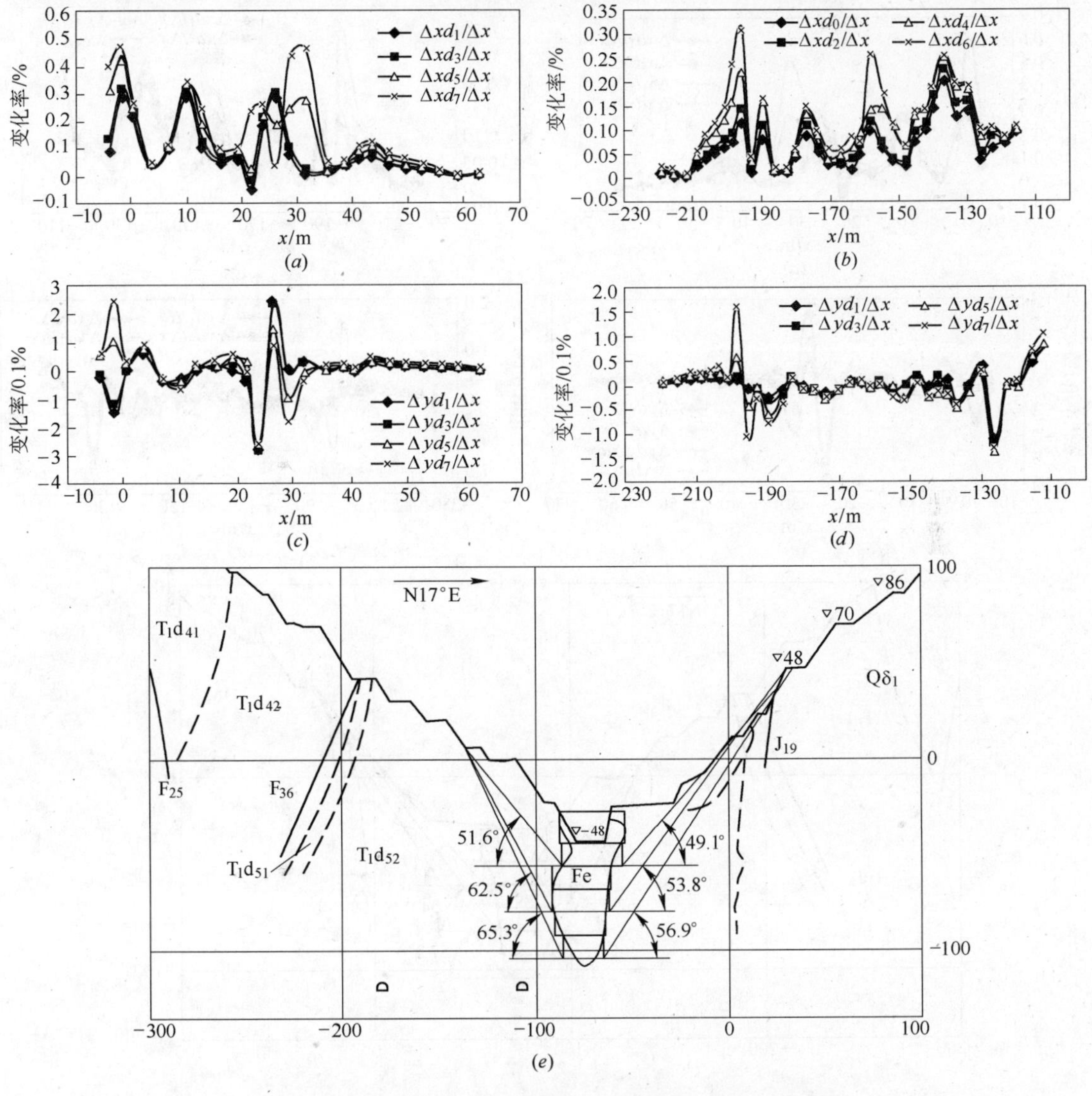

图 5-68 Ⅵ′剖面边坡水平变形、倾斜曲线和错动范围图

(*a*)—上盘地表水平变形曲线;(*b*)—下盘地表水平变形曲线;(*c*)—上盘地表倾斜曲线;(*d*)—下盘地表倾斜曲线;(*e*)—不回填条件下错动范围随开采深度变化图

标准,而地表水平变形却大于 3.0 mm/m 的标准,因此,由地下开采引起的露天边坡的错动破坏是以水平变形作为判断标准的。不同开采深度情况下Ⅵ′剖面的错动范围如图 5-68*e* 所示。

从图可知,当开采到 −60 m 水平时,上盘错动角为 49.1°,下盘错动角为 51.6°。当开采到 −84 m 水平时,上盘错动角为 53.8°,下盘错动角为 62.5°。当开采到 −108 m 水平时,上盘错动角为 56.9°,下盘错动角为 65.3°。

5.6.1.2　回填情况

回填条件下,随不同开挖深度上下盘边坡地表主要点的水平变形和倾斜曲线如图 5-69*a*～*d* 所示。从图可知,当开采到 −60 m 水平时,上盘错动角为 49.5°,下盘错动角为 51.5°。当开采到 −84 m 水平时,上盘错动角为 54.0°,下盘错动角为 62.7°。当开采到 −108 m 水平时,上盘错动角为 57.2°,下盘错动角为 65.6°。

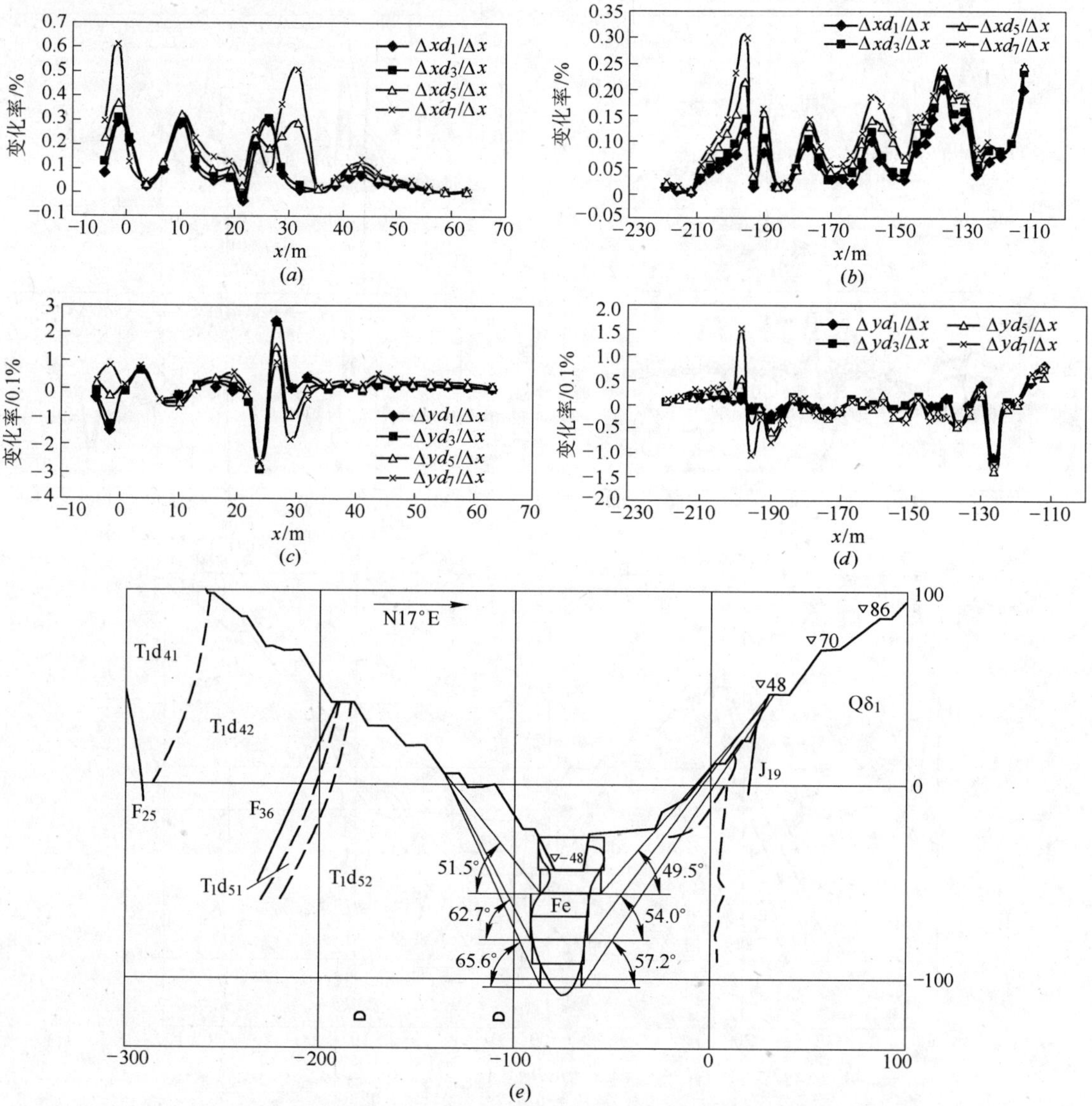

图 5-69　回填条件下Ⅵ′剖面边坡水平变形、倾斜曲线和错动范围图
(*a*)—上盘地表水平变形曲线;(*b*)—下盘地表水平变形曲线;(*c*)—上盘地表倾斜曲线;
(*d*)—下盘地表倾斜曲线;(*e*)—回填条件下错动范围随开采深度变化图

5.6.2 V′剖面开采错动范围

5.6.2.1 塌陷区不回填

不同开挖深度条件下，上下盘边坡地表主要点的水平变形和倾斜曲线如图 5-70$a\sim d$ 所示。

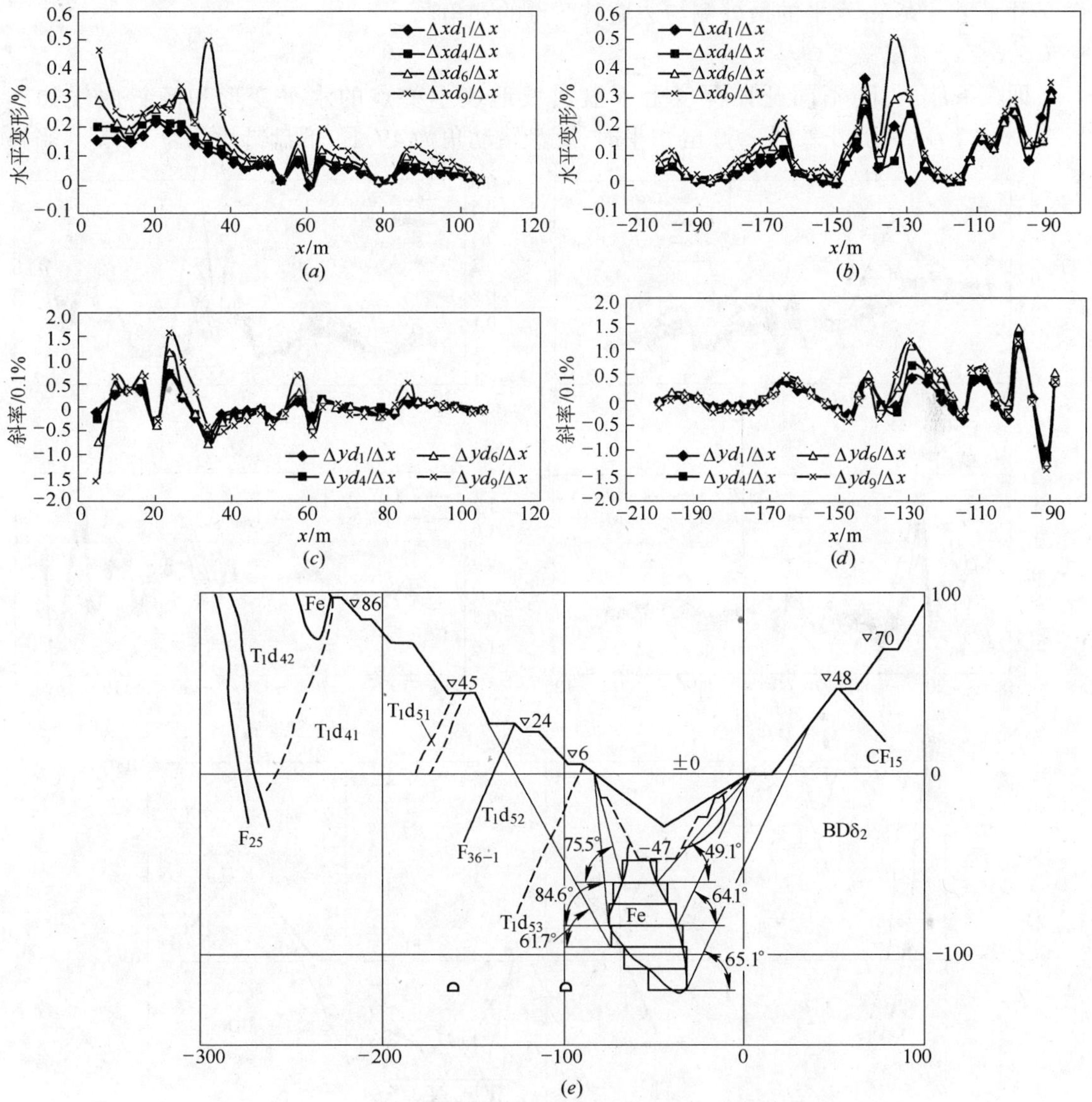

图 5-70 V′剖面边坡水平变形、倾斜曲线和错动范围图

(a)—上盘地表水平变形曲线；(b)—下盘地表水平变形曲线；(c)—上盘地表倾斜曲线；(d)—下盘地表倾斜曲线；(e)—不回填条件下错动范围随开采深度变化图

从图中可知，上盘地表水平变形在 0～5.0 mm/m 之间，下盘地表水平变形在 0～5.2 mm/m 之间。上盘地表倾斜为 −1.5～1.7 mm/m，下盘地表倾斜为 −1.4～1.5 mm/m。地表水平变形和地表倾斜值的变化规律均是越靠近开采的塌陷区，数值越大，变化越剧烈。同理，采用水平变形量的大小作为地表是否错动的判断标准。不同开采深度情况下V′剖面的错动范围如图 5-70e 所示。

从图可知，当开采到 - 60 m 水平时，上盘错动角为 49.1°，下盘错动角为 75.5°。当开采到 - 84 m 水平时，上盘错动角为 64.1°，下盘错动角为 84.5°。当开采到 - 120 m 水平时，上盘错动角为 65.1°，下盘错动角为 61.7°。需要说明的是，错动角应该是地表错动点与开采矿体水平的最外侧连线，且该连线以不穿过采空区为原则，因此，- 120 m 水平的下盘错动角是开采至 - 96 m 水平的最外侧与边坡破坏点的夹角。

5.6.2.2　塌陷区回填

回填条件下，随不同开挖深度上下盘边坡地表主要点的水平变形和倾斜曲线如图 5-71$a \sim d$ 所示。当开采到 - 60 m 水平时，上盘错动角为 49.1°，下盘错动角为 75.5°。当开

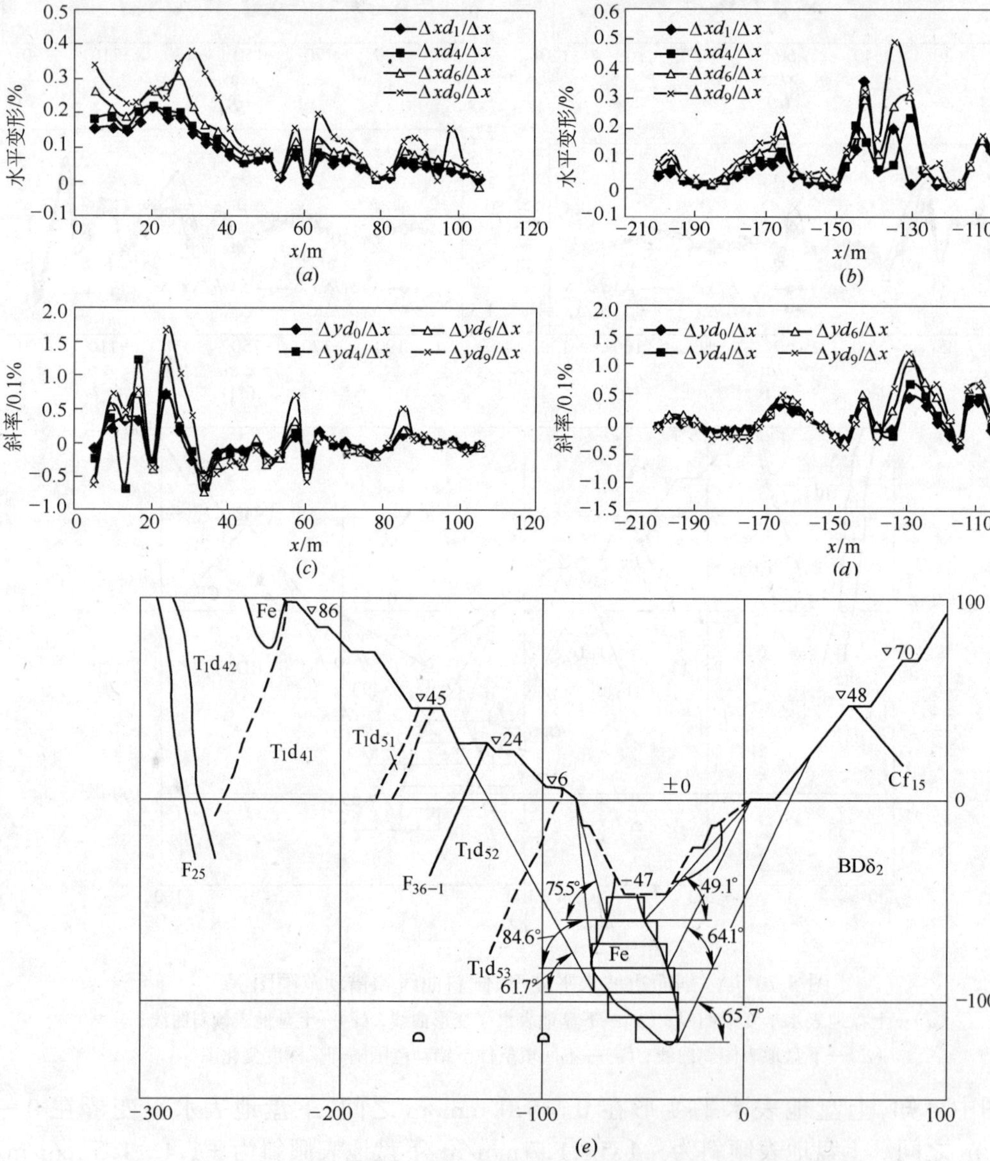

图 5-71　回填条件下Ⅴ′剖面边坡水平变形、倾斜曲线和错动范围图

(a)—上盘地表水平变形曲线；(b)—下盘地表水平变形曲线；(c)—上盘地表倾斜曲线；(d)—下盘地表倾斜曲线；(e)—回填条件下错动范围随开采深度变化图

采到－84 m 水平时,上盘错动角为 64.1°,下盘错动角为 84.6°。当开采到－120 m 水平时,上盘错动角为 65.7°,下盘错动角为 61.7°。

5.6.3　Ⅰ-2 剖面开采错动范围

5.6.3.1　塌陷区不回填

不同开挖深度条件下,上下盘边坡地表主要点的水平变形和倾斜曲线如图 5-72*a*～*d* 所示。

从图中可知,上盘地表水平变形在 0～3.2 mm/m 之间,下盘地表水平变形在 0～6.0 mm/m 之间。上盘地表倾斜为－0.6～1.0 mm/m,下盘地表倾斜为－0.7～1.4 mm/m。地表水平变形和地表倾斜值的变化规律均是越靠近开采的塌陷区,数值越大,变化越剧烈。采用水平变形量的大小作为地表是否错动的判断标准。不同开采深度情况下Ⅰ-2 剖面的错动范围如图 5-72*e* 所示。

由图可知,当开采到－60 m 水平时,上盘错动角为 70.4°,下盘错动角为 72.9°。当开采到－84 m 水平时,上盘错动角为 72.2°,下盘错动角为 79.5°。当开采到－120 m 水平时,上盘错动角为 60.7°,下盘错动角为 62.3°。需要说明的是,该剖面断层破碎带较发育,地下开挖引起的边坡错动主要发生在这些部位。例如,下盘的 F_{25}断层的倾斜方向与错动角方向基本一致,是将来导致边坡产生错动和滑动的另一个主要原因。

5.6.3.2　塌陷区回填

回填条件下,随不同开挖深度上下盘边坡地表主要点的水平变形和倾斜曲线如图5-73*a*～*d* 所示。当开采到－60 m 水平时,上盘错动角为 70.4°,下盘错动角为 72.9°。当开采到－84 m 水平时,上盘错动角为 72.4°,下盘错动角为 81.8°。当开采到－120 m 水平时,上盘错动角为 60.8°,下盘错动角为 65.1°。

5.6.4　东露天转地下开采错动范围的确定

总结以上对三个代表剖面的计算分析结果,可以得到表 5-29。

表 5-29　计算结果汇总表

开采水平	剖　面	塌陷区不回填		塌陷区回填	
		上盘错动角	下盘错动角	上盘错动角	下盘错动角
－60 m	Ⅵ′	49.1°	51.6°	49.5°	51.5°
	Ⅴ′	49.1°	75.5°	49.1°	75.5°
	Ⅰ-2	70.4°	72.9°	70.4°	72.9°
平均		56.2°	66.7°	56.3°	66.6°
－84 m	Ⅵ′	53.8°	62.5°	54.0°	62.7°
	Ⅴ′	64.1°	84.5°	64.1°	84.6°
	Ⅰ-2	72.2°	79.5°	72.4°	81.8°
平均		63.4°	75.5°	63.5°	76.4°
－120 m	Ⅵ′(－108 m)	56.9°	65.3°	57.2°	65.6°
	Ⅴ′	65.1°	61.7°	65.7°	61.7°
	Ⅰ-2	60.7°	62.3°	60.8°	65.1°
平均		60.9°	63.1°	61.2°	64.1°

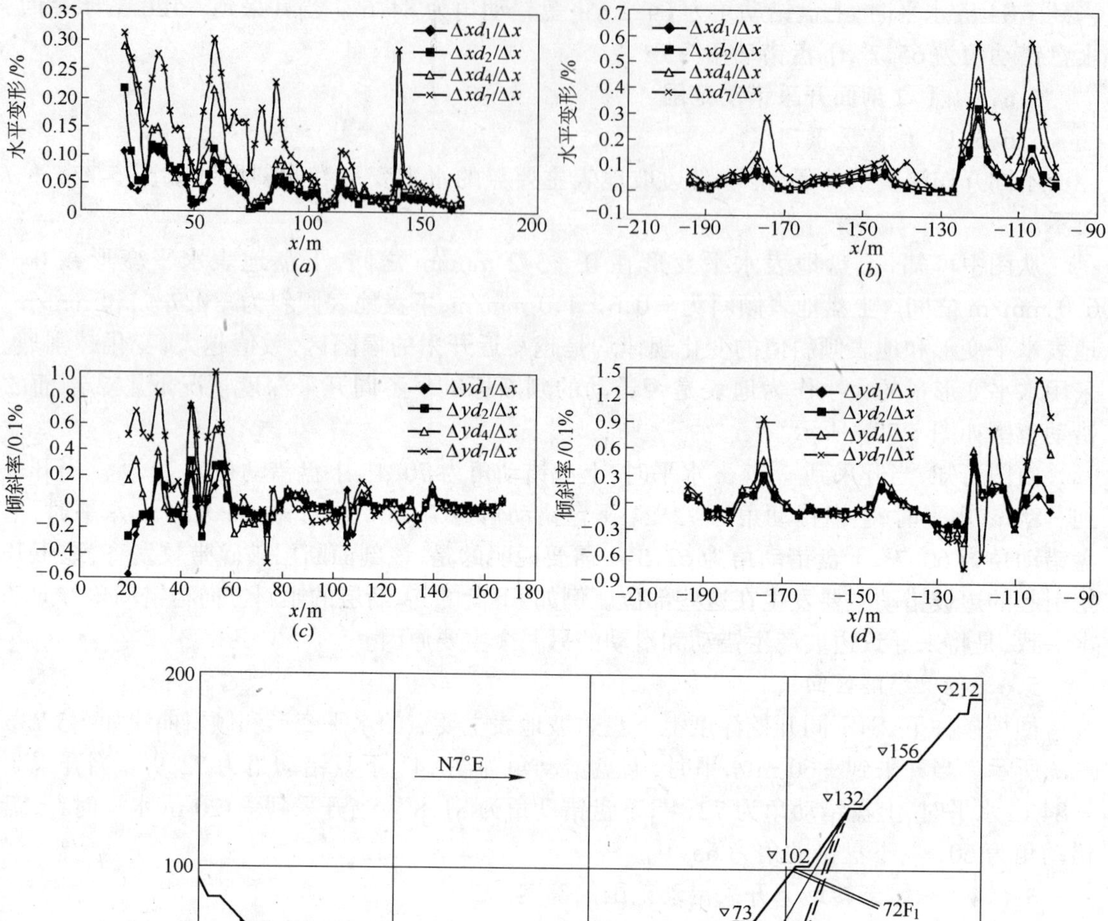

图 5-72　Ⅰ-2 剖面边坡水平变形、倾斜曲线和错动范围图

(a)—上盘地表水平变形曲线；(b)—下盘地表水平变形曲线；(c)—上盘地表倾斜曲线；

(d)—下盘地表倾斜曲线；(e)—不回填条件下错动范围随开采深度变化图

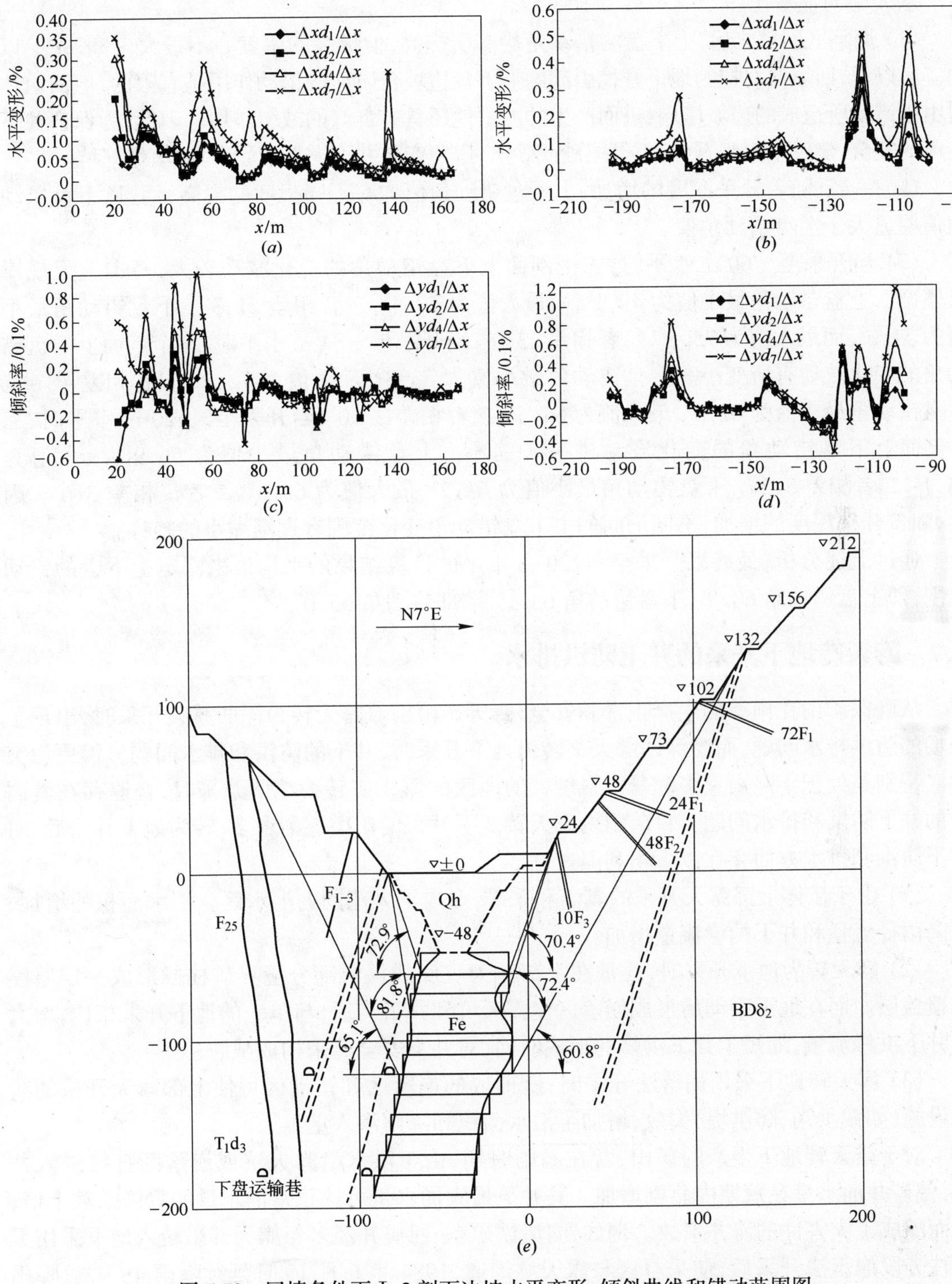

图 5-73 回填条件下Ⅰ-2 剖面边坡水平变形、倾斜曲线和错动范围图

(*a*)—上盘地表水平变形曲线；(*b*)—下盘地表水平变形曲线；(*c*)—上盘地表倾斜曲线；

(*d*)—下盘地表倾斜曲线；(*e*)—回填条件下错动范围随开采深度变化图

从表中明显看出：

(1) 塌陷区回填之后，上下盘的错动角均有所提高，但提高的幅度并不很大，一般在1°以内。所以说，回填体对控制地下开挖引起的上下盘边坡台阶面的错动作用是有限的，但回填体对由于错动所造成的边坡垮塌，进而产生的冲击地压具有良好的减缓作用。因此，为保证井下生产的安全，建议采用废石（而不是尾砂或砂土，避免产生井下泥石流）及时回填塌陷坑。

(2) 一般，随着开采深度的增加，上下盘错动角值均有不同程度的提高，而且，下盘错动角值明显大于上盘错动角值。

(3) 当开采至 −60 m 水平时，三个剖面上下盘错动角的变化波动较大，基本上无规律可遵循。上盘错动角最小值为49.1°，而最大值为70.4°，二者相差21.3°。下盘错动角最小值为51.6°，而最大值为75.5°，二者相差23.9°；当开采至 −84 m 水平时，三个剖面上下盘错动角的变化波动有所变小。上盘错动角最小值为53.8°，最大值为72.2°，二者相差18.4°。下盘错动角最小值为62.5°，最大值为84.5°，二者相差22.0°；当开采至 −120 m 水平时，三个剖面上下盘错动角的变化波动进一步缩小。上盘错动角最小值为56.9°，最大值为65.1°，二者相差8.2°。下盘错动角最小值为61.7°，最大值为65.3°，二者仅相差3.6°。因此，随着开采深度的增加，不同剖面的上下盘错动角变化范围有逐渐缩小的趋势。

通过上述分析，最终以开采至 −120 m 水平的计算结果的平均值来圈定上下盘的错动范围，即上盘错动角60.9°，下盘错动角63.1°，端部错动角65.0°。

5.7 露天转地下开采的井下防洪排水

从确保矿山在雨季的生产正常和安全，露天矿由山坡露天转为深凹露天开采时，出现了采场的防洪排水问题，而当深凹露天又转为地下开采时，井下的防洪和排水问题显得更为突出。特别是处于年降雨量多和暴雨强度大的地区的露天矿转为地下开采时，普遍存在着雨季的井下防洪和排水问题。目前国内露天转地下开采的矿山逐渐增多，转为地下开采后，对井下防洪和排水方面存在以下不利因素：

(1) 由于矿体上部露天开采的剥离和采矿，形成了大范围的汇水区。汇水面积的增加，使降雨径流量和井下的渗流量增加。

(2) 露天转为地下开采时，通常在上部露天坑底或保留部分境界矿柱或形成一定厚度的覆盖层。而在地下采动后形成崩落区使露天坑和井下沟通，与单一的地下开采相比，增大了井下洪峰流量，缩短了井下洪峰的形成时间，对井下安全开采构成威胁。

(3) 露天转地下采用崩落法开采时，所形成的崩落区和错动区可使上部露天开采的防洪设施（如截洪沟、防洪堤）失效，增加了汇水面积和降雨渗入量。

对于露天转地下生产的矿山，常在暴雨时期，由于洪水沿露天坑或崩落区直接进入井下，使矿井涌水量在短期内急剧增加。其井下最大涌水量可达正常涌水量的数倍或数十倍，从而酿成了灾害性的淹井事故。例如，漓渚铁矿东、西矿井经多年露天开采转入地下采用无底柱分段崩落法开采后，使采空区与露天坑沟通，1984年6月13日延续降雨48 h，总降雨量为224.3 mm的情况下，东、西矿井 −35 m 开采水平被淹，其直接经济损失达20万元。淹井前东、西两矿 −35 m 水平排水能力各为20700 m^3/d，东矿井正常涌水量为800 m^3/d，西矿井正常涌水量为1720 m^3/d。淹井时，东矿井下洪峰流量为65000 m^3/d，西矿井下洪峰流量为73200 m^3/d。

为了确保雨季暴雨时期井下生产的安全。设计中必须结合露天开采现状和地下开采方案注意研究井下的防洪和排水问题。包括有关的设计频率暴雨径流渗入量计算,防洪标准,主要计算参数的选择,地面与井下综合防洪及排水措施等。

5.7.1 设计频率暴雨径流渗入量计算

暴雨径流渗入量计算是露天转地下开采井下防洪和排水设计的重要一环。和深凹露天矿暴雨径流量计算的区别在于暴雨径流形成后,要沿地下开采的崩落区和露天坑渗入井下。因此,暴雨径流渗入量计算的一般表达式为:

$$Q_P = H_P \cdot F \cdot \varphi \tag{5-2}$$

式中 Q_P——设计频率暴雨径流渗入量,m^3/d;

H_P——设计频率暴雨量,m/d;

F——渗水面积,m^2;

φ——渗入率。

由式 5-2 可见,设计频率暴雨量 H_P 及渗入率 φ 的确定和取值是重要的,下面分别进行讨论。

5.7.1.1 暴雨设计标准

露天转地下开采,对暴雨设计标准应考虑以下主要因素:

(1) 暴雨频率的确定应与地下开采的规模相适应,因为不同规模的矿山受淹时的停产损失不同,这反映了矿山重要性的不同;

(2) 暴雨频率与地下开采的服务年限相适应,服务年限长则相应的重现期长,这反映了适当地考虑了暴雨频率的保证率因素;

(3) 暴雨频率的选择应与上部露天采用的地面防水和露天坑排水的暴雨频率标准相适应,这反映了上部露天矿与下部地下矿的统筹兼顾,密切结合。

在露天矿排水设计中,确定暴雨频率的方法可归纳为两类:一类是按照矿山设计规模、服务年限等用规范、规程进行硬性规定的办法;另一类则是按照安全、经济等因素进行经济分析和风险分析的方法。而在转为地下开采时,除可采用上述方法外,采用上部露天已被多年生产实践证实是安全、经济合理的暴雨频率标准,来对比确定转地下开采的设计暴雨频率标准也具有实际意义。从暴雨频率的保证率因素方面来看,一般当转为地下开采后矿山的服务年限与上部露天矿服务年限大致相同时,可取用与上部露天矿相同暴雨频率。如大冶铁矿东露天,经 20 多年开采实践证实,露天矿设计暴雨频率取用 20 年一遇标准,即矿山服务年限等于暴雨重现期,保证率可达 73.5% 的情况下是经济和安全的。现转为地下开采后,服务年限为 20 年,与上部露天矿基本相同。虽然设计规模减小,但考虑到井下受淹易造成人身事故、生产损失大、采场不易恢复,以及转地下开采后形成崩落区将使上部露天截洪系统部分失效等因素,也采用了相同的 20 年一遇设计标准。

5.7.1.2 暴雨径流渗入率的选取

露天转地下开采暴雨径流渗入率是由一系列地质、采矿技术条件决定的,主要影响因素有:

(1) 采场顶板管理方法。从露天转地下开采井下防洪来看,采用充填法保护顶板是有利的。而采用崩落法,其渗入率将明显增加。

(2) 矿体厚度及赋存深度。采用崩落法开采,从矿层采动后上覆岩层移动的规律来看,矿体厚度大,埋藏浅,即采深采厚比小,渗入率则增大,而随着采深增加,采深采厚比增大,渗入率呈递减趋势。

(3) 境界矿柱及覆盖层厚度。露天转地下开采后，露天坑底与地下采空区之间的隔离矿柱、覆盖层或垫层厚度大，渗入率相对降低。如果转为地下开采时，对上部露天坑回填15～20 m厚度的回填层，对减少雨季径流，调节洪峰是大有好处的。如铜官山铜矿上部形成岩石垫层在一般降雨4 h左右，坑下涌水量方增加，因此，形成有覆盖岩层的地下矿，可以降低渗入率。

(4) 降雨强度。暴雨形成的地表径流迅猛、集中，比正常降雨径流的渗入率增大。

(5) 深凹露天坑的影响。转入地下开采后，原有深凹露天坑底如与地下采空区沟通则易形成集中高渗入区，比一般的崩落区渗入率明显提高。在上述诸因素中，采矿顶板管理方法是最重要的，采用充填法保护顶板，可以大大降低渗入率，对井下雨季防洪是有利的。采用崩落法开采时，覆盖层厚度及深凹露天坑的影响是确定渗入率的主要因素。

鉴于渗入率是由上述诸多复杂因素决定的，因此，在工程设计中，对扩建或改建矿山应尽可能按实测资料计算；而对新建矿山一般则根据上述地质采矿技术条件借鉴类似矿山的经验数据选用。

5.7.2 工程实例

5.7.2.1 大冶铁矿龙洞采区露天转地下开采

A 暴雨径流渗入量计算

考虑露天转地下开采后，深凹露天坑与地下开采崩落区渗入率的显著不同，将一般的暴雨径流渗入量计算公式改写为：

$$Q_P = (F_1\varphi_1 + F_2\varphi_2)H_P \tag{5-3}$$

式中 Q_P——设计频率暴雨径流渗入量，m^3/d；

F_1, F_2——分别为露天坑内及坑外崩落区的汇水面积，m^2；

φ_1, φ_2——分别为露天坑内及坑外崩落区的渗入率；

H_P——设计频率暴雨量，m/d。

B 渗入率 φ_1, φ_2 的确定

大冶铁矿龙洞矿体在102～78 m标高为露天开采，1980年露天开采结束转入地下采用无底柱分段崩落法开采78～－50 m标高的矿体。当时曾在露天坑底有回填厚度为24 m的废石垫层，随着地下回采，露天坑底回填的废石下沉，实际上露天坑底已与地下采空区沟通。在此情况下，使得井下－50 m水平泵房的防洪能力严重不足，其主要原因是地表岩溶发育，暴雨径流通过岩溶和崩落区渗入速度加快，井下洪峰较雨峰滞后时间只有8～12 h；原设计暴雨径流渗入率 $\varphi=0.3$ 取值偏低，同时有 $F=15.7$ 万 m^2 的深凹露天坑汇水面积，渗入率明显高于一般开采崩落区。根据上述实际情况，在－50 m水平排水能力设计中，借鉴类似矿区的实际资料，将深凹露天坑的渗入和一般的崩落区的渗入区别开来，分别取 $\varphi_1=0.6$，$\varphi_2=0.4$，进行了暴雨径流渗入量的计算。计算20年一遇的井下短历时洪水量为 $Q_P=57880\ m^3/d$，并按此确定除原有主井泵房的5台200D43×5型水泵外，又在副井旁新建一泵房，设置同型号4台水泵，这样井下－50 m水平共有9台水泵，昼夜导、排水量可达60480 m^3，满足了井下防洪要求。

在由－50 m水平转向深部－110 m水平的开采设计中。借鉴－50 m水平 φ_1 及 φ_2 的

取值并考虑随着采深增加,覆盖层厚度增大而渗入率呈递减趋势,设计选取 $\varphi_1=0.5$, $\varphi_2=0.3$,计算的20年一遇井下短历时最大洪水量 $Q_P=29696\ m^3/d$。

C 长历时暴雨通流量计算

冶金深凹露天矿常用的暴雨设计标准是偏高的,偏高的主要原因是由于采用短历时暴雨造成的。不论采用何种排水方式,充分利用露天坑底与井下最低开拓水平在暴雨发生时有贮水能力是合理的,在当前开采技术水平条件下,也是切实可行的。如果过分强调受淹的严重性,而采取提高排水能力,缩小调节容积的方法,以达到严格限制淹没深度和淹没时间的目的,就会导致投资大、积压浪费大量设备和电力的不合理结果。如大冶东露天转地下开采设计中,按暴雨频率标准为5%,地下采矿方法为崩落法时,坑内昼夜最大涌水量为19.6万 m^3,除利用露天深部排水工程20台水泵(分段排水泵站之和)外,尚需增加17台D450-60-V型水泵(600 kW)、4条 $\phi478\times7$ 排水管,电动机总容量为16760 kW,而正常排水仅需2台,电机容量为1000 kW。由此可见,在露天转地下开采的矿山,要求排水设备在20 h内排除20年一遇的灾害性的一昼夜(24 h)的暴雨量,显然是不合理的。因此,在露天转地下开采的井下防洪和排水设计中,为了考虑洪峰期的井下贮排平衡问题,除计算短历时($t\leqslant24$ h)的暴雨径流渗入量外,还需计算:$t=48\sim72$ h长历时的暴雨径流渗入量:$t=24$ h, $Q_P=29696\ m^3$; $t=48$ h, $Q_P=39284\ m^3$; $t=72$ h, $Q_P=46514\ m^3$。

D 地面防洪措施

地面防洪措施主要有:

(1) 回填露天坑。露天坑底回填不仅对安全开采有利,而且在暴雨时期可以延缓和削弱井下洪峰。如大冶铁矿铁门坎及龙洞在转入地下开采前,对露天坑均进行了回填,其中龙洞露天坑由78 m回填至102 m标高,经实测井下洪峰较雨峰可滞后8~12 h。

(2) 利用露天坑底贮水。一般露天矿有2~3个露天底,尽可能利用1~2个露天坑底在暴雨时进矿贮水,以减少向井下的渗流和调节暴雨时期的洪水贮存量。如大冶东露天转地下,利用−168 m的尖山露天坑贮水达数十万 m^3。对开采塌陷区的积水渗漏地段,若能设临时移动泵站排水,可减少井下防洪负担,是行之有效的方法。

(3) 进一步完善上部露天坑的防洪系统。由于地下开采崩落区不断扩大,原上部露天作业平台上的截水沟被破坏,当条件允许时,应随时采取加固、导流或改道措施以减轻暴雨径流向井下的渗漏。

E 井下防洪措施

井下防洪措施有:

(1) 设置井下防洪系统。防洪系统包括在各水平设置防水门,洪峰期利用现有排水设备关门排水,以确保井筒和主要生产水平不被淹没;适当增加水仓容积和设置有效的泥砂沉淀和清理设施等。在与露天相通的巷道应设置防水墙或带调节阀的防水闸门。

(2) 在洪峰期利用井下巷道暂时贮水。井下排水设备能力与贮水容积、贮水时间均应按照贮排平衡确定。

(3) 做好雨季的预报,建立防排水专门机构,专人管理,进行防洪的各项观测及组织工作。

5.7.2.2 白银公司深部铜矿井下防洪

A 井下排水系统

深部铜矿井下日正常涌水量为128.6 m^3/h,年需排水量为112.6万 m^3/h。为减少井巷工程,采用集中排水方式,在1475中段主副井石门处设有水泵房。

B　非暴雨时段雨季正常排水量的计算

雨季正常排水量系指采场非暴雨时段的降雨径流和地下涌水量。其计算方法通常采用径流系数法,以下式表示:

$$Q = \frac{\overline{H}CF}{30 \times 20} + q \tag{5-4}$$

式中　$\overline{H}$——雨季月平均降雨量,mm;

C——径流系数;

F——汇水面积,m^2;

q——地下涌水量,m^3/h。

根据白银气象局提供的降雨统计资料,当出现雨季日平均降雨量为4.4 mm/d,径流系数取0.9(凝灰岩),汇水面积为0.8 km^2,地下涌水量为128.6 m^3/h。代入上式得 $Q=287\ m^3/h$。

深部铜矿井下排水系统现有最大排水能力为1270 m^3/h,能满足雨季正常涌水量的排水。

C　暴雨时段井下涌水量的计算

根据白银历年气象资料计算机简波分析,从1992~2000年有3次暴雨出现,其降雨量变化为30~50 mm。现按三种日暴雨量(30 mm,50 mm,82.2 mm)和两种小时暴雨量(30 mm,50 mm)计算井下涌水量。代入式5-2,计算结果见表5-30。

表5-30　暴雨时段井下用水量计算结果

计算参数	最大降雨量/mm	地表径流渗入/m^3	井下废水/m^3	井下总水量/m^3
$W_{日}$	30	21600	3086.4	24686.4
$W_{1小时}$		21600	128.6	21728.6
$W_{日}$	50	36000	3086.4	39086.4
$W_{1小时}$		36000	128.6	36128.6
$W_{日}$	82.2	59184	3086.4	62270.4

深部铜矿现有最大日排水能力为30480 m^3/d,最大小时排水能力为1270 m^3/h,当出现日降水量为30 mm,50 mm,82.2 mm的暴雨时,井下排水系统排净涌水所需时间和一日井下积水量见表5-31。

表5-31　暴雨时段井下水泵工作时间和1日井下积水量

日最大降雨量/(mm/d)	30	50	82.2
地下涌水量/m^3	24686.4	39086.4	62270.4
日最大排水能力/(m^3/d)	30480	30480	30480
水泵排尽涌水工作时间/h	19.4	30.8	49.03
1日井下积水/m^3		8606.4	31790.4

当出现最大小时降雨量30 mm/h,50 mm/h的特大型暴雨时,井下水泵排尽涌水所需

时间以及井下积水量见表 5-32。

表 5-32 小时暴雨时段井下水泵工作时间和井下积水

小时最大降雨量 /(mm/h)	井下涌水量 /(m^3/h)	小时最大排水能力 /(m^3/h)	水泵排尽涌水工作时间 /h	井下积水 /m^3
30	21728.6	1270	17.1	20458.6
50	36128.6	1270	28.5	34858.6

根据以上计算分析，当出现日降雨量为 30 mm 和 50 mm 的暴雨时，井下排水系统 1 日内基本上能排除井下涌水，不会发生淹井事故；当出现日降雨量为 82.2 mm 或小时降雨量为 30～50 mm 的暴雨时，井下排水系统不能排除短历时暴雨涌水量，在此情况下应有准备的淹没部分巷道。采取一定的防贮水措施，保证井下水泵房的正常运转。

D 井下防洪措施

根据井下涌水量计算可知，当出现短历时暴雨即小时降雨量为 30～50 mm 时，应有准备的淹没四中段，当出现特大型暴雨即日降雨量大于 50～82.2 mm 时，应有准备地淹没三四中段，因此，井下三四中段应采取一定的防堵水措施。即在三四中段井底车场石门处设置安装横梁平板防水闸门，以保证井底车场、设备、水泵房、中央变电所的安全。

E 地表防洪措施

深部铜矿井下水患主要是由降雨造成的洪水泛滥，沿露天坑底部灌入井下而造成的。为保证矿山安全生产，防止水灾事故发生，必须对矿区地表水进行综合治理。

深部铜矿露天排洪工程由东北部排洪沟、西北部排洪沟、西南部挡水坝组成。排洪沟由浆砌石块支护，坡度为 6.1‰，由水力计算可知排洪沟最大排洪能力为 580608 m^3/d，能满足预测 50 年内最大降雨量的排洪能力。西南部挡水坝为料石混凝土结构，其最大调洪能力远远大于一次最大洪水量，能起到防洪调洪作用。

F 泥石流及其防护

泥石流是一种含有大量泥沙石块等固体物质、突然爆发、历时短暂来势凶猛、具有强大破坏力的特殊洪流。爆发时对矿山生产及人民生活构成严重威胁。因此，必须采取措施防治泥石流。深部铜矿露天坑边坡有发生泥石流的可能，对其防护提出的建议是：

(1) 减少或停止对露天边坡残留矿体无规则的人工开采，维护边坡现有稳定状态；

(2) 每年雨季来临之前，清理边坡浮石和其他固体碎屑物质，减少泥石流固体物质的补给；

(3) 定期维护和疏通露天边坡截洪沟，尽量减少封闭圈以外的洪水汇入露天坑；

(4) 对边坡风化和破碎较严重的地段应采取加固措施，防止露天边坡特别是雨季滑坡现象的产生；

(5) 在暴雨时段应将露天坑内人员和设备撤至露天坑外，使泥石流发生时不致产生人员伤亡和设备损坏。

5.7.2.3 铜山铜矿井下水害预防与治理

A 防洪、排水设施

在铜山铜矿 40 多年的生产史上，30 余万 m^2 的两大露天坑的汇水（除截洪以外的汇水面积），一直困扰着矿山井下的生产安全。

坑下涌水主要来源是大气降水。特别是每年 6～8 三个月的暴雨季节是坑下防止淹井的关键时期。露天坑的汇水面积直接影响井下的安全。引出露天范围境界外修筑的防洪沟,拦截大气降水曾起到了较好的作用,一直视为防洪排水的一条行之有效的措施。但是,露天坑内的降水无径流外泄的条件,通过直接和间接的方式向井下渗透。目前矿山现有泵房 7 座,其中露天坑排洪泵房两座,共两台水泵。井下泵房 5 座 19 台水泵,各泵房详细情况见表 5-33。

表 5-33　泵房一览表

序号	名　称	水仓容积/m^3	水泵台数/台	排水能力/(m^3/h)	装机容量/kW
1	-170 m 主井泵房	1750	5	1440	1500
2	-170 m 3 号井泵房	1500	3	864	900
3	-80 m 副井泵房	500	3	864	580
4	-80 m 3 号井泵房	200	2	576	360
5	-257 m 新副井泵房	1500	6	1728	2640
	小　计	5400	19	5472	5980

从表 5-33 可知,井下泵房理论排水能力为 5472 m^3/h,一昼夜的排水能力达 10.9×10^4 m^3,其装备水平可以应付几十年一遇的暴雨引起的洪水。但是据实际测定矿山除雨季外的正常涌水为 250 m^3/h,是暴雨季节最大涌水量的 1/15,相差十分悬殊。

B　两起淹井事故的原因分析

1989 年铜山区 -170 m 淹井事故　铜山露采是 1980 年结束的,之后转为地下,采矿坑道与露天多处贯通,1989 年雨季,两个小时的暴雨量达到 200 mm,铜山区露天 3.0×10^4 m^3 的汇水绝大部分经露天采空区通道直泻井下,尽管铜山区井下有 3 座泵站和 3450 m^3 的水仓,理论排水能力 2880 m^3/h,加上露天坑的临时泵站,仍然难以对付如此迅猛的洪水袭击。为防止铜山露天的水直接进入井下造成淹井,在主中段 -170 m 用水闸门把前山与铜山隔离,充分利用泵站的能力排水。可是,电缆接头因长时间的泡水短路,导致供电中断,造成淹井事故。因此说,持续的特大暴雨,露天坑多处导通井下中段坑道,供电电缆的短路停电,设备管道的故障是导致淹井事故发生的主要原因。

1996 年 7 月 -257 m 中段的淹井事故　1996 年 7 月 2 日的连续暴雨中,24 小时降雨量达到 300 mm。由于近几年露天底部的继续采矿,底部平台 50 m×30 m 的标高在 -43～-46 m,多处与 -40 m 中段相通。露天境界的截水防洪沟,由于连绵不断的雨水,砌筑在表土上的排水沟受露天边坡的影响产生滑移、断裂,失去其功能,雨水涌入露天坑。14×10^4 m^3 的露天坑受水面积,加上防洪沟失效的汇水,在一天之内有 5.0×10^4 m^3 的水集中到露天坑,通过 -40 m 中段相通的坑道涌入井下。进入坑道的水通过天井、溜井向 -80 m 中段冲击,由于坑道以 3‰～5‰的坡度向副井方向倾斜,尽管 -80 m 副井泵房前有挡墙隔水,终因水势太猛而冲垮,洪水通过副井口,向井底 -257 m 倾泻。造成 -257 m 的 6 台大泵全部被淹,整个中段被淹没在洪水中。

C　坑内水害的预防与治理

分析淹井的主要原因是两个露天坑所引起的,防止淹井的关键,首先要对露天坑进行治理,寻求一个投入较少,具有治标、治本的切实可行的举措,则具有一定的现实意义。井下水害的预防与治理应从以下几个方面入手：

(1) 堵。在排弃剥离物时，矿山曾采取崩落露天边坡的废石，填塞与井下的通道，几年来的剥离排弃，据测定坑底标高由原－105 m上升到－75 m，约有30 m的充填高度，缓解了地表水涌入井下的速度。根据井下尾砂充填的实测资料，分级尾砂的渗透速度为150 mm/h，国内矿山实测数据最大为190 mm/h，尽管剥离物的组分和级配比尾砂情况复杂，如果能使渗透速度控制在100 mm/h，那么，露天洪水对井下的威胁能够使井下水仓、水泵有一个能够承受的程度，也就避免了淹井事故。

前山露天的坑底进行一定的充填是防止露天汇水直接涌入井下的首要措施，用大块废石堵塞－40 m与露天的通道并进行混凝土封闭。充填物在高度上的级配，下部以大块石，中部以中小块石，上部以表土、碎石为宜，防止泥石流涌入井下。充填物的高度以20～30 m为宜。堵的目的是使露天坑起到一定的蓄洪能力，如果加大地表排洪力度，可以减少井下的排洪，节省排洪费用。

(2) 引。防止露天外部的水进入露天坑，就要对可能进入露天坑的水进行疏导，继续完善已经修筑的防洪沟，最大限度的把水引走。同时要加强雨季防洪截水工程的检查，发挥工程的应有作用。

(3) 截。露天坑进行一定量的充填，减缓了洪水进入井下速度，为防止可能出现的短路突水，与露天相通的坑道，在可能的地方一道道的拦截，能在露天坑截住的，就在露天坑内排出；能在上中段截住的，就不要放到下中段，以减少排水电耗和对深部中段的威胁。为了有效地截住洪水，就要保证截水工程的质量。由于井下作业环境对防水闸门的侵蚀，保证其完好是发挥其功能的首要条件，所以应对中段设置的水闸门进行经常的检修和维护。

(4) 排。进入坑下的涌水，排是最后一招，而且是不可缺少的重要一环。暴雨季节进入井下的洪水，仅仅靠排水不能解决问题。洪水涌入，一下子把井下的水仓装满，淹没整个井底车场，防洪闸门往往一时难以奏效。井下单靠排水是被动的，难以摆脱淹井的危险。

5.8 露天矿残留矿柱的安全回采

根据国内外统计，露天开采结束后，残留在露天境界周围的矿柱储量占开采总储量的5%～16%。残留矿柱的回采，对于露天转地下开采过程中保持产量的平稳过渡意义重大。露天残留矿柱可分为三类：(1)露天底矿柱（在露天和地下采空区之间的矿柱）；(2)露天边帮残柱（在露天边坡附近的残柱）；(3)露天矿两端的三角矿柱，也包括由于不扩帮延深开采而留在上盘边坡的三角矿柱。残留矿柱不仅回采困难、强度低、速度慢，而且不够安全。据国内矿山经验，要全部回采残留矿柱一般需要3～5年时间。

如果事先不作好统筹规划和选择合理的采矿方法，将影响地下开采的达产时间，拖延露天向地下开采的过渡。因此，在露天深部开采设计时，应结合地下开采设计，全面考虑露天残柱的开采方法，以便保证残柱的安全回收。由于露天残柱的类型及其存在条件不同，所采用的开采方法也不同。基本的回采方式是地下开采，使用较多而又具有发展远景的方法是利用剥离废石和尾砂作为充填料的充填采矿法。

5.8.1 露天坑底矿柱回采

露天底矿柱是指露天坑底至地下采场之间的隔离矿柱。由于地下第一阶段水平所采用的采矿方法不同，矿柱的回采方案也不同。当地下采用崩落法回采时，露天坑底就不存在底柱的开采问题(武钢大冶铁矿、首钢杏山铁矿等)。若采用房柱法回采地下第一阶段水平矿体时,根据选用的采矿方法不同,底柱的回采方式也不一样。有些采矿方法,在采完第一阶段矿房时继续使用该法回采露天底柱,最后与矿房的矿石一起从地下运出。如留矿法、V.C.R. 法和水平分层充填法。还有一类采矿法是在露天向地下开采过渡时期也不存在露天底柱,而是将露天底柱作为过渡阶段的矿房,用空场法(阶段矿房法)开采,如图 5-74 所示。该方法的开拓工作是从露天边帮开掘斜坡道作为凿岩和装载设备用的运输通道(阶段高可达 50～80 m)。为了通风可掘斜井或深孔与地面相通。然后作运输出矿水平的采准和拉底水平的漏斗及补偿空间。崩矿的深孔从露天底或在分段凿岩巷道中进行。矿房中的矿石放出后,用剥离废石或尾砂充填。间柱在矿房充填后用与矿房同样的方法回采,也可以用水平分层充填法回采。此法适用于较窄的急倾斜矿体和深露天水平的开采。其优点是:(1)可以不扩帮继续向下开采(50～80 m)而不留三角矿柱,减少剥离量,提高回采率;(2)生产能力大,有利于边坡的稳定;(3)为地下采用崩落法开采创造了有利条件。

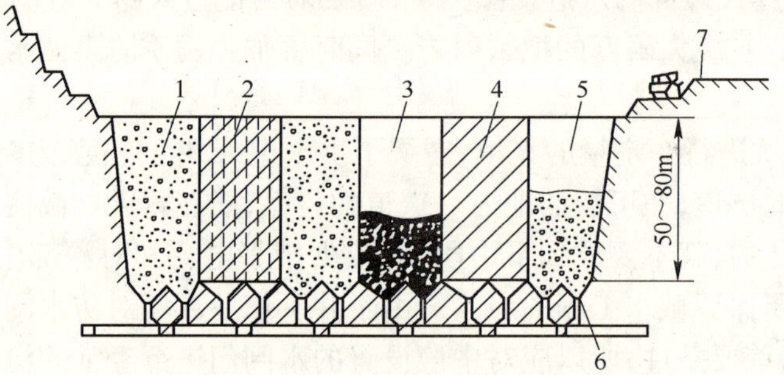

图 5-74　阶段矿房法回采露天底矿柱示意图

1—充填体;2—深孔;3—矿房;4—矿柱;5—正在充填的矿房;6—挡墙;7—露天工作帮

对于厚度大的急倾斜矿体,可用留横撑棱柱的露天－地下联合法开采露天底矿柱(图 5-75),使用该法也可以不扩帮向下开采(深度可达 60～80 m)。实质是先用地下法开采矿房,矿房宽度 15～25 m,长度等于露天采场的宽度。矿房的回采是从分段平巷崩落矿石,或者用阶段强制崩落法崩矿。崩落的矿石从漏斗放出,经过运输平巷运到井口提运至地面。放完矿石后用混合充填料充填,形成横撑棱柱体。横撑棱柱体之间的矿体用露天法开采,靠

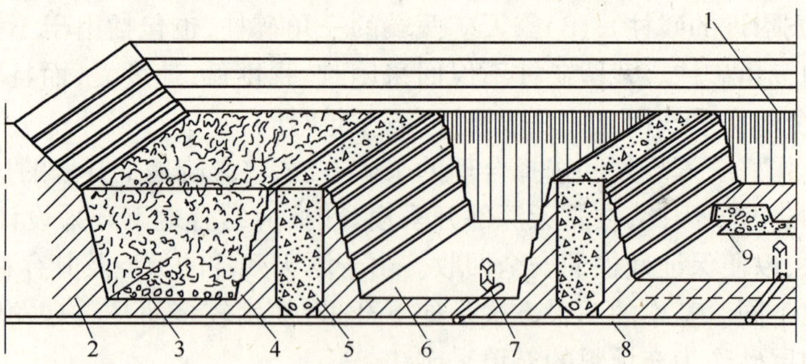

图 5-75　留横撑棱柱开采露天底矿柱方案

1—露天底;2—矿体边界;3—剥离废石;4—矿体;5—充填棱柱体;

6—露天开采的采矿场;7—放矿溜井;8—运输平巷;9—装载机

近棱柱体留的边坡角为85°,棱柱体沿走向的间距应依据露天开采边坡的稳定性确定,可取300～500 m。露天采场的矿石通过采场中心的矿石溜井放到地下开采的运输水平运出。露天开采的空区用剥离废石充填。用露天–地下联合法开采底柱,比用露天法开采更合理,并有利于用崩落法进行地下开采。

对于急倾斜或倾斜矿体,根据矿床的地质和开采技术条件,将露天底柱的回采方法归纳为12种开采方案(图5-76)。

方案1:该方案(图5-76*a*)直接从露天采场按矿体的全宽用露天钻机向下凿深孔,孔深可达60 m,凿深孔之前需在运输、出矿水平作好采准切割工作。深孔崩矿可以沿矿体走向或垂直矿体走向进行垂直分层爆破,崩落的矿石通过放矿漏斗放出。该法适用于开采稳固的矿石。在开采不太厚的急倾斜矿体时(3～25 m),可用垂直深孔自下向上分段崩矿。因此,矿块须事先切割出自由面。

方案2:该方案(图5-76*b*)是在开采境界内留横向或纵向矿柱,矿房回采是从露天底和部分从分段巷道内凿岩。为了防止露天非工作帮移动,在非工作帮之间留矿房间柱,形成矿石支架。分段微差爆破可以降低大爆破的地震效应,预防露天边坡的错动。采空的矿房用废石充填,可以形成坑内排土场和加固露天的边坡。该方法适用于矿石中等稳固($f=9\sim12$)的条件。

方案3:根据矿体的形状,露天底的矿柱分两次回采(图5-76*c*)。首先从露天底向隔离矿柱的上半部分钻孔,由一侧向另一侧崩矿,崩落的矿石从露天出矿或通过溜井从地下出矿。然后从分段巷道向隔离矿柱的下半部分崩矿,由下面漏斗出矿。该方法适用于形状不规则、厚度不大的矿体。

方案4:该方案(图5-76*d*)从露天底和地下凿岩巷道同时凿岩,由走向的一端向另一端后退式崩矿。适用于矿石和围岩都较稳固的厚矿体。

方案5:当露天开采到极限深度,露天底的宽度很小,但矿体的厚度很大,在上下盘的非工作帮内留有大量的矿石储量,可从露天底和非工作台台阶向下钻孔。台阶内的矿体用露天法开采,下面的矿体可参照图5-76*e*的方法回采。

方案6:露天底的矿柱按分段由上向下开采,巷道端部出矿(图5-76*f*)。最上面的分段从露天底和在分段凿岩巷道内用扇形深孔崩矿,分段的底部造成矿石自然滚落角。再下部的分段仅通过分段巷道凿岩,崩落的矿石通过巷道端部出矿,用装载机装运。为了防止露天边坡和矿体的错动,分段的回采工作须在稳定的情况下进行。

方案7:该方案同时用露天法和地下法开采露天底的矿柱(图5-76*g*)。开采前须沿矿体边界支上混凝土立柱,在矿房未回采前给立柱喷上一层支护。靠边界的矿体用空场法回采,矿石从地下漏斗放出,采空的矿房填料充填。混凝土立柱(包括充填的矿房)内部的矿体用露天法开采。崩落的矿石和部分废石通过溜井放至地下运输水平。该法可大大缩减剥离量和充分利用高效的露天设备。

方案8:该方案(图5-76*h*)是在露天底用矿房回采矿石,采后充填采空区。矿石的回采分两步进行:先开采靠近矿体上盘的矿房,然后开采下盘的矿房,下盘的矿房用干式充填料充填。该方案对于回采露天底以下的矿石较安全。

方案9:用分段采矿法开采露天底的矿柱(图5-76*i*),各分段的凿岩和崩矿自下而上进行,分段高度为20～40 m,巷道端部出矿。各分段的开采须由上往下彼此保持一个崩落分层厚度的超前关系。最上一个分段的凿岩和爆破也可以从露天底进行，该方案适用于厚度为 10～25m 的矿体。

方案 10：该法用于不太厚的（5～10 m）急倾斜矿体（图 5-76*j*）。先从露天底至拉底水平开掘凿岩天井，在凿岩天井中由下向上钻水平孔崩矿。凿岩爆破工作是在固定于地面的凿岩吊台上进行。用水平炮孔分段次崩矿，崩落的矿石通过漏斗放出。

方案 11：矿柱用立井法回采（图 5-76*k*）。其实质是在开采前沿矿体边界打立井（或大直径深孔），随着露天从上向下开采，在矿体边界的立井处建立混凝土支护，以便保证露天边坡的稳定。崩落的矿石通过矿石溜井运出。

方案 12：采用露天－地下法开采露天底的矿柱（图 5-76*l*）。靠近下盘部分的矿体，用露天钻机从露天底按全宽向下钻孔。靠上盘露天边帮下面的矿体，从分段凿岩巷道中凿岩和

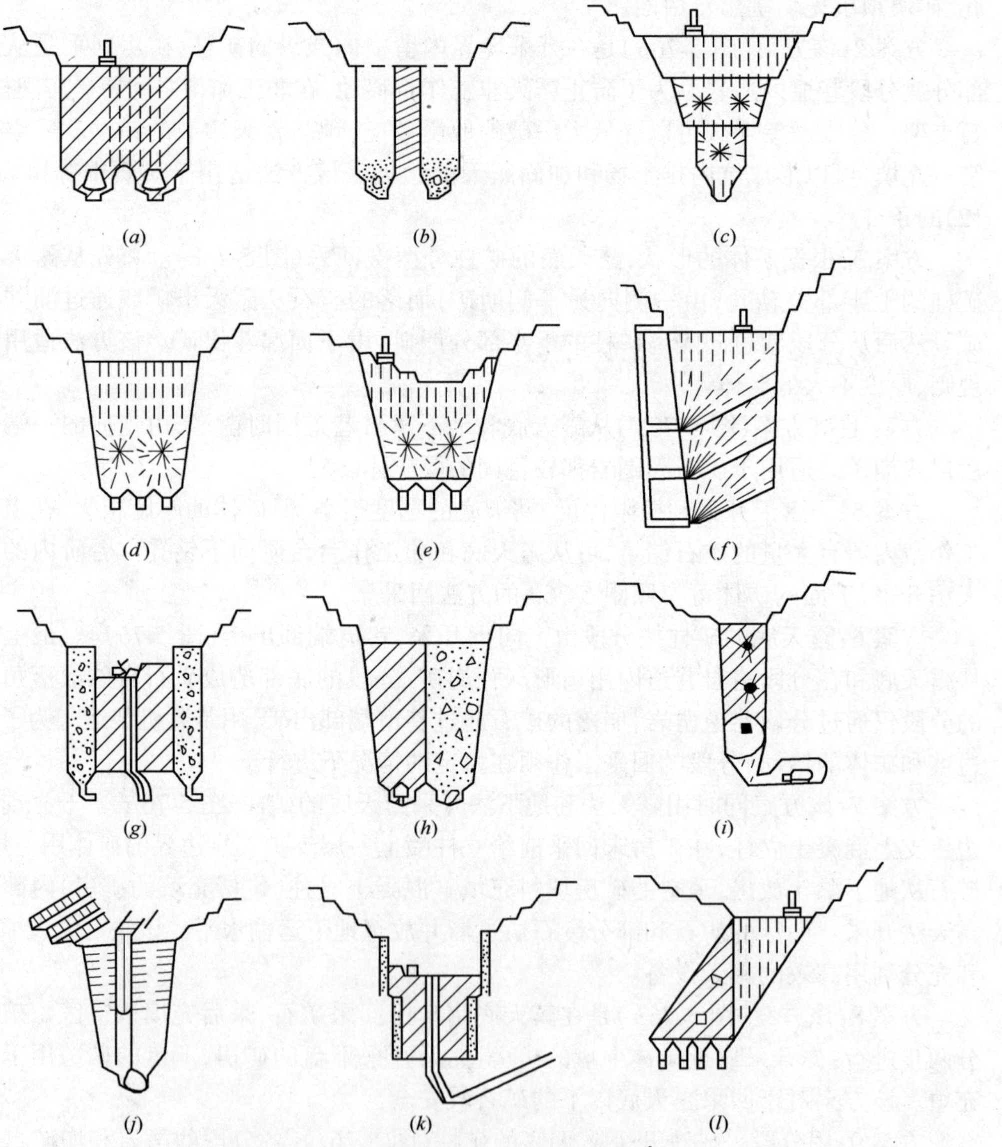

图 5-76　露天转地下开采露天底柱回采方案

爆破。为了支撑露天非工作帮，使其保持稳定状态，开采时在上盘留安全三角矿柱。上盘开采崩落的矿石通过漏斗放出，然后从露天放下剥离废石充填下盘的采空区。待上盘矿房充满混合充填料后，即可采矿房间的三角矿柱。该法最适合于开采倾斜矿体。

以上所述多是开采急倾斜矿体的方案。图 5-77 所示是在装运的集中生产水平，利用自行式自卸矿车开采露天底柱的露天－地下联合开采方案。它与上述方案 12 类似，可用于开采倾斜矿体。该方案是在离露天底 80～100 m 处作好转运水平的采准工作。在集中生产水平开掘与矿体平行的脉外运输平巷。从运输平巷开掘长 10～15 m 的装运横巷。从装运横巷用扇形孔开掘成 52°倾斜的连续底沟进行拉底。在运输平巷的另一侧开掘直线入车道，供自卸矿车调车使用。完成拉底后，即可在露天底用钻机向下钻垂直深孔，从切割槽一侧后退式崩矿。崩落的矿石用自行式自卸矿车通过装运水平运至提升矿井。对于靠近上盘的三角矿体，可先用分段法回采矿房，然后再回采矿房间柱，其生产工艺与方案 12 相同。

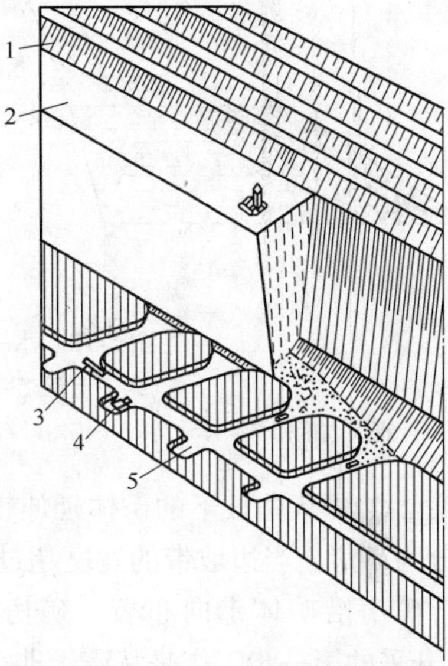

图 5-77 露天-地下联合开采露天底柱方案

1—露天非工作帮；2—露天底；3—露天或地下用的自卸式矿车；4—自卸矿车的调车线；5—直线入车道

5.8.2 露天边帮残留矿体回采

露天边帮的残留矿体，主要包括非工作帮附近和边坡以下的矿体。由于这部分矿体受到各种外力的破坏且形状不规则，开采比较困难，回采率比较低。除了少量可由露天直接采出外，大部分采用地下法回采。为了确保露天转地下生产的作业安全，以及保持露天边坡的稳定，采用地下法开采的部分，一般多使用各类充填采矿法。地下法开采露天边帮残留矿体有两类基本方案。

第一类方案，是用露天和地下法直接从露天台阶开采边帮的矿体。它主要是用来开采露天非工作帮一端边坡附近的矿体。在非工作台阶处的矿体采用露天法开采，然后用地下法开采其余部分的矿体。崩落的矿石一般从露天装运到矿石溜井由地下运出，采空区通常用废石充填。

第二类方案，是开采直接在边坡处所留的矿体，而且是当矿体在边坡区延伸很长时采用。此时，主要的地下巷道通常与露天地面相连通。

当边坡区附近的矿体延伸很长时，可以采取两步回采：首先是回采离边坡很远的矿体，然后回收露天边坡，并拆除移动区内的露天交通线路，最后开采靠近边坡的矿体。

开采露天边帮矿体常用的典型方案如下：

方案 1：对于贵重矿石和中小型矿山，广泛采用上行或水平分层充填采矿法（图 5-78*a*）。除了下行开采法（图 5-78*b*）是采用露天法开采台阶外面部分的边坡矿体外，其余的水平分层充填法开采工艺系统，与通用的地下水平分层充填法完全相同，但是充填材料主要是剥离废石。该法的优点是能保持边坡的稳定,保证生产作业安全,矿石的回采率高。

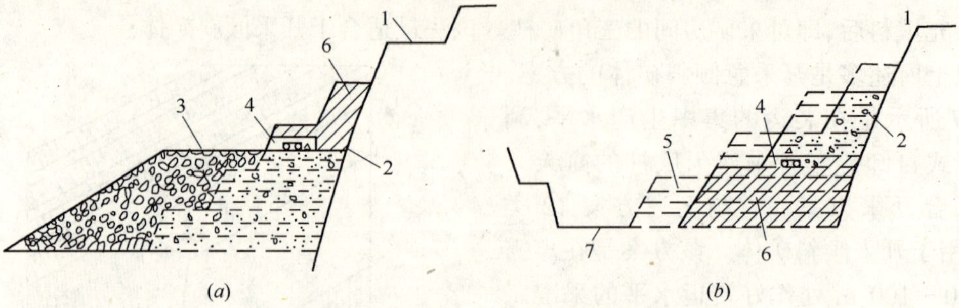

图 5-78　水平分层充填法回采边坡矿体

(a)—上行充填采矿法;(b)—下行充填采矿法

1—露天边帮;2—矿体边界;3—坑内矸石场;4,5—地下与露天开采的采掘带;6—矿体;7—露天底

方案 2:当露天边坡下的矿体延伸较长时,可采用矿房充填法开采(图 5-79)。该法是将矿体划分为矿房。当边坡带的宽度超过 15～20 m 时,矿房垂直矿体的走向布置;小于 15～20 m 时,矿房沿矿体走向布置。矿房宽度一般为 10～30 m,长度可达 100 m,高 60～180 m。开采的第一步工作是从露天非工作帮或工作帮开掘运输和凿岩平硐,从运输平硐进行矿房拉底。切割槽可从露天边帮开掘,也可位于矿房中央。在露天边帮台阶上和分段巷道中钻崩矿深孔,从分段巷道用扇形深孔爆破。崩落的矿石通过漏斗放出。矿房采空后用混合充填料充填。第二步是开采矿柱,当围岩的稳定性较好时,部分矿房可用从露天边坡卸放的剥离废石充填。矿岩的装运采用露天自卸汽车或装载运输机。

图 5-79　矿房充填法回采边坡矿体方案

1—矸石场;2—露天钻机;3—台阶;4—凿岩平硐;5— 矿体;6—充填体;

7—运输平硐;8—围岩;9—充填高度;10—矿体

方案 3:当露天矿边缘布置有重要的民用或工业建筑物,露天边坡不能进一步扩帮时,可以采用留矿房间柱的空场法回采露天边坡矿体(图 5-80)。露天边坡矿体的开拓工程,是从露天边帮开掘平硐至围岩接触面,然后从平硐开掘倾斜溜井。溜井的最小倾角依据矿石

的物理力学性质而定，通常为45°～52°。矿房底部可以是倾斜的，也可以是水平的，这取决于矿房对露天边坡的相对位置。位于边坡上部的矿房，底部是倾斜的。底部倾斜的矿房其补偿空间是由矿房底部开掘一排放矿漏斗而形成。矿房的凿岩工作，是在露天平台上用露天钻机向下钻孔，孔深30～100 m。矿石沿溜井放出，然后通过平硐运到露天坑外。矿房采完用露天废石充填。当开采的是贵重矿石时，矿房用胶结充填，以便于矿房间柱的回收。

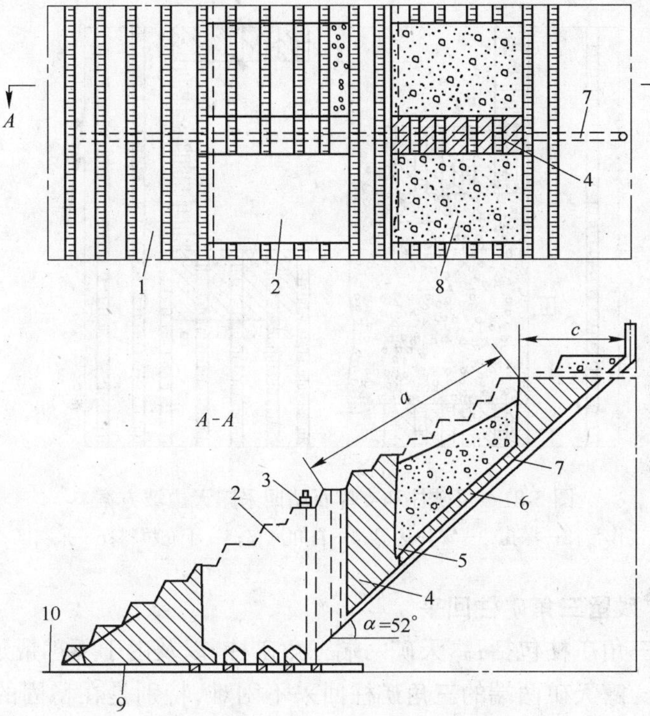

图 5-80　留矿房间柱的空矿房法回采方案

1—露天台阶；2—空矿房；3—露天钻机；4—矿房间柱；5—放矿漏斗；6—倾斜底部；7—倾斜矿石溜井；8—充填体；9—运输平硐；10—露天底标高

方案4：国外也有较多的矿山采用崩落回采露天边坡矿体，通常适用于矿岩不太稳固、矿石不十分贵重的矿山。例如，前苏联的高山铁矿、国内的冶山铁矿、海城滑石矿、大冶铁矿等，均用分段崩落法回采边坡下的残留矿体。当露天底的矿柱和地下的第一阶段用崩落法回采时，通常均用崩落法回采边坡下的矿体。

方案5：为了减少矿石的损失，可在露天非工作帮留矿柱或形成三角石墙，用露天法回采露天边坡矿体(图5-81)。开采工作可以从上盘和下盘同时进行。用露天开采法将矿体分成区段，每区段之间留20～40 m矿柱，区段长度为100～200 m。参数的具体尺寸依据露天边坡的稳定程度确定。每个区段的开采是按台阶由上向下进行，各台阶的深孔均钻至露天底标高，各区段崩落的矿石均用装运配套设备(装载—自卸汽车或电铲—自卸汽车)运输。每采完一个区段就用剥离废石充填，形成支撑石墙。充填料一般从上面露天边帮的标高向下卸，也可以由下向上分层堆积。边坡的开采高度可达50～85 m。该方案的优点是：可省去为开采这部分矿石而增加的大量剥离费，矿石回收率高，作业安全。

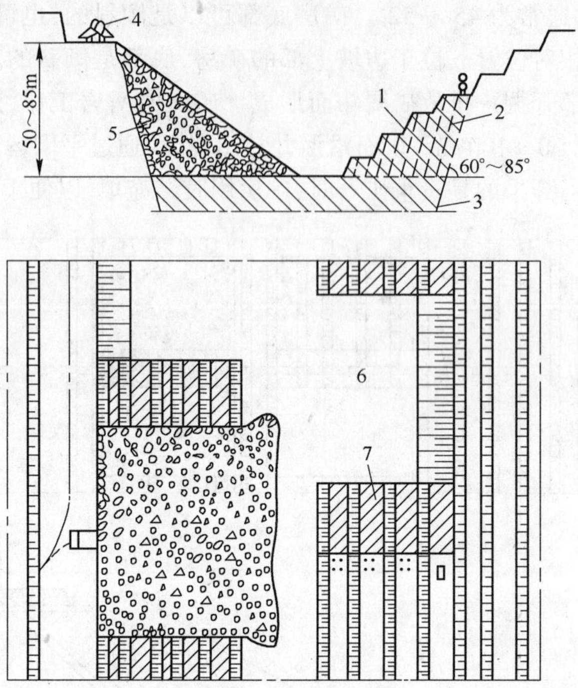

图 5-81　留矿柱和支撑石墙回采露天边坡方案

1—露天非工作帮；2—深孔；3—矿体边界；4—自卸汽车；5—干充填料；6—采空区；7—矿柱

5.8.3　露天矿残留三角矿柱回采

露天矿残留的三角矿柱包括：露天矿两端三角矿柱，以及由于不扩帮延深开采而在上盘留的边坡三角矿柱。露天矿两端的三角矿柱回采不困难，特别是在稳固的顶板岩石中更加容易。按矿体的长度和厚度，可沿走向布置矿房进行回采，其中靠近露天边上的第一个矿房，可直接从露天矿采出。

矿岩稳定性较差时，由于上盘三角矿柱暴露面积大，上盘岩石应力集中，如果露天矿延深很大，矿体很厚，倾角不陡，此时矿柱回采最困难，甚至只回采部分矿柱就可能引起上盘岩石的大范围移动，而且矿柱回采率低，作业不安全。在此条件下，矿柱的回采工作最好与地下第一阶段的矿体一起进行。如果条件允许，采用房柱法较合理，因为此时不放顶（不破坏间柱）也可以回收 50％的矿石。

对于上盘岩石不稳固的矿山，其边坡三角柱可采用水平分层充填法回采（图 5-82）。矿房宽度为 5 m，房间柱宽度为 3.5～4 m。露天坑充填的岩石稍高于矿柱。靠近露天矿的一侧，留 2～3 m 厚的小矿柱。在小矿柱中，从矿房的每一分层开掘小斜巷，以便输送充填料。如果矿柱高为 15～20 m，则须在上盘开掘充填通风平巷，并在每个矿房中开掘一个充填天井与充填通风平巷连通。

上盘岩石稳固时，可以用留矿法开采边坡三角柱。三角矿柱较高的矿山，通常也在上盘开掘通风充填平巷，在矿房中开掘通风天井，而在留矿堆下面设短溜井与运输巷道连通（图 5-83）。矿房中暂存的矿石，经漏斗放至矿房下面的横巷。矿房开采完毕，通过通风平巷运送充填料进行充填。

矿岩稳固、矿床条件适宜的矿山,也可以采用分段法回采三角柱。如果露天矿底没有岩石充填,则可以直接从露天矿回采(图 5-84)。露天底若有岩石充填,则与留矿法一样,须在露天矿一侧留一定厚度的矿柱。矿房宽度一般为 10 m,矿柱宽度为 6~8 m。采下的矿石通过地下巷道运出。

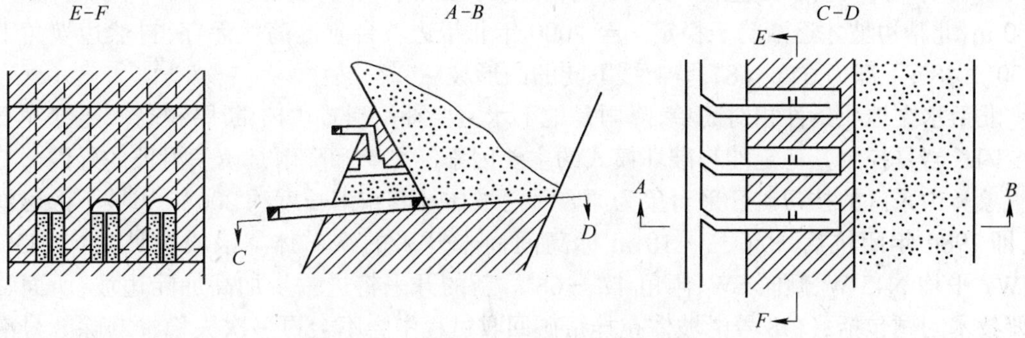

图 5-82 用水平分层充填法回采边坡三角柱

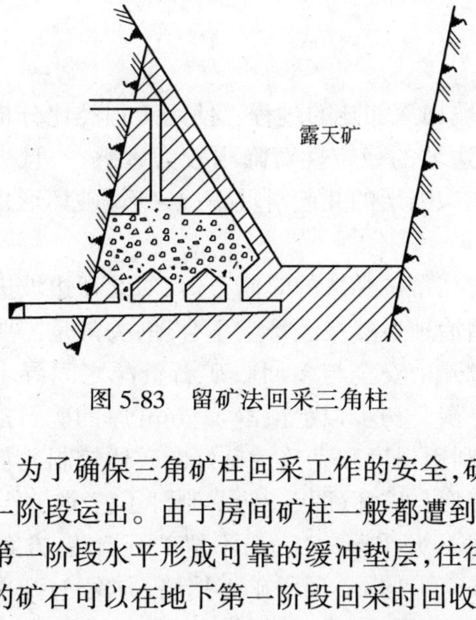

图 5-83 留矿法回采三角柱

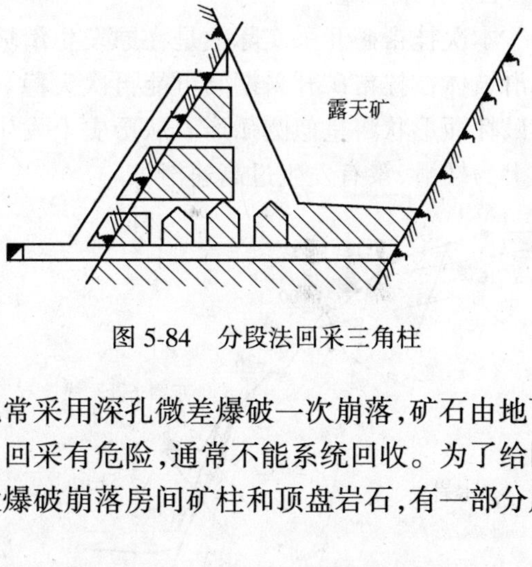

图 5-84 分段法回采三角柱

为了确保三角矿柱回采工作的安全,矿房也常采用深孔微差爆破一次崩落,矿石由地下第一阶段运出。由于房间矿柱一般都遭到破坏,回采有危险,通常不能系统回收。为了给回采第一阶段水平形成可靠的缓冲垫层,往往用大爆破崩落房间矿柱和顶盘岩石,有一部分崩落的矿石可以在地下第一阶段回采时回收。

露天转地下开采的矿山,为了避免和减少露天崩落的岩石对第一阶段巷道的破坏,同时也为了地下能安全地采用崩落法开采,露天底的垫层(缓冲层)厚度,最小应为 15~20 m 以上。

5.8.4 工程实例

5.8.4.1 大冶铁矿象鼻山北坡挂帮矿回采

大冶铁矿东露天采场闭坑后,其最终境界外矿量为 1200 余万 t,其中:象鼻山采区 311.42万 t,狮子山 533.85 万 t,尖山 371.79 万 t,矿石平均品位:TFe = 51.6%,Cu = 0.48%。境界外矿量拟采用崩落法地下开采。准备开采的狮子山南帮、北帮、尖山和象鼻山 4 个挂帮矿点的特点是边坡高陡、大断层和滑坡发育。4 个开采点的局部边坡角均大于 60°,3 个开采点有大断层通过(尖 F_9、F_{13}和 F_{25}),2 个开采点位于滑坡体下。因此,挂帮矿开采过程中的边坡安全问题备受关注。现以象鼻山北坡滑坡体下挂帮矿的安全回收为例进行简要说明。

A　北帮工程地质条件

象鼻山采区从1967年开始,北帮边坡一直处于不稳定状态。1979年7月11日开采至+36 m水平时,发生了方量达7万 m^3 的滑坡,导致开采中断,被迫于1980年闭坑并回填至+60 m,北帮边坡才逐渐趋于稳定。至2000年北帮边坡台阶已荡然无存,自然边坡角上部为30°～48°,下部为64°～68°,呈上缓下陡的凸形坡。

北帮水文地质条件相对简单,降雨是地下水主要补给形式。F_{25}断层和高岭土绿泥石化蚀变闪长岩是控制其稳定性与破坏模式的主要因素。采矿和降雨是诱发滑坡的外因。

象鼻山采区的挂帮矿开采对象为原8号滑坡体及其东南长度约200 m边坡下的磁铁矿体,即1980年闭坑后+36～+18 m标高间尚未开采的铁矿体。该段边坡走向N31°～59°W,平均N45°W、倾向SW、倾角47°～68°。新的开采将进一步加高加陡边坡,所面临的主要技术问题包括:(1)8号滑坡体在挂帮矿回收过程中会不会再一次失稳;(2)除8号滑坡体外,滑坡范围是否会向东侧延伸;(3)一旦失稳会不会形成高速滑坡;(4)若不存在高速滑坡,能否通过调整采矿工艺控制滑坡体的变形速度,以保障挂帮矿回收期间的人员和设备安全。

B　开采方案

本次挂帮矿开采实际上是在原发生滑坡的边坡加深加陡的过程。使用工程类比分析,8号滑坡体在挂帮矿开采期间可能再次失稳。北帮边坡的稳定性对降雨较为敏感,一旦失稳其破坏面形状将呈似圆弧形。从历史上发生的近F_{25}断层的几起滑坡情况来看,破坏形式基本上为蠕滑,没有发生过高速滑坡。

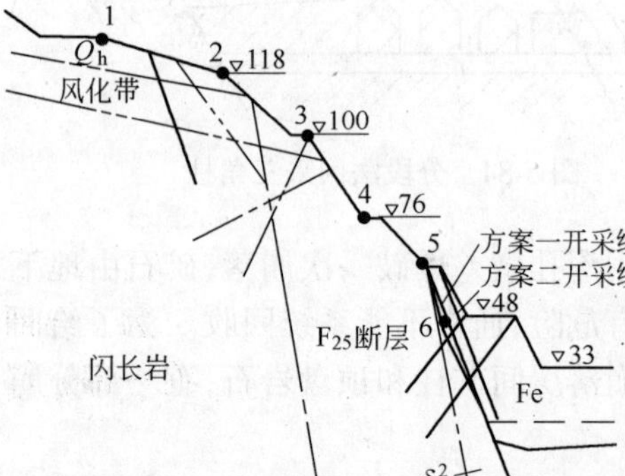

图5-85　象鼻山北帮Ⅰ-Ⅰ剖面计算模型（局部）及位移点

挂帮矿开采的时间很短,对北帮边坡进行加固治理显然在经济上不合理,关键是需要在保障开采安全与多回收矿石资源之间寻求一种平衡。初步拟定预留4～6 m厚的矿石挡土墙,利用强度和完整性良好的矿体控制北帮边坡变形与破坏(图5-85)。制订了三个方案,即方案1:开采至+18 m,不留矿石挡墙;方案2:开采至+18 m,预留矿石挡墙;方案3:开采至+18 m,预留矿石挡墙,滑体顶部张裂隙充水。使用简化毕肖普法和有限元法对上述方案进行了比较分析(表5-34和表5-35)。

表5-34　极限平衡安全系数计算成果

剖面号	方案1	方案2	方案3
Ⅰ-Ⅰ	0.872	1.124	1.063
Ⅱ-Ⅱ	0.921	1.147	1.113

表 5-35 边坡监控点位移值 (mm)

点 号	方 案 1			方 案 2		
	总位移	水 平	垂 直	总位移	水 平	垂 直
1	2	2	1	1	1	0
2	236	183	149	4	3	2
3	1698	599	1589	73	24	70
4	1973	1043	1674	66	40	52
5	2065	1569	1342	52	50	11
6	2005	1706	1053	44	43	10

计算中,极限平衡法使用的是残余强度,预留矿石挡墙后基本上可以使北坡的安全系数略大于1.0。从二维有限元法分析成果来看预留挡土墙方案明显可以控制滑坡的变形。由此,初步确定的采矿方案为:(1)先剥离+60 m至+36 m的回填废石,开辟出运输通道;(2)在北帮边坡下预留厚度为4~6 m矿石挡土墙,采用退采方式自西向东横向扩帮开采,一次开采厚度6~8 m。

C 开采过程与工艺调整

2002年9月回填废石剥离完毕,挂帮矿开采工作开始。2003年2月开采至+24 m水平时边坡开始加速变形,原8号滑体后壁出现新鲜陡坎,并逐步向东侧发展。一场约36 mm的降雨使滑坡变形加速,日变形量达460 mm,4月7日+36 m附近开始有大量水渗出。从实测位移曲线来看,滑体前缘测点(8号滑体的1~4点)的位移较后缘测点(8号滑体的1~2点)的位移要小,表明坡脚的铁矿体挡墙有一定的支挡作用。结合地表变形特征分析,坡体的破坏特征可以用图5-86描述。由于挡墙的作用,滑坡体解体为两大块。块体Ⅰ下陷导致块体Ⅱ呈倾倒破坏趋势,致使+36 m附近处出现张裂缝而渗水,坡面松散岩体逐渐崩落。

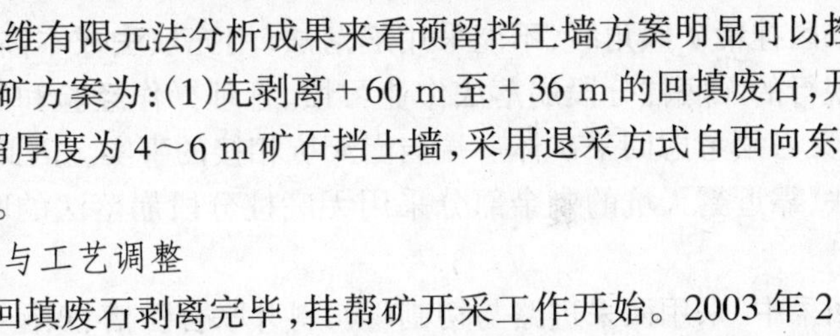

图 5-86 滑坡破坏机理示意图

(a)—开采前;(b)—开采后

为确保安全,制定了如下安全保障措施:(1)控制爆破方法与药量,远离边帮的矿石开采使用微差爆破方法,靠帮矿石开采使用预裂爆破方法。(2)暴雨和久雨期间,不进行开采作业。(3)生产期间加强监测,并由经验丰富的职工进行专职安全巡视。(4)爆破后应先检查边坡稳定状况,再出矿。(5)非生产期间,设备、人员置于安全地带。

此后,虽然边坡变形进一步发展,但是排水和卸荷亦同步发展,同时最大日变形速度控制在100 mm/d以内,小于1979年滑坡发生时的最大速度110 mm/d。自2002年7月至

2003年7月北帮挂帮矿顺利开采完毕，安全回收铁矿石资源38.3万t，边坡最终位移达8795 mm，最终坡角为70°。

5.8.4.2　大冶铁矿缓倾斜挂帮矿开采方法

A　开采技术条件

铁门坎南采区露天坑边坡上的挂帮矿呈东西走向，东端与露天坑相接，向西延伸尖灭，平均长度80 m，倾向NE，平均倾角30°，平均厚度8 m，设计标高+12 m～－36 m水平之间，矿体地质储量24.5万t，平均品位52.45%。矿体上盘围岩为闪长岩及其经变质作用而形成的蚀变闪长岩和矽卡岩，下盘一般为大理岩，均属稳固岩类。矿石的稳固性因矿石类型和矿石结构的不同而各有差异，块状富铁磁铁矿及富铁混合矿属稳固矿石，但蜂窝状与松散铁矿石则很不稳固。浸染状贫铁磁铁矿和贫铁混合矿，硬度变化大，属较稳固矿石。

B　采矿方法的确定

由于铁门坎南采区挂帮矿倾角缓，不能采用崩落法，用充填法成本高，只能采用空场法开采。为了使矿山现行的无底柱分段崩落法作业习惯、管理操作经验和原有的机械设备能得到充分利用，同时又必须考虑回采矿体一端与露天坑相接的事实。因此，挂帮矿的主体采用改进型分段空场法，靠近露天坑的剩余部分采用无底柱分段崩落法的联合开采方法。其具体作法是：

在分段空场法回采中，采用回采进路与切割(天)斜井联合拉槽、双排孔侧向爆破抛掷出矿、不设中间分段凿岩平巷、不设专门的矿柱回采和放顶工程，利用通风穿脉巷道和可钻下向孔的设备完成矿柱回采和放顶工作。矿房回采和所用设备，除了崩矿、出矿是在宽场中进行外，其他均与无底柱分段崩落法相同。

对靠近露天坑那部分矿体，由于露天坑形成已久，其地质现状不明，用分段空场法开采有垮塌甚至无法形成空场的可能，安全性差。因此，采用简化无底柱分段崩落法开采。即沿矿体下盘打一条凿岩回采巷道，边探边打，靠近露天边帮时钻凿较为密集的炮孔，以露天边坡为自由面，按回采所需的切割断面，将这部分露天边坡松动崩落，形成松软的覆盖岩层，再逐步往后退采。由于矿体倾角缓，其损失、贫化大。设计时采取在满足安全条件下，尽量增大分段空场法矿房布置，减小无底柱分段崩落法开采的剩余矿体，这样相对损失量不大，绝对损失小，而安全性大为增强。

在开采顺序上每个分层主矿体先采，靠近露天坑部分剩余矿体后采，采完随即封闭该分层，如图5-87所示。下面简要介绍改进型的分段空场法。

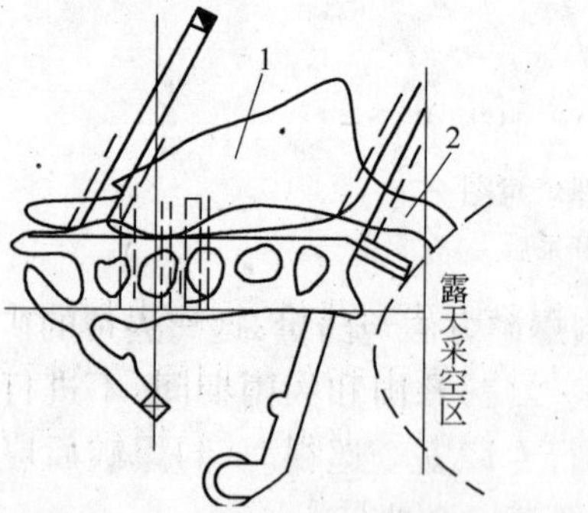

图5-87　±0 m水平联合开采示意图
1—分段空场法采场；2—无底柱分段崩落法采场

C　改进型分段空场法设计与巷道布置

分段高度及回采顺序　南采区+12m～－50 m划为一个阶段，阶段高62 m，阶段运输水平设在－50 m，共分为5个分段，从+12 m～－36 m分4个分段，分段高12 m。在各分段分别布置矿房和矿柱，进行独立凿岩与出矿。按先采矿房，后采矿柱的顺序进行回采和采空区处理。在矿柱的回采中，按间柱顶柱放顶的起爆顺序一次爆破完成。

采场布置与构成要素　矿房沿矿体走向布

置，矿房长为 50 m，宽为矿体的水平厚度，间柱宽 8 m，顶柱厚 5 m。可根据矿体与围岩稳固条件，适当增大或减小矿房和矿柱尺寸，以提高矿石回收率或增强安全性。在下盘围岩中布置一个矿石溜井。

采准切割工程 (1)工程布置。沿矿体走向，在下盘围岩中掘进分段运输平巷，使采场与各分段巷道相通；在矿体下盘矿岩交界处，沿矿岩边界掘进堑沟凿岩巷道；在分段运输平巷与堑沟凿岩平巷之间的矿房位置，沿矿房长度方向，每隔 10 m 掘进 1 条垂直走向的出矿进路，取 3‰上坡，使运输平巷与堑沟平巷相通。铲运机在此装矿后，下坡运行经分段运输平巷至溜井卸矿，每个矿房设 4 条进路；在与某条出矿进路相对应的堑沟凿岩巷道里，打切割天(斜)井，利用出矿进路拉切割槽；在采场的间柱中心布置穿脉巷道，与矿体上盘的各分段通风回路及回风天井相通；人员、设备、材料、新鲜风流经设备井，到达上下各分段；污风经穿脉巷道通向各回风天井，排出地表。

(2) 采切工程量及采切系数。按采矿方法标准图计算采切工程量，标准矿块长×宽×高为 50 m×10 m×60 m，改进型分段空场(矿房)法矿块采切工程量计算见表 5-36。按采切巷道进尺计算千吨采切比为10.80 m/kt，按采准巷道体积计算千吨采切比为 114.70 m^3/kt。

表 5-36 改进型分段矿房法采准工程量计算

井巷名称	巷道数目/条	掘进断面/m^2	井巷长度/m			井巷工程量/m^3		
			矿石	岩石	总计	矿石	岩石	总计
堑沟崩矿平矿	5	10.13		250	250		2533	2533
分段运输平矿	5	10.13		250	250		2533	2533
回采进路	20	20.13		200	200		2026	2026
放顶凿岩硐室	10						250	250
切割天井	5	6.00	100	25	125	600	150	750
分段联络巷道	5	10.13	80	210	290	810	2938	3748
总　计			180	935	1115	1410	10430	11840

可见，所设计的改进型分段空场法如图 5-88 所示。其采切比和千吨采切比较普通无底柱分段崩落法大，较典型分段空场法小。

D 回采工艺

切割槽的形成 采用切割天井与出矿进路联合拉槽方法，即在堑沟凿岩巷道与某条进路相连接的位置先打一条切割天井，然后在出矿进路中凿上向切割扇形炮孔，严格控制装药长度，使其不得超过矿岩边界，以切割天井为自由面逐排爆破，形成切割槽。

矿房回采 在堑沟凿岩巷道内钻凿与矿体走向垂直的上向扇形中深孔，以切割槽为自由面，采用双排孔侧向爆破抛掷出矿的回采方式，向矿房两侧后退式回采。沿整个阶段高度自上而下，分段回采。且必须上分段采完后，才能进行下一分段的回采，不能上下分段平行作业，以防上分段的爆破崩落矿岩击穿或破坏下分段的顶柱，危及下分段的作业安全。

(1) 凿岩爆破。回采工作包括凿岩、爆破、装运三项内容。凿岩在堑沟凿岩平巷中进行，采用 CTC-141 型单臂凿岩台车配 YGZ-90 型凿岩机打上向垂直扇形中深孔，二次扩孔成直径 85 mm，在凿岩中应严格按崩落孔和抛掷孔的不同设计参数施工；采用 BQF-100 型风动装药器装填炸药，导爆管、导爆索、火雷管复式起爆系统。T4G 机装运矿岩分别卸入矿岩

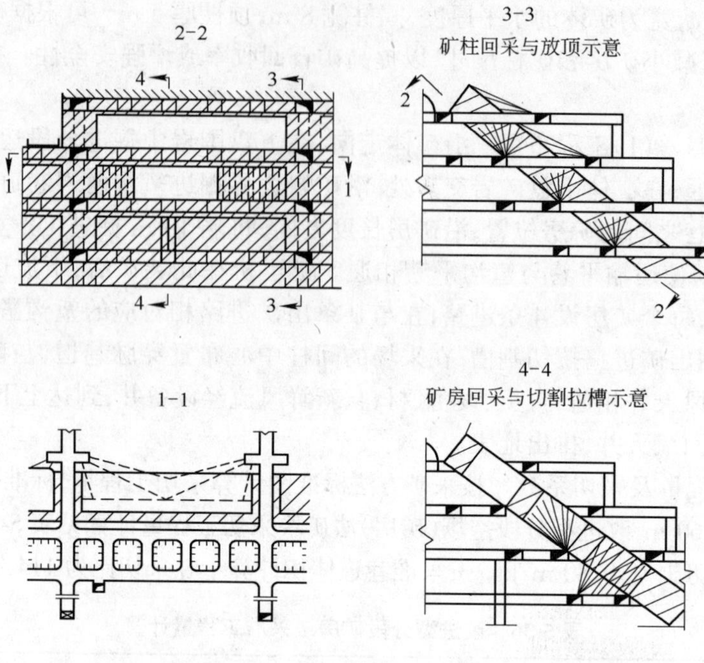

图 5-88　改进型分段空场法标准矿块采矿方法示意

溜井，溜放至 -50 m 阶段运输水平。

(2) 爆破参数设计。回采中深孔采用上向扇形布置，孔径 85 mm，上盘边孔角 55°，下盘沿矿岩边界线打眼，最小抵抗线和炮孔排距均为 1.8 m，崩矿步距 3.6 m，即每次爆两排，崩落孔孔底距 2.0 m，抛掷孔孔底距 1.6 m，采出矿石块度在 0～450 mm，大块率 5%左右，炸药单耗 1.8 kg/m³。严格控制爆破扇形排面内各炮孔的起爆顺序，先爆上盘边孔，再起爆排面中心处的炮孔，最后起爆下盘侧向抛掷边孔，且先爆前排，再爆后排，以增强下盘矿石向堑沟中心抛掷和堆集。

(3) 回采管理。凿岩、爆破严格按设计工艺要求进行，坚持炮孔凿岩记录和验收、补孔制度。挂帮矿为边角矿体，矿岩赋存变化大，回采爆破凿岩也起到探矿的作用，因此需要严格记录矿岩变化，及时调整设计，加强爆破质量管理，提高回采效率；采场爆破后，使用 JK-55-1No.5 或 JKJ22-11 局扇将污风抽至回风天井。为减少粉尘，可在出矿前往爆堆上洒水；相邻上下分段相同位置不能平行作业，上分段回采起码要超前下分段一个封闭矿房的距离；施工中，应根据矿岩稳定性酌情增减矿房和矿柱尺寸，以提高矿石回收率或增强施工安全性。

间柱与顶柱回采　由于间柱中间有穿脉巷道通过，在穿脉巷道通过处，间柱被分为上下两部分，因此其凿岩位置分别在本分段的穿脉平巷与堑沟凿岩巷道的交汇处和在上分段的穿脉巷道中，钻凿上向垂直扇形中深孔。待矿房回采结束后，将其一侧的间柱一次装药爆破崩落。

顶柱回采，确定在上分段矿体间柱位置的穿脉巷道内，采用回转式凿岩机打两排 -30°～210°前倾大扇形孔，在上分段回采时就先行打好炮孔，封堵孔口。待本分段采完后再从通风天井上到上分段穿脉，进行装药爆破回采顶柱。这种施工方法减少了专门的顶柱回采巷道工程，简化了工艺，节省了成本。

放顶工艺　利用穿脉巷道，在上盘围岩中开凿放顶凿岩硐室，打前倾下压束状炮孔，待一侧间柱、顶柱回采崩落后，爆落上盘围岩(放顶)，实现采空区处理。间柱、顶柱回采和放顶工序应在一次爆破内完成，但时间顺序上应保证先间柱后顶柱，最后放顶，使采下矿石处在充填废石之下，以保证最大可能地回收矿石，这种顺序通常采用延时起爆系统来控制。

E　采场通风与顶板管理

回采工作面通风为：新鲜风流由行人设备天井进入各分段工作面，污风由回风井或放顶通路天井通向上水平，直至地表。

各分段矿房回采过程中，利用间柱与各分段顶柱对围岩及矿房顶板进行支撑。矿房回采完毕，一次爆破崩落间柱和顶柱，然后进行强制放顶崩落顶板围岩，随后在崩落的覆盖岩层条件下进行放矿，并利用崩落围岩作为空场的充填料和缓冲层管理顶板，充填高度应超过矿体厚度不得小于 10 m，每次的放顶工程量按此要求进行设计和施工。

F　实际效果

联合开采在铁门坎南采区挂帮矿回采中得到应用，并取得了良好的技术经济综合指标，见表 5-37。将这些指标与铁门坎采用崩落法的北区(其矿体的倾角平均大于 65°、厚度平均大于25 m) 和回采条件相对优越的分段空场法典型应用实例比较，可见联合开采获得的主要技术经济指标接近于无底柱分段崩落法的平均指标。

表 5-37　经济技术指标对比

指　标	联合开采	北区崩落法	分段空场法
矿石回收率/%	76.57	76	65～80
贫化率/%	22.23	25	4～12
采切比/(m/kt)	10.80	8.4	18
一次炸药单耗/(kg/t)	0.42	0.46	
二次炸药单耗/(g/t)	0.08	0.12	
每米跑孔落矿量/(t/m)	5.8	6.2	3～4

5.8.4.3　富家矿露天护底矿柱回采

富家矿上部为露天开采，最终底板标高是 154 m，154 m 以下为地下开采。为保证地下开采的基建工作与露天矿生产互不干扰及地下开采的安全，在露天矿底部 154～130 m 标高留有 24 m 的底矿柱。底柱长 300 m，平均宽 22 m，垂高 24 m，矿石量 518441 t，平均品位 Ni 3.278%、Cu 0.878%，金属量 Ni 16.966t、Cu 4.554t。在露天底柱靠近下盘部位还赋存特富矿，其长约 150 m，宽 8 m，矿石量 132288 t，平均品位 Ni 7.307 %、Cu 1.643%，金属 Ni 9.888t、Cu 2.161t。以上资料表明，露天护底矿柱是矿区品位最高的地段，镍和铜的品位均为全矿区平均品位的 1.5 倍。露天开采结束时，为顺利回采底柱，曾在其上铺设一层 1～2 m 厚的混凝土垫层。由于露天矿下盘边坡有三个滑体且已连成一片，平台全部破坏。因此，靠近下盘和采场两端的混凝土垫层没有超出矿体，平均距矿体边 7～10 m，给露天底柱回采带来很大困难。

A　露天底柱回采方法的确定

富家矿现行的采矿方法为“下向倾斜高进路胶结充填法”，采用现有的充填材料和电耙充填系统，进路上部必须倾斜三角矿柱，将无法回收，从技术上、经济上都不可取。因此，应该采用水平进路回采，配合采用高水基材料，不但实现管路充填，还可以形成 4 m 厚的隔水层，防止淹井事故的发生。

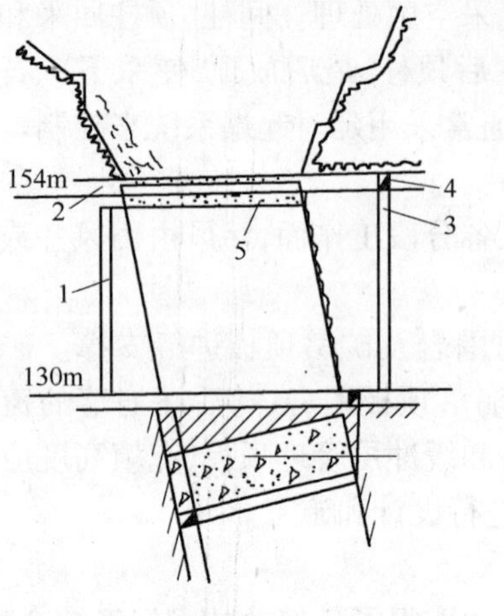

图 5-89　露天底柱回采示意图
1—溜矿井；2—上盘联络道；3—设备人行井；4—充填管道巷道；5—回采进路

采用高水基胶结充填材料，特别是全水胶结，甲、乙料单浆搅拌输送 24 h 不凝结，可泵性好，不需加骨料，可采用水平进路回采管路输送料浆充填。这一优点可使充填体凝固快，早期强度高，体积不收缩，密实性好，易形成隔层。这些特点非常适合露天底柱回采。此系统非常简单，技术可靠，投产时间短。因此对底柱回采一、二分层的充填是可行的，可回收其上部留有高 6 m、平均宽 25 m、倾角 8°的三角矿柱，如图 5-89 所示。

B　开拓系统和充填系统

开拓系统．回采露天底柱都在一个井田内，充分利用现有开拓系统即可。需增一个行人设备井，联络道和充填平巷、充填小井与 160 m 皮带巷贯通，即可形成充填系统。

设备人行井设计在 130 m 中段 0 线穿脉，距矿体上盘 14 m 处，上掘至 154 m 标高，距露天边界20 m，设计高度 23 m。在该天井上部开凿 2.0 m×2.0 m 的沿脉巷道，再开凿充填平巷、小井和 160 m 皮带巷相贯通，从而形成了充填管路巷道。

充填管路系统　从地表制浆站至管路井，铺设两条直径 75 mm 塑料硬胶管到 160 m 皮带巷，从皮带巷到 154 m 上盘联络道用两条直径 50 mm 的硬塑料管到各采矿场，全长 640 m。

采场放矿系统　采矿场用电耙扒矿到溜矿井，130 m 中段溜矿井下口安装自制闸门式振动放矿机，放到 1.2 m^3 自卸侧翻车内，用 3 t 电机车牵引至放矿井，从 80 m 中段集中放矿，从主井提至地表。

通风系统　154 m 各采场通风，主风流从管路井入风，经皮带巷到沿脉巷道后，分风到各采场进路，污风从设备井或溜矿井人道间至 130 m 中段主巷，由主风井排至地表。

C　矿块采准布置和进路开凿

采准布置　采准布置是在矿体下盘脉外开凿溜矿井，穿脉拉分层道，沿脉开凿进路回采。在 130 m 中段距矿体 4～6 m处，开凿 3.2 m ×2.4 m 的溜矿井，井内设有人道间和溜矿间，在 152 m 标高开凿水平垂直矿体的分层道2.0 m ×2.0 m，与上盘沿脉巷道贯通，再从分层道内向两侧拉开 2.0 m×2.0 m 的进路，长 22 m（见图 5-90）。

进路开凿与支护　沿脉进路规格是 2.0 m×2.0 m，进路长 22.0 m，先回采单号进路，充填后，再回采双号进路，依次回采、充填，最后充填分层道。采用木支护，在分层假顶内的进路架设间隔棚子，在假顶外的进路架密集棚子，用直径为 0.2～0.1 m 的硬杂木接好顶，严防冒透。

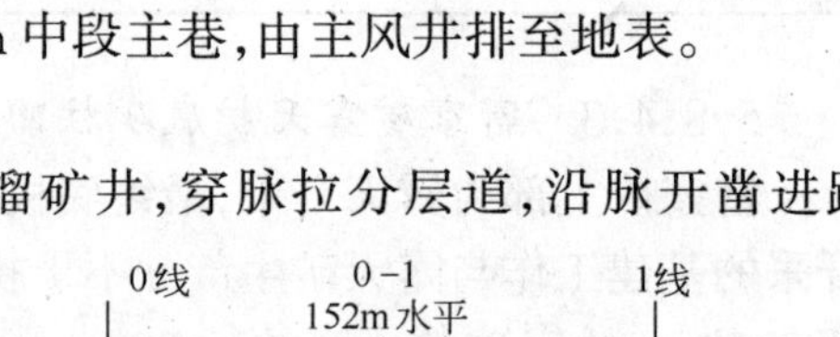

图 5-90　矿块采准布置图
1—溜井；2—分层道；3—上盘沿巷；4—0 线人行井；5—采场进路

D 充填材料配制和充填工艺

充填工艺 充填前的准备工作包括:

(1) 清底。进路中所有矿石全部清理干净,排除进路中的积水与污泥,底板误差与整个采场底板标高不大于±150 mm。

(2) 铺设钢筋网和吊筋。为了使充填体形成一个整体,必须在进路底板上铺设钢筋网和两帮吊筋。底板顺筋三排,横筋一排,钢筋直径8 mm,网度0.8 m×1.0 m。两帮吊筋每隔0.5 m为一排,上部和木棚子固定,下部和底板钢筋网联结,并和沿帮两排直径6 mm的顺筋联结,和各排吊筋用小细铁丝绑扎牢固,而后再顺底板在钢筋网上部放两排圆木。

(3) 充填堵墙。架设充填堵墙的作用是封闭进路口和控制料浆外流。进路长22.0 m,分两段充填设两道封墙,每道封墙要立三根直径0.2 m的圆木,并用0.015~0.02 m的木板封严,进路口封墙用塑料布或硬胶布封严,以防跑浆。

(4) 架设充填管路。封墙之后,开始架设充填管路,主要架设采场分层道到进路管路。用两条直径38 mm的高压塑料胶管和混合器联结,混合器另一端架设一条直径50 mm的高压管至进路口长20~30 m,进路架设一根长7~8 m的高压塑料胶管,直径50 mm(即充填管),一端钉在进路最高处,另一端钉在封口墙圆木上。

充填 充填工作包括:

(1) 制浆。制浆站设有4个搅拌桶,分两组,一组搅拌,一组放水准备。每组分甲和乙料搅拌桶;甲料:乙料是1:1,水灰比是2.5:1.0或2.2:1.0,搅拌3~5 min后,一组搅拌桶同时打开闸门,自流到井下充填工作面。放浆期间,另一组搅拌桶开始放料搅拌。3~5 min放完浆后,另一组桶又开始放浆,这样两组搅拌桶分别搅拌和放浆,使甲、乙料搅拌桶放浆流速、流量相同,以达到甲、乙料浆混合时是1:1。

(2) 制作试块。充填工作开始后,要注意浆的凝速和浆的浓度,当充填工作正常时在现场取料制作试块。放到采场养生,3天后拿到试验室检验充填体强度。

(3) 封观察口。当充填到观察口时要逐步封口,每次封200 mm高,一直把观察口封严。当接顶时应立即把混合器和充填管分开,充填工作结束,用高压清洗管路。

高水基充填技术指标 高水基充填技术指标为:

(1) 第一分层技术指标:

配比为甲料:乙料=1:1;水灰比为2.5:1.0或2.2:1.0(重量比);混合比为1:1。

流速:甲料1.2~1.5 m/s;乙料1.2~1.7 m/s;混合浆流速为2.5~3.0 m/s。

进路温度:2~13℃。

充填强度:1d=2.0~2.5 MPa;2d=2.4~2.8 MPa;3d=2.1~3.3 MPa。

(2) 第二分层技术指标:

配比为甲料:乙料=1:1;水灰比为2.5:1.0。

流速:甲料1.6 m/s;乙料1.7 m/s;混合料浆为3.0 m/s。

进路温度:15~16℃。

制浆水温:10℃。充填强度:3d=2.8~3.5 MPa。

5.8.4.4 新桥硫铁矿露天地下联合开采方案

新桥硫铁矿在以往的开采过程中,西翼一直采用地下开采,东翼采用露天开采。东翼露天矿采场Ⅱ期设计的露天底标高为-180 m,封闭圈标高约为33 m;开采范围在11~31线之间。矿岩均采用汽车运输。采场开采到 - 180 m 水平,矿岩运距预计分别达到 5.3 km 和 7.1 km。汽车运距明显偏大,因为其经济运距按平均先进指标仅为 2.5 km,若考虑汽车与其他运输方式比较,经济运距也仅为 3 km 左右。因此,新桥硫铁矿西翼地下采场计划东扩。- 230 m 中段部分巷道已进入露天矿边坡,计划先扩至 23 线, - 280 m 和 - 330 m 中段扩至露天底 21 线。

新桥矿露天采场露天底抬高后,露天底至 - 180 m 部分矿体采用适当的方法采出,可利用地下运输巷道运输矿石。- 230 m 运输巷道、及相关竖井的运输能力相对较大,能够满足露天底柱回采时的运输要求,从而节省运输成本。

新桥矿东翼矿体深部开采的主要问题是地下水。现在矿方已实施在东翼 11 线进行帷幕注浆,两年内完成堵水工程,从而为露天底底柱地下回采及 - 230 m 东扩创造了条件。实施露天地下联合开采的方案是可行的。

A　方案简介

东翼露天采场露天底从 - 180 m 水平抬至 - 144 m 水平形成新境界时,最终边坡:下盘和原境界保持一致,上盘边坡结构参数参照原设计,境界回缩,两端帮和原境界也基本一致(新旧境界对比的剖面见图 5-91);新境界的封闭圈标高仍为 + 33 m 左右,采场的长度基本不变,大约为 1000 m,宽度约从 500 m 变到 380 m;新境界的运输系统和原境界基本一致,出入口内移,在 - 144 m 露天底附近,矿石运距约为 4.7 km,废石运距约为 6.4 km;露天采场露天底从 - 180 m 水平抬至 - 144 m 水平时,减少露天剥离的岩石量为 1477.25 万 m^3,减少矿石开采量为 475.60 万 t。

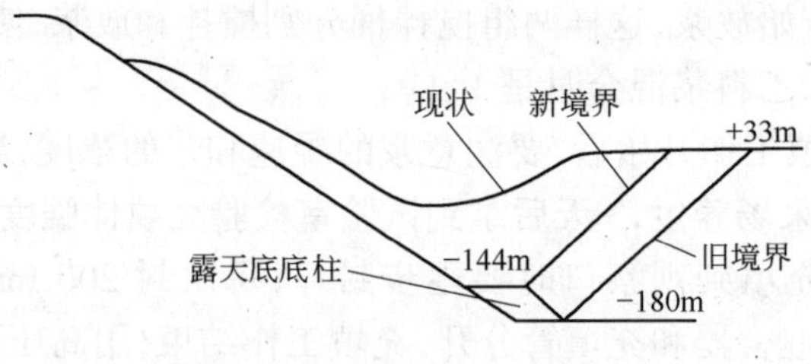

图 5-91　新旧境界对比的剖面示意

B　露天底底柱回采方法

露天底底柱的回采采用露天地下联合回采法。露天采场的一翼下降到露天采场底的设计标高后,露天采场的工作帮从一翼向另一翼推进 150～200 m,然后在露天采场的端部拉开切割槽,利用露天采场的大钻机,从露天采场坑底下向钻凿深孔,随着露天采场工作线推进而进行爆破,崩下的矿石则由地下巷道出矿,采出的空间随时用露天采场的废石充填。这样,既可作为内部排土场,同时也加强了采场的稳定性,见图 5-92。

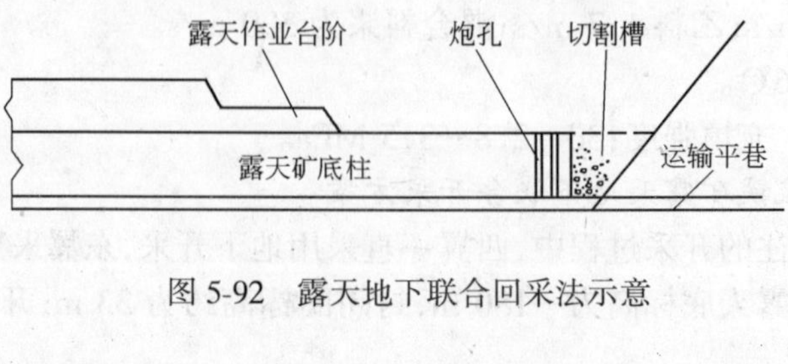

图 5-92　露天地下联合回采法示意

参考文献

1 徐长佑．露天转地下开采．武汉：武汉工业大学出版社．1990

2 宋卫东，杜建华，谢政平等．大冶铁矿深凹露天开采最终边坡稳定性分析．北京科技大学学报，2005，27(4)：385～389

3 宋卫东，杜建华，匡忠祥．露天转地下开采巷道围岩应力场变化规律研究．中国矿业，2005，14(3)：52～56

4 宋卫东，颜钦武，张正文．乌龙泉矿西区边坡加陡稳定性研究．中国矿业，2003，12(7)：47～50

5 宋卫东，匡忠祥，尹小鹏．大冶铁矿东露天转地下开采生产规模优化研究．金属矿山，2004，(12)：9～12

6 杜建华，宋卫东，匡忠祥．深凹露天转地下开采错动界线的数值模拟研究．金属矿山，2005，(9)：18～22

7 杨福军，高海川．露天转井下矿山过渡期技术问题的研究与实践．金属矿山．2006，(2)：18～21

8 郭金峰．金属矿山露天转地下开采的发展现状与对策．云南冶金．2003，32(1)：7～10

9 刘辉，陈文胜，冯夏庭．大冶铁矿露天转地下开采的离散元数值模拟研究．岩土力学．2004，25(9)：1413～1417

10 万德庆，艾立新，周会志．露天转井下开采的平稳过渡措施．金属矿山．2006，(2)：18～21

11 乔国刚，甘德清．石人沟铁矿露天转地下覆盖层合理厚度．河北理工学院学报．2005，15(12)：8～13

12 陈茂林，尹小鹏，张世雄．露天转地下开采次生应力场的有限元模拟研究．铜业工程．2003，(3)：4～9

13 马天辉，杨天鸿，赵兴东等．露天转井下开采境界顶柱参数三维有限元分析．金属矿山．2006，(1)：61～64

14 甘德清，陈超．程家沟铁矿露天转地下采场结构参数及回采顺序研究．有色金属(矿山部分)．2005，57(6)：18～20

15 王安则．露天转地下开采的井下防洪问题．冶金矿山设计与建设．1994，(2)：6～9

16 李海波，蔡锦勇，韩周礼．白银公司深部铜矿井下防洪的研究．工业安全与防尘．1994，(2)：13～19

17 李忠，郭廖武，李德春等．大冶铁矿象鼻山北帮滑坡体下采矿实践．金属矿山．2005，(3)：22～25

18 沂兆良．浅述铜山铜矿露转坑井下水害预防与治理．有色冶金设计与研究．1997，18(2)：3～7

19 蔡路军，马建军，江兵等．大冶铁矿 2 号挂帮矿开采方法研究．矿冶工程．2006，26(1)：8～13

20 蔡路军，马建军，周余奎等．大冶铁矿东露天高陡边坡爆破震动监测．武汉科技大学学报．2006，29(1)：51～54

21 马建军，叶义华，周惠新等．大冶铁矿缓倾斜挂帮矿开采方法的研究．金属矿山．2002，(2)：10～13

22 范平之．新桥矿东翼矿体露天地下联合开采方案探讨．金属矿山．2001，(10)：13～14

23 徐广平．富家矿露天护底矿柱回采实践．有色矿山．2000，29(2)：1～4

24 蔡路军，马建军，江兵等．高陡边坡下采矿安全问题分析探讨．矿业快报．2006，(3)：33～35

25 邓培蒂，汪卫平，朱青山．凹山采场境界外矿体联合开采技术探讨．金属矿山．2000，(10)：9～12

26 朱殿柱，张子刚．中国铁矿露天转地下开采灾害预警信息化研究．矿冶工程．2002，22(2)：10～13

27 任凤玉，张永亮．大型深凹露天转井下深部开采技术研究．中国矿业．2005，14(7)：57～59

28 陈文林，张永彬，杨天鸿等．露天转地下境界矿柱稳定性评价．地下空间．2004，24(2)：261～264

29 童光煦编著．高等硬岩采矿学．北京：冶金工业出版社．1995

30 解世俊主编．金属矿床地下开采．北京：冶金工业出版社．1986

31 王清，史维祥主编．北京：冶金工业出版社．2001

32 山东招金集团有限公司．矿山事故分析及系统安全管理．北京：冶金工业出版社．2004

33 高谦，刘同有．地下采矿系统分析与安全生产管理．中国安全科学学报．1998，8(supp.)：27～31

34 颜立新，高谦．地下采矿事故预报集成系统研究与开发．四川冶金．2000，(5)：59～62

35 郭德影．无底柱分段崩落法采场不安全因素分析和预防．中国矿业．1999，SUM(42)：265～268

36 周爱民. 金属矿山安全现状与防治新技术. 采矿技术，2003，3(2)：1～4
37 鲍爱华. 论金属矿山安全隐患的辨识与监控. 采矿技术，2003，3(2)：23～25
38 陈爱钦. 矿山常见地质灾害特征及防治. 中国锰业，2007，25(1)：39～41
39 刁心宏，远洋，张传信. 金属矿山地质灾害及其研究发展趋势. 金属矿山，2006，(6)：1～4

双峰检